W0229292

# Vorwort zur 21. Auflage

Die »**Lehraufgaben und Lernsituationen für die kaufmännische Ausbildung**« eignen sich insbesondere für den Einsatz an **kaufmännischen Berufsschulen, Berufsfachschulen und Berufskollegs**. Sie decken alle wesentlichen Inhalte für diese Schularten in den Bereichen **Betriebswirtschaftslehre, Volkswirtschaftslehre** und **Rechtskunde** ab.

## Ziele:

- Problemstellungen zur Abdeckung unterschiedlicher Schwierigkeitsgrade und Anforderungsbereiche
- Erleichterung von Unterrichtsdifferenzierung und individuellem Lernen
- Offene Unterrichtsgestaltung im Sinne eines handlungsorientierten Unterrichts mit verstärkten Gestaltungsmöglichkeiten durch Schülerinnen und Schüler
- Einübung unterschiedlicher Arbeitstechniken und Lösungsverfahren
- Förderung der Sozial- und Methodenkompetenz
- Erlangung beruflicher Handlungskompetenz

## Inhalte:

### Teil A: Aufgaben, Fallstudien, Rollenspiele, Planspiele

Zehn thematisch geordnete Kapitel mit folgenden Inhalten:

- Didaktisch gestufte Entscheidungsaufgaben zur Stofferschließung und zur Anwendung von Wissen (Lehraufgaben)
- Fallstudien
- Rollenspiele
- Planspiele (Kopiervorlagen dazu auf der Begleit-CD zum Lehrerhandbuch)
- Zusammenfassende Übersichten zur jeweiligen Stoffstruktur (PDF-Dateien auf der Begleit-CD zum Lehrerhandbuch)

### Teil B: Lernsituationen

Lernsituationen zu verschiedenen betrieblichen Entscheidungsbereichen des Beispielunternehmens „Werkzeuge und Teile GmbH"

- Komplexe Aufgaben und Problemstellungen
- Orientierung am Lernfeldkonzept
- Umsetzung des Modells der vollständigen Handlung
- Praxisgerechte Handlungs- und Lernergebnisse

**Freiburg,** im Frühjahr 2014          **Die Verfasser**

# Abkürzungsverzeichnis zu den Gesetzesbezeichnungen

| Abkürzung | Kurzbezeichnung des Gesetzes | Abkürzung | Kurzbezeichnung des Gesetzes |
|---|---|---|---|
| AktG | Aktiengesetz | PAngG | Preisangabengesetz |
| AnfG | Anfechtungsgesetz | PangV | Preisangabenverordnung |
| AO | Abgabenordnung | PatG | Patentgesetz |
| ArbGG | Arbeitsgerichtsgesetz | ProdHaftG | Produkthaftungsgesetz |
| ArbZG | Arbeitszeitgesetz | PublG | Publizitätsgesetz |
| BBiG | Berufsbildungsgesetz | SchwarbG | Schwarzarbeitergesetz |
| BDSG | Bundesdatenschutzgesetz | SGB I | Sozialgesetzbuch I |
| BeschFG | Beschäftigungsförderungsgesetz | SGB IV | Sozialgesetzbuch IV |
| BetrVG | Betriebsverfassungsgesetz | SGB V | Sozialgesetzbuch V |
| BGB | Bürgerliches Gesetzbuch | SGB VI | Sozialgesetzbuch VI |
| BGBEG | Einführungsgesetz zum Bürgerlichen Gesetzbuch | SGB VII | Sozialgesetzbuch VII |
| | | SGB XI | Sozialgesetzbuch XI |
| BImSchG | Bundes-Immissionsschutzgesetz | SprAuG | SprecherausschussG |
| BUrlG | Bundesurlaubsgesetz | StabG | Stabilitätsgesetz |
| DrittelbG | Drittelbeteiligungsgesetz | TVG | Tarifvertragsgesetz |
| EntgeltFZG | Entgeltfortzahlungsgesetz | UmweltHG | Umwelthaftungsgesetz |
| EStG | Einkommensteuergesetz | UmwG | Umwandlungsgesetz |
| EStR | Einkommensteuer-Richtlinien | UStDV | UmsatzsteuerDV |
| Fünftes VermBG | Fünftes Vermögensbildungsgesetz | UStG | Umsatzsteuergesetz |
| GebrmG | Gebrauchsmustergesetz | UWG | Unlauterer Wettbewerb, G |
| GenG | Genossenschaftsgesetz | VerpackV | Verpackungsverordnung |
| GeschmMG | Geschmacksmustergesetz | VVG | Versicherungsvertragsgesetz |
| GewO | Gewerbeordnung | ZPO | Zivilprozessordnung |
| GewStG | Gewerbesteuergesetz | | |
| GG | Grundgesetz | | |
| GmbHG | GmbH-Gesetz | | |
| GWB | Gesetz gegen Wettbewerbs-beschränkung (Kartellgesetz) | | |
| HandwO | Handwerksordnung | | |
| HGB | Handelsgesetzbuch | | |
| IHKG | IHK-Gesetz | | |
| InsO | Insolvenzordnung | | |
| JArbSchG | Jugendarbeitsschutzgesetz | | |
| KStG | Körperschaftsteuergesetz | | |
| KSchG | Kündigungsschutzgesetz | | |
| KWG | Kreditwesengesetz | | |
| LadSchlG | Ladenschlussgesetz | | |
| LStDV | Lohnsteuer-DurchführungsVO | | |
| MitbestG | Mitbestimmungsgesetz | | |
| MontanMitbestG | Montan-Mitbestimmungsgesetz | | |
| MuSchG | Mutterschutzgesetz | | |

# Begleitmaterialien

Zu diesem Buch sind folgende Begleitmaterialien erhältlich:

1. **Lösungsbuch:**    »Problemlösungen zu Lehraufgaben und Lernsituationen für die kaufmännische Ausbildung«

   Europa-Nr. 91201

2. **Begleit-CD** (liegt dem Lösungsbuch bei):
   - **Lösungsblätter:** Kopiervorlagen für die tabellarische und/oder grafische Lösung einzelner Aufgaben (PDF-Datei).
   - **Planspielsammlung** zur computerunterstützten Auswertung mithilfe des Programms EUROPLAN (Kopiervorlagen für die Planspiele MINIMAX, LEMCO und STRATOLIGO als PDF-Datei)
   - **Software EUROPLAN,** Programme für den Spielleiter zur Durchführung und Auswertung der Planspiele MINIMAX, LEMCO und STRATOLIGO

3. **Gesetzessammlung:** »Wirtschaftsgesetze, Textsammlung«

   Sie enthält alle Paragrafen, die zur Lösung der rechtskundlichen Aufgaben benötigt werden.

   Europa-Nr. 9480

# Erläuterung der verwendeten Symbole

 Für Teilaufgaben stehen Lösungsblätter mit Tabellenstrukturen, Koordinatensystemen usw. als Kopiervorlagen zur Verfügung.

 Aufgaben, die Gruppenarbeit ermöglichen bzw. erforderlich machen, Fallstudien, Planspiele.

 Rollenspiele

 Für Durchführung und Auswertung des Planspiels steht dem Spielleiter ein Computerprogramm zur Verfügung.

 Aufgaben zum Schriftverkehr

Die Aufgaben aus Themenbereichen der Volkswirtschaftslehre sind im Inhaltsverzeichnis entsprechend gekennzeichnet.

# Inhaltsverzeichnis

## Teil A: Lehraufgaben, Rollenspiele, Fallstudien, Planspiele

### A1 Wirtschaftliche Grundlagen

### A2 Rechtliche Grundlagen

## $A\,3$  Zahlungsverkehr und Geldwesen

## $A\,4$  Das Unternehmen

## *A 6*  Beschaffung und Lagerhaltung (Materialwirtschaft)

# *A 7* Betriebliche Leistungserstellung

## *A 8*  Absatz

# *A9* Finanzierung

# *A10* Betrieb und Staat

# Teil B: Lernsituationen

**Unternehmensprofil: Werkzeuge und Teile GmbH**

## *B1*  Rechtliche Grundlagen

## *B2*  Arbeits- und Sozialordnung

## B3 Beschaffung und Lagerhaltung

## B4 Betriebliche Leistungserstellung

## B5 Absatz

## B6 Finanzierung

# Teil A

## Lehraufgaben, Rollenspiele, Fallstudien, Planspiele

# A1  Wirtschaftliche Grundlagen

## Ökonomisches Prinzip

### *1.01*  Ökonomisches Prinzip (Wirtschaftlichkeitsprinzip)

Handeln nach dem ökonomischen Prinzip (Wirtschaftlichkeitsprinzip) heißt,

– mit einem bestimmten Einsatz von Mitteln ein möglichst hohes Ziel (Erfolg, Nutzen) zu erreichen **(Maximalprinzip)**

oder

– ein bestimmtes Ziel mit einem möglichst geringen Einsatz von Mitteln zu erreichen **(Minimalprinzip, Sparprinzip)**.

▶ 1. Welchem der folgenden Sachverhalte liegt das ökonomische Prinzip zugrunde?

(1) In der Konstruktionsabteilung einer Automobilfabrik wird erreicht, dass bei gleicher PS-Zahl und unveränderten Beschleunigungswerten der Benzinverbrauch eines bestimmten Typs um 10 % gesenkt wird.

(2) Zur Unterstützung der Landwirtschaft kauft eine staatliche Vorratsstelle Pfirsiche auf, um einen Preisverfall zu verhindern. Die aufgekauften Pfirsiche werden vernichtet.

(3) In einer Möbelfabrik, die Bücherwände herstellt, war ein Unternehmensberater tätig. Aufgrund einer von ihm vorgeschlagenen Änderung des Fertigungsablaufs war es möglich, ohne zusätzliche Investitionen und ohne zusätzliches Personal die Produktion um 6 % zu erhöhen.

(4) Eine Organisation, die sich dem Schutz der Umwelt widmet, wirbt um Spenden mit dem Hinweis, dass bei gleichem Spendenaufkommen die Kosten für die Verwaltung von 0,8 % auf 0,5 % des Spendenaufkommens reduziert werden konnten.

(5) In einem Weinanbaugebiet sind im Frühjahr die Blütenansätze der Trauben überwiegend erfroren. Wegen der geringen Erträge steigen die Preise für die Weine dieses Jahrgangs. Ein Weinbauer, dessen Weinberge in einer besonders geschützten Lage liegen, macht deshalb mit dem Verkauf des Weins dieses Jahrgangs einen viel höheren Gewinn als mit dem Verkauf früherer Jahrgänge.

▶ 2. Prüfen Sie für diejenigen Fälle, in denen das ökonomische Prinzip zur Anwendung kommt, ob es sich dabei um das Maximal- oder das Minimalprinzip handelt.

## Produktionsfaktoren

### *1.02*  Volkswirtschaftliche Produktionsfaktoren – Entstehung des Produktionsfaktors Kapital

1. Im Jahre 1787 fuhr die »Bounty«, ein Schiff der englischen Marine, auf einer Brotfrucht-Expedition nach Otaheite (Hawaii). Damals fuhren die Schiffe noch unter Segel und es gab noch keine Radar- und Funkgeräte. Auf den Schiffen der englischen Marine konnten die Kapitäne mit ihrer Mannschaft willkürlich umgehen. Wer auch nur eine Widerrede wagte, der wurde ausgepeitscht. Deshalb meuterte die Mannschaft der Bounty gegen ihren unmenschlichen Kapitän.

> Sie setzte ihn mit seinen Günstlingen 3 600 Meilen vom nächsten Hafen entfernt in einem Beiboot aus. Die Meuterer konnten nicht zurück nach England, da sie dort eine harte Bestrafung durch das Kriegsgericht zu erwarten gehabt hätten. So fuhren sie umher und suchten eine einsame, bewohnbare Insel, auf der man sie nicht finden konnte. Aber das Schiff zerschellte in einem Sturm.

Nehmen wir an: 40 Seeleute retteten sich schwimmend auf eine unbewohnte Insel. Dort fanden sie nur eine Sorte essbarer Früchte vor, und die auch nur spärlich. So mussten sie sich durch Sammeln dieser Früchte ernähren. Aufgrund einer freiwilligen Vereinbarung lieferte jeder täglich sein Sammelergebnis beim Steuermann ab, den die Seeleute zum Anführer gewählt hatten. Er verteilte es. Dabei wurden außer den 35 unverletzt gebliebenen Seeleuten auch 5 Verletzte und Kranke berücksichtigt, die nicht zum Sammeln gehen konnten. Das Sammelergebnis betrug regelmäßig etwa 52,5 kg je Tag.

▶ Wie viel erhielt also jeder der 40 Seemänner bei gleichmäßiger Verteilung?

2. Unter dem angeschwemmten Strandgut befanden sich neben einigen Fässern Wasser auch eine Axt und noch anderes Werkzeug. Der Schiffszimmermann, der Segelmacher und 3 ihrer Gehilfen machten den Vorschlag, ein Boot zu bauen, um damit auf eine benachbarte Insel zu fahren. Sie hofften, dort mehr Nahrungsmittel zu finden. Der Steuermann überlegte: Die 5 Männer hätten mit dem Bootsbau etwa vier Wochen (28 Tage) zu tun. In dieser Zeit wäre nur noch mit einem täglichen Sammelergebnis von 45 kg zu rechnen. Die Seeleute setzten sich zusammen, um über den Bootsbau zu beraten. Bei einer Abstimmung zeigte sich, dass nicht alle für den Bootsbau waren. Einige waren der Meinung, die Ernährung sei schon jetzt so kärglich, dass ihnen ein weiterer Verzicht nicht zuzumuten sei. Trotzdem wurde das Boot gebaut. Als es fertiggestellt war, fuhren alle 35 Arbeitsfähigen zu einer benachbarten Insel. Dort konnten sie ein größeres Sammelergebnis erzielen als bisher auf der eigenen Insel.

▶ a) Vervollständigen Sie eine Tabelle nach folgendem Muster.

| | 1 | 2 | 3 | 4 | 5 | 6 |
|---|---|---|---|---|---|---|
| | Sammelnde Seeleute | Gesamtergebnis der Sammeltätigkeit | Veränderung des Sammelergebnisses gegenüber der jeweils vorherigen Situation | | Sammelergebnis je Sammelnden = Ergiebigkeit der Arbeit | Veränderung der Ergiebigkeit der Arbeit |
| | | in kg | in kg | in % | | in % |
| vor dem Bootsbau | 35 | 52,5 | | | | |
| | | | − 7,5 | − 14,3 | | |
| während des Bootsbaues | 30 | 45,0 | | | | |
| | | | + | + | | |
| nach dem Bootsbau | 35 | 70,0 | | | | |

▶ b) Auf wie viel kg musste jeder Inselbewohner täglich während der Zeit des Bootsbaues verzichten?

▶ c) Um wie viel kg erhöhte sich die Tagesration jedes Inselbewohners durch den Bootsbau gebenüber der Ausgangssituation?

▶ d) Weisen Sie aus den Spalten 4 und 5 der Tabelle nach, dass sich der vorübergehende Verzicht gelohnt hat.

▶ e) Nach 12 Tagen war der Konsumverzicht durch den Einsatz des Bootes wieder wettgemacht. Weisen Sie das nach.

3. Jetzt sollten Blockhütten gebaut werden. Zwei Männer wurden mit dem Fällen der Bäume beauftragt. Jeder von ihnen arbeitete zunächst für sich allein und konnte täglich 30 lfd. M. Baumstämme fällen. Am nächsten Tag arbeiteten die beiden Holzfäller gemeinsam jeweils an einem Stamm. Sie fällten gleich starke Stämme und erzielten ein Tagesergebnis von 70 lfd. M.

▶ a) Um wie viel Prozent hat sich die Arbeitsproduktivität (= Produktionsergebnis :
    Arbeitseinsatz) verändert?

▶ b) Worauf ist diese Veränderung zurückzuführen?

4. Einige Männer hatten im Innern der Insel Süßwasser entdeckt; gerade noch zur
   rechten Zeit, denn die Wasservorräte gingen zu Ende. Da aber der Bau von Blockhütten an dieser Stelle der Insel nicht möglich war, musste jeder der 40 Inselbewohner täglich das benötigte Süßwasser in einem zweistündigen Marsch holen.
   Deshalb wurde vorgeschlagen, den gesamten Wasserbedarf von 2 Personen in
   entsprechenden Behältern von der Quelle holen zu lassen.

▶ a) Um wie viel Prozent hat sich der Arbeitseinsatz bei gleichem Ergebnis verringert?

▶ b) Worauf ist diese Änderung zurückzuführen?

▶ 5. Erstellen Sie ein Schaubild nach folgendem Muster:

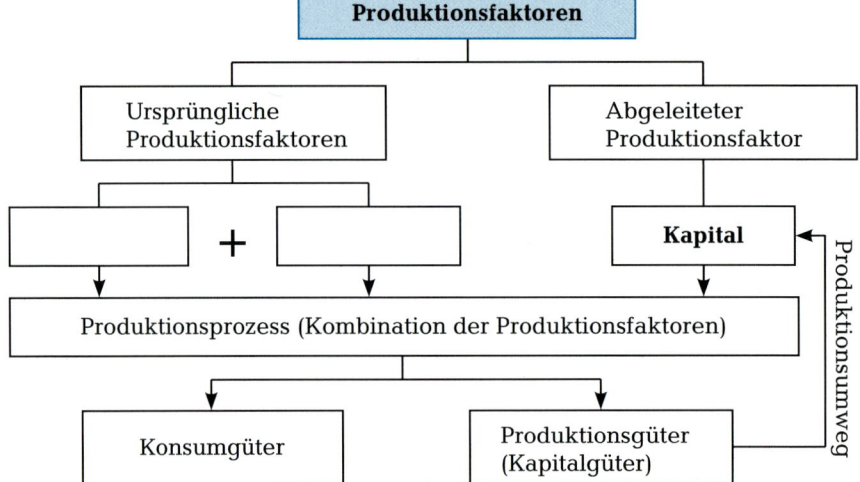

▶ 6. Warum bezeichnet man den Produktionsfaktor Kapital als »abgeleiteten« Produk-
     tionsfaktor?

7. Es wird behauptet, dass die ursprünglichen Produktionsfaktoren Arbeit und Natur
   heute überwiegend auch abgeleitete Produktionsfaktoren sind.

▶ Erläutern Sie diese Aussage für den Faktor Arbeit anhand des nachstehenden An-
   zeigentextes.

## *1.03* Kapitalarten: Sachkapital – Geldkapital

**Siegfried Gregori** ist Alleininhaber der »Müggelsee-Werft« für Sportsegelboote in
12589 **Berlin-Wilhelmshagen**, Müggelberger Weg 28. Voller Stolz übergibt er die
Werft, die er schon von seinem Vater geerbt hat, schuldenfrei an seinen Sohn mit
folgender Auflistung des Betriebsvermögens:

| | |
|---|---|
| Unbebaute Grundstücke | 500 000 EUR |
| Fabrikgebäude | 1 500 000 EUR |
| Maschinen | 800 000 EUR |
| Fahrzeuge | 200 000 EUR |
| Materialvorrat | 500 000 EUR |
| Kasse | 50 000 EUR |
| Bankguthaben | 650 000 EUR |

Er erläutert seinem Sohn, dass der Kassenbestand und zusätzlich 150 000 EUR des Bankguthabens zur Erhaltung der Zahlungsbereitschaft (für Lieferantenrechnungen, Löhne, Steuern usw.) benötigt werden. Der Rest des Bankguthabens ist zur Modernisierung der maschinellen Ausstattung vorgesehen.

▶ 1. Wie groß ist der Bestand an Sachkapital (in EUR)?

▶ 2. Wie groß ist der Bestand an Geldkapital?

▶ 3. Welcher in der Werft eingesetzte Produktionsfaktor lässt sich aus der Auflistung des Betriebsvermögens nicht erfassen?

## 1.04 Investitionsarten: Betriebliche Sicht

Gegeben sind die Bilanzen eines Unternehmens für zwei aufeinanderfolgende Jahre.

| Aktiva | | | Bilanz (in 1 000 EUR) | | Passiva |
|---|---|---|---|---|---|
| | Jahr 1 | Jahr 2 | | Jahr 1 | Jahr 2 |
| Anlagen | 800 | 880 | Eigenkapital | 900 | 1 000 |
| Vorräte | 200 | 240 | Fremdkapital | 300 | 400 |
| Bank/Kasse | 200 | 280 | | | |
| | 1 200 | 1 400 | | 1 200 | 1 400 |

In der Gewinn- und Verlustrechnung sind Abschreibungen auf das Anlagevermögen in Höhe von 30 000 EUR ausgewiesen.

▶ Wie groß war in diesem Unternehmen im Jahr 2

a) die Brutto-Anlageinvestition,

b) die Vorratsinvestition,

c) die Bruttoinvestition,

d) die Nettoinvestition,

e) die Netto-Anlageinvestition?

## 1.05 Kombination der Produktionsfaktoren – Substitution – Minimalkostenkombination – Rationalisierung

Eine Möbelfabrik hat die Möglichkeit, verschiedene Fertigungsverfahren bei unterschiedlichem Einsatz von Arbeitskräften und Maschinen anzuwenden. Die folgende Produktionstabelle zeigt die Mengen an Möbeln, die bei verschiedener Kombination der Faktoren Arbeit und Kapital (Maschinen) produziert werden können.

| Einheiten Arbeit | Zahl der Möbelstücke | | | | | | |
|---|---|---|---|---|---|---|---|
| 5 | 0 | 32 | 60 | 80 | 110 | 120 | |
| 4 | 0 | 30 | 45 | 65 | 80 | 88 | |
| 3 | 0 | 20 | 32 | 40 | 48 | 56 | |
| 2 | 0 | 15 | 20 | 30 | 40 | 50 | |
| 1 | 0 | 10 | 15 | 20 | 25 | 30 | |
| 0 | 0 | 0 | 0 | 0 | 0 | 0 | |
| | 0 | 1 | 2 | 3 | 4 | 5 | Einheiten Maschinen |

▶ 1. Die Möbelfabrik möchte täglich 30 Möbelstücke herstellen. Mit welchen Kombinationen der Produktionsfaktoren ist das möglich?

2. Der Lohn für eine Einheit Arbeit beträgt 100 EUR, während sich die Kosten für die Nutzung der Maschinen auf 120 EUR je Einheit belaufen.

▶ Entscheiden Sie, mit welcher Faktorkombination die Möbelfabrik die 30 Möbelstücke herstellen soll (Minimalkostenkombination).

▶ 3. Die Löhne steigen auf 125 EUR je Einheit Arbeit, während die Maschinenkosten unverändert bleiben.

    a) Mit welcher Faktorkombination wird die Möbelfabrik künftig die Tagesproduktion von 30 Möbelstücken herstellen?

    b) Erläutern Sie am vorliegenden Beispiel die Aussage: »Rationalisierung entspricht einem Handeln nach dem ökonomischen Prinzip!«

## 1.06 Die Produktionsfaktoren im Betrieb

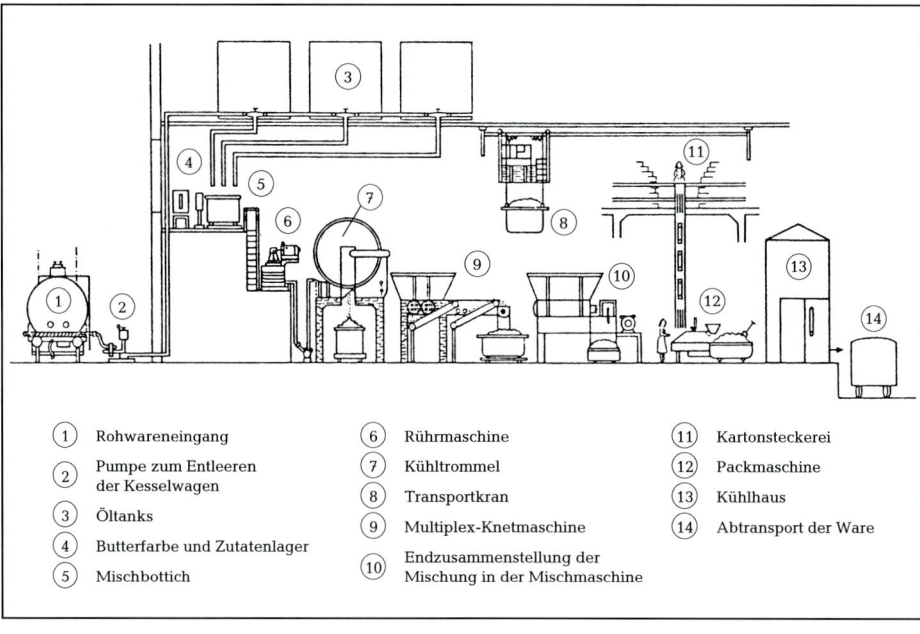

| | | | | | | |
|---|---|---|---|---|---|---|
| ① | Rohwareneingang | ⑥ | Rührmaschine | ⑪ | Kartonsteckerei |
| ② | Pumpe zum Entleeren der Kesselwagen | ⑦ | Kühltrommel | ⑫ | Packmaschine |
| ③ | Öltanks | ⑧ | Transportkran | ⑬ | Kühlhaus |
| ④ | Butterfarbe und Zutatenlager | ⑨ | Multiplex-Knetmaschine | ⑭ | Abtransport der Ware |
| ⑤ | Mischbottich | ⑩ | Endzusammenstellung der Mischung in der Mischmaschine | | |

Vorstehendes Bild zeigt den Produktionsprozess am Beispiel der Margarine.

1. Stellen Sie anhand des Bildes fest,

▸ a) welche Betriebsmittel eingesetzt werden,

▸ b) welche Werkstoffe in die Produktion eingehen,

▸ c) wo im Fertigungsprozess der Margarinefabrik unfertige Erzeugnisse entstehen.

▸ 2. Welcher weitere elementare Produktionsfaktor wird neben Betriebsmitteln und Werkstoffen zur Produktion eingesetzt?

▸ 3. Fertigen Sie eine Übersicht nach folgendem Muster an!

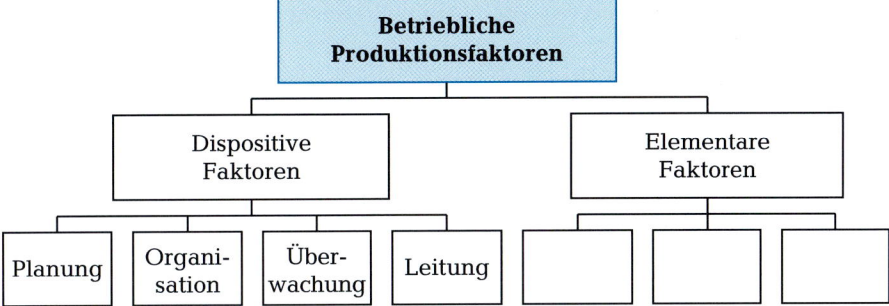

▸ 4. Zeigen Sie an Beispielen aus der Margarineproduktion den Unterschied zwischen ausführender Arbeit und dispositiver Arbeit.

## Arbeitsteilung und Arbeitsorganisation

### 1.07 Arbeitszerlegung – Arbeitsproduktivität

1. Im Jahre 1776 veröffentlichte der englische Philosoph und Volkswirt Adam Smith[1] (1723–1790) ein Buch mit dem Titel »Der Wohlstand der Nationen«. Darin beschäftigte er sich u. a. mit der Frage, wie die Güterproduktion schneller, besser und kostengünstiger erfolgen kann. Er verdeutlicht seine Überlegungen an dem berühmt gewordenen Stecknadelbeispiel:

„Wir wollen als Beispiel die Herstellung von Stecknadeln wählen. Sie zerfällt in eine Reihe getrennter Arbeitsgänge, die zumeist zur fachlichen Spezialisierung geführt haben. Der eine Arbeiter zieht den Draht, der andere streckt ihn, ein dritter schneidet ihn, ein vierter spitzt ihn zu, ein fünfter schleift das obere Ende, damit der Kopf aufgesetzt werden kann. Auch die Herstellung des Kopfes erfordert zwei oder drei getrennte Arbeitsgänge. Das Ansetzen des Kopfes ist eine eigene Tätigkeit, ebenso das Weißglühen der Nadeln, ja, selbst das Verpacken der Nadeln ist eine Arbeit für sich. Um eine Stecknadel anzufertigen, sind somit etwa 18 verschiedene Arbeitsgänge notwendig, die in einzelnen Fabriken jeweils verschiedene Arbeiter besorgen, während in anderen ein einzelner zwei oder drei davon ausführt. Ich selbst habe eine kleine Manufaktur dieser Art gesehen, in der nur 10 Leute beschäftigt waren, so daß einige von ihnen zwei oder drei solcher Arbeiten übernehmen mußten. So waren die 10 Arbeiter imstande, täglich etwa 48 000 Nadeln herzustellen, jeder also ungefähr 4800 Stück. Hätten sie indes alle einzeln und unabhängig voneinander gearbeitet, noch dazu ohne besondere Ausbildung, so hätte der einzelne gewiß nicht einmal 20, vielleicht sogar keine einzige Nadel am Tag zustande gebracht, d.h. sicher nicht den zweihundertvierzigsten, vielleicht nicht einmal den viertausendachthundertsten Teil von dem, was sie jetzt infolge einer entsprechenden Teilung und Vereinigung der verschiedenen Arbeitsgänge zu leisten imstande sind."

[1] Adam Smith, Der Wohlstand der Nationen, München 1974, S. 9 f.

a) Nehmen Sie an, dass ein einzelner Arbeiter 20 Stecknadeln pro Tag herstellen kann.

▶    Um wie viel Prozent ist in dem von A. Smith geschilderten Beispiel durch die Arbeitsteilung die Ergiebigkeit der Arbeit (Arbeitsproduktivität) gestiegen?

▶ b) Erläutern Sie, wie es zu der von A. Smith beschriebenen Produktionssteigerung kommen kann.

2. Die von Adam Smith beschriebene Form der Arbeitsteilung hat sich weltweit durchgesetzt. Auch der amerikanische Ingenieur Frederick Taylor (1856–1915) wies um die Jahrhundertwende darauf hin, dass die Serienproduktion am kostengünstigsten organisiert werden kann, wenn die Arbeit in möglichst kleine Teilaufgaben zerlegt wird. Diese Vorstellung setzte der Automobilfabrikant Henry Ford 1908 erstmals in die Praxis um.

> „So war es mit der Montage der Kolbenstange. Selbst nach dem alten System nahm der Vorgang nur drei Minuten in Anspruch – schien also gar keiner besonderen Beachtung wert. Es standen dafür zwei Bänke mit insgesamt achtundzwanzig Mann zur Verfügung: In einem neunstündigen Arbeitstag setzten sie, alles in allem, 175 Kolbenstangen zusammen – das heißt, sie brauchte genau drei Minuten, fünf Sekunden pro Stück. Eine Kontrolle gab es nicht, und viele Kolbenstangen mußten von der Motormontage als unbrauchbar zurückgewiesen werden.
>
> Der ganze Vorgang ist überaus einfach. Der Arbeiter zog den Stift aus dem Kolben heraus, ölte ihn, schob die Stange an ihre Stelle und den Stift durch Stange und Kolben hindurch, zog die eine Schraube an und die andere auf, und die Sache war erledigt.
>
> Der Vorarbeiter unterzog den ganzen Vorgang einer genauen Untersuchung, vermochte aber nicht zu entdecken, weshalb er ganze drei Minuten beanspruchte. Er analysierte daher die verschiedenen Bewegungen mit einer Stoppuhr und fand, daß bei einem neunstündigen Arbeitstag vier Stunden mit dem Hin- und Hergehen vergingen. Die Arbeiter gingen nicht etwa fort, aber sie mußten sich hin und her bewegen, um ihr Material heranzuholen und das fertige Stück beiseite zu schieben. Während des ganzen Vorganges hatte jeder Arbeiter acht verschiedene Handgriffe zu verrichten. Der Vorarbeiter entwarf einen neuen Plan, indem er den ganzen Vorgang in drei Verrichtungen zerlegte, brachte an der Bank einen Schlitten an, stellte drei Mann an jeder Seite auf und einen Aufseher an das eine Ende. Statt daß ein Mann sämtliche Handgriffe tat, verrichtete er jetzt nur den dritten Teil – nur so viel, als möglich war, ohne sich hin und her zu bewegen. Die Arbeitsgruppe wurde von achtundzwanzig auf vierzehn herabgesetzt. Die Rekordleistung der achtundzwanzig Mann waren 175 Stück pro Tag gewesen. Heute bringen sieben Mann bei achtstündiger Arbeitszeit 2 600 Stück pro Tag heraus."

Henry Ford, Erfolg im Leben, München 1963

▶ a) Um wie viel Prozent ist die Ergiebigkeit der Arbeit (Arbeitsproduktivität) in dem von H. Ford geschilderten Beispiel gestiegen?

▶ b) Welches sind die Ursachen für die Steigerung der Arbeitsproduktivität?

▶ c) Welche Auswirkungen hatte diese Arbeitsorganisation auf die Situation der Arbeiter in diesem Betrieb?

3. Die Fließbandarbeit führte zu einer erheblichen Produktionssteigerung. Bei handwerklicher Montage war für das berühmte Ford »Modell T« (Tin Lizzy) eine Produktionszeit von 738 Minuten je Stück nötig. Durch die Fließbandarbeit wurde die Herstellung in 7 885 Teilarbeiten zerlegt. Der Zeitbedarf für die Fertigstellung eines Autos verringerte sich dadurch auf 93 Minuten. Zwischen 1909 und 1926 konnte der Stückpreis von 950 US-$ auf 290 US-$ gesenkt werden.

▶ Worauf ist diese Preissenkung zurückzuführen?

## *1.08* Formen der Arbeitsgestaltung: Arbeitswechsel – Arbeitserweiterung – Arbeitsbereicherung – (Teil-)autonome Arbeitsgruppen

Die **JUGENDMODE GmbH** stellt vor allem modische und hochwertige Bekleidung für Kinder und Jugendliche her. Dem Leiter der Personalabteilung sind überdurchschnittlich hohe Fehlzeiten aufgefallen, aus denen er auf eine gewisse Unzufriedenheit vor allem der Näherinnen mit ihrer Arbeit schließt. Er schlägt deshalb dem Leiter der Fertigungsabteilung vor, gemeinsam mit der Personalabteilung zu prüfen, ob es im Betrieb Möglichkeiten gibt, die äußeren Arbeitsbedingungen zu verbessern und damit die Arbeitszufriedenheit zu erhöhen.

In dem Unternehmen werden die Modelle von Modedesignern entworfen. Nach einer Vorauswahl aus diesen Modellen durch die Betriebsleitung werden Muster hergestellt und auf Modevorführungen der Kundschaft gezeigt. Aufgrund der Reaktionen der Kunden wird über die Produktionsaufnahme und die Stückzahl der Serie endgültig entschieden.

Die Herstellung der Kleider erfolgt am Fließband. Dabei führt jede Näherin eine Teilverrichtung aus, die nur wenige Minuten in Anspruch nimmt. Die Qualitätskontrolle erfolgt in einer besonderen Abteilung.

Einige Näherinnen beherrschen mehrere der am Band zu verrichtenden Teilarbeiten. Sie werden als Krankheits- oder Urlaubsvertreterinnen eingesetzt. Die Zuweisung des Arbeitsplatzes erfolgt durch die Betriebsmeister.

Die Nähmaschinen werden von Mechanikern gepflegt und eingestellt.

Der Personalleiter fordert den stellvertretenden Leiter der Personalabteilung auf das Gespräch mit dem Leiter der Abteilung Fertigung schriftlich vorzubereiten. In dem Papier soll dargestellt werden, welche Möglichkeiten einer humaneren Arbeitsgestaltung bestehen. Dabei sollen folgende Formen der Arbeitsorganisation auf ihre Anwendbarkeit im vorliegenden Fall geprüft und miteinander verglichen werden:

**Arbeitswechsel (job rotation):**

Die Arbeitskräfte wechseln sich in vorgeschriebener oder selbst gewählter Reihenfolge bei unterschiedlichen Tätigkeiten so ab, dass jeder jede Arbeit im Wechsel ausführt.

**Arbeitserweiterung (job enlargement):**

Gleichartige Arbeitsaufgaben, die bisher von mehreren Arbeitskräften ausgeführt wurden, werden zusammengefasst und von einer Arbeitskraft erledigt.

**Arbeitsbereicherung (job enrichment):**

Verschiedenartige Arbeitsaufgaben (z.B. ausführende, dispositive und kontrollierende Tätigkeiten) werden zusammengefasst und von einer Arbeitskraft ausgeführt.

**(Teil-)autonome Arbeitsgruppen:**

Eine Gruppe von drei bis zehn Personen erstellt ein komplettes (Teil-)Produkt. Die Gruppe bestimmt hinsichtlich dieses (Teil-)Produkts den Arbeitsablauf und die Arbeitsorganisation weitgehend selbst.

▶ Erstellen Sie eine stichwortartige Ausarbeitung für den Personalleiter, in der Sie die Anwendbarkeit der vorgeschlagenen Organisationsformen prüfen und auf ihre Vor- und Nachteile hinweisen.

# Betrieb und Gesamtwirtschaft

## 1.09 Stellung des Betriebs im gesamtwirtschaftlichen Produktionsprozess – Sachleistungsbetriebe – Dienstleistungsbetriebe – Volkswirtschaftliche Arbeitsteilung

Das Bild zeigt die Stellung einer Papierfabrik zwischen Vorlieferanten und Verbrauchern in einer arbeitsteiligen Wirtschaft. Die Fabrik stellt verschiedene Sorten Papier und Pappe her: feines Briefpapier, Schreibpapier, Buchdruckpapier und Packpapier.

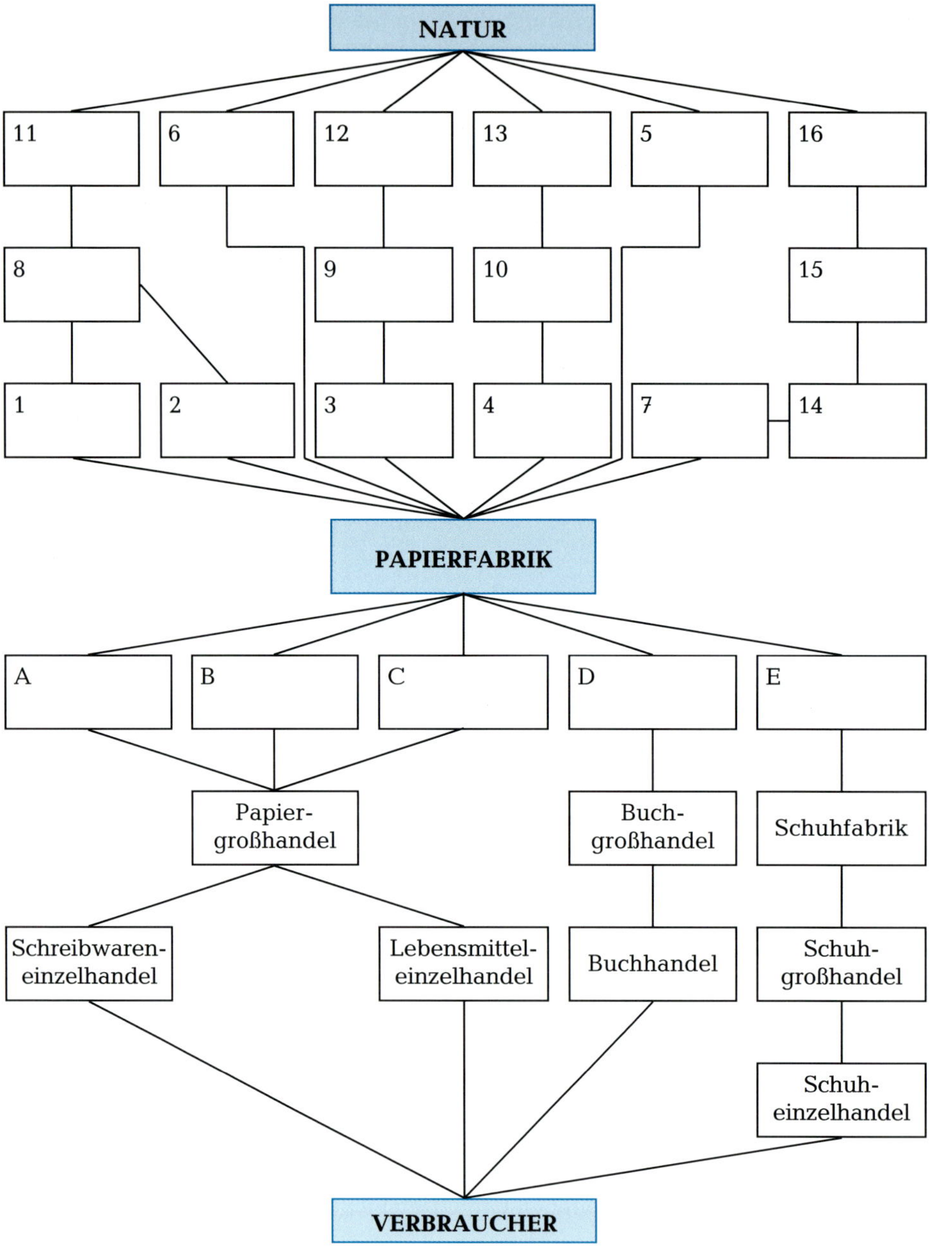

NATUR

| 11 | 6 | 12 | 13 | 5 | 16 |

| 8 | | 9 | 10 | | 15 |

| 1 | 2 | 3 | 4 | 7 | 14 |

PAPIERFABRIK

| A | B | C | D | E |

Papier-großhandel       Buch-großhandel       Schuhfabrik

Schreibwaren-einzelhandel       Lebensmittel-einzelhandel    Buchhandel       Schuh-großhandel

Schuh-einzelhandel

VERBRAUCHER

Zur Herstellung des Papiers werden je nach Papiersorte folgende Materialien verwendet: Holzschliff (zerkleinertes Holz), Zellstoff, Lumpen, Altpapier, Kreide, Gips, Porzellanerde, Leimstoffe und Farbstoffe. Außerdem werden elektrischer Strom, Wasser, Werkzeuge und andere Hilfsmittel benötigt.

Alle Materialien kommen von Vorbetrieben:

(1) Holzschleiferei, (2) Zellstoffwerk, (3) Leimfabrik, (4) Farbenfabrik, (5) Kaolingrube (Porzellanerde), (6) Elektrizitätswerk, (7) Werkzeugfabrik.

Mit Ausnahme des Elektrizitätswerkes und der Kaolingrube haben alle oben genannten Vorbetriebe ebenfalls wieder Zulieferer:

Die **Holzschleiferei** und das **Zellstoffwerk** beziehen vom **Sägewerk**, die **Leimfabrik** vom **Schlachthof**, die **Farbenfabriken** von der **Kokerei**. Das **Sägewerk** erhält das Holz aus der **Forstwirtschaft**. Der **Schlachthof** hat als Vorlieferer die **Landwirtschaft**. Die **Kokerei** bezieht vom **Kohlenbergbau**. Die **Werkzeugfabrik** erhält ihre Rohstoffe vom **Stahlwerk**, das Stahlwerk erhält sie von den **Eisenhütten** und diese erhalten sie wiederum vom **Erzbergbau**.

▶ 1. Tragen Sie in ein Bild nach dem Muster auf Seite 26 die oben genannten Betriebe in die entsprechenden Felder ein.

▶ 2. Abnehmer der Papierfabrik sind die verschiedenen Papier verarbeitenden Industrien, z. B. **Buntpapierfabriken, Gummieranstalten** (Herstellung von Aufklebern und Etiketten), **Tütenfabriken, Kartonagenfabriken** und **Druckereien**. Aber auch die genannten Empfänger des Papiers geben dieses nach seiner Be- und Verarbeitung an Nachbetriebe weiter, bis es endgültig zum Verbraucher gelangt.

▶ Tragen Sie die Abnehmer der Papierfabrik in die Felder des Schaubildes ein.

▶ 3. Stellen Sie fest: Welche der im Schaubild auf Seite 26 dargestellten Betriebe sind Sachleistungsbetriebe (unterteilt nach Urproduktionsbetrieben, Produktionsmittelbetrieben und Kosumgüterbetrieben) und welche sind Dienstleistungsbetriebe?

▶ 4. Geben Sie zu jeder Gruppe von Betrieben ein weiteres Beispiel.

## **1.10** **Produktionsstufen und Sektoren der Volkswirtschaft – Strukturwandel**

1. Die Betriebe verschiedener Produktionsstufen einer Volkswirtschaft werden zu Wirtschaftssektoren zusammengefasst. Der **primäre Sektor** umfasst die Betriebe der Urproduktion, der **sekundäre Sektor** die Be- und Verarbeitungsbetriebe und der **tertiäre Sektor** die Dienstleistungsbetriebe. In der Bundesrepublik Deutschland haben sich diese Wirtschaftssektoren von 1950 bis 2010 wie auf Seite 28 gezeigt entwickelt:

▶ a) Stellen Sie für die Sektoren Land-, Forst- und Fischereiwirtschaft (= primärer Sektor), produzierendes Gewerbe (= sekundärer Sektor) und Dienstleistungen (= tertiärer Sektor) die Entwicklung des prozentualen Anteils an der Bruttowertschöpfung und an der Gesamtzahl der Erwerbstätigen in je einem Koordinatensystem grafisch dar.

▶ b) Welche Veränderungen der Produktionsstruktur (Strukturwandel) lassen sich aus den von Ihnen erstellten Grafiken für die Vergangenheit ablesen?

▶ c) Warum wird diese Entwicklung auch als »Weg in die Dienstleistungsgesellschaft« bezeichnet?

**Anteil der Wirtschaftssektoren an der Bruttowertschöpfung[1] und der Gesamtzahl der Erwerbstätigen in der Bundesrepublik Deutschland von 1950 bis 2010**

| | 1950 Anteil in % an der | | 1960 Anteil in % an der | | 1970 Anteil in % an der | | 1980 Anteil in % an der | | 1990 Anteil in % an der | | 2000[2] Anteil in % an der | | 2010 Anteil in % an der | |
|---|---|---|---|---|---|---|---|---|---|---|---|---|---|---|
| | Brutto-wert-schöp-fung | Zahl der Er-werbs-tätigen | Brutto-wert-schöp-fung | Zahl der Er-werbs-tätigen | Brutto-wert-schöp-fung | Zahl der Er-werbs-tätigen | Brutto-wert-schöp-fung | Zahl der Er-werbs-tätigen | Brutto-wert-schöp-fung | Zahl der Er-werbs-tätigen | Brutto-wert-schöp-fung | Zahl der Er-werbs-tätigen | Brutto-wert-schöp-fung | Zahl der Er-werbs-tätigen |
| Land-, Forst- und Fischereiwirtschaft | 10,2 | 24,6 | 5,7 | 13,8 | 3,4 | 8,4 | 2,2 | 5,2 | 1,6 | 3,5 | 1,1 | 1,9 | 0,8 | 1,6 |
| Produzierendes Gewerbe[3] | 49,6 | 42,6 | 54,4 | 47,7 | 52,8 | 48,8 | 44,1 | 42,8 | 40,1 | 39,8 | 30,5 | 28,7 | 29,8 | 24,6 |
| Dienstleistungen[4] (insgesamt) | 40,2 | 32,8 | 39,9 | 38,5 | 43,8 | 42,8 | 53,7 | 51,9 | 58,3 | 56,7 | 68,4 | 69,4 | 69,4 | 73,8 |
| Summe (%) | 100 | 100 | 100 | 100 | 100 | 100 | 100 | 100 | 100 | 100 | 100 | 100 | 100 | 100 |

| | 1950 | | 1960 | | 1970 | | 1980 | | 1990 | | 2000 | | 2010 | |
|---|---|---|---|---|---|---|---|---|---|---|---|---|---|---|
| Bruttowertschöpfung (Mrd. EUR in jeweiligen Preisen) | 50,2 | | 154,7 | | 337,6 | | 723,9 | | 1197,7 | | 1894,2 | | 2236,63 | |
| Gesamtzahl der Erwerbstätigen (in Mio.) | 20,4 | | 26,5 | | 26,67 | | 27,06 | | 28,5 | | 39,4 | | 40,6 | |

1) Die Bruttowertschöpfung gibt den Wert an, der im Produktionsprozess den Vorleistungen hinzugefügt wurde. Sie entspricht annähernd dem Bruttoinlandsprodukt.
2) ab 2000 einschließlich der neuen Bundesländer
3) Energiewirtschaft, Bergbau, Verarbeitendes Gewerbe, Baugewerbe
4) Handel, Gastgewerbe, Verkehr, Finanzierung, öffentliche und private Dienstleister
*Quelle*: Stat. Bundesamt

2. In der folgenden Darstellung sind alle Beschäftigten, die sich mit der Weitergabe und Verarbeitung von Informationen befassen (z.B. Kommunikationsmittel, Medien, Nachrichten) zu einem gesonderten Wirtschaftssektor »Information« zusammengefasst.

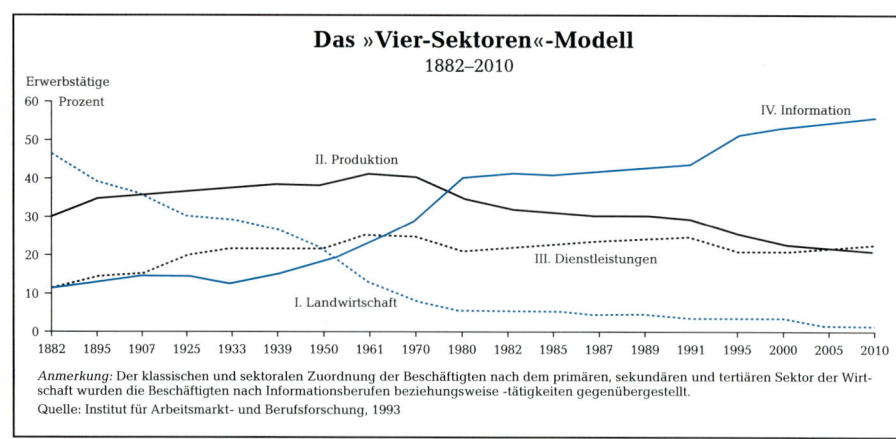

**Das »Vier-Sektoren«-Modell**
1882–2010

*Anmerkung:* Der klassischen und sektoralen Zuordnung der Beschäftigten nach dem primären, sekundären und tertiären Sektor der Wirtschaft wurden die Beschäftigten nach Informationsberufen beziehungsweise -tätigkeiten gegenübergestellt.
Quelle: Institut für Arbeitsmarkt- und Berufsforschung, 1993

▶ a) Vergleichen Sie die Darstellung mit der von Ihnen unter 1. a) erstellten Grafik. Welche Unterschiede lassen sich feststellen?

▶ b) Welche Schlussfolgerungen lassen sich aus der Entwicklung ziehen?

## *1.11* Grundfragen jeder Wirtschaftsordnung – Lenkungssystem in der Marktwirtschaft

Wir stellen uns vor, die Regierung eines Entwicklungslandes wollte sich bei uns Rat holen, für welches wirtschaftliche Lenkungssystem sie sich entscheiden solle. Dieses Gespräch könnte sich so entwickeln[1]:

„Unsere Art zu leben, war stets stark von der Tradition beeinflusst. Die Männer unseres Volkes gehen auf die Jagd, sie bestellen ihre Felder und tun dies, so wie sie es durch das Beispiel der Alten gelernt haben. Wir wissen natürlich, dass in der Wirtschaft auch durch Befehl etwas erreicht werden kann, und sind daher bereit, wenn notwendig, eine Verordnung zu erlassen, die viele unserer Männer zwangsweise verpflichtete, an nationalen Vorhaben mitzuarbeiten. Bitte, sagen Sie uns, gibt es da noch eine andere Möglichkeit? Wie können wir unsere Gesellschaft organisieren, damit wir erfolgreich bestehen – oder, besser noch, damit wir erfolgreicher bestehen?"

Wir würden wahrscheinlich antworten: „Ja, es gibt noch einen anderen Weg. Organisieren Sie Ihre Gesellschaft als Marktgesellschaft!"

„Nun ja", meinen die Delegierten, „wie teilen wir unseren Leuten ihre verschiedenen Aufgaben zu?" „Gar nicht, in einer Marktwirtschaft wird niemandem eine bestimmte Aufgabe zugeteilt. Die Spielregel des Marktsystems lautet nämlich: Jeder darf selbst entscheiden, was er tun will."

Die Delegierten scheinen verblüfft. „Sie behaupten also, die Leute werden nicht zugeteilt, nicht dem Bergbau, nicht der Viehzucht? Man wählt nicht aus, diese für das Transportwesen, jene für Webereien? Man überlässt es wirklich den Leuten, sich selbst zu entscheiden? Was geschieht, wenn keiner freiwillig in die Bergwerke geht, wenn keiner Lokomotivführer werden will?" „Seien Sie sicher", antworten wir, „nichts dergleichen wird geschehen! In einer Marktgesellschaft werden alle Posten ausgefüllt, weil es für die Leute vorteilhaft ist sie auszufüllen." Ungläubig nehmen dies unsere Gesprächspartner zur Kenntnis. Da meint schließlich einer von ihnen: „Angenommen, wir folgen Ihrem Rat und lassen unsere Leute tun, was ihnen beliebt. Schön. Doch sprechen wir jetzt von etwas Wichtigem, zum Beispiel von der Textilproduktion. Wie bestimmt man in Ihrer so genannten ‚Marktwirtschaft' die richtige Produktionsmenge?"

„Das tut man nicht", entgegnen wir.

„Nicht? Ja, wie wissen wir dann, ob genügend Textilien erzeugt werden?"

„Es werden genügend erzeugt, das lenkt der Markt."

„Aber wie wissen wir, dass nicht zu viel erzeugt wird?", fragt er triumphierend.

„Auch das lenkt der Markt!"

„Ja, was ist denn das für ein Markt, der all diese Wunder vollbringt? Wer lenkt denn ihn?"

„Oh, niemand lenkt den Markt, der lenkt sich selbst", antworten wir.

„In Wirklichkeit gibt es keinen ‚Markt' im eigentlichen Sinn, es ist nur ein von uns verwendeter Begriff, um das Verhalten der Leute auszudrücken."

„Aber ich dachte, die Leute verhalten sich so, wie sie wollen!"

„Das tun sie auch. Haben Sie keine Bedenken: Die Leute werden sich so verhalten, wie Sie es wollen!"

„Ich fürchte, dass wir Zeit vergeuden", sagt der Chef der Delegation. „Wir dachten, Sie hätten uns einen ernst zu nehmenden Vorschlag zu machen. Aber was Sie da vorbringen, ist verrückt. Das kann kein Mensch verstehen. Auf Wiedersehen!"

▶ 1. Erläutern Sie der Delegation ausführlich den Steuerungsmechanismus einer Marktwirtschaft anhand der folgenden Fragen:

    a) Wie wird bestimmt, welche Güter produziert werden und wie viel von jedem Gut?

    b) Wie wird die Knappheit der Güter festgestellt?

    c) Wie werden Produzenten und Konsumenten veranlasst, mit knappen Gütern sparsam umzugehen?

    d) Wie werden Pläne der Produzenten und der Konsumenten, die sich widersprechen, aufeinander abgestimmt?

▶ 2. Stellen Sie an einem Beispiel ergänzend dar, in welchen Fällen und mit welchen Mitteln der Staat in den Marktmechanismus eingreifen soll.

---

[1] Robert L. Heilbronner, Wege zum Wohlstand, Gütersloh 1962, S. 32

Lösungs-
blatt

## 1.12 Markt und Preis – Vollkommener Markt

Das **Technische Gymnasium Haslach** veranstaltet jährlich einen Weihnachtsbasar, dessen Erlös der örtlichen Altenhilfe zufließt. 15 der insgesamt 16 Schüler der Jahrgangsstufe 12 haben in den Werkräumen der Schule Wechselrahmen für Bilder aus beschichtetem Aluminium und spiegelfreiem Glas hergestellt. Schüler **Kurt Späth** konnte sich wegen einer Sportverletzung an der Herstellung nicht beteiligen, ist aber bereit, beim Verkauf mitzuwirken. Nach den Berechnungen der Schüler betragen die Materialkosten jedes Rahmens 8 EUR. Alle 15 Rahmen sind in Farbe, Form und Qualität identisch. Jeder Schüler will beim Weihnachtsbasar am ersten Montag im Dezember den von ihm gebastelten Rahmen verkaufen. Dazu hat sich die Klasse auf folgendes Vorgehen geeinigt:

**A** Alle Schüler der Jahrgangsstufe 12, die an der Herstellung der Rahmen beteiligt waren, teilen ihre persönlichen Preisvorstellungen mit Namensnennung **Kurt Späth** auf einer **roten Karte** mit.

**B** Ebenso teilen die Kaufinteressenten **Kurt Späth** auf einer **blauen Karte** jeweils mit, welchen Preis sie zu zahlen bereit sind.

**C** Für die Kauf- und Verkaufspreise sollen folgende Bedingungen gelten:
- niedrigster Preis:    8 EUR
- höchster Preis:    20 EUR
- Es sind nur ganze EUR-Beträge zulässig.

**D** Aus den Angaben über die gewünschten Kauf- und Verkaufspreise ermittelt **Kurt Späth** einen Einheitspreis, zu dem die Rahmen verkauft werden sollen. Bei der Preisermittlung hat er darauf zu achten, dass möglichst viele Kaufverträge zu Stande kommen.

**Aufgaben:**
▶ 1. Teilen Sie Ihre Klasse entsprechend obiger Vorgehensweise je zur Hälfte in Kauf- und Verkaufsinteressenten auf, und ermitteln Sie den Preis, der sich nach den persönlichen Vorstellungen der »Marktteilnehmer« ergibt.

2. Die Kauf- und Verkaufsgebote am **Technischen Gymnasium Haslach** brachten folgendes Ergebnis:

| blaue Karte (Käufer) | |
|---|---|
| Armin | 9 EUR |
| Beate | 13 EUR |
| Cäsar | 11 EUR |
| Dietmar | 18 EUR |
| Edith | 16 EUR |
| Friedrich | 12 EUR |
| Gerda | 14 EUR |
| Hugo | 20 EUR |
| Inge | 12 EUR |
| Kurt | 15 EUR |
| Ludwig | 14 EUR |
| Martha | 12 EUR |
| Norbert | 19 EUR |

| rote Karte (Verkäufer) | |
|---|---|
| Ortlieb | 14 EUR |
| Peter | 9 EUR |
| Renate | 20 EUR |
| Stefan | 10 EUR |
| Traute | 15 EUR |
| Ulrich | 18 EUR |
| Veronika | 19 EUR |
| Willy | 12 EUR |
| Annette | 16 EUR |
| Bertram | 8 EUR |
| Dieter | 16 EUR |
| Elmar | 13 EUR |
| Friederike | 18 EUR |
| Gernot | 19 EUR |
| Isolde | 14 EUR |

▶ a) Errechnen Sie den Preis, den **Kurt Späth** festsetzen wird.

▶ b) Stellen Sie das Angebots- und Nachfrageverhalten der Marktteilnehmer durch Punkte in einem Koordinatensystem grafisch dar (Preis-/Mengenkombinationen). Verbinden Sie die Punkte zu einer Angebots- und zu einer Nachfragekurve.

▶ c) Welche Beziehung zwischen angebotener und nachgefragter Menge ist bei dem von **Kurt Späth** festgesetzten Preis (Gleichgewichtspreis) festzustellen?

▶ d) Wie viele Kaufverträge würden abgeschlossen, wenn **Kurt Späth** den Preis auf
   – 10 EUR bzw.
   – 18 EUR festsetzt?

3. Zur Erklärung komplizierter Sachverhalte verwendet man in der Volkswirtschaftslehre häufig Modelle (= vereinfachte Abbilder der Wirklichkeit).

   Zur Erklärung der Preisbildung wurde unter Nr. 1) und Nr. 2) ebenfalls mit einem Modell gearbeitet.

▶ a) Nennen Sie die Voraussetzungen (= Modellannahmen des vollkommenen Marktes), unter denen die Preisbildung nach dem beschriebenen Muster funktioniert.

▶ b) Beschreiben Sie – ausgehend von den getroffenen Modellannahmen –, welche Folgen für den Verkäufer **Stefan** eintreten, wenn er am Weihnachtsbasar seinen Wechselrahmen für
   – 16 EUR bzw.
   – 10 EUR auszeichnet?

▶ 4. Warum bietet keiner der 15 Verkäufer unter einem Preis von 8 EUR an?

▶ 5. Vergleichen Sie die Preisbildung auf dem Gebrauchtwagenmarkt einer Großstadt mit der Preisbildung auf einem vollkommenen Markt.

## 1.13 Investitionsarten: Gesamtwirtschaftliche Sicht

In der folgenden Tabelle wird die Entwicklung der Investitionen in einer Volkswirtschaft (in Millionen EUR) über den Zeitraum von 4 Jahren dargestellt.

▶ 1. Berechnen Sie die in der Tabelle fehlenden Werte.

| Jahr | Ersatz-investition | Netto-Anlage-investition | Brutto-Anlage-investition | Vorrats-investition | Brutto-investition | Netto-investition |
|------|------|------|------|------|------|------|
| 1 | 100 | 20 | ? | 10 | 130 | 30 |
| 2 | 110 | 30 | 140 | 15 | ? | 45 |
| 3 | 130 | 35 | 165 | 15 | 180 | ? |
| 4 | 140 | 35 | 175 | 5 | ? | 40 |

▶ 2. Im Jahre 3 betrugen die Bruttobauinvestitionen und die sonstigen Anlagen (brutto) zusammen 20 Mio. EUR. Wie groß war die Ausrüstungsinvestition in diesem Jahr?

## 1.14 Geld- und Güterströme – Einfacher Wirtschaftskreislauf

Die folgende Tabelle zeigt die Lieferbeziehungen (Güterströme) zwischen drei Wirtschaftsbereichen A, B und C einer Modellvolkswirtschaft (in Mio. Geldeinheiten).

| liefernder Wirtschaftsbereich / empfangender Wirtschaftsbereich | Verflechtungen zwischen den Wirtschaftsbereichen | | | Summe der abgegebenen Leistungen |
|---|---|---|---|---|
| | **A** | **B** | **C** | |
| **A: Dienstleistungen/Konsumgüter** | | 0 | 0 | |
| **B: Investitionsgüter** | 20 | | 30 | |
| **C: Bergbau, Land- und Forstwirtschaft** | 10 | 40 | | |
| Summe der empfangenen Leistungen | | | | |

1. Stellen Sie aus der Tabelle fest, in welcher Höhe die Unternehmen jedes der drei Wirtschaftsbereiche insgesamt von den Unternehmen anderer Wirtschaftsbereichen Leistungen empfangen haben und in welcher Höhe sie insgesamt Leistungen an Unternehmen anderer Wirtschaftsbereiche abgegeben haben.

2. Die Unternehmen des Wirtschaftsbereichs A haben auf dem Konsumgütermarkt Güter in Höhe von insgesamt 120 Mio. Geldeinheiten abgesetzt. Die Unternehmen der Wirtschaftsbereiche B und C haben außer den in der Tabelle dargestellten Leistungen keine weiteren Leistungen erbracht.

   Die privaten Haushalte erzielen ihr Einkommen für Arbeitsleistungen (= Faktoreinkommen) in den Unternehmen der Wirtschaftsbereiche A, B und C. Sie geben ihr gesamtes Faktoreinkommen für Konsumgüter beim Wirtschaftsbereich A aus.

   Den tabellarisch dargestellten Güterströmen fließen Geldströme entgegen.

   Stellen Sie die Geldströme in dieser Volkswirtschaft dar, indem Sie eine Grafik nach folgendem Muster erstellen und die Werte (in Mio. Geldeinheiten) bei den Geldströmen eintragen.

3. Wie hoch sind die Wertschöpfung und das Volkseinkommen (= Summe aller Faktoreinkommen) in dieser Volkswirtschaft?

4. Fassen Sie die Wirtschaftsbereiche A, B und C in einer grafischen Darstellung zu einem Sektor »Unternehmen« zusammen und zeichnen Sie die Geldströme zwischen dem Sektor Unternehmen und dem Sektor Haushalte ein.

5. Welche Informationen gehen durch die Zusammenfassung (= Aggregation) der Unternehmen der drei Wirtschaftsbereiche zum Sektor Unternehmen verloren?

## 1.15 Kreislauf einer fortschreitenden (evolutorischen) Wirtschaft – Sparen und Investieren

Die unten stehende kontenmäßige Darstellung des Kreislaufs in einer Volkswirtschaft beschreibt eine evolutorische (sich verändernde) Wirtschaft.

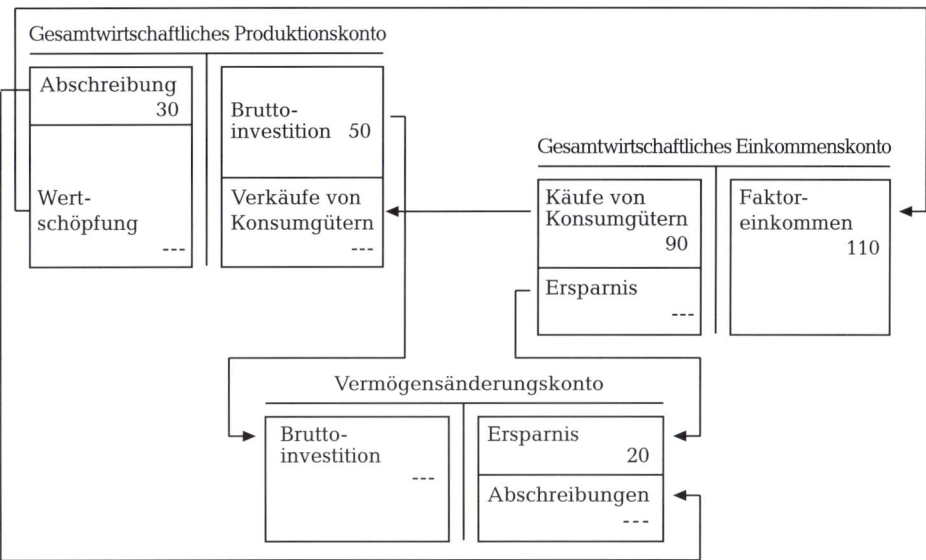

▶ 1. Stellen Sie die in den Konten fehlenden Werte fest.

▶ 2. Wie groß ist die Nettoinvestition in dieser Volkswirtschaft?

▶ 3. Welcher Zusammenhang besteht zwischen Nettoinvestition und Ersparnis?

▶ 4. Woran erkennen Sie, dass es sich hier um eine evolutorische (sich verändernde) Wirtschaft handelt?

## 1.16 Wertschöpfung – Berechnung des Inlandsprodukts – Aussagekraft des Inlandsprodukts

In einer Volkswirtschaft gibt es die drei Produktionszweige A, B und C, außerdem den Großhandel und den Einzelhandel. Die Umsatzerlöse und die Zahlungen für Vorleistungen aller Wirtschaftszweige sind in der nachstehenden Tabelle eingetragen. Zur Erstellung des Inlandsprodukts erfolgte in der Volkswirtschaft ein Verzehr von Anlagegütern, der durch die Abschreibungen in Höhe von 40 Mrd. EUR zum Ausdruck gebracht wird. Die Unternehmen haben Produktionsabgaben (z. B. Mineralölsteuer, Kfz-Steuer) in Höhe von 30 Mrd. EUR an den Staat gezahlt und andererseits Subventionen in Höhe von 10 Mrd. EUR erhalten.

▶ 1. Berechnen Sie in einer Tabelle nach dem Muster auf Seite 34 (alle Zahlen in Mrd. EUR)

    a) die Bruttowertschöpfung der verschiedenen Wirtschaftszweige,

    b) das Bruttoinlandsprodukt zu Marktpreisen,

c) das Bruttonationaleinkommen,

d) das Volkseinkommen.

| Wirtschaftszweig | Umsatzerlöse | Zahlungen für Vorleistungen | Brutto-Wertschöpfung |
|---|---|---|---|
| A | 50 | 5 | |
| B | 40 | 10 | |
| C | 30 | 5 | |
| Großhandel | 60 | 50 | |
| Einzelhandel | 80 | 60 | |

Bruttoinlandsprodukt zu Marktpreisen
+ Erwerbseinkommen inländischer Bürger aus dem Ausland   2      .........................
– Erwerbseinkommen ausländischer Bürger aus dem Inland   5  –                        3

= Bruttonationaleinkommen                                              .........................
–                                                                      .........................

= Nettonationaleinkommen (Primäreinkommen)                            .........................
– Produktionsabgaben        30
+ Subventionen              10                                    –                    20

= Volkseinkommen                                                       .........................

▶ 2. Nehmen Sie Stellung zu der folgenden Behauptung:

Großhandel und Einzelhandel haben Waren eingekauft und ohne jede Veränderung zu einem höheren Preis weiterverkauft. Tatsächlich haben sie keine Wertschöpfung erbracht, die eine Erhöhung des Inlandsprodukts ergibt. Nur die Produktion von Sachgütern darf bei der Berechnung des Inlandsprodukts berücksichtigt werden.

3. Beim Vergleich der Verhältnisse zweier Volkswirtschaften ergibt sich, dass das Bruttoinlandsprodukt je Kopf der Bevölkerung in der Volkswirtschaft A 40 000 Dollar, in der Volkswirtschaft B nur 35 000 Dollar beträgt.

▶ Gehen Sie kritisch auf die Frage ein, ob damit der Nachweis erbracht ist, dass der Wohlstand in der Volkswirtschaft A größer ist als in der Volkswirtschaft B.

## 1.17 Entstehung und Verwendung des Inlandsprodukts – Verteilung des Volkseinkommens – Lohnquote – Konsumquote – Investitionsquote

In dem Bild auf Seite 35 ist der Kreislauf einer Volkswirtschaft so dargestellt, dass Inlandsprodukt und Volkseinkommen nach der Entstehung, der Verteilung und der Verwendung berechnet werden können (alle Zahlen in Mrd. EUR).

▶ 1. Berechnen Sie die in der grafischen Darstellung fehlenden Werte.

▶ 2. Wie groß ist die Bruttoinvestition, wie groß die Nettoinvestition in dieser Volkswirtschaft?

▶ 3. Wie groß ist das Volkseinkommen?

▶ 4. Berechnen Sie die Lohnquote.

▶ 5. Wie groß ist die Konsumquote?

**Entstehung und Verwendung des Inlandsprodukts, Verteilung des Volkseinkommens**

| | ENTSTEHUNG | VERWENDUNG | | | | VERTEILUNG | |
|---|---|---|---|---|---|---|---|
| 20 | Land- und Forst-wirtschaft, Fischerei | | | | | Arbeitnehmer-entgelt | ... |
| ... | Produzierendes Gewerbe | Privater Konsum | ... | | | | |
| 330 | Handel, Gastge-werbe, Verkehr | | | Bruttonationaleinkommen | Volkseinkommen | Unternehmens- und Vermögens-einkommen | 420 |
| 650 | Finanzierung, Vermietung, Unternehmens-dienstleister | Konsumausgaben des Staates | 350 | | | Saldo aus Produktions-/Importabgaben und Subventionen | 240 |
| | | Investitionen | 450 | | | Abschreibungen | 300 |
| 400 | Öffentliche u. private Dienstleister | Außenbeitrag | 10 | | | Saldo der Erwerbs-einkommen vom/ans Ausland | 20 |

**Bruttoinlandsprodukt zu Marktpreisen 2.000 Mrd. EUR**

# Betriebliche Grundfunktionen[1]

## *1.18* Betriebliche Funktionsbereiche – Grundfunktionen des betrieblichen Leistungsprozesses

Das folgende Schaubild zeigt in allgemeiner Form den Leistungsprozess in einem Industriebetrieb:

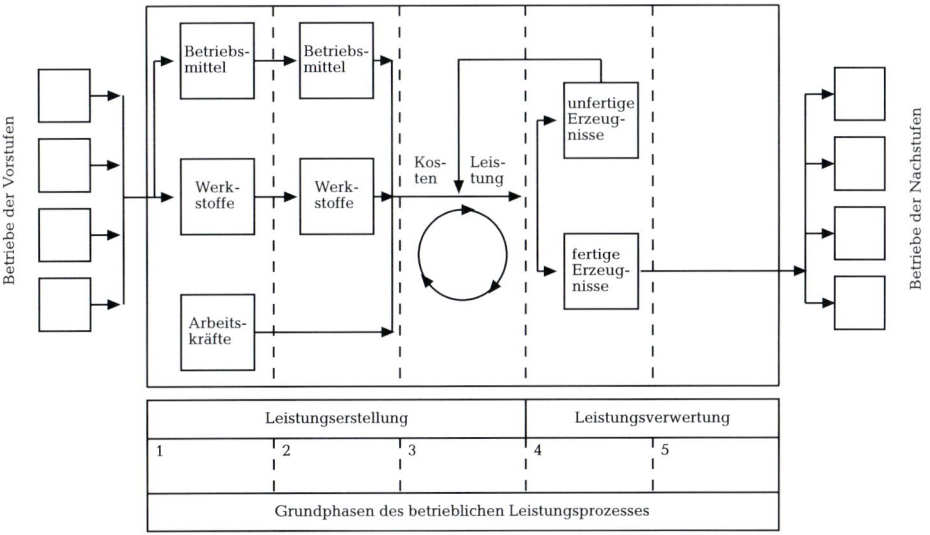

---

[1]   Vgl. dazu auch Aufgabe **7.01** Begriff und Arten betrieblicher Leistungserstellung – Betriebstypen

▶ 1. Ordnen Sie den Ziffern 1 bis 5 die folgenden Phasen zu:

   a) Fertigung
   b) Einsatzlager
   c) Beschaffung
   d) Absatzlager
   e) Absatz

▶ 2. Erläutern Sie die im Schaubild dargestellten fünf Phasen des betrieblichen Leistungsprozesses am Beispiel einer Margarinefabrik (Bild Seite 22).

▶ 3. Wodurch unterscheidet sich der betriebliche Leistungsprozess in einem Industriebetrieb von dem in einem

   a) Handelsbetrieb,
   b) Reisebüro,
   c) Transportbetrieb,
   d) Bankbetrieb,
   e) Versicherungsbetrieb,
   f) Steuerberatungsbüro,
   g) Bauunternehmen?

   Benutzen Sie für Ihre Lösung eine Tabelle nach folgendem Muster:

| Art des Betriebes | Beschaffung durch die Einkaufs-abteilung[1] | Einsatzlager | Fertigung | Ausführung von Dienst-leistungen | Absatzlager | Absatz |
|---|---|---|---|---|---|---|
| Industrie | Werkstoffe (Roh-, Hilfs- und Betriebs-stoffe, Einzel-teile) | Werkstoffe | Erzeugnisse (Waren) | – | Fertig- und Halbfertig-erzeugnisse | Verkauf und Auslieferung von Erzeug-nissen |
| Handel | ? | ? | ? | ? | ? | ? |
| usw. | ? | ? | ? | ? | ? | ? |

1) Ohne Beschaffung von Betriebsmitteln (Grundstücke, Maschinen), Arbeitskräften und Kapital.

4. Neben dem Leistungsprozess ist die Finanzierung ein wichtiger betrieblicher Teilbereich.

▶   Erläutern Sie den Zusammenhang zwischen den einzelnen Grundphasen des betrieblichen Leistungsprozesses und der Finanzierung.

5. In einer Fahrradfabrik ergeben sich die unter a) bis j) aufgeführten Ereignisse und Entscheidungen.

▶   Kreuzen Sie in einer Tabelle nach folgendem Muster an, welche betrieblichen Funktionsbereiche durch die einzelnen Vorkommnisse jeweils betroffen sind.

| Er-eig-nis | Leistungsprozess | | | | | Finanzierung |
| | Leistungserstellung | | | Leistungsverwertung | | |
| | Beschaffung | Einsatzlager | Fertigung | Absatzlager | Absatz | |
|---|---|---|---|---|---|---|
| a | | | | | | |
| b | | | | | | |
| usw. | | | | | | |

a) Ein neuer Anbieter von Fahrradbeleuchtungen gewährt bei Abnahme bestimmter Mindestmengen einen erheblichen Mengenrabatt. Dieses günstige Angebot soll ausgenutzt werden.

b) Das Fertigungsverfahren soll durch die Anschaffung eines neuen Montagebandes umgestellt werden.

c) Ein Zulieferer, von dem bisher Zubehör (Fahrradklingeln) bezogen wurde, ist in finanzielle Schwierigkeiten geraten und kann nicht mehr produzieren. Es wird überlegt, den Betrieb des bisherigen Zulieferers aufzukaufen und weiterzuführen.

d) Die Preise für Bremsen und Gangschaltungen eines japanischen Zulieferers haben sich erhöht. Andere Anbieter, die Produkte mit vergleichbarer Qualität liefern, gibt es nicht. Es soll daher versucht werden, einerseits Verhandlungen mit dem Lieferer über mögliche Preisnachlässe und längere Zahlungsfristen zu führen und andererseits die Kostensteigerungen auf die Verkaufspreise zu überwälzen.

e) Die Absatzzahlen waren in letzter Zeit rückläufig und haben zu hohen Lagerbeständen geführt. Es wird überlegt, ob Kurzarbeit eingeführt werden soll.

f) Es wird überlegt, das Sortiment durch die Herstellung von Standfahrrädern (Heimtrainer) zu erweitern.

g) Eine Lieferung von Bremsen und Gangschaltungen ist beim Seetransport durch den Einfluss von Meerwasser beschädigt worden und rostet bereits. Eine Ersatzlieferung ist erst in einigen Wochen zu erwarten. Die Lagervorräte sind so knapp, dass die Produktion eines bestimmten Fahrradtyps ins Stocken gerät.

h) Aufgrund einer Werbekampagne und einer positiven Beurteilung durch die **Stiftung Warentest** entwickelt sich eine unerwartet hohe Nachfrage nach einem neu entwickelten Fahrradtyp (City-Rad »**Ultra-leicht**«). Die Lagervorräte konnten in kürzester Zeit abgebaut werden und es wird die Einführung von Sonderschichten erwogen.

i) Es geht ein Großauftrag eines Versandhauses ein. Für die termingerechte Ausführung des Auftrages sind Überstunden erforderlich.

j) Durch die Anschaffung einer neuen Spritzanlage soll beim Lackieren von Rahmen und Gabeln die Freisetzung gesundheitsgefährdender Dämpfe verringert werden.

# Betriebliche Zielsetzungen

## 1.19 Arten betrieblicher Ziele – Zielbeziehungen

Die Abteilung Rechnungswesen eines Metall verarbeitenden Betriebs legt am Ende der fünften Abrechnungsperiode folgende Zahlen vor:

| Periode | Absatz-menge | Verkaufs-preis | Umsatz | Gesamt-kosten | Gewinn |
|---|---|---|---|---|---|
| 1 | 10 000 | 42 EUR | | 400 000 EUR | |
| 2 | 13 000 | 41 EUR | | 503 000 EUR | |
| 3 | 16 000 | 40 EUR | | 610 000 EUR | |
| 4 | 16 000 | 40 EUR | | 620 000 EUR | |
| 5 | 20 000 | 38 EUR | | 750 000 EUR | |

▶ 1. Erstellen Sie eine Tabelle nach dem Muster auf Seite 37 und berechnen Sie für die vier Perioden jeweils den Umsatz und den Gewinn.

▶ 2. Stellen Sie den Zusammenhang zwischen Umsatz, Kosten und Gewinn formelmäßig dar.

▶ 3. Die Geschäftsleitung vergleicht die von ihr für Umsatz und Gewinn vorgegebenen Ziele mit den tatsächlichen Ergebnissen, wie sie sich aus der Tabelle ergeben. Dabei wird bemängelt, dass lediglich das Umsatzziel erreicht wurde.

   Worauf ist es in den einzelnen Perioden zurückzuführen, dass trotz steigenden oder gleichbleibenden Umsatzes das Gewinnziel nicht erreicht werden konnte?

▶ 4. Stellen Sie Kombinationen von Umsatz und Gewinn, die sich in den fünf Perioden ergeben, in einem Koordinatensystem nach folgendem Muster grafisch dar:

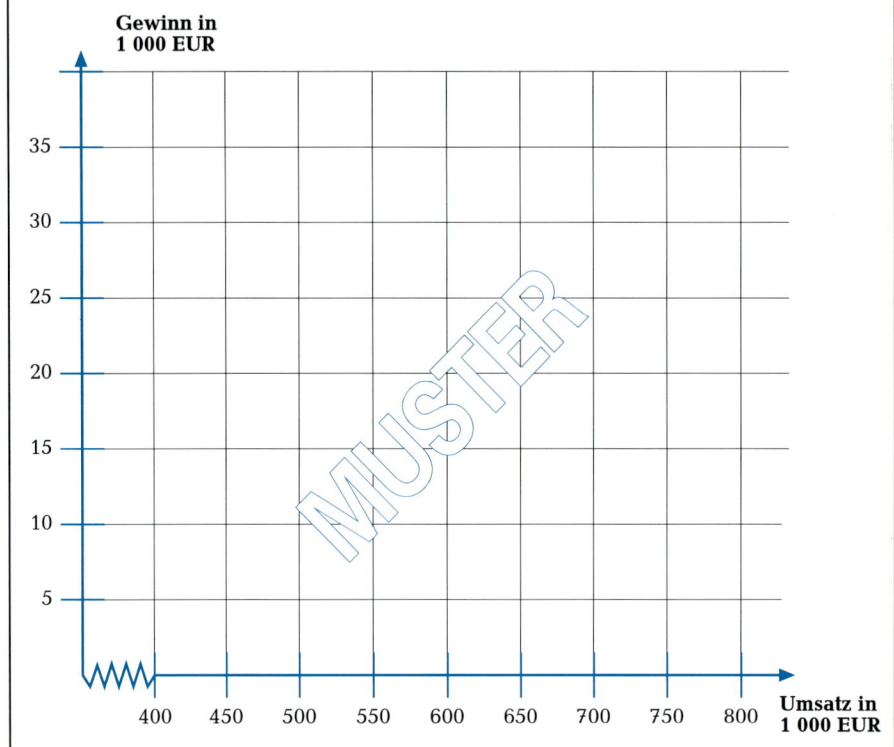

5. Folgende Zielbeziehungen sind denkbar:
   – komplementäre (miteinander verträgliche bzw. einander ergänzende) Ziele,
   – konkurrierende (miteinander unverträgliche bzw. einander behindernde) Ziele,
   – indifferente (voneinander unabhängige) Ziele.

▶ Stellen Sie anhand der unter 4. erstellten Grafik für die fünf Perioden fest, welche dieser Beziehungen zwischen den Zielen Umsatz und Gewinn jeweils vorlag.

▶ 6. Geben Sie für die folgenden Zielpaare eine mögliche Zielbeziehung an und ordnen Sie diese einer der drei Abbildungen (siehe Seite 39) zu. Begründen Sie jeweils Ihre Aussage.
   a) Erhöhung des mengenmäßigen Marktanteils – Umsatzsteigerung
   b) Umsatzsteigerung – Gewinnsteigerung
   c) Kostensenkung – Gewinnsteigerung

   d)  Verbesserung der Produktqualität – Imageerhöhung

   e)  Verminderung von Umweltbelastung – Gewinnsteigerung

   f)  Erhöhung der Marktmacht – Sicherung der Arbeitsplätze

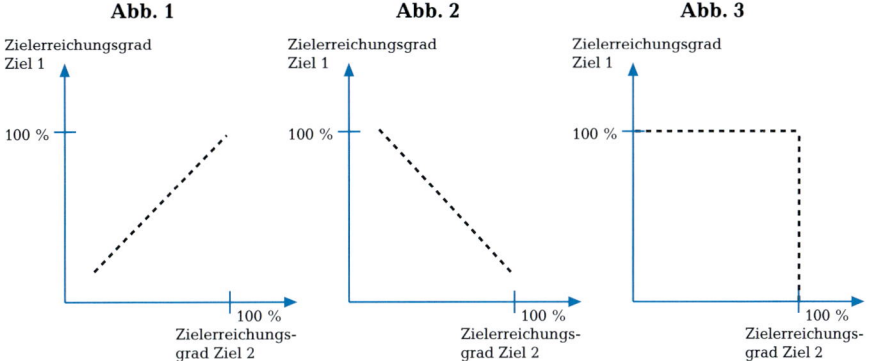

▶ 7.  Betriebliche Ziele lassen sich in monetäre (= in Geldeinheiten messbare) Ziele und nichtmonetäre Ziele einteilen. Ordnen Sie die bei 6. genannten Ziele diesen beiden Bereichen zu.

# *Betrieb und Umwelt*[1]

## *1.20* Betriebliche Ökobilanzen – Betriebliche Umweltpolitik – Öko-Audit

Die Elektronik GmbH entwickelt und produziert Kfz-Insassensicherheitssysteme (z. B. Airbags). Sie bezeichnet sich als »Ökologisches Unternehmen«. Für das vergangene Jahr hat das Unternehmen freiwillig eine »Umwelterklärung« herausgegeben, in der die Umweltbelastung durch das Unternehmen dokumentiert wird.

1.  Bestandteil der »Umwelterklärung« ist eine Werks-Ökobilanz in grafischer Form. Um so unterschiedliche Dinge wie z. B. Stromverbrauch und Transport ökologisch miteinander vergleichen zu können, wurde hier zur Bewertung einer Methode des Schweizer Bundesministeriums für Umwelt, Wald und Landwirtschaft gefolgt. Bei dieser Methode werden Umweltbelastungspunkte berechnet, indem z. B. der Ausstoß an Schwefeldioxid ($SO_2$) mit einem Faktor multipliziert wird, der auf der Schädlichkeit des $SO_2$ für die Umwelt beruht.

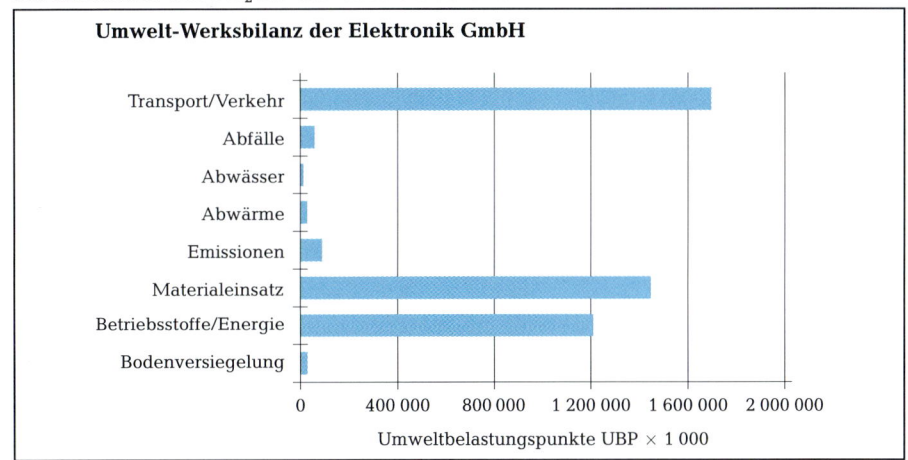

———————

[1]  Vgl. dazu auch Aufgaben **6.19**, **10.14** und **10.15**

▶  a) Welches sind die beiden Hauptfaktoren für die Belastung der Umwelt durch die **Elektronik GmbH**?

▶  b) Worin liegt die Hauptschwierigkeit, eine Werks-Ökobilanz so zu gestalten, dass sie dem Betrachter die Umweltbelastung klar, glaubhaft und nachvollziehbar offenlegt?

2. Neben der Werks-Ökobilanz enthält die Umwelterklärung der **Elektronik GmbH** auch eine Produktbilanz. Darin wird die Umweltbelastung dargestellt, die durch die vier im Werk hergestellten Typen von Gasgeneratoren (für Airbags) verursacht werden. Als Vergleichsmaßstab wird die Umweltbelastung angegeben, die ein Krankentransport von 20 km verursacht.

**Produktbilanz der Elektronik GmbH:**
**Umweltbelastung durch die verschiedenen Typen der erzeugten Gasgeneratoren**

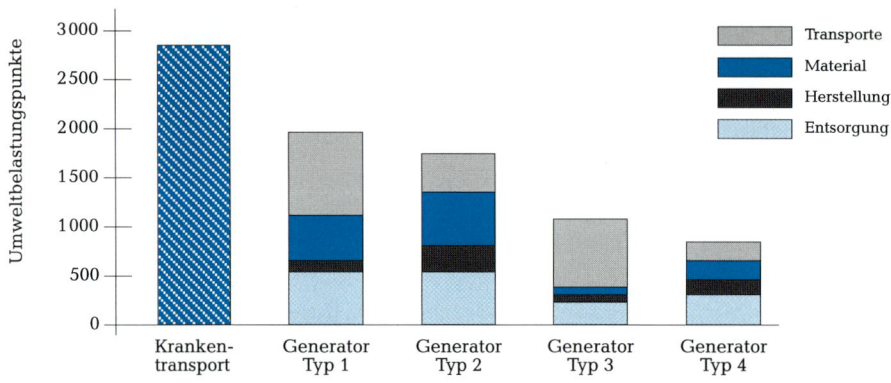

▶  a) Welches Produkt verursacht die geringste Umweltbelastung?

▶  b) In welchem der in der Werksbilanz als Ursache der Umweltbelastung ausgewiesenen Bereiche wurde bei dem Modell mit der geringsten Umweltbelastung am deutlichsten eine Verbesserung erzielt?

c) Die Gasgeneratoren der Typen A, B und C sind Bestandteile der vom Unternehmen produzierten Airbags, die Verletzungen bei Unfällen vermeiden sollen.

▶  Halten Sie die Umweltbelastung durch einen Krankentransport von 20 km als Vergleichsmaßstab für die Umweltbelastung durch die verschiedenen Produkte des Unternehmens für angemessen?

3. Die **Elektronik GmbH** verarbeitet 3 Rohstoffe ($R_1$, $R_2$, $R_3$), deren Einsatz im Produktionsprozess zu unterschiedlichen Umweltbelastungen führt. In der Umwelterklärung des Unternehmens ist u. a. nachstehende Übersicht enthalten, die die Umweltbelastungsfaktoren bei Verarbeitung von jeweils einer Tonne der 3 Rohstoffe, die Verarbeitungsmengen und die Umweltbelastungspunkte darstellt.

| | Umwelt-belastungs-faktor (F) | Verarbeitete Mengen (in 1 000 Tonnen) – Vorjahr – ($t_0$) | Verarbeitete Mengen (in 1 000 Tonnen) – Berichtsjahr – ($t_1$) | Umwelt-belastungs-punkte – Vorjahr – $UBP = F \times t_0$ | Umwelt-bealstungs-punkte – Berichtsjahr – $UBP = F \times t_1$ |
|---|---|---|---|---|---|
| Rohstoff 1 | 1 | 12 000 | 12 000 | 12 000 | 12 000 |
| Rohstoff 2 | 3 | 14 000 | 22 000 | 42 000 | 66 000 |
| Rohstoff 3 | 6 | 9 000 | 4 000 | 54 000 | 24 000 |
| **Summe** | | | | **108 000** | **102 000** |

▶ a) Wie hat sich die Umweltbelastung durch den Rohstoffeinsatz im Verhältnis zum vergangenen Jahr entwickelt?

▶ b) Worauf ist die Veränderung der Umweltbelastung durch den Rohstoffeinsatz zurückzuführen?

    c) Das Unternehmen möchte am Öko-Audit gem. EG-Verordnung 1836/93 teilnehmen. Es will künftig eine Umwelterklärung von einem zugelassenen Umweltgutachter überprüfen lassen und den Betrieb bei der EU-Kommission zur Registrierung anmelden. Damit wird die Berechtigung erworben, das europäische Umwelt-Gütesiegel auf dem Briefkopf des Unternehmens und für Werbezwecke zu verwenden.

▶     Welche weiteren Voraussetzungen neben der Abgabe einer Umwelterklärung (z. B. Umwelt-Werksbilanz, Produktbilanz) muss das Unternehmen nach dem folgenden Schaubild dazu noch erfüllen?

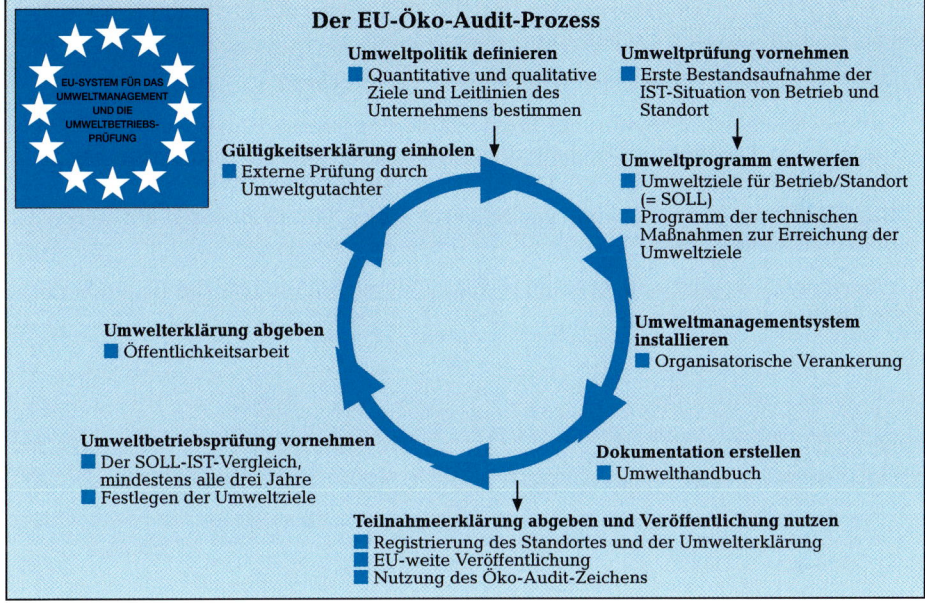

4. Unten ist ein Ausschnitt aus der Ökobilanz der **Lämmle-Brauerei** abgebildet.

▶ Welche wesentlichen Unterschiede zwischen dieser Ökobilanz und einer Handelsbilanz sind erkennbar?

| Input | | | Output | | |
|---|---|---|---|---|---|
| **Artikel** | **Bezeichnung** | **Menge** | **Artikel** | **Bezeichnung** | **Menge** |
| Gerste (gereinigt) | ökologisch konventionell | 10 031,66 dt 9 007,96 dt | Bier (Verkauf) | ökologisch | 14 523,93 hl |
| Weizen (gereinigt) | ökologisch konventionell | 37,5 dt 564,92 dt | Bier (Verkauf) | konventionell | 50 668,95 hl |
| Hopfen | ökologisch konventionell | 9 9133,00 kg 0 kg | Alkoholfreie Getränke | Olympia-Limonaden | 16 897,10 hl |
| Wasser | Eigenwasser Stadtwasser | 63 689 cbm 6 279 cbm | | | |

42

## A2 Rechtliche Grundlagen

### *Willenserklärungen beim Abschluss von Verträgen*

#### *2.01* Willenserklärung – Antrag – Annahme – Kaufvertrag

**Xaver Lindner,** Inhaber einer Weingroßhandlung in **Würzburg,** befindet sich auf einer Geschäftsreise in Oberbayern und übernachtet im Gasthof **Alpenblick** in **Schliersee.** Abends holt **Lindner** aus seinem Wagen 2 Flaschen Bocksbeutel aus der Lage »Escherndorfer Lump«. Er lädt den Gastwirt **Hans Obermooser** zu einer Weinprobe ein. Der Wirt ist von diesem Wein begeistert. Er führte ihn bisher nicht. Darauf bietet **Lindner** dem Wirt 50 Flaschen dieses Weines zu einem Vorzugspreis von 5,50 EUR je Flasche an. **Obermooser** bestellt 50 Flaschen zur Lieferung in 4 Wochen. Beide beschließen das Geschäft durch Handschlag.

▶ 1. Was hat **Lindner** und was hat **Obermooser** versprochen?

2. In der Zwischenzeit zerstört ein Frost fast den gesamten Blütenansatz der Reben dieser Lage. **Lindner** teilt deshalb dem Wirt mit, dass er den künftig knapper werdenden Wein mit 5,80 EUR je Flasche in Rechnung stellen müsse.

BGB § 145 ▶ Kann **Lindner** die Lieferung verweigern, wenn **Obermooser** nicht bereit ist, 5,80 EUR zu bezahlen?

3. **Obermooser** wendet sich an einen rechtskundigen Stammgast, der folgenden Brief an **Lindner** vorschlägt:

> Sehr geehrter Herr Lindner!
>
> Sie haben mir am 25. April d.J. zugesichert, 50 Flaschen Bocksbeutel »Escherndorfer Lump« zum Preis von 5,50 EUR je Flasche innerhalb 4 Wochen zu liefern.
> Sie verweigern die Lieferung zu diesem Preis. Es ist im täglichen Leben und ganz besonders im Geschäftsleben notwendig, dass man sich auf gegebene Versprechen verlassen kann.
> Als Kaufmann wissen Sie aber sicher, dass Sie mit Ihrer Willenserklärung einen rechtlich verbindlichen Antrag abgegeben haben, den ich angenommen habe. Auf diese Weise ist ein zweiseitiges Rechtsgeschäft zu Stande gekommen. Dieser Vertrag gibt mir Anspruch auf Erfüllung.
> Ich fordere Sie deshalb auf, unverzüglich zu den vereinbarten Bedingungen zu liefern; sonst sehe ich mich gezwungen, gerichtliche Hilfe in Anspruch zu nehmen.
> Mit freundlichen Grüßen
> *Obermooser*

▶ a) Wie werden Willenserklärungen genannt, die zu Verträgen führen?

▶ b) Wäre der Brief **Obermoosers** ebenso berechtigt, wenn **Obermooser** den Wein bei **Lindner** aufgrund einer Zeitungsanzeige bestellt hätte?

▶ c) Warum hilft der Gesetzgeber dem Gastwirt **Obermooser,** die Erfüllung gegebener Versprechen zu erzwingen?

▶ d) Fassen Sie aufgrund des Briefes die Voraussetzungen für das Zustandekommen eines Vertrages zusammen.

4. **Lindner** hat am 20. Mai d. J. dem **Kronen-Hotel in Frankfurt** schriftlich 100 Bocksbeutel des gleichen Weines zum Preis von 5,50 EUR angeboten. Nachdem die Hotelleitung von den Frostschäden Kenntnis erhalten hat, bestellt sie am 30. Mai mittels Fax 100 Flaschen Bocksbeutel.

BGB § 146 ▶ a) Muss **Lindner** noch zu den angegebenen Bedingungen liefern?

§ 147 ▶ b) Wie lange wäre **Lindner** an seinen Antrag gebunden, wenn er ihn am 20. Mai gelegentlich eines Kundenbesuches gemacht hätte?

## 2.02 Willenserklärung Geschäftsunfähiger und beschränkt Geschäftsfähiger

1. Der sechsjährige Sohn **Georg** des Metzgermeisters **Schäfer** ist in die Grundschule aufgenommen worden. Am ersten Schultag erhält er von seiner Lehrerin eine Liste aller Verbrauchsmaterialien, die seine Eltern selbst bezahlen müssen. Die Lehrbücher hat er bereits in der Schule erhalten.

   Auf dem Heimweg von der Schule gibt er, wie die meisten seiner Mitschüler, die Liste beim Fachgeschäft für Büro- und Computerbedarf **Straubmüller** ab. Herr **Straubmüller** will alles herrichten. Am nächsten Tag, auf dem Weg zur Schule, können die Erstklässler dann die Materialien, jeweils in einer Tragetasche verpackt, abholen.

   Als Metzgermeister **Schäfer** davon hört, verlangt er von **Georg,** dass er die Liste wieder abholt und im Schreibwarengeschäft **Huß** abgibt. Frau **Huß** ist eine gute Kundin des Metzgermeisters.

▶ a) Kann der Schreibwarenhändler **Straubmüller** verlangen, dass die Materialien abgenommen und bezahlt werden?

BGB §§ 104, 105

▶ b) Georg gibt die Liste bei Frau **Huß** ab. Ist der Kaufvertrag damit zustande gekommen?

2. Der 15-jährige Sohn **Kurt** des Metzgermeisters **Schäfer** ist im gleichen Jahr in die Wirtschaftsschule eingetreten. Sein Mathematiklehrer hat in der ersten Stunde auf Fragen von Schülern mitgeteilt, dass die Benutzung eines Taschenrechners erlaubt ist. Er hat dafür insbesondere den Rechner **Merkura SLC-8261** empfohlen, den er für preiswert hält. **Kurt** bestellt den Taschenrechner bei **Straubmüller.** Dieser verspricht ihm, 2% Skonto auf den Listenpreis zu gewähren.

▶ a) Kann **Straubmüller** die Abnahme und Bezahlung des Taschenrechners verlangen, wenn der Metzgermeister **Schäfer** die Bestellung seines Sohnes nicht genehmigt?

§§ 106–109

▶ b) Ist **Straubmüller** an das Versprechen gebunden, 2% Skonto zu gewähren?

## 2.03 Girokonto für beschränkt Geschäftsfähige

Sabine Roth (16 Jahre alt) hat bei der Firma **Sanitär-Reißer** mit Zustimmung ihrer Eltern eine Ausbildung zur Bürokauffrau begonnen. Sie wird aufgefordert ein Girokonto einrichten zu lassen, da die Auszahlung ihrer Ausbildungsvergütung bargeldlos erfolgen soll. In der Tageszeitung liest sie folgende Anzeige der **Merkur-Bank AG:**

BGB
§§ 106, 107,
108, 113

▶ 1. Kann die 16-jährige **Sabine Roth** ein Girokonto ohne Zustimmung der Eltern einrichten?

2. **Sabine Roth** hat ein Jugend-Girokonto bei der **MERKUR-BANK AG** eingerichtet. Sie erhält eine Ausbildungsvergütung von 600 EUR monatlich. Ihre Banknachbarin in der Berufsschule, **Elke Winter,** erzählt ihr, dass sie sich gerade eine neue Stereoanlage gekauft hat. Sie bietet Sabine ihre gebrauchte Anlage mit zwei hochwertigen Lautsprechern für 800 EUR an. **Sabine** würde die Stereoanlage sehr gerne kaufen und bedauert, dass sie keine Ersparnisse hat. »Das ist doch kein Problem«, erwidert **Elke**. »Du hast doch ein sicheres monatliches Einkommen und kannst den Kredit in bequemen Raten zurückzahlen. Die **MERKUR-BANK** gibt dir doch sicher einen Kredit.«

**Sabines** Vater wäre bereit, seine Zustimmung zur Kreditaufnahme zu geben. Trotzdem erhält **Sabine** von der Bank nicht den gewünschten Kredit. Man erklärt ihr freundlich, dass selbst mit der Unterschrift des Vaters ein gültiger Kreditvertrag nicht zustande kommen würde. Ein Kreditvertrag mit einem Minderjährigen könne gem. § 1643 in Verbindung mit § 1822 BGB nur mit Zustimmung des Familiengerichts rechtsgültig zustande kommen. Das sei in diesem Falle aber doch wohl zu umständlich. Sie solle ihrem Vater vorschlagen, den Kredit auf seinen Namen aufzunehmen; die Rückzahlungsraten könnten trotzdem von ihrem Girokonto abgebucht werden.

▶ a) Welche Gründe werden den Gesetzgeber zu dieser Regelung für die Kreditaufnahme durch Minderjährige veranlasst haben?

▶ b) Halten Sie diese strenge Regelung des Gesetzgebers für angemessen?

## *2.04*  **Verfügung über Taschengeld – Verpflichtungs- und Erfüllungsgeschäft beim Kaufvertrag**

**Peter** ist 16 Jahre alt und besucht die 10. Klasse der Realschule. Von seinen Eltern erhält er monatlich ein Taschengeld von 40 EUR.

1. **Peter** hat bei **Musik-Barth** eine CD mit einer historischen Liveaufnahme der **Beatles** zum Preis von 23,10 EUR gekauft und aus seinem Taschengeld sofort gezahlt. Sein Vater mag diese Art von Musik nicht und fordert deshalb, dass **Peter** die CD zurückgibt.

BGB
§ 110

▶ Muss **Musik-Barth** die CD zurücknehmen?

2. **Peter** kauft von seinem volljährigen Freund **Herbert** ein gebrauchtes Schlagzeug. Er nimmt das Instrument sofort mit. Er will es in Monatsraten von seinem künftigen Taschengeld zurückzahlen.

a) Die Eltern halten den Kaufpreis für zu hoch und verlangen die Rückgabe des Instruments.

§§ 110, 929 ▶ Muss **Herbert** das Schlagzeug zurücknehmen?

§ 107 ▶ b) Wer ist Eigentümer des Schlagzeugs, solange es noch in **Peters** Zimmer steht?

3. **Peter** hat die Realschule abgeschlossen und eine Ausbildung bei einer Versicherungsgesellschaft begonnen. Er erhält im ersten Jahr eine Ausbildungsvergütung von monatlich 510 EUR. Seinen Eltern gibt er davon monatlich 150 EUR als Beitrag für den Lebensunterhalt ab. Den Rest darf er zur freien Verfügung behalten, muss daraus aber all seine persönlichen Ausgaben bestreiten.

**Peter** kauft bei **Musik-Barth** ein neues Schlagzeug, bezahlt es bar und nimmt das Schlagzeug sofort mit.

§ 110 ▶ Wäre der Kaufvertrag auch dann gültig, wenn die Eltern dem Kaufvertrag sofort widersprechen?

## *2.05* **Zusammenfassung: Zustandekommen von Verträgen**

▶ Kreuzen Sie in einer Übersicht nach dem folgenden Muster an,

– ob ein rechtsverbindlicher Antrag zum Abschluss eines Kaufvertrags vorliegt und wer ihn gemacht hat,

– ob eine rechtsverbindliche Annahmeerklärung vorliegt und wer sie abgegeben hat.

*(X = liegt vor; – = liegt nicht vor)*

| | Antrag | | Annahme | |
|---|---|---|---|---|
| | Käufer | Verkäufer | Käufer | Verkäufer |
| 1) Der Verkäufer macht schriftlich ein Sonderangebot über Schreibmaschinenpapier. Der Käufer bestellt 2 Tage nach Eingang des Angebots. | | | | |
| 2) Ein Versandhaus sendet dem Käufer ohne Aufforderung einen Katalog zu. Der Käufer bestellt nach diesem Katalog eine Heizsonne. Das Versandhaus liefert umgehend und legt die Rechnung bei. | | | | |
| 3) Ein Heizölhändler bietet einem Stammkunden telefonisch die sofortige Lieferung des Jahresbedarfs zu einem besonders günstigen Preis an. Der Kunde kann sich nicht sofort entschließen. Am nächsten Morgen bestellt er telefonisch 5 000 Liter. Der Händler sagt die Lieferung zu. | | | | |
| 4) Im Schaufenster eines Rundfunk- und Fernsehhändlers steht ein DVD-Player, ausgezeichnet mit 85 EUR. Der Käufer geht in das Geschäft und verlangt dieses Gerät. Nach Aushändigung zahlt er an der Kasse. | | | | |
| 5) Ein 16-jähriger Käufer sucht sich in einem Selbstbedienungsmarkt ein Fahrrad zum Preis von 380 EUR aus. An der Kasse zahlt er bar. Diesen Betrag hat er aus dem Teil seiner Ausbildungsvergütung gespart, der ihm von seinen Eltern zur freien Verfügung überlassen worden ist. | | | | |
| 6) A ist Eigentümer eines Einfamilienhauses und will eine Garage bauen. Er fragt seinen Nachbarn B, ob dieser ihm 50 m² Gartengelände verkaufen will und bietet 90 EUR je m² an. B stimmt mündlich sofort zu. | | | | |
| 7) Im Eingangsbereich eines Tierparks ist ein Verkaufsautomat für Tierfibeln aufgestellt. Ein Zoobesucher wirft, wie in der Anweisung gefordert, 6,50 EUR ein und entnimmt dann einem Ausgabefach den gewünschten Artikel. | | | | |
| 8) Der Käufer hat den Werbeprospekt eines Versandhauses für Imkerprodukte erhalten. Er bestellt daraufhin per Fax einen 2,5-l-Eimer Waldhonig. Zwei Tage später geht die Lieferung bei ihm ein. | | | | |
| 9) Eine Bürobedarfs-Großhandlung bietet schriftlich Farbpatronen für Tintenstrahldrucker zu dem Sonderpreis von 8,75 EUR bei Mindestabnahme von 50 Stück an. Der Käufer bestellt sofort nach Eingang des Angebots 60 Stück zum Preis von 7,50 EUR. Der Verkäufer liefert umgehend und stellt tatsächlich nur 7,50 EUR in Rechnung. | | | | |

# Verpflichtungen aus dem Kaufvertrag

## 2.06 Inhalt des Kaufvertrags nach BGB: Liefer- und Zahlungsbedingungen – Erfüllungsort – Gerichtsstand

**Frau Amberger,** Witwe eines Künstlers in **Bonn,** schließt mit dem Münchener Arzt **Dr. med. Bertram** einen Kaufvertrag über eine Holzplastik für 4 750 EUR aus der Hinterlassenschaft ihres Mannes.

BGB § 271
1. Einige Tage nach Abschluss des Vertrages ruft der Arzt **Frau Amberger** an und bittet um sofortige Zusendung der Plastik. **Frau Amberger** will die Plastik jedoch erst in 6 Wochen aus dem Hause geben, da sie vorher noch eine Gedächtnisausstellung der hinterlassenen Werke ihres Mannes veranstalten möchte.

▶ Muss **Frau Amberger** die Plastik sofort ausliefern, wenn der Arzt darauf besteht?

§ 271 ▶ 2. Wie lange kann sich **Dr. Bertram** mit der Bezahlung Zeit lassen?

3. **Frau Amberger** verpackt die Plastik sachgemäß in einer Holzkiste. Für das Verpackungsmaterial hat sie 28 EUR bezahlt. Diesen Betrag stellt sie **Dr. Bertram** in Rechnung.

§ 269 ▶ a) Ist im vorliegenden Falle **München** oder **Bonn** der Erfüllungsort für die Warenlieferung?

§ 448 ▶ b) Wer muss die Verpackungskosten tragen?

§ 448 4. **Frau Amberger** lässt die Plastik durch einen Spediteur zum Bahnhof bringen und nach **München** versenden. Als Rollgeld berechnet der Spediteur 25 EUR. **Frau Amberger** stellt das Rollgeld **Dr. Bertram** in Rechnung.

▶ a) Muss **Dr. Bertram** die 25 EUR Rollgeld ersetzen?

b) Der Arzt beabsichtigt, den Kaufpreis um die ihm entstandenen Frachtkosten und die Kosten der Zufuhr in München zu kürzen.

▶ Ist er dazu berechtigt?

c) **Frau Amberger** hat eine andere Plastik an einen in **Bonn** wohnenden Kunstliebhaber verkauft.

▶ Wer trägt die Beförderungskosten?

§ 447 (1) 5. Die Plastik wird beim Transport durch Verschulden des Bahnpersonals beschädigt. **Dr. Bertram** muss die Plastik durch einen Künstler ausbessern lassen. Die dafür entstandenen Kosten belaufen sich auf 200 EUR.

▶ a) Darf der Arzt die 200 EUR vom Kaufpreis abziehen?

§ 276 (1) ▶ b) Kann **Dr. Bertram** die 200 EUR abziehen, wenn der Nachweis erbracht wird, dass **Frau Amberger** die erforderliche Sorgfalt bei der Verpackung außer Acht ließ?

§ 269 6. **Frau Amberger** will die Zahlung des vollen Kaufpreises erzwingen.

ZPO § 29 ▶ Muss sie in **München** oder in **Bonn** die Klage erheben?

BGB § 474 (1), § 474 (2)
7. Wie wäre Fall 5. a) zu entscheiden, wenn **Frau Amberger** einen Kunsthandel betreibt und damit als Unternehmerin gilt?

8. **Dr. Bertram** überweist noch am Tag der Lieferung (16. April) wie fest vereinbart den Rechnungsbetrag. Aufgrund einer Störung im EDV-System der Bank wird der Rechnungsbetrag jedoch erst am 23. April gutgeschrieben.

§ 270 a) Kann **Frau Amberger** von **Herrn Dr. Bertram** gegebenenfalls eine Entschädigung (z.B. Verzugszinsen) wegen des verspäteten Zahlungseingangs verlangen?

§ 675s b) Innerhalb welcher Frist hätte der Überweisungsbetrag auf dem Konto von **Frau Amberger** gutgeschrieben sein müssen?

9. Nach Bezahlung des Kaufpreises an **Frau Amberger** teilt der Restaurator Herrn **Dr. Bertram** mit, dass er bei seinen Arbeiten eine frische Leimstelle festgestellt habe, wodurch der Wert der Plastik gemindert sei. **Frau Amberger** lehnt eine teilweise Rückzahlung des Kaufpreises ab.

▶ Kann **Dr. Bertram** in **München** oder muss er in **Bonn** Klage erheben?

BGB
§ 269
ZPO § 29

## *2.07* **Allgemeine Geschäftsbedingungen bei Verträgen mit Verbrauchern[1]**

1. Julia Kempf betreibt in Vaihingen einen Kunsthandel. Sie bietet ihrer Kundin Margrit Munz anlässlich einer Ausstellung in Karlsruhe am 14. Februar d. J. das Originalgemälde eines österreichischen Malers zum Preis von 1 460 EUR an. Noch am gleichen Tag schließen Julia Kempf und Margrit Munz den Kaufvertrag in schriftlicher Form. Als Liefertermin wurde der 30. März vereinbart.

In ihrem Vertragsformular verweist Frau Kempf auf die von ihr erstellten allgemeinen Geschäftsbedingungen, die in den Geschäftsräumen in Vaihingen aushängen. Darin ist u. a. die Möglichkeit vorgesehen, dass Julia Kempf ohne Angabe von Gründen bis zwei Tage vor dem vorgesehenen Liefertermin vom Vertrag zurücktreten kann.

BGB
§ 305 (2)

Am 28. März erhält Margrit Munz ein Schreiben, in dem Julia Kempf ihren Rücktritt vom Vertrag erklärt. Margrit Munz besteht jedoch auf Lieferung gegen Bezahlung des vereinbarten Kaufpreises. Kann sie das verlangen?

2. Helena Schuler kauft im Discountmarkt MediaPlus einen »Mediacomputer« zu einem Sonderpreis von 580 EUR. Neben der Eingangstür von MediaPlus hängen die allgemeinen Geschäftsbedingungen aus. Dort ist unter § 6 zu lesen:

> § 6 Lehrgangsservice
>
> (1) Mit dem Kauf einer neuen Hardwarekonfiguration bucht der Käufer einen exklusiven Fort- und Weiterbildungslehrgang über ein Wochenende an einem geeigneten Veranstaltungsort. MediaPlus behält sich vor, den Teilnehmern den Veranstaltungsort kurzfristig bekannt zu geben. Die Teilnahmegebühr beträgt derzeit 200 EUR.
>
> (2) MediaPlus behält sich das Recht vor, jederzeit nachträgliche Preisanpassungen vorzunehmen.
>
> ...

Nach fünf Tagen erhält Helena Schuler einen Brief, in dem ihr mitgeteilt wird, dass der Computerkurs am kommenden Wochenende stattfinde. Gleichzeitig wird sie aufgefordert, den Betrag von 200 EUR umgehend an MediaPlus zu überweisen.

Prüfen Sie, ob
a) die an der Eingangstür aushängenden AGB Vertragsbestandteil sind,
b) Helena Schuler gegebenenfalls die Lehrgangsgebühr von 200 EUR überweisen muss.

§ 305 (2),
§ 305 c

3. Ernst Zimmermann lässt sich in einem Fotogeschäft bei der Anschaffung einer Digitalkamera beraten. Nachdem ihm der Verkäufer zum Kauf einer Messeneuheit geraten hat, entschließt er sich zum Kauf. Als Kaufpreis wird ein Betrag in Höhe von 280 EUR vereinbart. Da es sich bei der Kamera um ein neues Modell handelt, wird als Lieferfrist ein Zeitraum von drei Monaten vereinbart. Ernst Zimmermann bezahlt die Kamera bereits beim Kauf und erhält als Quittung und Garantieunterlage einen Kassenbeleg, auf dessen Rückseite die AGB des Fotogeschäfts abgedruckt sind. Die AGB enthalten u. a. folgende Bestimmung:

> »Der Lieferer ist berechtigt, Preiserhöhungen des Herstellers, die sich innerhalb von drei Monaten nach Abschluss des Kaufvertrages, aber noch vor der Lieferung ergeben, den Kunden weiterzuberechnen.«

---

[1] Allgemeine Geschäftsbedingungen bei Verträgen unter Unternehmen siehe Aufgabe **2.11**

Zwei Monate nach dem Kauf erhält er von dem Fotogeschäft folgende Mitteilung:

> »Sehr geehrter Herr Zimmermann,
>
> der Hersteller der von Ihnen gekauften Digitalkamera hat zwischenzeitlich seine Preise um 5 % erhöht. Auf der Grundlage der Ihnen bekannten allgemeinen Geschäftsbedingungen bitten wir Sie um Überweisung des Betrages in Höhe von 14 EUR auf eines der nachstehend aufgeführten Konten. …«

In einem Schreiben weist Ernst Zimmermann darauf hin, dass er nicht bereit ist, den erhöhten Kaufpreis zu zahlen, da ihm die allgemeinen Geschäftsbedingungen nicht schon bei Vertragsschluss, sondern erst mit Zahlung und damit Erfüllung des Kaufvertrages an der Kasse ausgehändigt wurden.

Muss Ernst Zimmermann den erhöhten Kaufpreis bezahlen?

# Erfüllung von Vertragspflichten

## *2.08* Verpflichtungsgeschäft (Kaufvertrag) und Verfügungsgeschäft (Eigentumsübertragung) – Eigentumsübergang an beweglichen Sachen

**Gerhard Ritter** ist Kunstliebhaber. Er sammelt Grafik, vor allem Holzschnitte. Bei einem Besuch der Ausstellungsgalerie des Kunsthändlers **Marco Fontanesi** entdeckt er eine im Kunsthandel nur noch selten zu erhaltende Mappe »Grob, fein & göttlich« des bereits verstorbenen Holzschneiders **HAP Grieshaber**, die 24 (unsignierte) Originalholzschnitte enthält. Nach einem kurzen Gespräch mit **Fontanesi** kauft er die Mappe zum Preis von 1 800 EUR. Die Mappe nimmt er nicht mit, weil er weder so viel Bargeld noch seine VR-Bankcard (Bankcard der Volksbank Unterhaching) bei sich hat. Es wird vereinbart, dass er die Holzschnitte am nächsten Tag abholt.

Als **Ritter** am nächsten Tag die Kunstmappe abholen will, teilt ihm **Fontanesi** mit großem Bedauern mit, dass seine Verkäuferin während seiner Abwesenheit die Mappe versehentlich an den ortsansässigen Arzt **Dr. Kuhn** verkauft hat, der die Holzschnitte sofort mitgenommen hat.

BGB
§ 145 ff.

▶ 1. Ist der Kaufvertrag mit **Ritter** gültig?

2. Ist der Kaufvertrag mit **Dr. Kuhn** gültig?

§ 929

▶ 3. Wer ist Eigentümer, wer Besitzer der Kunstmappe, solange sie sich noch in den Ausstellungsräumen befindet?

▶ 4. Wer ist Eigentümer nach der Übergabe der Mappe an **Dr. Kuhn?**

§ 903

▶ 5. Kann **Ritter** von **Dr. Kuhn** die Herausgabe der Mappe fordern?

## *2.09* Eigentum und Besitz

**Max Sauer** hat sich ein Auto gekauft und will deshalb sein Mofa verkaufen. Sein Nachbar **Ritter** zeigt Interesse für das Mofa. Deshalb leiht ihm **Sauer** das Mofa für einige Zeit, damit **Ritter** es ausprobieren kann.

1. **Ritter** hat das Mofa sofort mitgenommen.

BGB
§§ 854, 929

▶ Wer ist jetzt Eigentümer, wer Besitzer des Mofas?

2. Eines Abends wird **Ritter** von seinem Schwager gebeten, ihm das Mofa für zwei Stunden zu überlassen, um damit zum Angeln fahren zu können.

§ 603

▶ Darf **Ritter** seinem Schwager das Mofa überlassen?

3. Obwohl das Mofa noch bei **Ritter** steht, bietet **Sauer** das Mofa seinem Geschäfts-kollegen **Fischer** für 280 EUR zum Kauf an. Dieser nimmt das Angebot sofort an. Ist der Kaufvertrag gültig?

BGB
§ 903

## 2.10 Hauskauf – Eigentumsübertragung an Grundstücken

**Friedrich Zimmermann** liest in seiner Tageszeitung »Die Rheinpfalz« nachstehendes Inserat.

**Stopp** Nutzen Sie die Vorteile eines Eigenheims.

Wir erschließen in der Gewanne „Rheinaue" ein neues Baugebiet. Erstellt werden 25 Reihenhäuser, 15 Zweizimmer- und 8 Dreizimmer-Wohnungen, jeweils mit Balkon, in erstklassiger Bauausführung.

Fordern Sie sofort nähere Informationen an.

**PALATIA Baubetreuungs GmbH**     Foltzring 3 · 67227 Frankenthal

**Zimmermann** fordert telefonisch weitere Unterlagen an. Er erhält wenige Tage später Baupläne, eine Beschreibung der Bauausstattung und folgenden Brief:

### PALATIA

Baubetreuungs GmbH · Foltzring 3 · 67227 Frankenthal
Telefon (06233) 1744 · Telefax 28 44

```
Herrn
Friedrich Zimmermann
Fontanesistr. 8
67227 Frankenthal
```

Sehr geehrter Herr Zimmermann,

vielen Dank für Ihre Anfrage. Anbei erhalten Sie die gewünschten Auskünfte zu unserem Bauprojekt »Rheinaue«. Das ideal gelegene Baugelände konnten wir im November des vergangenen Jahres von der Hofgutverwaltung Scharrau erwerben. In diesen Tagen wurde das Baugesuch von dem Hochbauamt der Stadt Frankenthal genehmigt. Mit dem Bau wird in den nächsten Wochen begonnen.

Mit unserer 25-jährigen Erfahrung als Bauträger und Baubetreuungsgesellschaft im Raum der Vorderpfalz können wir Ihnen all den Ärger und die Laufereien abnehmen, die mit dem Bau verbunden sind. Wir garantieren Ihnen einen Festpreis. Alle Verträge mit den Bauhandwerkern erfolgen durch die PALATIA GmbH. Unsere hauseigenen Architekten überwachen den Baufortschritt und sorgen für eine einwandfreie Bauausführung.

Die Bezahlung erfolgt über uns in Raten auf unser Sonderkonto »Rheinaue« bei unserer Hausbank. Die erste Rate in Höhe des Grundstückswertes ist bei Vertragsabschluss zu leisten. Weitere Zahlungen erfolgen je nach Baufortschritt, den wir überwachen und bestätigen. Nach Fertigstellung macht ein Architekt unseres Hauses mit Ihnen eine Baubegehung und sorgt für die Beseitigung der evtl. noch festgestellten Mängel. Erst nach Beseitigung dieser Mängel zahlen Sie die letzte Rate. Danach erfolgt die Übertragung des Eigentums im Grundbuch.

Wir kommen gerne zu Ihnen ins Haus um Sie weiter zu informieren und zu beraten, wenn auch Sie bald Eigentümer eines Hauses oder einer Wohnung in der bevorzugten Wohnlage »Rheinaue« sein möchten.

Mit freundlichen Grüßen

*Huß*
W. Huß
Geschäftsführer

1. Bevor **Friedrich Zimmermann** die Vertragsverhandlungen aufnimmt, will er sich informieren, ob die Palatia GmbH tatsächlich auch Eigentümerin des zu bebauenden Grundstücks ist.

   Wo und auf welchem Weg kann sich **Friedrich Zimmermann** die gewünschten Informationen beschaffen? Legen Sie Ihrer Lösung den nachstehend aufgeführten Gesetzesauszug zugrunde.

   > **§ 12 Grundbuchordnung**
   >
   > (1) Die Einsicht des Grundbuchs ist jedem gestattet, der ein berechtigtes Interesse darlegt……
   >
   > **§ 12c Grundbuchordnung**
   >
   > (1) Der Urkundsbeamte der Geschäftsstelle entscheidet über:
   >
   > 1. die Gestattung der Einsicht in das Grundbuch oder die in § 12 bezeichneten Akten und Anträge sowie die Erteilung von Abschriften hieraus, soweit nicht Einsicht zu wissenschaftlichen oder Forschungszwecken begehrt wird; .....

2. **Friedrich Zimmermann** entschließt sich, mit der Palatia Baubetreuungs GmbH einen Baubetreuungsvertrag abzuschließen. In dem auf einem Standardformular abgeschlossenen Vertrag wird u. a. auch festgelegt, dass sich die Palatia GmbH verpflichtet, nach Eingang der letzten Rate das Eigentum des Grundstücks an Friedrich Zimmermann zu übertragen.

   BGB
   § 311b (1)

   a) Stellen Sie fest, ob der Baubetreuungsvertrag gültig ist.

   b) Prüfen Sie,

   § 873

   – wer Eigentümer des Grundstücks ist, nachdem **Friedrich Zimmermann** vereinbarungsgemäß die erste Rate in Höhe des Grundstückswertes überwiesen hat.

   § 946

   – ob **Friedrich Zimmermann** Eigentümer **des Gebäudes** ist, nachdem er nach der endgültigen Fertigstellung und Besichtigung die letzte Rate bezahlt hat und eine Eintragung im Grundbuch bislang nicht erfolgt ist.

   § 925,
   § 873

   c) Wie erlangt **Friedrich Zimmermann** unter den gegebenen Voraussetzungen das Eigentum an dem Grundstück (einschließlich Gebäude)?

3. Welche vertragliche Regelung sollte Herr **Zimmermann** mit der **Palatia GmbH** treffen, um die unter 2. festgestellten Risiken zu vermeiden?

# Kaufvertrag im Geschäftsleben

## *2.11*  Vertragsfreiheit – Liefer- und Zahlungsbedingungen im Geschäftsleben – Allgemeine Geschäftsbedingungen (AGB)

Das Einzelhandelsfachgeschäft für Büroartikel **W. Möhringer & Söhne e.Kfm.**, 99310 **Arnstadt,** erhält am 22.05. von dem Großhändler **P. u. B. Lenhard OHG**, 99084 **Erfurt,** ein Angebot über Tischrechner, Marke **Omnus 80c** zu 30 EUR das Stück. Auf der Rückseite des Angebots sind u. a. folgende Verkaufs- und Lieferbedingungen abgedruckt:

UNSERE VERKAUFS- UND LIEFERBEDINGUNGEN

1) Die umseitig genannten Preise sind auf heutiger Basis errechnet. Die Berechnung erfolgt zu den am Tage der Lieferung gültigen Preisen. — BGB § 433 (2)

2) Die Lieferung erfolgt ab Haus oder Fabrik auf Rechnung und Gefahr des Empfängers. — §§ 446–448

3) Der Rechnungsbetrag ist zahlbar mit 2 % Skonto bei Erhalt der Rechnung oder 30 Tage Ziel netto. — § 271

4) Bei verspäteter Zahlung werden Verzugszinsen in Höhe von 5 Prozentpunkten über dem von der Deutschen Bundesbank bekannt gegebenen Basiszinssatz fällig. — §§ 247, 288

5) Die gelieferte Ware bleibt bis zur vollständigen Bezahlung unser jederzeit verfügbares Eigentum und darf weder verpfändet noch übereignet noch verliehen werden. — §§ 449, 929

6) Für den Fall des Weiterverkaufs gilt im Voraus die Kaufpreisforderung an den Drittkäufer als an uns abgetreten.

7) Erfüllungsort und ausschließlicher Gerichtsstand für die Rechte und Pflichten beider Parteien ist Erfurt. — ZPO §§ 29, 38

Am 24.05. bestellt **Möhringer** bei **Lenhard**.

▶ 1. Überprüfen Sie die sieben Punkte der auf dem Angebot der Firma **Lenhard** abgedruckten Verkaufs- und Lieferbedingungen, ob sie mit den Regelungen des BGB und des HGB über den Inhalt von Kaufverträgen übereinstimmen.

2. Entscheiden Sie im Zusammenhang mit den Verkaufs- und Lieferbedingungen nachstehende Fälle:

    *a) Zu Bedingung Nr. 1:*
    Am Liefertag stellt **P. u. B. Lenhard** wegen allgemeiner Preiserhöhung 35 EUR je Stück in Rechnung. **Möhringer** weist auf § 309 BGB hin und ist nur bereit, 30 EUR zu zahlen.
▶     Hat Möhringer Recht? — BGB §§ 307, 309, 310 (1)

    b) *Zu Bedingung Nr. 3:*
▶     Lohnt es sich in diesem Fall, Skonto in Anspruch zu nehmen, wenn die Hausbank für einen Kredit 7 % Zinsen verlangt?

    c) *Zu Bedingung Nr. 4:*
    Warum fordert der Lieferer nicht einen festen Zinssatz, z. B. 5 %? Wie viel Zinsen dürften **P. u. B. Lenhard** heute verlangen?

    d) *Zu Bedingung Nr. 5:*
▶     Welche Vorteile bietet der in dieser Klausel formulierte Eigentumsvorbehalt dem Lieferer? — § 449

    e) *Zu Bedingung Nr. 6:*
▶     Warum hat der Lieferer die Bedingung Nr. 5 durch die Bedingung Nr. 6 ergänzt?

    f) *Zu Bedingung Nr. 7:*
▶     An welchem Ort müssen **P. u. B. Lenhard** Klage erheben, wenn der Kunde **W. Möhringer** trotz Mahnung seine Rechnung nicht bezahlt? — ZPO §§ 29, 38

▶ 3. Wären vorstehende Verkaufs- und Lieferbedingungen 1–7 auch dann für die Rechtsbeziehungen zwischen **P. u. B. Lenhard** und **W. Möhringer** wirksam, wenn sie nicht im Angebot genannt, sondern erst auf der Rückseite der mit der Ware übersandten Rechnung abgedruckt wären?

4. **P. u. B. Lenhard** haben als Verkäufer in dem Vertrag nichts über die Verpackungskosten vereinbart.
▶ Prüfen Sie, ob **P. u. B. Lenhard** zusätzlich zum vereinbarten Stückpreis von 30 EUR dem Käufer die für den Versand notwendige Verpackung in Rechnung stellen dürfen. — BGB § 448

# Besondere Verträge

## *2.12*  Verbraucherdarlehensvertrag – Verbraucherschutz

Gabi und Frank **Jäckel** haben geheiratet. Wenige Tage nach ihrer Hochzeit spricht in ihrer Wohnung ein Verkäufer eines Einrichtungshauses vor. Er trifft nur Frau **Jäckel** an. Der Verkäufer überzeugt Frau **Jäckel** vom Vorteil eines Ratenkaufes bei ihm. Sie könne auf diese Weise sofort ihre Einrichtung vervollständigen, ohne erst ansparen zu müssen.

**Frau Jäckel** ist erst dann bereit, den Darlehensvertrag zu unterschreiben, wenn sie schon vor dessen Abschluss über die wesentlichen Inhalte informiert wird.

BGB
§§ 491 (1),
491a

1. Stellen Sie fest, ob Frau Jäckel berechtigt ist, vom Einrichtungshaus diese Vorab-informationen zu verlangen.

BGBEG
Art. 247,
§ 3

▶ 2. Welche  Vorinformationen sind für **Frau Jäckel** vor Abschluss des Vertrages be-deutsam?

3. **Frau Jäckel** unterschreibt einen Ratenzahlungsvertrag, der u. a. folgenden Inhalt hat:

---

Artikel: 1 Teppich, Buchara, Senneh, dicht, 1,10 x 1,60 m

Barzahlungspreis: 3 000 EUR; Teilzahlungspreis 3 300 EUR

Teilzahlungen: 24 Monatsraten zu 137,50 EUR, fällig jeweils am 1. eines Monats, erstmals am 1. März dieses Jahres; effektiver Jahreszins: 9,73 %

..........

Der Verbraucher hat das Recht, den unterschriebenen Vertrag innerhalb von 14 Tagen nach Erhalt der Zweitschrift schriftlich bei **Einrichtungshaus Fritz Steuben, Bei der Marienheide, 18055 Rostock**, zu widerrufen.

---

▶ a) In diesem Ratenzahlungsvertrag beträgt der Unterschied zwischen dem Bar- und dem Teilzahlungspreis 300 EUR. Das sind 10% des Barzahlungspreises. Warum ergibt der Effektivzins einen niedrigeren Prozentsatz?

BGB
§§ 491 (1),
492 (1) Nr. 5
PAngV § 6

▶ b) Welchen Zweck verfolgt der Gesetzgeber mit der Vorschrift, dass der Effektiv-zins bereits in der Vorabinformation angegeben werden muss?

BGB
§§ 495 (1)
358 (1),
355 (1)
498 (1)

▶ 4. Wie unterscheidet sich im Fall des Rücktritts vom Vertrag die Rechtsstellung des Käufers von der des Verkäufers bei Verbraucherdarlehensverträgen?

▶ 5. Wie lässt sich diese unterschiedliche rechtliche Behandlung von Käufer und Ver-käufer bei Verbraucherdarlehensverträgen begründen?

6. Die Schutzvorschriften des BGB gelten nicht, wenn der Käufer als Unternehmer handelt.

§§ 13,
14, 491

▶ Warum werden Unternehmer anders als Verbraucher behandelt?

## *2.13*  Geschäfte außerhalb von Geschäftsräumen – Verbraucherschutz

Bei Frau **Monika Wendland** spricht an der Haustür ein Vertreter vor, der ein modernes Dampfreinigungsgerät für Fenster, Fußböden und Wandplatten anbietet. Sie lässt sich das Gerät vorführen und ist begeistert. Frau **Wendland** kauft das Gerät, zahlt bar und nimmt es sofort in Gebrauch. Bei der praktischen Arbeit mit dem Gerät stellt sie fest, dass sie mit der Handhabung nicht zurechtkommt.

BGB
§§ 312b,
312g, 355,
356

▶ 1. Nach fünftägiger Nutzung schreibt Frau **Wendland** einen Brief an die auf der Rechnung ausgewiesene Lieferfirma und kündigt an, dass sie das Gerät zurückschicken wird.

Muss die Lieferfirma das Gerät zurücknehmen?

§ 357 (7)

▶ 2. In dem Brief fordert Frau **Wendland** die Rückerstattung des Kaufpreises nach Ein-gang des Gerätes bei der Lieferfirma.

Muss die Lieferfirma trotz fünftägiger Nutzung den vollen Kaufpreis zurückzahlen?

## *2.14* **Widerrufsrecht bei Fernabsatzverträgen**

**Christian Himmelsbach,** Student der Betriebswirtschaftslehre, hat zur bestandenen Bachelor-Prüfung von seinen Eltern ein Geldgeschenk in Höhe von 2 500 EUR erhalten. Er beabsichtigt diesen Betrag in Wertpapieren anzulegen. Da er bislang noch über keine Erfahrungen im Zusammenhang mit Kapitalanlagen in Börsenwertpapieren verfügt, sucht er im Internet nach geeigneter Literatur. Über eine Suchmaschine gelangt er auf die Seite des virtuellen Buchhändlers »Amazon«. Dort stößt er u. a. auf nachstehende Seite, die sein besonderes Interesse findet.

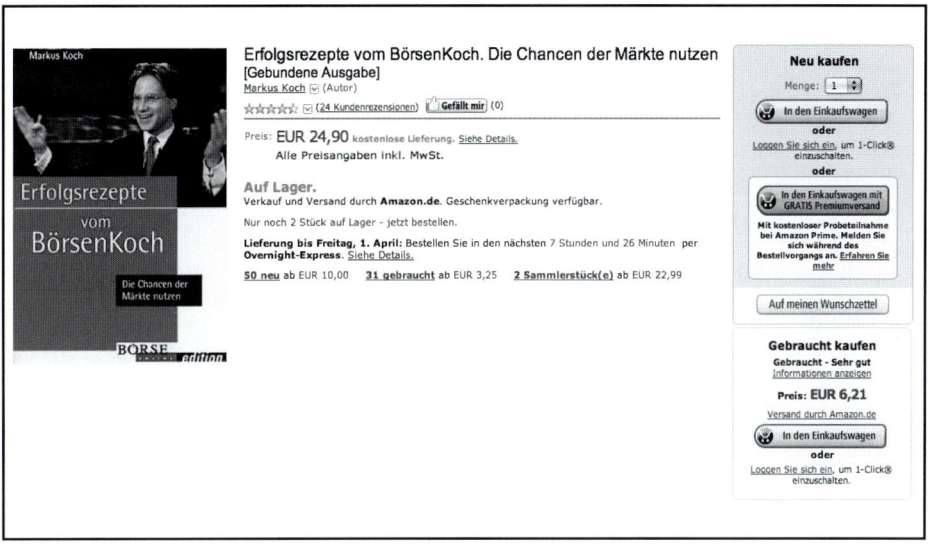

Über einen Mausklick auf den Button »In den Einkaufswagen« bestellt **Christian Himmelsbach** am 2. Oktober d. J. das Buch.

▶ 1. Stellen Sie fest, ob durch die elektronische Bestellung ein wirksamer Kaufvertrag zustande gekommen ist.
           BGB § 145

2. **Christian Himmelsbach** hat bei der Suche nach einem geeigneten Buch für Börseneinsteiger einen aus seiner Sicht besseren und preisgünstigeren Titel gefunden. Er will dieses Buch bestellen, bemerkt jedoch, dass von Amazon bereits eine E-Mail eingegangen ist, in welcher das Unternehmen den Auftragseingang bestätigt. Zusätzlich enthält die E-Mail alle erforderlichen Verbraucherinformationen zu einem Fernabsatzvertrag.
           § 312 c

▶ a) Kann **Christian Himmelsbach** seine Bestellung auch nach der eingegangenen Auftragsbestätigung noch widerrufen?
           §§ 13, 312 g, 355

▶ b) Bis zu welchem Zeitpunkt (genaue Terminangabe erforderlich) kann Christian Himmelsbach seine Erklärung widerrufen, wenn die Lieferung am 6. Oktober d. J. eingeht?
           §§ 312 g, 355

           § 356 (2)

c) **Christian Himmelsbach** hat das Buch am 10. Oktober d. J. zurückgeschickt. Stellen Sie fest, ob **Christian Himmelsbach** von Amazon Überweisung der für die Rücksendung entstandenen Kosten verlangen kann, wenn die Widerrufsbelehrung folgende Vertragsbestimmung enthält:
           § 357 (2)

> Sie haben die Kosten der Rücksendung zu tragen, wenn die gelieferte Ware der bestellten entspricht. Nicht paketversandfähige Sachen werden bei Ihnen abgeholt.

BGB
§ 312g (2)

d) Welche Änderungen zum Widerrufsrecht würden sich ergeben, wenn **Christian Himmelsbach** bei Amazon eine CD bestellt hat, ihm aber die Musik nach einer ersten Anhörung nicht gefällt?

## *2.15* **Vertragsarten: Werkvertrag – Werklieferungsvertrag – Dienstvertrag – Arbeitsvertrag – Mietvertrag – Pachtvertrag – Leihvertrag – Darlehensvertrag – Sachdarlehensvertrag**

**Emil Schirmer** ist Inhaber eines Gasthofs in 88085 **Langenargen.**

1. Er kauft bei einem mit ihm befreundeten Stoffgroßhändler einen Anzugstoff für 180 EUR. Von einem Schneider lässt er sich daraus einen Anzug anfertigen. Als er den fertigen Anzug abholen will, stellt er fest, dass dieser nicht passt.

BGB
§ 631

§ 633    ▶    a) Welche Art von Vertrag wurde mit dem Schneider abgeschlossen?

        ▶    b) Muss **Schirmer** den Anzug abnehmen und bezahlen?

2. Nach einer gemeinsamen Sitzung des örtlichen Musikvereins mit einem Nachbarverein muss der Gastwirt **Schirmer** am nächsten Tag von Schreinermeister **Hack** 15 neue Stühle und 2 Tische, zu den alten passend, herstellen lassen. Der beauftragte Schreiner hat 8 Stühle und 2 Tische fertiggestellt. Die restlichen sind noch in Arbeit. Aus unbekannter Ursache brennt die nicht ausreichend gegen Feuer versicherte Werkstätte mit den fertiggestellten und noch in Arbeit befindlichen Stühlen ab.

§§ 651,
644 (1)

Der Schreiner verlangt von dem Gastwirt Ersatz der bereits angefallenen Aufwendungen.

        ▶    a) Welche Art von Vertrag wurde abgeschlossen?

        ▶    b) Muss der Gastwirt zahlen?

3. Der Gastwirt beauftragt seinen Rechtsanwalt, den auswärtigen Vereinsvorsitzenden auf Schadenersatz zu verklagen. Das Gericht gibt dem Gastwirt nicht Recht. Er weigert sich deshalb, das verlangte Honorar des Rechtsanwaltes zu bezahlen.

§ 611    ▶    a) Welche Art von Vertrag wurde zwischen **Schirmer** und dem Rechtsanwalt abgeschlossen?

        ▶    b) Muss der Gastwirt **Schirmer** dem Rechtsanwalt das Honorar zahlen?

        ▶    c) Warum ist dieser Vertrag mit dem Rechtsanwalt kein Werkvertrag?

4. Der Gastwirt **Schirmer** verbietet einem seiner Kellner, einem stark angetrunkenen Gast weitere alkoholische Getränke zu servieren.

        ▶    a) Wie heißt der Vertrag, der bei Einstellung des Kellners zwischen **Schirmer** und dem Kellner abgeschlossen wurde?

        ▶    b) Muss sich der Kellner an die Anweisung **Schirmers** halten?

        ▶    c) Wodurch unterscheidet sich das Vertragsverhältnis des Kellners mit dem Gastwirt von dem Vertrag des Rechtsanwalts mit seinem Klienten (Frage Nr. 3)?

5. Der Elektromeister **Böhm,** ein Nachbar **Schirmers,** besitzt eine direkt hinter dem Gasthof **Schirmers** gelegene große Wiese, die von Obstbäumen umsäumt ist.

    **Schirmer** trifft mit **Böhm** schriftlich die Vereinbarung, dass er die Wiese als Liegewiese für sich und seine Familie und seine Pensionsgäste nutzen darf. Als Entgelt zahlt **Schirmer** jährlich 50 EUR an Böhm.

§§ 535, 581    ▶    a) Welche Art von Vertrag wurde zwischen **Schirmer** und **Böhm** abgeschlossen?

        ▶    b) Erläutern Sie an diesem Beispiel den Unterschied zwischen einem Miet- und einem Pachtvertrag.

6. Die Brauerei **Waldbräu KG** stellt dem Gastwirt für ein Gartenfest 30 Tische und 120 Stühle unentgeltlich für ein Wochenende zur Verfügung. Die Tische und Stühle sind bereits bei dem Gastwirt **Schirmer** eingetroffen.

▶   a)  Welche Art von Vertrag wurde abgeschlossen?                                            BGB
                                                                                                § 598

▶   b)  Wer ist jetzt Eigentümer, wer Besitzer der Tische?

   c)  Bei der Abholung werden versehentlich mehrere dem Gastwirt gehörende Tische aufgeladen. Dafür bleibt die gleiche Anzahl mit »Waldbräu« gekennzeichneten Tische zurück. Die Brauerei verlangt Umtausch der Tische, obwohl sie gleichwertig sind.                                                                § 604 (1)

▶       Hat sie dazu das Recht?

   d)  Erläutern Sie an diesem Beispiel den Unterschied zwischen einem Miet-, Leih-     §§ 535,
       und Sachdarlehensvertrag.                                                          598, 607

7. Für den Kauf eines neuen Kraftfahrzeuges nimmt der Wirt von seiner Bank einen Kredit in Höhe von 4 000 EUR in bar in Anspruch.

▶   Welche Art von Vertrag wurde abgeschlossen?                                             § 488 (1)

# Nichtigkeit und Anfechtbarkeit von Rechtsgeschäften

## 2.16  Nichtigkeit von Rechtsgeschäften: Verstoß gegen die guten Sitten

Der Privatmann **Fritz Ammon** gewährt dem Gastwirt **Dillinger**, der sich nach einer sehr schlechten Saison in einer finanziellen Notlage befindet, ein Darlehen in Höhe von 10 000 EUR. **Dillinger** verpflichtet sich, dieses nach einem halben Jahr in Höhe von 15 000 EUR zurückzuzahlen. Nach Ablauf des halben Jahres überweist Dillinger nur 11 000 EUR. **Ammon** verklagt Dillinger wegen der restlichen 4 000 EUR. Das Gericht gibt **Dillinger** jedoch Recht.

▶ 1. Wie viel Prozent Zins verlangte **Ammon?** Wie viel Prozent Zins ist **Dillinger** bereit zu zahlen?

▶ 2. Warum bekommt **Dillinger** vor Gericht Recht?                                          BGB
                                                                                            § 138

## 2.17  Nichtigkeit von Rechtsgeschäften: Scheingeschäft – Verstoß gegen Formvorschriften

Der Gastwirt **Dillinger** erfährt, dass sein Nachbar **Gillich** beabsichtigt, die an den Biergarten angrenzende Wiese zu verkaufen. **Dillinger** will schon lange für seine Feriengäste eine ruhige Liegewiese haben und bittet daher **Gillich,** ihm die Wiese zu verkaufen. Bei einer Flasche Wein werden sich die beiden über den Kaufpreis in Höhe von 50 000 EUR einig. Die Vereinbarung wird in Gegenwart des Bürgermeisters durch Handschlag besiegelt. **Dillinger** kündigt nun in seinen Hausprospekten eine schöne und ruhige Liegewiese mit herrlicher Gebirgssicht an. Daraufhin gehen zahlreiche Zimmerbestellungen ein. Nach 14 Tagen sieht er, dass die genannte Wiese eingezäunt wird. Von einem Gemeinderat erfährt er, dass ein Münchner Kaufmann die Wiese für 80 000 EUR gekauft hat.

BGB
§§ 125,
311b (1)

▶ 1. Ist **Gillich** an die Vereinbarung mit **Dillinger** gebunden?

2. Einige Gäste nehmen ihre Zimmerbestellungen zurück, da sie auf eine Liegewiese besonderen Wert legen. **Dillinger** verlangt daher von **Gillich** Schadenersatz in Höhe von 2 000 EUR.

▶ Ist **Gillich** berechtigt, den Schadenersatz zu verweigern?

3. **Gillich** vereinbart mit dem Münchner Kaufmann, dass dieser für das Grundstück 80 000 EUR zu zahlen habe, jedoch im notariellen Kaufvertrag nur 60 000 EUR angegeben werden sollen. Nach Abschluss des notariellen Vertrags und Eintragung ins Grundbuch verlangt **Gillich** von dem Kaufmann die Zahlung des Kaufpreises. Dieser will nur 60 000 EUR zahlen und verweist auf den notariellen Kaufvertrag.

▶ a) Was wollen die beiden Vertragspartner mit dieser gesetzwidrigen und betrügerischen Abmachung erreichen?

§ 117 (1) ▶ b) Ist der notarielle Kaufvertrag über 60 000 EUR gültig?

§§ 311 b (1), ▶ c) Wer ist Eigentümer des Grundstücks?
873

§ 117 (2) ▶ d) Wie viel EUR muss der Münchner Kaufmann bezahlen?

## *2.18* Anfechtbarkeit von Rechtsgeschäften: Arglistige Täuschung

Aufgrund einer Zeitungsanzeige kauft **Burger** einen Gebrauchtwagen. Der Verkäufer sichert ihm ausdrücklich zu, dass es kein Unfallwagen sei. Später stellt **Burger** durch Zufall fest, dass der Wagen nach einem schweren Unfall von dem Verkäufer repariert und neu lackiert an ihn verkauft worden war.

BGB ▶ Mit welcher Begründung könnte **Burger** den Kaufvertrag anfechten?
§ 123 (1)

## *2.19* Anfechtbarkeit von Rechtsgeschäften: Irrtum in der Erklärung

Der 22-jährige Angestellte **Rüling, Römerring 8, 31137 Hildesheim,** findet in einer Zeitungsanzeige folgende Anzeige eines Versandhauses für Fotoartikel:

---

### Fotoversand-GmbH

38124 Braunschweig · Postfach 4120

Für 99 EUR erhalten Sie sofort eine neue **Videokamera** Modell St 304

Der Restbetrag kann in 6 Monatsraten zu 100 EUR bezahlt werden.

Barpreis: 675 EUR

---

**Rüling** lässt sich über diese Kamera Informationsmaterial schicken. Nach Durchsicht des Materials entschließt er sich, die Kamera St 304 zu bestellen. Er schreibt sofort an das Versandhaus eine Postkarte:

> „Ich bestelle hiermit die Kamera St 340 zur sofortigen Lieferung gegen Barzahlung."

**Rüling** erhält die Kamera als Nachnahmesendung. Beim Auspacken der Sendung stellt er zu seiner Überraschung fest, dass er nicht die gewünschte Videokamera St 304, sondern eine Kleinbildkamera St 340 erhalten hat. Nachträglich erinnert er sich, dass er auf die Postkarte irrtümlich St 340 anstatt St 304 geschrieben hatte.

▶ 1. Kann er den Kauf rückgängig machen?                                                   BGB
                                                                                           §§ 119, 121

2. **Rüling** sendet die Kamera mit einem Begleitbrief zurück und erbittet Umtausch.

▶  Schreiben Sie den Begleitbrief.

3. Nach einer Woche erhält er die gewünschte Videokamera. In einem Begleitschreiben wird er darauf hingewiesen, dass er 10 EUR für die durch den Umtausch entstandenen Kosten zu zahlen habe.

▶  Ist die Forderung des Versandhauses berechtigt?                                          § 122

## 2.20 Anfechtbarkeit von Rechtsgeschäften: Irrtum im Motiv

Der Rentner **Scharrer** kauft bei seiner Bank 10 Stierbräu-Aktien zum Kurs von 210 in der Erwartung, dass der Kurs dieser Aktien weiterhin steigen werde. Er will die Papiere dann später gewinnbringend verkaufen. Vier Wochen nach dem Kauf stehen die Aktien nur noch auf 198. **Scharrer** ficht den Wertpapierkauf bei seiner Bank mit der Begründung an, dass er sich über die Kursentwicklung geirrt habe. Er möchte die Aktien wieder zum Kurs von 210 an die Bank zurückgeben.

▶ Muss die Bank die Aktien zurücknehmen?                                                    BGB
                                                                                           § 119

# Kaufleute

## 2.21 Kaufmannseigenschaft – Istkaufmann – Eintragung ins Handelsregister – Kannkaufmann

**Karl-Heinz Boeme** betreibt seit kurzer Zeit in 77933 **Lahr** einen Möbelhandel. Im Handelsregister ist er nicht eingetragen.

Er erhält von der Handelsregister-Abteilung des Amtsgerichts **Lahr** einen Brief, in welchem ihm mitgeteilt wird, dass verschiedene Unternehmen der Möbelbranche im Handelsregister Einsicht nehmen wollten, um sich über die Verhältnissse des Möbelhändlers **Karl-Heinz Boeme** zu informieren. Im gleichen Schreiben wird er aufgefordert, die Firma ins Handelsregister eintragen zu lassen. Um zu klären, ob eine Verpflichtung zur Eintragung besteht, wendet er sich an seinen Steuerberater, der ihn bittet, das beigefüfte Formular auszufüllen und zurückzuschicken.

Er füllt das Formular wie auf der Folgeseite abgebildet aus.

1. Muss **Boeme** sich im Handelsregister eintragen lassen?                                 HGB
                                                                                           §§ 1, 29

2. Welche Vorteile könnten sich für ein kleines gewerbliches Unternehmen ergeben,          § 2
   wenn dieses sich freiwillig ins Handelsregister eintragen lässt?

| | |
|---|---|
| 1) Wortlaut der Firma | Heinz Boeme, Möbelhandlung |
| 2) a) Geschäftsräume (Zahl, Art [z.B. Büro, Herstellungs-räume, Laden, Lager usw.] u. Größe, Ort und Straße): | a) Verkaufs- und Ausstellungsraum - 400 m²; b) Büro 32 m²; Bergstr. 78, 77933 Lahr |
|    b) Fernruf | 07821/5657 |
| 3) Name des Alleininhabers oder bei Gesellschaften die Namen aller Gesellschafter (persönlich haftende Gesell-schafter. Kommanditisten): | Heinz Boeme |
| 4) Art des Gewerbes (z.B. Herstellung von ... oder Handel mit ... usw.). | Möbelhandel |
| 5) Zeitpunkt der Aufnahme des Geschäftsbetriebes: | 01. August d. J. |
| 6) Betriebsvermögen (nur zu beantworten, wenn eine Eröffnungsbilanz oder die letzte Bilanz nicht vorgelegt werden kann): <br>   a) Anlagevermögen: <br>      Grundstücke und Betriebsgebäude <br>      Maschinen und Einrichtungen <br>   b) Umlaufvermögen: <br>      Geld und Bankguthaben <br>      Warenvorräte <br>      Außenstände | a) <br>     1.200.000 EUR <br>       40.000 EUR     1.240.000 EUR <br> b) <br>       30.000 EUR <br>     380.000 EUR <br>      24.000 EUR      434.000 EUR |
| 7) Letzter Einheitswert des Betriebsvermögens | liegt noch nicht vor |
| 8) Höhe des Umsatzes: (Bei Handelsvertretern: Bruttoprovision) seit Beginn, falls der Geschäftsbetrieb im laufenden Jahr begonnen wurde oder in den beiden letzten Geschäftsjahren und im laufenden Geschäftsjahr, falls der Gewerbebetrieb schon länger besteht. | 160.000 EUR (Monate August, September) |
| 9) Gewerbeertrag: geschätzter Reinertrag seit Geschäftsbeginn, falls der Geschäftsbetrieb im laufenden Jahr begonnen wurde oder Reinertrag nach der letzten Jahresbilanz, falls der Geschäftsbetrieb schon länger besteht. | 8.000,00 EUR (Monate August, September) |
| 10) Zahl der beschäftigten Personen | 6 zuzüglich Inhaber Heinz Boeme |
|   a) kaufmännische Angestellte | 3 |
|   b) technische Angestellte | |
|   c) Facharbeiter, Gesellen | 2 |
|   d) angelernte Arbeiter | |
|   e) Hilfsarbeiter | |
|   f) kaufmännische Auszubildende | 1 |
|   g) technische Auszubildende | |
|   h) sonstiges Personal | |
| 11) Besteht kaufmännische Buchführung? Welcher Art? | Ja - doppelte Buchführung - Gewinnermittlung gem. § 5 Abs. 1 ESTG |
| 12) Bankverbindungen | Deutsche Bank Lahr, BLZ ... , Kto.-Nr. ... Volksbank-Raiffeisenbank Lahr ... |
| 13) Wird neben der Warenherstellung noch ein offenes Geschäft (Laden) betrieben? | Betrieb lediglich eines Verkaufsladens mit Möbelzufuhr und Aufstellung |

## 2.22 Istkaufmann – Vertragsstrafe

Der **Bauunternehmer Sommer** beschäftigt 30 Arbeiter. Den Auftrag zum Bau eines Lebensmittelsupermarktes hat er unter der Bedingung erhalten, dass der Rohbau am 01.06. fertiggestellt ist. Für jeden Tag verspäteter Fertigstellung wird eine Vertragsstrafe von 3 000 EUR vereinbart. Die Rohbauarbeiten werden 15 Tage nach dem Termin beendet. **Sommer** fordert eine Herabsetzung der Vertragsstrafe gem. § 343 BGB mit der Begründung, dass der dem Bauherrn entstandene Schaden viel geringer sei. Die Vertragsstrafe erscheine unangemessen hoch.

▶ Prüfen Sie, ob **Sommer** gem. § 343 BGB die Herabsetzung einer unangemessenen Vertragsstrafe fordern kann, wenn er nicht im Handelsregister eingetragen ist.

HGB
§§ 1, 348

## 2.23 Kannkaufmann – Firmenschutz – Prokura

Der Landwirt **Wilhelm Stauffer** betreibt eine Mühle als Nebengewerbe, in der er sein eigenes Getreide mahlt und auch Lohnaufträge von benachbarten Landwirten annimmt. Der Umfang des Geschäftsbetriebs erfordert eine kaufmännische Organisation. Im Handelsregister sind weder der landwirtschaftliche Betrieb noch das Nebengewerbe eingetragen.

1. **Stauffer** erfährt, dass in das Handelsregister seines Bezirks eine Unternehmung mit der Firmenbezeichnung »**F. Wilhelm Stauffer, Mühle e. K.**« eingetragen werden soll. Um diese Firmeneintragung zu verhindern, will er sein Nebengewerbe mit der Firmenbezeichnung »**Wilhelm Stauffer, Mühle e. Kfm.**« im Handelsregister eintragen lassen.

HGB
§§ 1, 3 (3)

▶ Ist die Eintragung möglich?

2. Der Hof Stauffers liegt an einem bei Wanderfreunden beliebten Mühlenwanderweg. Im Winter führt eine Langlaufloipe unmittelbar am Hof vorbei. Stauffers Sohn Otto Stauffer, der als Landmaschinenmechaniker bei der Technik-Station der Raiffeisengenossenschaft arbeitet, hat in einem Schuppen, der unmittelbar an das noch funktionsfähig erhaltene wasserbetriebene Mühlenrad anschließt, eine Imbissstube eingerichtet. Vor allem an Wochenenden verkauft er, unterstützt von seiner Frau, belegte Brötchen und Getränke an die Wanderer.

▶ Kann **Otto Stauffer** sein Kleingewerbe unter der Firmenbezeichnung »Ottos Mühlenstüberl e. K.« im Handelsregister eintragen lassen?

3. **Otto Stauffer** hat zum 5. Hochzeitstag eine besondere Geschenkidee für seine Frau. Er will ihr Visitenkarten mit der Berufsbezeichnung »Prokuristin« drucken lassen.

§§ 2, 48

▶ Kann **Otto Stauffer** seine Idee verwirklichen und seine Frau rechtsgültig zur Prokuristin ernennen?

4. **Otto Stauffer** kauft für die Imbissstube in einem Möbelabholmarkt in einer 30 km entfernten Großstadt Stühle und Tische. Die Rechnung lässt er auf »Firma Ottos Mühlenstüberl e. K.« ausstellen. Zu Hause stellt er fest, dass einige Stühle nicht gut verleimt sind und bereits vor dem ersten Gebrauch wackeln. Vier Wochen später, als er wieder in der Großstadt zu tun hat, reklamiert er diesen Mangel bei dem Möbelmarkt. Er möchte die defekten Stühle zurückgeben und dafür einwandfreie Stühle haben. Der Geschäftsführer des Möbelmarktes verweist aber darauf, dass Stauffers Gewährleistungsansprüche verjährt seien. Als Kaufmann habe er die Stühle unverzüglich prüfen und festgestellte Mängel unverzüglich melden müssen.

**Stauffer** beruft sich auf die Verjährungsfrist von 2 Jahren gem. BGB § 438 (1) Nr. 3 und behauptet, eigentlich sei er gar kein Kaufmann. Der Verkauf von Brötchen und

Getränken am Wochenende erfordere keinen kaufmännisch organisierten Betrieb. Die Eintragung im Handelsregister habe er nur aus Publizitäts- und Prestigegründen vornehmen lassen.

HGB ▶  Prüfen Sie, ob **Stauffer** rechtzeitig gerügt hat.
§§ 5, 344, 377

### *2.24* **Formkaufmann – Bürgschaft**

Die Brüder **Anton** und **Bertram Schöck** betreiben zusammen eine Kiesbaggerei in der Gesellschaftsform einer GmbH. **Anton Schöck** ist Geschäftsführer.

1. **Anton Schöck** verbürgt sich im Namen der GmbH mündlich gegenüber dem Baustoffgroßhändler **Eder** für seinen langjährigen Kunden, den Bauunternehmer **Sommer. Sommer** bleibt **Eder** 20 000 EUR schuldig, die Eder jetzt von der GmbH fordert.

HGB ▶  Ist die mündlich gegebene Bürgschaft gültig?
§§ 6, 350

GmbHG ▶  2. Wodurch hat die GmbH die Kaufmannseigenschaft erlangt?
§ 11

## *Störungen bei der Erfüllung von Verträgen*

### *2.25* **Schlechtleistung: Arten von Sachmängeln**

Stellen Sie fest, ob und gegebenenfalls welche Sachmängel in nachstehenden Fällen vorliegen:

1. **Albert Seidel** kauft im Farbengeschäft **Biehler** einen Eimer Dispersionsfarbe, die er für Streicharbeiten an der Außenfassade seiner Autogarage benötigt. Nach intensiver Beratung rät ihm der Verkäufer zum Kauf eines Eimers »Dispersion wasserfest« aus einer Sonderaktion zum Preis von 68,20 EUR.

   Trotz Beachtung der Streichanleitung blättert die Farbe nach dem ersten Regen teilweise ab.

BGB  2. **Armin Vogele** bestellt bei Biolandwirt **Egon Schönstein** einen Zentner ungespritzte
§ 434 (1)     Tafeläpfel der Handelsklasse I. Die Lieferung enthält ca. 1 kg Fallobst.

§ 434 (1)  3. **Kurt Bremer** hat ein Nahrungsergänzungsmittel gekauft, das in einer Zeitschrift mit dem Werbeslogan „Hunger auf Süßes ohne Süßes stillen" beworben wurde. Bei einer von der Stiftung Warentest durchgeführten Überprüfung wurde festgestellt, dass die in der Werbeanzeige versprochene Wirkung nicht eintritt.

§ 434 (2)  4. **Helmut Duffner** hat bei einem Elektronikhändler ein mobiles Navigationgerät gekauft. Da die Installationshinweise für die Software lediglich in chinesischer Sprache hinterlegt sind, gelingt es Helmut Duffner nicht, das Gerät in einen betriebsbereiten Zustand zu versetzen.

§ 434 (3)  5. **Oswald Wieber** hat bei einem Winzerkeller 50 Flaschen 2008er Herrenberger Riesling bestellt. Der Winzerkeller liefert jedoch lediglich 20 Flaschen.

### *2.26* **Schlechtleistung: Untersuchungs- und Rügepflicht**

Der Textileinzelhändler **Georg Schlitt e. Kfm.** verkaufte an den kaufmännischen Angestellten **Josef Burger** einen Herrenanzug. **Burger** entdeckt nach drei Monaten einen Webfehler und verlangt deshalb einen Preisnachlass.

▶ 1. Hat **Burger** drei Monate nach dem Kauf noch Ansprüche aufgrund der Schlechtleistung?

BGB
§ 438

2. **Schlitt** hat den Anzug fünf Monate vor dem Weiterverkauf von der **Textil-AG** bezogen. Der Webfehler ist ein offener Mangel, der bei der Eingangskontrolle über-
sehen wurde.

▶ Prüfen Sie, ob

a) **Schlitt** Kaufmann ist,

HGB
§ 1
§ 343

b) die Lieferung des Anzugs an **Burger** für **Schlitt** ein Handelsgeschäft war.

▶ 3. Kann **Schlitt** gegenüber der **Textil-AG** nach fünf Monaten noch Rechte aufgrund
der Schlechtleistung geltend machen?

§ 377

▶ 4. Kann **Schlitt** gegenüber **Burger** alle Ansprüche aus der Schlechtleistung ablehnen,
wenn die **Textil-AG** alle seine Ansprüche zurückweist?

▶ 5. Warum behandelt der Gesetzgeber den kaufmännischen Angestellten **Burger** und
den Textileinzelhändler **Schlitt** bei der Inanspruchnahme von Rechten aus einer
Schlechtleistung unterschiedlich?

## 2.27 Schlechtleistung: Ausübung von Rechten – Gefahrenübergang

Der Lebensmittelgroßhändler **August Sperl,** 89186 **Illerrieden,** kauft am Ort im **Möbel-
fachgeschäft Häberle & Sohn OHG** für seinen Sohn einen Schreibtisch und einen dazu
passenden Sessel aufgrund eines Katalogs. Außerdem kauft er von dem Möbelhändler
ein Ölgemälde des ortsansässigen Malers **Loibl.** Der Möbelhändler schickt ihm (wie
allen Kunden am gleichen Ort) die Ware mit eigenem Lkw zu. Nach der Übergabe der
Ware stellt **Sperl** fest, dass die Armlehne des Sessels gesprungen und das Bild stark
beschädigt ist. Außerdem hat der Schreibtisch mehrere kleine Kratzer.

1. Auf die Mängelrüge des **Sperl** antwortet **Häberle,** dass er seinem Fahrer die Ware
in einwandfreiem Zustand übergeben habe. Damit sei der Vertrag ordnungsgemäß
erfüllt.

BGB
§ 433,
§ 446,
§ 447 (1),
§ 474 (2)

▶ Hat **Häberle** Recht?

▶ 2. Wie lange hätte sich **Sperl** mit der Mängelrüge Zeit lassen können?

§ 438

3. **Sperl** verlangt, dass ihm ein einwandfreier Sessel und ein unbeschädigter Schreib-
tisch geliefert werden und dass das Bild durch ein anderes Ölbild des gleichen
**Malers** ersetzt wird. Der **Möbelhändler** verweigert die Neulieferung in allen Fällen.
Den Schreibtisch will er ausbessern; in den beiden anderen Fällen ist er zu einem
Preisnachlass bereit.

▶ a) Prüfen Sie, in welchen Fällen der Käufer auf Neulieferung bestehen kann.

§§ 437, 439

▶ b) Welche anderen Rechte hat der Käufer aufgrund der Mängelrüge?

§§ 323,
441, 280

## 2.28 Rechte bei Schlechtleistung – Beweislastumkehr

Bauunternehmer **Hans Ruckeisen** hat als Geburtstagsgeschenk für seine Frau bei
**Corner Elektronik** am 18. Febr. d.J. einen Haartrockner für 38 EUR gekauft. Bei der
ersten Inbetriebnahme am 6. März d.J. zeigte sich, dass der Haartrockner lediglich auf
einer von drei möglichen Heizstufen läuft. **Hans Ruckeisen** bringt das Gerät umgehend nach Feststellung des Mangels zurück und bittet um Umtausch gegen ein neues
Gerät. Der Verkäufer weigert sich, das Gerät gegen ein einwandfrei funktionierendes
umzutauschen mit dem Hinweis, dass es bei Übergabe am 18. Februar getestet wurde
und keinerlei Mängel zu entdecken waren.

BGB
§§ 434,
474, 476

1. Stellen Sie fest, ob im vorliegenden Fall ein Sachmangel vorliegt.

2. **Herr Ruckeisen** ist wegen der nicht erkennbaren Verhandlungsbereitschaft des Verkäufers verärgert und verlangt gegen Rückgabe des mangelhaften Gerätes Erstattung des Geldes. Der Verkäufer weigert sich, das Gerät zurückzunehmen,

§§ 437,
439

und bietet nach einigen Verhandlungen nunmehr den Umtausch in ein einwandfrei funktionierendes Ersatzgerät an, was **Herr Ruckeisen** jedoch ablehnt.

   Prüfen Sie, ob und gegebenenfalls unter welchen Voraussetzungen Herr Ruckeisen das Geld zurückverlangen kann.

§ 474

3. Wie ist der Fall zu beurteilen, wenn Herr Ruckeisen den Haartrockner für die Betriebsdusche in seiner Bauhalle kauft?

## *2.29*  Rechte bei unverständlicher Montageanleitung

BGB
§ 434 (2),
§ 323 (1)

Hans Kern kauft in einem Spielwarengeschäft ein Kinderturngerät für den Garten zum Selbstaufbau. Da die Montageanleitung vom Schwedischen sehr laienhaft wörtlich ins Deutsche übersetzt wurde, ist kaum ein Satz verständlich. Gleichwohl gelingt es Kern, das Gerät nach einigen Versuchen einwandfrei zusammenzubauen. Kern ist der Meinung, das Turngerät sei mit einer unbrauchbaren Montageanleitung trotzdem weniger wert. Falls er es einmal weiterverkaufen wolle, könne er keinen angemessenen Preis erzielen, weil er keine brauchbare Montageanleitung mitliefern könne. Kann Kern den Kaufvertrag rückgängig machen?

## *2.30*  Rechte bei Falschaussage in der Werbung

BGB
§ 434 (1),
§ 437 Nr. 1,
§ 439 (1),
§ 323 (5),
§ 437 (2)

Hans Weber kauft von Autohändler Vollmer einen Neuwagen, den er sich im Katalog ausgesucht hat. Nach der Beschreibung durch Vollmer sollte der Wagen einen Benzinverbrauch von 7 Litern pro 100 km haben. Schon bald musste Hans Weber feststellen, dass der Wagen im Durchschnitt 7,2 Liter pro 100 km verbraucht. Hans Weber will auch diesen geringen Mehrverbrauch an Benzin nicht hinnehmen und verlangt einen neuen Wagen, was Vollmer mit dem Hinweis ablehnt, dass es sich bei dem aufgetretenen Mangel um eine geringfügige Überschreitung handelt. Im Normalfall – so Vollmer – hat das Modell einen Benzinverbrauch von 7 Litern pro 100 km. Welche Rechte stehen Hans Weber zu?

## *2.31*  Rechte bei Kauf eines Gebrauchtfahrzeuges mit Getriebeschaden

BGB
§ 474 (1),
§ 475 (1),
§ 434

Privatmann Harald Neukamm kauft bei einem Gebrauchtwagenhändler einen zehn Jahre alten Kleinwagen (Laufleistung: 140.000 km). Im Kaufvertrag wurde jegliche Gewährleistung ausgeschlossen. Nach kurzer Zeit tritt ein Getriebeschaden auf, der auf Verschleiß beruht. Zum Zeitpunkt des Verkaufs bestand allerdings noch kein Erneuerungsbedarf. Kann Neukamm vom Vertrag zurücktreten und den Kaufpreis zurückverlangen?

## *2.32*  Schlechtleistung: Einschränkung von Rechten durch allgemeine Geschäftsbedingungen und Garantieerklärung

Der Schüler **Peter Lang** wird demnächst 16 Jahre alt. Zum Geburtstag wünscht er sich von seinen Eltern ein HiFi-Stereo-Kompaktgerät. **Peter** und sein Vater sehen sich bereits 2 Wochen vor dem Geburtstag nach einem geeigneten Geschenk um. Im **Rundfunk- und Fernsehgeschäft Schmitz** werden sie fündig. Dort wird ein tragbares Gerät besonders preisgünstig angeboten. Nachdem Peter und sein Vater sich anhand eines Vorführgerätes von Klang und Funktionstüchtigkeit überzeugt haben, kauft Herr **Lang** eines der wenigen noch vorrätigen Geräte. Am Tag vor dem Geburtstag übergibt er **Peter** das original verpackte Paket. **Peter** möchte das Gerät sofort installieren, da am Abend eine zünftige Geburtstagsfete steigen soll. Beim Testlauf stellt sich jedoch heraus, dass einer der beiden Lautsprecher gar keinen Ton von sich gibt und aus dem anderen nur »schräge« Töne dröhnen. Unverzüglich packt Peters Vater das Gerät wieder ein, nimmt die quittierte Rechnung mit und fährt zum Einzelhändler **Schmitz,** um seine Rechte geltend zu machen.

▶ 1. Welche Rechte stehen Herrn **Lang** nach BGB in vorliegendem Fall grundsätzlich zu?

BGB §§ 434, 437, 438

▶ 2. Welches Recht wird Herr **Lang** im vorliegenden Fall sinnvollerweise ausüben?

3. Einzelhändler **Schmitz** erkennt die offenkundigen Mängel an. Ein gleichwertiges Gerät zu dem günstigen Preis hat er aber nicht mehr am Lager. Daraufhin fordert Herr **Lang** den Kaufpreis zurück, um sich in einem anderen Geschäft nach einem entsprechenden Gerät umzusehen. Herr **Schmitz** weigert sich jedoch mit dem Hinweis auf die Geschäftsbedingungen, die auf der Rückseite der Rechnung abgedruckt und außerdem gut sichtbar ausgehängt sind. Dort heißt es:

§ 439

| 6. | Gewährleistung und Haftung |
|---|---|
| 6.1 | … |
| 6.2 | … |
| 6.3 | Über Nachbesserung hinausgehende Ansprüche des Käufers, gleich aus welchem Rechtsgrund, insbesondere Rücktritt, Minderung und Schadenersatz sind ausgeschlossen. |

§§ 439, 305, 309 Nr. 8 bb

▶ Prüfen Sie, ob diese AGB-Klausel zulässig ist.

4. Herr **Lang** bittet den Einzelhändler angesichts des bevorstehenden Geburtstages seines Sohnes, das Gerät noch im Laufe des Tages zu reparieren. Daraufhin erklärt ihm der Einzelhändler, dass er im vorliegenden Fall die Reparatur gar nicht selbst vornimmt. Bei dem äußerst knapp kalkulierten Preis seien für ihn die Reparaturkosten höher als der Gewinn. Er verweist stattdessen Herrn **Lang** auf die dem Gerät beigefügte Garantiekarte und bittet ihn, die defekte Anlage in der Originalverpackung zusammen mit dem Kaufbeleg an den Hersteller zu schicken.

### PROFITRONIC Garantie

PROFITRONIC-Produkte unterliegen vor der Auslieferung einer strengen Endkontrolle auf einwandfreie Materialbeschaffenheit, sorgfältige Verarbeitung und Funktionssicherheit. Im Rahmen einer dreijährigen Garantie (ab Kaufdatum) beheben wir durch Austausch oder Instandsetzung defekter Teile solche Mängel, die nicht auf unsachgemäße Behandlung (Wasser- oder Fallschaden, Fehlbedienung usw.) zurückzuführen sind. Andersartige und weitergehende Ansprüche sind ausgeschlossen, insbesondere Ersatz für durch Gerätedefekt entstandene Schäden ideeller Art.

Durch die Garantieleistung wird die Garantiezeit von 36 Monaten weder verlängert noch erneuert.

Während der Garantiezeit können defekte Geräte an rückseitig angegebene Serviceadresse gesandt werden. Fügen Sie neben dieser Garantiekarte unbedingt auch den Kaufbeleg (Rechnung, Quittung) sowie eine detaillierte Fehlerbeschreibung bei. Unfreie Sendungen werden nicht angenommen. Sie erhalten binnen kürzester Frist das reparierte Gerät kostenlos zurück.

Nach Ablauf der Garantiezeit haben Sie ebenfalls die Möglichkeit, das defekte Gerät zwecks Reparatur an die rückseitig genannte Adresse zu senden. Anfallende Reparaturen sind dann kostenpflichtig.

§§ 443, 477

▶ a) Ist es zulässig, dass der Einzelhändler Herrn **Lang** zur Behebung der Mängel an den Hersteller verweist?

▶ b) Welchen Vorteil bringt eine Garantieerklärung zusätzlich zu den gesetzlichen Gewährleistungsansprüchen?

## 2.33   Schlechtleistung: Ersatzlieferung – Umtausch – Nacherfüllung

**Martin Neumann,** 04720 **Markritz,** kauft aufgrund nachstehender Prospektbeilage am 29. Juli eine Autoalarmanlage.

Als er die Alarmanlage am 1. Oktober in sein Auto einbaut, stellt er fest, dass sie vermutlich wegen eines Kontaktfehlers nicht funktioniert. Zusammen mit dem Kassenbon will er die defekte Anlage noch am gleichen Tag gegen eine fehlerfreie eintauschen.

Der Verkäufer weigert sich, dem Wunsch von **Martin Neumann** zu entsprechen, mit dem Hinweis, dass

1. die auf dem Kassenbon und in der Werbeanzeige enthaltene 30-Tage-Frist verstrichen ist und

2. die Ware nicht mehr originalverpackt ist.

BGB
§§ 433,
434, 476   ▶    Prüfen Sie, ob Neumann eine neue Alarmanlage verlangen kann.

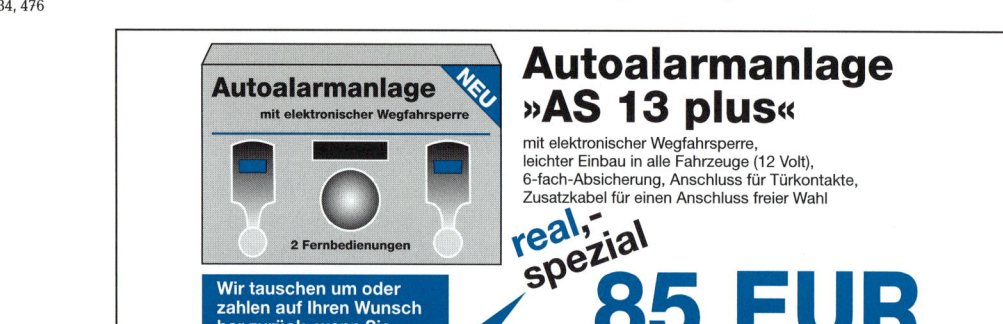

## 2.34   Schlechtleistung: Produkthaftungsgesetz

**Tanja Ploog,** Studentin der Betriebswirtschaftslehre im 9. Semester, treibt leidenschaftlich Radsport. Sie kauft bei dem Zweiradzentrum **Link** ein Gelände-Touren-rad des bekannten Herstellers **Phönix-AG** zum Preis von 900 EUR. Am Tag nach dem Kauf macht sie mit ihrem Freund die erste größere Ausfahrt. Auf einem unebenen Waldweg bricht der Gabelschaft. Sie stürzt und zieht sich einen komplizierten Beckenbruch zu, der sie zu einem wochenlangen Krankenhausaufenthalt zwingt. Deshalb konnte sie den geplanten Examenstermin nicht wahrnehmen und muss ein weiteres Semester studieren.

Tanjas Freund, der unmittelbar hinter ihr fuhr, versuchte seiner stürzenden Freundin auszuweichen und fuhr gegen einen am Wegrand lagernden Holzstoß. An seinem Rad wurde dabei die Felge des Vorderrads völlig verformt und die Pedalhalterung verbogen. Er selbst trug keine Verletzungen davon.

1. **Tanja Ploog** lässt das Fahrrad sofort nach dem Unfall durch ihren Freund zum Zweiradzentrum **Link** bringen und fordert schriftlich den Kaufpreis zurück. Dazu ist Link nicht bereit. Er behauptet, ihn treffe kein Verschulden daran, dass der Gabelschaft des Fahrrads offensichtlich einen Materialfehler aufwies. Frau **Ploog** müsse sich an den Hersteller wenden; die genaue Geschäftsadresse der **Phönix-AG** teilt er schriftlich mit.

BGB
§§ 437,
440, 323   ▶    Ist **Link** im Recht?

2. Der Freund hat sein beschädigtes Fahrrad ebenfalls zu **Link** gebracht. Er fordert die kostenlose Reparatur. Dies wird ihm verweigert. Die Reparaturkosten werden auf 200 EUR geschätzt.

▶ Muss **Link** das Fahrrad kostenlos reparieren?

BGB
§ 280

3. **Tanja Ploog** schreibt an den Hersteller, die **Phönix-AG,** und stellt folgende Forderungen:
   – Kosten für eine Kur in einer orthopädischen Rehaklinik
   – Ersatz der Kosten für ein zusätzliches Studiensemester
   – Schmerzensgeld

▶ Prüfen Sie jede der Forderungen auf ihre Berechtigung.

ProdHaftG
§§ 1, 2, 3, 4, 8

4. Da **Link** sich geweigert hat, das Fahrrad des Freundes kostenlos zu reparieren, schreibt dieser ebenfalls an die **Phönix-AG** und fordert Ersatz der Reparaturkosten von 200 EUR.

▶ Muss die **Phönix-AG** zahlen?

§ 11

## 2.35  Nicht rechtzeitige Lieferung – Lieferungsverzug – Rechte

Christian Keller freut sich über die bislang erzielten Abiturergebnisse seines Sohnes Carsten und übernimmt die Bestellung von 28 Abi-T-Shirts, die er der Klasse zum bestandenen Abitur schenken will.

Im Internet entdeckt er folgende Anzeige der Badischen Trikot GmbH:

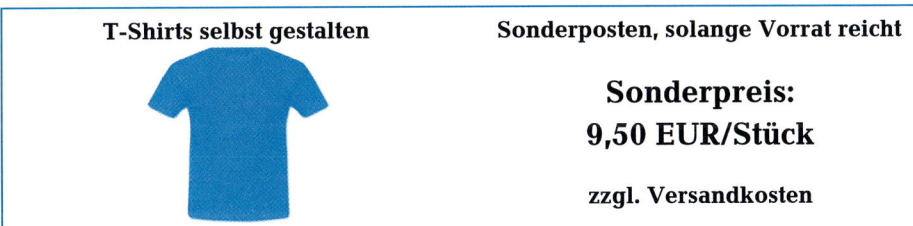

Am 16. Mai d. J. füllt er folgendes Internetbestellformular aus und leitet es an die Trikot GmbH weiter:

In ihrer Auftragsbestätigung sagt die Badische Trikot GmbH noch am Tag der Bestellung eine alsbaldige Lieferung zu.

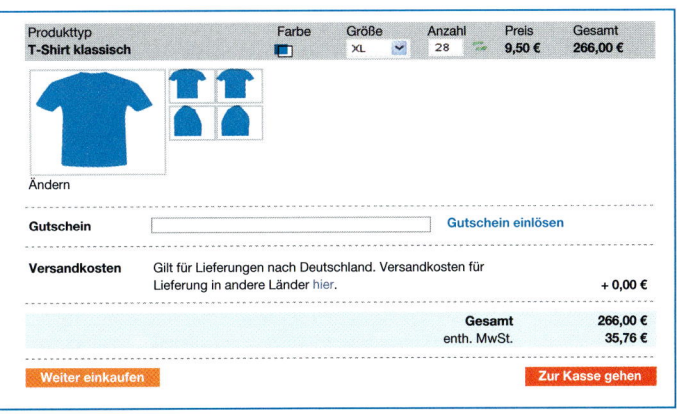

Als die T-Shirts am 31. Mai d. J. noch nicht eingetroffen sind, schickt Christian Keller an die Badische Trikot GmbH ein Schreiben mit folgendem Inhalt (Auszug):

»... Da die T-Shirts bereits für die am 6. Juni d. J. stattfindende Abiturfeier verwendet werden sollen, bin ich leider gezwungen, diese anderweitig zu beschaffen. Ich trete daher vom Vertrag zurück.«

BGB
§ 286 (1)

1. Prüfen Sie anhand der Voraussetzungen für den Eintritt des Lieferungsverzugs, ob sich die Badische Trikot GmbH in Lieferungsverzug befindet.

§ 323 (1)

2. Kann Christian Keller wie gefordert am 31. Mai d. J. vom Vertrag zurücktreten, wenn er die Lieferung am 23. Mai d. J. angemahnt und gleichzeitig eine angemessene Nachfrist von 7 Tagen gesetzt hat?

§§ 280,
281, 276

3. Wegen des unmittelbar bevorstehenden Termins für die Abiturfeier beschafft sich Christian Keller die T-Shirts anderweitig, nachdem er am 31. Mai d. J. der Badischen Trikot GmbH gegenüber den Rücktritt erklärt hat. Allerdings muss er für die T-Shirts gleicher Qualität einen höheren Preis bezahlen, sodass ihm Mehrkosten in Höhe von 40 EUR entstehen.

Begründen Sie, ob Christian Keller die Mehrkosten von der Badischen Trikot GmbH verlangen kann.

4. Wie sind die Fälle 2 und 3 zu entscheiden, wenn die Badische Trikot GmbH auf die Mahnung antwortet und die Lieferungsverzögerung mit einem am 20. Mai d. J. eingetretenen Hochwasserschaden in der Färberei begründet?

## *2.36* Lieferungsverzug

Die **Pfalzpack AG** ist Hersteller von Verpackungsmaterialien. Sie hat bisher ihren Bedarf an Klebstoff ausschließlich bei dem zuverlässigen Lieferer **Klebstoffchemie GmbH** bezogen. Die Einkaufsleitung beschließt, aus Sicherheitsgründen einen zweiten Lieferer einzuschalten. Auf Anfrage erhält sie von der Firma **Universal-Chemie** am 15.02. ein Sonderangebot, das auf 10 Tage befristet ist. Der Preis des Sonderangebots liegt um 15 % unter dem üblichen Preis der **Klebstoffchemie**. Am 18.02. bestellt die **Pfalzpack AG** 5 t Kleber zur sofortigen Lieferung.

BGB
§§ 280 (2),
286

1. Am 05.03. ist die Lieferung noch nicht eingetroffen. Die **Pfalzpack** lässt durch einen Anwalt die **Universalchemie** auf ihre Lieferpflicht hinweisen und fordert Ersatz der Anwaltskosten.

▶ Muss die **Universalchemie** die Anwaltskosten ersetzen?

2. Die **Universalchemie** teilt mit, dass sie wegen »innerbetrieblicher Umstellungsschwierigkeiten« nicht vor dem 01.05. liefern kann, und bittet um Verständnis.

Die **Pfalzpack** hat noch Klebstoff für 10 Produktionstage auf Lager. Auf telefonische Anfrage teilt der bisherige Lieferer **Klebstoffchemie** mit, dass er 5 t Klebstoff zum

§§ 281, 323

üblichen Preis innerhalb 6 Tagen anliefern kann.

▶ Prüfen Sie, welche rechtlichen Möglichkeiten die **Pfalzpack** gegenüber der **Universalchemie** besitzt.

▶ 3. Machen Sie einen begründeten Vorschlag, wie sich die **Pfalzpack** verhalten soll.

## *2.37* Lieferungsverzug beim Fixhandelskauf (Fixkauf)

Die **Druckerei Richard Koch OHG**, Ruhrallee 105, 44139 **Dortmund**, beabsichtigt, für eine am 20.10. d. J. um 10 Uhr stattfindende Jubiläumsfeier die Kantine mit Blumen festlich zu schmücken. Herr **Koch** vereinbart deshalb mit dem **Blumengeschäft Gerda Binder e. K.**, Kanalstraße 15, 44147 **Dortmund**, die Lieferung von Blumen im Wert von 250 EUR am Morgen des Jubiläumstages, bis neun Uhr. Der Auftrag soll dem Blumengeschäft schriftlich bestätigt werden.

1. Um welche Art des Kaufs hinsichtlich des Zeitpunkts der Lieferung handelt es sich im vorliegenden Fall? HGB<br>§ 376 (1)

2. Am Tag der Jubiläumsfeier sind die Blumen um 10 Uhr noch nicht eingetroffen. Der Fahrer des Lieferwagens verursachte fahrlässig einen Verkehrsunfall; der Wagen ist ausgebrannt. BGB<br>§§ 276,<br>278, 286

   Prüfen Sie, ob die Voraussetzungen des Lieferungsverzuges in diesem Fall gegeben sind.

3. Frau **Binder** verlangt Abnahme und Bezahlung neuer Blumen, da ihr keine Nachfrist gesetzt worden sei. HGB<br>§ 376

   Hat sie Recht?

## 2.38 Allgemeine Geschäftsbedingungen unter Kaufleuten – Rechtsansprüche aus Lieferungsverzug im Konflikt mit wirtschaftlichen Überlegungen

Mit ca. 75 % Marktanteil ist die **ALU-SÜD AG** der größte deutsche Aluminiumproduzent. Die **TECNO GmbH,** ein mittelständisches Unternehmen der Metallbranche, stellt u. a. Präzisionsteile für den Fahrzeug- und Flugzeugbau her. Bisher hat die **TECNO GmbH** den größten Teil ihres Aluminiumbedarfs bei der **ALU-SÜD AG** bezogen.

Am 07.02. d. J. bestellt die **TECNO GmbH** 100 t Aluminium in Barrenform zur Lieferung Anfang Juni. Am 15.02. d. J. geht der **TECNO GmbH** die Auftragsbestätigung der **ALU-SÜD AG** zu. Am 10.06. d. J. teilt die **ALU-SÜD AG** jedoch schriftlich mit, dass bei Bauxit, dem wichtigsten Rohstoff zur Aluminiumgewinnung, unerwartet eine vorübergehende weltweite Knappheit mit daraus folgender Preissteigerung eingetreten sei. Der vereinbarte Liefertermin könne deshalb nicht eingehalten werden. Als neuer voraussichtlicher Liefertermin wird Anfang August d. J. genannt. Die **ALU-SÜD AG** bittet für diese Terminverschiebung um Verständnis und verweist auf die von ihr verwendeten allgemeinen Geschäftsbedingungen (AGB), die auf der Rückseite der Auftragsbestätigung abgedruckt sind. Darin heißt es u. a.:

4. Liefer- und Leistungszeit

4.1 Die von uns genannten Termine und Fristen sind unverbindlich, sofern nicht ausdrücklich schriftlich etwas anderes vereinbart wurde.

4.2 Alle Liefertermine stehen unter dem Vorbehalt richtiger und rechtzeitiger Selbstbelieferung. Sie beginnen mit dem Tag unserer Auftragsbestätigung. Teillieferungen sind zulässig.

4.3 Liefer- und Leistungsverzögerungen aufgrund höherer Gewalt und aufgrund von Ereignissen, die uns die Lieferung wesentlich erschweren oder unmöglich machen, wie Rohstoff- und Materialbeschaffungsschwierigkeiten, Betriebsstörungen, Streik, behördliche Anordnungen usw., auch wenn sie bei unseren Lieferanten oder deren Unterlieferanten eintreten, haben wir auch bei verbindlich vereinbarten Fristen und Terminen nicht zu vertreten. Sie berechtigen uns, die Lieferung bzw. Leistung um die Dauer der Behinderung zuzüglich einer angemessenen Anlaufzeit hinauszuschieben oder wegen des noch nicht erfüllten Teils ganz oder teilweise vom Vertrag zurückzutreten.

4.4 Im Übrigen kommen wir erst dann in Verzug, wenn uns der Käufer schriftlich eine Nachfrist von mindestens zwei Monaten gesetzt hat. Im Falle des Verzuges hat der Käufer Anspruch auf eine Verzugsentschädigung von $^1/_2$ % für jede vollendete Woche des Verzugs, insgesamt jedoch höchstens 5 % des Rechnungswertes der vom Verzug betroffenen Leistung. Darüber hinausgehende Ansprüche, insbesondere Schadenersatzansprüche jedweder Art, sind ausgeschlossen.

Die **TECNO GmbH** bemüht sich vergeblich, den Aluminiumbedarf bei anderen Liefe- rern zu decken. Zwar wird auf dem Markt Aluminium, das durch Recycling von Dosen und anderen aluminiumhaltigen Materialien wiedergewonnen wird, angeboten. Diese Recyclingware erfüllt aber nicht die Qualitätsanforderungen der **TECNO GmbH.**

BGB
§§ 305, 308,
309, 310
▶ 1. Prüfen Sie, ob die von der **ALU-SÜD AG** für die Liefer- und Leistungszeit verwen- deten AGBs wirksam sind und ob die **TECNO GmbH** Schadenersatzansprüche gegenüber der **ALU-SÜD AG** geltend machen kann.

2. Angenommen, die AGBs sind nicht Bestandteil des Kaufvertrages zwischen der **ALU-SÜD AG** und der **TECNO GmbH.**

§§ 281 (1),
323
▶ a) Prüfen Sie für diesen Fall, welche Rechte der **TECNO GmbH** gegenüber der **ALU-SÜD AG** zustehen.

▶ b) Prüfen Sie für jedes einzelne der unter 2. a) festgestellten Rechte, ob eine Aus- übung des jeweiligen Rechtsanspruchs durch die **TECNO GmbH** in der gegen- wärtigen Situation zweckmäßig ist.

▶ 3. Prüfen Sie durch Vergleich der Ergebnisse von 1. und 2. a), ob es im vorliegenden Fall für das weitere Vorgehen der **TECNO GmbH** von Bedeutung ist, ob die AGBs gelten oder nicht.

## *2.39* Annahmeverzug

Der **Lebensmittelgroßhändler Norbert Hagemann,** Neckarstraße 57, 69117 **Heidel- berg,** bestellte bei der **Bremen-Vegesacker Fischkonserven AG,** Rönnebecker Straße 10–12, 28777 **Bremen-Vegesack,** am 20.06. d.J. 1000 Packungen Tiefkühlfisch zur Lieferung bis Ende Juni.

**Hagemann** verweigert schuldhaft die Abnahme. Er will die Fische erst in drei bis vier Wochen abnehmen, da er gegenwärtig den notwendigen Kühlraum noch nicht frei hat.

Die **Fischkonserven AG** lässt die Fische ohne vorherige Androhung versteigern, da die Gefahr besteht, dass sie verderben.

HGB
§ 373
▶ 1. Stellen Sie fest, ob die Fischkonserven AG zu einem solchen Selbsthilfeverkauf berechtigt war und wer dessen Kosten sowie gegebenenfalls einen Mindererlös zu tragen hat.

BGB
§§ 300, 293
▶ 2. Wer hätte den Schaden zu tragen, wenn während des Transportes der Fische vom Geschäftssitz **Hagemanns** zum Lagerhaus im Lkw der **Fischkonserven AG** das ord- nungsmäßig gewartete Kühlaggregat ausgefallen und die Fische verdorben wären?

## *2.40* Zahlungsverzug – Eintritt – Rechte

Torsten Kleinert hat am 18.08. d.J. bei einem Internethändler ein iPhone zum Preis von 589 EUR bestellt, das ihm einige Tage später zusammen mit nachstehender Rech- nung (siehe Auszug auf Seite 69) zuging:

Die Rechnung ging Torsten Kleinert am 22.08. d.J. zu.

```
Herrn                                  Datum:              20.08.d.J.
Torsten Kleinert                       Kundennummer:           K57636
Zähringerstr. 9
73733 Esslingen am Neckar
Rechnung: RE68758W
Auftrag:  AU65323W


Pos. Artikelnummer/      Menge  Bruttopreis  Rabatt       Bruttobetrag
Bezeichnung

Apple iPhone 5/2011        1      589,00 €                  589,00 €
Versandkosten                                                 6,50 €
                                                            595,50 €

                                            Nettobetrag:    500,42 €
                                            USt.: 19,00 %     95,08 €

                                            Gesamt:         595,50 €


Zahlbar: Sofort, ohne Abzug

Um zu vermeiden, dass Sie in Zahlungsverzug geraten, bezahlen Sie diese Rechnung
innerhalb von 30 Tagen ab Rechnungszugang.

Bankverbindung: Stadt- und Kreis-Sparkasse Darmstadt, BLZ 50850150,
                Konto.-Nr. 3 785 509
```

1. Als am 21.09. d.J. der ausstehende Rechnungsbetrag nicht gutgeschrieben ist, erhält Torsten Kleinert vom Internethändler am 23.09. d.J. ein Schreiben mit folgendem Inhalt (Auszug):

   *»Da der ausstehende Rechnungsbetrag in Höhe von 595,50 EUR bislang nicht auf unserem Konto bei der Kreis-Sparkasse Darmstadt eingegangen ist, befinden Sie sich in Zahlungsverzug. Wir werden in den nächsten Tagen ein Inkassobüro mit dem Einzug des Rechnungsbetrags und aller weiteren entstandenen Kosten beauftragen.«*

   Prüfen Sie anhand der Voraussetzungen für den Eintritt des Zahlungsverzugs, ob sich Torsten Kleinert in Zahlungsverzug befindet, obwohl er seiner Bank am 21.09. d.J. den Überweisungsauftrag erteilt hat.

   BGB §§ 433, 271, 286 (1) und (3), 286 (4), 276

2. Wie wäre Fall 1 zu entscheiden, wenn in der Rechnung der Verbraucherhinweis nicht enthalten ist und der Internethändler am 31.08. d.J. an Torsten Kleinert eine Mahnung mit folgendem Inhalt (Auszug) schickt:

   *»Da der Rechnungsbetrag aus Auftr. Nr. AU65323W bereits fällig war, befinden Sie sich in Zahlungsverzug. Zur Vermeidung weiterer Kosten bitten wir um Überweisung bis spätestens 10.09. d.J.«*

   §§ 271 (1), 286 (1)

3. Trotz Mahnung und Nachfristsetzung geht der Rechnungsbetrag dem Internethändler erst am 10.10. d.J. zu. Daraufhin erhält er vom Internethändler ein Schreiben mit folgendem Inhalt (Auszug):

   *»Vielen Dank für die Überweisung des Rechnungsbetrages in Höhe von 595,50 EUR. Da Sie jedoch seit 31.08. d.J. in Zahlungsverzug sind, sehen wir uns gezwungen, Ihnen zusätzlich zum Rechnungsbetrag Verzugszinsen in Höhe von 6 EUR und Mahngebühren in Höhe von 1,50 EUR – insgesamt also 7,50 EUR – in Rechnung zu stellen. Wir bitten um umgehende Überweisung.«*

   Prüfen und entscheiden Sie, ob die Forderung des Internethändlers zu Recht besteht.

   §§ 433, 280 (1), 288 (1)

4. Prüfen Sie, ob der Internethändler berechtigt ist, auch dann Schadenersatz (vgl. Aufgabe 3) und Zahlung zu verlangen, wenn Torsten Kleinert von seinem Arbeitgeber für die vergangenen 2 Monate kein Gehalt wegen eingetretener Insolvenz erhalten hat und deshalb nicht in der Lage war, die Rechnung zu begleichen.

   §§ 286 (4), 276 (1)

5. Könnte der Internethändler auch verlangen, dass Torsten Kleinert das iPhone zurückgibt und zusätzlich die entstandenen Kosten (vgl. 3.) ersetzen muss?

   §§ 323 (1), 280, 281

## 2.41 Zusammenfassung: Schlechtleistung – Schuldnerverzug – Gläubigerverzug – Andere Vertragsverletzungen

Im Folgenden werden neun Fälle dargestellt, bei denen bei der Erfüllung des Vertrags Störungen auftreten. Sie sollen in jedem der Fälle prüfen, welche Rechte dem Vertragspartner zustehen. Beachten Sie dabei, dass dem Vertragspartner auch mehrere Rechte zur Auswahl zustehen können. Nennen Sie jeweils alle zutreffenden Lösungsbuchstaben.

### Schlechtleistung

1 **Albrecht** hat im **Herrenmodegeschäft Magin** nach Anprobe einen Herrenanzug Gr. 48 ausgewählt und gekauft.

   Erst nach zwei Monaten entdeckt er einen deutlich erkennbaren Webfehler und rügt den Mangel unverzüglich.

2 Das **Herrenmodengeschäft Magin** hat den Anzug (siehe 1) vor 5 Monaten von der **Textil AG** bezogen und rügt den Webfehler unverzüglich, nachdem der Kunde **Albrecht** den Webfehler beanstandet hat.

3 Das **Elektrofachgeschäft Böhm** bezieht von der **Elektrolux GmbH** 20 Ventilatoren (Standgeräte), weiß lackiert. Acht der 20 Geräte haben erhebliche Lackschäden. **Böhm** beanstandet die Ware unverzüglich.

4 **Bertram** kauft von seinem Nachbarn **Dormann** einen garantiert unfallfreien Personenwagen, Modell AUDI A4. Es stellt sich heraus, dass **Dormann** mit dem Auto vor zwei Jahren in einen schweren Unfall verwickelt war. Aus Sicherheitsgründen muss Bertram den Wagen sofort in Reparatur geben und ein amateurhaft geschweißtes Teil durch ein teures Originalersatzteil ersetzen lassen.

▶ Welche der folgenden Rechte wird der Anspruchsberechtigte in den Fällen 1–4 jeweils sinnvollerweise geltend machen?

   A  Rücktritt vom Vertrag

   B  Preisnachlass (Minderung)

   C  Schadenersatz oder Ersatz vergeblicher Aufwendungen

   D  Lieferung einwandfreier Ware

   E  Beseitigung des Mangels

   F  Keine

### Schuldnerverzug

5 **Albrecht** bestellt im **Versandhaus Bertoli** einen Skianzug. Er weist in der schriftlichen Bestellung ausdrücklich darauf hin, dass der Skianzug bis 15.02. bei ihm eintreffen muss, weil er danach in Skiurlaub fährt. Drei Tage später erhält **Albrecht** vom Versandhaus eine Auftragsbestätigung. Der Skianzug trifft nicht rechtzeitig ein. A. kauft deshalb in einem örtlichen Sportgeschäft einen Skianzug gleicher Qualität, muss dafür aber einen höheren Preis zahlen. Das Versandhaus hat wegen eines Fehlers in der Versandabteilung nicht rechtzeitig geliefert.

6 **Albrecht** hat zusammen mit dem Skianzug beim **Versandhaus Bertoli** auch ein Paar Skier bestellt, die ebenfalls nicht rechtzeitig eintreffen. Gleichwertige Skier sind nicht erhältlich, sodass er sich im örtlichen Sportgeschäft für die Zeit der Lieferungsverzögerung ein Paar Skier gegen eine angemessene Mietgebühr ausleiht.

**7 Albrecht** hat sich von dem **Baustoffhändler Bacher** 20 Sack Zement ins Haus bringen lassen. Er will sich selbst eine Garage bauen. Vereinbartes Zahlungsziel: Zahlung innerhalb 8 Tagen nach Lieferung mit 2 % Skonto oder netto innerhalb 4 Wochen. **Albrecht** zahlt erst nach 8 Wochen.

▶ Welche der folgenden Rechte stehen dem Vertragspartner zu?

A Ersatz der Mehraufwendungen

B Rücktritt vom Vertrag

C Schadenersatz

D Verzinsung der Geldschuld

E Keine

### Gläubigerverzug

**8 Albrecht** hat bei dem **Radio- und Fernsehhändler Bantel** ein Fernsehgerät gekauft. Als **Bantel** am nächsten Tag das Fernsehgerät vereinbarungsgemäß ins Haus bringt und anschließen will, verweigert **Albrecht** die Annahme. Er hat in der Zwischenzeit von einer billigeren Bezugsquelle erfahren. Auf der Rückfahrt hat **Bantel** einen Autounfall. Es wird ihm leichte Fahrlässigkeit vorgeworfen. Dabei wird das Fernsehgerät so stark beschädigt, dass sich eine Reparatur nicht mehr lohnt. Der Listenpreis des Fernsehgeräts ist inzwischen gestiegen.

▶ Welche der folgenden Rechte hat **Bantel?**

A Forderung des Kaufpreises ohne Lieferung eines Fernsehgeräts

B Forderung des Kaufpreises nur bei gleichzeitiger Lieferung eines neuwertigen Fernsehgeräts gleichen Typs zum vereinbarten Preis

C Ersatz der Reparaturkosten für seinen Lieferwagen

D Keine

### Andere Vertragsverletzungen

**9 Albrecht** hat seinen Pkw in die Werkstatt des **Kfz-Meisters Blum** gebracht und den Auftrag gegeben, die Bremsbeläge zu erneuern. Diese Arbeit wird erledigt. **Blum** unterlässt es aber, darauf hinzuweisen, dass die Bremsleitungen undicht sind und Bremsflüssigkeit ausgelaufen ist. Infolgedessen erleidet **Albrecht** auf der Rückfahrt einen Unfall mit erheblichem Blechschaden. Nach dem Unfall hat sich **Albrecht** einer orthopädisch-fachärztlichen Untersuchung unterzogen, um einen evtl. als Unfallfolge entstandenen Gesundheitsschaden im Halswirbelbereich feststellen zu lassen.

Welche der folgenden Rechte hat **Albrecht?**

A Rückerstattung der Reparaturkosten für die Erneuerung der Bremsbeläge

B Ersatz der Reparaturkosten für den beim Unfall entstandenen Blechschaden

C Ersatz der ärztlichen Untersuchungskosten

D Keine

# Mahnverfahren und Verjährung

### 2.42 Kaufmännisches Mahnverfahren – Gerichtliches Mahnverfahren

**Ottmar Stöhr,** Steckenäckerle 7, 75365 **Calw,** kauft am 15. April d. J. im **Teppichhaus Wübbenhorst,** Ettlinger Straße 18, 76137 **Karlsruhe,** einen indischen Handknüpfteppich (natur), Größe 250/350 cm zum Preis von 1856 EUR. Er vereinbart mit dem Verkäufer, dass er den Teppich bis spätestens am 3. Mai zahlt. Den Teppich nimmt er sofort mit.

1. Am 10. Mai d. J. wird in der Buchhaltungsabteilung des **Teppichhauses** festgestellt, dass **Stöhr** noch nicht gezahlt hat.

   ▸ Entwerfen Sie ein Mahnschreiben an **Stöhr.**

2. **Stöhr** antwortet auf drei Mahnschreiben nicht. Im dritten Mahnschreiben wurde ihm ein Mahnbescheid angedroht. Das **Teppichhaus** stellt deshalb Antrag auf Erlass eines Mahnbescheides. **Karlsruhe** und **Calw** haben je ein eigenes Amtsgericht.

   ZPO ▸ a) Bei welchem Amtsgericht ist der Antrag zu stellen?
   § 689
   § 692 ▸ b) Füllen Sie am 30. Juni d. J. den Antrag auf Erlass und Zustellung eines Mahnbescheids aus.

   Berücksichtigen Sie dabei:
   Kosten für die drei Mahnschreiben                                     8 EUR
   Verzugszinsen 12 %
   Sonstige Auslagen des Gläubigers (Vordruck, Porto)                   5 EUR

   ▸ c) Wie erklären Sie sich, dass die Kosten für die Mahnschreiben über die reinen Portokosten hinausgehen?

3. Das Amtsgericht erlässt am 2. Juli d. J. den Mahnbescheid und stellt ihn von Amts wegen durch die Post zu.

   §§ 692 (1) ▸ a) Innerhalb welcher Frist muss **Stöhr** zahlen bzw. Widerspruch erheben?
   Zi. 3,
   694 ▸ b) Prüfen Sie, ob in vorliegendem Falle ein Widerspruch **Stöhrs** Erfolg hätte.

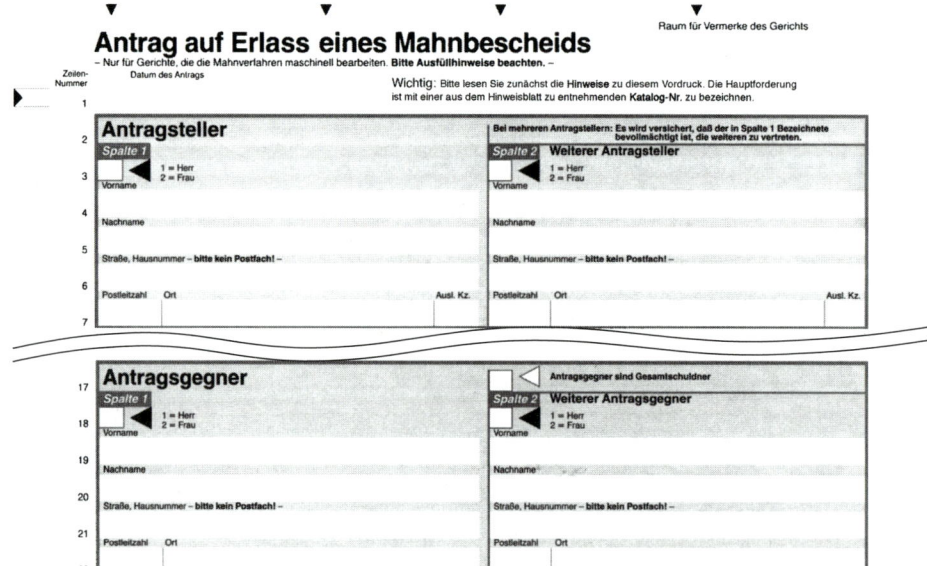

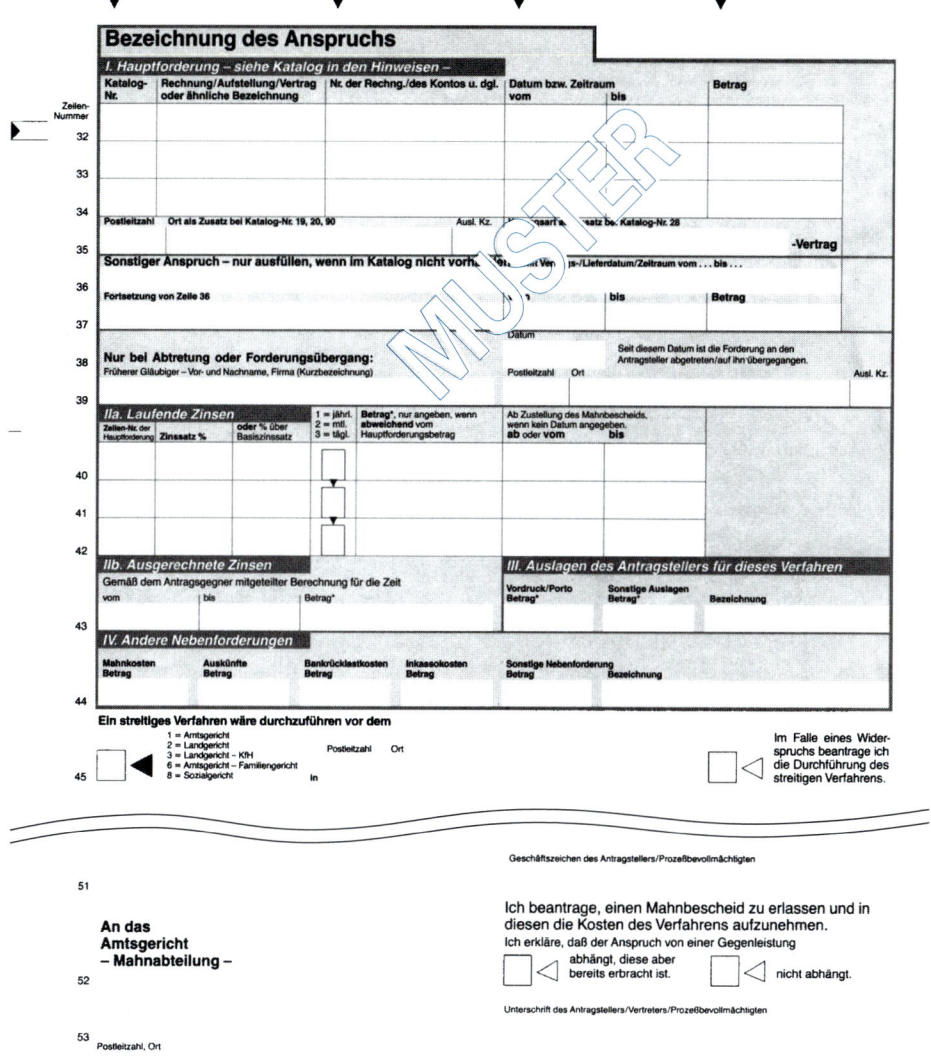

## 2.43   Vollstreckungsbescheid und Pfändung

**Harald Renz,** wohnhaft in 51107 **Köln**, ist beim »**Porzer Tageskurier**« als Journalist angestellt. Zur Finanzierung einer privaten Auslandsreise hat er am 02.04. d. J. bei der Stadtsparkasse **Porz** ein Darlehen in Höhe von 5 000 EUR aufgenommen, das nach sechs Monaten zurückgezahlt werden soll. **Renz** kann am Fälligkeitstag den Kredit nicht zurückzahlen. Die Bank hat ihm deshalb nach mehreren vergeblichen Mahnungen am 15.10. einen Mahnbescheid durch das Amtsgericht zustellen lassen. **Renz** zahlt nicht und erhebt auch keinen Widerspruch. Die Bank beantragt daher am 15.11. beim Amtsgericht, den Mahnbescheid für vorläufig vollstreckbar zu erklären und dem Schuldner den Vollstreckungsbescheid zuzustellen.

▶ 1. Prüfen Sie, ob der Antrag auf Vollstreckbarkeit rechtzeitig gestellt wurde.

ZPO
§§ 699, 701

ZPO
§§ 338, 339,
700

2. **Renz** überlegt, ob er gegen den Vollstreckungsbescheid Einspruch erheben soll.

▶ a) Wie würden Sie sich an seiner Stelle entscheiden?

▶ b) Wie lange kann sich **Renz** mit seinen Überlegungen Zeit lassen?

3. **Renz** erhebt keinen Einspruch und zahlt auch nicht. Deshalb beantragt die Bank die Pfändung. Der Gerichtsvollzieher stellt am 22.11. bei **Renz,** der als Junggeselle eine Zweizimmerwohnung bewohnt, folgendes Vermögen fest:

> 300 EUR bar;
> Kleidung, Wäsche, Möbel, Haus- und Küchengeräte im üblichen und notwendigen Umfang 4 000 EUR;
> Nahrungsmittel im Kühlschrank 35 EUR;
> 2 Flaschen Weinbrand und 15 Flaschen Wein 60 EUR;
> PC mit Drucker 1 000 EUR;
> Fernsehgerät 500 EUR;
> eine unter Eigentumsvorbehalt gelieferte und noch nicht bezahlte Fotoausrüstung 700 EUR;
> Armbanduhr 90 EUR;
> Briefmarkensammlung 700 EUR;
> Pkw 2 000 EUR;
> eine noch nicht bezahlte Perserbrücke 1 500 EUR, die ohne besonderen Vorbehalt geliefert wurde.

Als Lokalredakteur und Reporter beim »**Porzer Tageskurier**« erhält **Renz** ein monatliches Nettogehalt von 2 200 EUR.

§ 811 ▶ a) Welche der aufgeführten Sachen kann der Gerichtsvollzieher pfänden?

§ 808 (1) ▶ b) Welche Vermögensgegenstände wird der Gerichtsvollzieher bei der Pfändung sofort mitnehmen?

4. Drei Tage nach der Pfändung versucht **Renz,** einem Antiquitätenhändler die gepfändete Perserbrücke für 1 000 EUR zu verkaufen. Der Händler lehnt den Kauf ab, weil der Teppich gepfändet ist.

§ 808 (2) ▶ Wie konnte der Händler das feststellen?

5. Die Versteigerung der pfändbaren Vermögensgegenstände findet am 30.11. d. J. statt.

§ 816 ▶ a) Warum schreibt das Gesetz vor, dass die Versteigerung erst nach Ablauf einer Woche seit dem Tag der Pfändung stattfinden darf?

▶ b) Warum müssen Ort und Zeit der Versteigerung vorher öffentlich bekannt gegeben werden?

§ 850 c 6. Die Pfandverwertung erbrachte nach Abzug aller Kosten 1 500 EUR. Die Bank denkt daran, sich ihre Restforderung durch Einkommenspfändung zu sichern. Der Gesetzgeber gesteht dem besser Verdienenden einen höheren pfändungsfreien Anteil am Einkommen zu als dem weniger Verdienenden.

▶ Halten Sie das für gerechtfertigt?

## 2.44 Verjährung von Ansprüchen – Wirkung der Verjährung

Der **Schreibwarenhändler Kurz** liefert am 16.10.2008 an **Rau** für dessen Gewerbebetrieb Büromaterial im Wert von 500 EUR und legt die Rechnung bei. Am 19.02.2012 stellt **Kurz** bei Durchsicht der Kundenkonten fest, dass **Rau** noch nicht bezahlt hat. Er sendet deshalb an **Rau** sofort eine Mahnung. **Rau** schreibt am 25.02.2012 an Kurz, dass die Forderung verjährt und er deshalb nicht zu zahlen gewillt sei.

▶ 1. Kann **Rau** die Zahlung wegen Verjährung der Forderung verweigern?

BGB<br>§ 195

▶ 2. Warum gibt der Gesetzgeber dem Schuldner das Recht, sich auf die Verjährung zu berufen?

## 2.45  Verjährung von Ansprüchen – Neubeginn der Verjährung – Hemmung der Verjährung

Der kaufmännische Angestellte **Baier** schuldet **Alois Knoll,** Inhaber einer Kfz-Werkstätte, für eine an seinem Privatwagen am 02.10.2008 durchgeführte Reparatur 400 EUR. Die Rechnung geht ihm am 02.11.2008 zu.

▶ 1. Wann ist die Forderung des **Knoll** verjährt?

BGB<br>§§ 195,<br>199 (1),<br>212 (1)

2. Am 15.12.2011 erhält **Baier,** der die Rechnung noch nicht bezahlt hat, eine Mahnung. Er reagiert nicht und schreibt erst auf eine zweite Mahnung am 14.02.2012, dass die Forderung verjährt sei, und er nicht zahle. **Knoll** bestreitet, dass seine Forderung gegen **Baier** verjährt sei da mit der ersten Mahnung die Verjährung neu beginnt.

▶ Hat **Baier** das Recht, die Zahlung zu verweigern?

§§ 204,<br>209

▶ 3. Wann würde die Verjährungsfrist enden, wenn dem **Baier** statt der ersten Mahnung ein von **Knoll** beantragter Mahnbescheid zugestellt worden wäre und das eingeleitete Verfahren durch ein sofort rechtskräftiges Urteil am 20.03.2012 endet?

## 2.46  Hemmung der Verjährung – Neubeginn der Verjährung

Der **Fleischermeister Burger** gewährt seinem Gehilfen **Max** am 05.05.2011 ein Darlehen in Höhe von 1 000 EUR zum Kauf eines Mopeds. Die Rückzahlung soll in einem Betrag nach einem Jahr erfolgen.

▶ 1. Wann verjährt die Forderung **Burgers** gegen **Max?**

BGB<br>§§ 195,<br>199 (1)

2. Da der Metzgergeselle entgegen seinen Erwartungen den Betrag innerhalb eines Jahres nicht ansparen konnte, bittet der Gehilfe Max seinen Meister am 01.05.2012 um Zahlungsaufschub. **Burger** stundet seinem Gehilfen die Rückzahlung für ein halbes Jahr.

▶ Wann verjährt jetzt die Forderung?

§§ 205,<br>212

# A 3  Zahlungsverkehr und Geldwesen

## Girokonto – Überweisung

### 3.01 Kontoeröffnung – Überweisung

**Frau Püschel** zieht nach **Gauting** bei **München** und nimmt eine neue Beschäftigung bei der **Kolbenfabrik Janoschka** auf. Sie hat sich für die Eröffnung eines Konto bei der **Norisbank** entschieden.

1. **Anne Püschel** beschafft sich über die Internetseite der Norisbank das Formular (siehe Seite 77) zur Eröffnung eines Top-Girokontos und füllt es aus.

▶ a) Welche Bedeutung kommt den von Anne Püschel in diesem Formular gemachten Angaben zu ihrem monatlichen Nettoeinkommen sowie zur Monatsmiete zu?

▶ b) Aus welchen Gründen sind in dem Formular zur Eröffnung eines Top-Girokontos zwei Unterschriften vorgesehen?

▶ c) Als Neukundin der Norisbank wird **Anne Püschel** in einem Anschreiben darauf hingewiesen, dass sie sich mit nachstehendem Coupon bei einer Postfiliale einer Identitätsprüfung unterziehen muss.

Achtung MaV!
Formular und diesen Coupon im
Postsache-Fensterbriefumschlag
oder im Kundenrückumschlag an
angegebene Anschrift schicken!

Deutsche Post
≡ BRIEF KOMMUNIKATION ≡

**Wichtig!** Bitte nehmen Sie diesen Coupon und lassen Sie sich bei einer Postfiliale mit einem gültigen Personalausweis oder Reisepass identifizieren.

norisbank GmbH
04089 Leipzig

Abrechnungsnummer

6 1 1 9 4 8 7 1 1 5 3 7 0 1

Referenznummer

Achtung MaV!
· Barcode einscannen
· POSTIDENT BASIC®-Formular nutzen
· Formular an Absender

MaV: Bei Fragen wenden Sie sich bitte an die Mitarbeiter-Hotline

4   021777   012191

**POSTIDENT®** BASIC

AO
§ 154

Warum muss sich **Anne Püschel** bei einer Postfiliale – gegebenenfalls auch bei einer Filiale der Norisbank – mit einem gültigen Personalausweis oder Reisepass identifizieren lassen?

2. Am 14.10.2013 erhält **Anne Püschel** von der Norisbank die Bestätigung über den erfolgreichen Abschluss eines Zahlungsdiensterahmenvertrages.

BGB
§ 675f (2)

a) Welche Verpflichtungen ergeben sich für die Norisbank aus dem Abschluss eines solchen Vertrages?

§ 355 (2)

b) Am 20.10.2013 erfährt **Anne Püschel** von dem Angebot einer anderen Bank mit günstigeren Bedingungen. Stellen Sie fest, ob und gegebenenfalls welche Möglichkeit **Anne Püschel** hätte, sich aus dem mit der Norisbank rechtswirksam abgeschlossenen Vertrag zu lösen.

## Eröffnung Top-Girokonto

 **Zurücksenden per Post:** norisbank GmbH, 04089 Leipzig
**Interessentenservice:** 0180-312 5000 (9,0 Ct./Min. aus dem dt. Festnetz; Mobilfunkpreis max. 42 Ct./Min.);
**Internet:** www.norisbank.de

### Persönliche Angaben

1/2

| Kontoinhaber | **X** Frau ☐ Herr  Titel | | Vorname **Anne** |
|---|---|---|---|

Nachname **Püschel**                              Familienstand **ledig**

Geburtsdatum **16.10.1986**     Geburtsort **Frankfurt**     Staatsangehörigkeit **Deutschland**

Position im Beruf* **Angestellte**               Branche* **Druck**

**Meldeadresse**

Straße, Nr. **Pippinstr. 7**                                    PLZ **82131**

Ort **Gauting**                          Land **Deutschland**

Telefon tagsüber*                        Mobil*

E-Mail* **A.Pueschel@t-online.de**

**Einwilligung zum Erhalt von werblichen Informationen**                          *Diese Angaben sind freiwillig.

Ich bin damit einverstanden, dass mich die norisbank GmbH

☐ telefonisch und/oder    **X** per E-Mail

unaufgefordert kontaktiert, um mich zu beraten und mir aktuelle Angebote ausschließlich zu Bank- und Finanzdienstleistungen, z.B. zu Geldanlagen oder Krediten, vorzustellen.
Meine Einwilligung/en ist/sind freiwillig und kann/können von mir jederzeit einzeln oder gemeinsam ohne Einfluss auf die Geschäftsverbindung zur norisbank GmbH widerrufen werden, z.B. telefonisch unter 0800-312 5012.

**Versandadresse (wenn abweichend von Meldeadresse)**

Straße, Nr.                                              PLZ

Ort                                              Land

**Weitere persönliche Angaben**

| monatliches Nettoeinkommen | **1.980** EUR | Warmmiete oder Nebenkosten | **560** EUR | monatliche Kreditraten | **0** EUR |
|---|---|---|---|---|---|

Wohnstatus **zur Miete / Untermiete**

### Kontoeröffnung Top-Girokonto

Bitte eröffnen Sie für mich ein Top-Girokonto zu den nachstehenden Bedingungen:

**Kontoauszugsdrucker-Service am Bankingterminal**
Die Kontoauszüge für das Top-Girokonto werden an den Bankingterminals der norisbank zum Ausdruck zur Verfügung gestellt.

**Kontokorrentabrede, Rechnungsperiode**
Die Konten werden in laufender Rechnung geführt (Kontokorrentkonten), sofern nicht eine abweichende Regelung besteht. Bei Kontokorrentkonten erteilt die Bank – sofern nichts anderes vereinbart ist – jeweils zum Ende eines Kalenderquartals einen Rechnungsabschluss. Die Rechtswirkungen eines Rechnungsabschlusses sowie die Pflichten, dessen Inhalt zu prüfen und gegebenenfalls Einwendungen zu erheben, sind in Nr. 7 der Allgemeinen Geschäftsbedingungen geregelt.

**Bareinzahlung/Barauszahlung**
Die norisbank GmbH betreibt keine Kassen. Einzahlungen und Auszahlungen von Bargeld sind daher nur an den jeweils dafür vorgesehenen Geldautomaten nach folgenden Maßgaben möglich.
Bareinzahlungen (keine Münzen) sind an etwaig vorhandenen bankeigenen Geldautomaten mit Einzahlfunktion innerhalb eines von der Bank vorgegebenen Rahmens möglich. Dieser Service wird nicht in jeder Geschäftsstelle der norisbank GmbH angeboten.
Barauszahlungen (keine Münzen) sind an Geldautomaten unter Berücksichtigung der jeweils vorhandenen Stückelung und innerhalb des verfügbaren Limits möglich.
**Währung**
Die Konten werden ausschließlich in Euro geführt. Verfügungen sind nur in dieser Währung möglich.

### Elektronischer Zugang

Für das Top-Girokonto wird der Zugang über das Telefon und das Internet eingeräumt.
● über das Telefon durch das noris Telefonbanking unter Verwendung einer Telefon-PIN,
● über das Internet durch das noris Onlinebanking unter Verwendung einer Online-PIN und einer TAN.
Deshalb erhalte ich eine Telefon-PIN sowie eine Online-PIN und einen TAN-Block jeweils mit separater Post. Es gelten die Bedingungen für den Zugang zur norisbank GmbH über elektro-

nische Medien.
Für Onlinebanking-Überweisungen wird ein Verfügungsrahmen von 2.500 Euro pro Tag beantragt. Diesen kann ich jederzeit im noris Onlinebanking ändern.

**Ich bin damit einverstanden, dass die zwischen der Bank und mir übermittelte Telefonkommunikation im Telefonbanking zu Beweiszwecken automatisch aufgezeichnet und gespeichert wird.**

### noris Card und Dispositionskredit

**X Bestellung einer noris Card***
Bitte übersenden Sie mir eine noris Card* mit Geheimzahl (PIN).
Mit der Eröffnung meines Top-Girokontos erhalte ich von der Bank eine noris Card*.
Mit der noris Card habe ich die Möglichkeit, Kontoauszüge an den Bankingterminals der Bank abzurufen sowie in Verbindung mit einer Geheimzahl (PIN) weltweit Bargeld an Geldautomaten abzuheben und im Rahmen des Maestro-Services bargeldlos zu bezahlen. Es gelten die Bedingungen für die Debitkarten der norisbank.

**X Beantragung Dispositionskredit***
Ich nutze mein neues Top-Girokonto als Gehaltskonto. Bitte räumen Sie mir einen Sofortdispositionskredit in Höhe von 500 Euro ein.
Darüber hinaus bitte ich, nach drei Monaten die Höhe des Dispositionsrahmens auf Basis meiner regelmäßigen Gehaltseingänge anzupassen.

* Bonität vorausgesetzt.

### Geldwäschegesetz

Jeder Bankkunde ist nach dem Geldwäschegesetz (GwG) verpflichtet, der Bank unverzüglich und unaufgefordert Änderungen, die sich im Laufe der Geschäftsbeziehung bezüglich der nach diesem Gesetz festzustellenden Angaben zur Person oder des wirtschaftlich Berechtigten

ergeben, anzuzeigen (§ 4 Abs. 6 und § 6 Abs. 2 Nr. 1 GwG).

**X** Ich handele für eigene Rechnung.

### Steuerrechtlich relevante Angaben

**X** Konten und Depots im Privatvermögen

## Einwilligung zur Übermittlung von Daten an die SCHUFA

Ich willige ein, dass die norisbank GmbH – nachstehend „Bank" genannt – der SCHUFA Holding AG, Kormoranweg 5, 65201 Wiesbaden, Daten über die Beantragung, die Durchführung und Beendigung dieser Kontoverbindung übermittelt.

Unabhängig davon wird die Bank der SCHUFA auch Daten über ihre gegen mich bestehenden fälligen Forderungen übermitteln. Dies ist nach dem Bundesdatenschutzgesetz (§ 28a Absatz 1 Satz 1) zulässig, wenn ich die geschuldete Leistung trotz Fälligkeit nicht erbracht habe, die Übermittlung zur Wahrung berechtigter Interessen der Bank oder Dritter erforderlich ist und
- die Forderung vollstreckbar ist oder ich die Forderung ausdrücklich anerkannt habe oder
- ich nach Eintritt der Fälligkeit der Forderung mindestens zweimal schriftlich gemahnt worden bin, die Bank mich rechtzeitig, jedoch frühestens bei der ersten Mahnung, über die bevorstehende Übermittlung nach mindestens vier Wochen unterrichtet hat und ich die Forderung nicht bestritten habe oder
- das der Forderung zugrunde liegende Vertragsverhältnis aufgrund von Zahlungsrückständen von der Bank fristlos gekündigt werden kann und die Bank über die bevorstehende Übermittlung unterrichtet hat.

Darüber hinaus wird die Bank der SCHUFA auch Daten über sonstiges nichtvertragsgemäßes Verhalten (Konten- oder Kreditkartenmissbrauch oder sonstiges betrügerisches Verhalten) übermitteln. Diese Meldungen dürfen nach dem Bundesdatenschutzgesetz (§ 28 Absatz 2) nur erfolgen, soweit dies zur Wahrung berechtigter Interessen der Bank oder Dritter erforderlich ist und kein Grund zu der Annahme besteht, dass das schutzwürdige Interesse des Betroffenen an dem Ausschluss der Übermittlung überwiegt.

Insoweit befreie ich die Bank zugleich vom Bankgeheimnis.

Die SCHUFA speichert und nutzt die erhaltenen Daten. Die Nutzung umfasst auch die Errechnung eines Wahrscheinlichkeitswertes auf Grundlage des SCHUFA-Datenbestandes zur Beurteilung des Kreditrisikos (Score). Die erhaltenen Daten übermittelt sie an ihre Vertragspartner im Europäischen Wirtschaftsraum und der Schweiz, um diesen Informationen zur Beurteilung der Kreditwürdigkeit von natürlichen Personen zu geben. Vertragspartner der SCHUFA sind Unternehmen, die aufgrund von Leistungen oder Lieferung finanzielle Ausfallrisiken tragen (insbesondere Kreditinstitute sowie Kreditkarten- und Leasinggesellschaften, aber auch etwa Vermietungs-, Handels-, Telekommunikations-, Energieversorgungs-, Versicherungs- und Inkassounternehmen). Die SCHUFA stellt personenbezogene Daten nur zur Verfügung, wenn ein berechtigtes Interesse hieran im Einzelfall glaubhaft dargelegt wurde und die Übermittlung nach Abwägung aller Interessen zulässig ist. Daher kann der Umfang der jeweils zur Verfügung gestellten Daten nach Art der Vertragspartner unterschiedlich sein. Darüber hinaus nutzt die SCHUFA die Daten zur Prüfung der Identität und des Alters von Personen auf Anfrage ihrer Vertragspartner, die beispielsweise Dienstleistungen im Internet anbieten.

Ich kann Auskunft bei der SCHUFA über die mich betreffenden gespeicherten Daten erhalten. Weitere Informationen über das SCHUFA-Auskunfts- und Score-Verfahren sind unter www.meineschufa.de abrufbar. Die postalische Adresse der SCHUFA lautet:

SCHUFA Holding AG, Verbraucherservice, Postfach 5640, 30056 Hannover.

## Einbeziehung der Geschäftsbedingungen

Es gelten die beigefügten Allgemeinen Geschäftsbedingungen der Bank. Daneben gelten für einzelne Geschäftsbeziehungen Sonderbedingungen, die Abweichungen oder Ergänzungen zu diesen Allgemeinen Geschäftsbedingungen enthalten; insbesondere handelt es sich hierbei um die Bedingungen für steuerliche Buchungen im Rahmen der Kapitalertragsbesteuerung, die Bedingungen für den Zugang zur norisbank GmbH über elektronische Medien, die Bedingungen für die Benutzung von Kontoauszugsdruckern, die Bedingungen für den Überweisungsverkehr,

für Lastschriften, für geduldete Überziehungen, für die Debitkarten der norisbank, für die noris Spardcard, für das noris Top-Zinskonto, für Sparkonten das Wertpapiergeschäft. Den Wortlaut der einzelnen Regelungen kann ich in den Geschäftsräumen der Bank oder unter www.norisbank.de einsehen. Ferner werden sie auf Wunsch ausgehändigt und können über den Interessentenservice 0180-312 5000 (9,0 Ct./Min. aus dem dt. Festnetz; Mobilfunkpreis max. 42 Ct./Min.) nochmals angefordert werden.

## Widerrufsbelehrung

### Widerrufsrecht für jeden einzelnen Kunden
Der Kunde ist an seine Willenserklärung zum Vertrag nicht mehr gebunden, wenn er sie binnen zwei Wochen widerruft. Bei mehreren Kunden steht dieses Widerspruchsrecht jedem einzelnen Kunden alleine zu.

### Form des Widerrufs
Der Widerruf muss in Textform (z. B. schriftlich, mittels Telefax- oder E-Mail-Nachricht) erfolgen. Der Widerruf muss keine Begründung enthalten.

### Fristlauf
Der Lauf der Frist für den Widerruf beginnt einen Tag, nachdem dem Kunden
- ein Exemplar dieser Widerrufsbelehrung,
- der Vertragsantrag oder eine Abschrift des Vertragsantrages einschließlich der für den Vertrag maßgeblichen Allgemeinen Geschäftsbedingungen sowie
- die Informationen, zu denen die Bank nach den Vorschriften über Fernabsatzverträge (§ 312c Abs. 2 Nr. 1 BGB i.V.m. § 1 BGB-InfoV) verpflichtet ist,

in Textform mitgeteilt wurde, aber nicht vor dem Tage des Vertragsschlusses. Zur Wahrung der Frist genügt die rechtzeitige Absendung des Widerrufs.

### Adressat des Widerrufs
Der Widerruf ist zu senden an: norisbank GmbH, Fasanenstraße 86, 10623 Berlin
Fax: 0180-3125012 (9,0 Ct./Min. aus dem dt. Festnetz; Mobilfunkpreis max. 42 Ct./Min.)
E-Mail: widerruf.fernabsatz@norisbank.de

### Widerrufsfolgen
Hat der Kunde vor Ablauf der Widerrufsfrist bereits eine Leistung von der Bank erhalten, so kann er sein Widerrufsrecht dennoch ausüben. Im Falle eines wirksamen Widerrufs sind die beiderseits empfangenen Leistungen zurückzugewähren und gegebenenfalls gezogene Nutzungen (z. B. Zinsen) herauszugeben.

Kann der Kunde der Bank ihm gegenüber erbrachte Leistung ganz oder teilweise nicht zurückgewähren – beispielsweise weil dies nach dem Inhalt der erhaltenen Leistung ausgeschlossen ist –, so ist er verpflichtet, insoweit Wertersatz zu leisten. Dies kann dazu führen, dass der Kunde die vertraglichen Zahlungsverpflichtungen für den Zeitraum bis zum Widerruf gleichwohl erfüllen muss. Dies gilt auch für den Fall, als die von der Bank erbrachte Leistung bestimmungsgemäß genutzt hat. Diese Verpflichtung zum Wertersatz kann der Kunde vermeiden, wenn er die Leistung vor Ablauf der Widerrufsfrist nicht in Anspruch nimmt.

Verpflichtungen zur Erstattung von Zahlungen muss der Kunde innerhalb von 30 Tagen nach Absendung seiner Widerrufserklärung erfüllen und die Bank 30 Tage nach Zugang der Widerrufserklärung.

Eine Verpflichtung des Kunden zur Zahlung der Entgelte und Zinsen für die bis zur Ausübung des Widerrufsrechts von der Bank erbrachte Leistung besteht nur, wenn er ausdrücklich zugestimmt hat, dass die Bank vor Ende der Widerrufsfrist mit der Ausführung der vertraglichen Leistung beginnt.

### Ende der Widerrufsbelehrung

## Besondere Hinweise zur sofortigen Vertragsausführung

Ich erkläre mich ausdrücklich damit einverstanden, dass die Bank nach Annahme meines Vertragsantrages auf Abschluss des Vertrages, aber noch vor Ende der Widerrufsfrist, mit der Ausführung dieses Vertrages beginnt.

## Hinweis zum Umfang der Einlagensicherung

Die Bank ist dem Einlagensicherungsfonds des Bundesverbandes deutscher Banken e. V. und der Entschädigungseinrichtung deutscher Banken GmbH angeschlossen. Hierdurch sind alle Verbindlichkeiten, die in der Bilanzposition „Verbindlichkeiten gegenüber Kunden" auszuweisen sind, gesichert. Hierzu zählen Sicht-, Termin- und Spareinlagen einschließlich der auf den Namen lautenden Sparbriefe. Die Sicherungsgrenze je Gläubiger beträgt 30 % des für die Einlagensicherung maßgeblichen haftenden Eigenkapitals der Bank. Die jeweilige Sicherungsgrenze wird dem Kunden von der Bank auf Verlangen bekannt gegeben. Sie kann auch im

Internet unter www.bdb.de abgefragt werden. Nicht geschützt sind Verbindlichkeiten, über die die Bank Inhaberpapiere ausgestellt hat, wie z. B. Inhaberschuldverschreibungen und Inhabereinlagenzertifikate sowie Verbindlichkeiten gegenüber Kreditinstituten. Ist die Bank pflichtwidrig außerstande, Wertpapiere des Kunden zurückzugeben, so besteht neben der Haftung der Bank im Entschädigungsfall ein Entschädigungsanspruch gegen die Entschädigungseinrichtung deutscher Banken. Der Anspruch gegen die Entschädigungseinrichtung ist der Höhe nach begrenzt auf 90 % des Wertes dieser Wertpapiere, maximal jedoch auf den Gegenwert von 20.000 Euro.

## Kontoauszüge

Die Kontoauszüge werden mit der oben genannten Karte über den Kontoauszugsdrucker ausgedruckt.

## Datenschutzrechtlicher Hinweis

Die Bank verarbeitet und nutzt die von Ihnen erhobenen personenbezogenen Daten auch für Zwecke der Werbung oder der Markt- oder Meinungsforschung. Der Verarbeitung und Nutzung Ihrer personenbezogenen Daten für die vorgenannten Zwecke können Sie jederzeit widersprechen.

## Unterschrift

 11.10.2013
Datum

 Unterschrift

*Anne Pünchel*

## Empfangsbestätigung

Ich habe jeweils ein Exemplar
- des Merkblatts Top-Girokonto mit den Informationen zum Kontovertrag Top-Girokonto sowie zum noris Online-/Telefonbanking und zu den damit verbundenen Dienstleistungen für den Verbraucher inklusive der Widerrufsbelehrung,
- des Kontoeröffnungsantrages,
- der Allgemeinen Geschäftsbedingungen, Bedingungen für steuerliche Buchungen im Rahmen der Kapitalertragsbesteuerung, Bedingungen für die Debitkarten der norisbank, Bedingungen für die Benutzung von Kontoauszugsdruckern, Bedingungen für den Überweisungsverkehr, Bedingungen für den Zugang zur norisbank GmbH über elektronische Medien
erhalten.

 11.10.2013
Datum

 Unterschrift Kontoinhaber

*Anne Pünchel*

3. Frau **Püschel** erhält von dem **Naturheilpraktiker A. Kühn,** Schwanthaler Straße 6,
   81539 **München,** eine Honorarrechnung über 280 EUR, die am 4.11. ausgestellt wurde.

   Am 18.11. (Montag) erteilt sie ihrer Hausbank gegen 21.30 Uhr mittels Computer
   nachstehenden Überweisungsauftrag:

---

**Überweisung/Umbuchung**                                                    ❔ Hilfe

❗ Es sind noch 5 TANs vom aktuellen TAN-Bogen vom 31.10.2013 verfügbar.

Konto           Anne Püschel Girokonto                              ▾
Saldo in EUR: 1.208,48 H    online-verfügb. Betrag in EUR:   1.208,48 H

Empfänger:
Praxis Kuehn 81539 München
Straße/PLZ/Ort (optional):

Länder-Kennzeichen:
Bitte wählen Sie ein Land aus              ▾

IBAN:                                              BIC:
DE 86 7022 0200 0000 3657 80                       BHFBDEFF700
Bei Kreditinstitut:                                Betrag in EUR:
BHF-Bank AG                                        280,00
Verwendungszweck:
Rechn. Nr. 720 vom 04.11.
Verwendungszweck:

oder Kundenreferenz:                    Ausführungsdatum (TT.MM.JJJJ):

IBAN Auftraggeber (Kontoinhaber):       Auftraggeber (Kontoinhaber):
DE79660908000003659206                  Anne Püschel
Abweichender Auftraggeber:

Als Vorlage unter folgendem Namen speichern:

**Bitte geben Sie die TAN neben der Nr. 41 ein:** [    ]  [ OK ]

[ Eingaben korrigieren ]  [ Abbrechen ]

---

a) Warum muss bei der Abwicklung eines Überweisungsauftrags über Online-
   banking sowohl eine PIN als auch eine TAN eingegeben werden?

b) Nachdem Anne Püschel TAN Nr. 41 eingegeben und die OK-Taste gedrückt
   hat, wurde der Überweisungsauftrag auf elektronischem Weg an die Norisbank
   übermittelt. Unmittelbar nach Abschluss der Übermittlung stellt Anne Püschel
   fest, dass ihr bei der Eingabe der Kontonummer der Praxis Kühn ein Tippfehler
   unterlaufen ist.

   BGB<br>§§ 675n,<br>675p

   Kann Anne Püschel den Zahlungsauftrag, den sie der Norisbank erteilt hat,
   widerrufen?

c) Wann (genauer Termin) muss der Überweisungsbetrag auf dem Konto des Na-
   turheilpraktikers spätestens gutgeschrieben sein?  §§ 675s, 675t

d) Welche Ansprüche kann Anne Püschel bei verspäteter Gutschrift geltend machen?

4. **Anne Püschel** hat für die erste Januarwoche des kommenden Jahres eine Woche
   Skiurlaub im Hotel Trofana in Ischgl (Österreich) gebucht. Im Rahmen der Bu-
   chung wird sie gebeten, dem Hotel eine Anzahlung in Höhe von 200 EUR per
   SEPA-Überweisung zukommen zu lassen. Stellen Sie anhand nachstehender
   Grafik fest, welche Bedeutung der IBAN und der BIC jeweils zukommt.

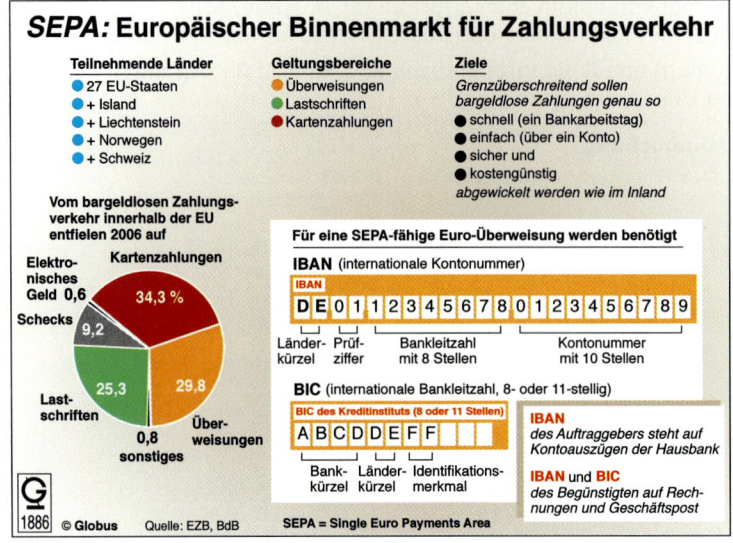

# Dauerauftrag und Lastschriftverkehr

### 3.02 Regelmäßig wiederkehrende Zahlungen in gleicher Höhe – SEPA-Lastschrift

Frau **Püschel** zahlt am 1. jeden Monats eine Sparrate von 375 EUR auf ihren Bausparvertrag – Bausparnummer 3941687 – bei der **Bausparkasse Schwäbisch Hall** ein. Sie hat am 01.10. d. J. letztmals diesen Betrag überwiesen.

1. Über die Internetseite der Norisbank füllt Frau Püschel nachstehendes Formular für einen Dauerauftrag aus:

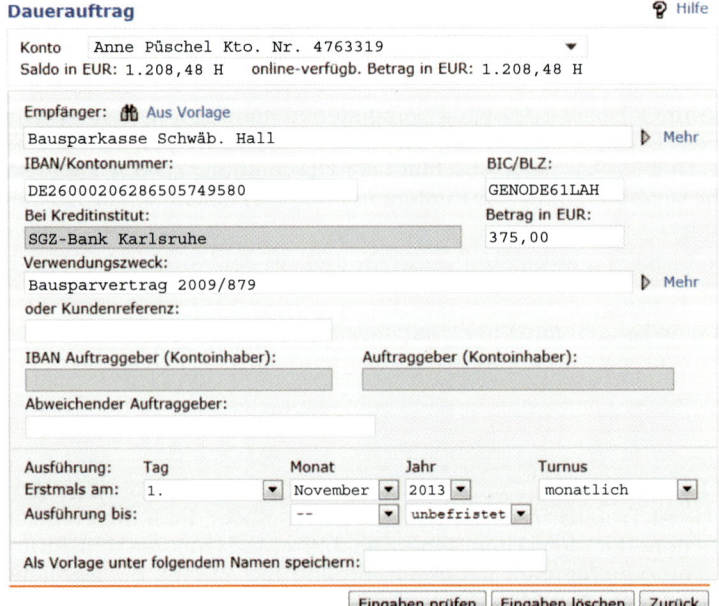

Welche Vorteile hat Frau **Püschel** durch die Erteilung des Dauerauftrages?

2. Nennen Sie weitere Zahlungsanlässe, für die ein Dauerauftrag besonders geeignet ist.

3. Vom Bücherclub »**Neuer Buchring**« erhält sie folgendes Schreiben:

---

**Bücherclub**
**Neuer Buchring GmbH**
**Bayreuther Straße 123**

**80409 Nürnberg**
☎ (09 11) 5 10 11
Fax (09 11) 5 10 12

**Banken:**
Volksbank Nürnberg (IBAN …)
Sparkasse Nürnberg (IBAN …)

05. Dez. ..

Bücherclub Neuer Buchring GmbH
Bayreuther Str. 123, 80409 Nürnberg

Frau
Anne Püschel
Pippinstr. 7

82131 Gauting

**Rechnungsausgleich durch Lastschriftverkehr**

Sehr geehrte Frau Püschel,

sicher ist es Ihnen entgangen, den Betrag in Höhe von **84,50 EUR** für die Büchersendung vom 15.10.d.J. zu überweisen. Um Ihnen und uns unnötigen Ärger zu ersparen, bieten wir Ihnen an, unsere Rechnungen künftig per Lastschriftverfahren zu begleichen. Die Verantwortung für die rechtzeitige Zahlung liegt damit nicht mehr bei Ihnen, sondern bei uns.
Wenn Sie sich diesem Verfahren anschließen wollen, füllen Sie bitte das beigefügte SEPA-Lastschriftmandat aus und senden Sie dieses unterschrieben an uns zurück.
Selbstverständlich können Sie jederzeit Ihr SEPA-Lastschriftmandat widerrufen und entsprechend den bankrechtlichen Bestimmungen die einzelne Lastschrift rückgängig machen.
Sollten Sie weitere Fragen haben, wenden Sie sich bitte an unseren Herrn Theis.

**Anlagen**
1 SEPA-Lastschriftformular
1 Freiumschlag

Mit freundlichen Grüßen

Bücherclub Neuer Buchring GmbH

*Henn*
Henn

---

▶ a) Prüfen Sie, worin für Frau **Püschel** und den Bücherclub die Vorteile des SEPA-Lastschriftverfahrens bestehen.

▶ b) Füllen Sie für Frau **Püschel** das SEPA-Lastschriftformular (siehe Muster auf nachfolgender Seite) aus (IBAN der **Norisbank:** DE32 7602 6000 0476 3319 00; BIC NORISDE71XXX).

**Bücherclub Neuer Buchring GmbH, Bayreuther Straße 123, 80409 Nürnberg**

Gläubiger-Identifikationsnummer: DE03ZZZ00000255025

**SEPA-Lastschriftmandat**

Ich ermächtige den Bücherclub Neuer Buchring GmbH (Zahlungsempfänger), Zahlungen von meinem Konto mittels Lastschrift einzuziehen. Zugleich weise ich mein Kreditinstitut an, die vom Bücherclub Neuer Buch-ring GmbH auf mein Konto gezogene Lastschriften einzulösen.

Hinweis: Ich kann/Wir können innerhalb von acht Wochen, beginnend mit dem Belastungsdatum, die Er-stattung des belasteten Betrages verlangen. Es gelten dabei die mit meinem/unserem Kreditinstitut verein-barten Bedingungen.

**Kontoinhaberin/Kontoinhaber**

Vorname und Name (Kontoinhaber)

Straße und Hausnummer

Postleitzahl und Ort

Deutschland

Land

| D | E | | | | | | | | | | | | | | | | | | | | | |

IBAN (International Bank Account Number)

BIC (Business Identifier Code)                                    Name der Bank

Ort                                                              Datum der Unterschrift

Unterschrift(en) des/der Kontoinhaber(s)/Kontoinhaberin

4. Anne Püschel entnimmt den Geschäftsbedingungen der Bank die auf Seite 83 dargestellten Informationen (Ausschnitt):

   a) Innerhalb welcher Frist kann Anne Püschel gegebenenfalls eine Lastschrift des Bücherclubs zurückgeben, wenn der abgebuchte Betrag zu hoch ist?

   b) Wie wäre der Fall zu entscheiden, wenn Anne Püschel Unternehmerin wäre?

   c) Warum muss auf dem SEPA-Lastschriftmandat zusätzlich zur Anschrift des Empfängers noch dessen Gläubiger-Identifikationsnummer angegeben werden?

| Basislastschrift | Firmenlastschrift |
|---|---|
| • Erstmalige Lastschriften müssen **fünf Tage** bei der Bank des Zahlers (Zahlstelle) vorliegen, alle darauf folgenden mindestens **zwei Tage** vor Fälligkeit des Rechnungsbetrages<br>• Bei einmaligen Lastschriften beträgt die Vorlauffrist **fünf Tage**<br>• Rückbuchung innerhalb von **acht Wochen** möglich<br>• Bei unrechtmäßigen Kontobelastungen (unauthorisierte Lastschrift) kann eine Rückbuchung innerhalb von dreizehn Monaten erfolgen; Fristbeginn erfolgt mit der Kontobelastung. ACHTUNG: Die Ausschlussfrist von 13 Monaten bedeutet, dass man den Anbieter grundsätzlich unverzüglich bei fehlerhaften Buchungen und unbefugten Abbuchungen auf den Buchungsfehler hinweisen muss. Nach Ablauf der 13-Monats-Frist ist auch eine fehlerhafte Buchung nicht mehr zu korrigieren! | • Sowohl einmalige als auch erstmalige und folgende Lastschriften müssen **einen Tag** vor Fälligkeit des Rechnungsbetrages der Zahlstelle vorliegen<br>• Die SEPA-Firmenlastschrift **kann nicht mehr zurückgegeben werden**, da die Zahlstelle verpflichtet ist, schon vor der Belastung die Mandatsdaten mit der vorliegenden Zahlung zu überprüfen |

# Besondere Formen des modernen Zahlungsverkehrs

## Elektronischer Zahlungsverkehr

### 3.03 Electronic cash – Elektronisches Lastschriftverfahren (ELV) – Elektronische Geldbörse

1. Die **Auszubildende Eva Kaiser** hat soeben in der **Freiburger Schuhboutique** ein Paar Schuhe zum Preis von 112 EUR erworben.

   Als sie mit ihrer VR-BANKCARD der **Volksbank Emmendingen** bezahlen will, bittet sie der Verkäufer, ihre persönliche Geheimzahl (PIN = persönliche Identifikationsnummer) einzugeben.

   ▶ a) Was muss **Eva Kaiser** prüfen, bevor sie ihre PIN eingibt?

   ▶ b) Welche Vorgänge werden nach Eingabe der PIN bei der **Volksbank Emmendingen** ausgelöst?

   ▶ c) Welche Vorteile bringt diese Art der Zahlungsabwicklung (electronic cash) der Schuhboutique?

2. Im **Freiburger Jeans-Shop** kauft **Eva Kaiser** anschließend eine Hose für 80 EUR, die sie ebenfalls mittels BANKCARD begleichen will. Der Jeans-Shop ist jedoch

keinem System angeschlossen. Die Zahlungsabwicklung erfolgt hier nach dem elektronischen Lastschriftverfahren (ELV).

Die Kassiererin führt die Karte in das Lesegerät ein. Nach der elektronischen Datenerfassung wird ihr nachstehender Beleg zur Unterschrift vorgelegt:

---

### Jeans-Shop Freiburg e.K.
### Elektronisches Lastschriftverfahren

Freiburg, 14.09. . .

**1. Lastschriftmandat**

Hiermit ermächtige ich die Firma

**Jeans-Shop Freiburg e.K.,** Gläubiger-ID Nr.: DE03ZZZ00001234567

den Kaufbetrag von                                              80,00 EUR
per Lastschrift von meinem Konto einzuziehen.

BIC/IBAN/Bon-/Kassen-Nummer:

ABCDE12FRA/DE01123456780123456789

Ich weise durch obige BIC bezeichnetes Kreditinstitut an, bei Nichteinlösung der Lastschrift oder bei Widerspruch gegen die Lastschrift auf Anforderung meine vollständige Anschrift mitzuteilen, damit o.g. Firma ihren Anspruch gegen mich geltend machen kann.

**2. Ermächtigung zur Speicherung und Weitergabe der Sperrdatei**

Ich bin damit einverstanden, dass meine Daten elektronisch gespeichert und verarbeitet werden.

Ich bin damit einverstanden, dass nur im Falle der Nichteinlösung diese Tatsache in eine Sperrdatei aufgenommen und an andere Unternehmen übermittelt wird, die ebenfalls dieses Lastschriftverfahren anwenden. Die Sperrung wird nach Begleichung des Rechnungsbetrages wieder aufgehoben.

_____
Unterschrift

---

▶ a) Warum verlangt die Kassiererin des Jeans-Shops von **Eva Kaiser** die Unterschrift, während sie in der Schuhboutique lediglich ihre PIN eingeben musste?

▶ b) Worin unterscheidet sich die Zahlungsabwicklung von electronic cash und ELV-System?

▶ 3. a) Vervollständigen Sie eine Tabelle nach folgendem Muster:

| | electronic cash | ELV |
|---|---|---|
| **Gegenstand der elektronischen Abfrage** | ● Legitimationsprüfung<br>● Sicherheitsprüfung (Kartensperre)<br>● Guthabenkontrolle | |
| **Ausführung des Zahlungsvorgangs** | ● elektronische Abbuchung und Gutschrift | |
| **Sicherheit des Geldeingangs** | | |
| **Kosten im Vergleich** | | |

▶ b) Welche Gründe könnten den Jeans-Shop veranlasst haben, sich für das ELV-System anstatt für das electronic cash-System zu entscheiden?

4. Der **Jeans-Shop Freiburg** hat neben der Registrierkasse folgendes Schild aufgestellt:

> Bitte machen Sie bei der Begleichung Ihrer Einkaufsrechnung von der Möglichkeit Gebrauch, Ihre
>
> ### BANKCARD
>
> als elektronische Geldbörse zu verwenden.

**Eva Kaiser** stellt fest, dass ihre BANKCARD mit nebenstehendem Piktogramm ausgestattet ist. Die Kassiererin erklärt **Eva Kaiser,** dass sie so ihre BANKCARD ähnlich wie eine Telefonkarte zur Zahlung verwenden kann. Die Karte ist zuvor lediglich unter Angabe ihrer persönlichen Geheimnummer (PIN) bei ihrer Bank zu »laden«.

► a) Vervollständigen Sie nachstehende Übersicht (vereinfacht) durch Eintragung der noch fehlenden Vorgänge, die mit einer Verwendung der Geldkarte als Zahlungsmittel verbunden sind (Lade-, Zahlungs- und Verrechnungsvorgang).

Folgende Vorgänge sind an den entsprechenden Stellen einzutragen:

– Laden des Chips auf der BANKCARD

– Zahlung mit Geldkarte

– tägliche Datenübertragung

– Überweisung auf Konto des Jeans-Shop

– Kontoauszug mit Gutschrift

**Zahlungsabwicklung bei Verwendung der Geldkarte**

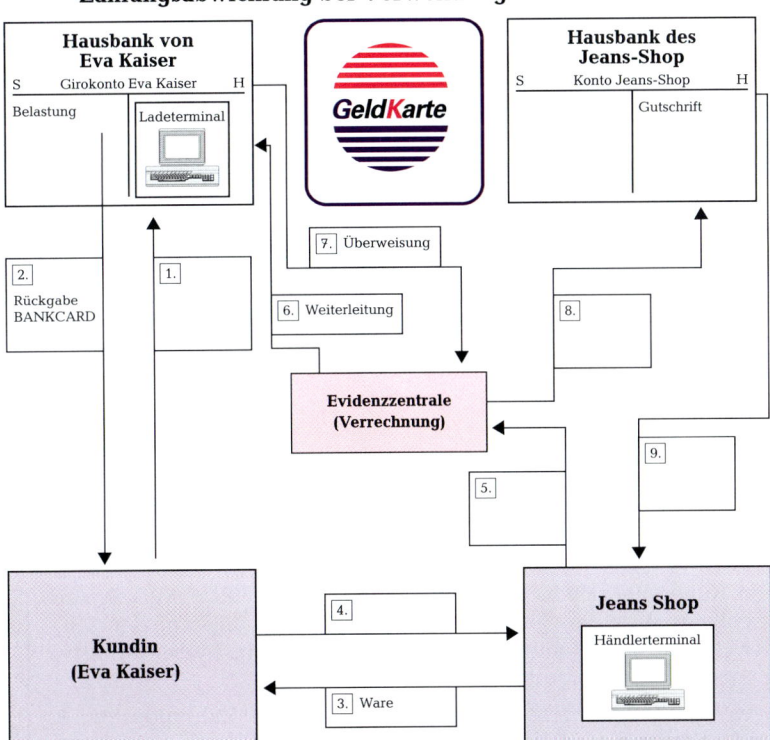

▶  b) Warum ist es für den Jeans-Shop günstiger, wenn die Kunden ihre Zahlungs-
      verpflichtungen mit der Geldkarte anstatt über das electronic cash-Verfahren
      abwickeln?

## Kreditkarte

### 3.04  Beitritt zu einer Kreditkartenorganisation aus Sicht des Zahlungs-empfängers – Zahlungsabwicklung bei Kreditkartengeschäften

1. **Heinz Kunert,** Inhaber des **SB-Tankshops Riedhof** in 39116 **Magdeburg,** erhält von
   einer Kreditkartenorganisation ein Angebot über die Inanspruchnahme von deren
   Dienstleistungen. Die Kreditkartenorganisation berechnet für ihre Dienstleistungen
   die in nachstehender Tabelle (links) ausgewiesenen Provisionen.

   Je nach **vertraglicher Bindungszeit, Abrechnungszeitraum und Einsatz von
   ec-cash-Terminals** können die Vertragspartner die Höhe ihrer Provision individuell
   beeinflussen.

   Die Gestaltungsmöglichkeiten sind vorstehender Tabelle (rechts) zu entnehmen.

▶  Welche Gründe sprechen trotz der hohen Kreditkartenprovision aus der Sicht
   **Kunerts** für eine Vertragspartnerschaft mit der Kreditkartenorganisation?

| Umsatz in EUR | Provision (in %) | Verminderung der Provision (in %) | |
|---|---|---|---|
| bis         –    25 000 | 3,90 | Bei einer **Laufzeit** von drei Jahren | – 0,20 |
| 50 000  –   100 000 | 3,80 | Bei einer **Laufzeit** von fünf Jahren | – 0,30 |
| 100 000  –   200 000 | 3,70 | Bei **Abrechnung** täglich | + 0,20 |
| 200 000  –   300 000 | 3,60 | Bei **Abrechnung** wöchentlich | ± 0,00 |
| 300 000  –   750 000 | 3,35 | Bei **Abrechnung** 14-tägig | – 0,10 |
| 750 000  – 1 500 000 | 3,20 | Bei **Abrechnung** monatlich | – 0,30 |
| 1 500 000  – 3 000 000 | 3,10 | Bei Einsatz ec-cash-Terminal | – 0,15 |
| über        3 000 000 | 3,00 | | |

Der Netzbetreiber erhält zusätzlich noch 0,13 EUR Transaktionsgebühr pro Zahlung.

2. Heinz Kunert hat sich für einen Anschluss an das EUROCARD-System
   entschieden. Von der <u>G</u>esellschaft für <u>Z</u>ahlungs<u>s</u>ysteme mbH (GZS) –
   einer Gemeinschaftseinrichtung deutscher Kreditinstitute – erhält er
   die entsprechenden Vertragsunterlagen.

   Nachstehende Übersicht beschreibt *eine mögliche* Zahlungsabwicklung im Rahmen des EUROCARD-Systems:

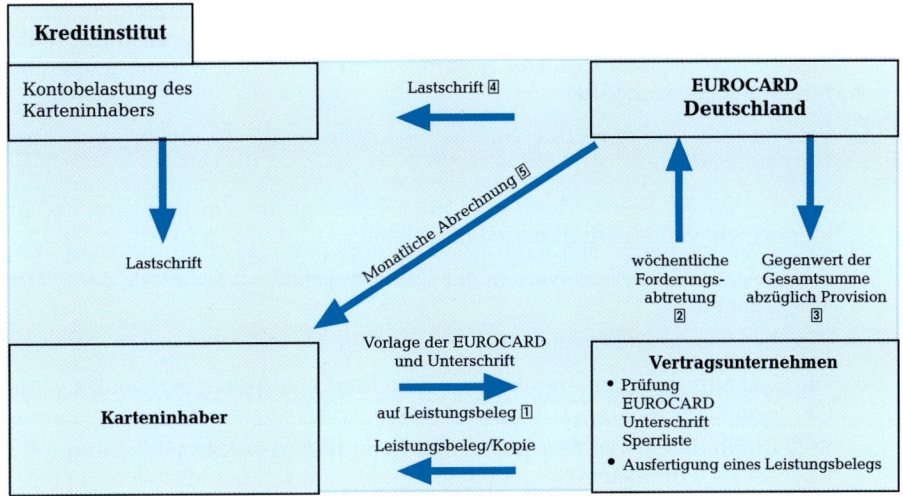

a) Erläutern Sie anhand der Übersicht wesentliche Unterschiede in der Zahlungsabwicklung von Kreditkarte und electronic cash-System.

b) Wie ließen sich für den **Tankshop Kunert** – ausgehend von dem oben beschriebenen Verlauf einer möglichen Zahlungsabwicklung – die Kosten noch vermindern?

3. **Heinz Kunert** informiert sich bei der GZS über das Risiko, das er eingeht, falls ein Kunde, dessen Girokonto bereits überzogen ist, mit der EUROCARD bezahlt.

Welche Auskunft wird er von der GZS erhalten?

# Geldwert

## 3.05 Geldmenge und Geldwert

Um volkswirtschaftliche Vorgänge zu durchdenken und zu verstehen, muss man sich zunächst ein vereinfachtes Bild der Wirklichkeit machen. Nehmen wir deshalb an, in einer Volkswirtschaft wird nur eine Ware hergestellt.

1. Von der Ware werden 10 Mio. kg hergestellt und angeboten. Die Nachfrager haben für die Herstellung der Güter ein Einkommen von 10 Mio. Taler (das sei die Landeswährung) erhalten und wollen dieses Geld für den Kauf dieser Ware ausgeben. Die Anbieter wollen die gesamte Gütermenge absetzen.

Wie viel Taler kostet in diesem Fall 1 kg der Ware?

2. In dieser Volkswirtschaft wird die Geldmenge (G) größer. Sie steigt auf 12 Mio. Taler. Die Warenmenge beträgt nach wie vor 10 Mio. kg.

a) Was kostet 1 kg der Ware, wenn das gesamte Geld für den Kauf der insgesamt produzierten Waren ausgegeben wird?

b) Wie viel kg der Ware erhielten die Nachfrager für 1 Taler vor der Vergrößerung der Geldmenge, wie viel kg erhalten sie jetzt?

c) Welcher Zusammenhang zwischen dem Preisniveau und der Kaufkraft des Geldes lässt sich aus a) und b) ableiten?

3. Welche Ursache ist in der gegebenen Situation für die Erhöhung des Preisniveaus und damit auch für die Senkung des Geldwertes erkennbar?

4. In der Volkswirtschaft werden nach wie vor 10 Mio. kg der einzigen Ware angeboten. Die Geldmenge betrug bisher 10 Mio. Taler. Sie ist jetzt aber auf 8 Millionen Taler gesunken. Das gesamte Geld wird für den Kauf des gesamten Warenangebots ausgegeben.

▶   a) Was kostete 1 kg der Ware vor der Verringerung der Geldmenge, was kostet 1 kg danach?

▶   b) Wie viel kg der Ware erhielt man für 1 Taler vor der Verringerung der Geldmenge, wie viel kg erhält man danach?

    c) Der Preis für die einzige Ware in der Volkswirtschaft ist gesunken, der Geldwert ist gestiegen.

▶     Welche Ursache erkennen Sie?

    d) Die Gesamtmenge des Angebots auf dem Markt wird auch als Handelsvolumen (H) bezeichnet.

▶     Stellen Sie den erkannten Zusammenhang in Form einer Gleichung mit den Buchstaben P (Preisniveau), G (Geldmenge) und H (Handelsvolumen) dar.

5. Die angebotenen 10 Mio. kg Ware werden von 3 Produzenten hergestellt. Die Geldmenge beträgt nach wie vor 8 Mio. Taler.

| Produzent | Produktionsmenge in kg | Produktionskosten je kg |
|---|---|---|
| A | 5 Mio. | 0,70 Taler |
| B | 3 Mio. | 0,80 Taler |
| C | 2 Mio. | 0,90 Taler |

Der Produzent C denkt an die baldige Schließung seines Betriebs und die Entlassung aller Arbeiter, wenn sich die wirtschaftlichen Verhältnisse nicht ändern.

▶   Warum?

## *3.06* Umlaufgeschwindigkeit des Geldes – Verkehrsgleichung des Geldes

| Geldmenge und Güterangebot in einer Volkswirtschaft | | | |
|---|---|---|---|
| Jahr | Wert der umgesetzten Güter in Mrd. EUR | Geldmenge in Mrd. EUR | | |
| | | Bargeldumlauf | Buchgeld (Sichteinlagen) | insgesamt |
| 1 | 3349 | 123,5 | 343,3 | 466,8 |
| 2 | 3457 | 124,6 | 404,1 | 528,7 |
| 3 | 3657 | 126,0 | 434,2 | 560,2 |
| 4 | 3722 | 108,9 | 475,0 | 583,9 |

▶ 1. Wie viel % des Wertes der ge- und verkauften Güter betrug die Geldmenge in den angegebenen Jahren?

2. Wie oft muss innerhalb eines Jahres eine Geldeinheit durchschnittlich die Wirtschaft durchlaufen haben, damit mit der angegebenen Geldmenge die ge- und verkauften Güter umgesetzt werden konnten?

3. Die Statistik oben zeigt, dass mit der ausgewiesenen Geldmenge ein Vielfaches an Gütern umgesetzt werden kann.

▶ a) Worauf ist das zurückzuführen?

▶ b) Stellen Sie die Zusammenhänge in Form einer Gleichung (P = …) mit den Symbolen P (Preisniveau, Preisindex), G (Geldmenge), H (umgesetzte Gütermenge) und U (Umlaufgeschwindigkeit des Geldes) dar.

▶ c) Berechnen Sie für die folgenden 4 Situationen die zu erwartende Höhe des Preisniveaus (P).

| Nr. | G | U | H | P |
|-----|-----|-----|-----|-----|
| 1 | 100 | 6 | 100 | |
| 2 | 100 | 7 | 100 | |
| 3 | 200 | 7 | 100 | |
| 4 | 200 | 7 | 140 | |

## 3.07 Messung des Geldwertes

1. **Georg Schuster,** kaufmännischer Angestellter und Vater zweier Kinder, verdient monatlich brutto 2 600 EUR. Seine Frau ist nicht berufstätig. Die Familie wohnt in einer süddeutschen Großstadt zur Miete und zahlt schon seit vielen Jahren monatlich einen Sparbetrag in eine Bausparkasse. Im Bereich seiner Wohngemeinde sind die Baulandpreise in den letzten Jahren stark gestiegen. Vor 10 Jahren bekam man 1 m² Bauland dort noch für 200 EUR, jetzt muss man schon 350 EUR zahlen.

   **Georg Schuster** ist der Meinung: Das ist der Beweis, dass wir im Lande eine Inflation haben.

▶ Warum ist seine Behauptung falsch?

2. Um Veränderungen des Geldwerts in einer Volkswirtschaft aufzuzeigen, werden Preisindizes berechnet. Mit Preisindizes wird nicht die Entwicklung eines einzelnen Gutes, sondern eines »Güterbündels« von Waren und Dienstleistungen erfasst. Aus den Preisen der in diesem Güterbündel enthaltenen Güter wird nicht einfach ein Durchschnittspreis ermittelt; die Preise der einzelnen Güter werden nach ihrer mengenmäßigen Bedeutung gewichtet. Der Gesamtpreis des Güterbündels in einem Basisjahr wird mit 100 % angesetzt. Der sich für die Vergleichsjahre ergebende Prozentsatz wird als Preisindex bezeichnet.

▶ Beurteilen Sie jeden der folgenden vom Statistischen Bundesamt berechneten Preisindizes auf seine Eignung, die Veränderung des Geldwerts für **Georg Schuster** zutreffend auszudrücken.

Vom Statistischen Bundesamt berechnete Preisindizes (Auswahl wichtiger Indizes)

| Jahr | Index der Einzelhandelspreise (2000 = 100) | Verbraucher- preisindex (2000 = 100) | Index der Erzeugerpreise gewerblicher Produkte (2000 = 100) | Index der Einfuhrpreise (2000 = 100) |
|------|------|------|------|------|
| 2009 | 101,9 | 103,4 | 102,4 | 98,4 |
| 2010 | 101,9 | 104,5 | 104,1 | 96,2 |
| 2011 | 101,8 | 106,2 | 105,8 | 97,2 |
| 2012 | 102,3 | 108,3 | 110,7 | 101,4 |

*Erläuterungen:*

▶ **Index der Einzelhandelspreise:** Index der Verkaufspreise von Einzelhandelsgeschäften (nicht der Handwerksbetriebe und Produzenten)

**Verbraucherpreisindex:** Entwicklung der Preise für typische Güter der Lebenshaltung von Durchschnittshaushalten.

**Index der Erzeugerpreise gewerblicher Produkte:** Entwicklung der Preise für im Inland erzeugte Güter bei Verlassen des Herstellungsbetriebs.

**Index der Einfuhrpreise:** Entwicklung der Preise für alle aus dem Ausland eingeführten Güter (Grundstoff- und Produktionsgüter, Investitionsgüter, Verbrauchsgüter).

3. Es soll ein Preisindex für Jugendliche ermittelt werden. Dazu wird im Basisjahr 00 ein Warenkorb für Jugendliche mit den folgenden Güterarten und Gütermengen erstellt.

| Güter | Menge je Monat | Preis je Einheit (EUR) | Ausgaben je Monat (EUR) |
|---|---|---|---|
| Pizza | 4 Stück | 4,00 | 16,00 |
| Kinobesuch | 2 Besuche | 5,00 | 10,00 |
| Transport | 8 Fahrten | 1,50 | 12,00 |
| Jeans (Nutzungsdauer 1 Jahr) | 1/12 | 60,00 | 5,00 |
| Kosmetikartikel | 4 Einheiten | 2,50 | 10,00 |

Für die folgenden Jahre 01 und 02 folgende Preise vor.

| Güter | Preis je Einheit (EUR) | |
|---|---|---|
|  | Jahr 01 | Jahr 02 |
| Pizza | 4,50 | 4,50 |
| Kinobesuch | 5,50 | 6,00 |
| Transport | 1,50 | 2,00 |
| Jeans | 60,00 | 66,00 |
| Kosmetikartikel | 3,00 | 3,00 |

Ermitteln Sie die Preisindizes für 01 und 02.

4. Für die Ermittlung eines anderen Preisindex liegen folgende Daten vor.

| Güter | Preis je Einheit (EUR) | | Menge der Güter | |
|---|---|---|---|---|
|  | Basisjahr $(p_0)$ | Berichtsjahr 01 $(p_1)$ | Basisjahr $(q_0)$ | Berichtsjahr 01 $(q_1)$ |
| Nahrungsmittel | 16,00 | 21,00 | 300 | 260 |
| Bekleidung | 150,00 | 180,00 | 24 | 36 |
| Wohnung | 800,00 | 960,00 | 12 | 12 |

a) Ermitteln Sie den Preisindex für das Berichtsjahr 01 und erläutern Sie das Ergebnis.

b) Im Jahr 02 steigen nur die Wohnungspreise (Preiserhöhung um 25 %). Ermitteln Sie den Preisindex für das Jahr 02 und die prozentuale Preisniveauerhöhung (Inflationsrate) gegenüber dem Vorjahr.

## 3.08 Geldwert und Reallohn

▶ 1. a) Berechnen Sie, um wie viel Prozent sich das Preisniveau von Jahr zu Jahr verändert hat.

▶ b) Stellen Sie fest, ob in den einzelnen Jahren die Kaufkraft des Geldes gegenüber dem Vorjahr gestiegen, gesunken oder unverändert geblieben ist.

▶ c) Um wie viel Prozent hat sich die Kaufkraft im 6. Jahr gegenüber dem Ausgangsjahr (Basisjahr) verändert?

| Jahr | Verbraucherpreisindex |
|------|----------------------|
| 1 | 100 |
| 2 | 110 |
| 3 | 115 |
| 4 | 120 |
| 5 | 120 |
| 6 | 118 |

▶ 2. a) Berechnen Sie für die Jahre 1 bis 6 jeweils den Index des Reallohns.

▶ b) Stellen Sie fest, ob in den einzelnen Jahren der Reallohn gegenüber dem Vorjahr gestiegen, gesunken oder unverändert geblieben ist.

▶ c) Um wie viel Prozent hat sich der Reallohn im 6. Jahr gegenüber dem Ausgangsjahr (Basisjahr) verändert?

| Jahr | Verbraucher-preisindex | Index des Normallohns |
|------|----------------------|----------------------|
| 1 | 100 | 100 |
| 2 | 110 | 110 |
| 3 | 115 | 120 |
| 4 | 120 | 120 |
| 5 | 120 | 125 |
| 6 | 118 | 125 |

# Geldschöpfung

## 3.09 Deckung des Geldes (Goldwährung) – Geldschöpfung

In einem kleinen Königreich war Gold das allgemein anerkannte Tauschgut. Die Bürger waren bestrebt, ihr Gold sicher aufzubewahren. Weil alle ihrem Landesherrn vertrauten und er sichere Schatzkammern hatte, die er von Soldaten bewachen ließ, übergaben ihm die Bürger ihr Gold zur Aufbewahrung.

Wer dem König Gold zur Verwahrung gab, erhielt einen Schein mit der königlichen Unterschrift als Bestätigung. Dieser Schein war eine Urkunde, die jedem Bürger das Recht verlieh, jederzeit eine bestimmte Goldmenge gegen Rückgabe des Schuldscheins zurückzufordern. Die Urkunde wurde Fides genannt. Auf dem Schein war bestätigt, dass man 1 Fides jederzeit in 500 g Gold umtauschen konnte.

In der Schatzkammer lagern 20 000 kg Gold, die von Bürgern zur sicheren Aufbewahrung eingeliefert wurden. Dafür erhielten die Bürger die entsprechenden Schuldscheine (Fides). Der Kämmerer des Königs erstellte für die von ihm zu verwaltende Schatzkammer folgende Bilanz:

| Aktiva | | Bilanz | Passiva |
|--------|--|--------|---------|
| Goldbestände (20 000 kg) | 40 000 Fides | ausgegebene Schuldscheine | 40 000 Fides |

Nur ganz selten wurde Gold aus der Schatzkammer abgeholt, denn die Schuldscheine (Fides) wurden überall als Zahlungsmittel angenommen. Der Goldbestand blieb so gut wie unverändert. Der Schuldschein (Fides) war allgemeines Zahlungsmittel.

Der König hatte aus dem letzten verlorenen Krieg noch Tributzahlungen an ein Nachbarland zu leisten. Sein Kämmerer machte darauf aufmerksam, dass das hinterlegte Gold schon Jahre lang ungenutzt in der Schatzkammer lag. Deshalb nahm der Landesherr 10 % des ihm anvertrauten Goldes und zahlte den schuldigen Tribut an das Nachbarland. Niemand außer dem Kämmerer wusste davon.

▶ 1. a) Überlegen Sie: Wird man für die Schuldscheine (Fides) im Tauschgeschäft noch die gleichen Mengen Waren (z. B. Fleisch, Wein, Tuch, Schweine, Pferde) bekommen, obwohl nur noch 90 % der Scheine durch Gold gedeckt sind?

▶     b) Erstellen Sie die Bilanz für die Schatzkammer nach dieser Aktion.

  2. Die Tochter des Königs heiratet einen Großgrundbesitzer des Landes. Dem König fehlen die eigenen Mittel für eine angemessene Mitgift. Er erinnert sich der gelungenen Aktion zur Zahlung der Kriegsschulden. Anstelle von Gold gibt er seiner Tochter 2 000 Schuldscheine (Fides) als Mitgift.

▶     a) Erstellen Sie die Bilanz für die Schatzkammer nach dieser zweiten Aktion.

▶     b) Auch diesmal erfährt niemand von der heimlichen Ausgabe der Schuldscheine. Wird sich die Kaufkraft des Fides nach dieser Aktion ändern? Begründung.

  3. Vergleichen Sie die Regelungen zur Ausgabe von Banknoten des Bankgesetzes von 1924 (»Reichsbankgesetz«) mit den entsprechenden Regelungen der Satzung des Europäischen Systems der Zentralbanken (ESZB).

▶    Worin besteht der wesentliche Unterschied?

---

### Bankgesetz von 30. August 1924 (Reichsbankgesetz)

#### § 2

**Die Reichsbank hat auf die Dauer von 50 Jahren das ausschließliche Recht, Banknoten in Deutschland auszugeben.**

#### § 22

**Die Reichsbank ist verpflichtet, Barrengold zum festen Preis von 1 392 Reichsmark für das Pfund fein gegen ihre Noten umzutauschen.**

#### § 31

**Die Bank ist verpflichtet, ihre Noten ... dem Inhaber einzulösen.**

**Die Einlösung erfolgt nach Wahl der Bank in:**

1. **deutschen Goldmünzen zum jeweiligen gesetzlichen Gewicht und Feingehalt zu pari;**

2. **Goldbarren in Stücken von nicht weniger als 1 000 Reichsmark und nicht mehr als 35 000 Reichsmark zu ihrem Feingoldwert in deutschen Goldstücken zum jeweiligen gesetzlichen Gewicht und Feingehalt;**

---

### Auszug aus der ESZB-Satzung

**Art. 16: Banknoten**

Nach Artikel 105 a Absatz 1 dieses Vertrages hat der EZB-Rat das ausschließliche Recht, die Ausgaben von Banknoten innerhalb der Gemeinschaft zu genehmigen. Die EZB und die nationalen Zentralbanken sind zur Ausgabe von Banknoten berechtigt. Die von der EZB und den nationalen Zentralbanken ausgegebenen Banknoten sind die einzigen Banknoten, die in der Gemeinschaft als gesetzliches Zahlungsmittel gelten.

---

▶ 4. a) Sollte man die EZB zur Sicherung des Wertes des EUR verpflichten, den Banknotenumlauf zu 100 % mit Gold zu decken?

▶     b) Wovon sollte die EZB die Vergrößerung der Geldmenge abhängig machen, wenn ihr Hauptziel die Sicherung des Geldwerts ist?

## 3.10 Geldschöpfung einer einzelnen Geschäftsbank – Geldschöpfung in einem System von Geschäftsbanken – Geldschöpfungsmultiplikator

In einer Volkswirtschaft gibt es zwei Geschäftsbanken (A und B) und eine Zentralbank. Für diese drei Banken gelten folgende Bilanzen (GE = Geldeinheiten):

| Aktiva | | Bilanz der Geschäftsbank A | | Passiva |
|---|---|---|---|---|
| Kasse | 400 GE | Sichteinlagen von Nichtbanken | | 1 500 GE |
| Forderungen aus Krediten | | Verbindlichkeiten gegenüber | | |
| an Nichtbanken | 1 400 GE | der Zentralbank | | 300 GE |
| | 1 800 GE | ausgegebene Schuldscheine | | 1 800 GE |

| Aktiva | | Bilanz der Geschäftsbank B | | Passiva |
|---|---|---|---|---|
| Kasse | 300 GE | Sichteinlagen von Nichtbanken | | 1 000 GE |
| Forderungen aus Krediten | | Verbindlichkeiten gegenüber | | |
| an Nichtbanken | 900 GE | der Zentralbank | | 200 GE |
| | 1 200 GE | ausgegebene Schuldscheine | | 1 200 GE |

| Aktiva | | Bilanz der Zentralbank | | Passiva |
|---|---|---|---|---|
| Goldbestände | 100 GE | Banknoten- und Münzumlauf | | 1 000 GE |
| Devisenbestände | 400 GE | | | |
| Kredite an inl. Geschäftsbanken | 500 GE | | | |
| | 1 000 GE | | | 1 000 GE |

▶ 1. a) Begründen Sie, warum der Banknoten- und Münzumlauf in der Zentralbankbilanz auf der Passivseite ausgewiesen ist.

   b) Die Zentralbank hat Banknoten und Münzen in Höhe von 1 000 GE ausgegeben, die Geschäftsbanken haben zusammen aber nur einen Kassenbestand von 700 (Tsd.) GE.

▶    Wer kann die restlichen Banknoten und Münzen in Besitz haben?

▶    c) Wie können die Banknoten und Münzen, die nicht mehr im Kassenbestand der Geschäftsbanken enthalten sind, zu ihren jetzigen Besitzern gelangt sein?

▶    d) Berechnen Sie die Geldmenge M1 (Bargeld + Buchgeld) in dieser Volkswirtschaft. Benutzen Sie dabei ein Schema nach dem folgenden Muster:

BARGELD

Banknoten und Münzumlauf gemäß der Zentralbank _____
– Kassenbestand der Geschäftsbanken                  _____

= im volkswirtschaftlichen Kreislauf wirksame Bargeldmenge _____

BUCHGELD

+ täglich fällige Guthaben von Nichtbanken bei den
Geschäftsbanken (Sichteinlagen)                      _____

GELDMENGE (M 1)                                      _____

2. Die Geschäftsbanken gehen davon aus, dass nur 10 % aller Zahlungsvorgänge in bar ausgeführt werden und deshalb ein Kassenbestand in Höhe von 10 % der täglich fälligen Einlagen von Kunden (Sichteinlagen) zur Sicherung ihrer Liquidität ausreicht.

▶   a) In welcher Höhe könnte die Geschäftsbank A in dieser Situation Kredit gewähren, ohne die Liquidität zu gefährden?

▶   b) In welcher Höhe könnte die Geschäftsbank B in dieser Situation Kredit gewähren?

3. Die Geschäftsbank A gewährt einen Kredit in Höhe von 100 GE. Der Kreditkunde
   hebt den Kreditbetrag in bar ab und zahlt ihn bei der Geschäftsbank B ein.

▶   a) Erstellen Sie die Bilanzen der Geschäftsbanken A und B nach der Kreditgewährung und Bareinzahlung.

▶   b) Berechnen Sie die Geldmenge M1 nach der Kreditgewährung.

▶   c) Stellen Sie fest: In welcher Höhe könnte die Geschäftsbank A, in welcher Höhe
       die Geschäftsbank B Kredit in der neuen Situation gewähren?

4. Die Zentralbank dieses Landes ist eine von der Regierung unabhängige Institution
   mit der Aufgabe, die Entwicklung der Geldmenge zu überwachen und verantwortungsvoll zu steuern. Um diese Kontroll- und Lenkungsfunktion wahrzunehmen,
   erlässt sie folgende Vorschrift:

> Jede Geschäftsbank hat 20 % ihrer Sichteinlagen von Nichtbanken als Reserve („Mindest
> reserve") als Einlage bei der Zentralbank zu unterhalten. Die Geschäftsbank kann dieses
> Guthaben nur für eine kurze Zeit in Anspruch nehmen, falls sie Bargeld zur Auszahlung
> von Sichteinlagen an Kunden benötigt. Im Monatsdurchschnitt muss der Bestand an Min
> destreserve jedoch 20 % betragen.

Die Geschäftsbanken haben die unter 3. c) geprüfte Kreditmöglichkeit nicht ausgenutzt. Sie führen den entsprechenden Betrag (Mindestreserve) aus ihrem Kassenbestand an die Zentralbank ab. Die Geschäftsbanken haben die Erfahrung
gemacht, dass sich die Bareinzahlungen und Barabhebungen der Kunden meist
ausgleichen. Sie halten deshalb keine besondere Liquiditätsreserve und benutzen
bei kurzfristigem Bargeldbedarf die Mindestreserve als Liquiditätsreserve.

   a) Die flüssigen Mittel, die Geschäftsbanken über die Mindestreserve hinaus zur
      Verfügung stehen, werden als Überschussreserve bezeichnet.

▶      In welcher Höhe besitzen die Geschäftsbanken A und B nach Abführung der
       Mindestreserve Überschussreserve?

▶   b) Wie groß ist die Geldschöpfungsmöglichkeit der Geschäftsbank A nach der Abführung der Mindestreserve?

▶   c) Wie groß ist die Geldschöpfungsmöglichkeit der Geschäftsbank B nach der Abführung der Mindestreserve?

5. Die Möglichkeiten und Grenzen der Kreditschöpfungsmöglichkeit (und damit der
   Geldschöpfungsmöglichkeit) der Geschäftsbanken lässt sich am einfachsten und
   deutlichsten erkennen, wenn wir die Bilanzen aller Geschäftsbanken zu einer
   Bilanz zusammenfassen (konsolidieren).

Die Zusammenfassung der Bilanzen der Geschäftsbanken A und B ergibt nach Abführung der Mindestreserve folgendes Bild:

| Aktiva | | Zusammengefasste Bilanz aller Geschäftsbanken | Passiva |
|---|---|---|---|
| Kasse | 180 GE | Sichteinlagen von Nichtbanken | 2 600 GE |
| Mindestreserveguthaben bei der Zentralbank | 520 GE | Verbindlichkeiten gegenüber der Zentralbank | 500 GE |
| Forderungen aus Krediten an Nichtbanken | 2 400 GE | | |
| | 3 100 GE | | 3 100 GE |

Wir nehmen an, dass in dieser Volkswirtschaft bei einer Kreditgewährung die Bargeldmenge, die in den privaten Kassen liegt, nicht steigt, obwohl doch mit der

Kreditgewährung die Geldmenge M1 insgesamt steigt. Der Kreditbetrag wird also entweder

- bargeldlos verwendet (überwiesen) oder aber
- bei der kreditgewährenden Geschäftsbank zwar in bar abgehoben, aber sofort wieder auf ein Konto bei einer anderen Bank eingezahlt.

Der Mindestreservesatz beträgt unverändert 20 %.

▶ a) Um welchen Betrag kann die Geldmenge in dieser Volkswirtschaft unter den gegebenen Bedingungen durch Kreditgewährung der Geschäftsbanken (Buchgeldschöpfung, Giralgeldschöpfung) maximal vergrößert werden?

b) Der Faktor, mit dem im System der Geschäftsbanken bei einer gegebenen Überschussreserve die Geldmenge durch Kreditgewährung der Geschäftsbanken maximal vergrößert werden kann, wird als Geldschöpfungsmultiplikator (Kreditschöpfungsmultiplikator) bezeichnet.

▶ Wie groß ist der Geldschöpfungsmultiplikator bei den folgenden Mindestreservesätzen:

10 %, 20 %, 25 %, 50 %?

6. Für das darauf folgende Geschäftsjahr veröffentlicht die Zentralbank in ihrem Jahresbericht die folgende Geldmengenberechnung:

| | |
|---|---|
| Bargeldumlauf | 250 GE |
| Sichteinlagen inländischer Nichtbanken | 3 000 GE |
| **Geldmenge M 1** | **3 250 GE** |
| | |
| Einlagen inländischer Nichtbanken mit einer vereinbarten Laufzeit bis zu 2 Jahren und vereinbarter Kündigungsfrist bis zu 3 Monaten | 400 GE |
| **Geldmenge M 2** | **3 650 GE** |
| | |
| Sonstige kurzfristige Wertpapiere mit einer Laufzeit bis zu 2 Jahren | 350 GE |
| **Geldmenge M 3** | **4 000 GE** |

▶ Welche der ausgewiesenen Geldmengen (M1, M2 oder M3) sollte herangezogen werden, wenn es darum geht, die Ursache für eine im Preisindex für die Lebenshaltung erkennbare Erhöhung des Preisniveaus zu erklären? Begründen Sie Ihre Aussage.

## *3.11* **Zentralbankpolitik**

In einer Volkswirtschaft gibt es eine Zentralbank und mehrere Geschäftsbanken. Die Bilanzen aller Geschäftsbanken sind im Folgenden in einer Bilanz zusammengefasst (GE = Geldeinheiten). Die Geschäftsbanken dürfen ihre Mindestreserveguthaben als Liquiditätsreserve verwenden:

**Zusammengefasste Bilanz der Geschäftsbanken**

| | | | |
|---|---|---|---|
| Kassenbestand | 700 GE | Sichteinlagen von Nichtbanken | 2 500 GE |
| Mindestreserveguthaben bei der Zentralbank | 500 GE | Verbindlichkeiten gegenüber der Zentralbank | 600 GE |
| Forderungen aus Kreditgewährung | 1 900 GE | | |
| | 3 100 GE | | 3 100 GE |

**Bilanz der Zentralbank**

| | | | |
|---|---|---|---|
| Wertpapiere | 400 GE | Banknoten- und Münzumlauf | 1 000 GE |
| Devisenbestände | 500 GE | Mindestreserven der Geschäftsbanken | 500 GE |
| Kredite an Geschäftsbanken | 600 GE | | |
| | 1 500 GE | | 1 500 GE |

1. Die Geschäftsbanken kaufen von einem Kunden Wertpapiere über einen Gesamtbetrag von 100 GE an und zahlen den Gegenwert bar aus.

▶ a) Erstellen Sie die zusammengefasste Bilanz der Geschäftsbanken nach dem Ankauf der Wertpapiere.

▶ b) Wie wirkt sich der Ankauf der Wertpapiere durch die Geschäftsbanken auf die Geldmenge M 1[1] in dieser Volkswirtschaft und die Geldschöpfungsmöglichkeit der Geschäftsbanken aus?

2. Die Zentralbank verkauft im Rahmen von Offenmarktgeschäften Wertpapiere im Gesamtbetrag von 200 GE an die Geschäftsbanken.

▶ a) Erstellen Sie die zusammengefasste Bilanz der Geschäftsbanken und die der Zentralbank nach Ausführung des Offenmarktgeschäfts.

▶ b) Wie wirkt dieser Verkauf auf die Geldmenge und die Geldschöpfungsmöglichkeit der Geschäftsbanken?

▶ c) Mit welchen Mitteln kann die Zentralbank die Geschäftsbanken veranlassen, Wertpapiere zu kaufen?

3. Die Zentralbank hatte bisher einen Mindestreservesatz von 20 % auf die Sichteinlagen von Nichtbanken festgelegt. Er wird auf 25 % erhöht.

▶ a) Die Geschäftsbanken erfüllen die erhöhte Mindestreservequote.

Erstellen Sie die zusammengefasste Bilanz der Geschäftsbanken und die Bilanz der Zentralbank nach der Mindestreserveabführung.

▶ b) Wie haben sich Geldmenge und Geldschöpfungsmöglichkeit der Geschäftsbanken dadurch verändert?

---

[1]  siehe dazu auch Aufgabe **3.10**, 1. d)

# A4  Das Unternehmen

## *Die Gründung eines Unternehmens*

### 4.01  Fallstudie: Standortwahl eines Unternehmens – Entscheidungsbewertungstabelle

Lösungs-
blatt

**Karl-Heinz Rauer** und **Hubert Klein** aus **Freiburg** beschäftigen sich seit 2 Jahren im Nebenberuf mit dem Zusammenbau und dem Vertrieb von Computern aus importierten Bauteilen. Herr **Rauer** ist für die Produktion und Herr **Klein** für die Verwaltung und den Vertrieb zuständig. Für die preisgünstigen Fertigprodukte, die über Annoncen in verschiedenen Computerzeitschriften angeboten werden, hat sich inzwischen eine rege Nachfrage entwickelt. Der Direktversand verspricht auch künftig weitere Zuwachsraten. Um aber nicht zu abhängig vom Versandgeschäft zu werden, möchten die beiden Herren künftig auf dem regionalen Markt auch die Produkte »EDV-Beratung« und »EDV-Komplettlösungen nach Kundenwünschen« anbieten.

Da die bisherigen Räumlichkeiten sehr beengt sind und weitere Mitarbeiter eingestellt werden sollen, wird nach einem neuen Standort gesucht. Es ist beabsichtigt, in einem Gewerbegebiet ein Grundstück (Größe ca. 1 500 m²) zu erwerben, auf dem ein entsprechendes Gebäude errichtet werden soll.

Nach längerer Suche kommen 3 Standorte in die engere Wahl:

1. Standort A:  kleinere Gemeinde in Südbaden

2. Standort B:  mittlere Kleinstadt im Großraum Rhein/Main

3. Standort C:  Großstadt im Ruhrgebiet

Für die Entscheidung liegen folgende Daten vor:

| Standortfaktoren | Standort A | Standort B | Standort C |
|---|---|---|---|
| Grundstückspreise in einem Gewerbegebiet unter Berücksichtigung öffentlicher Förderung | 45 EUR/m² | 65 EUR/m² | 30 EUR/m² |
| Gewerbesteuerhebesatz | 400% | 480% | 380% |
| Lohnniveau | mittel | sehr hoch | niedrig |
| durchschn. Kundenentfernung beim Direktversand | 500 km | 300 km | 250 km |
| Regionale Absatzmöglichkeiten für EDV-Komplettlösungen und EDV-Beratung unter Berücksichtigung der regionalen Konkurrenzverhältnisse | geringe Konkurrenz bei steigender Nachfrage | sehr starke Konkurrenz bei starker Nachfrage | mittlere Konkurrenz bei künftig steigender Nachfrage |
| Verkehrsanbindung | mittel | sehr gut | gut |
| Freizeitwert | sehr hoch | mittel | gering |
| persönliche Präferenz | sehr stark | schwach | ganz schwach |

▶ Fertigen Sie eine Tabelle für die Entscheidungsfindung nach folgendem Muster an und begründen Sie die Standortentscheidung:

Vorgehensweise bei Erstellung einer Entscheidungsbewertungstabelle:

1. Auswahl geeigneter Kriterien, anhand derer die drei Standorte verglichen werden sollen (z. B. Lohnniveau, Verkehrsanbindung u. a.). Die Kriterien werden in die erste Spalte der Entscheidungsbewertungstabelle eingetragen.

2. Die ausgewählten Kriterien werden nach ihrer Wichtigkeit mit Gewichtungspunkten (W) von 1 bis 10 in der zweiten Spalte der Entscheidungsbewertungstabelle versehen. Dabei müssen nicht alle Gewichtungspunkte von 1 bis 10 vergeben werden. Es können auch mehrere Kriterien gleiche Punktzahlen aufweisen.

3. Die Ausprägung der einzelnen Kriterien bei den drei Standorten wird in den Spalten (B) mit Punkten von 0 bis 3 bewertet. Dabei ist folgende Bewertungstabelle zu benutzen:

| | | |
|---|---|---|
| sehr gute Ausprägung (sehr hoher Nutzen) | = | 3 Bewertungspunkte |
| gute Ausprägung (hoher Nutzen) | = | 2 Bewertungspunkte |
| mäßige Ausprägung (geringer Nutzen) | = | 1 Bewertungspunkt |
| schwache oder keine Ausprägung (kein Nutzen) | = | 0 Bewertungspunkte |

4. Die Gewichtungspunkte (W) werden mit den Bewertungspunkten (B) multipliziert. Für jeden Standort ist die Summe aus den Ergebnissen W · B zu ermitteln.

5. Durch Vergleich der ermittelten Summen kann der günstigste Standort ermittelt werden.

| Standortfaktoren | Wichtig-keit<br><br>ganz wichtiger Faktor = 10 Pkt.<br><br>unwichtiger Faktor 1 Pkt.<br>(W) | Standort A | | Standort B | | Standort C | |
|---|---|---|---|---|---|---|---|
| | | Nutzen der Faktoren<br><br>sehr hoch = 3 Pkt.<br><br>kein Nutzen = 0 Pkt.<br>(B) | Gewichteter Nutzen<br><br><br><br><br><br><br>G = W · B | Nutzen der Faktoren<br><br>sehr hoch = 3 Pkt.<br><br>kein Nutzen = 0 Pkt.<br>(B) | Gewichteter Nutzen<br><br><br><br><br><br><br>G = W · B | Nutzen der Faktoren<br><br>sehr hoch = 3 Pkt.<br><br>kein Nutzen = 0 Pkt.<br>(B) | Gewichteter Nutzen<br><br><br><br><br><br><br>G = W · B |
| 1.<br>2.<br>3.<br>·<br>· | | | | | | | |
| Summen | | | | | | | |

## 4.02  Gründung und Firma des Einzelunternehmens

**Wilhelm Gerhard Beyer** will in 79361 **Sasbach** ein Eisenwareneinzelhandelsgeschäft gründen, das er als Einzelunternehmer betreiben will.

GG
Art. 12.1
GewO § 1 ▶ 1. Prüfen Sie, ob die Errichtung eines neuen Geschäftes von irgendeiner Behörde genehmigt werden muss.

HGB §§ 1, 29
GewO § 14 ▶ 2. Bei welchen Behörden hat **Beyer** seine Neugründung anzumelden?

IHKG § 2
AO § 138
SGB VII 3. **Beyer** überlegt, wie er firmieren soll, falls er Kaufmann ist.

§§ 2, 121
HGB
§§ 17–19 ▶ Welche der folgenden Firmenbezeichnungen sind für ihn erlaubt?

**Wilhelm Gerhard Beyer – Wilhelm Beyer** eingetragener Kaufmann – **Eisen-Beyer e. K.**

4.  Vor der endgültigen Eintragung seiner Firma informiert sich **Beyer** beim zuständigen Handelsregister und stellt fest, dass eine Firma **Gerhard Beyer**, Landprodukehandlung e. K., in **Sasbach** bereits eingetragen ist.

HGB<br>§ 30

▸ a) Prüfen Sie, ob er von den Firmenvorschlägen deshalb einige nicht verwenden kann.

▸ b) Welchen Sinn hat die Eintragung der Firma im Handelsregister?

▸ c) Einige Zeit nach der Anmeldung und Eintragung seiner Firma erfährt **Beyer**, dass die **Landesproduktenhandlung Beyer e. K.** vom Schwiegersohn Fritz Müller übernommen worden ist. **Müller** arbeitet aber nach wie vor mit dem Briefkopf **Gerhard Beyer** und unterschreibt sogar seine Geschäftsbriefe mit **Gerhard Beyer**.

§ 22

▸ Kann der Eisenwarenhändler verlangen, dass **Fritz Mülle**r das unterlässt?

▸ Begründen Sie die Regelung des Gesetzgebers.

5.  In einem Branchenadressbuch stellt **Beyer** fest, dass in dem mehr als 100 km entfernten **Bruchsal** ein **Gerhard Beyer** einen Eisenwareneinzelhandel betreibt. Die Firma ist dort im Handelsregister mit der gleichen Firmenbezeichnung eingetragen, die **Beyer** in **Sasbach** gewählt hat.

§§ 30, 37<br>MarkenG<br>§ 15

▸ Hat **Beyer** in **Sasbach** zu befürchten, dass **Beyer** in **Bruchsal** eines Tages gerichtlich erzwingt, dass er seine Firmenbezeichnung ändern muss?

# Rechtsformen
# Die Gesellschaft des bürgerlichen Rechts (GbR)

## 4.03  BGB-Gesellschaft (GbR) – Gründung – Haftung – Verlustverteilung

Die alleinerziehenden Mütter Kluge, Schrimpf und Kaiser beschließen, eine Kindertagesstätte zur Ganztagsbetreuung ihrer Kinder einzurichten. Die Kindertagesstätte, in der ausgebildete Erzieher die Betreuung der Kinder übernehmen werden, soll auch anderen Familien offen stehen. Die Beiträge werden so festgesetzt, dass damit alle Kosten gedeckt werden können. Die Erzielung eines Gewinns wird nicht angestrebt. Es wird vereinbart, dass jede der drei Mütter 2 000 EUR einbezahlt, damit insbesondere die in der Anfangsphase anfallenden Kosten (z. B. Anmietung und Ausstattung von Räumen, Anschaffung von Spielzeug) gedeckt werden können. Frau Kluge soll sich um den Zahlungsverkehr (z. B. Einziehung von Beiträgen), Frau Schrimpf um ein pädagogisches Konzept und Frau Kaiser um die Räume sowie um einen Zuschuss der Stadt kümmern. Verträge dürfen nach dem Willen der drei Frauen aber nur mit Zustimmung aller Beteiligten geschlossen werden.

1.  Stellen Sie fest, ob bereits durch den Beschluss der drei Frauen, den angestrebten Zweck gemeinsam zu verfolgen, eine Gesellschaft des bürgerlichen Rechts (GbR) zustande gekommen ist.

BGB<br>§ 705

2.  Prüfen Sie, ob die neu gegründete Gesellschaft bürgerlichen Rechts Kaufmann nach § 1 HGB ist.

HGB<br>§ 1

3.  Frau Kaiser hat einen Vermieter gefunden, der bereit ist, eine leerstehende Wohnung (80 m²) zum Preis von monatlich 520 EUR zu vermieten. Nachdem die drei Frauen den Mietvertrag unterschrieben haben, übergibt der Vermieter die Wohnungsschlüssel und stellt damit die Wohnung zur Benutzung zur Verfügung.

BGB
§ 14 (2)

a) Entscheiden und begründen Sie, ob die GbR oder jede der drei Frauen Vertragspartner aus dem Mietvertrag ist.

b) Wäre der Mietvertrag zwischen der GbR und dem Vermieter auch rechtswirksam zustande gekommen, wenn ihn Frau Kaiser allein unterzeichnet hätte?

§ 710

4. Frau Schrimpf ist der Auffassung, dass die im Gesellschaftsvertrag enthaltene Vereinbarung, wonach jeder Vertrag der Zustimmung aller Gesellschafter bedarf (= Gesamtgeschäftsführung), unzweckmäßig ist. So hat sie z. B. ein außerordentlich günstiges Angebot über den Einkauf von Holzspielzeug nicht annehmen können, weil das zuvor mit den anderen Beteiligten nicht abgesprochen war.

a) Welche Vereinbarungen müsste der Gesellschaftsvertrag enthalten, damit künftig einzelne Gesellschafterinnen ohne Rückfrage mit den anderen Verträge abschließen können?

§ 711

b) Nachträglich vereinbaren die Gesellschafterinnen, dass Frau Kluge für die Vornahme aller Bankgeschäfte (z. B. Aufnahme und Tilgung von Darlehen) Einzelgeschäftsführung erhält. Frau Kluge informiert die Gesellschafterinnen in einer Gesellschafterversammlung von der beabsichtigten Aufnahme eines Darlehens in Höhe von 25 000 EUR.

Kann Frau Schrimpf verhindern, dass Frau Kluge einen Darlehensvertrag im beschriebenen Umfang für die GbR abschließt?

5. Vereinbarungsgemäß haben die drei Gründerinnen ihre Beiträge in Höhe von 2 000 EUR geleistet. Aufgrund einer Reparaturrechnung in Höhe von 13 000 EUR für die Erneuerung der defekten Heizungsanlage in ihrem privaten Wohnhaus will sich Frau Kaiser schon kurze Zeit später den in die GbR eingebrachten Betrag in Höhe von 2 000 EUR wieder auszahlen lassen. Sie verspricht, das Geld so bald wie möglich wieder einzuzahlen.

§§ 718,
719 (1)

a) Wer ist Eigentümer der eingezahlten Beträge und wer kann darüber verfügen?

b) Prüfen Sie, ob Frau Kaiser einen Anspruch auf Auszahlung ihres Anteils hat?

c) Welche Rechtsfolgen würden eintreten, wenn Frau Kaiser ihre Mitgliedschaft in der GbR kündigt?

§ 723

6. Nach Absprache mit allen Beteiligten kauft Frau Schrimpf beim Möbelhaus Burger e. K. höhenverstellbare Tische und Stühle für 2 700 EUR. Die GbR ist jedoch nicht in der Lage, den ausstehenden Rechnungsbetrag zu begleichen. Das Möbelhaus Burger verlangt daraufhin von Frau Kluge die Zahlung.

§ 427

a) Frau Kluge weigert sich, die Rechnung zu bezahlen, mit der Begründung, dass sie

1. den Kaufvertrag nicht abgeschlossen hat, sondern Frau Schrimpf, und

2. ohnedies nicht zur Zahlung des gesamten Rechnungsbetrages verpflichtet sei, weil insgesamt drei Frauen an der GbR beteiligt sind.

Wie ist die Rechtslage?

§ 426

b) Frau Kluge hat den gesamten Rechnungsbetrag an das Möbelhaus Burger bezahlt. Kann sie von den beiden anderen Gesellschafterinnen verlangen, dass diese jeweils 900 EUR an Frau Kluge überweisen?

7. Am Ende des ersten Jahres stellen die Gesellschafterinnen fest, dass ein Verlust in Höhe von 4 500 EUR entstanden ist.

§ 722

a) Wie wird dieser Verlust verteilt, wenn im Gesellschaftsvertrag hierüber keine Vereinbarungen getroffen wurden?

§ 721

b) Innerhalb welcher Zeitabstände muss eine Gewinn-und-Verlust-Rechnung erstellt werden?

§ 735

c) Stellen Sie fest, ob und gegebenenfalls zu welchem Zeitpunkt die Gesellschafterinnen bei einem Verlust Nachschüsse leisten müssen?

# Die offene Handelsgesellschaft (OHG)

## 4.04  OHG: Firma – Geschäftsführung – Vertretung – Haftung – Gesellschaftsvertrag – Gewinnverteilung

**Kröner, Wiegert** und **Löffler** vereinbaren die Gründung eines Delikatessengroßhandels. Da sich alle seit Jahren bereits kennen und jeder bereit ist, auch mit seinem Privatvermögen zu haften, vereinbaren sie die Gründung einer OHG.

Der Inhalt des abgeschlossenen Gesellschaftsvertrages ist nachstehend wiedergegeben:

Der Kaufmann Hugo Kröner, Ernst-Scheel-Str. 9, 23968 Wismar-Wendorf

der Lebensmittelchemiker Max Wiegert, Fischerreihe 48, 23966 Wismar-Friedenshof

und

der Kaufmann Friedhelm Löffler, Am Katersteig 12, 23970 Wismar-Dargetzow

schließen folgenden Gesellschaftsvertrag:

### § 1

Wir errichten eine offene Handelsgesellschaft zum Betriebe eines Delikatessengroßhandels mit dem Sitz in Wendorf unter der Firma

Hugo Kröner OHG, Delikatessengroßhandel

### § 2

Herr Kröner legt in die Gesellschaft den Warenbestand gemäß der Aufstellung, die dem Gesellschaftsvertrag als Anlage beigefügt ist, im Werte von 180 000 EUR ein. Auf das Gutachten des Sachverständigen Treier vom 01.03.2010 über die Angemessenheit des Wertes wird Bezug genommen.

Herr Löffler macht am 15.03.2010 eine Bareinlage von 140 000 EUR. Herr Wiegert bringt das für die Geschäftstätigkeit zu nutzende Grundstück mit aufstehendem Lagergebäude, Erich-Weinert-Promenade 12, ein. Entsprechend dem Gutachten des Sachverständigen Treier ist dessen Wert mit 260 000 EUR zu beziffern.

### § 3

Das Geschäftsjahr ist das Kalenderjahr.

### § 4

Jeder Gesellschafter kann für seine Arbeitsleistung monatlich 4 800 EUR aus der Gesellschaftskasse entnehmen.

Zusätzlich zur Vergütung der Arbeitsleistung erhält jeder Gesellschafter von dem erzielten Jahresgewinn zunächst einen Anteil in Höhe von 5 % seines Kapitalanteils. Reicht der Gewinn hierzu nicht aus, so wird ein entsprechend niedrigerer Satz gerechnet. An dem alsdann verbleibenden Jahresgewinn und am Verlust nimmt jeder Gesellschafter zu einem Drittel teil.

### § 5

Zur Vertretung sind die Gesellschafter Kröner und Löffler gemeinschaftlich oder jeweils gemeinschaftlich mit einem Prokuristen berechtigt. Wiegert ist berechtigt, die Gesellschaft alleine zu vertreten.

### § 6

Für Beschlüsse der Gesellschafter ist Stimmenmehrheit erforderlich. Für folgende Fälle der Geschäftsführung sind Beschlüsse der Gesellschafter herbeizuführen:

a) zum Erwerb und zur Veräußerung sowie zur Belastung eines Grundstücks,

b) zum Abschluss von Miet- und Pachtverträgen von mehr als einjähriger Dauer oder mit einem Jahresmiet- oder -pachtpreis von mehr als 10 000 EUR,

c) zu Anschaffungen jeder Art im Wert von mehr als 7 000 EUR,

d) zur Einstellung oder Entlassung von Prokuristen und von Angestellten mit einem Monatsgehalt von mehr als 5 000 EUR,

e) zu Beteiligungen irgendwelcher Art an anderen Unternehmungen und zur Auflösung oder Änderung solcher Beteiligungen,

f) zur Aufnahme von Krediten von mehr als 10 000 EUR und zur Übernahme von Bürgschaften.

### § 7

Kündigt ein Gesellschafter das Gesellschaftsverhältnis, so sind die anderen Gesellschafter berechtigt, das Geschäft mit den Aktiven und Passiven und dem Recht der Fortführung der Firma zu übernehmen und weiterzuführen. Der Kapitalanteil des kündigenden Gesellschafters ist durch eine für den Tag des Ausscheidens aufzunehmende Inventur sowie eine Bilanz festzustellen, in die die Aktiven und Passiven der Gesellschaft nach ihrem wirklichen Wert einzustellen sind.

Stirbt ein Gesellschafter, so erhalten dessen Erben ohne weitere Erklärung die Stellung von Kommanditisten.

### § 8

Die Gesellschaft beginnt am 15.03.2010. Sie endet am 31.12.2025. Sie gilt jedesmal um weitere drei Jahre verlängert, wenn sie nicht ein halbes Jahr vor dem Ablauf gekündigt wird.

Ergibt sich für zwei aufeinander folgende Geschäftsjahre ein Verlust, so ist jeder Gesellschafter berechtigt, die Gesellschaft auch vor dem Ablauf der vereinbarten Vertragsdauer unter Einhaltung einer dreimonatigen Frist zum Quartalsschluss zu kündigen.

### § 9

Die Kosten des Vertrages und seiner Durchführung trägt die Gesellschaft.

Wendorf, den 15.03.2010                                                    (Drei Unterschriften)

---

▶ 1. Welche Probleme entstehen durch den Zusammenschluss mehrerer Personen zum Betreiben eines Unternehmens?

   Stellen Sie fest, welche Regelungen im vorliegenden Gesellschaftsvertrag dazu getroffen wurden.

HGB § 19 (1) ▶ 2. Welche anderen Firmenbezeichnungen könnte das neue Unternehmen noch tragen?

BGB § 311b ▶ 3. In welcher Form muss der vorliegende Gesellschaftsvertrag abgeschlossen werden?

4. Die Gesellschaft wurde am 20.05. d. J. ins Handelsregister eingetragen. Bereits mit Abschluss des Gesellschaftsvertrages nimmt sie ihre Geschäftstätigkeit auf.

HGB § 123 (2) ▶ Ist die Gesellschaft am 15.03. (Datum des Gesellschaftsvertrages) eine Gesellschaft des bürgerlichen Rechts oder eine OHG?

5. Die OHG wurde auf der Grundlage der im Gesellschaftsvertrag getroffenen Vereinbarungen im Handelsregister eingetragen. **Kröner** kauft mehrere Zentner braunen Zucker, Tiefkühlkost usw. für 8 000 EUR.

§ 125 (1), (2)

BGB §§ 177 ff. ▶ Konnte **Kröner** dieses Geschäft für die OHG wirksam abschließen? Begründung.

6. **Wiegert** hat für die OHG einen Kreditvertrag in Höhe von 15 000 EUR abgeschlossen, ohne die anderen Gesellschafter zu fragen. Als **Löffler** von dem Vertrag erfährt, stellt er fest, dass die Bedingungen außerordentlich ungünstig sind.

▶  a)  Hätte **Wiegert** vor Vertragsschluss die anderen Gesellschafter fragen müssen?

▶  b)  Ist der Kreditvertrag gültig?

▶  c)  Muss **Wiegert** der OHG den Schaden ersetzen, der ihr durch die ungünstigen Kreditbedingungen entstanden ist?

HGB
§§ 114 (1),
116 (1), (2)
§§ 125, 126

7.  **Löffler** und **Kröner** haben mit Einverständnis von **Wiegert** bei einem Lkw-Händler einen Lastwagen für 100 000 EUR gekauft. Der Händler verlangt die Zahlung des vollen Kaufpreises direkt von **Wiegert**, ohne sich vorher an die OHG oder an die anderen Gesellschafter zu wenden.

▶  Prüfen Sie, ob **Wiegert** mit einer der folgenden Einwendungen die Zahlung ganz oder teilweise zu verweigern berechtigt ist:

§ 128

a)  **Wiegert** hafte nicht, weil **Löffler** und **Kröner** den Vertrag abgeschlossen haben.

b)  Der Händler müsse zuerst versuchen, das Geld bei der OHG einzutreiben.

c)  Der Lkw-Händler habe kein Recht, Zahlung aus dem Privatvermögen **Wiegerts** zu verlangen oder gar ihm das Privatvermögen pfänden zu lassen.

d)  Die Gesellschafter haben eine Vereinbarung, dass jeder für Gesellschaftsschulden nur mit $33^{1}/_{3}$ % hafte. Er zahle deshalb nur $33^{1}/_{3}$ % der Schuld.

8.  Der Gewinn am Ende des zweiten Geschäftsjahres beträgt 205 400 EUR.

▶  Wie viel EUR Gewinnanteil erhält jeder Gesellschafter, wenn der Gewinn auf der Grundlage der Vereinbarungen im Gesellschaftsvertrag verteilt wird und jeder Gesellschafter von seinem Entnahmerecht in vollem Umfange Gebrauch gemacht hat?

Verwenden Sie zur Lösung eine Tabelle nach folgendem Muster:

| | Einge- brachtes Kapital | 5 % Ver- zinsung lt. Gesell- schafts- vertrag | Vergütung der Arbeits- leistung lt. Gesell- schafts- vertrag | Restver- teilung nach Köpfen | Gesamter Gewinn- anteil | Entnom- mene Gewinn- anteile (= Privatent- nahmen) | Einge- brachtes Kapital am Jahres- ende |
|---|---|---|---|---|---|---|---|
| Kröner | | | | | | | |
| Löffler | | | | | | | |
| Wiegert | | | | | | | |
| insgesamt | | | | | | | |

**4.05**  **OHG: Gewinn- und Verlustverteilung – Ausscheiden eines Gesellschafters**

Lösungs- blatt

**Allgeyer, Brauer** und **Colm** betreiben unter der Firmenbezeichnung **Allgeyer & Brauer OHG** einen Elektrogroßhandel.

**Allgeyer** beteiligt sich mit 380 000 EUR, wovon er vertragsgemäß bisher lediglich 300 000 EUR einbezahlt hat. **Brauer** hat 400 000 EUR und **Colm** 600 000 EUR Kapital in das Unternehmen eingebracht. Alle drei Gesellschafter arbeiten im Betrieb mit.

1.  Im letzten Geschäftsjahr wurde ein Gewinn von 262 000 EUR erzielt. Im Gesellschaftsvertrag wurde über die Gewinnverteilung nichts vereinbart. Ausstehende Einlagen werden nicht verzinst, sofern sie zu dem im Gesellschaftsvertrag vereinbarten Termin geleistet werden.

HGB
§ 121 ▶ a) Wie viel EUR Gewinnanteil erhält jeder Gesellschafter aufgrund des Gesetzes? Verwenden Sie zur Lösung eine Tabelle nach folgendem Muster:

| | eingebrachtes Kapital | 4% Verzinsung | Restverteilung nach Köpfen | Gewinnanteil |
|---|---|---|---|---|
| Allgeyer | 300 000 | | | |
| Brauer | 400 000 | | | |
| Colm | 600 000 | | | |
| insgesamt | 1 300 000 | | | 262 000 |

b) Den drei Gesellschaftern werden für ihre Mitarbeit im Unternehmen nachstehende monatliche Tätigkeitsvergütungen überwiesen:

    Allgeyer:        5 000 EUR
    Brauer:          4 500 EUR
    Colm:            4 000 EUR

Erstellen Sie eine Gewinnverteilungstabelle unter Berücksichtigung der Tätigkeitsvergütungen. Verwenden Sie zur Lösung eine Tabelle nach folgendem Muster:

| | eingebrachtes Kapital | Tätigkeits- vergütung | 4% Verzinsung | Restverteilung nach Köpfen | Gewinn- anteil |
|---|---|---|---|---|---|
| Allgeyer | 300 000 | | | | |
| Brauer | 400 000 | | | | |
| Colm | 600 000 | | | | |
| insgesamt | 1 300 000 | | | | 262 000 |

▶ c) Wie hoch ist die Rentabilität des Kapitaleinsatzes jedes Gesellschafters? Lösen Sie die Aufgabe nach folgendem Tabellenmuster.

| | Gewinn- anteil | Tätigkeits- vergütung | Restgewinn (= Gewinnanteil – Tätigkeitsvergütung) | eingebrachtes Kapital | Rentabilität der Einlagen in % |
|---|---|---|---|---|---|
| Allgeyer | | | | 300 000 | |
| Brauer | | | | 400 000 | |
| Colm | | | | 600 000 | |
| insgesamt | 262 000 | | | 1 300 000 | |

▶ d) Warum wäre es ungerecht, den Gewinn allein im Verhältnis der Kapitalanteile zu verteilen?

▶ e) Warum wäre es ebenso ungerecht, den gesamten Gewinn zu gleichen Teilen (nach Köpfen) auf die Gesellschafter aufzuteilen?

f) Nehmen Sie an, heute würden für langfristige Geldanlagen 8,5 % Zinsen gezahlt.

▶ Prüfen Sie, welche Gesellschafter der **Allgeyer & Brauer OHG** in diesem Fall durch die gesetzliche Regelung der Gewinnverteilung benachteiligt werden.

2. Die Gesellschafter der OHG haben die ihnen zustehenden Gewinnanteile aus dem vergangenen Geschäftsjahr vollständig entnommen. Mit Beginn des neuen Jahres haben sie durch Vertrag die gesetzliche Regelung abgeändert: Das eingelegte Kapital soll mit 6 % verzinst, der Rest des Gewinns nach Köpfen verteilt werden. Auf die Auszahlung bzw. Anrechnung einer Tätigkeitsvergütung wird verzichtet.

Entnommenes Kapital (Privatentnahmen) sowie ausstehende Kapitaleinlagen müssen die Gesellschafter mit 6 % verzinsen.

Es werden 320 216 EUR Gewinn erzielt.

Die Gesellschafter machten folgende – nach dem Gesellschaftsvertrag möglichen – Privatentnahmen:

| Gesellschafter | Datum | Betrag EUR |
|---|---|---|
| **Allgeyer** | 31.01. | 9 000 |
| 15.04. | 18 000 | |
| 31.08. | 15 000 | |
| **Brauer** | 15.05. | 24 000 |
| 31.07. | 13 000 | |
| **Colm** | 15.02. | 22 000 |
| 30.06. | 10 000 | |

▶    a)   Wie viel EUR Gewinnanteil erhält jeder Gesellschafter?

▶    b)   Wie viel Prozent Zins sind für Privatentnahmen nach dem HGB zu berechnen?     HGB § 121

▶    c)   Warum werden Zinsen für Privatentnahmen und ausstehende Kapitaleinlagen bei der Gewinnverteilung berücksichtigt?

     d)   Wie hoch ist jeweils das neue Kapital der einzelnen Gesellschafter?

3. **Colm** muss altershalber die aktive Mitarbeit in der Gesellschaft aufgeben.

▶    a)   Warum muss die vertragliche Regelung der Gewinnverteilung geändert werden?

▶    b)   Machen Sie einen Vorschlag für eine geänderte Gewinnverteilung.

▶    c)   Zeigen Sie, wie sich Ihr Vorschlag bei der Gewinnverteilung im letzten Jahr (siehe 2.) ausgewirkt hätte.

4. Obwohl im laufenden Geschäftsjahr ein Verlust von 30 000 EUR entstanden ist, verlangt der Gesellschafter **Allgeyer** die Auszahlung von 2 000 EUR zur Bestreitung seines Lebensunterhaltes.

▶    a)   Muss die Auszahlung erfolgen?     § 122

▶    b)   Wie wird der Verlust von 30 000 EUR auf die Gesellschafter verteilt, wenn vertragliche Vereinbarungen darüber fehlen?     § 121 (3)

5. **Colm** will ganz aus der Gesellschaft austreten. Er kündigt am 15. Juli. Das Geschäftsjahr der Gesellschaft deckt sich mit dem Kalenderjahr.

▶    a)   Bis zu welchem Tag ist er nach den gesetzlichen Regelungen noch Gesellschafter?     § 132

     b)   Ein Lieferer macht seine Forderung erst ein Jahr nach dem Ausscheiden von **Colm** aus der Gesellschaft geltend. (Die Forderung ist noch nicht verjährt.) Entstanden ist die Forderung, als **Colm** noch Gesellschafter war.     § 159

▶      Muss **Colm** zahlen, wenn der Lieferer die Zahlung von ihm fordert?

     c)   **Dennele** ist nach dem Ausscheiden **Colms** in die Gesellschaft eingetreten.     § 130

▶      Muss **Dennele** zahlen, wenn der Lieferer von ihm die Zahlung fordert?

# *Die Kommanditgesellschaft (KG)*

## 4.06   KG: Firma – Geschäftsführung – Vertretung – Gewinnverteilung – Wettbewerbsverbot – Privatentnahmen – Kontrollrecht

Lösungs-blatt

**Fritz Huber** betreibt als Einzelunternehmer die Großhandlung Fritz Huber, Sanitäranlagen, e. K. Eine günstige Entwicklung des Geschäftes ermöglicht eine Geschäftserweiterung mit einem zusätzlichen Kapitalbedarf von 400 000 EUR.

1. **Hubers** Bank ist bereit, ihm 400 000 EUR als langfristigen Kredit zu 7,5 % Verzinsung zu geben.

   Herr **Ebner**, der Fachmann im Sanitärgeschäft ist, hat sich **Huber** angeboten, als Gesellschafter in das Unternehmen einzutreten. Er will die 400 000 EUR einbringen, wenn das Einzelunternehmen in eine OHG umgewandelt wird und er als gleichberechtigter Gesellschafter aufgenommen wird.

   ▶ Welche Vorteile hat jede dieser beiden Möglichkeiten für **Huber**?

2. **Gütermann** ist bereit, ein bebautes Grundstück im Wert von 400 000 EUR als Gesellschafter in das Unternehmen einzubringen.

   **Gütermann** will jedoch nicht mitarbeiten und seine Haftung auf seine Einlage beschränken. **Huber** nimmt **Gütermann** als Gesellschafter auf und lässt die Gesellschaft eintragen.

   HGB
   § 19 (1) Zi. 3
   ▶ a) Wählen Sie für die Gesellschaft die Firmenbezeichnung.
   ▶ b) Warum ist es sinnvoll, dass **Gütermanns** Name nicht in die Firmenbezeichnung aufgenommen wird?

   BGB
   § 311b
   ▶ c) Welche Formvorschriften müssen bei Abschluss des Gesellschaftsvertrages beachtet werden?

   § 170
   3. Der Kommanditist **Gütermann** kauft Badewannen für 48 000 EUR. Dabei gibt er an, als Gesellschafter für die Firma **Fritz Huber Sanitärgroßhandlung KG** zu handeln. Seine Einlage hat **Gütermann** voll geleistet.

   ▶ Muss die Kommanditgesellschaft zahlen?

4. Nach dem Gesellschaftsvertrag wird das Kapital der Gesellschafter mit 7 % verzinst. **Huber** erhält außerdem als Vergütung für seine Arbeit im Unternehmen monatlich 6 000 EUR. Vom Restgewinn bekommen **Huber** 70 % und **Gütermann** 30 %.

   ▶ a) **Huber** hat 1 200 000 EUR, **Gütermann** 400 000 EUR Kapital eingebracht. Der Gewinn beträgt 312 000 EUR im Geschäftsjahr.
   Welche Anteile vom Gewinn erhalten **Huber** und **Gütermann**?

   HGB
   § 168
   ▶ b) Warum ist es unbedingt notwendig, die gesetzliche Regelung der Gewinnverteilung einer Kommanditgesellschaft durch eine vertragliche Regelung zu ergänzen oder abzuändern?

   § 121
   ▶ c) Warum wäre die gesetzliche Regelung der Gewinnverteilung einer OHG für die Kommanditgesellschaft nicht gerechtfertigt?

   §§ 165, 112
   5. **Huber** erfährt, dass sich **Gütermann** als vollhaftender Gesellschafter (Komplementär) an einer anderen Sanitärgroßhandlung beteiligen will. **Huber** will das verhindern und von **Gütermann** verlangen, dass er diese Beteiligung unterlässt, weil er glaubt, **Gütermann** unterliege dem Wettbewerbsverbot.

   ▶ a) Hat **Huber** Recht?
   ▶ b) Welche Gründe könnte **Huber** haben?

6. **Huber** will sich als Gesellschafter an einer anderen Sanitärgroßhandlung beteiligen. **Gütermann** will das verhindern.

   §§ 161 (2),
   112
   ▶ a) Darf **Huber** Komplementär der anderen Sanitärgroßhandlung werden?
   § 112
   ▶ b) Darf **Huber** Kommanditist werden?
   § 112
   ▶ c) Dürfte **Huber** Vollhafter einer Holzgroßhandlung werden?

   § 164
   7. **Huber** will einen Posten Waschbecken günstig aus einer Insolvenzmasse kaufen. **Gütermann** widerspricht, da er deren Design für veraltet hält.

   ▶ Hat **Huber** trotz des Widerspruchs von **Gütermann** Geschäftsführungsbefugnis für diesen Kauf?

8. **Huber** erwartet, dass die Aktien der **Nord-Stahl AG** im Kurs außergewöhnlich steigen. Um an den Kurssteigerungen zu gewinnen, will er für die Kommanditgesellschaft für 20 000 EUR von diesen Aktien erwerben. **Gütermann** widerspricht dem Kauf. **Huber** kauft trotzdem.

HGB § 164

▶    a) Ist der Kaufvertrag trotz des Widerspruchs gültig?
▶    b) Hat der Widerspruch **Gütermanns** rechtliche Folgen?

9. Die Kommanditgesellschaft hat in diesem Jahr Verlust erwirtschaftet. Der Kommanditist **Gütermann** will trotzdem für seinen Lebensunterhalt Geld entnehmen. **Huber** verweigert die Auszahlung, obwohl er selbst regelmäßig Privatentnahmen getätigt hat.

§§ 161 (2), 112

▶    a) War **Huber** zu den Entnahmen berechtigt?
▶    b) Muss **Huber** an **Gütermann** auszahlen?

§ 169

10. **Gütermann** verlangt wegen des eingetretenen Verlustes, dass ihm **Huber** monatlich die Geschäftsbücher zur Einsichtnahme und Prüfung vorlegt.

§ 166

▶    Muss **Huber** dieses Verlangen erfüllen?

# Die Aktiengesellschaft (AG)[1]

## 4.07  AG: Gründung – Grundkapital – Eigenkapital – Aktie

Diplom-Ingenieur Max Krieger möchte ein Gesellschaftsunternehmen zur Herstellung von messtechnischen Geräten gründen. Der Kapitalbedarf wurde mit 6 Mio. EUR berechnet.

1. Es finden sich vier Gründer (darunter die Allbank AG Stuttgart) zusammen, die dieses Unternehmen als Aktiengesellschaft gründen und die Aktien für ein Grundkapital in Höhe von 5 Mio. EUR übernehmen wollen.

AktG §§ 2, 7

▶    Prüfen Sie, ob damit die Mindestgründerzahl und das Mindestkapital erreicht sind.

2. Im Vorfeld der Gründung diskutieren die Gründer darüber, ob das Grundkapital durch die Ausgabe von Inhaber- oder Namensaktien aufgebracht werden soll.

▶    a) Wodurch unterscheiden sich Inhaberaktien von Namensaktien?

§§ 10, 67, 10 (2)

b) Die Gründer entscheiden sich für die Ausgabe von Namensaktien.
▶       Welche Vorzüge verbinden sie mit dieser Entscheidung?

3. Die 4 Gründer haben sich mündlich versprochen, das Grundkapital mit den vereinbarten Beträgen zu übernehmen und die Aktiengesellschaft zu gründen.

a) Einer der Aktionäre schlägt die Firmenbezeichnung **Messtechnik Krieger** vor.
▶       Warum ist diese Firmenbezeichnung nicht möglich?

§ 4

▶       Machen Sie einen begründeten Vorschlag für die Firmenbezeichnung.

b) Die Gründer haben bisher weder eine Einzahlung geleistet noch die Eintragung im Handelsregister veranlasst.

BGB § 705

▶       Welches Vertragsverhältnis besteht zwischen den Gründern?

c) Der Gründer **Klein** schließt mit dem Diplom-Physiker **Fleckenstein** ohne Wissen der Mitgründer einen Arbeitsvertrag ab.
▶       Ist der Vertrag für die Gesellschaft bindend?

§§ 714, 709

4. Die Gründer haben sich am 15.07. geeinigt, eine Aktiengesellschaft zu gründen. Am 25.08. wurde das gesamte Grundkapital in Höhe von 5 Mio. EUR von den Gründern durch Einzahlung des entsprechenden EUR-Betrages aufgebracht. Am 15.09. desselben Jahres wollen die Gründer zusammenkommen, um Aufsichtsrat und Vorstand zu wählen.

---

1    Zur Finanzierung der AG vergleiche die Aufgaben **9.02, 9.03** und **9.18**

AktG
§§ 36, 37

▶ a) Warum wird der Registerrichter am 01.09. die Eintragung der Aktiengesellschaft ins Handelsregister noch ablehnen?

§ 41

▶ b) Am 15.12. wurde die Aktiengesellschaft ins Handelsregister eingetragen. Wann ist die Aktiengesellschaft entstanden?

5. Stellen Sie fest:

§ 8

▶ a) Welche wertmäßige Beteiligung (in EUR) am Grundkapital der AG ist mit dem Erwerb **einer** Aktie verbunden, wenn 2 Mio. Stückaktien ausgegeben werden?

§ 8 (3)

▶ b) Könnte das vorgesehene Grundkapital auch durch Ausgabe von 6 Mio. Stückaktien aufgebracht werden?

▶ c) Die vier Gründer haben zur Ausgabe der Aktien folgende Vereinbarung getroffen: Die Allbank AG Stuttgart ist bereit, wegen des erfolgversprechenden Unternehmenskonzepts 500 000 Aktien zu einem Ausgabekurs von 3,00 EUR/ Aktie zu übernehmen, während für die anderen Gründer die Aktienausgabe zum Nennwert erfolgt. Wie hoch ist das Eigenkapital in EUR?

▶ d) Wie viel Prozent des Grundkapitals beträgt das Eigenkapital (Bilanzkurs)?

▶ e) Kann der errechnete Kapitalbedarf bei den vorgesehenen Ausgabekursen gedeckt werden? Weitere im Zusammenhang mit der Gründung anfallende Kosten bleiben unberücksichtigt.

6. **Krieger** ist mit 1 Mio. EUR am Grundkapital der AG beteiligt.

▶ a) Wie viele Aktien hat er erhalten?

▶ b) Welchen Wert in EUR hätte eine Aktie, wenn von den aufgebrachten Mitteln noch Gründungskosten (z. B. Notariatskosten, Grundbuchgebühren, Kosten des Aktiendrucks) in Höhe von 100 000 EUR angefallen wären.

## 4.08 AG: Hauptversammlung – Aufsichtsrat – Vorstand[1]

Die **Messtechnik AG** hat ein Grundkapital von 5 Mio. EUR und beschäftigt 1 950 Arbeitnehmer. Das Unternehmen besteht seit mehreren Jahrzehnten.
Nach Ablauf eines Geschäftsjahres veröffentlicht die AG im Stuttgarter Tagblatt folgende Anzeige:

---

### Messtechnik-Aktiengesellschaft Stuttgart

Hiermit laden wir die Aktionäre unserer Gesellschaft zu der am

**Freitag, dem 26. Mai 20.., 10.30 Uhr**

in der Schleyerhalle in Stuttgart stattfindenden ordentlichen

### Hauptversammlung ein.

Die Tagesordnung ist in den Gesellschaftsblättern veröffentlicht.

---

AktG
§ 134 (3)

1. Herr **Klein** ist Aktionär der Messtechnik AG und hat seinen Wohnsitz in Lörrach. ▶ Wie könnte sein Stimmrecht ausgeübt werden, wenn er selbst nicht zur Hauptversammlung nach Stuttgart fahren will?

§ 135

2. Auf der Hauptversammlung weist der Direktor der **Bank für Gemeinwirtschaft, Mannheim**, nach, dass bei seiner Bank Nennbetragsaktien zum Nominalwert von 375 000 EUR zur Aufbewahrung liegen. Die Aktionäre haben ihm schriftlich das Recht abgetreten, sie auf der Hauptversammlung zu vertreten.

▶ Ist er stimmberechtigt?

---

[1] Zur Gewinnverwendung der AG vergleiche Aufgabe
**9.18 Offene Selbstfinanzierung einer AG: Jahresüberschuss – Bilanzgewinn – Rücklagen**

3. Auf der Hauptversammlung werden 2/3 der Mitglieder des Aufsichtsrats gewählt.

▶   a) Wie viel Mitglieder muss der Aufsichtsrat dieser Gesellschaft mindestens, wie     AktG
       viel darf er höchstens haben?                                                      § 95

   b) Der Aktionär **Krieger** besitzt 20 Nennbetragsaktien zu 25 EUR Nominalwert,        § 23 (3) Zi. 4
      der Aktionär **Günther** 30 Aktien zu 50 EUR Nominalwert.

▶      Wie viel Stimmen haben **Krieger** und **Günther** bei der Wahl des Aufsichtsrats,  § 134 (1)
       wenn alle anderen Aktien zum Nominalwert von 25 EUR ausgegeben wurden?

   c) Der Aufsichtsrat dieser Aktiengesellschaft muss zu einem Drittel aus Vertretern     § 96
      der Arbeitnehmer bestehen.                                                          DrittelbG
                                                                                          § 4 (1)

▶      Halten Sie das für gerechtfertigt?

   d) Dipl.-Ing. **Kurt Gruber** – Mitglied des Vorstandes der **Messtechnik AG** – ist seit
      einiger Zeit im Aufsichtsrat der **Datentechnik AG** tätig.

      Dipl.-Volkswirt **Heinz Zeitel** – Mitglied des Vorstandes der **Datentechnik AG** –   AktG
      beabsichtigt, in der Hauptversammlung vom 26. Mai 20.. für den Aufsichtsrat der     § 100 (2) Zi. 3
      **Messtechnik AG** zu kandidieren.

▶      Prüfen Sie, ob **Herr Zeitel** die persönlichen Voraussetzungen erfüllt, die für eine
       Wahl in den Aufsichtsrat der **Messtechnik AG** erforderlich sind.

4. Der Aktionär **Schulz** besitzt inzwischen 51 % aller Aktiennennbeträge.               §§ 134,
                                                                                          101, 84
▶  Erläutern Sie, warum ihm damit Einfluss auf die Geschäftsführung des Vorstands
   möglich ist.

5. Die Satzung der **Messtechnik AG** sieht vor, dass der Vorstand aus einer Person
   besteht. **Dr. Spiegel** ist zum alleinigen Vorstand gewählt worden. Er kauft eine
   Großrechenanlage auf Rechnung der AG.

▶   a) Ist der Vertrag für die **Messtechnik AG** bindend?

▶   b) Kann der Hauptaktionär **Schulz** zur Zahlung gezwungen werden, wenn der          §§ 1, 78
       Verkäufer bei der Aktiengesellschaft vergeblich versucht hat, das Geld einzu-
       treiben?

# *Die Gesellschaft mit beschränkter Haftung (GmbH)*

## **4.09**  **GmbH: Mindestkapital – Firma – Geschäftsführung – Vertretung –**
          **Gesellschaftsvertrag**

Die Umweltingenieure **Adler** und **Berthold** sowie der Verfahrenstechniker **Clemens**
wollen ein Unternehmen gründen, das die gewerbsmäßige Abfallentsorgung/Ab-
fallverwertung zum Gegenstand hat. Keiner der Beteiligten ist bereit, mit seinem
Privatvermögen zu haften. **Adler** hat 80 000 EUR, **Berthold** 60 000 EUR und **Clemens**
30 000 EUR flüssige Mittel zur Verfügung.

Vor dem Notar des Amtsgerichtes Ettenheim gehen sie folgendes Vertragsverhältnis ein:

Vor dem unterzeichnenden Notar ...

erschienen ...

1. der Umweltingenieur **Franz Adler**, Lahr, Königsberger Ring 19,

2. der Umweltingenieur **Felix Berthold**, Freiburg, Habsburgerstraße 47,

3. der Verfahrenstechniker **Knut Clemens**, Offenburg, Am Schießrain 9a.

Die Erschienenen wiesen sich bei dem Notar jeweils durch einen gültigen Personalausweis aus.

Die Erschienenen schlossen nachstehenden Gesellschaftsvertrag:

**Gesellschaftsvertrag**

**§ 1**

Die Herren **Franz Adler**, **Felix Berthold** und **Knut Clemens** errichten eine Gesellschaft mit beschränkter Haftung unter der Firma

**Ettenheimer Abfallverwertung, Gesellschaft mit beschränkter Haftung.**

Die Gesellschaft hat ihren Sitz in Ettenheim.
Die Gesellschaft wird auf unbestimmte Zeit geschlossen.

**§ 2**

Gegenstand des Unternehmens ist die gewerbsmäßige Abfallentsorgung und -verwertung aller Art.

**§ 3**

Das Stammkapital der Gesellschaft beträgt 170 000 EUR. Von diesem Stammkapital hat
der Gesellschafter **Franz Adler** einen Geschäftsanteil von 80 000 EUR,
der Gesellschafter **Felix Berthold** einen Geschäftsanteil von 60 000 EUR und
der Gesellschafter **Knut Clemens** einen Geschäftsanteil von 30 000 EUR übernommen.

Die Gesellschafter leisten ihre Einlagen in Geld. Sie verpflichten sich, ein Viertel der Einlagen vor der Anmeldung der Gesellschaft zur Eintragung in das Handelsregister einzuzahlen. Der Gesellschafter Adler zahlt darüber hinaus weitere 15 000 EUR ein.

**§ 4**

Die Gesellschaft beginnt am 01. Juli 2009. Das Geschäftsjahr der Gesellschaft ist das Kalenderjahr. Für das 1. Halbjahr 2009 wird ein Rumpfgeschäftsjahr gebildet.

**§ 5**

Die Verfügung über einen Geschäftsanteil oder einen Teil eines Geschäftsanteiles, insbesondere die Abtretung oder Verpfändung, ist nur mit Zustimmung aller Gesellschafter zulässig.

**§ 6**

Die Gesellschaft hat einen oder mehrere Geschäftsführer. Sind mehrere Geschäftsführer vorhanden, so wird die Gesellschaft jeweils durch zwei Geschäftsführer gemeinschaftlich vertreten.

Zu Geschäftsführern werden hiermit der Umweltingenieur **Franz Adler** und Verfahrenstechniker **Knut Clemens** bestellt.

**§ 7**

Die Gesellschafter sind verpflichtet, solange das Gesellschaftsverhältnis besteht, jegliche unmittelbare oder mittelbare, gelegentliche oder gewerbsmäßige Tätigkeit zu unterlassen, durch die der Gesellschaft Konkurrenz gemacht wird. Den Gesellschaftern ist es untersagt, sich an einem Konkurrenzunternehmen zu beteiligen, auch als stiller Gesellschafter. Verboten sind alle Geschäfte im Handelszweige der Gesellschaft und zwar im eigenen oder fremden Namen, auf eigene oder für fremde Rechnung. Dieses Verbot gilt auch für die Ehefrauen der Gesellschafter; die Gesellschafter übernehmen ausdrücklich für sie die Haftung.

**§ 8**

Die Erben eines Gesellschafters müssen sich durch einen Erben, der allein stimmberechtigt ist, vertreten lassen.

**§ 9**

Die Bekanntmachungen der Gesellschafter erfolgen beim Betreiber des elektronischen Bundesanzeigers.

**§ 10**

Die Gesellschaft trägt die mit der Gründung verbundenen Kosten.

Der Notar wies die Erschienenen darauf hin, dass die Gesellschaft mit beschränkter Haftung als solche erst mit der Eintragung in das Handelsregister entsteht und die Haftungsbeschränkung erst alsdann eintritt.

Hierauf erklärten die Erschienenen weiter:

Zu vertretungsbefugten Geschäftsführern bestellen wir Umweltingenieur **Franz Adler** und Verfahrenstechniker **Knut Clemens** (Gesamtvertretung).

Datum 30. Juni 2009                                                Unterschriften

1. Dem Entschluss, sich für die Rechtsform der GmbH zu entscheiden, waren intensive Beratungen mit einem Steuerberater sowie mit der zuständigen Industrie- und Handelskammer vorausgegangen.

   Aus welchem Grund wurde die Gründung einer Personengesellschaft von vornherein nicht in Betracht gezogen?

2. Stellen Sie fest, ob das zur Gründung der Gesellschaft vorgesehene Stammkapital den gesetzlichen Vorschriften entspricht. GmbHG § 5

3. Wie groß ist die Mindesteinlage jedes Gesellschafters, die vor Eintragung ins Handelsregister jeweils zu leisten ist? § 7

4. Erstellen Sie die Gründungsbilanz der GmbH, wenn die Gesellschafter ihre Stammeinlagen wie im Gesellschaftsvertrag vorgesehen erbringen und Gründungskosten nicht zu berücksichtigen sind.

5. Welche Form ist für den Gesellschaftsvertrag vorgeschrieben? § 2

6. Die Gesellschaft wird am 10. August 2009 ins Handelsregister eingetragen. **Franz Adler** hat aufgrund einer Zeitungsanzeige am 10. Juli 2009 im Namen der GmbH ein Kombifahrzeug aus einer Geschäftsauflösung für 17 500 EUR erworben.

   a) Wann (genauer Termin) erlangt die GmbH eine eigene Rechtspersönlichkeit als juristische Person? § 11 (1)

   b) Der Verkäufer des Kombifahrzeugs verlangt am 25. Juli 2009 von Gesellschafter **Felix Berthold** die Zahlung des ausstehenden Betrags. Berthold weigert sich zu zahlen, da er das Fahrzeug nicht gekauft habe und von dem Kauf auch nicht informiert war. Stellen Sie fest, ob der Verkäufer von Berthold die Zahlung verlangen kann. § 11 (2)

7. Unterbreiten Sie zwei alternative Vorschläge für die Firmenbezeichnung der Gesellschaft. § 4

8. Das GmbH-Gesetz schreibt vor, dass die Gesellschaft einen oder mehrere Geschäftsführer haben muss. Laut Gesellschaftsvertrag übernehmen die Gesellschafter **Franz Adler** und **Knut Clemens** diese Aufgabe. § 6

   a) Warum ist in den gesetzlichen Vorschriften über die KG eine solche Regelung nicht zu finden? § 13

   b) **Adler** und **Clemens** mieten Geschäftsräume, ohne Berthold zu fragen. Ist der Mietvertrag gültig? § 35

   c) Wäre der Mietvertrag auch gültig, wenn laut Eintrag im Handelsregister **Adler**, **Berthold** und **Clemens** Geschäftsführer wären? § 35 (2)

9. Wegen der angespannten Liquiditätslage im Gründungsjahr wollen die Geschäftsführer den erzielten Gewinn nicht an die Gesellschafter ausschütten. In der Gesellschafterversammlung kommt es nach vorausgegangener Diskussion zu einer Abstimmung zu diesem Tagesordnungspunkt.

   a) Wie viele Stimmen haben die 3 Gesellschafter jeweils bei Abstimmungen in der Gesellschafterversammlung? § 47 (2)

   b) Können **Berthold** und **Clemens** die von Adler vorgeschlagene Nichtausschüttung des Gewinnes verhindern? §§ 29, 46, 47

10. Gesellschafter **Clemens** ist der Auffassung, dass die in § 7 des Vertrages getroffenen Vereinbarungen überflüssig sind, da die Gesellschafter aufgrund gesetzlicher Vorschriften bereits dem Wettbewerbsverbot unterliegen. Er verweist dabei insbesondere auf § 112 (1) HGB und auf § 60 (1) HGB. HGB §§ 112 (1), 60 (1)

    Beurteilen Sie für jeden einzelnen Gesellschafter, ob diese Behauptung zutreffend ist.

11. **Clemens** beabsichtigt, seinen Geschäftsanteil für 45 000 EUR zu verkaufen.

GmbHG
§ 15 (3)

a) Adler und Berthold wollen keine fremden Gesellschafter aufnehmen. Prüfen Sie anhand des Gesellschaftsvertrages, ob **Adler** und **Berthold** dies verhindern können.

b) **Clemens** hat dem Diplomingenieur **Dietrich** bereits mündlich versprochen, ihm den Geschäftsanteil für 45 000 EUR zu verkaufen. Ist er rechtlich gebunden?

## *4.10* Unternehmergesellschaft als Rechtsform für ein Fliesenlegergeschäft

Trudbert Pflieger hat die Meisterprüfung als Fliesenleger bestanden und will sich selbstständig machen. Seine Ersparnisse hat er für den Meisterkurs sowie für die Anschaffung eines Transporters weitgehend aufgebraucht. Er verfügt lediglich über einen Betrag von 2 000 EUR, den er als Eigenkapital in das neu zu gründende Unternehmen einbringen will.

Trudbert Pflieger hat sich nach langen Vorüberlegungen entschieden, eine Unternehmergesellschaft zu gründen.

1. Welche Gründe könnten dafür ausschlaggebend gewesen sein, dass sich Trudbert Pflieger bei dem neu zu gründenden Unternehmen für die Unternehmergesellschaft entschieden hat?

2. Machen Sie einen Firmierungsvorschlag für das Fliesenlegergeschäft.

GmbHG
§ 5a (1)

3. Im ersten Geschäftsjahr erzielte Trudbert Pflieger einen Jahresüberschuss in Höhe von 24 000 EUR. In welcher Weise kann Trudbert Pflieger über diesen Betrag verfügen?

§ 5a (3)

4. Warum ist Trudbert Pflieger zur Bestreitung seiner privaten Konsumausgaben nicht ausschließlich auf die Entnahme von Gewinnen aus der Unternehmergesellschaft angewiesen?

## *4.11* GmbH: Handelsregister – GmbH & Co. KG

Nachstehende Handelsregisterauszüge beschreiben die Rechtsverhältnisse der Schweriner Bootsvermietung GmbH & Co. KG.

HGB
§§ 106, 162

1. Warum ist in Spalte 2 des Handelsregisterauszugs (Blatt 1, HR A, 301) der Gegenstand der Schweriner Bootsvermietung GmbH & Co. KG nicht eingetragen?

2. Beschreiben Sie die Haftungsverhältnisse der Schweriner Bootsvermietung GmbH & Co. KG.

3. Handelsregisterauszüge der Abteilung A des Handelsregisters enthalten – anders als Handelsregisterauszüge der Abteilung B – keine Angaben zum Stamm- oder Grundkapital.

Welche Gründe sind dafür maßgebend?

GmbHG
§ 11
HGB § 123

4. Welche Rechtswirkungen haben die Handelsregistereintragungen vom 15. Dezember 2012 und vom 4. August 2012?

§ 176

5. Wie haftet Kugler in der Zeit vom 1. Dezember (Abschluss des Gesellschaftsvertrages) bis zum 15. Dezember 2012 (Eintragung ins Handelsregister)?

**Amtsgericht Schwerin AG-Bezirk**  ·  9 8 7 6 5 4 3 2 1 0 9 8 7 6 5 4 3 2 1 0 9 8 7 6 5 4 3 2 1 0 9 8 7 6 5 4 3 2 1 0  ·  **Blatt 1 HR A  301**

| Nr. der Eintragung | a) Firma b) Ort der Niederlassung (Sitz der Gesellschaft) c) Gegenstand des Unternehmens (bei juristischen Personen) | Geschäftsinhaber Persönlich haftende Gesellschafter Vorstand Abwickler | Prokura | Rechtsverhältnisse | a) Tag der Eintragung und Unterschrift b) Bemerkungen |
|---|---|---|---|---|---|
| 1 | 2 | 3 | 4 | 5 | 6 |
| 1 | a) Schweriner Bootsvermietung GmbH & Co. KG b) Schwerin | Schweriner Bootswerft GmbH, Sitz: Schwerin | | Kommanditgesellschaft Beginn: 1. Dez. 2012 Kommanditist ist: Kurt Kugler, geb. 16.10.67 in Schwerin mit einer Einlage von 40 000,00 EUR | a) 15. Dez. 2012. *Keps* b) Anmeldung: Bl. 1/4 SB HRB 3846 bzw. HRB 13 |

**Amtsgericht Schwerin AG-Bezirk**  ·  9 8 7 6 5 4 3 2 1 0 9 8 7 6 5 4 3 2 1 0 9 8 7 6 5 4 3 2 1 0 9 8 7 6 5 4 3 2 1 0  ·  **Blatt 1 HR B  3617**

| Nr. der Eintragung | a) Firma b) Ort der Niederlassung (Sitz der Gesellschaft) c) Gegenstand des Unternehmens (bei juristischen Personen) | Grund- oder Stammkapital EUR | Vorstand Persönlich haftende Gesellschafter Geschäftsführer Abwickler | Prokura | Rechtsverhältnisse | a) Tag der Eintragung und Unterschrift b) Bemerkungen |
|---|---|---|---|---|---|---|
| 1 | 2 | 3 | 4 | 5 | 6 | |
| 1 | a) Schweriner Bootswerft GmbH b) Schwerin c) Herstellung von Sportbooten aller Art, Beteiligung an der Schweriner Bootsvermietung GmbH & Co. KG sowie Geschäftsführung dieser Gesellschaft, die ihrerseits den Betrieb einer Bootsvermietung sowie zweier Kioske zum Gegenstand hat. | 50000 | Kurt Kugler geb. 16.10.67 in Schwerin | | Gesellschaft mit beschränkter Haftung Der Gesellschaftsvertrag ist am 1. Juli 2009 abgeschlossen. Die Gesellschaft wird vertreten, wenn nur ein Geschäftsführer vorhanden ist, durch diesen allein, wenn mehrere Geschäftsführer bestellt sind, durch zwei Geschäftsführer gemeinsam oder durch einen Geschäftsführer zusammen mit einem Prokuristen. Kurt Kugler ist allein vertretungsberechtigt. | a) 4. August 2012 *Gärtner* b) Anmeldung: Bl. 1/3 SB Gesellschaftsvertrag Bl. 3/10 SB |

# Die Genossenschaft

## 4.12 Genossenschaft: Gründung – Firma – Organe – Geschäftsguthaben – Geschäftsanteil – Haftsumme

Zur Gründung einer Molkereigenossenschaft haben sich 60 Landwirte der Gemeinde **Ahornsweiler** zusammengefunden. Das Risiko der Genossen soll so weit eingeschränkt werden, wie es das Gesetz zulässt. Die Genossenschaft soll die von den Landwirten angelieferte Milch verarbeiten und die Molkereiprodukte verkaufen.

GenG
§ 3

▶ 1. Machen Sie einen Vorschlag für die Firmenbezeichnung.

2. Bei der Vorsprache bei den Behörden wird den Interessenten gesagt, dass sie öffentliche Mittel erst beantragen können, wenn die Genossenschaft rechtsgültig entstanden ist.

§§ 5, 4, 9,
24 (2), 36 (1),
10, 11, 13

▶ Welche Voraussetzungen müssen nach dem Genossenschaftsgesetz für das Entstehen einer Genossenschaft erfüllt sein?

§§ 24 (2), 11  3. Der Genosse **Hahn** wird zum alleinigen Vorstand gewählt. Sofort nach der Wahl meldet **Hahn** die Genossenschaft mit allen notwendigen Anlagen beim Amtsgericht zum Genossenschaftsregister an. Der Registerrichter lehnt die Eintragung noch ab.

▶ Warum?

4. Bei einer Neuwahl sind **Graf** und **Hahn** in den Vorstand gewählt worden. Sie bilden zusammen den Vorstand. Für das Vorstandszimmer kaufen sie ein Ölgemälde für 7 000 EUR.

§§ 24, 27 (2) ▶ Ist der Vertrag für die Genossenschaft bindend?

§ 7  ▶ 5. In der Satzung wird der Geschäftsanteil jedes Genossen auf 500 EUR, die Pflichteinzahlung auf 150 EUR je Geschäftsanteil festgelegt. **Hahn** hat 150 EUR und **Graf** 300 EUR auf den Geschäftsanteil eingezahlt. Beide haben damit die in der Satzung festgelegte Pflichteinzahlung auf den Geschäftsanteil erfüllt. **Basler** besitzt zwei Geschäftsanteile und hat beide voll eingezahlt.

▶ a) Wie groß ist das Geschäftsguthaben jedes dieser Genossen?

§ 7 Nr. 1
§§ 105, 119,
121

b) In der Satzung ist die Haftsumme auf 750 EUR festgelegt. Eine besondere Regelung für Genossen mit mehreren Geschäftsanteilen ist in der Satzung nicht enthalten.

▶ Bis zu welchem Betrag hätte jeder der Genossen im Insolvenzverfahren Nachschuss zu leisten?

|  | Hahn | Graf | Basler |
|---|---|---|---|
| Anzahl der übernommenen Geschäftsanteile (zu je 500 EUR) | 1 | 1 | 2 |
| Pflichteinzahlung EUR | 150 | 150 | 300 |
| Haftsumme EUR | 750 | 750 |  |
| Geschäftsguthaben EUR |  |  |  |
| Nachschuss im Insolvenzfall EUR |  |  |  |

6. Ein Maschinenfabrikant hat an die Molkereigenossenschaft eine Zentrifuge für 2 000 EUR geliefert. Er verlangt von dem Genossen **Graf** die Begleichung der Rechnung.

   GenG
   § 17

▶ Muss **Graf** an den Fabrikanten zahlen, wenn die Genossenschaft zahlungsunfähig ist?

7. In einer Generalversammlung soll über den Jahresabschluss abgestimmt werden.

▶ a) Wie viel Stimmen haben **Hahn, Graf** und **Basler?** (In der Satzung ist darüber nichts bestimmt.)

   § 43 (3)

▶ b) Welche Unterschiede bestehen bei der Beschlussfassung gegenüber den Regelungen der Aktiengesellschaft?

   § 43
   AktG § 134

▶ c) Können auf der Generalversammlung wirksame Beschlüsse gefasst werden, wenn von 60 Genossen nur 3 erscheinen?

   GenG
   § 43

8. Die Gewinnverteilung ist in der Satzung geregelt. Auf jeden Geschäftsanteil entfällt in diesem Jahr ein Gewinnanteil von 25 EUR.

▶ a) Wie groß ist jetzt das Geschäftsguthaben von **Hahn, Graf** und **Basler?**

   § 19 (1)

▶ b) Wie groß wäre das Geschäftsguthaben der 3 Genossen, wenn auf einen Geschäftsanteil ein Verlust von 60 EUR entfiele?

9. Die Molkereigenossenschaft will Mitglied einer **Raiffeisen-Kasse Kreditgenossenschaft** werden, um günstigere Kredite zu erhalten.

▶ a) In welcher Form hat der Beitritt zu erfolgen?

   § 15 (1)

▶ b) In welchem Augenblick entsteht das Mitgliedschaftsrecht?

10. Die Molkereigenossenschaft soll in eine Aktiengesellschaft umgewandelt werden, weil sich der Geschäftsumfang sehr stark ausgeweitet hat.

▶ Warum wird damit die Finanzierung der Geschäftserweiterung erleichtert?

# Wahl der Rechtsform eines Unternehmens

## 4.13 Fallstudie: Entscheidung über die günstigste Rechtsform eines Unternehmens – Entscheidungsbewertungstabelle

Die 4 Landwirte **Bauer, Rietsche, Biehler** und **Muttach** betreiben seit etwa 2 Jahren in 77963 **Schwanau** gemeinsam eine Kompostierungsanlage. Die von den Hausbesitzern der umliegenden Gemeinden angefahrenen pflanzlichen Abfälle werden dort zu verwertbarem Humus verarbeitet.

Nachdem die Anlage in der Bevölkerung anfänglich keinen sonderlich großen Zuspruch fand, haben die Betreiber seit etwa 1/2 Jahr einen gewaltigen Aufschwung zu verzeichnen. Die zu Beginn angeschaffte Zerkleinerungsanlage sowie die von den Landwirten zur Verfügung gestellten Grundstücke für die Lagerung der Abfälle reichen nicht mehr aus. Angesichts der zunehmenden Müllproblematik ist auch in Zukunft mit einer verstärkten Inanspruchnahme der Kompostierungsanlage zu rechnen.

Die Gemeindeverwaltung erklärte sich bereit, das zur Erweiterung erforderliche Gelände zu verkaufen (Preis: ca. 60 000 EUR). Für die Beschaffung einer zweiten Zerkleinerungsanlage sowie zweier Fahrzeuge wird mit weiteren Kosten in Höhe von ca. 400 000 EUR gerechnet.

Alle Beteiligten sind bereit, zumindest stundenweise in dem Unternehmen mitzuarbeiten. Eine Daueranstellung zur Erledigung der anfallenden Büroarbeiten sollen die Industriekauffrau **Martha Mieth** und der Bürokaufmann **Hugo Bauer** – Sohn des Gründers **Bauer** – erhalten.

Vor dem Hintergrund dieser Entwicklung beabsichtigen die 4 Landwirte, das Unternehmen nunmehr in einer geeigneten Rechtsform zu betreiben.

▶ Fertigen Sie eine Tabelle für die Entscheidungsfindung nach folgendem Muster an:[1]

| | | OHG | | KG | | GmbH | |
|---|---|---|---|---|---|---|---|
| | Wichtigkeit | Nutzen der Faktoren | Gewichteter Nutzen | Nutzen der Faktoren | Gewichteter Nutzen | Nutzen der Faktoren | Gewichteter Nutzen |
| **Kriterien für die Wahl der Rechtsform eines Unternehmens** | ganz wichtiger Faktor = 10 Pkt. | sehr hoch = 3 Pkt. | | sehr hoch = 3 Pkt. | | sehr hoch = 3 Pkt. | |
| | unwichtiger Faktor 1 Pkt. | kein Nutzen = 0 Pkt. | | kein Nutzen = 0 Pkt. | | kein Nutzen = 0 Pkt. | |
| | **W** | **B** | **G = W · B** | **B** | **G = W · B** | **B** | **G = W · B** |
| Haftungsumfang (beschränkt, unbeschränkt) | | | | | | | |
| Beschaffung von Eigenkapital | | | | | | | |
| Beschaffung von Fremdkapital | | | | | | | |
| Geschäftsführungs- u. Vertretungsbefugnis (EK-Geber) | | | | | | | |
| Sicherung der Unternehmensfortführung bei Gesellschafterwechsel | | | | | | | |
| Veröffentlichung und Prüfung des Jahresabschlusses | | | | | | | |
| Gewinn- und Verlustbeteiligung | | | | | | | |
| Gründungskosten | | | | | | | |
| Recht auf Privatentnahmen | | | | | | | |
| Bildung eines Aufsichtsrats | | | | | | | |
| Einfluss der »Eigenkapitalgeber« auf Wahl des leitenden Organs | | | | | | | |
| u. a. | | | | | | | |
| **Summen** | | | | | | | |

---

[1]   Zur Vorgehensweise bei der Erstellung einer Entscheidungsbewertungstabelle vgl. Aufgabe **4.01**.

# Organisation des Betriebes

# Leitungs- und Weisungssysteme

**4.14**  **Einlinien-, Mehrlinien-, Stabliniensystem – Organigramm – Instanzenbreite – Instanzentiefe – Formale und informale Beziehungen**

Im Organigramm der Firma **Süddeutsche Pumpen- und Armaturenbau AG (SPA)** sind die dienstlichen Beziehungen der Mitarbeiter dargestellt (vgl. Abb. unten).

▶ 1. Wer kann in diesem Unternehmen Entscheidungen treffen, die für jeden Mitarbeiter verbindlich sind?

▶ 2. Für wen ist eine von **Henitz** getroffene Entscheidung bindend?

▶ 3. Nach welchem Weisungssystem ist die Organisation aufgebaut?

  4. Die technische Leitung gibt die Anweisung an den Einkauf, für die Zulieferung eines Elektromotors einen bestimmten Lieferanten zu berücksichtigen.

▶   Ist die Anweisung für die Einkaufsabteilung bindend?

▶ 5. Wie groß ist in diesem Betrieb jeweils die Instanzenbreite auf der zweiten Führungsebene?

▶ 6. Wie viele übereinander angeordnete Stellenebenen (Instanzentiefe) sind aus dem Schaubild zu erkennen?

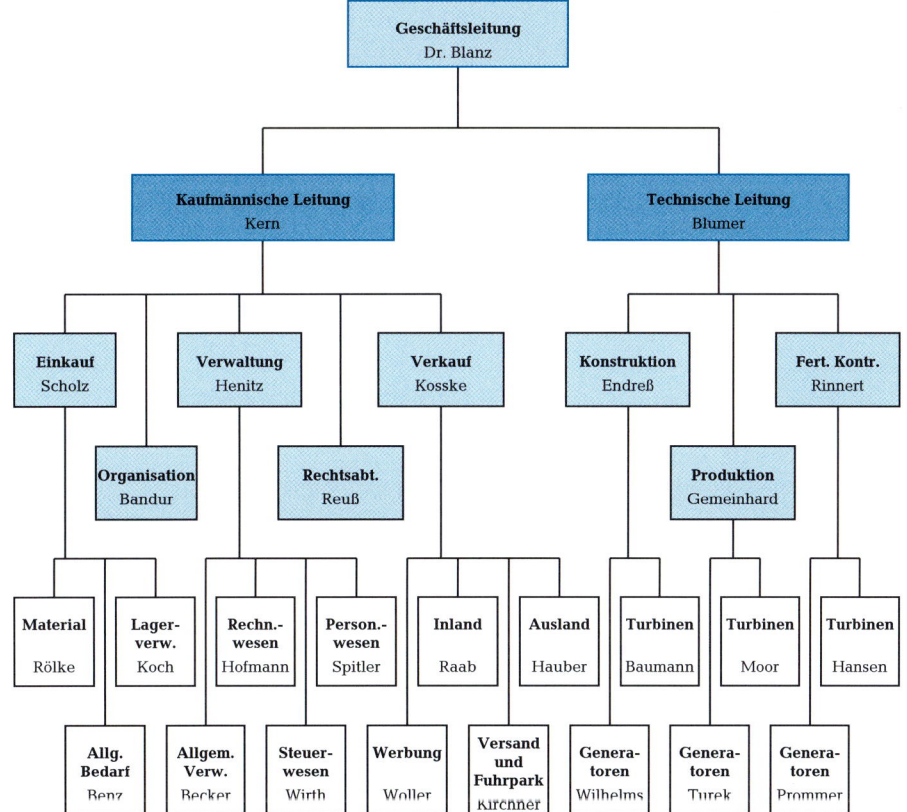

7. Das Unternehmen hat, vor allem durch die Umsatzerhöhung von Reaktorpumpen, eine so starke Ausweitung erfahren, dass eine auf die Zukunft gerichtete Neuorganisation gefunden werden muss. Deshalb wird vorgeschlagen, der Geschäftsleitung Stabsabteilungen zuzuordnen.

Stabsstellen sollen für Organisation und Rechtsfragen eingerichtet werden.

▶    a) Nennen Sie Aufgaben der Organisationsstelle und der Rechtsabteilung.

▶    b) Halten Sie es für gerechtfertigt, dass die Organisationsstelle und die Rechtsabteilung aus der Linie der kaufmännischen Leitung herausgenommen und der Geschäftsleitung unmittelbar zugeordnet werden?

8. In einem Kraftwerk erbringen die von der Firma **SPA** gelieferten Generatoren nicht die vertragsmäßig gesicherte Leistung. Die Ingenieure **Turek** und **Prommer** sollen deshalb sofort zu dem Kraftwerk fahren und die Ursache an Ort und Stelle suchen. Für die Fahrt fordern sie vom Fuhrpark einen Pkw an.

▶    a) Auf welchem Weg gelangt die Anforderung eines Pkw durch **Turek** und **Prommer** aufgrund des vorliegenden Organisationsplanes an die Abteilung Versand und Fuhrpark?

▶    b) Welchen Vorteil hätte es in diesem Fall, wenn der Fuhrpark mit allen Abteilungsleiterstellen nach einem Mehrliniensystem verbunden wäre?

9. Großabnehmer für die Reaktorpumpen der Firma **SPA** ist eine ausländische Regierung. Dieser Großabnehmer fordert, dass die Fertigungskontrolle für Reaktorpumpen direkt der Geschäftsleitung unterstellt wird und aus der Linie der technischen Leitung losgelöst wird.

▶    Was ist nach Ihrer Ansicht der Grund für diese Forderung?

▶ 10. Zeichnen Sie die ersten drei Ebenen des Organigramms nach der Umorganisation. (Angaben der Aufgaben Nr. 7 und 9 berücksichtigen.)

11. In der **Süddeutschen Pumpen- und Armaturenbau AG** tritt folgendes Entscheidungsproblem auf:

Die Lieferung einer Spezialpumpe für 950 000 EUR ist auf den 01.09. d. J. zugesagt worden. Das dazu notwendige Kugelgehäuse aus nichtrostendem Stahl im Werte von 300 000 EUR wurde bei einer Spezialgießerei bestellt. Das Gehäuse trifft am 01.07. d. J. ein. Die Röntgenaufnahme durch die Fertigungskontrolle lässt Risse im Gehäuse erkennen. Die Geschäftsleitung steht vor der Entscheidung, ob sie das Kugelgehäuse verschrotten und Ersatzlieferung verlangen oder das Gehäuse im eigenen Werk nachbessern lassen soll.

Dazu erhält sie folgende Informationen:
– Die Lieferzeit für eine Ersatzlieferung beträgt 4 Monate, bei anderen Lieferern noch länger.
– Eine Nachbesserung im eigenen Werk ist terminlich möglich.
– Eine Nachbesserung, die den Anforderungen der Fertigungskontrolle entspricht, ist technisch möglich.

▶    Von wem erhält **Dr. Blanz** die für die Entscheidung notwendigen Informationen?

12. Der amerikanische Nationalökonom **Galbraith** vertritt in seinem Buch »Die moderne Industriegesellschaft«[1] die Meinung, dass die Entscheidungen im modernen Geschäftsleben nicht das Ergebnis Einzelner, sondern von Gruppen sind. Die Führungsspitze sei bei der Entscheidungsfindung auf das spezielle Wissen, die Talente und Erfahrungen aller Mitarbeiter angewiesen, unabhängig von dem Rang in der formellen Firmenhierarchie.

▶    Überprüfen Sie die Behauptung von **Galbraith** am Beispiel der Lieferung des mangelhaften Kugelgehäuses.

---

[1]    J. K. Galbraith, Die moderne Industriegesellschaft, München 1968

13. Außer den im Organigramm ausgewiesenen formalen Beziehungen zwischen den Betriebsangehörigen bestehen noch folgende persönlichen Beziehungen:

**Blumer** ist zusammen mit **Hofmann** im Gemeinderat, jedoch nicht in der gleichen Fraktion;

**Kosske, Henitz** und **Baumann** sind zusammen in der gleichen Karnevalsgesellschaft;

**Endreß** und **Gemeinhard** haben in der gleichen Klasse Abitur gemacht;

**Rinnert** und **Turek** sind Nachbarn;

**Gemeinhard** und **Baumann** sind zusammen im Elternbeirat der Schule ihrer Kinder;

**Gemeinhard** und **Turek** spielen regelmäßig Schach miteinander.

▶ Zeichnen Sie das Organigramm nach der Neuorganisation und kennzeichnen Sie die informalen Beziehungen der geschilderten Personen, indem Sie ihre Stellen mit gestrichelten Linien verbinden.

▶ 14. Ordnen Sie die unten aufgezählten möglichen Folgen der informalen Beziehungen nach Vorteilen und Nachteilen. Beachten Sie, dass manche Folgen, je nach Standpunkt, sowohl Vor- als auch Nachteile sein können.

> Erfüllung des Wunsches nach Anerkennung, Gedankenaustausch, Ideenaustausch, Störung betrieblicher Anordnungen, Ausgleich für uninteressante Arbeit, leistungshemmende Rivalitäten zwischen betrieblichen Gruppen, Schaffung eines persönlichen Sicherheitsgefühls, Unterdrückung individueller Initiativen, Entstehung von betrieblichem Gemeinschaftsgeist, Umgehung der formalen Informationswege.

## Vollmachten

### 4.15 Einzelvollmacht – Artvollmacht – Allgemeine Handlungsvollmacht

**Otto Riel**, Am Belzappel 39, 67663 **Kaiserslautern**, betreibt eine Baustoffgroßhandlung. Zu seiner Entlastung ermächtigt er seinen langjährigen Angestellten **Dieter Thiem**, alle Geschäfte abzuschließen, die die Baustoffhandlung gewöhnlich mit sich bringt.

▶ 1. Prüfen Sie, ob **Thiem** für die Baustoffgroßhandlung **O. Riel e. K.** folgende Rechtsgeschäfte bindend abschließen kann: $\quad$ HGB § 54

a) Verkauf von Ziegeln auf Ziel,
b) Einkauf von Schreibmaschinenpapier,
c) Aufnahme eines Darlehens bei der Volksbank,
d) Einstellung eines Arbeiters,
e) Zahlung einer Verbindlichkeit aus Warenlieferung aus der Kasse an einen Lieferer,
f) Entlassung eines Arbeiters,
g) Belastung des Geschäftshauses mit einer Hypothek,
ih Kauf eines Grundstücks als Lagerplatz.

2. **Riel** befindet sich auf einer Geschäftsreise. Der **Architekt Sorg** bittet telefonisch um sofortige Vorlage einer Musterkollektion von Wandplatten aus Majolika in seinem Büro. Da der Handlungsbevollmächtigte **Thiem** im Geschäft unabkömmlich ist, schickt er den Buchhalter **Veith** mit der Weisung, das Geschäft möglichst sofort abzuschließen. $\quad$ §§ 54, 58

**Veith** erhält den Auftrag.

a) Der Architekt **Sorg** hat am nächsten Tag ein günstigeres Angebot erhalten. Er ruft deshalb bei **Riel** an und teilt mit, dass er auf die Lieferung der Wandplatten verzichte. Der Kaufvertrag sei nicht zustande gekommen, weil nur der Angestellte **Veith**, nicht aber **Riel** unterschrieben habe.

▶ Hat **Sorg** Recht?

b) Wenige Tage später trifft **Veith** auf dem Heimweg den Fliesenlegermeister **Hörner**. Dieser kennt ihn flüchtig als Angestellten der **Firma Riel. Hörner** erteilt **Veith** den Auftrag für die **Firma Riel**, 250 m² Wandplatten Majolika, in Blau, Bestell-Nr. 257, sofort zu liefern. **Veith** weiß, dass diese Menge noch auf Lager ist, und sagt die Lieferung für den nächsten Tag zu.

Am nächsten Tag erfährt **Veith** im Betrieb, dass die vorrätigen 250 m² Wandplatten für einen Neubau reserviert sind und sofort ausgeliefert werden müssen.

▶ Ist zwischen der **Baustoffgroßhandlung Riel** und dem Fliesenlegermeister **Hörner** ein Kaufvertrag entstanden?

3. Durch Einrichtung einer computergestützten Finanzbuchhaltung ist Veith als Buchhalter nicht mehr voll ausgelastet. Deshalb soll er künftig auch im Verkauf tätig sein und erhält von **Riel** Verkaufsvollmacht.

▶ a) Wäre die Vollmacht auch gültig, wenn sie vom Handlungsbevollmächtigten **Thiem** erteilt worden wäre?

b) Veith bestellt von einem Vertreter, der im Betrieb vorspricht, 50 Ztr. Zement-Schnellbindemittel für die **Firma Riel**.

▶ Ist der Kaufvertrag gültig?

4. In der Mittagspause ruft der **Bauunternehmer Sommer** bei **Riel** an und bestellt 100 Sack Zement. Die Sekretärin **Öchsle** nimmt den Auftrag entgegen und sagt die Lieferung auf die Baustelle für den nächsten Tag bis 10 Uhr zu. **Sommer** verlässt sich darauf, weil er glaubt, mit einer Angestellten der Verkaufsabteilung gesprochen zu haben.

▶ Ist ein Kaufvertrag entstanden?

## 4.16 Prokura

Der Baustoffgroßhändler **Otto Riel**, Am Belzappel 39, 67333 **Kaiserslautern**, ernennt zum 1. Dezember 2011 seinen bisherigen Handlungsbevollmächtigten **Dieter Thiem** zum Prokuristen.

1. Der Handelsregisterauszug des Amtsgerichts Kaiserslautern (folgende Seite) gibt Auskunft über die Eintragung der Prokura ins Handelsregister:

Vom Wertpapierberater der Hausbank erhält **Thiem** am 9. Januar 2012 den Rat, das Guthaben auf dem Kontokorrentkonto in Höhe von 60 000 EUR in verschiedenen Bankaktien anzulegen. Nach kurzer Überlegung erteilt er einen entsprechenden Kaufauftrag, der am 10. Januar 2012 ausgeführt wird. Als der Baustoffgroßhändler **Otto Riel** am 14. Januar davon erfährt, will er das Geschäft rückgängig machen mit der Begründung, dass **Thiem** zum Zeitpunkt des Vertragsschlusses noch nicht Prokurist war.

BGB ▶ Entscheiden Sie, ob **Thiem** das Wertpapiergeschäft rechtswirksam abschließen
§§ 167, 171 konnte.

2. Während **Riel** sich auf einer Auslandsreise befindet, wird **Thiem** ein Grundstück angeboten, das sich zur dringend notwendigen Erweiterung des Betriebsgeländes eignet.

▶ a) Kann **Thiem** das Grundstück für die Firma **Riel** rechtswirksam kaufen?

▶ b) Kann **Thiem** zur Finanzierung des Kaufs einen Darlehensvertrag für die Firma **Riel** abschließen?

▶ c) Kann **Thiem** zur Sicherung des Darlehens auf das Betriebsgrundstück der Firma **Riel** eine Hypothek rechtswirksam eintragen lassen?

▶ d) Könnte **Thiem** über die Kaufsumme einen auf die Firma **Riel** gezogenen Wechsel mit einer Laufzeit von 3 Monaten rechtswirksam akzeptieren?

▶ e) Könnte er nach Ankauf des Erweiterungsgrundstücks ein nicht mehr benötigtes Reservegrundstück für die Firma **Riel** verkaufen?

3. Nehmen Sie an, **Riel** hätte seinem Prokuristen den Kauf von Grundstücken ausdrücklich verboten.

▶ Wäre der Kauf eines Grundstücks durch **Thiem** dann gültig? (siehe Aufgabe 3)

4. Der Eigentümer des Erweiterungsgrundstücks bietet an, als Gesellschafter in die Firma **Riel** einzutreten und das Grundstück einzubringen.

▶ Darf **Thiem** den Eigentümer des Grundstücks als Gesellschafter aufnehmen?

5. Der Prokurist **Thiem** ist bei **O. Riel** ausgeschieden, im Handelsregister aber noch eingetragen.

▶ Kann er die Firma **Riel** noch rechtlich verpflichten,

a) wenn die Geschäftspartner von dem Ausscheiden **Thiems** wissen,

b) wenn sie nichts davon wissen?

| Amtsgericht Kaiserslautern<br>AG-Bezirk | a) Firma<br>b) Ort der Niederlassung<br>(Sitz der Gesellschaft)<br>c) Gegenstand des Unternehmens<br>(bei juristischen Personen) | Geschäftsinhaber<br>Persönlich haftende<br>Gesellschafter<br>Vorstand<br>Abwickler | Prokura | Rechtsverhältnisse | Blatt 1 **904**<br>HR A<br>a) Tag der Eintragung und Unterschrift<br>b) Bemerkungen |
|---|---|---|---|---|---|
| Nr. der Eintragung | | | | | |
| 1 | 2 | 3 | 4 | 5 | 6 |
| 1 | a) Baustoffgroßhandlung Otto Riel e.K.<br><br>b) Kaiserslautern | Otto Riel<br>Kaufmann;<br>Kaiserslautern | | | a) 15. November 2004<br>*Kops*<br>b) Anmeldung:<br>Bl. 1/4 SB<br>HRB 3846 bzw.<br>HRB 13 |
| 2 | | | Einzelprokurist<br>Dieter Thiem;<br>Ludwigshafen | | a) 12. Jan. 2012<br>*Kops* |

HGB
§ 49

§ 50

§ 49

§ 15

## 4.17 Gesamtprokura

In einem großen Fachgeschäft für Damenoberbekleidung haben die Einkaufs- und die Verkaufsleiterin Prokura.

Nachstehender Auszug aus dem Handelsregister gibt über die Erteilung der Prokura Auskunft.

| ....... | Prokura | . . . . . . . . . . . . . . . . | a) Tag der Eintragung und Unterschrift<br>b) Bemerkungen |
|---|---|---|---|
| | 4 | 5 | 6 |
| . . . . . | Gesamtprokura:<br>Maria Lauer, Überlingen<br>Kerstin Knaupp,<br>Meersburg | | a) 15. Okt. 20 . . .<br>*Keps* |

▶ 1. Beurteilen Sie die der Einkaufs- und Verkaufsleiterin eingeräumte Prokura unter organisatorischen und rechtlichen Gesichtspunkten.

2. Bereits am 1. Oktober 20... wurde anlässlich einer Betriebsversammlung den beiden Mitarbeiterinnen die Prokura erteilt. Noch am gleichen Tag wurden auch die Geschäftsfreunde mit einem Rundschreiben darüber informiert.

BGB § 167 ▶ a) Von welchem Tag an hat der Geschäftsinhaber den beiden Mitarbeiterinnen erlaubt, für ihn als Prokuristinnen tätig zu werden?

§ 171 ▶ b) Von welchem Zeitpunkt an sind die Geschäfte der Prokuristinnen gegenüber Geschäftsfreunden wirksam, die von der Ernennung wissen?

# *Krise der Unternehmung – Insolvenz*

## 4.18 Zahlungsunfähigkeit als Eröffnungsgrund

Die Auftragslage der **Firma Franz Dürrwächter OHG**, Herstellerin von Systemteilen für Stromverteilungen, hat sich in letzter Zeit erheblich verschlechtert. Zusätzlich wurde das Unternehmen von der Insolvenz zweier Großkunden getroffen, was zu einem Forderungsausfall in Höhe von 110 000 EUR geführt hat. Eigene Zahlungsschwierigkeiten sind die unmittelbare Folge dieser Entwicklung. So können Lieferantenrechnungen nur noch nach Einräumung zusätzlicher Zahlungsziele beglichen werden. Die am Monatsende fälligen Lohn- und Gehaltsüberweisungen gehen den Arbeitnehmern teilweise bis zu 8 Wochen verspätet zu.

Bemühungen, weitere Gesellschafter aufzunehmen, sind bislang erfolglos geblieben. Die beiden Hausbanken sind auch nicht mehr bereit, weitere Überziehungskredite zu gewähren. Eine Aufnahme zusätzlicher langfristiger Kredite scheitert an fehlenden Kreditsicherheiten.

Vereinzelt sind Lieferanten bereits dazu übergegangen, ihre Forderungen auf dem Wege von Einzelvollstreckungsmaßnahmen einzutreiben.

Die zusammengefasste Zwischenbilanz der **Firma Franz Dürrwächter OHG** zeigt zum 30.05. d. J. folgendes Bild:

**Zusammengefasste Bilanz der Franz Dürrwächter OHG (in EUR)**

| | | | |
|---|---|---|---|
| Anlagevermögen | 1 600 000 | Eigenkapital: | |
| Umlaufvermögen: | | Kapitalanteil Franz Dürrwächter | 80 000 |
| Vorräte | 140 000 | Kapitalanteil Heinz Dürrwächter | 74 000 |
| Forderungen | 80 000 | Fremdkapital: | |
| flüssige Mittel | 40 000 | Darlehensschulden | 1 346 000 |
| | | Kontokorrentkredit | 90 000 |
| | | Liefererverbindlichkeiten (sofort fällig) | 270 000 |
| | 1 860 000 | | 1 860 000 |

▶ 1. Prüfen Sie, ob in der vorliegenden Situation eine Sanierung möglich und sinnvoll ist.

▶ 2. Beurteilen Sie, ob es sich bei den Zahlungsschwierigkeiten des Unternehmens um ein längerfristiges Problem handelt.

▶ 3. Entscheiden Sie, ob im vorliegenden Fall die Voraussetzungen für die Eröffnung eines Insolvenzverfahrens gegeben sind.

InsO
§§ 16, 17

# 4.19  Insolvenzverfahren

**Kurt Müller** betreibt in 92637 **Weiden** (Amtsgerichtsbezirk Weiden, Oberpfalz), Straubinger Straße 48, einen Fabrikationsbetrieb für Holzverpackungen.

Durch den wirtschaftlichen Zusammenbruch eines Großkunden hat er einen Forderungsausfall von 15 000 EUR und kommt dadurch selbst in nachhaltige Zahlungsschwierigkeiten. Er schuldet **Geyer** 6 000 EUR, **Scheibs** 7 500 EUR, **Sauer** 4 500 EUR, **Dietrich** 22 000 EUR und **Emerich** 5 000 EUR.

Um Zwangsvollstreckungsmaßnahmen einzelner Gläubiger zuvorzukommen, stellt **Müller** Antrag auf Eröffnung des Insolvenzverfahrens. Er schließt sein Geschäft am 28.05. und stellt am gleichen Tag die Zahlungen ein.

Im **Straubinger Anzeiger** vom 05.06.20.. wird nachstehender Eröffnungsbeschluss öffentlich bekannt gemacht:

I. Über das Vermögen des **Kaufmanns Kurt Müller,** Straubinger Straße 48, **Weiden,** wird heute, den 05.06. ...., vormittags 11.00 Uhr, das Insolvenzverfahren eröffnet.

II. Zum Insolvenzverwalter wird Herr Rechtsanwalt **Dr. Hans Fröhlich, Weiden,** ernannt.

III. Die erste Gläubigerversammlung zur Beschlussfassung über den Fortgang des Insolvenzverfahrens auf der Grundlage eines Berichts des Verwalters wird bestimmt auf den 07.07. ....

IV. 1. Die Gläubiger werden aufgefordert, ihre Forderungen bis zum 25.06. ... beim Verwalter anzumelden.

2. Sie haben dem Verwalter unverzüglich mitzuteilen, welche Sicherungsrechte sie an beweglichen Sachen oder Rechten des Schuldners in Anspruch nehmen. Der Gegenstand, an dem das Sicherungsrecht beansprucht wird, die Art und der Entstehungsgrund des Sicherungsrechts sowie die gesicherte Forderung sind zu bezeichnen.

V. Der Prüfungstermin der Gläubigerversammlung über die angemeldeten Forderungen wird wie der Berichtstermin (siehe Punkt III) bestimmt auf den 07.07. ... .

IV. Alle Personen, die eine zur Masse gehörige Sache im Besitz haben oder zur Masse etwas schuldig sind, werden aufgefordert, nicht mehr an den Schuldner zu leisten, sondern an den Verwalter.

InsO
§ 27

Amtsgericht Weiden

InsO ▶ 1. Welcher Grund hat in vorliegendem Falle zur Eröffnung des Insolvenzverfahrens
§§ 16, 17, 18     geführt?

§§ 2, 3 ▶ 2. Wo hat **Müller** den Antrag zu stellen?

HGB § 130a ▶ 3. Warum ist der Einzelkaufmann **Müller** – anders als z. B. der Geschäftsführer einer
GmbHG          GmbH – auch bei Vorliegen eines Eröffnungsgrundes gesetzlich nicht verpflichtet,
§ 64 (1)        einen Antrag auf Eröffnung des Insolvenzverfahrens zu stellen?
AktG § 92 (2)
InsO
§§ 13, 15a

§ 14 ▶ 4. Wäre auch der Gläubiger **Geyer** berechtigt gewesen, die Eröffnung des Insolvenz-
          verfahrens zu beantragen?

▶ 5. Der Gläubiger **Sauer** hat bereits vor Eröffnung des Insolvenzverfahrens von den
     Zahlungsschwierigkeiten des Kaufmanns **Kurt Müller** erfahren. Er versucht des-
     halb, im Rahmen einer Einzelzwangsvollstreckung bereits am 22.05. ... bei **Müller**
     zu pfänden.

▶ a) Welchen Vorteil verspricht er sich davon?

§§ 88, 89 ▶ b) Hat er Aussicht auf Erfolg?

§§ 30, 32 ▶ 6. Wie wird verhindert, dass ein Käufer nach Eröffnung des Insolvenzverfahrens von
          **Müller** noch gutgläubig dessen Haus erwirbt?

▶ 7. **Hans Emerich**, 94315 **Straubing**, Siemensstr. 58, hat aus Warenverkauf vom 01.04.
     eine Forderung in Höhe von 5 000 EUR. Die Forderung war fällig am 01.05., wurde
     aber noch nicht bezahlt.

▶ Entwerfen Sie die Anmeldung dieser Forderung an das zuständige Amtsgericht.

▶ 8. Im Betrieb von **Müller** steht eine schon bar bezahlte, aber noch nicht montierte
     Absaugvorrichtung für Holzspäne mit Brikettierpresse. Ein Küchenmöbel-Studio
     mit Schreinerei ist interessiert, die Anlage mit einem Nachlass von 35 % auf den
     Neupreis zu kaufen.

§§ 80, 97, ▶ Darf Müller die Absaugvorrichtung verkaufen?
98, 99

§ 103 ▶ 9. Der zum Insolvenzverwalter bestellte Rechtsanwalt **Dr. Hans Fröhlich**, 92637
          **Weiden**, Archivstraße 29, stellt fest, dass das **Sägewerk Haspel**, 92637 **Weiden**,
          Industriestraße 84, laut Kaufvertrag vom 15. April noch 200 m² Holz zu liefern hat.
          Da genügend Aufträge vorhanden sind, will der Insolvenzverwalter den Produk-
          tionsbetrieb noch einige Monate weiterführen. Dafür wird das Holz benötigt. Der
          Preis ist günstig.

          Um auf Vertragserfüllung bestehen zu können, schreibt **Dr. Fröhlich** unverzüglich
          an **Haspel**.

▶ Schreiben Sie den Brief an **Haspel**.

§§ 174, 196, 10. Nachdem **Dr. Fröhlich** die Insolvenzmasse verwertet hat (Aussonderungs-, Ab-
197          sonderungs- und Massegläubiger konnten voll befriedigt werden), erläutert er der
             Gläubigerversammlung beim Schlusstermin seinen Vorschlag für die Schlussver-
             teilung. Dabei teilte er folgendes Ergebnis mit:

             »Nach Verwertung der Vermögensgegenstände steht zur Befriedigung der Insol-
             venzforderungen in Höhe von 45 000 EUR ein Betrag von 6 750 EUR zur Verfü-
             gung.«

▶ a) Welche Insolvenzdividende kann er unter diesen Voraussetzungen auszahlen?

   b) Geyer hat eine Insolvenzforderung von 6 000 EUR.

▶    Wie viel EUR hat dieser Gläubiger als Insolvenzquote zu erhalten?

## 4.20  Berechnung und Verteilung der Insolvenzmasse

Über das Vermögen der **Bayreuther Spielwaren GmbH** wurde am 19.08. d.J. das Insolvenzverfahren eröffnet. In der Gläubigerversammlung vom 20.10. d.J. (Prüfungstermin) berichtet der Insolvenzverwalter über die wirtschaftliche Lage der Schuldnerin. Im Einzelnen kommt er zu folgendem Ergebnis:

| | | |
|---|---|---|
| gesamtes Vermögen: | 1,9 Mio. EUR | |
| darin enthalten: | unter Eigentumsvorbehalt gelieferte Waren | 200 000 EUR |
| | sicherungsübereignete Maschinen | 300 000 EUR |

Von der Eröffnung bis zur Beendigung des laufenden Insolvenzverfahrens rechnet der Insolvenzverwalter mit weiteren Zahlungen für:

| | |
|---|---|
| Löhne und Gehälter | 200 000 EUR |
| Gerichtskosten für das Insolvenzverfahren | 180 000 EUR |

Nach Schätzung des Insolvenzverwalters könnten für die sicherungsübereigneten Maschinen im Rahmen einer Zwangsversteigerung 220 000 EUR erzielt werden. Die dabei anfallenden Verwertungskosten werden auf 8 000 EUR beziffert.

Die **Bayreuther Spielwaren GmbH** hat folgende Schulden:

| | | |
|---|---|---|
| 1. | Liefererverbindlichkeiten (ohne Sicherheiten) | 4,0 Mio. EUR |
| 2. | Bankschulden (gesichert durch Sicherungsübereignung) | 0,3 Mio. EUR |
| 3. | Verbindlichkeiten aus Ordnungs- und Zwangsgeldern | 10 000 EUR |

1. Die Gläubigerversammlung hat beim Berichstermin beschlossen, dass das Unternehmen stillgelegt werden soll.

▶ Wie hoch ist der voraussichtliche Betrag, der für eine Verteilung an die Gläubiger zur Verfügung steht (Insolvenzmasse)?   InsO §§ 35 ff., 47

▶ 2. Kennzeichnen Sie in nachstehender Tabelle durch Einfügen der entsprechenden Ziffern, wie der jeweilige Sachverhalt im Insolvenzverfahren behandelt wird.

(1) Aussonderung (§ 47 InsO)
(2) abgesonderte Befriedigung (§ 49 ff. InsO)   ⟶ **Aus-, Absonderungsgläubiger**
(3) Kosten des Insolvenzverfahrens (§ 54 InsO)
(4) sonstige Masseverbindlichkeiten (§ 55 InsO)   ⟶ **Massegläubiger (§ 53 InsO)**
(5) persönliche Gläubiger des Schuldners (§ 38 InsO)   ⟶ **Insolvenzgläubiger (§ 38 InsO)**
(6) nachrangige Insolvenzgläubiger (§ 39 InsO)

| | |
|---|---|
| Ein Lieferer hat Rohstoffe unter Eigentumsvorbehalt geliefert. Die Rohstoffe liegen noch am Lager. | |
| Eine Volksbank hat eine Forderung aus einem gewährten Kredit. Zu dessen Sicherung wurden Maschinen sicherungsübereignet. | |
| Eine Sparkasse hat eine Kreditforderung aus einer Kreditgewährung. Der Kredit wurde durch Eintragung einer Hypothek gesichert. | |
| Arbeitnehmer haben ihre Löhne und Gehälter für Arbeitsleistungen, die vor dem 19.09. d.J. (Eröffnungstermin für das Insolvenzverfahren) erbracht wurden, noch nicht erhalten. | |
| Arbeitnehmer erbringen Arbeitsleistungen auch **nach** Eröffnung des Insolvenzverfahrens. | |
| Gerichtskosten für das Insolvenzverfahren | |
| Noch abzuführende Lohn- und Kirchensteuer | |
| Forderungen der Insolvenzgläubiger für Zinsen, die in der Zeit nach Eröffnung des Insolvenzverfahrens entstanden sind | |
| Vergütungen und Auslagen des Insolvenzverwalters | |
| Liefererverbindlichkeiten | |

▶ 3. Stellen Sie in übersichtlicher Form dar, in welcher Reihenfolge die Gläubiger der **Bayreuther Spielwarenfabrik** im Insolvenzverfahren befriedigt werden.

▶ 4. Berechnen Sie die Insolvenzquote.

## **4.21** **Aussonderung – Absonderung – Aufrechnung – Anfechtung**

Nach den Vorschriften der Insolvenzordnung kann ein Insolvenzgläubiger die Herausgabe von Gegenständen verlangen, an denen er ein Eigentumsrecht geltend machen kann (**Aussonderung** – § 47 InsO). Sind Gläubigerforderungen jedoch z.B. durch ein Pfandrecht gesichert, so kann lediglich die Befriedigung der Forderung aus der Verwertung des Pfandes (z.B. Versteigerung durch den Insolvenzverwalter) verlangt werden (**Absonderung** – § 49 ff. InsO).

Stellen Sie für folgende Fälle fest, wie der Insolvenzverwalter zu entscheiden hat:

InsO
§ 103 (1)
1. Eine Bohrmaschine wurde zum Preis von 18 000 EUR an den Schuldner unter Eigentumsvorbehalt geliefert. 7 000 EUR sind bezahlt. Der Gläubiger fordert die Herausgabe. Der Insolvenzverwalter benötigt die Maschine noch zur vorläufigen Weiterführung der Produktion.

▶ Wie kann der Insolvenzverwalter erreichen, dass er die Maschine nicht herausgeben muss?

2. Bei einem Spediteur lagert eine Kiste mit Gasfeuerzeugen aus der Produktion des Insolvenzschuldners. Der Spediteur verweigert die Herausgabe, da er noch Frachtgebühren zu fordern hat.

HGB
§ 441
InsO § 50 f.
▶ Wie soll sich der Insolvenzverwalter verhalten, wenn die Gasfeuerzeuge 1 800 EUR wert sind und die Frachtschuld (auch noch aus früheren Sendungen) 650 EUR beträgt?

3. Die Kreissparkasse hat eine Forderung von 80 000 EUR durch eine Grundschuld auf das Geschäftshaus gesichert, das einen Wert von 300 000 EUR hat.

§ 49
▶ Was hat mit dem Geschäftshaus zu geschehen?

4. Bei der Kreissparkasse liegen Wertpapiere mit einem Tageswert von 30 000 EUR als Sicherheit für einen Kredit in Höhe von 20 000 EUR.

▶ Was soll der Insolvenzverwalter unternehmen?

§ 51
5. Ein Lieferer fordert die Herausgabe eines Lastkraftwagens im Werte von 50 000 EUR, der zur Sicherung einer Forderung aus Warenlieferungen in Höhe von 30 000 EUR sicherungsübereignet wurde.

▶ Muss der Insolvenzverwalter den Wagen herausgeben?

6. Der Insolvenzschuldner hat eine Forderung aus Warenlieferungen an den Kunden **Geiger** in Höhe von 10 000 EUR. **Geiger** hat für eine Gegenlieferung 16 000 EUR vom Insolvenzschuldner zu fordern.

Der Insolvenzverwalter hat die Quote auf 40 % geschätzt.

§ 94
▶ Wie viel EUR seiner Forderungen muss **Geiger** abschreiben?

7. Der Insolvenzschuldner schenkte seiner Ehefrau 13 Monate vor Insolvenzeröffnung Schmuck im Werte von 5 000 EUR.

§ 134 (1)
▶ Muss die Ehefrau den Schmuck an den Insolvenzverwalter herausgeben? (Die Eheleute leben im Güterstand der Zugewinngemeinschaft.)

## **4.22** **Verbraucherinsolvenz – Schuldenbereinigungsplan**

**Friedhelm** und **Gerda Karle** – beide 27 Jahre alt – haben vor 3 Jahren geheiratet. Herr **Karle** ist Industriekaufmann, seine Frau ist Schneiderin. Zur Finanzierung ihrer neuen Wohnungseinrichtung und eines Kleinwagens haben sie von der Hausbank ein Darlehen in Höhe von 20 000 EUR aufgenommen. Als Berufstätige mit einem monatlichen Nettoeinkommen von 2 600 EUR konnten sie den Zins- und Tilgungsverpflichtungen von 200 EUR ohne Weiteres nachkommen. Kleinere finanzielle Schwierigkeiten traten erstmals auf, als Frau **Karle** ihrem Beruf nicht mehr nachging, weil sie sich ganz den zwischenzeitlich geborenen Zwillingen widmen wollte. Während des vergangenen Jahres war **Friedhelm Karle** arbeitslos, weil das Unternehmen, in dem er 9 Jahre beschäftigt war, seine Tätigkeit aufgegeben hat. Von der Bundesagentur für Arbeit bezog er in dieser Zeit ein Arbeitslosengeld von 980 EUR im Monat. Das Arbeitslosengeld reichte Familie **Karle** nicht, um neben der Bestreitung des Lebensunterhaltes auch noch die Schulden zu bedienen. Allein für Miete fallen monatlich 450 EUR an. In dieser Situation hat sich die Familie durch Aufnahme verschiedener Kleinkredite immer weiter verschuldet. Zwischenzeitlich hat Herr **Karle** wieder einen Arbeitsplatz. Sein monatliches Nettoeinkommen in Höhe von 1 780 EUR reicht aber nicht, um allen eingegangenen finanziellen Verpflichtungen nachzukommen. Herr **Karle** wendet sich an den Steuerberater **Hess**, der ihm von der Verbraucherzentrale als Schuldnerberater genannt wurde. In einem ersten Gespräch bittet Herr **Hess** um Vorlage eines Verzeichnisses, aus dem die gesamten Schulden hervorgehen. Herr **Hess** erklärt, dass er zunächst versuchen werde, von den Gläubigern einen Teilverzicht auf deren Forderungen zu erreichen.

1. Unter welchen Voraussetzungen wird ein Gläubiger bereit sein, auf einen Teil seiner Forderungen gegenüber **Karle** zu verzichten? `InsO § 286`

2. Wegen der zwischenzeitlich aufgelaufenen Zinsen kennt Herr **Karle** die genaue Höhe seiner Verpflichtungen nicht. Sein Schuldnerberater **Hess** formuliert deshalb nachstehendes Schreiben, das **Karle** an seine Gläubiger schickt:

> .....
>
> **Betreff:** Schuldenregulierung – Forderungsaufstellung
>
> Sehr geehrte Damen und Herren,
>
> ich beabsichtige, in naher Zukunft beim Amtsgericht Freiburg einen Antrag auf Eröffnung eines Insolvenzverfahrens zu stellen. Zusammen mit dem Eröffnungsantrag muss ich dem Gericht u. a. einen Schuldenbereinigungsplan vorlegen. Zusätzlich bin ich verpflichtet, mit den Gläubigern auf der Grundlage dieses Planes eine außergerichtliche Einigung zu erzielen. Ich bitte Sie deshalb um eine detaillierte Kontenvorlage der bei Ihnen bestehenden Verbindlichkeiten. Aus der Aufstellung müssen die Hauptforderung, die Zinsen sowie eventuelle Kosten hervorgehen.
>
> Ich bitte um umgehende Zusendung der gewünschten Unterlagen, da dies die Grundlage für die angestrebte außergerichtliche gütliche Einigung ist.
>
> Mit freundlichem Gruß
>
> *Friedhelm Karle*

a) Stellen Sie fest, ob das Schreiben den vom Gesetz geforderten Inhalt enthält. `§ 305 (2)`

b) Ein Versandhaus, das der Familie **Karle** einen Ratenkredit gewährt hat, teilt in einem Schreiben mit, dass es diese Aufstellung nur gegen Kostenberechnung in Höhe von 14 EUR erstellen wird. `§ 305 (2)`

  ▶ Überprüfen Sie, wer diese Kosten übernehmen muss.

3. Nach einigen Wochen liegen alle Auskünfte der Gläubiger vor. Gemeinsam mit Herrn und Frau **Karle** überlegt der Schuldnerberater, in welcher Höhe das Ehepaar **Karle** den Gläubigern monatliche Zahlungen anbieten muss, damit für diese ein Anreiz besteht, einem Schuldenbereinigungsplan zuzustimmen. `ZPO § 850c`

  ▶ In welcher Höhe sollten die monatlichen Zahlungen mindestens liegen?

4. Herr **Karle** wäre bereit, eine ihm zwischenzeilich angebotene Aushilfsbeschäftigung für Buchhaltungsarbeiten in einem kleineren Handwerksbetrieb anzunehmen. Er würde dadurch jeden Monat zusätzlich zu seiner regelmäßigen Beschäftigung noch 300 EUR netto verdienen. Für Zins und Tilgung der aufgelaufenen Schulden könnten so monatlich 500 EUR aufgebracht werden. Auf dieser Grundlage erstellt Schuldnerberater **Hess** einen Plan, aus dem die Einkommenssituation der Familie **Karle** sowie die einzelnen Forderungen der Gläubiger ersichtlich sind. Den einzelnen Gläubigern wird folgender Zahlungsvorschlag unterbreitet.

Auf die dann noch offenen Forderungen sollen die Gläubiger verzichten.

| Lfd. Nr. | Gläubiger/-in (Kurzbezeichnung) | Gesamthöhe der Forderungen dieses Gläubigers/ dieser Gläubigerin | monatliche Zahlungen | Dauer der Zahlungen |
|---|---|---|---|---|
| 1. | Raiffeisenbank Vörstetten | 16 000,00 EUR | 205,00 EUR | 6 Jahre |
| 2. | Autohaus Blank | 390,00 EUR | 12,50 EUR | 2 Jahre |
| 3. | Versandhaus Rückert | 609,00 EUR | 20,00 EUR | 2 Jahre |
| 4. | Friseursalon Bärbel | 56,00 EUR | 4,00 EUR | 1 Jahr |
| 5. | Stadtwerke | 170,00 EUR | 12,50 EUR | 1 Jahr |
| 6. | Erfurter Bücherklub | 64,00 EUR | 4,00 EUR | 1 Jahr |
| 7. | Möbelhaus Kraft | 9 200,00 EUR | 160,00 EUR | 4 Jahre |
| 8. | Elektro Riemer | 3 200,00 EUR | 75,00 EUR | 3 Jahre |
| 9. | REAL Verbrauchermarkt | 995,00 EUR | 37,00 EUR | 2 Jahre |
| | **Summen** | **30 684,00 EUR** | **500,00 EUR** | |

▶ Welche Wirkungen für Schuldner und Gläubiger treten ein, wenn keiner der Gläubiger Einwendungen gegen den vorgeschlagenen Schuldenbereinigungsplan erhebt?

5. Die beiden Hauptgläubiger **(Raiffeisenbank Vörstetten, Möbelhaus Kraft)** sind mit dem Schuldenregulierungsvorschlag nicht einverstanden. Der Geschäftsführer des **Möbelhauses Kraft** versucht stattdessen, auf dem Wege der Einzelvollstreckung die Forderung in Höhe von 9 200 EUR einzutreiben.

InsO
§ 89
▶ Prüfen Sie, ob während des außergerichtlichen Einigungsversuchs eine solche Maßnahme möglich ist.

6. Nachdem der außergerichtliche Einigungsversuch gescheitert ist, stellt **Karle** einen Antrag auf Eröffnung eines Insolvenzverfahrens.

§ 305
▶ Welche weiteren Unterlagen muss Herr **Karle** zusammen mit diesem Antrag beim Insolvenzgericht einreichen?

7. Das Insolvenzgericht stellt den Gläubigern die entsprechenden Unterlagen zu und fordert sie auf, zu nachstehendem Schuldenbereinigungsplan innerhalb von 4 Wochen Stellung zu nehmen.

§ 307

| | **Anlage 2 zum Eröffnungsantrag** |
|---|---|
| **Schuldenbereinigungsplan** **§ 305 Abs. 1 Nr. 4 InsO** **Allgemeiner Teil** | |
| Neben diesem Allgemeinen Teil besteht der Schuldenbereinigungsplan aus dem Besonderen Teil. Dort sind für jeden einzelnen Gläubiger/jede einzelne Gläubigerin die angebotenen besonderen Regelungen zur angemessenen Bereinigung der Schulden dargestellt. | |
| **Datum der aktuellen Fassung des Planes:** | 20. Sept. 05 |

| Genaue Bezeichnung der Schuldnerin oder des Schuldners | |
|---|---|
| Vorname | Friedhelm |
| Name | Karle |
| Geburtsname | |
| Geburtsdatum | 30.09.72 |
| Straße | Elzacher Straße |
| Hausnummer | 64 |
| Postleitzahl | 79279 |
| Ort | Vörstetten |

| Gesamtübersicht über die vorgeschlagene Schuldenbereinigung | | | | | |
|---|---|---|---|---|---|
| Lfd. Nr. | Gläubiger/-in (Kurzbezeichnung) | Gesamthöhe der Forderungen dieses Gläubigers/ dieser Gläubigerin | Gesamthöhe des Tilgungsangebots im Besonderen Teil des Planes | Quote der Befriedigung des Gläubigers/der Gläubigerin (%) | Endzeitpunkt der vorgeschlagenen Tilgung |
| 1. | Raiffeisenbank Vörstetten | 16 000,00 EUR | 14 000,00 EUR | 87,5 | 11 |
| 2. | Autohaus Blank | 390,00 EUR | 325,00 EUR | 83,5 | 07 |
| 3. | Versandhaus Rückert | 609,00 EUR | 475,00 EUR | 78,0 | 07 |
| 4. | Friseursalon Bärbel | 56,00 EUR | 50,00 EUR | 89,2 | 06 |
| 5. | Stadtwerke | 170,00 EUR | 140,00 EUR | 82,3 | 06 |
| 6. | Erfurter Bücherklub | 64,00 EUR | 50,00 EUR | 78,1 | 06 |
| 7. | Möbelhaus Kraft | 9 200,00 EUR | 7 500,00 EUR | 84,2 | 09 |
| 8. | Elektro Riemer | 3 200,00 EUR | 2 750,00 EUR | 85,9 | 08 |
| 9. | REAL Verbrauchermarkt | 995,00 EUR | 800,00 EUR | 80,4 | 07 |
| | Summen | 30 684,00 EUR | 26 340,00 EUR | 85,8 | |

Mit Ausnahme der **Raiffeisenbank Vörstetten** stimmen alle Gläubiger dem gerichtlichen Schuldenbereinigungsplans zu.

▶ Stellen Sie fest, welche Gläubiger an die Vereinbarungen aus dem Schuldenbereinigungsplan gebunden sind.

InsO § 309

▶ 8. Prüfen Sie, ob und gegebenenfalls auf welchem Weg **Karle** auch bei gescheiterter gerichtlicher Schuldenbereinigung noch eine Restschuldbefreiung erreichen kann.

§§ 311, 287, 295

## 4.23 Insolvenzverfahren – Restschuldbefreiung

**Karl Rauer** – verheiratet, 3 Kinder – hat vor 4 Jahren im Freiburger Gewerbegebiet ein Fitnesszentrum mit Kleingaststätte von der **Glottertäler Getränkevertrieb GmbH** gepachtet. Abgesehen von gelegentlich beschäftigten Thekenhilfen im Gaststättenbereich betreibt er die Anlage als Kleingewerbe allein. Bei seiner Hausbank nahm er ein Darlehen über 60 000 EUR auf. Die Verpächterin gewährte ihm ein Darlehen in Höhe von 40 000 EUR. Dafür musste er sich jedoch verpflichten, alle alkoholfreien Getränke von ihr zu beziehen.

Das Fitnesszentrum lief zunächst gut. Die erwirtschafteten Überschüsse reichten für den Familienunterhalt und die Tilgung der Schulden aus. Die Situation änderte sich schlagartig, als in unmittelbarer Nachbarschaft ein Freizeitpark mit einem wesentlich größeren Angebot eröffnete. Die erzielten Überschüsse reichten kaum noch, um den Lebensunterhalt zu decken. Die Tilgung der Schulden musste ausgesetzt werden. Die Lieferantenrechnungen konnten nicht mehr bezahlt werden. Nach einiger Zeit des Stillhaltens und vergeblicher Mahnungen erwirkten die Hausbank sowie der **Glottertäler Getränkevertrieb** Vollstreckungsbescheide gegen Herrn Rauer. Die

Bank forderte 45 000 EUR (Darlehensrest zuzüglich aufgelaufener Zinsen), der Getränkevertrieb verlangte 34 000 EUR. Eine Pfändung war erfolglos, weil der Gerichtsvollzieher keine pfändbaren Gegenstände fand. Herr **Rauer** musste daraufhin vor dem Amtsgericht eine eidesstattliche Versicherung über sein Vermögen leisten. Am 2. April d. J. beantragte er die Eröffnung des Insolvenzverfahrens.

InsO
§§ 286, 287   ▶ 1. Warum hat **Rauer** nicht gewartet, bis die Gläubiger das Insolvenzverfahren beantragt haben?

§ 287   ▶ 2. Was muss Herr **Rauer** unternehmen, wenn er erreichen will, dass er von einem Teil seiner Verbindlichkeiten befreit wird?

3. Herr **Rauer** fügt seinem Antrag auf Eröffnung des Insolvenzverfahrens folgende Abtretungserklärung bei:

§ 287 (2)

> »*Für den Fall der gerichtlichen Ankündigung der Restschuldbefreiung trete ich meine pfändbaren Forderungen aus einem Dienstverhältnis oder an deren Stelle tretende laufende Bezüge für die Zeit von 6 Jahren nach Beendigung des Insolvenzverfahrens an einen vom Gericht zu bestimmenden Treuhänder ab.*«

ZPO
§ 850 ff.   Nach Schließung des Fitnesszentrums geht er einer neuen Beschäftigung nach und erhält einen Nettolohn von 2 085 EUR.

▶   Welcher Betrag verbleibt Rauer monatlich nach Abzug der pfändbaren Einkommensteile?

InsO
§§ 289, 290   4. Bei der Firma **Lauftec GmbH** hat Herr **Rauer** 3 Monate vor Eröffnung des Insolvenzverfahrens ein Laufband für sein Fitnessstudio zum Preis von 11 000 EUR gekauft. Damit wollte er wegen der rückläufigen Umsätze die Attraktivität seines Studios erhöhen. Im Schlusstermin beantragt der Geschäftsführer der **Lauftec GmbH**, dass Herrn **Rauer** die Restschuldbefreiung versagt wird, weil er in einer für das Unternehmen hoffnungslosen Situation noch unangemessen hohe Verbindlichkeiten einging.

▶   Prüfen Sie, ob das Insolvenzgericht dem Antrag des Geschäftsführers der **Lauftec GmbH** entsprechen wird.

5. Das Insolvenzgericht stellt in seinem Beschluss fest, dass Herr **Rauer** Restschuldbefreiung erlangt. Etwa 2 Jahre nach der Entscheidung über die Restschuld erwirbt er aus der Erbmasse seiner zwischenzeitlich verstorbenen Eltern ein Barvermögen in Höhe von 15 000 EUR.

§§ 291, 295   ▶ a) Stellen Sie fest, ob das erworbene Barvermögen ganz oder teilweise an den Treuhänder herausgegeben werden muss.

§§ 296, 303   ▶ b) Mit welchen Folgen muss Herr **Rauer** rechnen, wenn er die Erbschaft verschweigt?

§ 286   ▶ 6. Halten Sie es für richtig, dass lediglich natürliche, nicht aber juristische Personen (z. B. AG, GmbH) Restschuldbefreiung erlangen können?

# A5 Arbeits- und Sozialordnung

## Arbeitsvertrag

### 5.01 Arbeitsvertrag: Abschluss – Vorstellungskosten – Handels- und Wettbewerbsverbot – Ordentliche Kündigung durch den Arbeitnehmer – Lohnfortzahlung

Der kaufmännische Angestellte Günther **Schnaitmann** will sich um die im »Handels-blatt« ausgeschriebene Stelle des Leiters der Finanzbuchhaltung in der Maschinen-fabrik **Groß und Angstmann GmbH** bewerben.

---

**Maschinenfabrik sucht für sofort oder zum 1. April**

## Leiter der Finanzbuchhaltung,

der gleichzeitig Stellvertreter des Leiters der Hauptbuchhaltung ist.

Wir legen Wert auf einen erfahrenen Bilanzbuchhalter, der bei Bewährung in wenigen Jahren für den altershalber ausscheidenden Stelleninhaber die Leitung der Hauptbuchhaltung übernimmt.

**Groß und Angstmann GmbH, Maschinenfabrik,** Industriestr. 124, 55120 Mainz

---

1. **Schnaitmann** hat einen tabellarischen Lebenslauf zusammengestellt, den er der Bewerbung beilegen will.

## Lebenslauf

*Angaben zur Person*

| | |
|---|---|
| Name: | Günther Ernst Schnaitmann |
| Geburtsdatum und -ort; | 22.12.1959 in Essen |
| Eltern: | August Schnaitmann, Maschinenschlosser, Elsa Schnaitmann, geb. Salzer |
| Eheschließung: | 01.05.1986 mit Andrea Schnaitmann, geb. Heller |

*Schulbildung*

| | |
|---|---|
| Grundschule: | 4 Jahre – 1966 bis 1970, Pestalozzi-Schule, Essen |
| Gymnasium: | 9 Jahre – 1970 bis 1979, Hölderlin-Gymnasium, Essen |
| *Berufsausbildung:* | $2\frac{1}{2}$ Jahre – 1979 bis 1982 Ausbildung als Industrie-Kaufmann bei der Maschinenfabrik Karl Frisch Frohnhauser Str. 106, 45144 Essen |
| *Berufstätigkeit:* | Ab Mai 1982 kaufmännischer Angestellter bei der Maschinenfabrik Karl Frisch in Essen, mit überwiegender Tätigkeit in der Buchhaltung |
| | Januar 1990 Wechsel zu Stahlbau Pense, Thyssenstr. 7, 45219 Essen, in einer Position mit breiterem Aufgabengebiet, überwiegend in der Nachkalkulation, bis heute in ungekündigter Stellung |
| *Besondere Kenntnisse:* | 15.03.1988 – Bilanzbuchhalterprüfung vor der IHK Duisburg (Gesamtnote: sehr gut) |

47053 Duisburg, 15. Januar 20.., Johanniterstr. 14          *G.E. Schnaitmann*

Schnaitmann schickt die Bewerbungsunterlagen an die Groß und Angstmann GmbH. In seinem Bewerbungsschreiben gibt er als Referenz seinen bisherigen Arbeitgeber an.

► a) Welchem Zweck dient die Angabe einer Referenz?

► b) Warum legt Schnaitmann nur Fotokopien der Zeugnisse bei?

2. **Schnaitmann** erhält von **Groß und Angstmann** folgenden Brief:

> „Wir danken für Ihre Bewerbung und laden Sie zu einem persönlichen Gespräch mit unserem Personalchef, Herrn Geiger, am 25.01. zwischen 10 und 12 Uhr in unserem Verwaltungsgebäude ein.
>
> Bitte bringen Sie Ihre Originalzeugnisse mit. Wenn Sie es wünschen, ist Herr Geiger nach Vereinbarung auch abends ab 17.30 Uhr zu sprechen."

► a) Warum werden die Originalzeugnisse angefordert, obwohl die Fotokopien vorliegen?

BGB § 670

► b) Da in dem Einladungsschreiben zur persönlichen Vorstellung nichts über den Ersatz der Vorstellungskosten erwähnt wird, überlegt Schnaitmann, ob er rechtlich einen Anspruch auf Ersatz der ihm für die Vorstellung entstehenden Kosten hätte.

► Prüfen Sie die Rechtslage.

NachwG § 2

c) In dem Vorstellungsgespräch am 25.01. gibt Herr **Schnaitmann** die Zusage, am 01.04. die Arbeit aufzunehmen. Es wird ein Monatsgehalt von 4 800 EUR vereinbart. **Schnaitmann** erhält am 30.01. zwei vom Arbeitgeber unterschriebene Ausfertigungen des Arbeitsvertrags, unterschreibt beide und sendet eine Ausfertigung an **Groß und Angstmann** zurück.

► Wann ist der Arbeitsvertrag zustande gekommen?

3. **Schnaitmann** kündigt das Arbeitsverhältnis bei seinem bisherigen Arbeitgeber **Stahlbau Pense,** Thyssenstraße 7, 45149 Essen.

BGB § 622

a) **Schnaitmann** gibt den Kündigungsbrief am 20.02. persönlich bei der Personalabteilung ab. Er hat mit der Firma **Stahlbau Pense** keine besondere Kündigungsfrist vereinbart.

► Wie lange ist **Schnaitmann** noch an seinen bisherigen Arbeitsvertrag gebunden?

b) Die Geschäftsleitung von **Stahlbau Pense** versucht, Herrn **Schnaitmann** zum Bleiben in der Firma zu bewegen.

► Mit welchen Folgen müsste **Schnaitmann** rechnen, wenn er die neue Stelle nicht antreten würde?

4. **Schnaitmann** hat die neue Stelle angetreten. In seinem Arbeitsvertrag mit der Firma **Groß und Angstmann** steht folgende Klausel:

> „Während der Dauer des Arbeitsverhältnisses gilt das gesetzliche Handels- und Wettbewerbsverbot. Der Arbeitnehmer verpflichtet sich, auch nach seinem Ausscheiden aus dem Arbeitsverhältnis das Wettbewerbsverbot noch 2 Jahre einzuhalten."

HGB §§ 1, 60

► Prüfen Sie, ob Schnaitmann aufgrund dieser Regelung noch folgende Tätigkeiten übernehmen dürfte:

a) Betrieb eines Verlags für die Fachzeitschrift »Der Bilanzbuchhalter«,

b) in den Abendstunden Buchhaltungsarbeiten für einen Supermarkt,

   c) auf eigene Rechnung Universal-Heimwerkermaschinen importieren und verkaufen (**Groß und Angstmann** stellt auch solche Maschinen her),

   d) sofort nach dem Ausscheiden aus dem Arbeitsverhältnis bei **Groß und Angstmann** als Vollhafter in eine Werkzeugmaschinenfabrik gleicher Branche eintreten?

HGB<br>§§ 60, 74

▶ 5. Was kann der Arbeitgeber unternehmen, wenn **Schnaitmann** gegen das Handels-
und Wettbewerbsverbot verstößt?

§§ 60, 61<br>BGB<br>§ 626

6. Im Arbeitsvertrag **Schnaitmanns** wurde außerdem vereinbart:

> „Jeder Arbeitnehmer hat eine Kündigungsfrist von ¼ Jahr, jeweils zum Quartalsende.
> Der Arbeitgeber kann jederzeit mit einer Frist von 2 Monaten kündigen."

▶ Prüfen Sie, ob diese Vereinbarung mit **Schnaitmann** rechtlich zulässig ist.

§ 622

7. **Schnaitmann** wird krank.

▶ Wie lange muss der Arbeitgeber während der Erkrankung Gehalt zahlen?

EntgeltFZG<br>§ 3

8. Ein junger Angestellter in der von **Schnaitmann** geleiteten Finanzbuchhaltung ist
ein guter Fußballspieler. Er fehlt häufig einige Tage, weil er beim Fußballspiel er-
littene Verletzungen auskurieren muss.

▶ Muss die Firma **Groß und Angstmann** für diese Fehlzeiten Gehalt zahlen?

# Ausbildungsvertrag

## 5.02 Ausbildungsvertrag: Abschluss – Wesen des Ausbildungsverhältnisses – Pflichten des Auszubildenden und des Ausbilders – Haftung von Arbeitnehmern für Schäden – Kündigung Minderjähriger

**Petra Schulz** ist 15 Jahre alt und hat die Hauptschule mit gutem Erfolg abgeschlossen.
Sie spricht in Begleitung ihrer Eltern bei der Großwäscherei und Reinigungsanstalt
**Max Fehling** vor und fragt, ob sie dort eine kaufmännische Ausbildung zur Büro-
kauffrau beginnen könne. **Fehling** beschäftigt 30 Arbeitskräfte in seinem technischen
Betrieb, 6 Angestellte im Büro und 1 kaufm. Auszubildenden im dritten Lehrjahr.

1. **Petra Schulz** erhält bei ihrer persönlichen Vorstellung sofort die Zusage, am 01.09.
ihre kaufmännische Ausbildung beginnen zu können. Die Dauer der Ausbildung,
die Höhe der Ausbildungsvergütung und die Dauer des Urlaubs werden sofort
mündlich vereinbart.

Die mündliche Vereinbarung erfolgte in Anwesenheit der Eltern am 05.07.

Am 10.07. holt sie vereinbarungsgemäß in ihrem Ausbildungsbetrieb den auf
einem Vordruck der Industrie- und Handelskammer (IHK) schriftlich festgehalte-
nen Ausbildungsvertrag zur Unterschrift ab. Am 12.07. gibt sie den auch von ihren
Eltern unterschriebenen Ausbildungsvertrag bei Fehling wieder ab.

Am 15.08. wird das Ausbildungsverhältnis bei der IHK nach Überprüfung des Vertrags in das Verzeichnis der Berufsausbildungsverhältnisse eingetragen.

▶ Wann ist das Berufsausbildungsverhältnis rechtsgültig entstanden?

BBiG<br>§ 10 ff.

2. In dem Ausbildungsvertrag wurde eine Probezeit von 2 Monaten vereinbart.

▶ a) Welchem Zweck dient diese Probezeit?

§ 20

▶ b) In welchem der folgenden Fälle und mit welchen Fristen hätte **Petra** das Recht,
das Ausbildungsverhältnis auch nach Ablauf der Probezeit zu kündigen, ohne
damit rechnen zu müssen, dass sie Schadenersatz leisten muss:

BBiG
§ 22 (2)

(1) Sie will die Ausbildung als Kauffrau im Einzelhandel in einem Einzel-handelsfachgeschäft für Herrenwäsche fortsetzen.

§ 22 (2)

(2) Sie will die Ausbildung zwar in der gleichen Branche, aber an einem ande-ren Ort fortsetzen, da ihre Eltern umgezogen sind.

(3) Sie will die Ausbildung im Wäschereibetrieb ihres Onkels fortsetzen.

§§ 14, 22

(4) Sie will die Ausbildungsstelle wechseln, weil sie ein halbes Jahr lang über-wiegend mit Botengängen beschäftigt wurde.

3. **Petra** beginnt ihre Ausbildung in der Großwäscherei **Fehling.**

a) Am ersten Tag wird sie durch den gesamten Betrieb geführt. Danach wird sie beauftragt, die Fenster ihres Büroraumes zu putzen.

§ 14 ▶

Könnte **Petra** sich weigern, ohne die Pflichten aus dem Berufsausbildungsver-trag zu verletzen?

§ 14

b) Am nächsten Tag erhält **Petra** einen blauen Arbeitskittel und wird angewiesen, bei der Wäscheannahme und -ausgabe zu helfen.

▶

Ist sie verpflichtet, als kaufmännische Auszubildende in einem Wäscherei- und Reinigungsbetrieb diese Arbeit auszuführen?

c) Die Leiterin der Annahmestelle fordert **Petra** auf, sich während der Arbeit öfter die Hände zu waschen.

▶

Muss Petra diese Anweisung befolgen?

BGB
§ 823

d) Während der Mittagspause spielt Petra im Hof der Wäscherei mit anderen Auszubildenden Ball, obwohl dies ausdrücklich verboten ist. Dabei geht eine Scheibe zu Bruch. **Petra** hat den Ball geworfen.

▶

Muss sie die eingeworfene Scheibe bezahlen?

e) **Petra** setzt durch einen Bedienungsfehler am PC das betriebliche Netzwerk außer Funktion. Es entsteht ein Schaden von 400 EUR.

▶

Muss sie den Schaden ersetzen?

BBiG
§§ 13, 22

4. Bei der Sachbearbeiterin für Lohn- und Gehaltsabrechnungen sieht **Petra** zufällig, was der Betriebsleiter des Reinigungsbetriebs verdient. Sie erzählt es einer Freun-din.

▶

Darf sie das?

5. Petra hat am Donnerstag von 8 bis 13 Uhr Unterricht in der kaufmännischen Berufs-schule.

ArbSchG ▶
§ 9

Könnte **Fehling** verlangen, dass sie die in der Berufsschule verbrachte Zeit nach-holt, in dem sie am »langen Donnerstag« bis 20.30 Uhr im Betrieb verbleibt?

BBiG
§ 19

6. **Petra** erkrankt und muss auf Anweisung des Arztes 14 Tage zu Hause bleiben.

▶

Erhält sie auch in dieser Zeit ihre Ausbildungsvergütung?

7. **Petra** hat den Berufsausbildungsvertrag auf 3 Jahre abgeschlossen. Bereits nach $2^1/_2$ Jahren legt sie ihre Abschlussprüfung mit Erfolg ab und erhält am 15. Juni den Kaufmannsgehilfenbrief. Sie wird im Betrieb weiterbeschäftigt. **Petra** verlangt ab 15. Juni Gehalt statt Ausbildungsvergütung.

§ 24 ▶

Muss **Fehling** Angestelltengehalt zahlen, wenn im Berufsausbildungsvertrag da-rüber nichts vereinbart ist?

BGB
§ 113

8. Wenige Tage vor ihrem 18. Geburtstag kündigt **Petra** ihr Arbeitsverhältnis, ohne ihre Eltern zu fragen. Sie hat eine besser bezahlte Anstellung als Bürokauffrau in einem Spezialgeschäft für Teppich- und Ledermöbelreinigung gefunden.

▶

Ist die Kündigung rechtswirksam?

# Arbeitsschutzgesetze

## 5.03 Kündigung des Arbeitsverhältnisses durch den Arbeitgeber: Kündigungsfristen – Kündigungsgründe – Kündigungsschutz – Abmahnung

Der 35-jährige Industriekaufmann **Jörg Armbruster** ist seit 8 Jahren als Buchhalter bei **Heizungs- und Lüftungsbau Schaub e. K.** beschäftigt. In dem Unternehmen, das 45 Mitarbeiter beschäftigt, gibt es keinen Betriebsrat. Bereits im letzten Jahr ist **Armbruster** an sieben Tagen zu spät zur Arbeit erschienen. In den letzten 6 Wochen ist er erneut, ohne besonderen Grund, vier Mal zu spät zur Arbeit gekommen.

**Schaub** kündigt deshalb das Arbeitsverhältnis schriftlich am 16.02. zum 30.04. dieses Jahres. **Armbruster** ist erstaunt. Er verweist darauf, dass es durch seine Verspätungen zu keinen Störungen im Betriebsablauf gekommen sei. Die Unternehmensleitung hätte ihn darauf hinweisen müssen, dass die Verspätungen künftig nicht mehr geduldet und arbeitsrechtliche Konsequenzen nach sich ziehen würden.

▶ 1. Prüfen Sie: Hat **Schaub** die gesetzliche Kündigungsfrist für eine ordentliche Kündigung eingehalten?  
                                                               *BGB § 622*

▶ 2. Ist der häufige verspätete Arbeitsantritt **Armbrusters** ein Grund, der grundsätzlich den Anforderungen des § 1 Abs. 1 KSchG zur sozialen Rechtfertigung einer Kündigung entspricht?  
           *KSchG § 1*

▶ 3. Nehmen Sie Stellung zu dem Einwand **Armbrusters,** die Kündigung sei unwirksam, weil die Firmenleitung ihn nicht früher schon auf die arbeitsrechtlichen Konsequenzen seines Verhaltens hingewiesen habe.

▶ 4. Entwerfen Sie ein Formschreiben, das in allen ähnlich gelagerten Fällen von Verspätungen beim Arbeitsbeginn durch Einsetzen der individuellen Daten als Abmahnung verwendet werden kann.

5. **Schaub** prüft, ob er das Arbeitsverhältnis mit **Armbruster** gem. § 626 BGB aus wichtigem Grund fristlos kündigen kann.  
                                           *BGB § 626*

▶    Ist eine Kündigung aus diesem Grunde möglich?

## 5.04 Betriebsbedingte Kündigung – Sozialauswahl

**Friedrich Bareis** ist seit 20 Jahren in der Werkzeugmaschinenfabrik **Hahn und Kohler OHG** als angelernte Arbeitskraft am Band beschäftigt. **Hahn und Kohler** stellen vor allem Holzverarbeitungsmaschinen her. **Bareis** war 16 Jahre in der Abteilung Großmaschinen beschäftigt, in der Maschinen für den gewerblichen Einsatz in Holz verarbeitenden Betrieben hergestellt werden. Seit 4 Jahren ist er in der Abteilung für Kleingeräte beschäftigt, die Maschinen und Geräte für Heimwerker produziert.

Die Abteilung für Großmaschinen ist gut beschäftigt. Gegen die starke Konkurrenz auf dem Heimwerkermarkt kann das Unternehmen aber nicht bestehen und schließt deshalb die Abteilung, die Kleinmaschinen herstellt. Allen Arbeitnehmern dieser Abteilung wird gekündigt. Der Betriebsrat, der ordnungsgemäß angehört wurde, hat keine Stellungnahme abgegeben.

1. **Bareis** ist der Meinung, die Stilllegung der Abteilung »Kleingeräte« sei nicht notwendig gewesen. Er will mit dieser Begründung gegen die Kündigung beim Arbeitsgericht Klage erheben. Vorher holt er bei der Gewerkschaft Rechtsberatung ein.  
          *KSchG § 1*

▶    Welchen Rat wird er erhalten?

2. **Bareis** ist 42 Jahre alt, verheiratet und hat drei noch schulpflichtige Kinder. Er ist der Meinung, dass die Kündigung vor ihm dem Arbeitnehmer Dahlmann, der in der Abteilung Großmaschinen ebenfalls am Band arbeitet, hätte ausgesprochen werden müssen. Dieser ist 45 Jahre alt, erst 12 Jahre im Betrieb und hat nur für ein Kind zu sorgen. Die Tätigkeit, die **Dahlmann** gegenwärtig verrichtet, hat **Bareis** früher viele Jahre lang selbst ausgeübt. **Bareis** beantragt beim Arbeitsgericht die Feststellung, dass die ihm gegenüber ausgesprochene Kündigung unwirksam ist, weil bei der Auswahl soziale Gesichtspunkte nicht ausreichend berücksichtigt worden seien.

▶ Hat er Recht?

## 5.05 Arbeitszeitschutz

Es ist heute kaum noch vorstellbar, unter welch harten Bedingungen noch zu Beginn des 19. Jahrhunderts gearbeitet wurde. Überall in der Welt, vor allem in Deutschland, wurden inzwischen Gesetze erlassen, um menschenwürdige Arbeitsbedingungen zu sichern und die Ausbeutung des arbeitenden Menschen zu verhindern.

In den Spinnereien wurde täglich 14 bis 16 Stunden fast ohne Pause gearbeitet, auch an Samstagen und mitunter sogar sonntags. Die Arbeiter schlangen das Essen während der Arbeit stehend hinunter. In Hutmachereien z. B. mussten junge Mädchen während der Saison oft 18 Stunden arbeiten. Manchmal hatten sie innerhalb von 24 Stunden nur 2 Stunden Zeit zum Schlafen. Um Zeit zu sparen, setzte man ihnen sogar das Essen klein geschnitten vor.

In der Bundesrepublik verhindert heute das Arbeitszeitgesetz solche Zustände.

1. Ein Arbeiter, 22 Jahre alt, möchte in seinem Betrieb täglich möglichst lange arbeiten, um sich bald ein Auto kaufen zu können.

▶ a) Prüfen Sie anhand des Arbeitszeitgesetzes, ob der Arbeitgeber durch Einzelarbeitsvertrag die Arbeitszeit auf 65 Stunden je Woche verlängern kann. Eine tarifliche Regelung besteht nicht.

▶ b) Halten Sie die gesetzliche Regelung für zweckmäßig?

2. In einem Betrieb wird samstags nicht gearbeitet.

§ 3 ▶ Wie viel Stunden regelmäßige werktägliche Arbeitszeit lässt das Arbeitszeitgesetz für einen Arbeiter zu, wenn keine besondere tarifliche Vereinbarung besteht?

3. Der Arbeiter hat in der Mittagsschicht von 14 bis 22 Uhr gearbeitet.

§ 5 ▶ Wann darf seine nächste Arbeitsschicht frühestens beginnen?

4. Der Arbeitgeber will in den Monaten November und Dezember wegen des Weihnachtsgeschäfts insgesamt 25 Tage 10 Stunden täglich arbeiten lassen. Während des Jahres hat der Betrieb regelmäßig 40 Stunden in der 5-Tage-Woche gearbeitet.

§ 7 ▶ Erlaubt das Arbeitszeitgesetz diese Beschäftigung?

## 5.06 Jugendarbeitsschutz

In den Kohle- und Eisenbergwerken arbeiteten zu Beginn des 19. Jahrhunderts schon Kinder von 4 Jahren ab. Die meisten waren etwa 8 Jahre alt. Die Kinder arbeiteten täglich 14 bis 16 Stunden. Es gibt Berichte, dass in Einzelfällen die Kinder von den Aufsehern nackt aus dem Bett geholt und unter Schlägen, mit den Kleidern unterm Arm, in die Fabrik gejagt wurden. Dort wurde ihnen der Schlaf mit Schlägen vertrieben.

Das Jugendarbeitsschutzgesetz verhindert heute die gesundheitsgefährdende Beschäftigung von Jugendlichen.

1. Ein Jugendlicher von 17 Jahren hat bis 20 Uhr gearbeitet.                                              JArbSchG
   ▶  Wann darf er am nächsten Morgen frühestens beschäftigt werden?                                       § 13

2. Ein Auszubildender hat an einem Berufsschultag 5 Unterrichtsstunden zu je 45              § 9
   Minuten.
   ▶  Muss er nach Ende des Unterrichts noch in den Betrieb?

3. Ein Jugendlicher wird am 14. Juni 18 Jahre alt und tritt am 10. Juni seinen Urlaub an.     § 19
   ▶  Welchen Urlaubsanspruch hat er?

▶ 4. Darf ein 15-Jähriger täglich $8^1/_2$ Stunden am Fließband beschäftigt sein, wenn im          § 23
   Betrieb samstags arbeitsfrei ist?


## 5.07  Kündigungsschutz: ungleiche Kündigungsfristen – Besonders geschützte Personenkreise (Betriebsrat, werdende Mütter, Schwerbeschädigte)

Das Arbeitsrecht kennt keinen Anspruch darauf, dass ein Arbeitsplatz nicht verloren gehen kann. Trotzdem ist die Kündigung eines Arbeitnehmers nicht in die schrankenlose Freiheit des Arbeitgebers gestellt. Ohne gesetzliche Kündigungsschutzregelungen war es im 19. Jahrhundert z. B. möglich und üblich, dass den Arbeitnehmern ohne besonderen Grund fristlos gekündigt werden konnte, die Arbeitnehmer selbst aber eine Kündigungsfrist von einer Woche einzuhalten hatten.

Heute wird in der Bundesrepublik Deutschland jeder Arbeitnehmer durch das Kündigungsschutzgesetz und verschiedene andere Gesetze vor willkürlicher Kündigung geschützt.

▶ 1. Prüfen Sie, ob die folgende Vereinbarung gültig wäre:
   Ein Angestellter hat eine Kündigungsfrist von 6 Wochen, der Arbeitgeber von          BGB
   4 Wochen, jeweils zum Monatsende.                                                     § 622

2. Ein Arbeitnehmer hat im letzten Jahr an 163 Tagen, im vorletzten Jahr an 91
   Tagen und im Jahr davor an 142 Tagen wegen Erkrankung der Atmungsorgane
   gefehlt.
   Fehlzeiten in diesem Umfang traten schon in den ersten Jahren der Beschäftigung
   auf. Nach dem Gutachten eines Arztes ist mit einer Besserung nicht zu rechnen.
   Dem Arbeitnehmer, der ununterbrochen 10 Jahre lang im Betrieb beschäftigt war,      KSchG
   wird gekündigt. Er klagt beim Arbeitsgericht und beantragt die Feststellung, dass     § 1
   die Kündigung gem. § 1 KSchG sozialwidrig und damit unwirksam ist.                    BGB
   ▶  Wie würden Sie entscheiden?                                                         § 626

3. Das Betriebsratsmitglied **Appenzeller** ist Einkäufer in der **Schmuckwarengroß-**     HGB
   **handlung Schilling OHG.** Trotz einer früheren Abmahnung kauft er bei günstiger      § 60
   Gelegenheit für eigene Rechnung Schmuckstücke ein und verkauft sie in seinem          KSchO
   Bekanntenkreis weiter. Aus diesem Grund wurde ihm fristlos gekündigt.                  § 15
                                                                                          BGB
                                                                                          § 626
   ▶  Ist die fristlose Kündigung des Betriebsratsmitglieds **Appenzeller** rechtlich zulässig?

4. Frau **Hiller** ist als Bürokauffrau im **Heizung- und Lüftungsbau Schaub** beschäftigt.   MuSchG
   Sie meldet sich 2 Tage krank. Dem Arbeitgeber wird bekannt, dass sie an diesen        § 9
   beiden Tagen im Reisebüro ihres Schwagers ihre tatsächlich kranke Schwester ver-
   treten hat. **Schaub** kündigt fristlos, obwohl er weiß, dass Frau **Hiller** schwanger ist.
   Frau **Hiller** widerspricht der Kündigung sofort mit dem Hinweis auf ihre Schwangerschaft.
   ▶  Ist die Kündigung wirksam?

SGB IX
§ 85

5. Die **Elektronik GmbH** stellt vor allem Drucker, Scanner und Fotokopiergeräte her und beschäftigt derzeit 14 Arbeitnehmer sowie zwei Auszubildende. In kleinerem Umfang hat sie bisher auch noch die Wartung medizinischer Geräte in Krankenhäusern und Arztpraxen übernommen. Da sie diesen Geschäftszweig völlig aufgibt, sollen einige Arbeitnehmer entlassen werden, für deren Kenntnisse und Fähigkeiten es keine geeigneten Arbeitsplätze mehr gibt. Unter den zu entlassenden Arbeitnehmern ist auch der Angestellte **Gutmann,** 38 Jahre alt, 4 Jahre im Betrieb, der zu 50 % schwerbehindert ist.

▶ Prüfen Sie, ob **Gutmann** gekündigt werden kann.

## 5.08  Befristeter Arbeitsvertrag

Winzer **Klausmann** ist beim Weingut **Zimmerer** in Ihringen beschäftigt. Bei einem Fußballspiel hat er sich eine schwere Knieverletzung zugezogen. Nach Einschätzung des behandelnden Arztes wird **Klausmann** voraussichtlich frühestens in einem halben Jahr wieder seiner Arbeit nachgehen können. In der Badischen Zeitung gibt **Zimmerer** folgende Anzeige auf:

> ## Als Krankheitsvertretung
> suchen wir zum sofortigen Eintritt einen Winzer
> – wenn möglich, mit mehrjähriger Berufserfahrung –
>
> ### Weingut Zimmerer, Ihringen
> **Tel. 07 63/89 66 02 (Herr Hess)**

TzBfG
§ 14 (1)

1. Am 09.06. d. J. stellt sich der gelernte Winzer **Kurt Blessing** beim Weingut **Zimmerer** vor.

▶ Kann das Weingut **Zimmerer** unter den gegebenen Bedingungen mit Blessing einen befristeten Arbeitsvertrag schließen?

2. Im Anschluss an das Bewerbungsgespräch erhält **Blessing** eine Einstellungszusage und nimmt bereits am darauf folgenden Tag die Arbeit auf.

§ 14 (4) ▶ Begründen Sie, welche Formvorschriften bei der Eingehung dieses Arbeitsverhältnisses zu beachten sind.

3. Wider Erwarten erholt sich **Klausmann** von seiner Verletzung sehr rasch. Bereits am 19.09. d. J. nimmt er seine Beschäftigung wieder auf. Wegen der bevorstehenden Traubenlese wird auch **Blessing** ohne weitere Vereinbarung weiterbeschäftigt. Am 30.10. teilt ihm das Weingut **Zimmerer** mit, dass das Arbeitsverhältnis zum Ende des Monats Oktober endet.

§ 15 ▶ a) Begründen Sie, ob das Arbeitsverhältnis wie vorgesehen beendet werden kann.

▶ b) Prüfen Sie, ob **Zimmerer** für den vorliegenden Arbeitsvertrag eine Kündigungsfrist einhalten muss.

BGB
§ 622

Zu welchem spätesten Termin hätte die Kündigung gegebenenfalls ausgesprochen werden müssen, wenn sie spätestens zum 31.10. wirksam werden soll?

4. Der ebenfalls in Ihringen wohnende Winzer **Karl-Heinz Klumpp** ist 22 Jahre alt und hat nach bestandener Gesellenprüfung für ein halbes Jahr auf einem Weingut in Australien gearbeitet, von wo er zwischenzeitlich wieder in seine alte Heimat zurückgekehrt ist. Herr **Zimmerer** ist bereit, mit ihm einen befristeten Arbeitsvertrag zunächst für ein halbes Jahr abzuschließen

TzBfG
§ 14 (2)

a) Beurteilen Sie, ob und gegebenenfalls für welchen Zeitraum der Abschluss eines befristeten Arbeitsvertrages zwischen Herrn **Zimmerer** und **Karl-Heinz Klumpp** möglich ist.

§ 14 (3)

b) Wie wäre Fall a) zu entscheiden, wenn **Karl-Heinz Klumpp** zum Zeitpunkt der Befristung bereits das 52. Lebensjahr vollendet hat und bereits seit einem halben Jahr arbeitslos ist?

# *Mitbestimmung*

## 5.09 **Betriebsrat: Wahl und Zusammensetzung – Jugendvertretung**

Die Firma **Herde & Wannewetsch, OHG, Maschinenbau,** beschäftigt 600 Arbeitnehmer.

1. Auf einer Versammlung der Belegschaft erstattet der Betriebsrat Bericht über seine Tätigkeit. Aufgrund des Berichts wird die Entlastung des bisherigen Betriebsrats vorgeschlagen. Durch Handheben wird der gesamte bisherige Betriebsrat wiedergewählt. Der Arbeiter **Arnold,** der sich der Stimme enthalten hat, will die Wahl anfechten.                                                                          BetrVG
   §14

   ▶ Wie kann er die Anfechtung begründen?

2. Bei der ordnungsgemäßen Betriebsratswahl ist der Angestellte **Sauer** krank. Er beauftragt einen Arbeitskollegen, die Stimme für ihn abzugeben.                          §14

   ▶ Darf der Wahlvorsitzende das zulassen?

▶ 3. Prüfen Sie, ob ein 15-jähriger Auszubildender bei der Betriebsratswahl seine Stimme abgeben kann.                                                                          §7

4. **Herde & Wannewetsch OHG** beschäftigen insgesamt 600 Mitarbeiter. Darunter sind 56 Mitarbeiter unter 18 Jahren und 4 leitende Angestellte. Von den wahlberechtigten Arbeitnehmern sind 378 Frauen.

   ▶ Wie muss sich der aus 11 Personen bestehende Betriebsrat zusammensetzen?           §§ 5, 7,
   9, 15

5. Im Betrieb sind 20 ausländische Arbeitnehmer über 18 Jahre beschäftigt. Sie wollen bei der Betriebsratswahl ihre Stimme abgeben.

   ▶ Dürfen sie das?

6. Der Angestellte **Hartmann** ist seit 5 Monaten bei **Herde & Wannewetsch OHG** beschäftigt. In dem Unternehmen, in dem er früher beschäftigt war, war er ein bewährtes Betriebsratsmitglied.

   Seine Arbeitskollegen schlagen ihn zur Wahl vor.

   ▶ a) Warum ist er nach dem Betriebsverfassungsgesetz nicht wählbar?                   §8

   ▶ b) Halten Sie diese Regelung für vernünftig?

7. Die Jugendlichen der Firma **Herde & Wannewetsch OHG** wollen eine Jugendvertretung wählen. **Noll** ist 23 Jahre alt.                                                  § 61 (2)

   ▶ Kann er sich für 2 Jahre als Jugendvertreter wählen lassen?

8. Die italienischen Arbeitnehmer wollen einen ihrer Landsleute in den Betriebsrat wählen, der schon 2 Jahre im Betrieb beschäftigt ist.                                     §8

   ▶ Kann er gewählt werden?

9. Der Arbeiter **Weizmann** lehnt eine Kandidatur für den Betriebsrat ab. Er sagt, dass er durch seine Tätigkeit im Betriebsrat einen zu großen Einkommensverlust habe.                                                                                  § 37 (3)

   ▶ Ist der Einwand **Weizmanns** berechtigt?

## *5.10* **Mitbestimmung in wirtschaftlichen Angelegenheiten – Mitbestimmungsmodelle – Sozialplan**

Die Süddeutsche Maschinenbau AG (SÜMAG) (1 800 Beschäftigte) mit Sitz in Mannheim hat die Verpackungsmaschinen GmbH Duisburg, die bisher in reinem Familienbesitz war, gekauft und als Zweigwerk eingegliedert. Dadurch besteht die Verpackungsmaschinen GmbH als Unternehmen mit eigener Rechtspersönlichkeit nicht mehr. Kurze Zeit nach der Übernahme hat der Vorstand der SÜMAG beschlossen, die Fertigstellung der Spezialmaschinen zur Verpackung von Schokolade und Kaugummi von Duisburg nach Mannheim zu verlegen. Davon betroffen sind 120 der insgesamt 600 Arbeitnehmer der ehemaligen Verpackungsmaschinen GmbH.

*DrittelbG § 1 Nr. 1 u. 3*

1. Stellen Sie fest, welche Mitbestimmungsregelungen für die SÜMAG und die Verpackungsmaschinen GmbH vor der Zusammenlegung galten.

2. Prüfen Sie, ob

*§ 1 Nr. 3*
   a) die Arbeitnehmervertreter im Aufsichtsrat

*BetrVG § 106*
   b) der Betriebsrat

   der Verpackungsmaschinen GmbH die Übernahme hätten verhindern können.

3. Nach dem Zusammenschluss der Verpackungsmaschinen GmbH mit der SÜMAG sind die Belegschaftsmitglieder der ehemaligen GmbH jetzt Arbeitnehmer der Süddeutschen Maschinenbau AG mit insgesamt 2 400 Beschäftigten.

*DrittelbG §§ 1 Nr. 1 u. 3, 4 MitbestG §§ 1, 7, 33*

   Stellen Sie dar, wie sich durch den Zusammenschluss die Möglichkeiten der Mitbestimmungen für die Belegschaftsmitglieder geändert haben, die vor dem Zusammenschluss

   a) Arbeitnehmer der SÜMAG waren,

   b) Arbeitnehmer der Verpackungsmaschinen GmbH waren.

4. Der neu gebildete Gesamtbetriebsrat fordert die Aufstellung eines Sozialplans für die 120 Arbeitnehmer des Werks **Duisburg,** deren Arbeitsplatz bedroht ist. Der Betriebsratsvorsitzende stellt den Entwurf des Betriebsrats (siehe Seite 141) auf einer Betriebsversammlung des Werkes **Duisburg** vor und erläutert ihn.
   Einzelne Arbeitnehmer aus dem Kreis der Betriebsversammlung bringen vor, dass ihre besondere Situation in dem Entwurf des Sozialplans nicht genügend berücksichtigt sei.

   ▶ Überprüfen Sie die nachfolgend aufgeführten Einwendungen a) bis f). Machen Sie einen Vorschlag für die Ergänzung oder Korrektur des Entwurfs, wenn Sie die Einwendungen für berechtigt halten.

   a) Ein Arbeitnehmer verweist auf ein körperliches Leiden. Es sei ihm deshalb nicht zumutbar, täglich an einen anderen Arbeitsort als **Duisburg** zu fahren. Die **SÜMAG** besitzt noch je ein Werk in **Düsseldorf** und **Essen.**

   b) Eine Teilzeitbeschäftigte arbeitet 5 Stunden am Tag. Schon wegen der erhöhten Fahrtkosten sei ihr ein Wechsel des Arbeitsortes auch in der nächsten Umgebung **Duisburgs** nicht zumutbar.

   c) Ein anderer Arbeitnehmer weist darauf hin, dass der Textentwurf des Sozialplans es auch zulassen würde, einem bisher voll beschäftigten Arbeitnehmer einen Teilzeitarbeitsplatz zuzuweisen.

   d) Ein Arbeitnehmer ist Vorstand des örtlichen Tennisclubs. Er fordert eine Absicherung, dass in einem solchen Fall ein Arbeitsplatzwechsel an einen anderen Standort nicht zumutbar sei.

e) Mehrere Arbeitnehmer fragen an, ob der Personalrat es als zumutbar ansehe, wenn ein anderer Arbeitsplatz angeboten würde, der in seiner Bewertung unter dem bisherigen Arbeitsplatz liegt.

f) Außerdem wird gefordert, dass bei der Bestimmung des Abfindungsbetrags der Familienstand berücksichtigt wird.

# Entwurf einer Betriebsvereinbarung

### zwischen

## dem Vorstand der Süddeutschen Maschinenbau AG Mannheim

### und

## dem Betriebsrat am Standort Duisburg

# SOZIALPLAN

Zur Milderung der wirtschaftlichen Nachteile, die den Arbeitnehmern infolge der geplanten Verlegung von Teilen der Fertigung vom Werk Duisburg in das Werk Mannheim entstehen können, wird der nachstehende Sozialplan vereinbart.

**1. Geltungsbereich**

Dieser Sozialplan gilt

1.1 Räumlich
für den Standort Duisburg

1.2 Persönlich
für alle Mitarbeiter am Standort Duisburg mit folgenden Ausnahmen:

a) Leitende Angestellte im Sinne des § 5 Abs. 3 BetrVG;

b) Arbeitnehmer, denen aus Gründen gekündigt wird, die in ihrer Person oder ihrem Verhalten liegen, und deren Kündigung deshalb sozial gerechtfertigt ist;

c) Arbeitnehmer, denen aus einem Grunde, der eine fristlose Kündigung rechtfertigt, gekündigt werden kann;

d) Arbeitnehmer, die aufgrund eigener Kündigung ausscheiden.

1.3 Zeitlich und sachlich
für alle Versetzungen und Kündigungen, die nach der Unterzeichnung durch die Vertragsparteien bis zum ... ausgesprochen bzw. veranlasst werden und die im Zusammenhang mit der Verlegung von Teilen der Fertigung von Duisburg nach Mannheim stehen.

**2. Arbeitsplatzangebot**

2.1 Die SÜMAG wird sich intensiv darum bemühen, den betroffenen Arbeitnehmern einen anderen, vergleichbaren Arbeitsplatz anzubieten. Soweit das am Standort Duisburg nicht möglich ist, wird die SÜMAG versuchen, Arbeitsplätze an anderen SÜMAG-Standorten anzubieten.

2.2 Im Falle einer Versetzung an einen anderen SÜMAG-Standort finden die SÜMAG-Richtlinien über Versetzungen Anwendung.

**3. Zumutbarkeit des Arbeitsplatzwechsels**

Die Frage der Zumutbarkeit eines Arbeitsplatzangebots ist in Abstimmung mit dem Betriebsrat zu entscheiden.

## 4. Kündigungsschutz

Arbeitnehmern, die im Rahmen der Maßnahmen einen neuen Arbeitsplatz annehmen, kann während der ersten 6 Monate seit ihrer Versetzung nicht wegen dringender betrieblicher Erfordernisse gekündigt werden.

Wird eine betriebsbedingte Kündigung innerhalb von 12 Monaten nach dem ursprünglichen Versetzungstermin ausgesprochen, so sind die Bestimmungen dieses Sozialplans anzuwenden.

## 5. Kündigung und Abfindungszahlung

5.1  Arbeitnehmern, denen die SÜMAG keinen anderen Arbeitsplatz anbieten kann oder die einen angebotenen zumutbaren Arbeitsplatz nicht annehmen, wird unter Einhaltung der gesetzlichen, tariflichen oder einzelvertraglichen Kündigungsfristen gekündigt.

5.2  Die in Ziff. 5.1 gekündigten Arbeitnehmer erhalten eine Abfindungszahlung, es sei denn, dass sie einen von der SÜMAG angebotenen zumutbaren Arbeitsplatz nicht angenommen haben.

5.3  Berechnung der Abfindung

Die Abfindung beträgt pro vollendetem Jahr der Betriebszugehörigkeit für

| | |
|---|---|
| Arbeitnehmer im Alter bis zu 29 Jahren | 500 EUR |
| Arbeitnehmer im Alter von 30 bis 39 Jahren | 650 EUR |
| Arbeitnehmer im Alter von 40 bis 49 Jahren | 850 EUR |
| Arbeitnehmer im Alter von 50 Jahren und mehr | 1 000 EUR |
| Die Mindestabfindung beträgt | 2 500 EUR |

5.4  Die Auszahlung der Abfindung erfolgt mit der letzten Lohn- oder Gehaltszahlung vor Beendigung des Arbeitsverhältnisses, wenn der betroffene Arbeitnehmer vorher eine Ausgleichsquittung mit folgendem Text unterzeichnet hat:

*„Ich bestätige, dass mein Arbeitsverhältnis mit der Firma SÜMAG durch fristgemäße Kündigung zum ... beendet wird. Ich erkläre ferner, dass mir nach Eingang der letzten Lohn-/Gehaltszahlung sowie des nach dem Sozialplan zustehenden Abfindungsbetrags aus der Beendigung meines Arbeitsverhältnisses keinerlei Ansprüche mehr zustehen und dass ich das Fortbestehen des Arbeitsverhältnisses nicht mehr geltend machen kann."*

## 6. Nebenleistungen

6.1  Arbeitnehmer, die gem. Ziff. 5 einen Anspruch auf Zahlung einer Abfindung haben und bis zu ihrem Ausscheiden oder bis zu einem Zeitraum von längstens 12 Monaten nach ihrem Ausscheiden ein Dienstjubiläum begehen würden, erhalten bei ihrem Ausscheiden einen zusätzlichen Abfindungsbetrag in Höhe des an sich üblichen Jubiläumsgeldes.

6.2  Arbeitnehmer, die von der SÜMAG eine Wohnung gemietet haben, müssen diese nicht schon bis zu ihrem Ausscheiden aus der Firma räumen. Es gelten vielmehr die gesetzlichen Kündigungsfristen für Mietverhältnisse, wobei die Kündigung des Mietverhältnisses erst nach Beendigung des Arbeitsverhältnisses ausgesprochen wird.

Entsprechendes gilt für Mitarbeiter, die von der SÜMAG ein Kleingartengelände gepachtet haben.

## 7. Allgemeines

7.1  Bei der Durchführung der Maßnahmen finden die §§ 99 und 102 BetrVG Anwendung.

7.2  Änderungen und Ergänzungen dieser Betriebsvereinbarung bedürfen der Schriftform.

7.3  Diese Betriebsvereinbarung tritt nach Unterzeichnung durch den Betriebsrat und den Vorstand der SÜMAG in Kraft.

Duisburg, den ...

Betriebsrat                                                                    Süddeutsche Maschinenbau
                                                                               Aktiengesellschaft Mannheim

## 5.11 Rollenspiel: Betriebsratssitzung – Entlassung wegen Krankheit

**Betriebsratssitzung: Entlassung wegen Krankheit**

**Gerhard Wegmann,** 48 Jahre alt, ist seit 19 Jahren bei der Firma »Eurotrans« beschäftigt. Das Unternehmen führt europaweit Gütertransporte durch und hat eine eigene Abteilung Möbelspedition. Dem Unternehmen ist ein Omnibusunternehmen angeschlossen, das auch Urlaubsreisen organisiert und über ein eigenes Reisebüro vermarktet.

In dem Unternehmen werden insgesamt 160 Arbeitnehmer beschäftigt.

**Gerhard Wegmann** war zunächst in der Abteilung Möbelspedition als Packer beschäftigt. Er hatte bei Möbeltransporten Möbel ein- und auszuladen und, falls dies von den Kunden verlangt wurde, Ein- und Auspackarbeiten auszuführen.

Nach etwa 4-jähriger Betriebszugehörigkeit konnte er immer öfter wegen Rückenschmerzen die körperlich schwere Arbeit eines Möbelträgers nicht mehr verrichten. Im 5. Jahr seiner Betriebszugehörigkeit wurde ihm deshalb eine leichtere Tätigkeit als Hilfskraft in der Kfz-Werkstatt zugewiesen. Auch in dieser leichteren Tätigkeit musste er sich in den letzten 10 Jahren immer häufiger wegen starker Rückenschmerzen krank melden. In den letzten 3 Jahren fehlte er z. B. 90 Tage, 170 Tage, 200 Tage.

Die Geschäftsleitung will ihm deshalb wegen häufiger Erkrankung fristgerecht kündigen und legt diese Entscheidung dem Betriebsrat zur Zustimmung vor.

Der **Betriebsrat** setzt sich wie folgt zusammen:

A  Betriebsratsvorsitzender, Busfahrer in der Abteilung Personentransport

B  Speditionskauffrau in der Abteilung Gütertransport. Sie ist eine Nachbarin der Familie **Wegmann** und mit Frau **Wegmann** zusammen in der gleichen Frauengymnastikgruppe des örtlichen Sportvereins.

C  Chefsekretärin des Abteilungsleiters Personentransport

D  Meister in der Kfz-Werkstatt

E  Hilfskraft in der Kfz-Werkstatt. Da das Unternehmen keine Arbeitsplatzreserven beschäftigt, steht er immer dann unter stark erhöhtem Arbeitsdruck, wenn **Wegmann** wegen Krankheit fehlt.

Der Betriebsratsvorsitzende hat zu einer Betriebsratssitzung eingeladen. Einziger Tagesordnungspunkt: Entlassung unseres Kollegen **Wegmann** wegen häufiger Krankheit.

▶ Führen Sie die Betriebsratssitzung durch und stimmen Sie über diesen Tagesordnungspunkt ab.

# Entlohnungsverfahren

## 5.12 Zeitlohn – Faktoren der Berechnung

Nachstehende Tabellen (unvollständig) sind einem Tarifvertrag zwischen der IG-Metall und dem Arbeitgeberverband entnommen. Die Richtsätze für den Ecklohn sind besonders hervorgehoben (Lohngruppe VII, Altersklasse 21, Ortsklasse I).

Ecklohn ist der Lohn, den ein Arbeiter einer bestimmten Altersklasse (21 Jahre) in einer bestimmten Lohngruppe (Leistungsgruppe) und einer bestimmten Ortsklasse erhält. Aufgrund des Ecklohnes werden dann nach Richtsätzen des Manteltarifvertrages für sämtliche Lohngruppen, Alters- und Ortsklassen die Lohntabellen für Zeit- und Akkordlöhne berechnet.

| Lohngruppe | I | II | III | IV | V | VI | **VII** | VIII | IX | X |
|---|---|---|---|---|---|---|---|---|---|---|
| % des Ecklohnes | 72,5 | 76 | 80 | 85 | 90 | 95 | **100** | 110 | 120 | 133 |
| Lohngruppenfaktor | 0,725 | | | | | | **1** | | | |

| Altersklasse | bis 16 | 16 | 17 | 18 | 19 | 20 | **21** | 22 |
|---|---|---|---|---|---|---|---|---|
| % der Altersklasse 21 | 60 | 70 | 80 | 85 | 90 | 95 | **100** | 105 |
| Altersklassenfaktor | | | | | | | **1** | |

| Ortsklasse | **I** | II |
|---|---|---|
| % der Ortsklasse I | **100** | 97 |
| Ortsklassenfaktor | **I** | |

▶ 1. Berechnen Sie für jede

    a) Lohngruppe den Lohngruppenfaktor,

    b) Altersklasse den Altersklassenfaktor,

    c) Ortsklasse den Ortsklassenfaktor.

▶ 2. a) Ermitteln Sie den Stundenlohn eines 18-jährigen Zeitlohnarbeiters der Lohn-gruppe IX in der Ortsklasse II, wenn der Ecklohn 10 EUR beträgt, nach folgen-der Formel:

    Stundenlohn =

        Ecklohn × Lohngruppenfaktor × Altersklassenfaktor × Ortsklassenfaktor

▶   b) Welche Faktoren dieser Rechnung dienen einer leistungsgerechten, welche einer sozialgerechten Entlohnung?

▶   c) Wie viel EURO Wochenlohn brutto erhält der Arbeiter, wenn er 45 Stunden gearbeitet hat und davon für 8 Stunden eine Überstundenvergütung von 25 % erhält?

▶ 3. a) Berechnen Sie den Zeitlohn, den ein 21-jähriger Arbeiter (Lohngruppe IX, Orts-klasse II) erhält, wenn er 45 Stunden gearbeitet hat, davon 8 Stunden als Über-stunden.

▶   b) Halten Sie es für richtig, dass er für die gleiche Arbeit und die gleiche Arbeits-zeit mehr Lohn erhält als der 18-jährige Arbeiter?

## 5.13 Akkordlohn – Normalleistung

In einem Unternehmen soll die Entlohnung bei der Herstellung einer Welle von Zeit-lohn auf Akkordlohn umgestellt werden. Ein Arbeiter mit Normalleistung stellte bis-her im Zeitlohn 4 Stück je 60-Minuten-Stunde her.

Als Mindestlohn soll den Akkordarbeitern der Tariflohn von 10 EUR je Stunde garantiert werden. Hierauf wird ein Akkordzuschlag von 20 % gewährt. Der Grund-lohn des Akkordarbeiters beträgt demnach 12 EUR je Stunde.

Von der Arbeitsvorbereitung wurde die Vorgabezeit zur Herstellung eines Stücks auf 25 Minuten einer 100-Minuten-Stunde (Dezimalminuten) festgelegt.

▶ 1. Überprüfen Sie, ob die Arbeitsvorbereitung mit der Festlegung einer Vorgabezeit von 25 Dezimalminuten je Stück die Anforderung an einen Arbeiter mit Normal-leistung verändert hat.

▶ 2. Wie viel Stück muss ein Arbeiter im Durchschnitt je Stunde mindestens herstellen, damit er je Stunde mehr verdient als vor der Umstellung auf Akkordlohn?

Vor der Umstellung erhielt der Akkordarbeiter den Tariflohn von 10 EUR je Stunde.

▶ 3. Halten Sie es für angebracht, dass ein Arbeiter, der im Akkordlohn Normalleistung erbringt, schon einen höheren Stundenlohn hat als ein vergleichbarer Arbeiter im Zeitlohnsystem?

4. Das Unternehmen berechnet den Akkordlohn nach der Methode des Zeitakkords.

▶    a)  Ein Arbeiter hat in einer Arbeitswoche (37 Stunden) 184 Wellen hergestellt.

Welche Wochenarbeitszeit (in Dezimalminuten) wird ihm vergütet?

▶    b)  Welcher Geldbetrag wird ihm auf die anzurechnende Dezimalminute bezahlt (Minutenfaktor)?

▶    c)  Welchen Gesamtlohn erhält er für die abzurechnende Arbeitswoche?

▶    d)  Um welchen Betrag ist in dieser Arbeitswoche sein effektiver Stundenverdienst höher als vorher im Zeitlohn?

▶ 5. a)  Vergleichen Sie die Entwicklung der Lohnkosten je Stück für die Herstellung einer Welle nach Einführung des Akkordlohnsystems mit dem Verlauf der Lohnstückkosten im Zeitlohn. Füllen Sie dazu eine Tabelle nach dem folgendem Muster aus.

| je Stunde hergestellte Stückzahl | Zeitlohn | | Akkordlohn | |
|---|---|---|---|---|
| | Stunden-verdienst | Lohnkosten je Stück | Stunden-verdienst | Lohnkosten je Stück |
| 1 | 10,00 EUR | 10,00 EUR | 12,00 EUR | 12,00 EUR |
| 2 | 10,00 EUR | 5,00 EUR | 12,00 EUR | 6,00 EUR |
| | | | | |
| 8 | | | | |

▶    b)  Stellen Sie die Entwicklung der Lohnkosten grafisch dar. Verwenden Sie dazu ein Koordinatensystem.

6. Beurteilen Sie die Einführung des Akkordlohnes vom Standpunkt der Arbeitnehmer und vom Standpunkt des Unternehmens.

## 5.14  Gruppenakkord

Eine Montagegruppe von 5 Facharbeitern ist an der Erstellung eines Fertighauses beteiligt. Nach 3 Tagen erhalten sie im Gruppenakkord zusammen 4 000 EUR.

▶ 1. Wie viel EUR erhält jeder der 5 Arbeiter A, B, C, D und E

   a)  bei gleicher Arbeitszeit und gleichen Akkordrichtsätzen,

   b)  bei gleicher Arbeitszeit und verschiedenen Akkordrichtsätzen,
   *(A = 10 EUR, B = 9 EUR, C = 8 EUR, D = 7 EUR, E = 6 EUR),*

   c)  bei verschiedenen Arbeitszeiten und gleichen Akkordrichtsätzen,
   *(A = 25 Std., B = 27 Std., C = 23 Std., D = 26 Std., E = 19 Std.)?*

▶ 2. Nennen Sie Gründe für die verschiedenen Akkordrichtsätze bei dieser Montagegruppe.

## 5.15  Prämienlohn

In einer Automobilfabrik sind an einer Karosseriepresse 5 Arbeiter beschäftigt. In der Stunde bearbeiten sie zusammen im Durchschnitt 120 Karosseriebleche.

Die Arbeiter wurden bisher im Zeitlohn beschäftigt. Ihr Stundenlohn betrug 10 EUR. Die Kosten einer Maschinenstunde (Abschreibung, Zins, Energie, Wartung) betragen 600 EUR.

In der Automobilfabrik soll die Produktion um 10 % erhöht werden. Technisch macht es keine Schwierigkeiten, die Leistung der Presse um 10 % zu steigern. Die Kosten je Maschinenstunde steigen dabei so unerheblich, dass sie bei der Berechnung außer Betracht bleiben können.

Das Unternehmen beabsichtigt, durch Gewährung einer Prämie für die Arbeit an der Presse die Arbeitsgeschwindigkeit zu erhöhen. Für jedes Karosserieblech, das von der Arbeitsgruppe je Stunde über 120 Stück hinaus produziert wird, soll je Blech und Mann eine Prämie von 0,15 EUR gezahlt werden. Als Höchstgrenze für die Prämie soll je Mann und Stunde der Betrag von 1,80 EUR festgelegt werden.

▶ 1. Warum wird als Höchstgrenze für die Prämie je Mann und Stunde gerade der Betrag von 1,80 EUR festgelegt?

▶ 2. Wie wirkt die Prämie auf die Fertigungskosten (Lohn und Maschinenkosten) eines Karosserieblechs, wenn die angestrebte Erhöhung der Arbeitsgeschwindigkeit erreicht wird?

▶ 3. Wie hoch muss die Prämie sein, wenn der Arbeitgeber den Vorteil der durch die Prämie erreichten Erhöhung der Arbeitsproduktivität ganz an die Arbeitnehmer weitergeben will?

# Tarifparteien und Arbeitskampf

## 5.16  Koalitionsfreiheit – Organisationsprinzipien der Gewerkschaft – Tariffähigkeit – Tarifvertrag – Günstigkeitsprinzip – Allgemeinverbindlichkeitserklärung

**Reinhard Becker** ist geprüfter Küchenmeister. Er wird am 01.04. d. J. von der **Gebr. Häberle OHG, Metalldrückerei,** als Chef der Werksküche, die 120 Belegschaftsmitglieder zu verpflegen hat, eingestellt. Beim Einstellungsgespräch wurden ihm ein Bruttogehalt von 3 500 EUR und 28 Tage Urlaub angeboten. Da für ihn ein höheres Gehalt viel mehr Bedeutung habe als ein längerer Urlaub, macht er den Vorschlag, das Bruttogehalt zu erhöhen und den Urlaub zu kürzen. Im Arbeitsvertrag wird daraufhin ein Bruttogehalt von 3 700 EUR festgelegt, dafür aber nur 26 Tage Urlaub.

Das Unternehmen ist Mitglied im Arbeitgeberverband.

1. Vom Betriebsratsvorsitzenden, der ihn als Gewerkschaftsmitglied anwerben will, erfährt **Becker,** dass ihm nach dem gültigen Lohntarifvertrag ein Bruttogehalt von 3 900 EUR zustehen würde. Nach der Urlaubsregelung im Manteltarifvertrag hätte er allerdings nur Anspruch auf 24 Urlaubstage.

▶ a) Warum werden die Regelungen zum Lohn und die den Urlaubsanspruch betreffenden Vereinbarungen in zwei unterschiedlichen Tarifverträgen (Lohn- und Manteltarifvertrag) festgelegt?

▶ b) Welche weiteren Regelungen neben dem Urlaubsanspruch könnten im Manteltarifvertrag enthalten sein?

2. **Becker** überlegt sich, ob er in die IG Metall eintreten soll.

▶ a) Kann der Tarifvertrag der IG Metall mit dem Arbeitgeberverband Metall für **Becker** gültig sein, obwohl er kein Metallfacharbeiter ist? TVG §3

▶ b) Haben die Mindestregelungen des Tarifvertrags für **Becker** auch dann Gültigkeit, wenn er kein Gewerkschaftsmitglied ist? §5

3. **Becker** ist in die IG Metall eingetreten. Kann er unter Berufung auf den Tarifvertrag vom Arbeitgeber 3 900 EUR Bruttolohn verlangen, unter Berufung auf den Einzelarbeitsvertrag aber weiterhin 26 Tage Urlaub beanspruchen? §4 (3)

4. Der Tarifvertrag der IG Metall mit dem Arbeitgeberverband Metall wurde für allgemein verbindlich erklärt. **Becker** ärgert sich, weil jetzt alle Arbeitnehmer, die nicht Mitglied der Gewerkschaft sind, als Trittbrettfahrer in den Genuss der von der Gewerkschaft erstrittenen tarifrechtlichen Mindestregelungen kommen. Er meint, die Gewerkschaft solle bei den nächsten Tarifverhandlungen darauf hinwirken, dass folgende Regelung in den Tarifvertrag aufgenommen wird: GG Art. 9 (3)

»Die Arbeitgeber verpflichten sich die tarifvertraglichen Regelungen nur Gewerkschaftsmitgliedern zugute kommen zu lassen.«

▶ Beurteilen Sie den Vorschlag.

5. Becker ist auch Mitglied der »Vereinigung der Küchenmeister, Baden-Württemberg e.V.«. Der Berufsverband hat 600 Mitglieder und stellt sich vor allem die Aufgabe, das Ansehen der Berufsbezeichnung »Küchenmeister« zu fördern und zu erhalten. Selbstständige Gastwirte mit der Meisterprüfung, die Mitglied des Verbandes sind, dürfen an der Außenfront ihrer Gaststätte ein vom Berufsverband zur Verfügung gestelltes Hinweisschild mit dem Landeswappen anbringen: »Mitglied des Verbandes der Küchenmeister, Baden-Württemberg e.V.«. Art. 9 (3)

Bei der nächsten Jahresversammlung des Verbandes stellt **Becker** die besondere Interessenlage der als Arbeitnehmer beschäftigten Küchenmeister dar. Er vertritt die Meinung, dass die Tarifverträge der Industriegewerkschaften die besonderen Interessen dieses Berufsstandes nicht berücksichtigen. Er fordert deshalb den Vorstand auf, als Tarifvertragspartner aufzutreten und für die Berufsgruppe der Küchenmeister eigene Tarifverträge abzuschließen.

▶ Beurteilen Sie den Vorschlag.

## 5.17 Gewerkschaftlich organisierter Streik – Wilder Streik – Rechtsfolgen des Streiks – Friedenspflicht – Schlichtung – Aussperrung

Nach einer Abstimmung aller organisierten Arbeitnehmer (Urabstimmung) ruft die IG Metall in Sachsen Arbeitnehmer in ausgesuchten Unternehmen der Metallindustrie zum Streik auf, um höhere Löhne zu erzwingen.

1. Der Tarifvertrag ist bereits ausgelaufen. In der **Elektromotorenfabrik EMO AG** wird gestreikt. Die gesamte Produktion steht still.

▶ a) Muss der Arbeitgeber den streikenden Arbeitnehmern den Lohn weiterzahlen?

b) Der Arbeitnehmer **Andres,** der nicht Gewerkschaftsmitglied ist, möchte trotz des Streiks arbeiten. Der Arbeitgeber lehnt das mit der Begründung ab, dass er für **Andres** keine sinnvolle Beschäftigung habe.

▶ Muss der Arbeitgeber an den arbeitswilligen **Andres** auch während der Streiktage Lohn zahlen?

▶ c) Hat der Arbeitgeber das Recht, den streikenden Arbeitnehmern wegen Arbeitsverweigerung zu kündigen?

2. Der Streik dauert schon 4 Tage an. Die **Fermo GmbH** in **Leipzig,** die Rasenmäher herstellt, bezieht die Elektromotoren von der **Emo AG.** Sie muss die Produktion einstellen, weil ihr geringer Lagervorrat an Elektromotoren erschöpft ist.

▶ a) Muss die **FERMO AG** an die Arbeitnehmer, die sie nicht beschäftigen kann, weiter Lohn zahlen?

▶ b) Warum beschränkt die Gewerkschaft ihre Kampfmaßnahmen zunächst auf wenige Betriebe?

3. Nachdem der Streik schon einige Tage andauert, gibt es zahlreiche Arbeitnehmer der **EMO AG,** vor allem unter den Nichtorganisierten, die weiter arbeiten wollen. Die Zahl der arbeitswilligen Arbeitnehmer würde ausreichen, um wenigstens die Produktion kleiner Elektromotoren wieder aufzunehmen. In der **EMO AG** hat sich ein Streikrat gebildet, in dem diese Situation besprochen wird. Ein Mitglied des Streikrats macht folgenden Vorschlag: Wir bilden vor dem Werkstor eine dichte Menschenkette. Ein Streikbrecher müsste dann schon Gewalt anwenden, um durch diese Absperrung in das Werksgelände zu kommen.

▶ a) Warum verlieren die nicht organisierten Arbeitnehmer häufig früher die Streikbereitschaft, obwohl sie den gleichen Nutzen von den erkämpften tarifvertraglichen Regelungen erwarten können?

▶ b) Beurteilen Sie den im Streikrat eingebrachten Vorschlag.

4. Der Streik dauert schon 14 Tage. Zahlreiche Abnehmer der von der Gewerkschaft für den Streik ausgesuchten Betriebe (wie z. B. die **EMO AG)** müssen ihre Produktion einstellen, weil ihnen zum Einbau benötigte Teile fehlen; Zulieferer (z. B. ein Unternehmen, das Spulen für Elektromotoren an die **EMO** liefert) müssen ihre Produktion einstellen, weil ihre Produkte von den bestreikten Unternehmen nicht abgenommen werden können.

▶ a) Würden Sie es richtig finden, wenn in diesem Fall der Staat das Recht hätte, einen angemessenen Lohn festzusetzen und den Streik für beendet zu erklären (Zwangsschlichtung)?

▶ b) Gibt es in der Bundesrepublik Deutschland die Zwangsschlichtung?

5. Vom Arbeitgeberverband werden zwei Großbetriebe ausgesucht, in denen die Arbeitnehmer von der Arbeit ausgeschlossen werden und denen die Lohnzahlung verweigert wird (Aussperrung).

▶ Halten Sie die Aussperrung für ein notwendiges und gerechtfertigtes Mittel des Arbeitskampfes?

6. Der Arbeitskampf wird mit dem Abschluss eines Tarifvertrags beendet. Vereinbart wird eine Lohnerhöhung von 4 % bei einer Laufzeit von 14 Monaten. Schon nach 6 Monaten stellt sich heraus, dass der Geldwertverlust mit 6 % weit höher liegt, als dies bei den Tarifverhandlungen angenommen wurde. Die Gewerkschaft fordert den Arbeitgeberverband auf, vorzeitige Tarifverhandlungen aufzunehmen. Dies lehnt der Arbeitgeberverband ab.

Die Basis der Industriegewerkschaft fordert deshalb von der Gewerkschaftsführung, den Arbeitgebern zur Erzwingung von Verhandlungen Streik anzudrohen.

▶ Beurteilen Sie den Vorschlag.

7. In der **EMO AG** findet ein Arbeitnehmer den Gehaltszettel eines leitenden Angestellten. Er erkennt daraus, dass der Angestellte eine Jahreserfolgsprämie von 95 % eines Monatslohns erhalten hat. Den Arbeitnehmern war aber in diesem Jahr nur eine Erfolgsprämie von 75 % ausgezahlt worden. Mit Windeseile spricht sich das im Betrieb herum. Die Arbeitnehmer legen sofort ihre Arbeit nieder. Selbst der Betriebsratsvorsitzende wird völlig überrascht. Die Geschäftsleitung kündigt den Rädelsführern sofort wegen Arbeitsverweigerung. Die Arbeitnehmer halten das für unerlaubt. Als Entgegnung auf einen Streik sei nur Aussperrung der gesamten Belegschaft möglich.

▶ Wer hat Recht?

# Einkommen und Beschäftigung

## 5.18 Lohnbildung auf dem Arbeitsmarkt

Der von einer Industriegewerkschaft mit dem zuständigen Arbeitgeberverband geschlossene Tarifvertrag ist ausgelaufen. Zu dem Wirtschaftszweig, für den der Tariflohn neu auszuhandeln ist, gehören auch vier Unternehmen, die als Zulieferer der Autoindustrie Autoreifen des gleichen Typs produzieren und zum Preis von 140 EUR absetzen können.

1. Die wirtschaftliche Situation dieser vier Unternehmen ist in der nachstehenden Tabelle dargestellt.

| Betrieb | A | B | C | D |
|---|---|---|---|---|
| Produktionskosten je Stück (k) in EUR (konstant) | 100 | 110 | 120 | 135 |
| Lohnanteil an den Produktionskosten je Stück (l) in EUR | 40 | 50 | 60 | 80 |
| Absatzmenge (M) in Tsd. Stück | 2 000 | 1 500 | 1 200 | 1 000 |
| Umsatzerlöse (U) in Tsd. EUR | | | | |
| Gesamtkosten (K) in Tsd. EUR | | | | |
| Gewinn (G) in Tsd. EUR | | | | |
| Auswirkung einer Lohnerhöhung von 7% auf Produktionskosten je Stück in EUR | | | | |
| verbleibender Gewinn nach Lohnerhöhung von 7% in Tsd. EUR | | | | |

▶ Berechnen Sie Umsatzerlös, Gesamtkosten und Gewinn dieser vier Unternehmen vor der durch den abzuschließenden Tarifvertrag eintretenden Lohnerhöhung in einer Tabelle nach dem obigen Muster.

2. In den Tarifverhandlungen fordert die Gewerkschaft eine Lohnerhöhung von 7 %. Sie begründet dies mit einer während der Laufzeit des Tarifvertrags zu erwartenden Produktivitätserhöhung von 2 % und einer auszugleichenden Inflationsrate von 4 %. Sie weist außerdem darauf hin, dass in den fortschrittlichen Betrieben des Wirtschaftszweiges im vergangenen Jahr eine bedeutende Steigerung der Gewinne eingetreten sei. Zur gerechten Beteiligung der Mitarbeiter an der Gewinnentwicklung fordert sie ein weiteres Prozent Lohnerhöhung. So ergibt sich die Lohnforderung von 7 %.

Der Arbeitgeberverband bezeichnet die Forderung als maßlos und weist sie entschieden zurück. Eine Tariflohnerhöhung in diesem Umfang könne von der Branche nicht verkraftet werden und würde zu Entlassungen führen.

▶ Untersuchen Sie diesen Einwand des Arbeitgeberverbands auf seine Berechtigung. Die notwendigen Berechnungen können in einer Tabelle nach dem obigen Muster durchgeführt werden.

3. Der Betriebsrat des Betriebs A tritt an die Gewerkschaft mit dem Vorschlag heran, für die Mitarbeiter dieses Betriebs mit ihrem Arbeitgeber über einen besonderen »Haus-Lohntarifvertrag« zu verhandeln.

▶ a) Was versprechen sich die Arbeitnehmer des Betriebs A davon?

▶ b) Beurteilen Sie den Vorschlag aus der Sicht der Gewerkschaftsleitung.

4. Im Tarifvertrag wird eine Erhöhung des Tariflohns von 5 % vereinbart. Betrieb D hat bisher seinen Mitarbeitern einen Lohn gezahlt, der 2 % über dem früheren Tariflohn lag. Die Betriebsleitung teilt dem Betriebsrat mit, dass die bisher übertarifliche Entlohnung auf den nach dem neuen Tarifvertrag zu zahlenden erhöhten Tariflohn angerechnet würde. Im Betrieb D würde sich damit als Ergebnis des neu abgeschlossenen Tarifvertrags eine Lohnerhöhung von 3 % ergeben.

▶ Ist dies rechtlich möglich?

## 5.19 Beitrag eines Unternehmens zum Inlandsprodukt – Einkommensverteilung in einem Unternehmen – »Gerechter« Lohn

Im Sozialbericht einer großen deutschen Aktiengesellschaft der chemischen Industrie zum vergangenen Geschäftsjahr sind folgende Zahlen enthalten (in Millionen EUR):

Einnahmen aus dem Verkauf von Waren 19 257; Zahlungen an Lieferanten 11 819; Beteiligungserträge und sonstige Erträge 1 181; Wertverlust des Firmeneigentums (Abschreibungen) 1 943.

1. Die Zahlungen an Lieferanten erfolgen für sog. »Vorleistungen«.

▶ Geben Sie Beispiele, wofür solche Zahlungen anfallen können.

▶ 2. In welcher Höhe hat das Unternehmen einen Beitrag geleistet zum
   a) Bruttoinlandsprodukt,
   b) Nettoinlandsprodukt zu Marktpreisen?

▶ 3. In welcher Höhe ist in dem Unternehmen im Berichtsjahr Einkommen entstanden?

4. Zur Verteilung des in dem Unternehmen entstandenen Einkommens macht das Unternehmen folgende Angaben (in Millionen EUR):

Löhne und Gehälter, soziale Abgaben, Altersversorgung und Unterstützung 4 949, davon lohnabhängige Steuern (die direkt abgeführt wurden) 742; Steuern des Unternehmens 643; Dividende für Aktionäre 610, davon Steuern auf Dividende 153; Zinsen für Kredite 174; Zuführung zu den Rücklagen 300.

▶ Berechnen Sie den Prozentanteil, den die folgenden Gruppen von dem im Unternehmen entstandenen Einkommen erhalten haben: Mitarbeiter – Kapital- und Kreditgeber – Staat – Unternehmen.

▶ 5. Nehmen Sie kritisch Stellung: Halten Sie die Einkommensverteilung in diesem Unternehmen für gerecht?

## 5.20 Arten der Arbeitslosigkeit – Beschäftigungspolitik

Die Maßnahmen staatlicher Beschäftigungspolitik müssen sich unterscheiden, je nachdem welcher Art die Arbeitslosigkeit ist, die bekämpft werden soll. Es werden folgende Arten der Arbeitslosigkeit unterschieden:

(A) Saisonale Arbeitslosigkeit beruht auf regelmäßigen Schwankungen (z. B. im Jahresrhythmus) des Arbeitskräftebedarfs eines Wirtschaftszweiges.

(B) Friktionelle Arbeitslosigkeit (Reibungsarbeitslosigkeit) hat ihren Grund darin, dass ein kleiner Prozentsatz der Arbeitnehmer einer Volkswirtschaft immer gerade dabei ist, den Arbeitsplatz zu wechseln und während einer Übergangszeit arbeitslos ist.

(C) Strukturelle Arbeitslosigkeit besteht dann, wenn in einer Volkswirtschaft (oder in einem Teilgebiet dieser Volkswirtschaft) mit den vorhandenen Arbeitsplätzen die Erwerbspersonen nicht beschäftigt werden können, weil bestimmte Wirtschaftszweige an Bedeutung verlieren oder neue, arbeitssparende Technologien eingeführt werden.

(D) Konjunkturelle Arbeitslosigkeit hat ihre Ursachen in Schwankungen der wirtschaftlichen Aktivität, die die gesamte Volkswirtschaft betreffen. Ursache sind unausgelastete Produktionskapazitäten aufgrund zu geringer Nachfrage.

▶ Entscheiden Sie, bei welcher Art der Arbeitslosigkeit die folgenden beschäftigungspolitischen Maßnahmen angebracht sind.

(1) Die Zentralbank senkt die Leitzinsen.

(2) Die Bundesanstalt für Arbeit finanziert Umschulungsmaßnahmen.

(3) Die Luftfahrtindustrie erhält staatliche Zuschüsse (Subventionen).

(4) Die Bauindustrie erhält staatliche Zuschüsse für Baustelleneinrichtungen, die Bauarbeiten bei Kälte ermöglichen.

(5) Die Einkommensteuer wird gesenkt.

(6) Die Arbeitsvermittlung der Arbeitsämter wird ausgebaut und organisatorisch verbessert.

## 5.21 Arbeitslosigkeit und Beschäftigungspolitik

▶ 1. Erläutern Sie die Aussage der unten stehenden Karikatur.

(DGB = Deutscher Gewerkschaftsbund; BDI = Bundesverband der Deutschen Industrie)

▶ 2. Welchen der beiden beschäftigungspolitischen Konzeptionen sind die folgenden Maßnahmen zuzuordnen?

a)  Erhöhte Abschreibungsmöglichkeiten

b)  Bau eines schiffbaren Kanals zwischen zwei großen Flüssen

c)  Staatliche Zinszuschüsse für Investitionskredite

d)  Zusätzliche Einstellung von Arbeitskräften durch den Staat (Ärzte, Krankenschwestern, Lehrer, Polizeibeamte, Richter, Verwaltungsbeamte usw.)

e)  Förderung des Bausparens

f)  Senkung des Steuersatzes für einbehaltene Gewinne

„Sie Kurpfuscher, Sie!"

Stuttgarter Zeitung, 9. Januar 1982

# *Sozialversicherung*

### 5.22 **Sozialversicherung – Gesetzliche Krankenversicherung –**
### **Private Krankenversicherung – Pflegeversicherung**

Der Personalsachbearbeiter der Firma **Rohrleitungsbau Schaub KG** war im Urlaub. Nach seiner Rückkehr hat er einige Fälle zur Krankenversicherung zu prüfen.

SGB IV
§§ 5, 6, 173,
186

1. Frau **Schupp** wurde in Abwesenheit des Personalsachbearbeiters eingestellt; sie verdient 2 400 EUR brutto monatlich. Versehentlich wurde sie nicht bei der **Allgemeinen Ortskrankenkasse (AOK)** angemeldet. 10 Tage nach Arbeitsantritt erkrankt Frau **Schupp** und muss ins Krankenhaus.

   ▶ Warum muss die **AOK** trotz unterlassener Anmeldung die Arzt- und Krankenhauskosten zahlen?

2. Gleichzeitig mit Frau **Schupp** wurde der **Dipl.-Kfm. Klett** eingestellt. Es ist seine erste Arbeitsstelle. Sein Einkommen liegt über der Grenze, die für die Versicherungspflicht in der Krankenkasse gilt. Auch er wurde nicht angemeldet. Wegen einer Erkältungskrankheit muss er einen Arzt aufsuchen.

§§ 6, 9,
188

   ▶ Muss die **AOK** die Arztkosten bezahlen?

3. Firma **Schaub** stellt als Facharbeiter den Schlosser **Striebel** ein, der bisher selbstständig eine Schlosserei betrieben hat. **Striebel** verdient monatlich brutto 2 800 EUR. Er wird sofort zur **AOK** angemeldet.

   a) **Striebel** hat ein chronisches Gallenleiden.

§§ 5, 173

   ▶ Dürfte die **AOK** mit dieser Begründung die Aufnahme verweigern?

   ▶ b) Würde es den Prinzipien der Sozialversicherung entsprechen, wenn die **AOK** die Erstattung der Kosten für Leiden ablehnen würde, die bei Eintritt in die Kasse schon bestehen?

   c) Wie würde sich eine private Krankenversicherung verhalten?

4. Der kaufmännische Angestellte **Klötzel** verdient monatlich 4 500 EUR brutto. Er erhält einen Prospekt des privaten Krankenversicherers »**Krankenversicherungsverein Süddeutscher Ring**« (siehe Seite 153).

   ▶ a) Prüfen Sie anhand des Prospekts, ob Herr **Klötzel** (36 Jahre alt) durch einen Beitritt zum **Süddeutschen Ring** Vorteile gegenüber einer Mitgliedschaft in der **AOK** hätte.
   Herr Klötzel ist verheiratet und hat zwei Kinder (4 und 7 Jahre alt). Seine Frau (34 Jahre alt) ist nicht berufstätig. Sein 7-jähriger Sohn **Georg** leidet an einer chronischen Bronchitis. Die zuständige **AOK** hat einen Beitragssatz von 15,5 % (7,3 % Arbeitgeber, 8,2 % Arbeitnehmer). Beitragsbemessungsgrenze 2014: 4 005 EUR. Die Gegenüberstellung soll in einer Tabelle nach dem folgenden Muster erfolgen.

|  | gesetzliche Krankenversicherung Informationsquelle: SGB V | private Krankenversicherung Informationsquelle: Prospekt »Süddeutscher Ring« (siehe Seite 153) |
|---|---|---|
| Höhe des Beitrags | § 220 | |
| Versicherung der Familienmitglieder | § 10 | |
| Leistungsausschluss bei »alten Leiden« | § 5 | |
| Leistungsumfang<br>  ambulante Heilbehandlung<br>  stationäre Heilbehandlung<br>  zahnärztliche Behandlung<br>  Krankengeld | § 27<br>§ 39<br>§§ 28–30<br>§ 44 ff. | |
| Vorfinanzierung der Kostenregulierung | §§ 291, 294 | |

*Privat krankenversichern? Je früher, desto besser.*
*Ist doch klar.*

## Ich vertrau dem SÜDDEUTSCHEN RING
## Krankenversicherungsverein München

### Ambulante Heilbehandlung

*Bei ambulanter Heilbehandlung übernehmen wir die Kosten für*
- *ärztliche Behandlungen, d. h. Beratungen, Hausbesuche und Sonderleistungen,*
- *ärztliche Überwachung der Schwangerschaft,*
- *allgemein anerkannte und ärztlich verordnete Arzneimittel,*
- *Vorsorgeuntersuchungen, die zur Früherkennung von Krankheiten notwendig sind,*
- *Strahlendiagnostik und Strahlentherapie,*
- *physikalisch-medizinische Leistungen wie Massagen, Inhalationen oder Krankengymnastik,*
- *Hilfsmittel wie Brillengläser, Hör- oder Sprechgeräte,*
- *eine ambulante Kur bis zur Dauer von vier Wochen. Ein erneuter Leistungsanspruch besteht nach 24 Monaten.*

### Stationäre Heilbehandlung

*Bei stationärer Heilbehandlung übernehmen wir die Kosten für*
- *privatärztliche Behandlung einschließlich Operation, Assistenz, Narkose und Visiten,*
- *Unterkunft und Verpflegung im Ein- oder Zweibettzimmer im Krankenhaus Ihrer Wahl,*
- *Sonderentgelte für besonders teure Behandlungen wie z. B. Organtransplantationen,*
- *Entbindung sowie die Behandlung von Schwangerschaftserkrankungen,*
- *Transporte im Kranken- oder Notarztwagen bzw. Rettungshubschrauber.*

*Sie können bei uns aber auch lediglich die Kosten für die Behandlung und Unterbringung in einem Mehrbettzimmer absichern (ohne Wahlleistungen).*

### Zahnärztliche Behandlung

*Bei zahnärztlicher Behandlung (auch für prophylaktische Leistungen) übernehmen wir je nach Tarif von den Kosten*
- *100 % für Zahnbehandlung und 75 % für Zahnersatz und Kieferorthopädie (Tarif 741),*
- *75 % für Zahnbehandlung und 50 % für Zahnersatz und Kieferorthopädie (Tarif 740),*
- *90 % für Zahnbehandlung und 60 % für Zahnersatz und Kieferorthopädie, jeweils bis zum Höchstsatz der amtlichen Gebührenordnungen (Tarif 742). Nach diesem Tarif sind in den ersten drei Jahren die Leistungen auf 750 EUR pro Person und Kalenderjahr beschränkt. Diese Beschränkung entfällt bei einer unfallbedingten Zahnbehandlung bzw. bei Zahnersatz.*

### Rundumversicherung

1. Ambulante Heilbehandlung mit 100%iger Erstattung und pauschaler Selbstbeteiligung von 250 EUR pro Person und Kalenderjahr.
2. Stationäre Heilbehandlung mit 100%iger Erstattung ohne Selbstbeteiligung.
3. Zahnärztliche Behandlung mit 100%iger Erstattung für Zahnbehandlung und 75%iger Erstattung für Zahnersatz und Kieferorthopädie.

### Beiträge in EUR

| Eintritts-alter | Kinder bis zur Vollendung des 16. Lebensjahres | 20–24 | 25–29 | 30–34 | 35–39 | 40–44 | 45–49 | 50–54 | 55–59 |
|---|---|---|---|---|---|---|---|---|---|
| Monats-beitrag | 192 | 328 | 361 | 390 | 422 | 459 | 502 | 552 | 610 |

SGB IV
§ 6

   b) Arbeitnehmer über einem gewissen Bruttoeinkommen (Beitragsbemessungsgrenze) sind in der gesetzlichen Krankenversicherung nicht pflichtversichert.

▶   Halten Sie dies für gerechtfertigt?

5. Der kaufmännische Angestellte **Klarenberger** ist durch eine Gehaltserhöhung für die soziale Krankenversicherung versicherungsfrei geworden. Bis zu diesem Tag war er 12 Jahre ununterbrochen Pflichtmitglied der **AOK**. Er erkundigt sich, ob er jetzt aus der **AOK** ausscheiden muss.

§ 9 (1)  ▶   a) Hat Herr Klarenberger das Recht der freiwilligen Weiterversicherung?

  ▶   b) Warum wäre es ungerecht, wenn ältere Versicherte nach langjähriger Mitgliedschaft aus der **AOK** ausscheiden müssten?

6. **Dipl.-Ing. Rauh** hat sein Studium gerade beendet. Er wird mit einem Anfangsgehalt eingestellt, das über der Versicherungspflichtgrenze liegt. Rauh fragt den Personalsachbearbeiter, ob er der **AOK** beitreten kann.

§ 9 (1)  ▶   a) Ist **Rauh** bei der **AOK** versicherungsberechtigt?

  ▶   b) Prüfen Sie, ob **Rauh** Beiträge zur Pflegeversicherung zahlen muss, wenn er statt der gesetzlichen einer privaten Krankenversicherung beitritt.

§ 1  ▶   c) Halten Sie eine Versicherungspflicht bei der Pflegeversicherung auch in den Fällen für angebracht, wenn ein ausreichender Krankenversicherungsschutz besteht?

7. **Fabricius,** der bei **Rohrleitungsbau Schaub & Co** als Schweißer beschäftigt ist, hat sich mit Herzbeschwerden krankgemeldet. Er wurde zur Untersuchung und Beobachtung in ein Krankenhaus eingeliefert. Auf der Personalkarte ist festgehalten, dass er in den letzten 12 Monaten vor dieser Krankmeldung 15 Wochen, in dem Jahr zuvor 10 Wochen und im vorletzten Jahr 15 Wochen wegen Herz- und Kreislaufbeschwerden zu Hause bleiben musste. In den letzten 7 Monaten hat er aufgrund seiner Herzerkrankung insgesamt 6 Wochen Lohnfortzahlung vom Arbeitgeber erhalten.

SGB V
§§ 27, 39

▶   a) Erstattet die **AOK** trotz der häufigen Erkrankung von **Fabricius** noch die Kosten der vollstationären Behandlung (ärztliche Behandlung, Krankenpflege, Versorgung mit Arzneimitteln, Unterkunft und Verpflegung)?

§§ 291, 294  ▶   b) Von wem fordert das Krankenhaus die Zahlung der Kosten an?

§ 39 (4)    c) Von der Krankenhausverwaltung werden **Fabricius** 9 EUR Kostenbeteiligung je Aufenthaltstag in Rechnung gestellt. **Fabricius** findet das unsozial.

▶   Nehmen Sie Stellung.

EntgeltFZG  ▶   d) Hat **Fabricius** Anspruch auf Lohnfortzahlung während seines Krankenhausaufenthaltes?
§ 3

§§ 44, 48, 49  ▶   e) Hat **Fabricius** während seines Krankenhausaufenthaltes Anspruch auf Krankengeld?

## *5.23* Gesetzliche Rentenversicherung – Lebensversicherung zur Deckung der Versorgungslücke – Sparen als Daseinsvorsorge

**Dipl.-Kfm. Pfeiffer** hatte nach Abschluss seines Studiums seine erste Arbeitsstelle im Büro des Steuerberaters und Wirtschaftsprüfers **Dr. Heller** angetreten. Er war zunächst versicherungspflichtig sowohl in der gesetzlichen Kranken- als auch in der gesetzlichen Rentenversicherung. Nach einem Jahr Einarbeitungszeit bekommt er eine Gehaltserhöhung und ist nicht mehr krankenversicherungspflichtig.

▶ 1. Prüfen Sie, ob **Pfeiffer** damit auch in der Rentenversicherung nicht mehr versicherungspflichtig ist.

SGB VI
§ 1

2. **Pfeiffer** wird von dem Versicherungsvertreter **Hausch** angerufen, bei dem er auch seine Hausrat- und seine Kraftfahrzeugversicherung abgeschlossen hat. **Hausch** möchte mit ihm einen Gesprächstermin vereinbaren. Er will **Pfeiffer** davon überzeugen, dass die gesetzliche Rentenversicherung nicht ausreicht, um im Alter oder bei Erwerbsunfähigkeit seinen gewohnten Lebensstandard zu sichern. Er schlägt vor, die nach seiner Meinung erkennbare Versorgungslücke mit einer privaten Lebensversicherung abzudecken.

Zur Vorbereitung auf das Gespräch mit **Hausch** informiert sich **Pfeiffer** im Sozialgesetzbuch VI § 63 (6) und §§ 64–68 über die Formel, nach der die Renten der gesetzlichen Rentenversicherung berechnet werden. Er notiert sich das Ergebnis seiner Nachforschungen:

§ 63 ff.

> *Monatsrente (MR) =*
>
> *Persönliche Entgeltpunkte (EP) x Rentenartfaktor (Raf) x Aktueller Rentenwert (aRw)*
>
> *EP:*     *Wer genau so viel verdient wie der Durchschnitt, erhält je Versicherungsjahr 1 Punkt. Wer mehr als der Durchschnitt verdient, erhält je Versicherungsjahr entsprechend mehr Punkte. Grundlegend ist aber immer nur das beitragspflichtige Entgelt, das wegen der Beitragsbemessungsgrenze niedriger sein kann als das tatsächliche Entgelt (§ 70 SGB VI). 5 Versicherungsjahre als Arbeitnehmer, 30 Versicherungsjahre als Selbstständiger, überdurchschnittlicher Verdienst, schätzungsweise 60 Entgeltpunkte.*
>
> *Raf:*    *Damit werden die Rentenarten nach dem Grund der Rentengewährung unterschieden.*
>
>        *wegen Alters: 1,0; wegen teilweiser Erwerbsminderung 0,5; wegen voller Erwerbsminderung 1,0 (SGB VI, § 67).*
>
> *aRW:*   *Wird jährlich neu festgelegt und richtet sich nach der Veränderung des durchschnittlichen Nettoentgelts des letzten Jahres vor der Rentenberechnung. Rente berücksichtigt Entwicklung des Einkommensniveaus! (SGB VI, § 68). Aktueller Rentenwert bei Antragstellung: 28,14 EUR*

a) **Pfeiffer** ist 35 Jahre alt. Mithilfe der Rentenformel will er schätzen, welche Altersrente er aus der gesetzlichen Rentenversicherung zu erwarten hätte.

▶    Wie viel Entgeltpunkte könnte **Pfeiffer** erreichen, wenn er in 35 Versicherungsjahren immer genau so viel verdient hätte wie alle Versicherten im Durchschnitt?

▶ b) Führen Sie die Berechnung nach der Rentenformel durch für den Fall einer Altersrente nach 35 Versicherungsjahren mit 60 erreichten Entgeltpunkten!

▶ c) Berechnen Sie: In welcher Höhe könnte **Pfeiffer** mit einer Rente rechnen, wenn er wegen Krankheit bereits im 58. Lebensjahr vollständig erwerbsunfähig würde und dann erst 50 Entgeltpunkte erreicht hätte?

3. Pfeiffer stellt fest, dass tatsächlich eine Versorgungslücke besteht, obwohl er bei seinen Berechnungen davon ausgegangen ist, dass er in der überwiegenden Zeit seines Berufslebens mehr als der Durchschnitt der versicherungspflichtigen Erwerbstätigen verdient.

▶    Wie lässt sich das Entstehen der Versorgungslücke erklären?

§ 157

4. **Pfeiffer** will die Versorgungslücke schließen. Der Versicherungsvertreter **Hausch** legt bei seinem Besuch ein Prospekt des von ihm vertretenen **Münchener Lebensversicherungsvereins** vor (siehe Seite 156). Er ist bereit, monatlich 300 EUR für eine zusätzliche private Lebensversicherung aufzuwenden, die nach Vollendung des 60. Lebensjahres ausgezahlt werden soll.

▶ a) Über welche Versicherungssumme kann die Lebensversicherung abgeschlossen werden?

---

### Münchener Lebensversicherungsverein

Prinzregentenstraße 97      81677 München

## Nicht jeder Wurf gelingt ...

... der Zufall spielt gern ein boshaftes Spiel.

Meinen Sie nicht auch, dass man daher nichts dem Zufall überlassen sollte,
wenn es um Ihre Familie oder Ihren Lebensabend geht?

Sie sind gut beraten, wenn Sie eine Lebensversicherung beim Münchener Lebensversicherungsverein abschließen. Eine Lebensversicherung des Münchener Lebensversicherungsvereins gewährleistet für den
Fall Ihres vorzeitigen Todes Versicherungsschutz ohne Wartezeit für Ihre Familie.

Das Schönste aber wäre, Sie bleiben lange gesund und bekommen selbst die Versicherungssumme zum
vereinbarten Zeitpunkt.

**Was kostet eine Lebensversicherung?**

Jahres**beiträge** für 1 000 EUR Versicherungssumme

| Eintrittsalter | Versicherungsdauer in Jahren | | | | | | |
|---|---|---|---|---|---|---|---|
| | 5 | 10 | 15 | 20 | 25 | 30 | 35 |
| 30 | 196,70 | 95,10 | 61,40 | 44,85 | 35,15 | 28,60 | 24,35 |
| 35 | 197,08 | 95,30 | 61,90 | 45,50 | 36,10 | 29,70 | 26,20 |
| 40 | 197,50 | 95,80 | 62,35 | 46,30 | 37,60 | 31,50 | 29,70 |
| 45 | 198,14 | 96,90 | 63,90 | 47,10 | 40,10 | 34,90 | 33,20 |

**Kapital- oder Rentenversicherung?** Was ist vorteilhafter?

Diese Überlegung entfällt bei unserer Kapitalversicherung mit Rentenwahlrecht.

Die Rente wird an jedem Monatsersten gezahlt, solange der Versicherte lebt. Nach seinem
Tode wird sie in Höhe von 60 % an die Ehefrau weitergezahlt, solange diese lebt. Die Rente
wird jedoch mindestens 5 Jahre in voller Höhe gezahlt.

| Alter des Versicherten bei Rentenbeginn | Jahresbetrag der **Rente** für je 1 000 EUR fälliges Kapital (Versicherungssumme) |
|---|---|
| 60 | 59,47 |
| 65 | 63,26 |
| 70 | 67,88 |

Zur Versicherungssumme kommt die **Gewinnbeteiligung**. Sie ist langfristig nicht vorhersehbar und kann
deshalb nicht garantiert werden. Wenn die 1996 festgestellten Gewinnanteile während der gesamten Vertragsdauer unverändert bleiben, verdoppelt sich die Versicherungsleistung durch die Gewinnbeteiligung in
etwa 31 Jahren.

---

▶    b) Welche monatliche Rente würde er erhalten, wenn er bei Fälligkeit der Versicherungssumme von seinem Rentenwahlrecht Gebrauch machen würde?

c) **Pfeiffer** weist **Hausch** im Gespräch darauf hin, dass bis zum Eintreten des Ver-
sicherungsfalles das allgemeine Einkommensniveau so gestiegen sein kann,
dass auch die private Zusatzversorgung nicht ausreicht, um ihm im Ruhestand
seinen gewohnten Lebensstandard zu sichern. Er fragt: »Warum kann denn Ihre
Gesellschaft nicht eine Anpassung an die Einkommensentwicklung gewähren,
wenn es die gesetzliche Rentenversicherung kann?«

▶    Was würden Sie antworten?

5. **Pfeiffer** legt die Prüfung als Steuerberater ab und macht sich selbstständig.

SBG VI ▶   a) Prüfen Sie, ob **Pfeiffer** auch als Selbstständiger in der gesetzlichen Rentenver-
§§ 1, 2          sicherung automatisch weiterhin versichert ist.

b) Pfeiffer beschäftigt in seinem Büro zunächst eine Schreibkraft, die noch schulpflichtige Kinder zu versorgen hat und deshalb nach persönlicher Absprache
nur stundenweise im Büro erscheint. Die Schreibkraft ist wöchentlich regelmäßig weniger als 15 Stunden beschäftigt und erhält dafür monatlich nie mehr als
§ 5 (2)          300 EUR.
SGB IV
§ 8, 249b ▶   Muss **Pfeiffer** für die Schreibkraft Versicherungsbeiträge zur gesetzlichen Kran-
SGB VI           ken- und Rentenversicherung abführen?
§ 172 (3)

6. Ein Bekannter **Pfeiffers** macht ihm den Vorschlag, statt monatlich Beiträge für eine Lebensversicherung zu zahlen, das Geld selbst zu sparen. Bei geschickter Anlage habe er im Rentenalter mit Zins und Zinseszins mehr zur Verfügung, als ihm die Versicherung zahle. **Pfeiffer** ist verheiratet und hat 2 noch schulpflichtige Kinder.

▸ Wie beurteilen Sie den Vorschlag, Versichern durch Sparen zu ersetzen?

## 5.24 Arbeitslosenversicherung – Arbeitslosengeld – Arbeitslosenhilfe

▸ 1. Prüfen Sie, ob in den folgenden Fällen Beitragspflicht zur Arbeitslosenversicherung besteht:

   a) Ein Arbeitnehmer verdient monatlich 3 600 EUR brutto.      SGB IV<br>§§ 2, 7

   b) Ein Abteilungsdirektor hat einen Bruttolohn von 6 500 EUR.

   c) Ein Auszubildender im ersten Ausbildungsjahr erhält monatlich eine Ausbildungsvergütung von 400 EUR.

   d) Ein Handelsvertreter verdient monatlich regelmäßig zwischen 2 600 EUR und 3 100 EUR.

2. Ein kaufmännischer Angestellter ist seit 5 Jahren ununterbrochen beitragspflichtig zur Arbeitslosenversicherung beschäftigt. Wegen betrieblicher Umstellungen wird er entlassen und findet nicht sofort wieder eine Beschäftigung. Er besitzt eine Eigentumswohnung, für die er eine Monatsmiete von 600 EUR erhält.

▸ a) Hat der Arbeitnehmer Anspruch auf Leistungen aus der Arbeitslosenversicherung?      SGB III<br>§ 123

▸ b) Der Arbeitnehmer erkrankt während seiner Arbeitslosigkeit. Nach Beendigung seines Arbeitsverhältnisses hat er keinen Vertrag mit einer privaten Krankenversicherung abgeschlossen.      SGB V<br>§ 5

▸ Prüfen Sie, ob er gegen Krankheit versichert ist.

3. Ein Arbeitnehmer war 10 Jahre lang ununterbrochen beitragspflichtig zur Arbeitslosenversicherung beschäftigt. Er erkrankt. Da die Wiedererlangung der Arbeitsfähigkeit nicht abzusehen ist, beenden Arbeitgeber und Arbeitnehmer den Arbeitsvertrag im Einvernehmen.

▸ Hat der Arbeitnehmer Anspruch auf Unterstützungsleistungen durch das Arbeitsamt?      SGB III<br>§ 118

4. Ein Berufskraftfahrer bezog 312 Tage Arbeitslosengeld. Danach ist sein Anspruch auf Arbeitslosengeld erschöpft. Er hat kein sonstiges Einkommen.

▸ Prüfen Sie, von welcher Stelle er danach eine Sozialunterstützung beziehen kann.      § 190

5. Ein Arbeitnehmer ist seit 12 Jahren in einer Automobilfabrik beschäftigt. Der Betrieb wird bestreikt. Da er nicht Mitglied der Gewerkschaft ist, erhält er auch keine Streikunterstützung. Er ist arbeitswillig, kann aber von dem Betrieb nicht beschäftigt werden, da der Streik die gesamte Produktion stilllegt.

▸ Der Arbeitnehmer hat kein sonstiges Einkommen. Erhält er eine finanzielle Unterstützungsleistung vom Arbeitsamt?      § 146

6. Ein Student der Soziologie arbeitet in den Semesterferien regelmäßig als Hilfsarbeiter in einer chemischen Fabrik. Er befürchtet, nach Abschluss seines Studiums zunächst einige Zeit arbeitslos zu sein. Deshalb erkundigt er sich, ob er in der befürchteten Situation Leistungen der Sozialversicherung erhalten würde. Geben Sie ihm Auskunft auf folgende Fragen:

▸ a) Hat er aus seiner Tätigkeit als Werkstudent Anspruch auf Arbeitslosengeld oder Arbeitslosenhilfe?      § 27 Abs. 4

▸ b) Könnte er freiwillig der Arbeitslosenversicherung beitreten, wenn er als Werkstudent nicht versicherungspflichtig wäre?

# A6 Beschaffung und Lagerhaltung (Materialwirtschaft)

## Beschaffungsprozess (Ablauf des Beschaffungsvorgangs)

**6.01** **Bestandsbuchführung – Bezugsquellendatei – Anfrage – Angebotsvergleich – Bestellung – Wareneingang – Rechnungskontrolle – Datenflussplan**

Nachstehende Abbildung zeigt einen Auszug aus der EDV-mäßig erstellten Material-bestandsliste der Firma **Rudolf Sauter, Fräsmaschinenfabrik, Fabrikstraße 25, 09111 Chemnitz.** Das Unternehmen stellt Handhebel-Fräsmaschinen in vier Größen und verschiedene Arten Fräser her. Es werden ca. 100 Mitarbeiter beschäftigt.

**Material-Bestand/-Bewegung**

~~Bestellvorschlag~~ ~~Materialbeschaffung~~

30.01.20..

**Materialart**

```
Nr.M 3120
Stirnzahnraeder
St.:50-2 Modul 2,0
Zaehne 30 Bohrer 12 H7
```

| | | | |
|---|---|---|---|
| **Bestand am** | 01.01.20.. | 160 | |
| **Verr. Preis €** | 62,00 | **Wert €** | 9920,00 |
| **Lagerplatz** | 34766 | **Meldebestand** | 100 |
| **Lieferfrist (Tage)** | 10-18 | **Mindestbestand** | 20 |

| Datum | Beleg | Bestands-Änderung | | Bestand | | Bestellung | |
|---|---|---|---|---|---|---|---|
| | | Zugang | Abgang | tats. | disp. | Datum | Menge |
| 05.01. | WA 32 | | 58 | 102 | 82 | | |
| 27.01. | WA 33 | | 40 | 62 | 42 | | |
| | | | | | | | |
| | | | | | | | |

1. Vom Lager werden am 30. Januar 20.. 15 Zahnräder mit der Lagernummer 34766 gegen Werkstoff-Abgabeschein Nr. 34 an die Werkstätte II übergeben.

▶ Welche Änderungen ergeben sich in der Materialbestandsliste (Dispositionsliste) nach der Erfassung dieses Vorgangs?

2. Der folgende Bestellvorschlag wird vom Computer automatisch ausgedruckt.

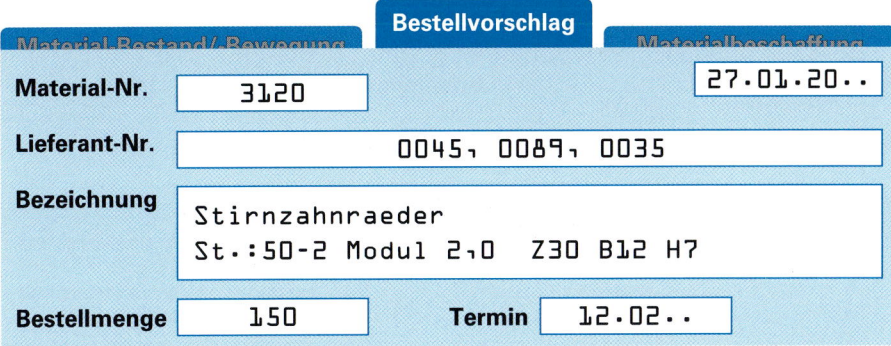

▶ Durch welchen Vorgang wurde der Bestellvorschlag im vorliegenden Fall ausgelöst?

3. Die Firma **Sauter** hat ihre Bezugsquelleninformationen in Dateien gespeichert. Die Materialbeschaffungsdatei enthält für alle benötigten Werkstoffe und Teile die bisherigen Lieferer, während in der Liefererdatei alle Lieferer, deren Angebotssortiment und die Konditionen erfasst sind.

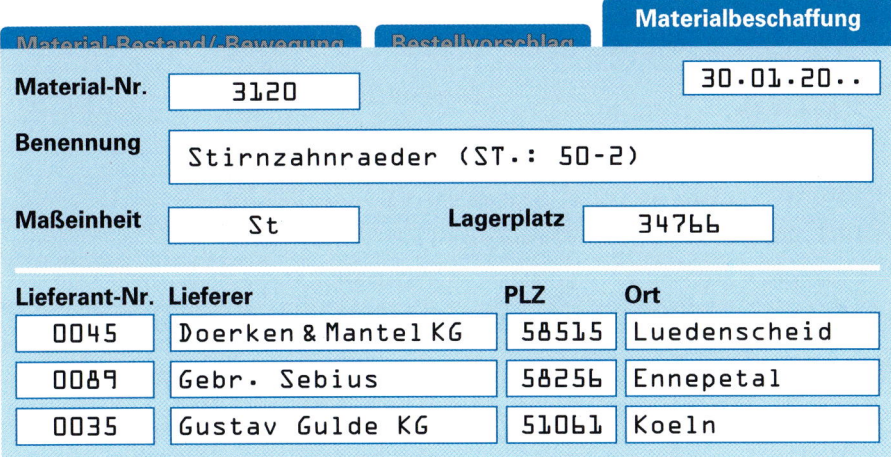

In der Einkaufsabteilung spricht am 30.01. d. J. ein Vertreter der **Zahnradfabrik Aschaffenburg** vor. Er bietet die entsprechenden Zahnräder wie folgt an:

*Stückpreis 58 EUR, Ziel 3 Monate, bei Zahlung innerhalb 14 Tagen 2 % Skonto. Bei einer Jahresabnahme von mindestens 1 000 Stück 12 % Mengenrabatt, Lieferzeit 3 Wochen, Verpackung frei, Preis ab Werk.*

Die Matenalprüfungsstelle stellt nach Untersuchung eines Musterzahnrades fest, dass die Beschaffenheit dieses Werkstoffes auf eine um 10 % geringere Verwendungsdauer schließen lässt.

Die Daten der **Zahnradfabrik Aschaffenburg,** Industriestraße 5, 63741 Aschaffenburg, sollen unter Lieferer Nr. 0115 aufgenommen werden.

a) In welcher Datei werden die Daten der Zahnradfabrik gespeichert?

b) Prüfen Sie anhand des Auszugs aus der Liefererdatei (Seite 160), welche Angaben des Vertreters als Bezugsquelleninformationen gespeichert werden.

c) In welcher Datei werden die Ergebnisse der Materialprüfstelle über die Qualität der Zahnräder gespeichert?

**Auszug aus der Liefererdatei**

### Lieferantendatei (Alphabetisch)

Ⓐ Ⓑ Ⓒ **Ⓓ** Ⓔ Ⓕ Ⓖ Ⓗ Ⓘ Ⓙ Ⓚ Ⓛ Ⓜ Ⓝ Ⓞ Ⓟ Ⓠ Ⓡ Ⓢ Ⓣ Ⓤ Ⓥ Ⓦ Ⓧ Ⓨ Ⓩ

**Stammdaten**      30.01.20..

| | |
|---|---|
| **Lieferer-Nr.** | 0045 |
| **Name** | Doerken & Mantel KG, Feinmechanik |
| **Straße** | Europa-Allee 145 |
| **PLZ, Ort** | D-58515   Luedenscheid |
| **Telefon** | 02351   34675   **Zuständig** Herr Finke |
| **Fax** | 02351   45673   **E-Mail** finke@dmkg.de |

| **Mat.-Nr.** | **Stückpreis** | **Rabatt** |
|---|---|---|
| 3120 Zahnraeder | 70,50 | 10% ab 1000 |

| **Skonto** 0 | **Skonto-Tage** 0 | **Zahlungsziel** 0 | **Lieferzeit** 0 |
|---|---|---|---|

**Text** gute Qualitaet

**Lieferbed.** ab Werk    **Sonst.** Verp. extra    **Unterl.** A 15.08.20..

**Unterlagen:**   A = Angebot    P = Preisliste    K = Katalog    V = Vertreterbesuch    M = Messe    Z = Zeitschrift

Ⓐ Ⓑ Ⓒ Ⓓ Ⓔ Ⓕ Ⓖ Ⓗ Ⓘ Ⓙ Ⓚ Ⓛ Ⓜ Ⓝ Ⓞ Ⓟ Ⓠ Ⓡ **Ⓢ** Ⓣ Ⓤ Ⓥ Ⓦ Ⓧ Ⓨ Ⓩ

**Stammdaten**      30.01.20..

| | |
|---|---|
| **Lieferer-Nr.** | 0089 |
| **Name** | Serbius, Gebr. |
| **Straße** | Bergische Strasse 45 |
| **PLZ, Ort** | D-58256   Ennepetal |
| **Telefon** | 02333   12365   **Zuständig** Herr Sauer |
| **Fax** | 02333   29448   **E-Mail** sauer@serbius.de |

| **Mat.-Nr.** | **Stückpreis** | **Rabatt** |
|---|---|---|
| 3120 Zahnraeder | 63,60 | ----- |

| **Skonto** 0 | **Skonto-Tage** 0 | **Zahlungsziel** 30 | **Lieferzeit** 20 |
|---|---|---|---|

**Text** Lieferzeit ueberzogen, Qualitaet o.k.

**Lieferbed.** ab Werk    **Sonst.** inkl. Verp.    **Unterl.** P 04.12.20..

**Unterlagen:**   A = Angebot    P = Preisliste    K = Katalog    V = Vertreterbesuch    M = Messe    Z = Zeitschrift

4. Die Griffe der Handräder für Quer- und Senkrechtbewegung sollen künftig mit Kunststoff überzogen werden. Der Leiter der Abteilung Einkauf beauftragt seinen Assistenten mit der Analyse des Beschaffungsmarktes. Es soll festgestellt werden, von welchen Herstellern oder Händlern geliefert werden kann. Daraufhin müssen die Liefer- und Zahlungsbedingungen verglichen und anschließend Verhandlungen mit den Lieferern geführt werden.
Welche Möglichkeiten gibt es, Lieferer ausfindig zu machen?

5. Die in der Lieferdatei gespeicherten Daten der Firma G. Gulde KG, Leverkusener Straße 102–104, 51061 Köln, sollen aktualisiert werden.
   a) Formulieren Sie die schriftliche Anfrage.
   b) Halten Sie es für wirtschaftlich gerechtfertigt, die Liefererdatei laufend zu ergänzen?

6. Aufgrund Ihrer Anfrage trifft folgendes Angebot ein:

**ZAHNRAD- UND WERKZEUGFABRIK**

G. Gulde KG, Leverkusener Str. 102–104, 51061 Köln

51061 KÖLN, den  ..-02-01
Leverkusener Str. 102–104
Tel. 0 21 21/56 82 16
www.ggulde.de
Bank: Handelsbank Köln
BLZ:  37050312
Kto.:  13475

**Fräsmaschinenfabrik**
**Rudolf Sauter**
**Postfach 90**

**09111 Chemnitz**

| Ihre Zeichen | Ihre Nachricht vom | Unser Zeichen | Unsere Nachricht vom | Tel.-Durchwahl |
|---|---|---|---|---|
| s-w | ..-27-01 | | | |

Stirnzahnräder


Sehr geehrte Damen und Herren,

wir danken für Ihre Anfrage und bieten an:

   150 Stirnzahnräder (St. 50-2) Modul 2,0, Zähne 30,
   Bohrung 12 H 7. Stückpreis 66,40 EUR,
   frachtfrei bei Abnahme von mindestens 100 Stück.

   Verpackungskostenpauschale: 90,00 EUR

Bei Rücksendung der Verpackung erfolgt Gutschrift von 2/3
der Verpackungskosten

Ziel 60 Tage, bei Zahlung innerhalb 8 Tagen 3 % Skonto.

Unsere Lieferfrist beträgt gegenwärtig 3-4 Wochen.
Bei kürzerer Lieferzeit (innerhalb von 8 Tagen) berechnen
wir einen Aufschlag von 5%.


Mit freundlichen Grüßen

GUSTAV GULDE KG
Zahnrad- und Werkzeugfabrik


*Wagnerberger*

Wagnerberger

▶   Um welche Daten ist die Liefererdatei zu ergänzen?

7. Nehmen Sie einen Angebotsvergleich nach folgendem Muster vor. Berücksichtigen Sie dabei nur die Lieferer, die im vorliegenden Fall infrage kommen.

Nehmen Sie bei **Dörken u. Mantel** als Versandkosten 200 EUR und als Verpackungskosten 100 EUR an.

Firma **Sauter** zahlt grundsätzlich unter Inanspruchnahme von Skonto.

| Name des Lieferers | | | |
|---|---|---|---|
| | | **Stückpreise** | |
| Listenpreis | | | |
| – Rabatt | | | |
| + Zuschläge | | | |
| = Zieleinkaufspreis | | | |
| – Skonto | | | |
| = Bareinkaufspreis | | | |
| + Verpackungskosten | | | |
| + Transportkosten | | | |
| = Einstandspreis | | | |
| Bestellmenge | | | |
| Einstandspreis für die gewünschte Menge | | | |

▶ 8. a) Wählen Sie den geeigneten Lieferer und begründen Sie Ihre Entscheidung.

▶     b) Ermitteln Sie die Mehrkosten, die dadurch entstanden sind, dass nicht rechtzeitig bestellt werden konnte (Fehlmengenkosten).

▶ 9. Formulieren Sie die Bestellung an den von Ihnen ausgewählten Lieferer mit Datum vom 04.02.20...

10. Auch die Bestelldaten werden bei der Firma Sauter mittels EDV erfasst und verwaltet. Die Bildschirmmaske hat folgendes Aussehen:

Das von der Firma Sauter benutzte EDV-Programm ermöglicht es, Daten, die bereits in anderen Dateien gespeichert sind, automatisch in die Eingabemaske »Bestellung bearbeiten« zu übernehmen.

▶     Stellen Sie fest, welche Daten aufgrund der Bestellung vom 04.02.20.. neu erfasst werden müssen bzw. welche Daten aus der Liefererdatei direkt in die Eingabemaske übertragen werden können.

▶ 11. Welche Daten aus der Eingabemaske »Bestellung bearbeiten« werden im vorliegenden Fall in die Datei »Materialbestand und -bewegung« übertragen?

▶ 12. Für die Terminüberwachung kann mittels des EDV-Programms eine Bestell-Rückstandsliste ausgelruckt werden. Darin sind alle fälligen, aber noch nicht eingegangenen Bestellungen aufgelistet.
   a) Welche Daten sind für die Erstellung dieser Fälligkeitsliste nötig?
   b) Warum ist eine derartige Terminüberwachung unbedingt notwendig?

13. Am 10.02.20.. geht bei der Fräsmaschinenfabrik **Sauter** von der Güterabfertigung Pforzheim die telefonische Meldung ein, dass die Sendung Zahnräder zur Abholung bereitsteht. Sie wird sofort durch den betriebseigenen Lkw abgeholt. Der Fahrer bringt die Sendung ins Lager. Im Lager wird die Ware geprüft und für in Ordnung befunden.

▶     a) Erstellen Sie die Wareneingangsmeldung nach folgendem Muster:

| Wareneingangsmeldung | | | | Nr. |
|---|---|---|---|---|
| **Lieferer** | | | | |
| **Eingangsdatum** | **Bezeichnung** | **Menge** | **Bemerkungen** | **Verpackung** |
|  |  |  |  |  |
|  |  |  |  |  |
|  |  |  |  |  |
|  |  |  |  |  |
|  |  |  |  |  |
|  |  |  | Lagerverwalter | |
|  |  |  | ............................................. | |

▶     b) Warum muss der Eingang der Sendung weitergemeldet werden?

▶     c) Welche Datenänderungen ergeben sich nach der EDV-mäßigen Erfassung des Wareneingangs?

▶ 14. Auf die eingegangene Rechnung für die gelieferten 150 Stirnzahnräder kommt folgender Rechnungseingangsstempel:

| Eingang | | Rech.-Nr. | |
|---|---|---|---|
| **Rechnung geprüft** | **Ware geprüft** | gebucht | angewiesen |
|  |  |  | bezahlt |

▶     a) Welche Daten sind für die Rechnungsprüfung erforderlich, um sie buchungs- und zahlungsreif zu machen?

▶     b) Welche Abteilungen des Betriebes sind an der weiteren Erledigung der Rechnung beteiligt?

15. Der EDV-gestützten Abwicklung des Beschaffungsvorgangs lieg bei der Maschinenfabrik **Sauter** folgender Datenflussplan zugrunde:

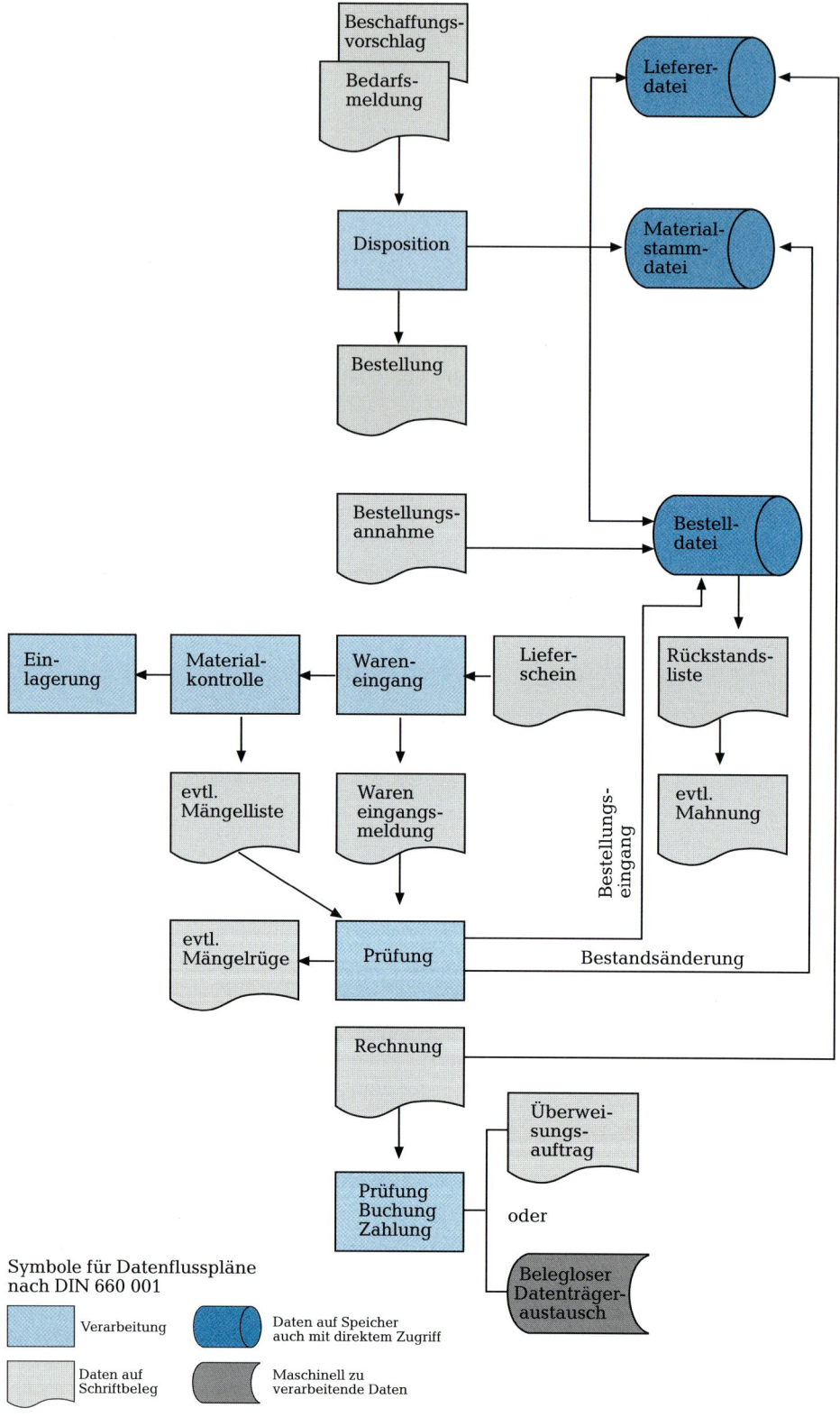

▶  a) Erläutern Sie den Ablauf des gesamten Beschaffungsvorgangs anhand des Datenflussplans.

▶  b) Auf welche Datei muss zugegriffen werden, wenn der Einkäufer sich eine Liste der in der nächsten Woche fälligen Lieferungen ausdrucken lassen will?

▶  c) Wie kann festgestellt werden, ob ein Lieferer den vereinbarten Liefertermin überschritten hat?

# Kosten der Materialwirtschaft

## 6.02  Einstandspreis der Beschaffungsmenge – Unmittelbare (bestellmengenabhängige) und mittelbare (bestellmengenunabhängige, bestellfixe) Beschaffungskosten

1. Ein Betrieb der Autozuliefererindustrie stellt u. a. Lichtmaschinen her. Die dazu benötigten Ankerwellen werden bei einem auf fein- und elektromechanische Kleinteile spezialisierten Betrieb beschafft.

**Daten:**

| | | |
|---|---|---|
| Grundpreis (Listenpreis) | 100 EUR je Einheit | |
| Bestand zu Beginn der Planperiode: | 3 000 | Einheiten |
| geplanter Schlussbestand: | 2 000 | Einheiten |
| erwarteter Bedarf der Planperiode: | 18 000 | Einheiten |

Liefer- und Zahlungsbedingungen:

Fracht 1 % vom Bareinkaufspreis
Verpackung 20 EUR je 100 Einheiten,
bei Zahlung innerhalb von 8 Tagen 3 % Skonto,

| Rabatte: | 2 000– 6 000 Einheiten | 5 % |
|---|---|---|
| | 6 001–25 000 Einheiten | 10 % |
| | 25 001–50 000 Einheiten | 15 % |

Die Liquiditätslage lässt einen Skontoabzug zu.

Die Planperiode entspricht einem Monat.

▶  Ermitteln Sie den Einstandspreis der Ankerwellen für die nächste Planperiode.

2. Nachstehende Kosten entstehen im Zusammenhang mit der Beschaffungsfunktion:

Briefporto, Mietkosten, Transportversicherung (wird in Prozent des Einkaufswertes berechnet), Verpackung, Personalkosten, Rechnungspreis der Rohstoffe, Abschreibungen, Importzoll, Büromaterial.

▶  Ordnen Sie diese Kostenarten nach mittelbaren (bestellmengenunabhängigen bzw. bestellfixen) und unmittelbaren (bestellmengenabhängigen) Beschaffungskosten.

## 6.03  Lagerkostenarten – Lagerzins

**Radio-Bär** in **Kitzingen (Main)** verkaufte in den letzten Monaten des vergangenen Jahres Farbfernsehgeräte in folgenden Stückzahlen:

| | |
|---|---|
| im September | 10 Geräte |
| im Oktober | 14 Geräte |
| im November | 17 Geräte |
| im Dezember | 25 Geräte |

Ende August dieses Jahres hat das Unternehmen 80 Stand-Farbfernsehgeräte auf Lager. Von **Elektro-Schall GmbH, Erlangen,** erhält **Radio-Bär** folgendes Sonderangebot:

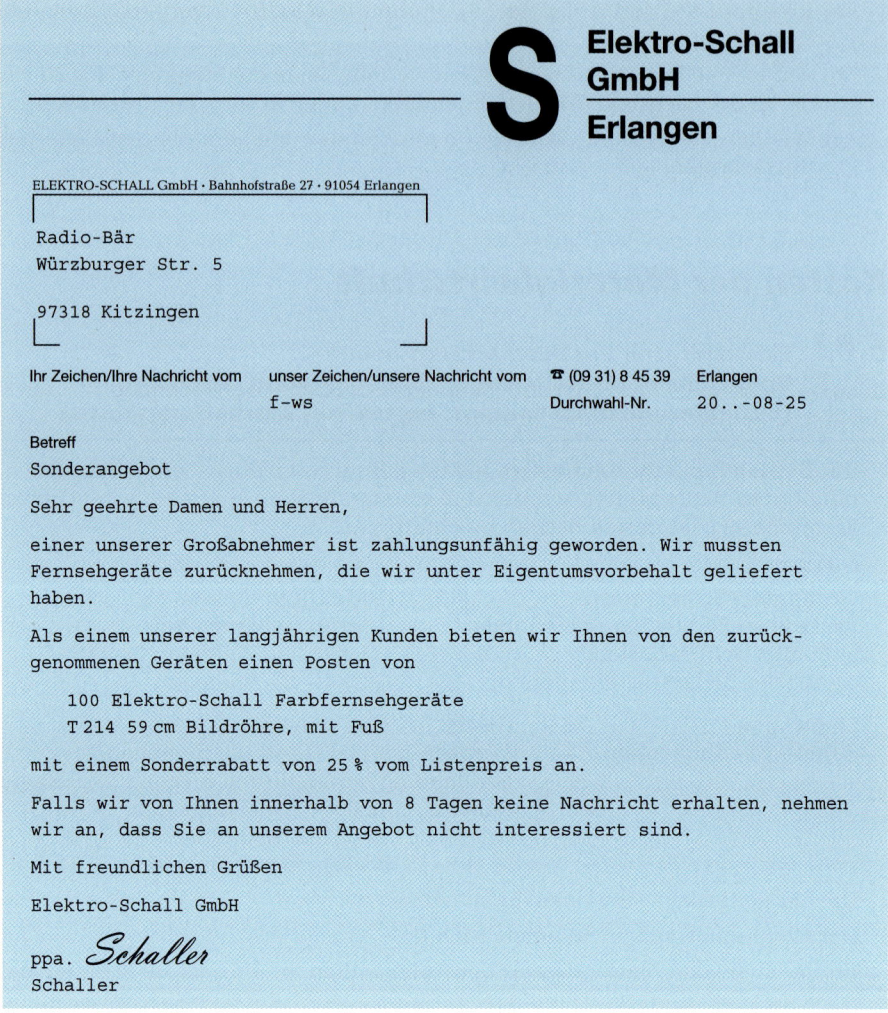

**S** Elektro-Schall
GmbH
Erlangen

ELEKTRO-SCHALL GmbH · Bahnhofstraße 27 · 91054 Erlangen

Radio-Bär
Würzburger Str. 5

97318 Kitzingen

| Ihr Zeichen/Ihre Nachricht vom | unser Zeichen/unsere Nachricht vom | ☎ (09 31) 8 45 39 | Erlangen |
|---|---|---|---|
| | f-ws | Durchwahl-Nr. | 20..-08-25 |

Betreff
Sonderangebot

Sehr geehrte Damen und Herren,

einer unserer Großabnehmer ist zahlungsunfähig geworden. Wir mussten
Fernsehgeräte zurücknehmen, die wir unter Eigentumsvorbehalt geliefert
haben.

Als einem unserer langjährigen Kunden bieten wir Ihnen von den zurück-
genommenen Geräten einen Posten von

        100 Elektro-Schall Farbfernsehgeräte
        T 214 59 cm Bildröhre, mit Fuß

mit einem Sonderrabatt von 25 % vom Listenpreis an.

Falls wir von Ihnen innerhalb von 8 Tagen keine Nachricht erhalten, nehmen
wir an, dass Sie an unserem Angebot nicht interessiert sind.

Mit freundlichen Grüßen

Elektro-Schall GmbH

ppa. *Schaller*
Schaller

▶ 1. a) Schätzen Sie für die Zeit vom 01.09. bis zum 31.12. d. J. den Bedarf, wenn Herr
**Bär** mit einer Absatzsteigerung von ca. 50 % gegenüber dem gleichen Zeitraum
des Vorjahres rechnet.

▶ b) Welche Fehlmenge würde sich in dem Zeitraum vom 01.09. bis 31.12. ergeben,
wenn er keine Neubestellung vornehmen würde?

▶ c) Welche Nachteile können sich für das Unternehmen durch Fehlmengen ergeben?

▶ 2. Würden Sie von dem Angebot der **Elektro-Schall GmbH** Gebrauch machen? (Für
die Bezahlung der Geräte steht ein ausreichender Bankkredit zur Verfügung.)

Begründen Sie Ihre Entscheidung.

3. Die Gewinn-und-Verlust-Rechnung der **Firma Radio-Bär** weist folgende Aufwandsarten auf:

Löhne, Gehälter, soziale Aufwendungen, Miete, Sachkosten für Geschäftsräume
(Heizung, Beleuchtung, Reinigung), Werbung, Zinsaufwendungen, Abschreibungen auf Geschäftsausstattung, sonstige Geschäftskosten (Postkosten, Büromaterial), Versicherungen.

▶ a) Welche dieser Aufwandsarten können auch durch die Lagerung der Ware verursacht worden sein?

▶ b) Prüfen Sie für jede Aufwandsart, die durch die Lagerung der Ware verursacht worden sein kann (siehe 3. a), ob sie durch die Lagereinrichtung, Lagerverwaltung oder Lagervorräte entsteht.

4. Ein Geschäftsfreund des Herrn **Bär** sagt im Gespräch, dass bei ihm der Zins für das im Lager angelegte Kapital keine Rolle spiele, weil er keine Kredite benötige.

▶ Wie beurteilen Sie diese Behauptung?

## 6.04 Lagerhaltungskostensatz

In einem Betrieb der Textilindustrie bemängelt der Leiter des Rechnungswesens, dass die Lagerhaltung zu hohe Kosten verursache. Um dies nachzuweisen, hat er zunächst folgende Daten der letzten vier Jahre zusammengestellt.

| Jahr | Lagerhaltungskosten in EUR | durchschnittlicher Lagerbestand in EUR | Lagerhaltungs-kostensatz |
|---|---|---|---|
| 1 | 152 000 | 800 000 | 19,0% |
| 2 | 270 000 | 1 500 000 | 18,0% |
| 3 | 340 000 | 2 000 000 | 17,0% |
| 4 | 297 500 | 1 700 000 | 17,5% |

▶ 1. Ermitteln Sie die Formel zur Berechnung des Lagerhaltungskostensatzes.

▶ 2. Beurteilen Sie die Entwicklung der Lagerhaltungskosten und des Lagerhaltungskostensatzes.

3. Im 3. Jahr waren die Lagerkapazitäten vollständig ausgelastet.

▶ a) Wie lässt es sich erklären, dass beim Rückgang des durchschnittlichen Lagerbestandes im 4. Jahr die Lagerhaltungskosten weniger stark gesunken sind als der durchschnittliche Lagerbestand?

▶ b) Ermitteln Sie, welche der folgenden Kosten im 4. Jahr dazu beigetragen haben können, dass der Lagerhaltungskostensatz trotz Verringerung des durchschnittlichen Lagerbestandes gestiegen ist:

- Abschreibungen auf das Lagergebäude,
- Zinsen für die Finanzierung des Lagergebäudes,
- Kosten durch Schwund und Verderb,
- Zinsen für das in den Lagervorräten investierte Kapital,
- Gehalt des Lagerverwalters,
- Versicherungsprämie für den Lagerbestand.

## 6.05 Lieferbereitschaftsgrad (Servicegrad) – Fehlmengenkosten

Ein Baustoffhändler möchte aus Konkurrenzgründen jederzeit sofort lieferfähig sein. Um dieses Ziel zu erreichen, sorgt er bei allen Artikeln am Monatsanfang für entsprechend hohe Lagerbestände, indem er die Anfangsbestände des entsprechenden Vorjahresmonats um einen Sicherheitsbestand von 15 % erhöht.

Aufgrund dieser Lagerhaltungspolitik ergibt sich im ersten Halbjahr bei Betonplatten folgende Bestandsentwicklung:

| Monat | Täglich sofort lieferbare Mengen (durchschnittlicher Lagerbestand pro Tag) | Durchschnittliche Nachfrage pro Tag |
|---|---|---|
| Januar | 50 | 30 |
| Februar | 40 | 30 |
| März | 40 | 35 |
| April | 120 | 100 |
| Mai | 180 | 160 |
| Juni | 150 | 130 |
| **Durchschnitt** | **580/6 = 96,66** | **485/6 = 80,83** |

▶ 1. Berechnen Sie den durchschnittlichen Lieferbereitschaftsgrad (Servicegrad) im ersten Halbjahr nach folgender Formel:

$$\text{Lieferbereitschaft (Servicegrad)} = \frac{\text{sofort lieferbare Mengen}}{\text{insgesamt nachgefragte Mengen}} \times 100$$

2. Ein Betriebsberater weist den Händler auf die hohen Lagerkosten hin, die diese Lagerhaltungspolitik verursacht. Er legt ihm zur Veranschaulichung folgende Grafik vor:

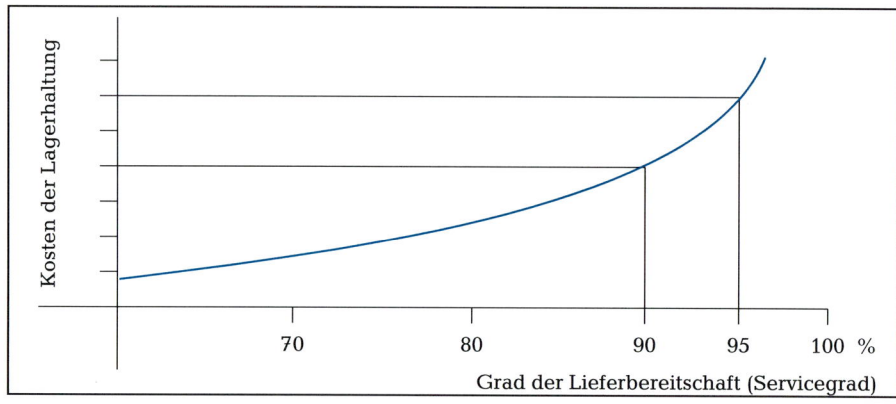

▶ Erläutern Sie die dargestellten Zusammenhänge.

3. Der Baustoffhändler hat aus Kostengründen seine Lagerhaltungspolitik geändert und auf eine ständige Lieferfähigkeit verzichtet. Für das zweite Halbjahr ergibt sich als Folge davon für Betonplatten folgende Bestandsentwicklung:

| Monat | Täglich sofort lieferbare Mengen (durchschnittlicher Lagerbestand pro Tag) | Durchschnittliche Nachfrage pro Tag |
|---|---|---|
| Juli | 130 | 150 |
| August | 80 | 90 |
| September | 150 | 160 |
| Oktober | 120 | 130 |
| November | 150 | 160 |
| Dezember | 60 | 70 |
| **Durchschnitt** | **690/6 = 115** | **760/6 = 126,66** |

▶ Berechnen Sie den durchschnittlichen Lieferbereitschaftsgrad (Servicegrad) für das zweite Halbjahr.

4. Im Dezember bestellte ein Großkunde überraschend 400 Betonplatten zur kurzfristigen Lieferung. Der Hersteller, von dem der Großhändler die Betonplatten normalerweise bezieht, kann aber vor Anfang des nächsten Jahres diesen zusätzlichen Auftrag nicht ausführen. Um den Großkunden nicht zu verlieren, beschafft sich der Baustoffhändler die erforderliche Menge bei einem anderen Hersteller. Dort sind die Platten aber ca. 5 % teurer. Außerdem muss der Baustoffhändler die Platten mit seinem eigenen Lkw am Werk abholen.

▶ Erläutern Sie anhand dieser Situation und des folgenden Schaubildes, welches Risiko ein Absinken des Lieferbereitschaftsgrades (Servicegrades) mit sich bringt. Nennen Sie Beispiele für die möglicherweise anfallenden Kosten.

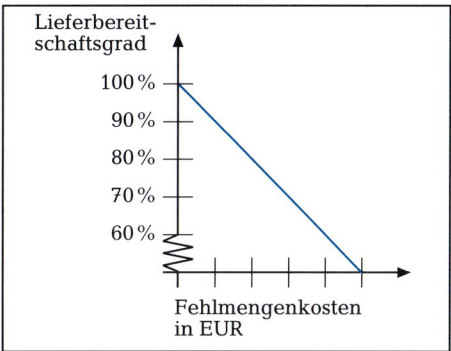

## 6.06 Eigenfertigung oder Fremdbezug (Make or Buy) – Schlanke Produktion (Lean Production)

Ein Automobilwerk verfolgt nach dem Vorbild der japanischen Automobilindustrie die Strategie der sog. »Schlanken Produktion« (Lean Production). Dazu soll u. a. die Fertigung mehr auf das eigentliche Hauptprodukt konzentriert und die Herstellung einzelner Bauteile verstärkt den Zulieferern überlassen werden. Wesentliche Ziele sind dabei

– kostengünstige Produktion bei hoher Qualität,
– kurze Lieferzeiten,
– flexibles und schnelles Reagieren auf Kundenwünsche.

Ein bestimmtes Modell aus der Produktionspalette des Automobilwerkes ist wahlweise mit einem Vier- oder Fünfganggetriebe lieferbar. Bisher wurden beide Getriebearten im Werk selbst hergestellt. Aufgrund gestiegener Nachfrage, die sich insbesondere auf das Modell mit Fünfganggetriebe bezieht, sind die vorhandenen Kapazitäten für die Getriebefertigung in absehbarer Zeit erschöpft. Das Unternehmen steht daher vor der Entscheidung, zusätzliche Produktionsanlagen für die Getriebeherstellung einzurichten (Eigenfertigung) oder die Vierganggetriebe künftig bei einem Zulieferer in Auftrag zu geben (Fremdbezug). Bisher bezieht das Automobilwerk bereits mehr als die Hälfte aller benötigten Einzelteile von Zulieferern. Die Fertigungstiefe des Betriebes liegt somit unter 50 %.

1. Für den Beschaffungsbereich bedeutet die Strategie der »Schlanken Produktion« u. a. eine weitere Verringerung der Fertigungstiefe, vermehrten Zukauf von vormontierten Teilen, Verringerung der Zahl der Zulieferer.

▶ a) Nennen Sie Vor- und Nachteile, die eine solche Verringerung der Fertigungstiefe für den Automobilhersteller mit sich bringen kann.

▶ b) Welche Voraussetzungen müssen im Bereich der Beschaffung vorliegen, damit die geplante Verringerung der Fertigungstiefe für den Automobilhersteller sinnvoll ist?

2. Ein Zulieferer, mit dem der Automobilhersteller in zufriedenstellender Weise bereits eng zusammenarbeitet, bietet die Vierganggetriebe in der erforderlichen Qualität zum Stückpreis von 2 000 EUR an. Bei Eigenfertigung würden monatliche Fixkosten in Höhe von 2 Mio. EUR und variable Kosten in Höhe von 1 500 EUR je Stück anfallen. Monatlich werden ca. 5 000 Getriebe benötigt.

▶  a)  Was ist für das Automobilwerk in dieser Situation kostengünstiger: *Make or Buy?*

▶  b)  Bestimmen Sie rechnerisch und grafisch die »kritische Menge«, ab der die Eigenfertigung günstiger als der Fremdbezug ist.

▶  c)  Würde sich die Entscheidung ändern, wenn der Zulieferer bereit wäre, bei einer monatlichen Mindestabnahme von 4 000 Stück 10 % Rabatt zu gewähren?

▶ 3. Bei Fremdbezug der Getriebe erfolgt die Lieferung *just in time,* d. h., der Zulieferer ist vertraglich verpflichtet, die Getriebe genau zum benötigten Zeitpunkt zu liefern. Andernfalls wird eine hohe Konventionalstrafe fällig. Die bisher für die Lagerung der Vierganggetriebe benutzten Lagerkapazitäten würden somit bei Fremdbezug der Getriebe frei. Hat dieser Umstand Einfluss auf die Entscheidung *Make or Buy?*

4. Bei der bisherigen Eigenfertigung der Getriebe wurde ständig der halbe Monatsbedarf (= 2 500 Stück) als Sicherheitsbestand wegen möglicher Produktionsausfälle auf Lager gehalten. Bei Fremdbezug wird hingegen vom Lieferer die pünktliche Lieferung garantiert, sodass sich ein Sicherheitsbestand erübrigt.

▶  a)  Wie hoch sind die monatlichen Lagerkosten für den Sicherheitsbestand, wenn mit einem Lagerkostensatz von 20 % gerechnet wird und die Lagerbestände zu ihren variablen Herstellkosten bewertet werden?

▶  b)  Überlegen Sie, wie sich die Berücksichtigung dieser Lagerkosten auf die Entscheidung *Make or Bu*y auswirkt.

▶  c)  Überprüfen Sie Ihre Überlegungen durch rechnerischen Nachweis, indem Sie die Änderungen ermitteln, die sich bei Berücksichtigung der Lagerkosten gegenüber den Lösungen von 2. a) und 2. c) ergeben.

# *Bedarfsplanung*

## *6.07*  Bedarfsermittlung – Bedarfsarten (Primärbedarf – Sekundärbedarf – Zusatzbedarf – Bruttobedarf – Nettobedarf – Beschaffungsbedarf)

Ein Hersteller von elektrischen Grillgeräten rechnet damit, im nächsten Jahr (Planungsperiode 1) 1 600 Grillgeräte absetzen zu können. Die Grillgeräte eignen sich auch zum Einsatz im Freien. Für diesen Zweck werden sie wahlweise mit einem fahrbaren Untergestell, auf das sich das Grillgerät montieren lässt, angeboten. Erfahrungsgemäß kaufen die Kunden in etwa der Hälfte aller Fälle zusätzlich ein solches Fahrgestell.

Der Hersteller hat zu Beginn der Planungsperiode 150 Grillgeräte und 75 Untergestelle auf Lager. Er plant, 1 500 Grills und 750 Untergestelle zu produzieren. Die für den Antrieb der Grillgeräte notwendigen Elektromotoren sowie die Räder für die Untergestelle (4 Stück je Gestell) bezieht das Unternehmen als fertige Teile. Zu Beginn der Planungsperiode sind noch 50 Elektromotoren und 200 Räder am Lager. Am Ende der Planungsperiode soll aus Sicherheitsgründen der Bestand an Elektromotoren 120 Stück und der Bestand an Rädern 240 Stück betragen.

Zunächst will der Hersteller den Bedarf an Motoren und Rädern für die Planungsperiode ermitteln (= **Bedarfsplanung**), bevor er dann in einem nächsten Schritt im Rahmen der **Beschaffungsplanung** die einzelnen Liefermengen und Lieferzeitpunkte festlegt sowie die entsprechenden Lieferer auswählt.

1. Unter **Primärbedarf** wird die Zahl der in der Planungsperiode herzustellenden End-
   produkte verstanden.

▶ Wie groß ist im vorliegenden Fall der Primärbedarf an Grillgeräten und Fahrgestel-
   len?

2. Der **Sekundärbedarf** bezieht sich auf die im Endprodukt enthaltenen Einzelteile.
   Für ein Einzelteil wird der Sekundärbedarf ermittelt, indem der Bedarf an End-
   produkten (Primärbedarf) mit der Menge des Einzelteiles, die für eine Einheit des
   Endprodukts nötigt ist, multipliziert wird.

> $$\frac{\text{Sekundärbedarf}}{\text{eines Einzelteils}} = \frac{\text{Bedarf an Endprodukten}}{\text{(Primärbedarf)}} \times \frac{\text{Menge des Einzelteils, die}}{\text{je Endprodukt benötigt wird}}$$

▶ Wie hoch ist der Sekundärbedarf für Motoren und Räder?

3. Erfahrungsgemäß benötigt der Hersteller 10 % des Sekundärbedarfs bei Motoren
   und Rädern als Ersatz- und Austauschteile (= **Zusatzbedarf).** Dieser Zusatzbedarf
   wird bei der Ermittlung der **Bruttobedarfs** wie folgt berücksichtigt:

   $$\begin{aligned} &\text{Sekundärbedarf} \\ + \;&\text{Zusatzbedarf} \\ \hline = \;&\text{Bruttobedarf} \end{aligned}$$

▶ Berechnen Sie den Bruttobedarf für Motoren und Räder.

▶ 4. Wie viele Motoren und Räder muss die Einkaufsabteilung aufgrund der Bedarfsplanung beschaffen (= **Nettobedarf** bzw. **Beschaffungsbedarf)**?

▶ 5. Die Bedarfsplanung soll fortgeschrieben werden. Für die Planungsperiode 2 wird
   mit einem Verkauf von 2 000 Grillgeräten gerechnet. Außerdem wird ein Lagerbestand von 350 Geräten angestrebt. Der Lagerbestand an Elektromotoren soll auf
   250 Stück erhöht werden.

▶ a) Berechnen Sie den Nettobedarf (Beschaffungsbedarf) für die Elektromotoren.

▶ b) Wie würde sich der Nettobedarf (Beschaffungsbedarf) für die Elektromotoren in
   der Planungsperiode 2 ändern, wenn

   – einerseits 50 der am Lager befindlichen Motoren bereits für einen Sonder-
     auftrag reserviert sind und das Lager bald verlassen **(Vormerkbestand)**,

   – andererseits 100 Motoren bereits bestellt sind und ihre Lieferung innerhalb
     von 3 Wochen zugesagt ist **(Bestellbestand)**?

▶ 6. Stellen Sie die Berechnung des Nettobedarfs (Beschaffungsbedarfs) formelmäßig
   unter Verwendung folgender Größen dar: Sekundärbedarf, Zusatzbedarf, Bruttobedarf, anfänglicher Lagerbestand, Sicherheitsbestand, Vormerkbestand, Bestellbe-
   stand.

# Beschaffungsplanung
# Planung des Beschaffungszeitpunktes

## 6.08 Meldebestand – Mindestbestand – Fehlmengenkosten – Eiserner Bestand (Sicherheitsbestand)

Der durchschnittliche Absatz eines Baustoffgroßhändlers an Zement beträgt vom
1. Oktober bis 31. März 200 Tonnen täglich. Der Zement wird auf dem Wasserweg
angeliefert und trifft jeweils 12 Tage nach Abgang der Bestellung ein (der Monat ist
mit 30 Tagen zu rechnen).

▶ 1. Bei welchem Lagerbestand muss der Großhändler bestellen, damit er bis zum letzten Tag der Lieferfrist lieferfähig ist? Setzen Sie dabei voraus, dass Lieferung und Absatz wie erwartet erfolgen.

2. Am 5. Januar abends wird der Bestand von 2 400 Tonnen erreicht; es wird sofort neue Ware bestellt. Vom 11. bis 15. Januar je einschließlich ist jedoch der Wasserweg zugefroren, weshalb sich die Lieferung um diese Zeit verzögert.

▶ a) Ab wann und wie lange kann der Baustoffgroßhändler nicht mehr liefern?

▶ b) Welche Nachteile erwachsen ihm daraus?

▶ c) Wie hoch hätte sein Bestand bei Eintritt der Lieferungsverzögerung sein müssen, um auch unter diesen Umständen noch lieferfähig zu sein?

▶ d) Welche nicht vorhersehbaren Ursachen können außerdem zur Lieferunfähigkeit führen?

e) Künftig will der Großhändler für unvorhergesehene Fälle einen zusätzlichen, für 8 Tage ausreichenden Bestand halten.

▶ Bei welchem Lagerbestand muss er künftig bestellen?

### 6.09  Meldebestand – Höchstbestand – Bestellzeitpunkt – Bestellintervall

Ein Baustoffgroßhandelsbetrieb hat einen Tagesabsatz von 150 Tonnen Zement. Der Zement trifft regelmäßig 14 Tage nach Abgang der Bestellung ein. Der Großhändler will einen eisernen Bestand für 6 Tage haben.

▶ 1. Ermitteln Sie den Meldebestand.

▶ 2. Fassen Sie die Berechnung des Meldebestandes in einer Formel zusammen.

3. Die nachstehende Grafik zeigt den geplanten Verlauf des Lagerbestandes.

▶ Ermitteln Sie daraus so genau wie möglich folgende Daten: Mindestbestand – Höchstbestand – Meldebestand – Bestellmenge – Bestellzeitpunkt – Bestellintervall (Reichweite der Bestellmenge).

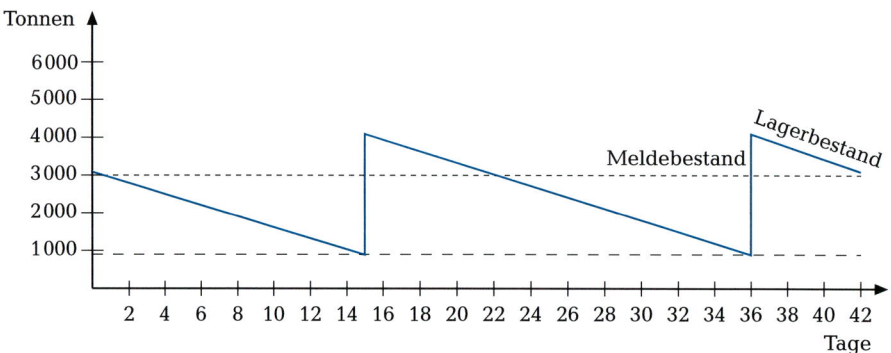

## Planung der Beschaffungsmenge

### 6.10  Optimale Bestellmenge: tabellarische, grafische und formelmäßige Ermittlung

Der Assistent der Geschäftsleitung einer Reutlinger Textilmaschinenfabrik soll den Zusammenhang zwischen Beschaffungskosten und Lagerkosten untersuchen, um daraus die günstigste Bestellmenge für die einzelnen Werkstoffe zu ermitteln.

Die Untersuchung führt er am Werkstoff Z 3042 durch.

Folgende Voraussetzungen und Daten werden der Untersuchung zugrunde gelegt:

– Die jährliche Beschaffungsmenge wird in gleichbleibende Bestellmengen aufgeteilt.
– Die Einstandspreise sind von der Bestellmenge und vom Bestellzeitpunkt unabhängig.
– Das Fertigungsverfahren ermöglicht einen gleichbleibenden Lagerabgang.
– Aufgrund von Vereinbarungen mit der Lieferfirma ist sichergestellt, dass zum Zeitpunkt des Aufbrauchs des Lagerbestandes immer die neue Lieferung eintrifft.
– Als durchschnittlicher Lagerbestand in Stück wird jeweils die halbe Bestellmenge angenommen.
– Mittelbare Beschaffungskosten (bestellfixe Kosten) je Auftrag: 40 EUR
– Jahresbedarf: 1 000 Einheiten
– Einstandspreis je Mengeneinheit: 12,50 EUR
– Lagerkostensatz: 16 %

1. Mithilfe des nachstehenden Tabellenmusters sollen Sie folgendes Problem lösen:

▶ Bei welcher Bestellmenge ist die Summe aus Beschaffungskosten und Lagerhaltungskosten, bezogen auf eine Mengeneinheit, am niedrigsten?

| Alternative Bestell-mengen | Anzahl der Bestellungen im Jahr | Durch-schnittlicher Lagerbestand (EUR) | Lagerkosten im Jahr (EUR) | Bestellfixe Kosten im Jahr (EUR) | Summe bestellfixe Kosten und Lagerkosten (EUR) | Unmittelbare Beschaf-fungskosten (Menge × Einstands-preis) (EUR) | Gesamte Kosten der Material-wirtschaft im Jahr (EUR) | Kosten der Material-wirtschaft je Einheit (EUR) |
|---|---|---|---|---|---|---|---|---|
| 1 | 2 | 3 | 4 | 5 | 6 | 7 | 8 | 9 |
| 50 | 20 | 312,50 | 50,00 | 800,00 | 850,00 | 12 500,00 | 13 350,00 | 13,35 |
| 100 | 10 | 625,00 | 100,00 | 400,00 | 500,00 | 12 500,00 | 13 000,00 | 13,00 |
| 125 | | | | | | | | |
| 200 | | | | | | | | |
| 250 | | | | | | | | |
| 500 | | | | | | | | |
| 1000 | | | | | | | | |

▶ 2. Überprüfen Sie Ihr Ergebnis von Aufgabe 1, indem Sie die unten dargestellten Kostenkurven in ein Koordinatensystem übertragen und die Summe aus bestellfixen Kosten und Lagerkosten (Spalte 6) als Kurve grafisch darstellen.

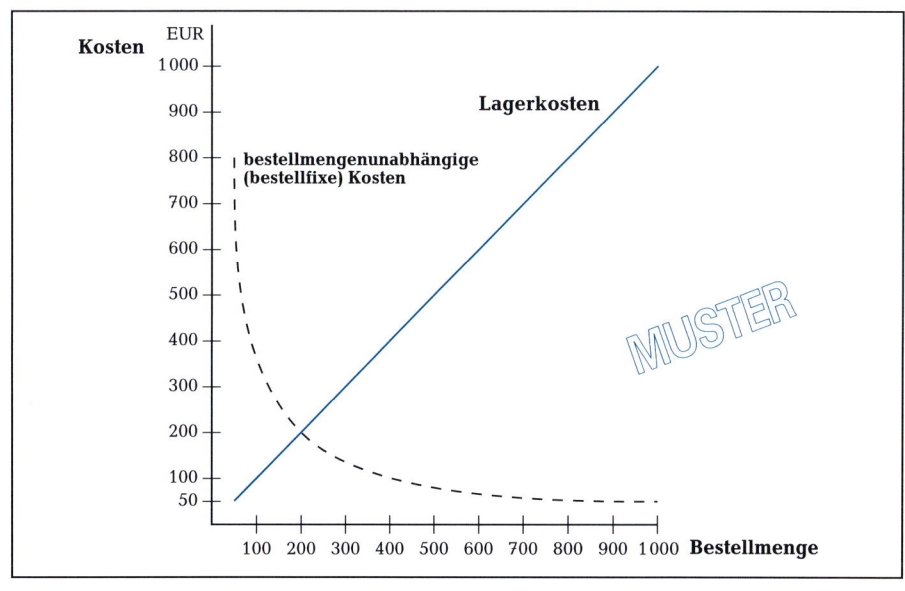

3. Die Berechnung der optimalen Bestellmenge kann auch mithilfe der folgenden mathematischen Formel erfolgen:

$$\text{Optimale Bestellmenge} = \sqrt{\frac{200 \times \dfrac{\text{bestellfixe Kosten je Bestellung}}{} \times \text{Jahresbedarf}}{\dfrac{\text{Einstandspreis je Mengeneinheit}}{} \times \dfrac{\text{Lagerhaltungs-kostensatz}}{}}}$$

▶ Ermitteln Sie die optimale Bestellmenge für den Werkstoff Z 3042 unter Verwendung der oben dargestellten Formel.

▶ 4. a) Überprüfen Sie die Voraussetzungen, die für die Berechnung der optimalen Bestellmenge angenommen wurden, auf ihre Praxisnähe.

▶    b) Halten Sie die Berechnung der optimalen Bestellmenge unter Annahme dieser Voraussetzungen für eine brauchbare betriebliche Entscheidungshilfe?

### *6.11* **Planspiel: Beschaffungsplanung und Lagerhaltung bei der Getränkehandlung LEMCO**

*Die Planspielunterlagen befinden sich auf der Begleit-CD zum Lehrerhandbuch.*

# *Angebotsvergleich und Liefererauswahl*

### *6.12* **Angebotsvergleich anhand des Einstandspreises**

Die **Microtec GmbH** stellt elektronische Steuerungsgeräte her. Für ein neu entwickeltes Gerät wird ein bestimmtes Bauteil benötigt, das von einem Zulieferer bezogen werden muss. Die **Microtec GmbH** holt daher folgende drei Angebote ein:

#### *Angebot 1: Mayer KG*

Stückpreis 22 EUR; 5 % Mindermengenzuschlag bei Bestellung von weniger als 200 Stück, Mengenrabatt von 5 % ab 1 000 Stück, Lieferung frei Haus, 2 % Skonto bei Zahlung innerhalb von 14 Tagen

#### *Angebot 2: Electronics GmbH*

Stückpreis 23 EUR, Mengenrabatt von 15 % ab 1 000 Stück, Verpackungskosten je 100 Stück 10 EUR, Lieferung frei Haus

#### *Angebot 3: Unisys GmbH*

Stückpreis 25 EUR, Mengenrabatt von 20 % ab 1 000 Stück, bei Bestellmengen unter 500 Stück Fracht- und Verpackungskostenpauschale in Höhe von 100 EUR, 3 % Skonto bei Zahlung innerhalb von 14 Tagen

Hinsichtlich Qualität und Liefererverhalten (Pünktlichkeit, Kulanz etc.) bestehen keine Unterschiede zwischen den drei Anbietern.

▶ 1. Da noch ungewiss ist, wie viele Bauteile die **Microtec GmbH** monatlich benötigt, soll der Einstandspreis pro Stück unter Ausnutzung von Skonto für folgende alternativen Beschaffungsmengen ermittelt werden: 100 Stück, 500 Stück und 1 000 Stück. Benutzen Sie dazu eine Tabelle nach folgendem Muster:

| | Mayer KG | | | Electronics GmbH | | | Unisys GmbH | | |
|---|---|---|---|---|---|---|---|---|---|
| Bestellmenge | 100 | 500 | 1 000 | 100 | 500 | 1 000 | 100 | 500 | 1 000 |
| **Stückpreise** | | | | | | | | | |
| Listenpreis | | | | | | | | | |
| – Rabatt | | | | | | | | | |
| + Zuschläge | | | | | | | | | |
| **= Zieleinkaufspreis** | | | | | | | | | |
| – Skonto | | | | | | | | | |
| **= Bareinkaufspreis** | | | | | | | | | |
| + Verpackung | | | | | | | | | |
| + Transport | | | | | | | | | |
| **= Einstandspreis** | | | | | | | | | |

▶ 2. Die **Microtec GmbH** entscheidet sich nicht für diejenige Bestellmenge, bei der der Einstandspreis am niedrigsten ist. Welche Gründe kann das haben?

## *6.13* Fallstudie[1]: Angebotsvergleich und Liefererauswahl – Entscheidungsbewertungstabelle

Ein Büromaschinen- und Computergroßhändler möchte sein Sortiment mit Personalcomputern der oberen Preisklasse abrunden. Er geht davon aus, dass er monatlich 50 Computer in diesem Marktsegment absetzen kann. Es liegen Angebote von drei Herstellern vor, mit denen bereits Geschäftsbeziehungen bei Computern anderer Größenklassen bestehen. Die Lieferbedingungen der drei Herstellerangebote lauten folgendermaßen:

Lösungsblatt

*1. Angebot: Simquick (Deutschland)*

Mindestmenge: 10 Stück; Stückpreis 1 500 EUR; je 10 Stück Verpackungskosten in Höhe von 50 EUR, 10 % Rabatt ab 40 Stück

*2. Angebot: Compair (Japan)*

Mindestmenge 50 Stück; Stückpreis 1 350 EUR frei Haus; bei Bezahlung innerhalb von 10 Tagen 2 % Skonto

*3. Angebot: Olinetto (Italien)*

Stückpreis 1 350 EUR; je 10 Stück wird eine Verpackungs- und Transportkostenpauschale von 50 EUR berechnet.

Der Leiter der Einkaufsabteilung beauftragt seinen Assistenten, die bisherigen Erfahrungen mit den drei Lieferern in einem Bericht zusammenzufassen und darin auch andere Informationen, die für die Entscheidungsfindung von Wichtigkeit sein können, aufzunehmen. Im Folgenden sind Auszüge aus diesem Bericht wiedergegeben.

### Simquick (Deutschland)

Die Abwicklung der bisherigen Lieferungen erfolgte zur vollen Zufriedenheit. Liefertermine werden genau eingehalten und die Lieferfristen sind sehr kurz. Die Qualität wird mit »gut« bewertet, was auch Untersuchungen der Stiftung Warentest bestätigt haben. Das Design ist etwas bieder, aber funktional. Bei berechtigten Rekla-

---

[1] Die Fallstudie ist angelehnt an: Ministerium für Kultus und Sport Baden-Württemberg, Modellversuch Fallstudien und Planspiele (FLAPS): »Entscheidung Abraham« von E. Liebhardt und G. Portune, Stuttgart 1979. Mit Genehmigung des MKS Stuttgart.

mationen erfolgt eine kurzfristige Garantieabwicklung. Alle Ersatzteile sind stets vorrätig und werden kurzfristig geliefert. Die technische Beratung ist einwandfrei.

Der Hersteller genießt auf dem deutschen Markt ein gutes Image, obwohl seine Marktstellung etwas schwächer als die der beiden ausländischen Konkurrenten ist. Das dem Handel zur Verfügung gestellte Prospektmaterial des Herstellers ist allerdings wenig informativ. Gezielte Werbemaßnahmen, die auf den Endverbrauch ausgerichtet sind, werden vom Hersteller nur in geringem Umfang durchgeführt.

### Compair (Japan)

Die deutsche Niederlassung dieses japanischen Herstellers ist mit deutschsprachigen Fachleuten, die technisch versiert sind und eine gute Beratung leisten, besetzt. Reklamationen werden großzügig und äußerst kulant abgewickelt. Ersatzteile sind in Deutschland stets vorrätig und werden kurzfristig geliefert. Der Hersteller hat in Deutschland bei mehreren seiner Produkte eine bedeutende Marktstellung und ein gutes Image. Speziell für die Computer der oberen Preisklasse plant der Hersteller innerhalb der nächsten 6 Monate einen intensiven Werbefeldzug, da er in diesem Marktsegment bisher in Deutschland noch nicht so stark vertreten ist. Dem Handel wird informatives Prospekt- und Werbematerial zur Verfügung gestellt.

Die Produkte weisen eine anerkannt gute Qualität auf. Das Design ist auffallend und ansprechend. Die Bestellungen werden ausschließlich über die deutsche Niederlassung abgewickelt und wurden bisher zufriedenstellend ausgeführt. Die Lieferzeiten sind etwa doppelt so lang wie bei dem deutschen Anbieter. Die zugesagten Liefertermine werden aber immer pünktlich eingehalten.

### Olinetto (Italien)

Der Hersteller kann, obwohl er ausschließlich Produktionsstätten in Italien hat, kurzfristig liefern. Die Qualität der Produkte ist gut. Im Vergleich zu den anderen Anbietern ist Olinetto aber für sein hervorragendes und ausgefallenes Design bekannt. Der Hersteller hat in Deutschland eher das Image eines »Billiganbieters«. Er verfügt aufgrund seiner Preisgestaltung über eine bedeutende Marktstellung.

Bei der Abwicklung der Bestellungen treten gelegentlich Sprachschwierigkeiten und damit zusammenhängende Falschlieferungen auf. Reklamationen werden hingegen von einem deutschsprachigen Kundendienst bearbeitet, der auch die technische Beratung einwandfrei vornimmt. Die Garantieabwicklung erfolgt aber manchmal etwas schleppend und mit vielen Rückfragen. Ersatzteile haben eine lange Lieferfrist. Außerdem können die vereinbarten Liefertermine aufgrund gelegentlicher Streiks manchmal nicht eingehalten werden. Von der Werbeabteilung des Herstellers ist bekannt, dass sie um aktive Verkaufspolitik bemüht ist und den Händlern hervorragende Unterstützung gewährt. Auch die Endverbraucher werden durch intensive Werbemaßnahmen vom Hersteller direkt angesprochen.

Auf der Basis des vorliegenden Berichts will der Leiter der Einkaufsabteilung der Geschäftsführung einen Vorschlag machen, bei welchem Lieferer die Computer künftig bezogen werden sollen. Der aus den Angeboten ermittelbare Einstandspreis soll dabei zunächst eine untergeordnete Rolle spielen und nur dann als zusätzliche Entscheidungshilfe herangezogen werden, wenn sonst keine eindeutige Lösung gefunden werden kann.

*Vorgehensweise:*

1.  Aus dem **Bericht** werden geeignete Kriterien ausgewählt, anhand derer die drei Hersteller verglichen werden können (z. B. Lieferzeit, Garantieabwicklung, Qualität usw.). Die Kriterien werden in die erste Spalte der Entscheidungsbewertungstabelle eingetragen.
2.  Die ausgewählten Kriterien werden nach ihrer Bedeutung mit Gewichtungspunkten (W) von 1 bis 10 in der zweiten Spalte der Entscheidungsbewertungstabelle versehen.
    Dabei müssen nicht alle Gewichtungspunkte von 1 bis 10 vergeben werden. Es können auch mehrere Kriterien gleiche Punktzahlen aufweisen.

3. Die Ausprägung der einzelnen Kriterien bei den drei Herstellern wird in den Spalten B mit Punkten von 0 bis 3 bewertet. Dabei ist folgende Bewertungstabelle zu benutzen:

| | |
|---|---|
| *sehr gute Ausprägung (sehr hoher Nutzen)* | *= 3 Bewertungspunkte* |
| *gute Ausprägung (hoher Nutzen)* | *= 2 Bewertungspunkte* |
| *mäßige Ausprägung (geringer Nutzen)* | *= 1 Bewertungspunkt* |
| *schwache oder keine Ausprägung (kein Nutzen)* | *= 0 Bewertungspunkte* |

4. Die Gewichtungspunkte (W) werden mit den Bewertungspunkten (B) multipliziert. Für jeden Hersteller ist die Summe aus den Ergebnissen W · B zu ermitteln.

| Entscheidungskriterien | W | Simquick | | Compair | | Olinetto | |
|---|---|---|---|---|---|---|---|
| | | B | G = W · B | B | G = W · B | B | G = W · B |
| 1. | | | | | | | |
| 2. | | | | | | | |
| usw. | | | | | | | |
| Summe | | | | | | | |

Aus den vorliegenden Angeboten wird jeweils der Einstandspreis je Stück ermittelt. Dabei ist eine Bestellmenge von 50 Stück zugrunde zu legen und davon auszugehen, dass der Großhändler den Skontoabzug nutzt.

| | Simquick | Compair | Olinetto |
|---|---|---|---|
| Bestellmenge | 50 Stück | 50 Stück | 50 Stück |
| **Stückpreise** | | | |
| Listenpreis | | | |
| – Rabatt | | | |
| + Zuschläge | | | |
| = Zieleinkaufspreis | | | |
| – Skonto | | | |
| = Bareinkaufspreis | | | |
| + Verpackung | | | |
| + Transport | | | |
| = Einstandspreis | | | |

# ABC-Analyse als Hilfsmittel der Beschaffungsplanung

### 6.14 ABC-Analyse als Grundlage für Wirtschaftlichkeitsuntersuchungen im Bereich der Lagerhaltung

Bei der **Schneider GmbH**, einem Holz verarbeitenden Betrieb, konnten in letzter Zeit des Öfteren Aufträge nicht termingerecht fertiggestellt werden. Teilweise war das dadurch bedingt, dass benötigte Holzfurniere nicht in ausreichender Menge am Lager waren und erst mit Verspätung beschafft werden konnten. Dem Einkaufsleiter, Herrn **Mayer,** wird daraufhin von der Geschäftsleitung vorgehalten, die Materialbestellungen nicht rechtzeitig vorgenommen zu haben. Herr **Mayer** betont demgegenüber, er habe lediglich die Anordnung der Geschäftsleitung befolgt, die Lagerbestände so niedrig wie möglich zu halten, um dadurch Kapitalbindung und Lagerkosten zu verringern. Außerdem seien die Lagerbestandslisten, die ihm für seine Bestellungen zur Verfügung stehen, nicht immer auf dem neuesten Stand. Die eigentliche Ursache sieht der Einkaufsleiter aber darin, dass er und die ihm in seiner Abteilung zugeteilte Hilfskraft mit der Abwicklung der gesamten Materialbeschaffung (u. a. Marktbeobachtung, Liefererauswahl, Verhandlungsführung, Bestellungen, Termin- und Qualitätskontrolle) zeitlich überfordert seien. Insbesondere die termingerechte Beschaffung der vielfältigen Kleinmaterialien (Leisten, Schrauben, Nägel, Dübel, Klebstoff etc.) nehme so viel Zeit in Anspruch, dass kaum Möglichkeiten bestünden, sich intensiv mit der Beschaffung der Holzfurniere zu befassen. Nachdem die Geschäftsleitung deutlich gemacht hat, dass an eine personelle Ausweitung der Einkaufsabteilung durch einen zusätzlichen Mitarbeiter nicht zu denken ist, wird Herr **Mayer** beauftragt zu prüfen, bei welchen Materialien möglicherweise durch eine Rationalisierung des Beschaffungsvorganges Zeit eingespart werden kann.

Grundlage für die Überprüfung der Materialarten soll eine ABC-Analyse sein. Dazu werden zunächst alle Lagergüter in eine absteigende Rangfolge in Abhängigkeit von ihrem Jahresverbrauchswert gebracht und dann den drei Gruppen A, B und C zugeteilt. Von den Gütern mit den höchsten Jahresverbrauchswerten werden so viele der Gruppe A zugeordnet, bis ihr Anteil zusammen 75 % des Gesamtverbrauchswertes ausmacht. Von den nächsten Materialarten werden so viele der Gruppe B zugeordnet, bis ihr Anteil zusammen 20 % des Gesamtverbrauchswertes beträgt. Zur Gruppe C gehören die restlichen Güter, deren Anteil am Gesamtverbrauchswert sich zusammen auf 5 % beläuft.

Zur Durchführung der ABC-Analyse stellt der Einkaufsleiter auf der Basis der Zahlen aus dem letzten Jahr zunächst für 10 der zahlreichen Lagergüter folgende Tabelle zusammen:

| Lagergüter | Mengenmäßiger Verbrauch im letzten Jahr (Stück je handelsüblicher Mengeneinheit) | Preis pro Mengeneinheit (EUR) | Jahres-verbrauchswert | %-Anteil am Gesamt-verbrauchswert | Rangordnung (nach dem %-Anteil) am Gesamtver-brauchswert (EUR) |
|---|---|---|---|---|---|
| Press-spanplatten | 30 000 | 6,75 | 202 500 | 9,0 % | 4 |
| Sperrholz-platten | 30 000 | 6,00 | 180 000 | 8,0 % | 5 |
| Kunststoff-furnier | 16 500 | 15,00 | 247 500 | 11,0 % | 3 |
| Metall-schienen | 3 000 | 6,75 | 20 250 | 0,9 % | 10 |
| Schrauben (Kartons) | 4 500 | 15,00 | 67 500 | 3,0 % | 6 |
| Eichefurnier | 30 000 | 33,00 | 990 000 | 44,0 % | 1 |
| Mahagoni-furnier | 6 000 | 75,00 | 450 000 | 20,0 % | 2 |
| Metallrollen | 3 000 | 8,75 | 24 750 | 1,1 % | 8 |
| Klebstoff (Gebinde) | 12 000 | 3,75 | 45 000 | 2,0 % | 7 |
| Beschläge | 15 000 | 1,50 | 22 500 | 1,0 % | 9 |
| **Summe** | | | **2 250 000** | **100,0 %** | |

▶ 1. Ermitteln Sie nach dem Schema des folgenden Tabellenmusters die A-, B- und C-Güter.

| Lagergut, geordnet nach der Größe des Verbrauchswertes | Wert des Verbrauchs im Jahr (EUR) | Verbrauchswert in % des Gesamtverbrauchswertes | Summierte (kumulierte) Verbrauchswerte in % | Gruppe |
|---|---|---|---|---|
|  |  |  |  |  |
|  |  |  |  |  |
|  |  |  |  |  |

2. Auf der Basis der Zahlenwerte aus der Tabelle erstellt der Einkaufsleiter folgende Grafik:

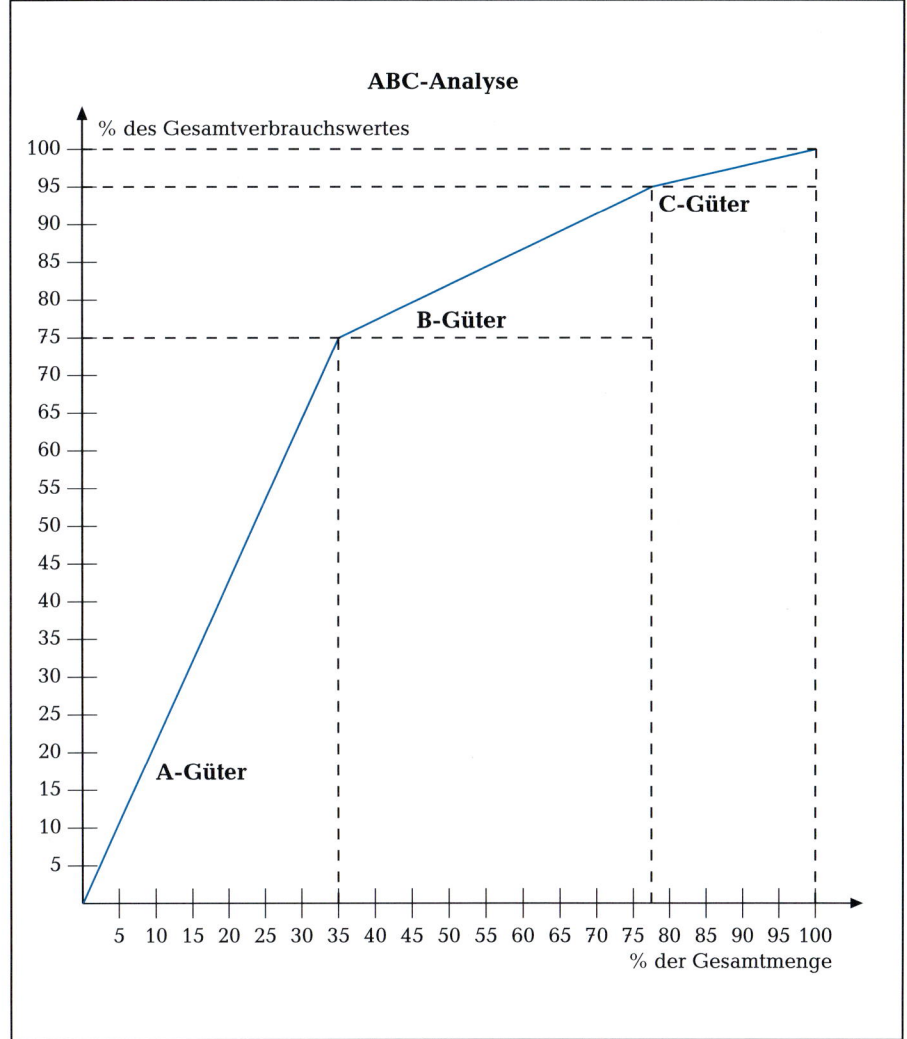

▶ Interpretieren Sie die Ergebnisse der ABC-Analyse anhand der Tabelle und der Grafik.

▶ 3. Erläutern Sie, inwieweit die ABC-Analyse als Grundlage für die Lösung der Beschaffungsprobleme bei der **Schneider GmbH** dienen kann und welche Maßnahmen ergriffen werden sollten.

# Wirtschaftlichkeit der Lagerhaltung

### 6.15 Durchschnittlicher Lagerbestand – Umschlagshäufigkeit – Lagerdauer – Lagerzinsen – Lagerzinssatz

Ein Büromaschinengroßhändler hat für den **Kleinoffsetdrucker Rotafix H/7/66** folgende Lagerkarte:

| Artikel:  Meldebestand: 10 Stück | | Kleinoffsetdrucker Rotafix Nr. H/7/66  Höchstbestand: 30 Stück | |
|---|---|---|---|
| **Tag** | **Eingang** | **Ausgang** | **Bestand** |
| 01.01. | | | 10 |
| 19.01. | 5 | | 15 |
| 07.02. | | 7 | 8 |
| 15.03. | 9 | | 17 |
| 02.04. | | 12 | 5 |
| 29.04. | | 4 | 1 |
| 04.05. | 4 | | 5 |
| 02.06. | | 3 | 2 |
| 29.06. | 15 | | 17 |
| 12.08. | | 4 | 13 |
| 08.09. | 20 | | 33 |
| 22.09. | | 11 | 22 |
| 01.10. | | 12 | 10 |
| 15.10. | 28 | 3 | 35 |
| 19.10. | | 16 | 19 |
| 01.11. | | 8 | 11 |
| 02.11. | 21 | | 32 |
| 19.11. | | 18 | 14 |
| 01.12. | | 8 | 6 |
| 07.12. | 27 | 7 | 26 |
| 16.12. | | 8 | 18 |
| 31.12 | | | 18 |

▶ 1. Stellen Sie die einzelnen Monatsendbestände fest.

▶ 2. Berechnen Sie den durchschnittlichen Lagerbestand unter Einbeziehung des Januaranfangsbestandes.

▶ 3. Berechnen Sie die Umschlagshäufigkeit für den Kleinoffsetdrucker Rotafix H/7/66.

4. Aus der Lagerkarte für Spezialpapier für Offsetdruck ergibt sich eine Umschlagshäufigkeit von 50.

▶  Wie erklären Sie sich den Unterschied zu dem Ergebnis aus der Lagerkarte für Kleinoffsetdrucker?

▶ 5. Wie viele Tage bleiben Kleinoffsetdrucker und Spezialpapier für Offsetdruck durchschnittlich auf Lager (1 Jahr = 360 Tage)?

6. Den Warenkonten des Unternehmens sind für das vergangene Jahr folgende Jahreszahlen zu entnehmen:

| | |
|---|---|
| Anfangsbestand: | 99 000 EUR |
| Schlussbestand: | 135 000 EUR |
| Wert der eingekauften Ware: | 724 000 EUR |
| Umsatzerlöse: | 820 000 EUR |

Die Lagerbestände im vergangenen Jahr betrugen in EUR:

| 1.1. | 31.1. | 28.2. | 31.3. | 30.4. | 31.5. | 30.6. |
|------|-------|-------|-------|-------|-------|-------|
| 99 000 | 103 500 | 111 000 | 112 500 | 106 500 | 99 000 | 85 500 |

| 31.7. | 31.8. | 30.9. | 31.10. | 30.11. | 31.12. | |
|-------|-------|-------|--------|--------|--------|--|
| 73 500 | 69 000 | 78 000 | 105 000 | 117 000 | 135 000 | |

▶ a) Ermitteln Sie den Wareneinsatz.

▶ b) Berechnen Sie die Umschlagshäufigkeit und die durchschnittliche Lagerdauer.
Erklären Sie den Unterschied gegenüber den Ergebnissen von Aufgabe 5.

▶ c) Drücken Sie in einer Formel aus, wie sich mithilfe des Wareneinsatzes die Umschlagshäufigkeit errechnen lässt.

7. Ein Fachblatt für den Bürobedarfsgroßhandel gibt für die Branche die Umschlagskennzahl 8,5 als typisch für die Umschlagshäufigkeit an.

▶ Vergleichen Sie den Branchendurchschnitt mit dem unter 6 b) errechneten Wert. Welche betrieblichen Ursachen sind für die Abweichung vom Branchendurchschnitt denkbar?

8. Der Büromaschinengroßhändler will die Zinsen für das im Lager investierte Kapital für das ganze Sortiment und die einzelnen Warengruppen ermitteln. Er rechnet dabei mit einem Jahreszinssatz von 6 %.

▶ a) Wie hoch sind die Zinsen für das ganze Sortiment während eines Jahres?

▶ b) Wie hoch sind die Zinsen für das ganze Sortiment während der durchschnittlichen Lagerdauer (= Lagerzinsen je Lagerumschlag)?

▶ c) Mit wie viel EUR Lagerzinsen müsste der Fachhändler für ein Kleinoffsetgerät rechnen, das er für 5 000 EUR eingekauft hat und das bei ihm bis zum Verkauf ein Jahr lagert?

▶ d) Für Kleinoffsetgeräte wurde eine durchschnittliche Lagerdauer von 40 Tagen errechnet.

▶ Wie viel EUR Lagerzinsen verursacht das in einem Gerät investierte Kapital von 5 000 EUR?

▶ e) Wie viel Prozent des Einstandspreises betragen die Lagerzinsen bei einer durchschnittlichen Lagerdauer von 40 Tagen und einem Jahreszinssatz von 6 % (= Berechnung des Lagerzinssatzes)?

▶ f) Drücken Sie die Berechnung des Lagerzinssatzes in einer Formel aus.

## 6.16 Lagerkennzahlen und Sortimentsgestaltung in einem Handelsbetrieb

In einer Großhandlung stehen die in der folgenden Tabelle ausgewiesenen Bestands- und Einkaufsdaten zur Verfügung

▶ 1. Ermitteln Sie für die fünf Warengruppen und das gesamte Sortiment
- den durchschnittlichen Lagerbestand,
- die Umschlagshäufigkeit,
- die durchschnittliche Lagerdauer,
- den Lagerzinssatz und die Lagerzinsen je Umschlag bei einem Jahreszinssatz von 10 %.

| Bestände und Einkäufe in 1 000 EUR | | | | | | |
|---|---|---|---|---|---|---|
| Warengruppe | 1 | 2 | 3 | 4 | 5 | Summe (1–5) |
| Bestand 01.01.00 | 140 | 95 | 70 | 60 | 40 | 405 |
| Bestand 30.06.00 | 160 | 80 | 65 | 150 | 120 | 575 |
| Bestand 31.12.00 | 180 | 110 | 90 | 90 | 50 | 520 |
| Einkäufe 2000 | 900 | 600 | 450 | 300 | 220 | 2 470 |
| ⌀ Umschlags-häufigkeit der Branche | 7,0 | 5,6 | 5,2 | 4,0 | 3,2 | 5,0 |

▶ 2. Erläutern Sie die Zusammenhänge zwischen

  – der Umschlagshäufigkeit und der durchschnittlichen Lagerdauer,
  – der Umschlagshäufigkeit und dem Lagerzinssatz,
  – dem durchschnittlichen Lagerbestand und den Lagerzinsen je Umschlag.

▶ 3. Welche betrieblichen Ursachen kann die Abweichung der Umschlagshäufigkeit vom Branchendurchschnitt haben?

  4. Die Geschäftsleitung möchte das Sortiment straffen. Es wird vorgeschlagen, die beiden Warengruppen mit der geringsten Umschlagshäufigkeit aus dem Sortiment zu streichen und die absatzpolitischen Maßnahmen auf die Warengruppe mit der höchsten Umschlagshäufigkeit zu konzentrieren.

▶ Beurteilen Sie, ob eine solche Entscheidung auf der Basis der bisher verfügbaren Informationen gerechtfertigt ist.

  5. Als Alternative zu einer Sortimentsbereinigung (vgl. 4) werden folgende Überlegungen angestellt:

  Der Gewinnzuschlag bei der Warengruppe 4 mit der geringsten Umschlagshäufigkeit soll von bisher 15 % auf 10 % gesenkt werden. Dadurch würde die Umschlagshäufigkeit voraussichtlich auf 4,5 steigen. Gleichzeitig erhöhen sich aber in diesem Fall die dieser Warengruppe zurechenbaren Handlungskosten von bisher 55 000 EUR auf 70 000 EUR.

▶ Vergleichen Sie für die Warengruppe 4
  – die durchschnittliche Lagerdauer,
  – den Lagerzinssatz,
  – den kalkulierten Gewinn

  vor und nach der Senkung des Gewinnzuschlags. Beurteilen Sie die Ergebnisse im Hinblick auf die Zielsetzung einer Gewinnerhöhung.

## 6.17 Kostenvergleich Eigenlager/Fremdlager – Kritische Lagermenge

In einer Großhandlung soll ermittelt werden, ob Eigen- oder Fremdlagerung kostengünstiger ist. Für die Eigenlagerung stehen aus der Buchhaltung folgende Jahreszahlen zur Verfügung:

| | |
|---|---|
| Kalkulatorische Miete | 100 000 EUR |
| Abschreibung auf die Lagereinrichtung | 30 000 EUR |
| Gehälter und sonstige fixe Kosten | 60 000 EUR |
| variable Lagerkosten je Stück | 1,60 EUR |

Ein gewerblicher Lagerhalter bietet die Lagerung für 3,50 EUR je Stück an.

▶ 1. Ermitteln Sie,

　　a) welche Form der Lagerhaltung bei einer durchschnittlichen Lagermenge von 80 000 Stück pro Jahr vorteilhafter ist,

　　b) bei welchem durchschnittlichen Lagerbestand pro Jahr die kritische Lagermenge liegt.

▶ 2. Überprüfen Sie die Ergebnisse zu 1. in grafischer Form.

# Wechselwirkungen und Zielkonflikte im Bereich der Materialwirtschaft

## 6.18　Vernetzungsdiagramm zur Materialwirtschaft – Zielkonflikte

1. Das folgende Vernetzungsdiagramm zeigt Zusammenhänge und Abhängigkeiten zwischen verschiedenen Einflussfaktoren aus dem Bereich der Materialwirtschaft.

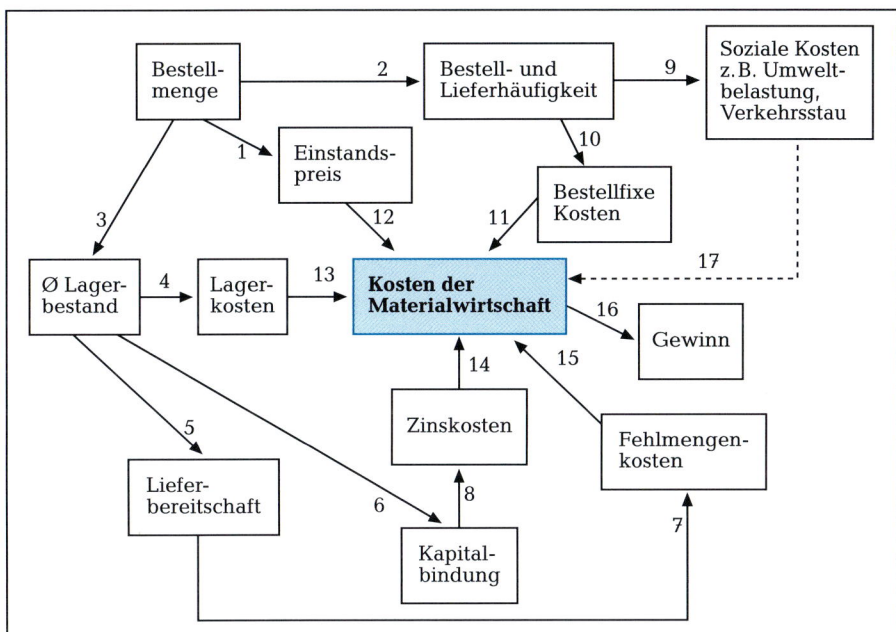

Die Pfeile haben folgende Bedeutung: Die Größe, von der der Pfeil ausgeht, beeinflusst die Größe, auf die der Pfeil zeigt. Dabei können zwei Wirkungsrichtungen unterschieden werden:

1. Gleichgerichtete (verstärkende) Wirkungen (je mehr – desto mehr bzw. je weniger – desto weniger) werden durch ein Pluszeichen (+) symbolisiert.

2. Entgegengesetzte (abschwächende) Wirkungen (je mehr – desto weniger bzw. je weniger – desto mehr) werden durch ein Minuszeichen (–) symbolisiert.

*Beispiel für Pfeil 1:*

Zusammenhang: Wenn der Lieferer Mengenrabatt gewährt, beeinflusst die Bestellmenge den Einstandspreis

Entgegengesetzte Wirkungsrichtung: Je größer die Bestellmenge, desto geringer der Einstandspreis (–)

▶    Erläutern Sie alle durch Pfeile dargestellten Abhängigkeiten und geben Sie für jeden Pfeil auch die Wirkungsrichtungen entsprechend der oben erläuterten Regel an.

▶ 2. Welcher Zielkonflikt ist Veranlassung für die Ermittlung der optimalen Bestellmenge?

   3. Bei einem Kauf auf Abruf wird vereinbart, dass der Käufer innerhalb einer bestimmten Abruffrist frei bestimmen kann, wann die Lieferung erfolgen soll. Dabei kann es sich auch um Teillieferungen handeln. Bei der *Just-in-time*-Beschaffung werden diese Abrufe automatisch von einem Montagesteuerungssystem vorgenommen und direkt an die angeschlossene EDV-Anlage des Lieferers übertragen.

     Es wird behauptet, ein derartiger Kauf auf Abruf trage zur Lösung des Konflikts zwischen den Zielen **Senkung der Lagerkosten und hohe Lieferbereitschaft** bei.

▶    Nehmen Sie zu dieser Aussage Stellung, indem Sie den Kauf auf Abruf unter Kostengesichtspunkten beurteilen.

   4. Bei einem Streckengeschäft wird die Ware nicht an den Besteller, sondern direkt an dessen Kunden geliefert.

     Es wird behauptet, durch ein Streckengeschäft ließen sich die Kosten der Materialwirtschaft senken.

▶    Nennen Sie Kosten, die sich durch ein Streckengeschäft möglicherweise verringern lassen.

   5. Das folgende Diagramm zeigt eine mögliche Auswirkung des *Just-in-time*-Konzepts.

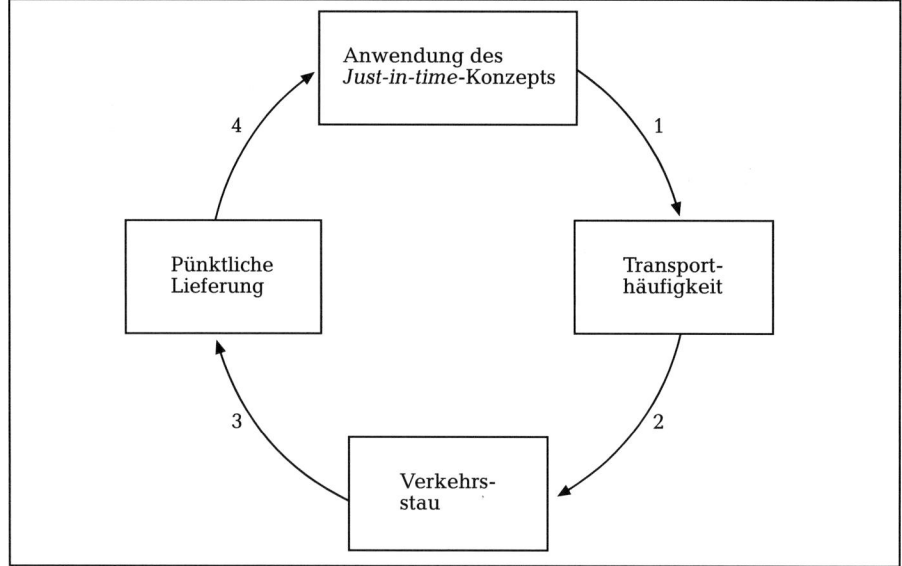

     a) Entsprechend dem Vernetzungsdiagramm von Nr. 1 sind die Abhängigkeiten durch Pfeile dargestellt.

▶      Geben Sie mit einem Plus- oder Minuszeichen für jeden Pfeil die Wirkungsrichtung an (Pluszeichen bei gleichgerichteter bzw. verstärkender Wirkung: je mehr – desto mehr, Minuszeichen bei entgegengesetzter bzw. abschwächender Wirkung: je mehr – desto weniger).

b) Im vorliegenden Fall wird das Element »Anwendung des Just-in-time-Kon-
zepts« durch sich selbst beeinflusst. Solche Wirkungsketten, bei denen Elemente
Auswirkungen auf sich selbst haben, heißen »**Rückkopplungskreisläufe**«. Führt
die Vermehrung eines Elementes zu seiner eigenen Vermehrung (je mehr –
desto mehr), wird von positiver, andernfalls von negativer Rückkopplung gesprochen.

▶ Ermitteln Sie anhand des Diagramms, um welche Art von Rückkopplung es sich
im vorliegenden Fall handelt.

c) Bei negativen Rückkopplungen wird die Wirkung eines Elementes durch sich
selbst eingeschränkt oder aufgehoben (je mehr – desto weniger).

▶ Zeigen Sie anhand des Diagramms, dass das *Just-in-time*-Konzept aufgrund der
Folgewirkungen seine eigene Anwendungsmöglichkeit behindert und damit
den Keim seiner eigenen Unwirksamkeit in sich trägt.

## 6.19  Berücksichtigung umweltpolitischer Ziele in der Materialwirtschaft

1. Die folgenden Zielbeziehungen werden als »magisches Dreieck der Materialwirtschaft« bezeichnet.

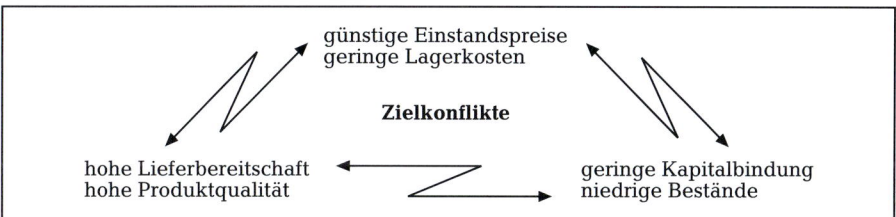

▶ a) Was soll mit der Bezeichnung »magisch« in diesem Zusammenhang ausgesagt
werden?

▶ b) Erläutern Sie die dargestellten Zielkonflikte.

2. Es wird gefordert, die rein wirtschaftlichen Ziele der Materialwirtschaft um die
folgenden umweltpolitischen Ziele zu erweitern:

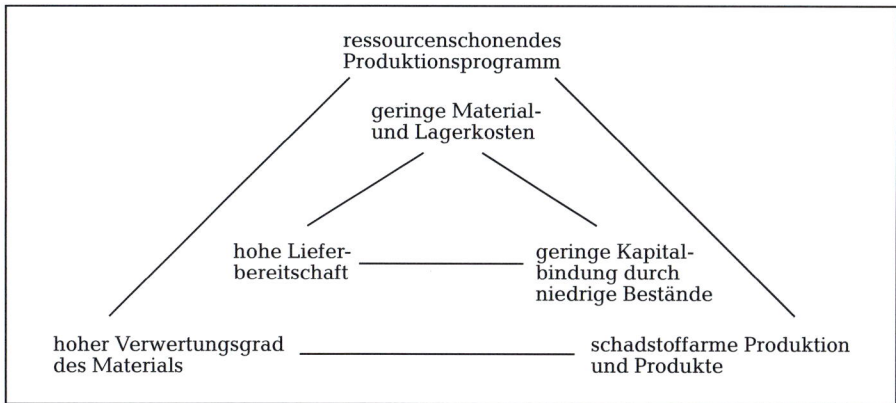

▶ Erläutern Sie die umweltpolitischen Ziele anhand von Beispielen.

3. »Die Materialwirtschaft umfasst alle unternehmenspolitischen Maßnahmen der Planung, Durchführung und Kontrolle der Materialbeschaffung, Materiallagerung, Materialverteilung und Materialentsorgung«.[1]

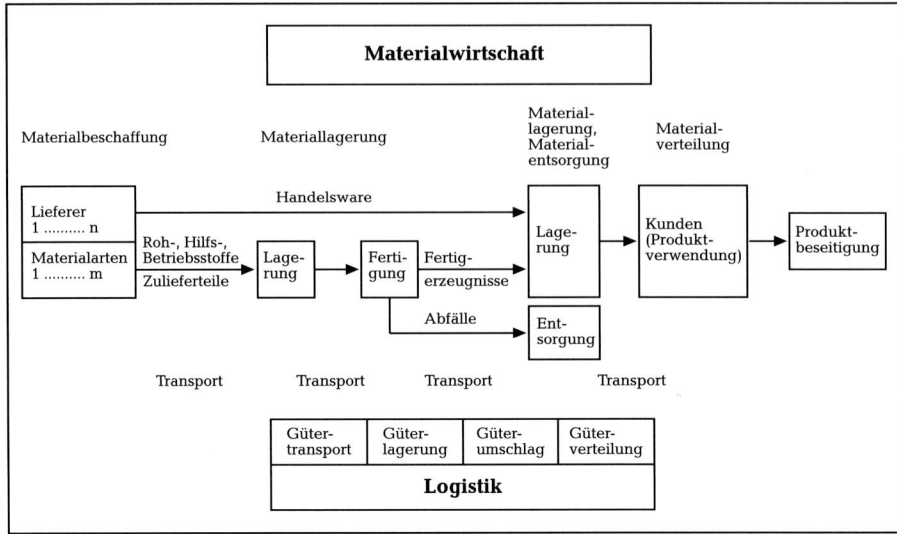

▶  Zeigen Sie anhand von Beispielen auf, wie in den einzelnen Bereichen der Materialwirtschaft und Logistik umweltpolitische Ziele berücksichtigt werden können.

4. Bei einer Beschaffung nach dem *Just-in-time*-Prinzip steigt aufgrund der »permanenten Zulieferung« die Anzahl der Transporte drastisch an. Häufig weisen dabei die Lade- und Transportkapazitäten nur geringe Auslastung auf. Wegen der relativ kleinen Liefermengen eignet sich der Schienentransport nicht. Vielmehr kommt nur der Lkw-Transport infrage. Das Material- und Werkstofflager des Käufers wird damit zu einem »rollenden Lager« auf der Straße. Soweit es sich bei diesen jit-Gütern um umweltgefährdende Chemikalien handelt, können auf diese Weise u.U. sogar gesetzlich festgelegte Umweltschutzanforderungen, wie sie für Anlagen zur Lagerung umweltgefährdender Stoffe bestehen, umgangen werden.

»Wer trägt letztlich die Kosten für die modernen Formen der Lagerhaltung: Lager auf Rädern – just in time? Die Vergesellschaftung der betrieblichen Lagerkosten stellt eine erhebliche Kostenverfälschung dar: Wettbewerbsverzerrung und gravierende Umweltbelastung!«[2]

▶  a)  Welcher Zielkonflikt wird in dem Zitat angesprochen?

▶  b)  Nehmen Sie dazu Stellung.

---

[1]  G. Oeldorf, K. Olfert, Materialwirtschaft, 6. Aufl., Ludwigshafen 1993, S. 19
[2]  Landeszentrale für politische Bildung Baden-Württemberg. Wirtschaftsethik, Heft 4/93 der Zeitschrift Politik und Unterricht, Stuttgart 1993, S. 41

# A 7 Betriebliche Leistungserstellung

## *Grundbegriffe*[1]

### 7.01 Begriff und Arten betrieblicher Leistungserstellung – Betriebstypen

Die **betriebliche Leistungserstellung** umfasst

– die Gewinnung von Rohstoffen (Gewinnungsbetriebe),
– die Herstellung von Erzeugnissen (Fertigungsbetriebe),
– die Bearbeitung von Rohstoffen (Veredlungsbetriebe),
– die Ausführung von Dienstleistungen (Dienstleistungsbetriebe).

In der Betriebswirtschaftslehre werden diese Vorgänge häufig auch als **Produktion** bezeichnet.

▶ 1. Ordnen Sie die folgenden Betriebe bzw. Tätigkeiten den vier Oberbegriffen nach folgendem Muster zu:

| Gewinnungsbetriebe | Fertigungsbetriebe | Veredlungsbetriebe | Dienstleistungsbetriebe |
|---|---|---|---|
|  |  |  |  |

a) Autofabrik, b) Bergwerk, c) Spedition, d) Kornmühle, e) Bank, f) Friseur, g) Immobilienmakler, h) Bauunternehmung, i) Versicherung, j) Schnapsbrennerei, k) Steuerberatungsbüro, l) Privatschule, m) Rechtsanwaltskanzlei, n) Fischfang, o) Werbeagentur, p) Kohlekraftwerk, q) Schreinerei, r) Tankstelle mit Reparaturwerkstatt, s) Kiosk, t) Hotel u) Omnibusbetrieb, v) Reisebüro, w) Versandhaus, x) Supermarkt.

▶ 2. Die betriebliche Leistungserstellung (Produktion) kann in folgende Teilbereiche (Grundfunktionen) unterteilt werden:

– Beschaffung von Betriebsmitteln, Werkstoffen und Waren,

– Transport von Betriebsmitteln, Werkstoffen und Waren vom Beschaffungsmarkt zum Einsatzort bzw. zum Lager sowie der innerbetriebliche Transport vom Lager zur Fertigungsstelle,

– Lagerung der beschafften Werkstoffe und Zwischenlagerung von unfertigen Erzeugnissen,

– Fertigung in Industrie- und Handwerksbetrieben bzw. Ausführung von Dienstleistungen,

– Verwaltung und Kontrolle der genannten Bereiche.

Von der **Leistungserstellung** (Produktion) ist die **Leistungsverwertung** (Absatz) zu unterscheiden.

Welche der folgenden Vorgänge bzw. Tätigkeiten sind der betrieblichen Leistungserstellung (Produktion) zuzurechnen?

a) Braunkohleabbau, b) Lokführer bei der Deutschen Bahn AG, c) Lehrtätigkeit an einer kaufmännischen Berufsschule, d) Verwaltung des Verkaufslagers in einem Handelsbetrieb, e) Kostenrechnung in einem Industriebetrieb, f) Beantragung eines Bankkredits in einer Großhandlung, g) Anfertigung der Hausaufgaben durch einen Schüler einer beruflichen Schule, h) Nahrungszubereitung durch eine Hausfrau,

---

[1] Vgl. dazu auch Aufgabe
*1.18* **Betriebliche Funktionsbereiche – Grundfunktionen des betrieblichen Leistungsprozesses**

i) Tätigkeit eines Kochs in einer Gaststätte, j) Anfertigung einer Umsatzstatistik in einer Großhandlung, k) Entwurf eines Werbeprospekts in einem Kaufhaus, l) Wertpapierkauf durch eine Bank im Auftrag eines Kunden, m) Erstattung der Reparaturkosten durch eine Versicherung nach einem Autounfall, n) Schülerbeförderung durch einen privaten Omnibusbetrieb, o) Materialtransport zur Baustelle mit einem Lkw der Bauunternehmung.

# Kosten und Beschäftigung

## 7.02 Fixe Kosten – Variable Kosten – Gesetz der Massenproduktion – Eigenfertigung oder Fremdbezug (Make or Buy)

Ein Versandhaus plant die Verteilung eines Katalogs. Es muss entschieden werden, ob dieser Katalog in der hauseigenen Druckerei hergestellt oder der Auftrag außer Haus gegeben werden soll. Auf Anforderung geht ein Angebot einer Druckerei ein. Bei einer Auflagenhöhe von 100 000 Stück fordert diese Druckerei für einen Katalog 6 EUR.

Die hauseigene Druckerei rechnet mit Satzkosten von 20 000 EUR und Kosten für den Druck und das Material von 5 EUR je Stück.

▶ 1. Stellen Sie fest, ob es günstiger ist, den Katalog außer Haus drucken zu lassen oder in der hauseigenen Druckerei herzustellen.

2. Stellen Sie folgende Kostenverläufe bis zu einer Auflagenhöhe von 100 000 Stück grafisch dar:

▶     a) Gesamtkosten bei Eigenfertigung

▶     b) Kosten je Stück bei Eigenfertigung

▶ 3. Erläutern und begründen Sie den Verlauf der Stückkostenkurve bei Eigenfertigung.

▶ 4. Tragen Sie in die entsprechenden Koordinatensysteme den Verlauf der

    a) Gesamtkosten bei Fremdbezug (Koordinatensystem aus Nr. 2. a),

    b) Stückkosten bei Fremdbezug (Koordinatensystem aus Nr. 2. b) ein.

▶ 5. Bestimmen Sie in beiden Koordinatensystemen die Auflagenhöhe, ab der die Eigenfertigung günstiger als der Fremdbezug ist (= kritische Menge).

▶ 6. Überprüfen Sie das Ergebnis von Nr. 5 rechnerisch.

7. Es geht ein zweites Angebot einer anderen Druckerei ein. Der Angebotspreis beträgt 5 EUR je Katalog.

▶     Warum kann die hauseigene Druckerei bei keiner Auflagenhöhe mit diesem Angebot konkurrieren?

## 7.03 Kapazität – Beschäftigungsgrad – Gewinnschwelle – Gewinnmaximum

Ein Fertigungsbetrieb kann bei voller Auslastung seiner Kapazität monatlich 8 000 Einheiten eines Produkts herstellen. Die Gesamtkosten betragen monatlich

– bei einer Produktion von 6 600 Einheiten 67 800 EUR,

– bei einer Produktion von 7 400 Einheiten 74 200 EUR.

Je Produktionseinheit kann ein Preis von 12 EUR erzielt werden. Die variablen Kosten verlaufen proportional.

▶ 1. Wie viel EUR betragen die variablen Stückkosten?

▶ 2. Wie hoch sind die fixen Kosten je Monat insgesamt?

▶ 3. Berechnen Sie den Gewinn in EUR und in Prozent des Umsatzerlöses für einen Beschäftigungsgrad von 50% und einen Beschäftigungsgrad von 100%.

▶ 4. Bei welcher Ausbringungsmenge hat dieser Betrieb seinen maximalen Gewinn?

5. Stellen Sie in zwei untereinanderliegenden Koordinatensystemen die Entwicklung folgender Größen grafisch dar:

▶      a) Gesamtkosten und Gesamterlöse

▶      b) Stückkosten und Preis

▶ 6. Bestimmen Sie in beiden Koordinatensystemen die Gewinnschwelle (Break-even-Point).

▶ 7. Überprüfen Sie das Ergebnis von Nr. 6 rechnerisch.

## 7.04 Gewinnmaximum – Betriebsminimum – Verfahrensvergleich – Kostenvergleichsrechnung

Eine Metallwarenfabrik stellt zusammenklappbare Wäschespinnen her. Zwei Produktionsverfahren stehen zur Wahl.

| | variable Kosten je Stück (konstant) | fixe Gesamtkosten |
|---|---|---|
| Verfahren A (Handarbeit) | 45 EUR | 12 000 EUR |
| Verfahren B (Maschinenarbeit) | 15 EUR | 24 000 EUR |

Die Produktionskapazität liegt in beiden Fällen bei monatlich 500 Stück. Das entspricht der erwarteten Monatsmenge, die zum Stückpreis von 80 EUR abgesetzt werden kann.

▶ 1. Für welches Verfahren soll sich das Unternehmen bei der gegenwärtigen Marktlage entscheiden?

▶ 2. Überprüfen Sie, ob sich die von Ihnen unter 1. getroffene Entscheidung ändert, wenn abweichend von der Ausgangssituation wider Erwarten nur 350 Wäschespinnen abgesetzt werden können.

▶ 3. Bei welcher Produktionsmenge sind die Stückkosten der beiden Verfahren gleich hoch (= kritische Menge)?

▶ 4. Überprüfen Sie, ob sich die von Ihnen unter 1. getroffene Entscheidung ändert, wenn abweichend von der Ausgangssituation

     a) wegen Preiserhöhungen auf dem Beschaffungsmarkt die variablen Kosten um 5 EUR je Stück steigen,

     b) eine Menge von 500 Stück nur bei einer Preissenkung auf 65 EUR je Stück abgesetzt werden kann.

▶ 5. Bei welcher Produktionsmenge liegt das Gewinnmaximum und wie hoch ist der maximale Gewinn jeweils, wenn Verfahren A bzw. Verfahren B angewandt wird? Begründen Sie Ihre Aussage.

6. Der Hersteller bietet Wäschespinnen auf einem Markt mit vollkommener Konkurrenz an. Gegenwärtig besteht ein so großer Konkurrenzdruck, dass er seine Preise
   senken muss. Der Hersteller rechnet jedoch damit, dass sich diese Situation in
   absehbarer Zeit wieder ändert und die jetzt bestehenden Preise auf dem Markt
   wieder erzielt werden können.

▶  Wie weit darf der Preis bei Anwendung des Verfahrens B auf dem Markt vorübergehend sinken, bevor Sie dem Unternehmer raten würden, die Fabrikation auch
   vorübergehend einzustellen? Begründung!

# Industrielle Fertigung
# Planung des Fertigungsprogramms

## 7.05  Erzeugnisgliederung und Stücklisten

Ein Metall verarbeitender Betrieb stellt u. a. Blechbehälter der unten abgebildeten
Art her. Die beiden Schalen werden durch zwei Scharniere mit insgesamt vier Nieten
zusammengehalten. Ein Scharnier besteht aus zwei Scharnierbändern und einem Zy-
linderstift. Die Herstellung der Schalen und Scharnierbänder erfolgt im Betrieb selbst.
Die Zylinderstifte und Nieten werden dagegen von einem Zulieferer bezogen.

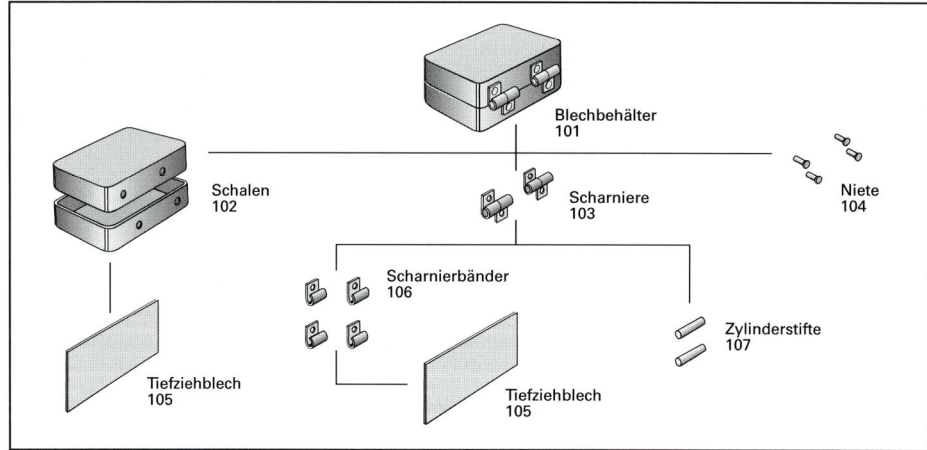

1. Ein **Erzeugnis** (E) ist ein gebrauchsfertiger oder verkaufsfähiger Gegenstand und
   kann sich aus Baugruppen (G) und/oder Einzelteilen (T) zusammensetzen. Eine
   **Baugruppe** besteht aus mindestens zwei Einzelteilen. **Einzelteile** sind Gegenstände, die nicht ohne Zerstörung zerlegbar sind. Ihr Ausgangsmaterial ist der **Rohstoff** (R). Der Begriff **Teil** wird als Sammelbegriff für Erzeugnisse, Baugruppen,
   Einzelteile und Rohstoffe verwendet.

▶  Ermitteln Sie, aus welchen Baugruppen, Einzelteilen und Rohstoffen das Erzeugnis
   »Blechbehälter« besteht.

2. Die **Erzeugnisstruktur** (Erzeugnisgliederung) zeigt in **grafischer** Form den inneren
   Aufbau eines Erzeugnisses.

▶  Vervollständigen Sie die aus der Konstruktionszeichnung abgeleitete **Erzeugnisstruktur** nach folgendem Muster (siehe nächste Seite), indem Sie in die Kästen
   jeweils Bezeichnung, Menge, Mengeneinheit und Nr. des Erzeugnisses, der Baugruppen, der Einzelteile und der Rohstoffe eintragen.

*Hinweis: Die Mengenangaben beziehen sich immer auf **eine** Mengeneinheit des jeweils direkt übergeordneten Teils.*

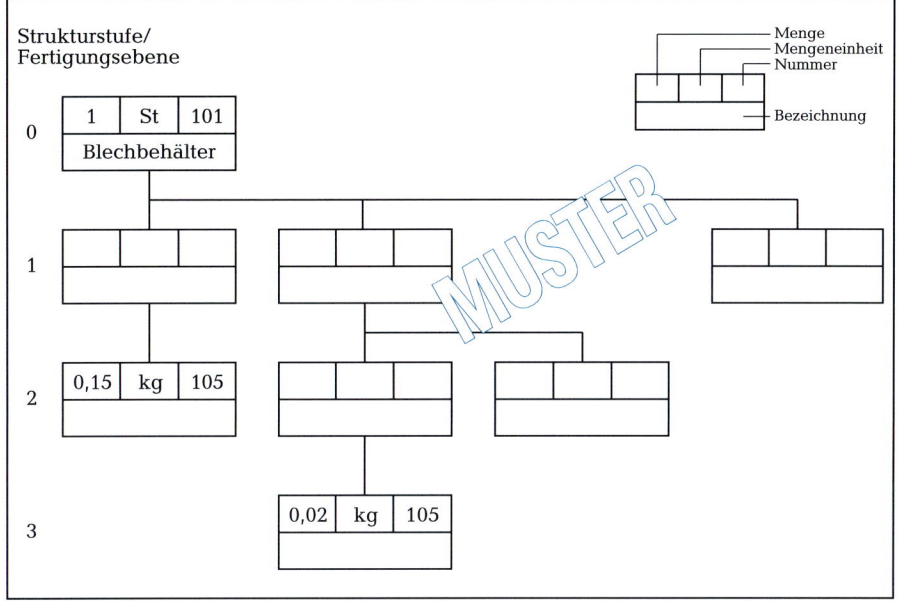

3. Eine **Stückliste** ist die **tabellarische** Darstellung des Aufbaus eines Erzeugnisses. Die **Mengenstückliste** ist die einfachste Stücklistenform. Sie enthält die Mengen aller Einzelteile eines Erzeugnisses. Häufig werden zusätzlich auch die Mengen der Baugruppen und Rohstoffe aufgeführt. Jedes Teil wird nur einmal mit der Menge aufgeführt, mit der es insgesamt in das Erzeugnis eingeht.

▶ Erstellen Sie für den Blechbehälter die Mengenstückliste (mit Einzelteilen, Baugruppen und Rohstoffen) nach folgendem Muster:

| Mengenstückliste | | | |
|---|---|---|---|
| Teile-Nr.: **101** | | Bezeichnung: **Blechbehälter** | |
| Teile-Nr. | Bezeichnung | Menge | Mengeneinheit |
| | | | |
| | | | |
| | | | |
| | | | |

▶ 4. Welchem Zweck kann eine derartige Mengenstückliste dienen?

5. Eine **Strukturstückliste** beinhaltet alle Baugruppen, Einzelteile und Rohstoffe eines Erzeugnisses und zeigt die Zusammensetzung eines Erzeugnisses über alle Fertigungsstufen in tabellarischer Form. Sie entspricht in ihrem Informationsgehalt der Erzeugnisstruktur (vgl. Aufg. 1). Die Mengenangaben beziehen sich i. d. R. – wie bei der Erzeugnisstruktur – jeweils auf eine Mengeneinheit des **übergeordneten** Teils.

▶ Erstellen Sie die Strukturstückliste für den Blechbehälter nach folgendem Muster:

| Strukturstückliste | | | | | |
|---|---|---|---|---|---|
| Teile-Nr.: **101** | | | Bezeichnung: **Blechbehälter** | | |
| Fertigungsebene | | | Teile-Nr. | Bezeichnung | Menge | Mengeneinheit |
| | | | | | | |
| | | | | | | |
| | | | | | | |
| | | | | | | |

▶ 6. Erläutern Sie Zweck und Aussagekraft einer derartigem Strukturstückliste.

7. Eine **Baukastenstückliste** enthält **nur** die zu einem Erzeugnis, einer Baugruppe oder einem Einzelteil gehörenden Teile der **nächsttieferen** Fertigungsstufe. Um ein Erzeugnis darzustellen, das aus mehreren Fertigungsstufen besteht, bedarf es daher mehrerer Baukastenstücklisten. Die Mengenangaben beziehen sich auf das im Stücklistenkopf genannte Teil.

▶ Erstellen Sie die Baukastenstückliste für das Erzeugnis »Blechbehälter« und die einzelnen Baugruppen nach folgendem Muster:

| Baukastenstückliste | | | | |
|---|---|---|---|---|
| Teile-Nr.: **101** | | Bezeichnung: **Blechbehälter** | | |
| Stufe | Teile-Nr. | Bezeichnung | Menge | Mengeneinheit |
| 1 | 102 | Schale | 2 | St |
| 1 | 103 | Scharnier | 2 | St |
| 1 | 104 | Niet | 4 | St |

| Baukastenstückliste | | | | |
|---|---|---|---|---|
| Teile-Nr.: **103** | | Bezeichnung: **Scharnier** | | |
| Stufe | Teile-Nr. | Bezeichnung | Menge | Mengeneinheit |
|  |  |  |  |  |
|  |  |  |  |  |

| Baukastenstückliste | | | | |
|---|---|---|---|---|
| Teile-Nr.: **102** | | Bezeichnung: **Schale** | | |
| Stufe | Teile-Nr. | Bezeichnung | Menge | Mengeneinheit |
|  |  |  |  |  |
|  |  |  |  |  |
|  |  |  |  |  |

| Baukastenstückliste | | | | |
|---|---|---|---|---|
| Teile-Nr.: **106** | | Bezeichnung: **Scharnierband** | | |
| Stufe | Teile-Nr. | Bezeichnung | Menge | Mengeneinheit |
|  |  |  |  |  |
|  |  |  |  |  |

▶ 8. Erläutern Sie die Aussagekraft einer derartigen Baukastenstückliste im Vergleich mit einer Mengen- bzw. Strukturstückliste.

9. In der betrieblichen Praxis werden Stücklisten meistens im Rahmen von EDV-Programmen zur Produktionsplanung und -steuerung (PPS-Programme) erfasst und verwaltet. Dabei wird lediglich eine der drei Stücklisten (Mengen-, Struktur-, Baukastenstückliste) in einer Datenbank gespeichert. Durch programminterne Verknüpfungen lassen sich die beiden anderen Stücklisten daraus erstellen.

▶ Welche der drei Stücklisten wird Ihrer Meinung nach üblicherweise mittels EDV gespeichert und verwaltet? Begründen Sie Ihre Antwort.

10. In folgenden Funktionsbereichen wird u. a. auf Stücklisten zurückgegriffen:
   – Konstruktion
   – Arbeits-/Fertigungsplanung
   – Beschaffung
   – Lager
   – Rechnungswesen

▶ Für welche Aufgaben und Tätigkeiten in den genannten Funktionsbereichen können Stücklisten wichtige Informationen liefern?

# *Fertigungsverfahren*[1]

## **7.06** **Werkstattfertigung – Innerbetrieblicher Standort – Fließfertigung (Reihenfertigung)**

Die Schlosserei **Gebr. Schneider OHG,** in der ursprünglich alle Maschinen und Arbeitsplätze in einer einzigen Werkstatt untergebracht waren, hat sich in den letzten Jahren aufgrund zunehmender Menge und Vielfalt der Kundenaufträge zu einem mittelständischen Betrieb der Metallbranche entwickelt. In diesem Zusammenhang mussten auch die Betriebsgebäude laufend erweitert und die einzelnen Werkstattbereiche nach und nach ausgelagert werden. Dazu wurden auf dem Betriebsgelände mehrere Teilbetriebe errichtet, in denen Arbeitsplätze und Maschinen mit gleichartiger Arbeitsverrichtung zusammengefasst sind (z. B. Dreherei, Bohrerei, Fräserei, Schleiferei, Lackiererei). Die Werkstücke müssen zur Bearbeitung zu den einzelnen Spezialwerkstätten transportiert werden. Das ursprüngliche Werkstattgebäude dient heute als Zwischenlager und Montagehalle.

Die räumliche Anordnung der Werk- und Lagerstätten, wie sie sich im Laufe der Zeit entwickelt hat, ist aus dem folgenden Lageplan ersichtlich. Die Entfernungen zwischen benachbarten Gebäuden sind jeweils gleich groß. Das gilt auch für die diagonale Verbindung benachbarter Gebäude (z. B. zwischen Materiallager und Fräserei).

| Materiallager | Bohrerei | Stanzerei |
|---|---|---|
| Fertigungslager | Fräserei | Schleiferei |
| Montage / Zwischenlager | Dreherei | Lackiererei |

Im Rahmen von geplanten Rationalisierungsmaßnahmen erwägen die **Gebr. Schneider** folgende Alternativen:

*Alternative I*

Die bisherige Produktvielfalt soll aus Gründen der Risikostreuung beibehalten werden. Im Zuge einer Neuverteilung der einzelnen Werk- und Lagerstätten auf die vorhandenen neun Gebäude möchte die Betriebsleitung aber versuchen, die innerbetrieblichen Transportwege möglichst klein zu halten. Um einen Überblick zu gewinnen, wird zunächst die Häufigkeit ermittelt, mit der Werkstücke durchschnittlich pro Tag von einer Werkstatt zu einer anderen transportiert werden müssen. Dabei stellt sich auch heraus, dass die Transportkosten fast ausschließlich von der Entfernung und kaum von der Menge bzw. vom Gewicht der Werkstücke abhängig sind. Die durch den Transport zwischen den Werkstätten verursachten Kosten belaufen sich bei zwei unmittelbar benachbarten Gebäuden auf 5 EUR, bei zwei nicht direkt benachbarten Gebäuden auf 10 EUR. Das Ergebnis der Untersuchungen ist in der folgenden Materialflussmatrix wiedergegeben.

---

[1]   Vgl. dazu auch die Aufgaben

**1.07** **Arbeitszerlegung – Arbeitsproduktivität**

**1.08** **Formen der Arbeitsgestaltung: Arbeitswechsel – Arbeitserweiterung – Arbeitsbereicherung – (teil-)autonome Arbeitsgruppen**

| Nach / Von | Material-lager | Stanzerei | Dreherei | Bohrerei | Fräserei | Schleife-rei | Lackie-rerei | Zw.lager Montage | Fertig-lager | Σ |
|---|---|---|---|---|---|---|---|---|---|---|
| **Durchschnittliche Transporthäufigkeiten pro Tag zwischen einzelnen Lager- und Werkstätten** | | | | | | | | | | |
| Material-lager | | 12 | | | | | 4 | | | 16 |
| Stanzerei | | | 12 | | | | | | | 12 |
| Dreherei | | | | 4 | 6 | | 2 | | | 12 |
| Bohrerei | | | | | | 10 | | | | 10 |
| Fräserei | | | 10 | | | | | | | 10 |
| Schlei-ferei | | | | | | | 10 | 8 | 4 | 22 |
| Lackie-rerei | | | 3 | 6 | | | | 2 | 7 | 18 |
| Zw.lager Montage | | | | | | | | | 8 | 8 |
| Σ | | 12 | 15 | 20 | 6 | 10 | 16 | 10 | 19 | |

▶ 1. Schlagen Sie eine Verteilung der einzelnen Werk- und Lagerstätten auf die neun Gebäude vor, bei der die Transportkosten geringer sind als bei der vorliegenden Verteilung. Vergleichen Sie dazu die Transportkosten vor und nach der Umorganisation.

Zur Feststellung der Transporthäufigkeiten zwischen den einzelnen Gebäuden und der sich daraus ergebenden Transportkosten kann eine Matrix nach folgendem Muster benutzt werden (Kommunigramm):

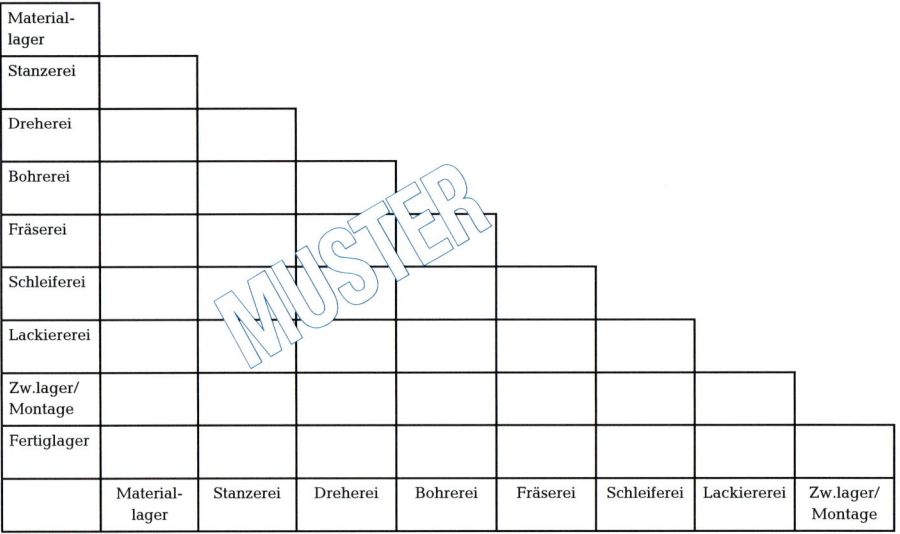

*Alternative II*

Es wird erwogen, auf die bisherige Produktvielfalt zu verzichten und die Herstellung aus Rationalisierungsgründen auf solche Produkte zu konzentrieren, die einen annähernd gleichen Bearbeitungsgang erfordern. Es hat sich herausgestellt, dass für mehrere der bisherigen Produkte eine Bearbeitung in folgender Reihenfolge typisch ist:

Materiallager → Stanzen → Drehen → Fräsen → Drehen → Bohren → Vorschleifen → Nachbohren → Fräsen → Schleifen → Lackieren → Montage → Fertiglager

▶ 2. Zeichnen Sie diese Fertigungsfolge in den ursprünglichen Lageplan nach obigem Muster ein, indem Sie die einzelnen Gebäude durch entsprechende Linien und Pfeile verbinden.

3. Eine Überprüfung der Transportzeiten und Transportkosten hat ergeben, dass auch bei Realisierung von Alternative II jeder Transport zwischen zwei benachbarten Gebäuden 5 EUR und zwischen nicht benachbarten Gebäuden 10 EUR kosten würde.

▶ Prüfen Sie, ob die von Ihnen für Alternative I vorgenommene Verteilung der einzelnen Werk- und Lagerstätten noch verbessert werden kann, wenn die Alternative II realisiert und die Transportkosten möglichst gering gehalten werden sollen.

4. Bei einer Umorganisation im Rahmen von Alternative II nach dem Prinzip der Reihenfertigung würden die Maschinen und Arbeitsplätze entsprechend dem folgenden Fertigungsablauf angeordnet:

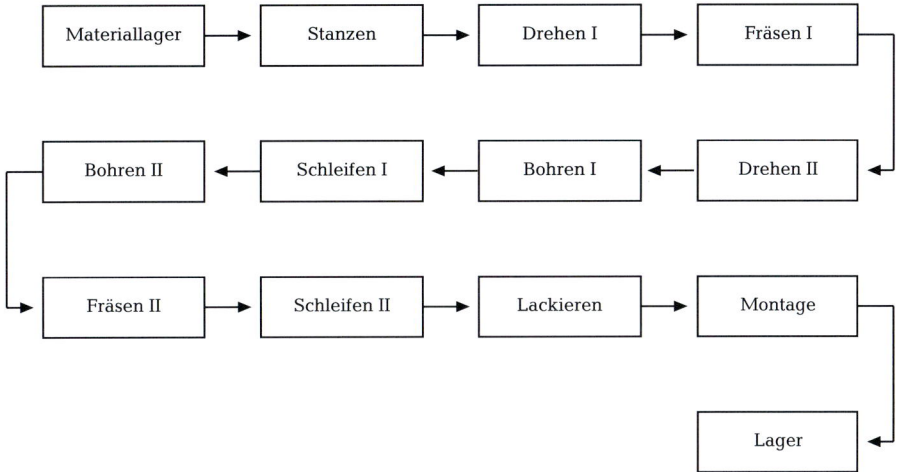

▶ Erläutern Sie am vorliegenden Beispiel Merkmale und Voraussetzungen der

a) Werkstattfertigung,

b) Reihenfertigung.

Lösungs-blatt

## 7.07 Organisationsformen der Fertigung – Fertigungstypen

▶ 1. Ordnen Sie folgende Organisationsformen der Fertigung den Abbildungen 1 bis 4 zu:

a) Werkstattfertigung

b) Reihenfertigung

c) Fließbandfertigung

d) Transferstraße (automatische Fertigung)

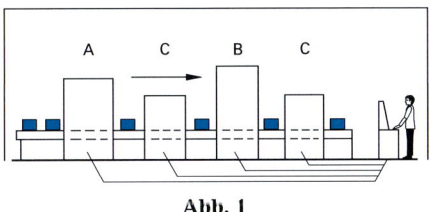

**Abb. 1**

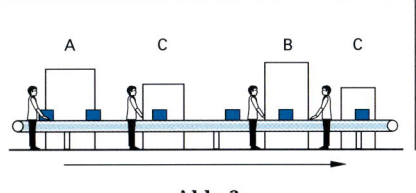

**Abb. 2**

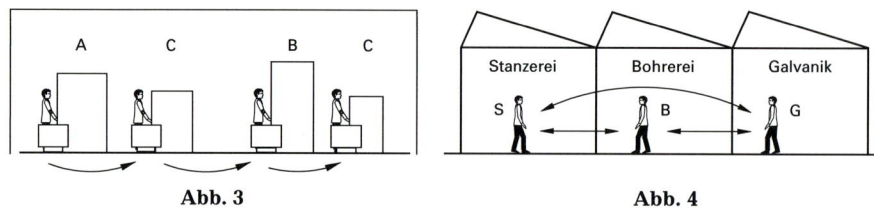

**Abb. 3**                                                          **Abb. 4**

*Quelle:* REFA, Methodenlehre des Arbeitsstudiums, Teil 3, München 1972, S. 186

▶ 2. Vergleichen Sie Werkstatt- und Fließfertigung[1] anhand der in der ersten Spalte der folgenden Tabelle wiedergegebenen Merkmale. Versehen Sie dazu die Tabellenfelder mit den Ausprägungsmerkmalen »hoch«, »niedrig/gering« oder »trifft nicht zu«. Begründen Sie Ihre Zuordnung.

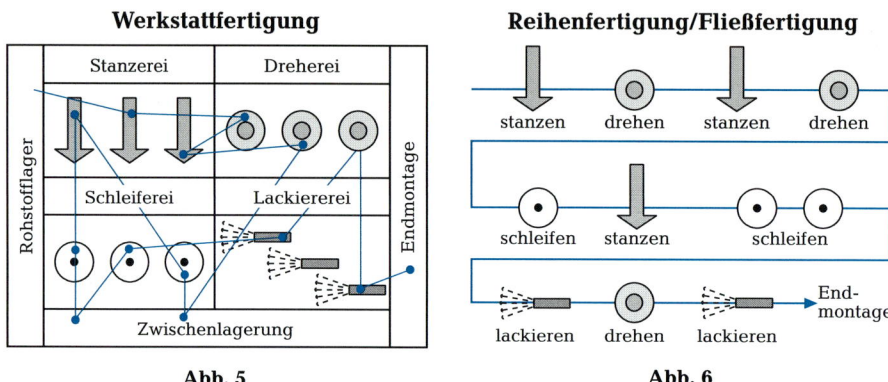

**Abb. 5**                                                          **Abb. 6**

| Organisationsform | Werkstatt-fertigung | Fließ-fertigung |
|---|---|---|
| **Merkmale** | | |
| Durchlaufzeiten | | |
| Transportkosten | | |
| Lagerkosten | | |
| Investitionsbedarf | | |
| Anpassungsfähigkeit an Marktveränderungen | | |
| Anpassungsmöglichkeit bei Beschäftigungsschwankungen | | |
| Übersichtlichkeit des Produktionsprozesses | | |
| Störanfälligkeit | | |
| Stückkosten | | |
| Belastung der Mitarbeiter durch monotone Arbeit | | |
| Qualifikation der Mitarbeiter | | |
| Lohnkosten | | |
| Fehlerquote/Ausschuss | | |
| Anwendbarkeit der Divisionskalkulation | | |
| Verwendung von Spezialmaschinen | | |
| Arbeitsproduktivität | | |

---

[1] Der Begriff Fließfertigung wird hier als Oberbegriff zu Reihen- und Fließbandfertigung benutzt. Zuweilen wird dieser Begriff aber auch gleichbedeutend mit Reihen-, Straßen- oder Linienfertigung verwendet.

3. Nach der Häufigkeit der Leistungswiederholung lassen sich folgende Fertigungstypen unterscheiden:

- **Einzelfertigung:** Herstellung einer einzelnen Einheit eines Produkts, meist als Sonderanfertigung auf Bestellung (z. B. Staudamm)
- **Mehrfachfertigung:** mit den Unterformen Massen-, Sorten- und Serienfertigung

*Massenfertigung:* Herstellung des **gleichen** Produkts auf gleichen Produktionsanlagen in **sehr großer Stückzahl** (z. B. Zigaretten)

*Serienfertigung:* Herstellung einer **begrenzten Stückzahl verschiedenartiger** Produkte. Die Produkte setzen sich aus vielen Einzelteilen zusammen und erfordern unterschiedliche Fertigungsgänge. Bei Serienwechsel ist deshalb eine **Umrüstung** der Produktionsanlagen nötig (z. B. verschiedene Autotypen).

*Sortenfertigung:* Herstellung einer größeren Stückzahl von Produkten, die in der Art ihrer Fertigung und der verwendeten Rohstoffe so **eng verwandt** sind, dass es sich um **Varianten derselben Produktart** handelt. Die Produkte unterscheiden sich lediglich hinsichtlich Qualität, Geschmack, Abmessung o. Ä. voneinander. Im Gegensatz zur Serienfertigung können verschiedene Sorten auf denselben Produktionsanlagen **ohne größere Umrüstung** nacheinander produziert werden (z. B. Bier: Pils und Export).

▶ Ordnen Sie die folgenden Produkte einem dieser Fertigungstypen zu, indem Sie in einer Tabelle nach folgendem Muster das entsprechende Tabellenfeld ankreuzen. Begründen Sie Ihre Zuordnung.

| Fertigungstypen / Produkte | Einzel-fertigung | Mehrfachfertigung | | |
|---|---|---|---|---|
| | | Massen-fertigung | Sorten-fertigung | Serien-fertigung |
| Herrenanzüge unterschiedlicher Qualität und Größe | | | | |
| verschiedene Autotypen | | | | |
| Elektrizität, Gas | | | | |
| Bücher | | | | |
| Benzin | | | | |
| Teppiche | | | | |
| Zigaretten | | | | |
| Glühbirnen | | | | |
| Bier | | | | |
| Schrauben | | | | |
| Schiffe | | | | |
| Staudamm | | | | |
| Papier | | | | |
| Möbel | | | | |
| Radios | | | | |

4. Hinsichtlich der Organisationsformen der Fertigung lässt sich neben Werkstatt-
und Fließfertigung auch die Gruppenfertigung unterscheiden. Die **Gruppenfertigung** (Inselfertigung) stellt eine Kombination des Fließ- und Werkstattprinzips dar.
Unterschiedliche Maschinen und Arbeitsplätze werden dabei in Gruppen zusammengefasst. Innerhalb dieser Gruppen ist der Fertigungsablauf nach dem Prinzip
der Fließfertigung organisiert. Die einzelnen Maschinen- und Arbeitsplatzgruppen
werden auch als **Fertigungsinseln** (Fließinseln) bezeichnet.

**Gruppenfertigung**

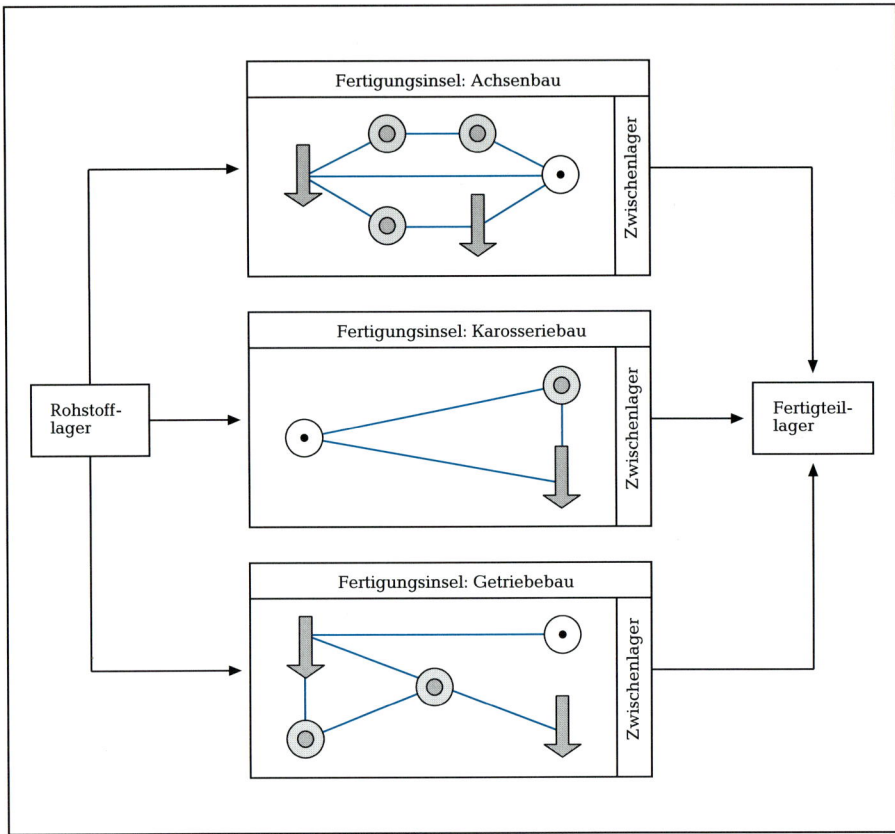

▶  Überprüfen Sie anhand einer Tabelle nach folgendem Muster, welche Organisationsform der Fertigung für welche Fertigungstypen besonders geeignet ist. Begründen Sie Ihre Aussagen.

| Fertigungstypen / Organisationsformen | Einzelfertigung | Mehrfachfertigung (Sorten-, Serien-, Massenfertigung) |
|---|---|---|
| Werkstattfertigung | | |
| Fließfertigung (Reihen-, Fließband-, Transferfertigung) | | |
| Gruppenfertigung | | |

# Fertigungsvorbereitung (Arbeitsvorbereitung)

## 7.08  Arbeitsplan – Auftragszeit nach REFA – Zeitakkord

Ein Metall verarbeitender Betrieb stellt u. a. Blechbehälter her (vgl. Abb. auf Seite 190). Für die Anfertigung der dazu benötigten Schanierbänder (Teile Nr. 106) wurde in der Abteilung Arbeitsvorbereitung folgender Arbeitsplan erstellt.

| Arbeitsplan für die Teilefertigung | | | | | | | | |
|---|---|---|---|---|---|---|---|---|
| Fertigteil-Nr.<br>106 | Fertigteil-Benennung<br>Scharnierband | | Zeichnungs-Nr.<br>100106 | | | Mengenbereich:<br>1 bis 100 | | |
| Ausgangsteil-Nr.<br>105 | Ausgangsteil-Benennung<br>Tiefziehblech | | Werkstoff/Rohform/Abmessung<br>St 1403/Tafelblech 1,5 dick | | | Ersteller:<br>Ro | | Datum:<br>11.11... |
| AVG-<br>Nr. | Arbeitsvorgangstext | | Kosten-<br>stelle | Arbeits-<br>platz-Nr. | Werkzeug/<br>Vorrichtung | Rüstzeit<br><br>(min) | Zeit je<br>Einheit<br>(min) | Lohn-<br>gruppe |
| 10 | Blechstreifen auf 25 × 60 zuschneiden | | 200 | 210 | 300106 | 10 | 1 | 04 |
| 20 | Blechstreifen ankippen | | 600 | 610 | 301106 | 15 | 1 | 05 |
| 30 | Blechstreifen rollen | | 600 | 620 | 302106 | 15 | 2 | 05 |
| 40 | Ø 3,6 Bohren und Entgraten | | 300 | 310 | 303106 | | | |

▶ 1. Welcher Zusammenhang besteht zwischen Stückliste und Arbeitsplan?

2. Neben Konstruktionszeichnung und Stückliste stellt der Arbeitsplan die wichtigste Arbeitsunterlage für die Fertigung dar. Erläutern Sie die Bedeutung des Arbeitsplanes, indem Sie folgende Fragen beantworten:

▶   a)  Worüber gibt der Arbeitsplan Auskunft?

▶   b)  Wofür werden die im Arbeitsplan enthaltenen Angaben benötigt?

▶ 3. Wie lange ist der Arbeitsplatz 210 durch das Zuschneiden der Scharnierbänder belegt, wenn ein Auftrag über 200 Blechbehälter ausgeführt werden soll und die im Arbeitsplan angegebenen Sollzeiten eingehalten werden?

4. Für den Arbeitsplatz 310 (Bohren und Entgraten) wurden durch Arbeitszeitstudien bei Normalleistung eine Rüstgrundzeit von 8 Minuten und eine Ausführungsgrundzeit von 1 Minuten festgestellt. Außerdem sind folgende Zeitzuschläge zu berücksichtigen:

   – 15 % Zeitzuschlag für unvorhergesehene Störungen beim Einrichten und Vorbereiten der Bohrmaschine (Rüstverteilzeit)

   – 10 % Zeitzuschlag für unvorhergesehene Störungen des Arbeitsablaufs (Auftragsverteilzeit)

   – nach einer Stunde Arbeitszeit 6 Minuten Pause (Erholungszeit)

▶ Ermitteln Sie die im Arbeitsplan fehlenden Rüst- und Stückzeiten für den Arbeitsplatz 310 (Bohren und Entgraten).

▶ 5. Für die Herstellung von 1 Stück Scharnierband sind entsprechend dem Arbeitsplan vier Arbeitsvorgänge (AVG Nr. 10, 20, 30 und 40) nötig. Ermitteln Sie die Auftragszeit für die Herstellung von 800 Scharnierbändern unter der Annahme, dass die Vorbereitung, Einrichtung und Wiederherstellung der vier Arbeitsplätze nicht nacheinander, sondern gleichzeitig erfolgt.

▶ 6. Wie viele Scharnierbänder können bei Normalleistung in einer Stunde am Arbeitsplatz 310 (Bohren und Entgraten) bearbeitet werden? (Rüstzeiten bleiben unbcrücksichtigt.)

7. Herr Maier arbeitet am Arbeitsplatz 310 im Einzelakkord. Er erreicht einen Leistungsgrad von 120 %.

▶  Wie viele Scharnierbänder kann Herr Maier bei einer Arbeitszeit von 7,5 Stunden pro Tag bearbeiten?

8. Herr Maier ist in Lohngruppe 7 eingestuft und erhält gemäß Tarifvertrag einen Grundlohn von 9,90 EUR je Stunde sowie einen Akkordzuschlag von 15 %.

▶  a) Wie viel verdient Herr Maier pro Tag bei der Bearbeitung der Scharnierbänder?

▶  b) Um wie viel EUR liegt der tatsächliche Stundenverdienst von Herrn Maier über dem Grundlohn?

9. Der Mitarbeiter Schulze schneidet Blechstreifen am Arbeitsplatz 210 zu. Er erhält einen Grundlohn von 8,50 EUR sowie einen Akkordzuschlag von 20 %. An einem Arbeitstag mit 7,5 Stunden hat er 84,15 EUR verdient.

▶  Berechnen Sie den Leistungsgrad von Herrn Schulze.

## *Fertigungssteuerung*

Lösungs-
blatt

### **7.09** **Losgröße – Losgrößenabhängige und losgrößenunabhängige Kosten**

Ein Verleger kann aus Erfahrung damit rechnen, dass von dem in seinem Verlagsprogramm ausgewiesenen Titel »Rechtsfragen des Alltags« im Jahr 12 000 Stück verkauft werden. Der Absatz verteilt sich völlig gleichmäßig auf die Monate des Jahres.

Von einer Druckerei hat er folgendes Angebot:

> Wir berechnen für jede Auflage, unabhängig von deren Höhe, 2 000 EUR fix für Vorbereitungsarbeiten zum Druck. Für das Drucken und Binden eines Exemplars fallen zusätzlich 5 EUR je Stück an.

1. Der Verleger erwägt, für die erste Auflage die voraussichtliche Absatzmenge eines Jahres drucken zu lassen.

Er stellt folgende Berechnung auf:

|  | Kosten für den Druck des<br>Jahresbedarfs von 12 000 Stück |
|---|---|
| Kosten für die Druckvorbereitung<br>Druckkosten (einschließlich Material)<br>Zins- und Lagerkosten | 2 000 EUR<br>60 000 EUR<br>3 100 EUR |
| Summe der Kosten | 65 100 EUR |

▶  a) Wie viele Bücher sind in diesem Fall durchschnittlich am Lager?

▶  b) Wie viel EUR sind durchschnittlich im Lager gebunden, wenn die Lagerbestände mit ihren Herstellkosten bewertet werden?

▶  c) Als Zins- und Lagerkostensatz werden 10 % angesetzt.
     Weisen Sie nach, wie das Ergebnis von 3 100 EUR Zins- und Lagerkosten zustande kommt.

▶  d) Wie hoch sind die Stückkosten für ein Buch?

2. Der Verleger überlegt, ob es kostengünstiger ist, den Jahresbedarf in 2 Auflagen (Losen) von je 6 000 Stück drucken zu lassen.

▶ Wie hoch sind die Stückkosten für ein Buch? Vergleichen Sie das Ergebnis mit dem Ergebnis von Nr. 1. d) und begründen Sie den Unterschied.

▶ 3. Vergleichen Sie in einer Tabelle nach dem folgenden Muster die Kosten für den Jahresbedarf von 12 000 Stück, wenn bei einer Auflage 6 000 Stück, 12 000 Stück oder 24 000 Stück gedruckt werden.

| 0 | Jahresbedarf: 12 000 Stück | | | |
|---|---|---|---|---|
| 1 | Losgröße Stück | 6000 (Halb-jahresbedarf) | 12 000 (Jahresbedarf) | 24 000 (Zwei-jahresbedarf) |
| 2 | Anzahl der Lose pro Jahr | 2 | 1 | 0,5 |
| 3 | variable Kosten je Stück EUR (Material, Lohn) | | | |
| 4 | variable Herstellkosten je Los EUR *(1 × 3)* | | | |
| 5 | Kosten der Druckvorbereitung je Los (Rüstkosten) EUR | | | |
| 6 | Gesamte Herstellkosten je Los EUR *(4 + 5)* | | | |
| 7 | variable Herstellkosten für den Jahresbedarf EUR *(0 × 3)* | | | |
| 8 | Kosten der Druckvorbereitung (Rüst-kosten) für den Jahresbedarf EUR *(2 × 5)* | | | |
| 9 | Gesamte Herstellkosten für den Jahresbedarf EUR *(7 + 8)* | | | |
| 10 | Zins- und Lagerkostensatz % | | | |
| 11 | Durchschnittlich im Lager gebundenes Kapital pro Jahr EUR *(50% von 6)* | | | |
| 12 | Zins- und Lagerkosten EUR *(10 × 11)* | | | |
| 13 | Gesamtkosten des Jahresbedarfs EUR *(9 + 12)* | | | |
| 14 | Kosten je Stück des Jahresbedarfs EUR *(13 : 0)* | | | |

▶ 4. Welche der in den Zeilen 3, 5 und 12 der Tabelle ausgewiesenen Kosten sind von der je Auflage hergestellten Stückzahl (= Losgröße) abhängig, welche sind davon unabhängig?

▶ 5. Ermitteln Sie anhand der Tabelle, wie sich bei einem Jahresbedarf von 12 000 Stück mit zunehmender Losgröße die Druckvorbereitungskosten (Rüstkosten) einerseits und die Zins- und Lagerkosten andererseits entwickeln.

▶ 6. Zwischen welchen beiden Stückzahlen liegt im vorliegenden Fall die optimale Los-größe?

## *7.10* **Tabellarische, grafische und formelmäßige Ermittlung der optimalen Losgröße**

Die Strickwarenfabrik **MODETEX GmbH** stellt Pullover, Westen und Jacken in verschiedenen Ausführungen für mehrere Textilversandhäuser her. Die Aufträge der Versandhäuser gehen jeweils im Frühjahr und Herbst ein. Die Vertragsbedingungen sehen vor, dass die Auslieferung nach Anlauf der Produktion stetig in gleich großen Teilmengen zu erfolgen hat. Die verschiedenen Strickwarensorten werden auf den-selben Maschinen gefertigt.

Um die Lieferbedingungen einhalten und gleichzeitig Lagerkosten sparen zu können, wird im Rahmen der Fertigungsvorbereitung für jede Strickwarensorte die insgesamt herzustellende Auftragsmenge in mehrere gleich große Teilmengen (Fertigungslose) aufgeteilt. Die Aufträge für die verschiedenen Strickwarensorten werden also nicht nacheinander in vollem Umfang, sondern in Teilmengen mit Unterbrechungen ausgeführt (Intervallfertigung). Ist die Teilmenge einer bestimmten Sorte (z. B. Pullover) fertiggestellt, erfolgt die Umrüstung der Strickmaschinen für die Herstellung einer anderen Sorte (z. B. Jacken oder Westen). Durch diesen ständigen Wechsel gelingt es der Strickwarenfabrik, die Strickmaschinen während des ganzen Jahres zu annähernd 100 % auszulasten und gleichzeitig ihren Lieferverpflichtungen gegenüber den verschiedenen Versandhäusern für das gesamte Sortiment fristgemäß nachzukommen. Allerdings entstehen bei jedem Sortenwechsel Kosten für Umrüstung, Neueinstellung und Probeläufe der Strickmaschinen (Rüstkosten).

Für die Pulloverherstellung liegen der Fertigungsvorbereitung folgende Zahlen vor:

Erteilte Auftragsmenge: 50 000 Stück

Rüstkosten je Fertigungslos: 500 EUR

Herstellkosten je Stück: 40 EUR

Lagerkostensatz: 20 %

Die Lagerkosten werden vom durchschnittlichen Lagerbestand, der zu Herstellkosten bewertet wird, berechnet.

▶ 1. Erstellen Sie eine Tabelle nach folgendem Muster

| Losgröße in Stück | Zahl der Fertigungslose | Rüstkosten (EUR) | durchschnittlicher Lagerbestand (EUR) | Lagerkosten (EUR) | Summe (Rüst- + Lagerkosten) (EUR) |
|---|---|---|---|---|---|
| 500 | 100 | 50 000 | 10 000 | 2 000 | 52 000 |
| 1000 | | | | | |
| 1500 | | | | | |
| 2000 | | | | | |
| 2500 | | | | | |
| 3000 | | | | | |
| 3500 | | | | | |
| 4000 | | | | | |
| 4500 | | | | | |
| 5000 | | | | | |

▶ 2. Stellen Sie anhand der Tabelle fest, bei welcher Losgröße die Summe aus Rüstkosten und Lagerkosten am geringsten ist.

3. Stellen Sie die Entwicklung der Rüstkosten, der Lagerkosten und der Summe aus Rüst- und Lagerkosten grafisch dar.

4. Stellen Sie anhand der Grafik die optimale Losgröße fest.

5. Überprüfen Sie die Lösung von Nr. 2 und Nr. 4 mithilfe der folgenden Formel:

$$\text{Optimale Losgröße} = \sqrt{\frac{200 \times \text{Periodenbedarf} \times \text{Rüstkosten}}{\text{Herstellkosten je Stück} \times \text{Lagerhaltungskostensatz}}}$$

▶ 6. Fassen Sie Voraussetzungen zusammen, unter denen das von Ihnen ermittelte Ergebnis für die betriebliche Praxis brauchbar ist.

## 7.11 Reihenfolgeplanung – Probleme der optimalen Losgröße

Im Rahmen der Fertigungsvorbereitung wird in der Strickwarenfabrik **MODETEX GmbH** für die verschiedenen Strickwarensorten (Pullover, Jacken, Westen) jeweils die optimale Losgröße ermittelt (vgl. Aufgabe 7.10). Dabei ergeben sich allerdings folgende Probleme:

1. Es hat sich herausgestellt, dass die Höhe der Rüstkosten beim Sortenwechsel u. a. davon abhängig ist, in welcher Reihenfolge die einzelnen Sorten gefertigt werden. Die Umstellung der Strickmaschinen von Jacken auf Westen (= ärmellose Jacken) verursacht beispielsweise geringere Rüstkosten als die Umstellung von Westen auf Pullover. Je nach Reihenfolge fallen folgende Rüstkosten an.

| von / nach | Pullover | Jacken | Westen |
|---|---|---|---|
| Pullover | – | 600 EUR | 700 EUR |
| Jacken | 500 EUR | – | 300 EUR |
| Westen | 600 EUR | 400 EUR | – |

▶ Ermitteln Sie die optimale Reihenfolge für die Herstellung der drei Sorten.

2. Als optimale Losgröße wurden für Pullover 2 500 Stück und für Westen 1 500 Stück ermittelt. Die Herstellung von 2 500 Pullovern dauert aber so lange, dass zwischenzeitlich die Lagerbestände an Westen erschöpft sind und die Lieferung eingestellt werden muss.

▶ Welche Entscheidung soll der Mitarbeiter in der Fertigungsvorbereitung nach Ihrer Meinung treffen?

## 7.12 Netzplan (Einführung): Terminplanung – Gesamtpuffer – Kritischer Weg

Lösungs-blatt

Die Spielzeugfabrik **Storz** hat sich auf die Herstellung von Lehrspielzeug spezialisiert. Die Vertreterberichte zeigen, dass bei den Kunden starkes Interesse an einem Spiel besteht, das Kenntnisse und Erkenntnisse aus dem Bereich der Wirtschaft vermittelt.

Die Geschäftsleitung entschließt sich, ein solches Spiel als Brettspiel auf den Markt zu bringen. Sie beruft deshalb eine Besprechung mit den Leitern der Abteilungen Werbung, Zeichenbüro, Fertigung, Vertrieb und Rechnungswesen ein.

Der Leiter der Werbeabteilung soll feststellen, wann er mit der Vorbereitung der Werbung fertig sein kann. Für die Werbevorbereitung und die ihr vorausgehenden Vorgänge sind folgende Zeiten geschätzt worden:

Marktanalyse 30 Tage, Gesamtentwurf des Brettspiels 14 Tage, Detailzeichnungen (Einzelzeichnungen) 8 Tage, Werbevorbereitung 10 Tage. Mit der Marktanalyse und dem zeichnerischen Entwurf soll sofort begonnen werden.

▶ 1. Erstellen Sie eine Vorgangstabelle nach folgendem Muster (nächste Seite) und tragen Sie in die Spalten 1 bis 3 die der Werbevorbereitung vorausgehenden Vorgänge und ihre Dauer ein.

| 1 | 2 | 3 | 4 | 5 | 6 | 7 | 8 | 9 | 10 | 11 |
|---|---|---|---|---|---|---|---|---|---|---|
| | Vorgang | Dauer in Tagen | Vor-gänger | Nach-folger | frühester Anfangs- End-zeitpunkt | | spätester Anfangs- End-zeitpunkt | | Gesamt-puffer | Freier Puffer |
| Nr. | Bezeichnung | | | | FAZ | FEZ | SAZ | SEZ | GP | FP |
| 1 | Entscheidung | 1 | | | | | | | | |
| 2 | Marktanalyse | 30 | | | | | | | | |
| 3 | | | | | | | | | | |
| 4 | | | | | | | | | | |
| 5 | Werbe-vorbereitung | 10 | | | | | | | | |

2. Der Werbeleiter stellt die Abhängigkeiten der vor Beginn der Werbevorbereitung zu erledigenden Vorgänge nach dem Prinzip des Netzplans dar.

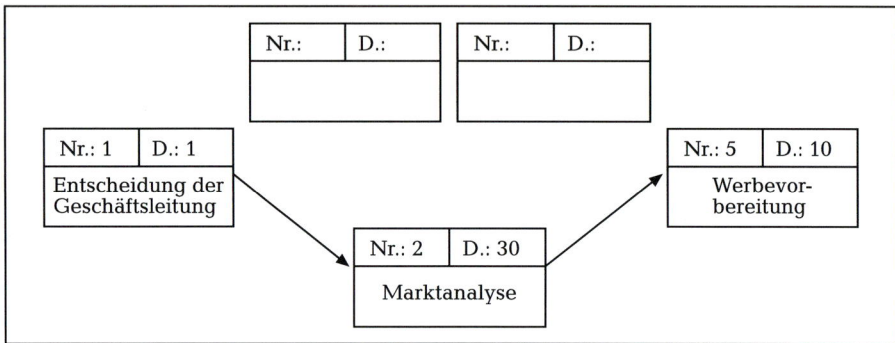

▶ Erstellen Sie nach obigem Muster den Netzplan und ergänzen Sie diesen durch die Vorgänge Gesamtentwurf und Detailzeichnung.

▶ 3. Tragen Sie in die Vorgangsliste zu jedem Vorgang in die Spalte 4 die Nummer des Vorgangs ein, der unmittelbar vorausgegangen sein muss, und in die Spalte 5 die Nummer des Vorgangs, der unmittelbar nachfolgt.

Beachten Sie dabei, dass ein Vorgang auch mehrere unmittelbare Vorgänger bzw. Nachfolger haben kann.

4. Ein Vorgang kann erst beginnen, wenn der vorhergehende beendet ist. Der Tag, an dem mit dem Gesamtentwurf begonnen werden kann, wird als »früheste Anfangs-zeit (FAZ)« über die linke obere Ecke des Vorgangsknotens geschrieben; der Tag, an dem der Vorgang beendet ist, wird als »frühester Endzeitpunkt (FEZ)« über die rechte obere Ecke des Knotens gesetzt.

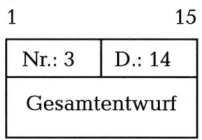

▶ Ergänzen Sie den Netzplan in dieser Weise.

▶ 5. Am wievielten Tag kann die Werbevorbereitung frühestens beendet sein?

▶ 6. Tragen Sie die frühesten Anfangs- und Endzeitpunkte in die Spalten 6 und 7 der Vorgangstabelle ein.

7. Der Zeitpunkt, an dem ein Vorgang spätestens anfangen muss, wird als »spätes-ter Anfangszeitpunkt (SAZ)« unter die linke untere Ecke des Vorgangsknotens gesetzt, der »späteste Endzeitpunkt (SEZ)« des Vorgangs unter die rechte untere Ecke.

Der Vorgangsknoten »Detailzeichnung« hat dann folgendes Aussehen:

```
15                    23
┌─────────┬─────────┐
│ Nr.: 4  │ D.: 8   │
├─────────┴─────────┤
│  Detailzeichnung  │
└───────────────────┘
23                    31
```

▶     Wie wurden SAZ und SEZ bestimmt?

▶   8. Setzen Sie für alle Vorgänge die SAZ und SEZ in den Netzplan ein.

▶   9. Tragen Sie die SAZ und SEZ in die Spalten 8 und 9 der Tabelle ein.

 10. Der »Gesamtpuffer« eines Vorgangs ist die Differenz zwischen spätestem und frühestem Anfangszeitpunkt und damit natürlich auch zwischen spätestem und frühestem Endzeitpunkt eines Vorgangs. Er zeigt eine Zeitreserve innerhalb eines Vorganges.

▶     Errechnen Sie für jeden Vorgang des Projekts Brettspiel dessen Gesamtpuffer! Tragen Sie die Ergebnisse in die Spalte 10 der Vorgangstabelle ein.

 11. Der Gesamtpuffer gibt die Zeit an, um die ein Vorgang verlängert werden kann, ohne dass sich am Endtermin des **gesamten** Projektes etwas ändert. Der »freie Puffer« gibt hingegen die Zeit an, um die sich ein einzelner Vorgang verzögern kann, ohne dass einer seiner Nachfolger aus seiner frühesten Anfangszeit verdrängt wird. Über diese Zeitreserve kann bei einem Vorgang ohne Rücksicht auf die Vorgänger oder Nachfolger frei verfügt werden. Der »freie Puffer« entspricht der Differenz aus FAZ des frühesten Nachfolgers und FEZ seines Vorgängers. Er zeigt die Zeitreserve eines Vorganges zu seinen unmittelbaren Nachfolgern.

▶     Errechnen Sie für jeden Vorgang des Projekts Brettspiel den freien Puffer und tragen Sie diesen in die Spalte 11 der Vorgangstabelle ein.

 12. Vorgänge, bei denen der Gesamtpuffer gleich 0 ist, haben gleichzeitig auch einen »freien Puffer« von 0. Diese Vorgänge werden als kritisch bezeichnet. Alle Vorgänge, für die dies zutrifft, ergeben zusammen den »kritischen Weg« (critical path) eines Projektes.

▶     Ziehen Sie die Pfeile, die den »kritischen Weg« des vorliegenden Netzplanes darstellen, farbig nach.

▶  13. Welche Folgen haben Zeitverzögerungen bei kritischen Vorgängen für den Zeitplan des Gesamtprojektes?

## *7.13* **Fallstudie zur Terminplanung[1]: Balkendiagramm – Maschinenbelegungsplan – Netzplan**

Die **GRECO GmbH** ist ein Metall verarbeitender Betrieb, der sich in letzter Zeit auf die Herstellung von Sportpokalen spezialisiert hat. Wegen der erheblichen Nachfrage sind die Produktionskapazitäten weitestgehend ausgelastet. Am Mittwoch, den 23. Juni, ruft der Handelsvertreter für den Bezirk Frankfurt beim Verkaufsleiter der **GRECO GmbH,** Herrn **Weiß,** an und teilt ihm mit, dass die äußerst günstige Gelegenheit bestehe, mit dem Deutschen Fußballbund (DFB) ins Geschäft zu kommen. Der DFB möchte 2 000 Pokale vom abgebildeten Typ »Herkules« bestellen. Die Lieferung muss aber spätestens bis Ende Juli erfolgen. Die Auftragsbestätigung wird noch innerhalb dieser Woche erwartet. Der Verkaufsleiter ist sich nicht sicher, ob der Auftrag so kurzfristig noch eingeplant werden kann. Er sagt aber dem Handelsvertreter zu, alle Möglichkeiten auszuschöpfen, um den DFB als Kunden zu gewinnen.

─────────────

**Auszug aus dem GRECO-Fabrikkalender 20..**

| Juni | Anzahl der Arbeitstage: 20 | | | zu bezahlende Feiertage: 1 | | | • Feiertag | | |
|---|---|---|---|---|---|---|---|---|---|
| 23. Woche | | 24. Woche | | 25. Woche | | 26. Woche | | 27. Woche | |
| Tag | Arbeits-tag Nr. | Tag | Arbeits-tag Nr. | Tag | Arbeits-tag Nr. | Tag | Arbeits-tag Nr. | Tag | Arbeits-tag Nr. |
| | | 7 Mo | 118 | 14 Mo | 122 | 21 Mo | 127 | 28 Mo | 132 |
| 1 Di | 114 | 8 Di | 119 | 15 Di | 123 | 22 Di | 128 | 29 Di | 133 |
| 2 Mi | 115 | 9 Mi | 120 | 16 Mi | 124 | 23 Mi | 129 | 30 Mi | 134 |
| 3 Do | 116 | 10 Do | • | 17 Do | 125 | 24 Do | 130 | | |
| 4 Fr | 117 | 11 Fr | 121 | 18 Fr | 126 | 25 Fr | 131 | | |
| 5 Sa | | 12 Sa | | 19 Sa | | 26 Sa | | | |
| 6 So | | 13 So | | 20 So | | 27 So | | | |

| Juni | Anzahl der Arbeitstage: 22 | | | zu bezahlende Feiertage: – | | | | | |
|---|---|---|---|---|---|---|---|---|---|
| 27. Woche | | 28. Woche | | 29. Woche | | 30. Woche | | 31. Woche | |
| Tag | Arbeits-tag Nr. | Tag | Arbeits-tag Nr. | Tag | Arbeits-tag Nr. | Tag | Arbeits-tag Nr. | Tag | Arbeits-tag Nr. |
| | | 5 Mo | 137 | 12 Mo | 142 | 19 Mo | 147 | 26 Mo | 152 |
| | | 6 Di | 138 | 13 Di | 143 | 20 Di | 148 | 27 Di | 153 |
| | | 7 Mi | 139 | 14 Mi | 144 | 21 Mi | 149 | 38 Mi | 154 |
| 1 Do | 135 | 8 Do | 140 | 15 Do | 145 | 22 Do | 150 | 29 Do | 155 |
| 2 Fr | 136 | 9 Fr | 141 | 16 Fr | 146 | 23 Fr | 151 | 30 Fr | 156 |
| 3 Sa | | 10 Sa | | 17 Sa | | 24 Sa | | 31 Sa | |
| 4 So | | 11 So | | 18 So | | 25 So | | | |

Herr **Weiß** setzt sich unverzüglich mit dem Leiter der Fertigungsabteilung, Herrn **Kling,** in Verbindung und erläutert ihm die Sachlage. Herr **Kling** bittet sofort Herrn **Henkel** von der Arbeitsvorbereitung zu sich.

**Kling:** »Herr **Henkel,** können wir noch einen Auftrag des DFB über 2 000 Pokale vom Typ Herkules mit Liefertermin Ende Juli unterbringen? Es wäre für uns äußerst wichtig, den DFB als neuen Kunden zu gewinnen.«

**Henkel:** »Das wird schwierig sein. Bis Mitte nächster Woche sind ohnehin alle Maschinen fast vollständig ausgelastet.

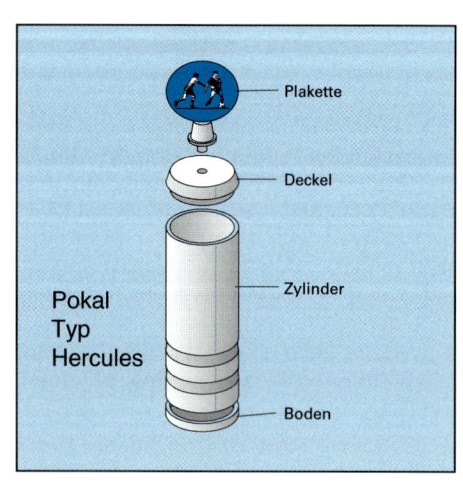

Pokal
Typ
Hercules

Plakette
Deckel
Zylinder
Boden

**Vereinfachter Arbeitsplan Pokal Typ »Herkules«**

Fertigungslos:    Stück:    Auftragsnummer:

| Lfd. Nr. | Arbeitsgänge | Masch.-Nr. | Maschinen | Rüstzeit Min. | Ausführungszeit je Stück Sekunden | Gesamtauftragszeit | | |
|---|---|---|---|---|---|---|---|---|
| | | | | | | Min. | Std. | Tage (1 Tag = 8 Std.) |
| 1 | Entscheidung, Kalkulation | | | | | | 8 | 1 |
| | **Baugruppe, Plakette Auftragsnummer 167/I** | | | | | | | |
| 2 | 1. Plakette stanzen | 10 | Stanzmaschine | 80 | 12,0 | | | |
| 3 | 2. Plakette prägen | 11 | Hydraulische Presse | 30 | 13,5 | | | |
| 4 | 3. Am Unterteil Gewinde andrehen | 12 | Drehautomat | 20 | 57,0 | | | |
| 5 | 4. Kegel andrehen | 12 | Drehautomat | 20 | 57,0 | | | |
| 6 | 5. Unterteil von der Stange abstechen | 12 | Drehautomat | 10 | 28,5 | | | |
| 7 | 6. Unterteil an Plakette anlöten | 13 | Lötvorrichtung | 10 | 28,5 | | | |
| 8 | 7. Plakette lackieren (goldfarben) | 14 | Spritzanlage | 40 | 42,0 | | | |
| | **Baugruppe Deckel Auftragsnummer 167/II** | | | | | | | |
| 9 | 1. Deckel ausstanzen und lochen | 10 | Stanzmaschine | 80 | 12,0 | | | |
| 10 | 2. Deckel tiefziehen | 11 | Hydraulische Presse | 30 | 13,5 | | | |
| 11 | 3. Deckel lackieren (hellgrün) | 14 | Spritzanlage | 10 | 28,5 | | | |
| | **Baugruppe Pokalzylinder mit Boden Auftragsnummer 167/III** | | | | | | | |
| 12 | 1. Pokalzylinder absägen | 15 | Metallkreissäge | 10 | 28,5 | | | |
| 13 | 2. Zylinder sicken (Rundung eindrücken) | 16 | Sickenmaschine | 30 | 13,5 | | | |
| 14 | 3. Boden ausstanzen | 10 | Stanzmaschine | 30 | 13,5 | | | |
| 15 | 4. Boden einlöten | 13 | Lötvorrichtung | 40 | 42,0 | | | |
| 16 | 5. Zylinder lackieren (dunkelgrün) | 14 | Spritzanlage | 40 | 42,0 | | | |
| 17 | Montage, Verpacken, Versand | 17 | Versand | – | – | | 16 | 2,0 |

An den 22 Arbeitstagen im Juli müssen wir die Aufträge Nr. 158 bis 166 fertigstellen. Wegen der Betriebsferien im August muss die Auslieferung dieser Aufträge unbedingt bis Ende Juli erfolgen. Allerdings besteht der Pokal »Herkules« ja aus mehreren Einzelteilen, die erst bei der Endmontage zusammengefügt werden und die man daher parallel und unabhängig voneinander herstellen kann. Das erleichtert die Sache etwas. Vielleicht lässt sich doch noch die eine oder andere Lücke im Maschinenbelegungsplan finden.«

**Kling:** »Herr **Henkel,** Sie haben ja schon mehrfach bewiesen, wie man durch geschickte Terminplanung Unmögliches möglich machen kann. Wenn es für die Auftragsannahme überhaupt eine Möglichkeit gibt, werden Sie diese mit Sicherheit finden. Erläutern Sie mir bitte morgen anhand des Terminplans und des Maschinenbelegungsplans, zu welchem Ergebnis Sie gekommen sind. Falls wir den Auftrag tatsächlich annehmen können, reichen Sie mir den Netzplan bitte in den nächsten Tagen nach.«

*Hinweis: Die entsprechenden Formularvordrucke (Balkendiagramm, Maschinenbelegungsplan, Netzplan) befinden sich als Kopiervorlagen im Arbeitsheft.*

### Maschinenbelegungsplan mit Auftragsnr. für Juli 20..

| Nr. der Arbeitstage lt. Fabrikkalender ⇒ | 133 | 134 | 135 | 136 | 137 | 138 | 139 | 140 | 141 | 142 | 143 | 144 |
|---|---|---|---|---|---|---|---|---|---|---|---|---|
| Kalendertage (Datum) ⇒ | 29.06. | 30.06. | 01.07. | 02.07. | 05.07. | 06.07. | 07.07. | 08.07. | 09.07. | 12.07. | 13.07. | 14.07. |
| **Nr.** | **Maschine/Abteilung** | | | | | | | | | | | |
| 00 | Entscheidung, Planung, Kalkulation | | | | | | | | | | | |
| 10 | Stanzmaschine | 162 | 162 | | | | | 165 | 165 | | | 166 | 166 |
| 11 | Hydraulische Presse | 158 | | | | | | 163 | 163 | | | 164 | 164 |
| 12 | Drehautomat | 161 | 161 | 162 | 162 | | | | | | | | |
| 13 | Lötvorrichtung | 160 | 160 | 161 | 161 | 162 | 162 | 162 | 162 | 163 | 163 | | |
| 14 | Spritzanlage | | 158 | 160 | 160 | 161 | 161 | | | 162 | 162 | | |
| 15 | Metallkreissäge | 162 | 162 | 163 | 163 | 164 | 164 | | | | | 165 | 165 |
| 16 | Sickenmaschine | 161 | 161 | 162 | 162 | 163 | 163 | 164 | 164 | | | | |
| 17 | Versandabteilung | 157 | 157 | 158 | 158 | 159 | 159 | 160 | 160 | 160 | 160 | 161 | 161 |

| Nr. der Arbeitstage lt. Fabrikkalender ⇒ | 145 | 146 | 147 | 148 | 149 | 150 | 151 | 152 | 153 | 154 | 155 | 156 |
|---|---|---|---|---|---|---|---|---|---|---|---|---|
| Kalendertage (Datum) ⇒ | 15.07. | 16.07. | 19.07. | 20.07. | 21.07. | 22.07. | 23.07. | 26.07. | 27.07 | 28.07. | 29.07. | 30.07. |
| **Nr.** | **Maschine/Abteilung** | | | | | | | | | | | |
| 00 | Entscheidung, Planung, Kalkulation | | | | | | | | | | | |
| 10 | Stanzmaschine | 166 | 166 | | | | | | | | | | |
| 11 | Hydraulische Presse | 165 | 165 | 166 | 166 | | | | | | | | |
| 12 | Drehautomat | | | | | 166 | 166 | | | | | | |
| 13 | Lötvorrichtung | | | | | | | 166 | 166 | 166 | 166 | | |
| 14 | Spritzanlage | 163 | 164 | | | | | | | | | | |
| 15 | Metallkreissäge | 165 | 165 | 166 | 166 | | | | | | | | |
| 16 | Sickenmaschine | | | 165 | 165 | 166 | 166 | | | | | | |
| 17 | Versandabteilung | 161 | 161 | 162 | 162 | 163 | 163 | 164 | 164 | | | | 165 |

# Rationalisierung der Fertigung

## 7.14 Berechnung der Wirtschaftlichkeit – Rationalisierungsinvestition

Ein Betrieb stellt nur einen Typ eines Bürostuhls her. Der patentierte Stuhl hat großen Markterfolg. Seit der Markteinführung vor 3 Jahren ist der Absatz dieses Stuhls beständig gestiegen.

Bei dem gegenwärtig gewählten Produktionsverfahren entstehen in der Produktion je Wirtschaftsperiode fixe Kosten in Höhe von 500 000 EUR und je produziertem Bürostuhl variable Kosten von 100 EUR. In einem Gespräch der kaufmännischen Leitung mit der technischen Leitung des Betriebes ergibt sich, dass bei der Herstellung der gegenwärtigen Produktionsmenge von 2 000 Stühlen keine konkreten Rationalisierungsmöglichkeiten gesehen werden.

Im Betrieb sollen für die vergangenen 3 Jahre Wirtschaftlichkeitsberechnungen durchgeführt werden. Dabei ergibt sich folgende Übersicht:

|  | Jahr 1 | Jahr 2 | Jahr 3 |
|---|---|---|---|
| Produktionsmenge | 1 000 | 1 500 | 2 000 |
| Leistung (EUR) | 500 000 | 750 000 | 1 000 000 |
| Kosten (EUR) | 600 000 | 650 000 | 700 000 |
| Wirtschaftlichkeitskennzahl | 0,83 | 1,15 | 1,43 |

▶ 1. Warum kann auch die günstige Wirtschaftlichkeitskennzahl von 1,43 für das 3. Jahr nicht als Beweisführung dafür dienen, dass der Betrieb absolut wirtschaftlich arbeitet?

2. In dem Beobachtungszeitraum von 3 Jahren erfolgte weder auf den Beschaffungsnoch auf den Absatzmärkten eine Preisveränderung.

▶ Wie ist die Veränderung der Wirtschaftlichkeitskennzahl dann zu erklären?

3. Aufgrund von Markterkundungen wird damit gerechnet, dass der Absatz des patentierten Bürostuhls im nächsten Jahr, spätestens aber im übernächsten Jahr, auf 3 000 Stück gesteigert werden kann. Von der Geschäftsleitung wird deshalb erwogen, Investitionen durchzuführen und die Produktion maschinenintensiver zu gestalten. Mit der Investition würden die fixen Kosten auf 650 000 EUR steigen, die variablen Kosten je Bürostuhl aber auf 40 EUR sinken. Mit dem bisherigen arbeitsintensiven Verfahren könnten ohne zusätzliche Investitionen (also bei unveränderten fixen Kosten) die 3 000 Bürostühle ebenfalls hergestellt werden.

▶ a) Ist das maschinenintensive Verfahren wirtschaftlicher?

▶ b) Welches Risiko ist mit einer Entscheidung aufgrund dieser Wirtschaftlichkeitsberechnung verbunden?

## 7.15 Ziel und Maßstab der Rationalisierung – Betriebliche Kennzahlen: Produktivität – Wirtschaftlichkeit – Rentabilität – Liquidität

Lösungsblatt

Ein Metall und Kunststoff verarbeitender Betrieb in der Rechtsform der GmbH stellt Spezialbehälter für die chemische Industrie her. Aus dem Rechnungswesen liegen folgende Zahlen vor (siehe folgende Seite, oben):

▶ 1. Berechnen Sie das Eigenkapital am Anfang der Jahre 2 und 3, wenn die Gewinne dem Eigenkapital zugeführt und Verluste zulasten des Eigenkapitals ausgeglichen werden. Andere Änderungen des Eigenkapitals liegen nicht vor.

| Jahr | 1 | 2 | 3 |
|---|---|---|---|
| Produktions- und Absatzmenge (Stück) | 15 000 | 16 000 | 19 000 |
| insgesamt geleistete Arbeitsstunden | 90 500 | 88 000 | 110 000 |
| ∅ Arbeitskosten je Stunde<br> – Löhne, Gehälter<br> – Lohnnebenkosten | 10,00 EUR<br>8,00 EUR | 11,50 EUR<br>9,00 EUR | 11,00 EUR<br>9,50 EUR |
| Materialkosten je Stück<br>(Beschaffungspreise unverändert) | 75,00 EUR | 75,00 EUR | 75,00 EUR |
| sonstige Aufwendungen | 0,875 Mio. EUR | 0,85 Mio. EUR | 1,05 Mio. EUR |
| ∅ Stückpreis je Behälter | 250 EUR | 240 EUR | 265 EUR |
| Eigenkapital (Jahresanfang) | 1 Mio. EUR | ? | ? |

▷ 2. Berechnen Sie für die drei Jahre folgende Kennzahlen:

  – Arbeitsproduktivität,
  – Wirtschaftlichkeit,
  – Eigenkapitalrentabilität,
  – Umsatzrentabilität.

▷ 3. Worauf kann die unterschiedliche Entwicklung der einzelnen Kennzahlen zurückzuführen sein?

4. Der Betrieb möchte für das Jahr 4 eine zusätzliche Maschine anschaffen. Die Finanzierung soll aus den Gewinnen des Jahres 3 erfolgen. Folgende Alternativen liegen vor:

**Maschine I:**

Anschaffungskosten 150 000 EUR
jährlicher Arbeitskräfteeinsatz: 5 000 Stunden
jährliche Maschinenkosten (Energie,
Abschreibung, Instandhaltung usw.): 75 000 EUR
jährliche Produktionskapazität: 1 200 Stück

**Maschine II:**

Anschaffungskosten 300 000 EUR
jährlicher Arbeitskräfteeinsatz: 3 000 Stunden
jährliche Maschinenkosten (Energie,
Abschreibung Instandhaltung usw.): 180 000 EUR
jährliche Produktionskapazität: 2 000 Stück

Außerdem sind in beiden Fällen folgende Daten zu berücksichtigen:

geschätzte ∅ Arbeitskosten je Stunde für das Jahr 4: 21,50 EUR
Materialkosten je Stück 75,00 EUR

erwarteter Verkaufspreis je Stück für das Jahr 4: 267,50 EUR

Es wird davon ausgegangen, dass die produzierte Menge auch abgesetzt werden kann.

▷ a) Berechnen Sie die Produktivität, Wirtschaftlichkeit und Rentabilität der beiden Maschinen. Für welche Maschine würden Sie sich entscheiden?

▷ b) Wie wirkt sich der zusätzliche Einsatz der von Ihnen gewählten Maschine auf die Kennzahlen des Gesamtbetriebes im Jahr 4 aus, wenn die übrigen Daten gegenüber Jahr 3 unverändert bleiben?

5. Obwohl durch die Erweiterungsinvestition die Produktivität gestiegen ist und Wirtschaftlichkeit und Rentabilität des Betriebes als zufriedenstellend angesehen werden können, gerät das Unternehmen in ernste Schwierigkeiten, die es an den Rand des Konkurses treiben.

▶ Worin könnten diese Schwierigkeiten bestehen und wie hätten sie Ihrer Meinung nach vermieden werden können? Benutzen Sie für die Erklärung das folgende Schaubild:

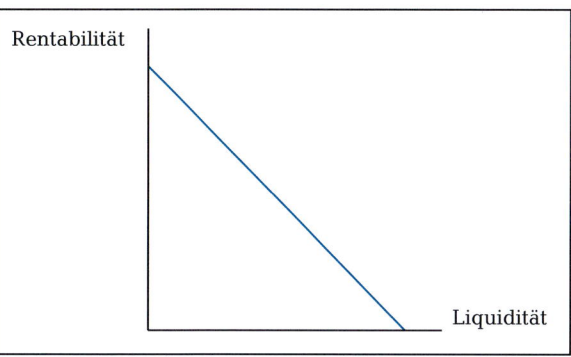

## 7.16  Normung – Typung – Spezialisierung – Baukastensystem

▶ Entscheiden Sie, ob es sich bei den nachfolgenden Beispielen um Normung, Typung, Spezialisierung oder um die Anwendung des Baukastensystems handelt.

1. Eine Schreinerei hat bisher auf Bestellung nach den Angaben der Kunden alle Arten Möbel hergestellt. Jetzt nimmt sie nur noch Aufträge für die Herstellung von Ladeneinbauten entgegen.

2. Eine Landmaschinenfabrik will ihr Lagerwesen rationalisieren. Deshalb wird dem Konstruktionsbüro vorgeschrieben, dass es nur noch Flachstähle bestimmter Abmessungen zur Verwendung vorsehen darf.

3. In einer Automobilfabrik wird der Motor vom Typ VX1600 in verschiedene Automodelle eingebaut.

4. Die ISO (International Standards Organization) mit Sitz in Genf bemüht sich, die Abmessungen von Schrauben in der ganzen Welt zu vereinheitlichen.

5. Ein Unternehmen hat bisher seine Fertighäuser nach den persönlichen Wünschen des Bauherrn in Holzbauweise hergestellt. Um wettbewerbsfähiger zu sein, beschränkt sich die Firma darauf, nur noch vier Grundausführungen nach ihren eigenen Entwürfen anzubieten.

6. Eine Kraftfahrzeugreparaturwerkstatt in einer ländlichen Gegend hat bisher alle Wagentypen repariert.
   Sie wird VW-Vertragswerkstatt und repariert nur noch Volkswagen.

7. Ein Polster- und Tapeziergeschäft hat bisher Polstermöbel nach den Angaben seiner Kunden handwerklich hergestellt. Jetzt verlegt es sich auf die serienmäßige Herstellung von Polstermöbeln.

# A 8 Absatz

## *Marketing als Konzept marktorientierter Unternehmensführung*

### *8.01* Marketing – Käufermarkt – Produktmanagement – Matrixorganisation

Ein Unternehmen der Textilindustrie sucht über nachstehende Zeitungsanzeige eine Dame als Produktmanagerin:

> Wir sind ein namhaftes Unternehmen der Textilbranche. Unsere Betriebe sind modern ausgestattet und gut finanziert. Der Hauptsitz liegt im süddeutschen Raum.
>
> Der Aufgabenbereich Marketing ist durch den Wandel vom Verkäufer- zum Käufermarkt ständig im Wachsen. Wir suchen für den Absatzbereich Damenkonfektion eine
>
> ### PRODUKTMANAGERIN
>
> Diese Position beinhaltet für den genannten Produktbereich vor allem die Produktpolitik, Marktanalysen und -prognosen, Werbung, Verkaufsförderung, Schulung und Information des Verkaufspersonals, Abstimmung der Marketingkonzeption mit anderen Abteilungen und Übernahme der Ergebnisverantwortung.
>
> Wir suchen eine Dame mit Hochschul- oder Fachhochschulstudium (Fachrichtung Absatz).
>
> Eine umfassende kaufmännische mehrjährige praktische Tätigkeit, auch im Vertrieb – möglichst in einem Mittelbetrieb – ist unabdingbare Voraussetzung. Export- und Importkenntnisse sind von Vorteil.
>
> Englischkenntnisse sind erwünscht, Branchenkenntnisse nicht unbedingt erforderlich.
>
> Das ideale Alter liegt zwischen 27 und 35 Jahren.
>
> Verhandlungsgeschick und konzentriertes Arbeiten werden eine rasche Eingliederung in ein aufgeschlossenes Team erleichtern und eine volle Persönlichkeitsentfaltung ermöglichen. Die Stelle ist den Anforderungen entsprechend dotiert.
>
> Der Arbeitsort liegt in einer reizvollen Landschaft mit hohem Wohn- und Freizeitwert.
>
> Senden Sie bitte Ihre vollständigen Bewerbungsunterlagen (mit handgeschriebenem Lebenslauf und Lichtbild) unter Z 149832 an Südkurier, Postfach 246, 86002 Augsburg.

▶ 1. Erläutern Sie den in der Stellenanzeige erwähnten Wandel vom Verkäufer- zum Käufermarkt.

2. Nach Beschaffung und Produktion ist der **Absatz** die letzte **Phase** des betrieblichen Leistungsprozesses. Dabei kommt darauf an, die erzeugten Produkte am Markt anzubieten und zu verkaufen. In diesem Zusammenhang sind u. a. Entscheidungen über Sortimentsbildung, Verpackung, Lagerung und Transport zu treffen. Als **Marketing** wird demgegenüber ein Grundsatz unternehmerischer Führung bezeichnet, der **alle Phasen** des betrieblichen Leistungsprozesses umfasst. Demnach sollen unternehmerische Entscheidungen in allen Phasen (Beschaffung, Produktion, Absatz) auf gegenwärtige und zukünftige Märkte ausgerichtet sein (= Führung des gesamten Unternehmens vom Markt her).

▶ Welche Formulierungen und Aufgabenbeschreibungen in der Stellenanzeige deuten auf einen solchen Marketingbegriff hin?

3. In der Stellenanzeige wird als eine Aufgabe der Produktmanagerin die Abstimmung der Marketingkonzeption mit anderen Abteilungen erwähnt.

▶ Stellen Sie anhand des auf der folgenden Seite abgebildeten Organigramms fest, mit welchen Abteilungen die Produktmanagerin die Marketingkonzeption abstimmen muss.

4. Aus dem nachfolgend dargestellten Organigramm ist auch die Einbindung der Stelle des Produktmanagers in die Organisationsstruktur des Unternehmens ersichtlich.

▶ Welche Schwierigkeiten könnten bei dieser Organisationsstruktur für die Produktmanagerin bei der Wahrnehmung ihrer Aufgaben (Durchsetzung einer Marketingkonzeption für Damenkleidung) auftreten?

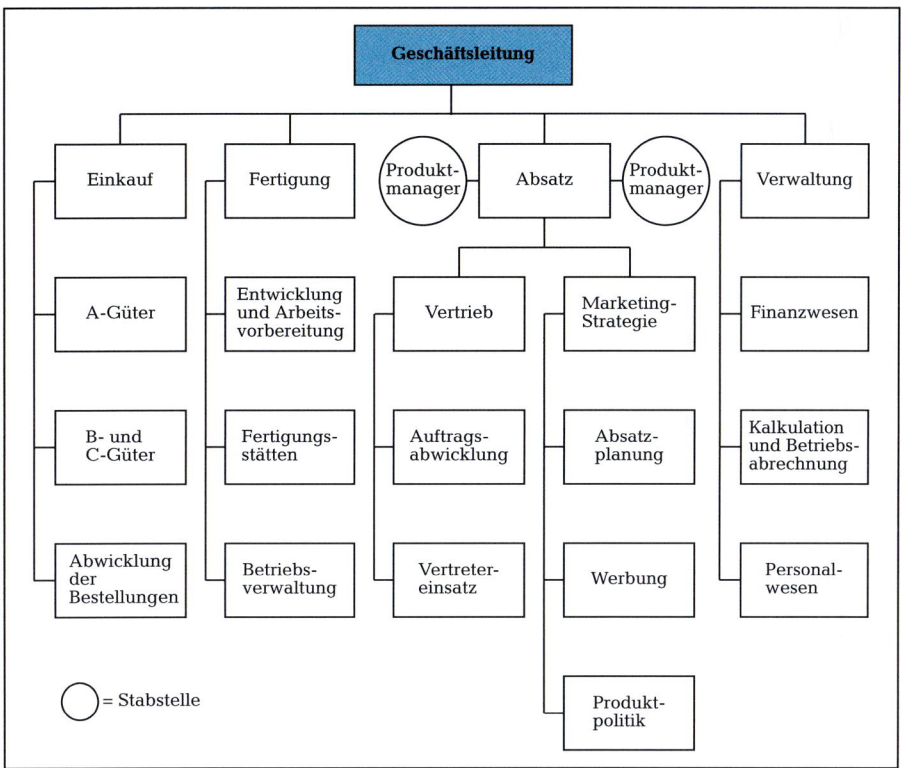

5. Als Lösung der bei der vorliegenden Organisationsstruktur zu erwartenden Probleme bietet sich die organisatorische Einbindung von Produktmanagern in Form einer Matrixorganisation (Abb. unten) an.

▶ Erläutern Sie die Vorteile dieser Organisationsform im Hinblick auf die in der Stellenanzeige erwähnten Aufgaben eines Produktmanagers.

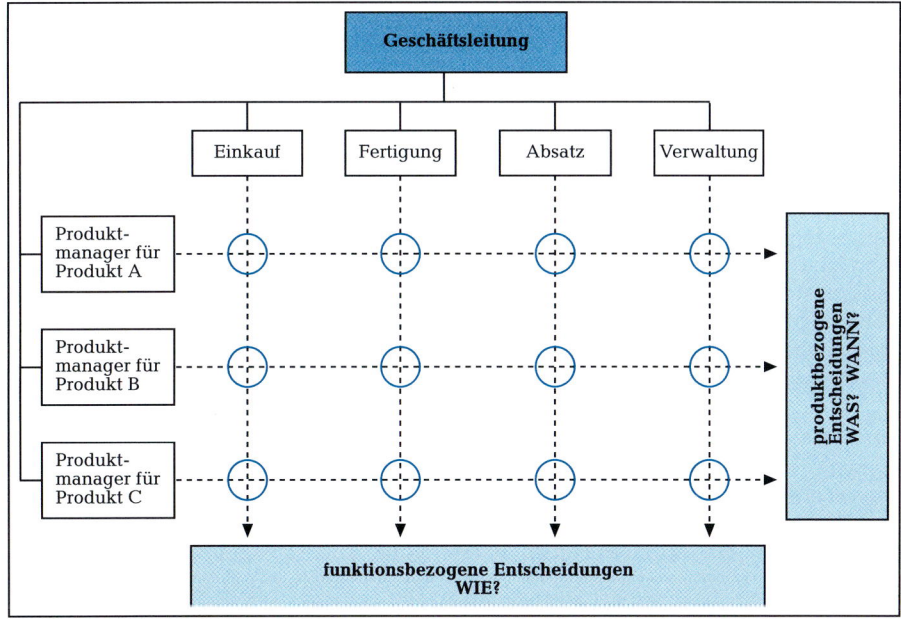

# Marktforschung und Absatzplanung

## 8.02 Fallstudie: Absatzorientierte Standortwahl – Methoden der Marktforschung – Konkurrenz- und Nachfrageanalyse

Ein Unternehmen des Fotofachhandels betreibt eine Ladenkette und beabsichtigt, weitere **Fachgeschäfte für Fotoartikel** zu eröffnen.

Die **Geschäftsleitung** erwartet von Ihnen eine begründete Stellungnahme zu der geplanten Neueröffnung einer Filiale in der Gemeinde **Dobertal.** Dazu liegen folgende Informationen und Materialien vor:

### Standort

**Dobertal** liegt ungefähr 25 km von der Landeshauptstadt (ca. 600 000 Einwohner) entfernt. Es besteht eine sehr gute Straßen- und S-Bahn-Verbindung zur Landeshauptstadt. Das vorgesehene Ladenlokal mit 55 m² Verkaufsfläche und 20 m² Nebenräumen liegt am Rande der einzigen verkehrsberuhigten Zone im Ortskern. In unmittelbarer Nachbarschaft gibt es mehrere Einzelhandelsfachgeschäfte aus verschiedenen Branchen (Buchhandel, Schreibwaren, Textil, Blumen). Auf dem 200 m entfernten Marktplatz wird regelmäßig ein gut besuchter Wochenmarkt abgehalten. Insgesamt verspricht die Lage eine ausreichende Passantenfrequenz, um neben einer Stammkundschaft auch Laufkunden gewinnen zu können. Die Parkmöglichkeiten in unmittelbarer Nähe des geplanten Standortes sind allerdings knapp und mit Parkuhren (maximale Parkdauer 30 Minuten) ausgestattet.

### Konkurrenzsituation

Ca. 300 m vom geplanten Standort entfernt befindet sich eine Drogerie, die u. a. auch Digitalkameras verkauft sowie Bilder ausliefert, die Kunden durch Internetaufträge aufgrund digitaler Bildvorlagen erteilt haben. Auch in einem ungefähr gleich weit entfernten SB-Lebensmittelmarkt werden Digitalkameras verkauft und Entwicklungsaufträge angenommen. Das nächste Einkaufszentrum mit einer Fotoabteilung liegt an einer Umgehungsstraße der Landeshauptstadt und ist mit dem Auto in ca. 15 Minuten zu erreichen. Die meisten Fotoartikel werden von den Einwohnern aus Dobertal in der Landeshauptstadt gekauft. Die Werbung des dort ansässigen Fotohandels erreicht über die Tageszeitungen die Interessenten in Dobertal.

### Nachfragesituation

Die Bevölkerungsentwicklung (Wohnbevölkerung und Erwerbstätige der Wohnbevölkerung) geht aus den statistischen Veröffentlichungen der Gemeinde Dobertal (vgl. Materialien Nr. 2) hervor. Die relativ geringe Zahl der Erwerbstätigen ist einerseits auf die überdurchschnittliche Zahl kinderreicher Familien und andererseits auf die zahlreichen Rentnerhaushalte zurückzuführen. Außerdem hat die Arbeitslosigkeit durch die Schließung mehrerer ortsansässiger Betriebe in den letzten Monaten deutlich zugenommen. Der Fremdenverkehr als wichtige Einnahmequelle in dem ansonsten strukturschwachen Raum um Dobertal soll nach Plänen der Gemeinde weiter gefördert und ausgebaut werden. Außerdem lässt die Erschließung von Bauland für zusätzliche Wohnhäuser in den nächsten Jahren eine stärkere Zuwanderung aus der Landeshauptstadt erwarten.

Ca. 60 % der Erwerbstätigen haben ihren Arbeitsplatz in oder in unmittelbarer Nähe der Landeshauptstadt. Die von der Gemeinde Dobertal veröffentlichte Einwohnerstatistik wies im letzten Jahr insgesamt 5 600 Ein- und Mehrpersonenhaushalte aus. Davon entfielen ca. 2 000 Haushalte auf Rentner, Sozialhilfeempfänger und Arbeitslose. Von den übrigen Haushalten verfügen schätzungsweise 40 % über ein höheres und 60 % über ein mittleres Haushaltseinkommen. Es ist damit zu rechnen, dass die Einwohner von Dobertal auch nach Eröffnung der Filiale zumindest anfangs noch die Hälfte ihres Bedarfs an Fotoartikeln in der nahe gelegenen Landeshauptstadt decken.

**Materialien:**

**Nr. 1: Auszug aus einem Merkblatt des Deutschen Industrie- und Handelstages zur Standortwahl**

# Standort

Alle reden zuerst vom Geld. Das ist sicherlich für die Existenzgründung auch eine wichtige Voraussetzung. Dabei sollten Sie aber die Standortwahl keinesfalls vernachlässigen. Denn die beste Finanzierung nützt Ihnen nichts, wenn der Standort vor allem im Einzelhandel nicht stimmt. Der Standort ist mitentscheidend dafür, wie viel Kunden Ihr Geschäft aufsuchen. Deshalb sollten Sie die Standortfrage besonders gründlich erforschen. Eine Prüfung muss sein! Worauf ist dabei zu achten? Nachstehend finden Sie einen Fragenkatalog. Wenn Sie die Fragen genau geprüft und beantwortet haben, sehen Sie schon klarer.

| Nr. | Frage | ja | nein |
|---|---|---|---|
| 1. | Liegt Ihr Standort in einer Fußgängerzone bzw. ist eine solche dort geplant? Gleiches gilt für verkehrsberuhigte Zonen. | | |
| 2. | Ist Ihr Standort für Kunden mit öffentlichen Verkehrsmitteln zu erreichen? | | |
| 3. | Gibt es in der Nähe genügend Parkmöglichkeiten? | | |
| 4. | Gibt es in der Nähe Ihres geplanten Standortes Geschäfte anderer Branchen mit regem Kundenzulauf? | | |
| 5. | Wird in der Nähe Ihres geplanten Standortes ein Wochenmarkt durchgeführt? | | |
| 6. | Sind in der direkten Nachbarschaft Betriebe anderer Branchen, die mit ihrem Sortiment Ihr Warenangebot ergänzen? | | |
| 7. | Gibt es im Umkreis von 100 Metern ein Spezialkaufhaus o. Ä. mit dem Angebotsschwerpunkt Ihrer Branche und erkennbaren Angebotslücken? | | |
| 8. | Ist im Umkreis von 10 bis 15 Autofahrt-Minuten ein Verbrauchermarkt, Fachmarkt, ein SB-Warenhaus oder ein Einkaufszentrum? | | |
| 9. | Liegt Ihr künftiger Standort in einem künftigen Sanierungsgebiet? | | |
| 10. | Liegt Ihr Standort mehr als 200 Meter von einem Warenhaus entfernt? | | |
| 11. | Gibt es in einer Entfernung von mehr als 200 Metern eine Zusammenballung von mindestens 3 Betrieben Ihrer Branche? | | |
| 12. | Ist in der Nähe ein Wettbewerber Ihrer Branche mit vergleichbarem Sortiment und eindeutig besserer Standortlage? | | |
| 13. | Gibt es eine andere Geschäftslage in Ihrer Umgebung, die eine eindeutig bessere Standortqualität aufweist? | | |
| 14. | Ist in einer anderen Geschäftsstraße eine Fußgängerzone geplant? | | |

*Sofern Sie die Fragen 1 bis 7 bejahen, sollten diese mit einem positiven Merkmal versehen werden. Treffen die Fragen 8 bis 14 zu, sind hierfür negative Hinweise zu verwenden. Sie können so im Vergleich selbst feststellen, ob Ihr geplanter Standort überwiegend positiv oder negativ zu bewerten ist. Die Gewichtung dieser Fragen kann noch präzisiert werden, indem Sie je nach Bedeutung für jede Frage bis zu 3 Punkte vergeben.*

**Nr. 2: Auszüge aus Statistiken der Gemeinde Dobertal**

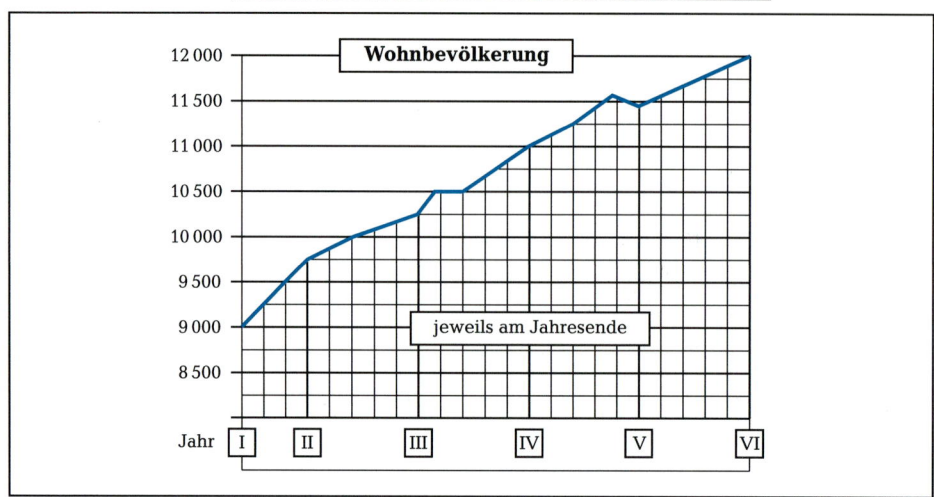

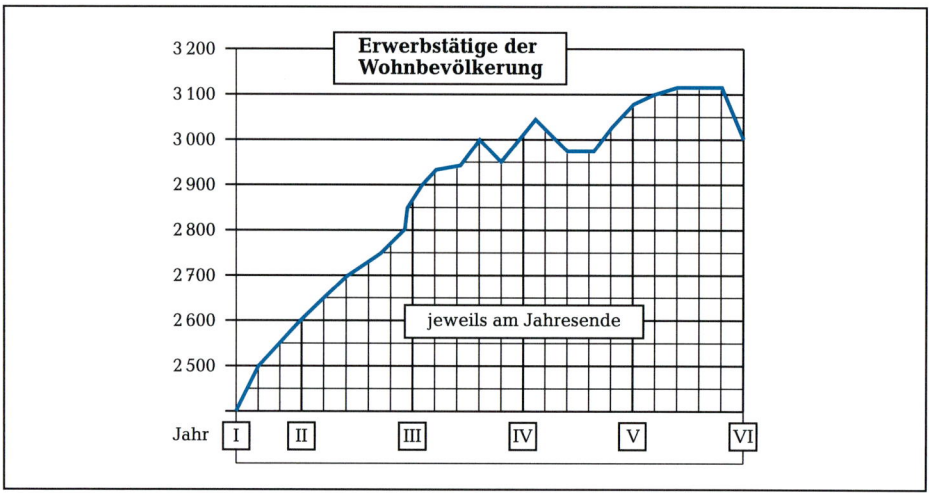

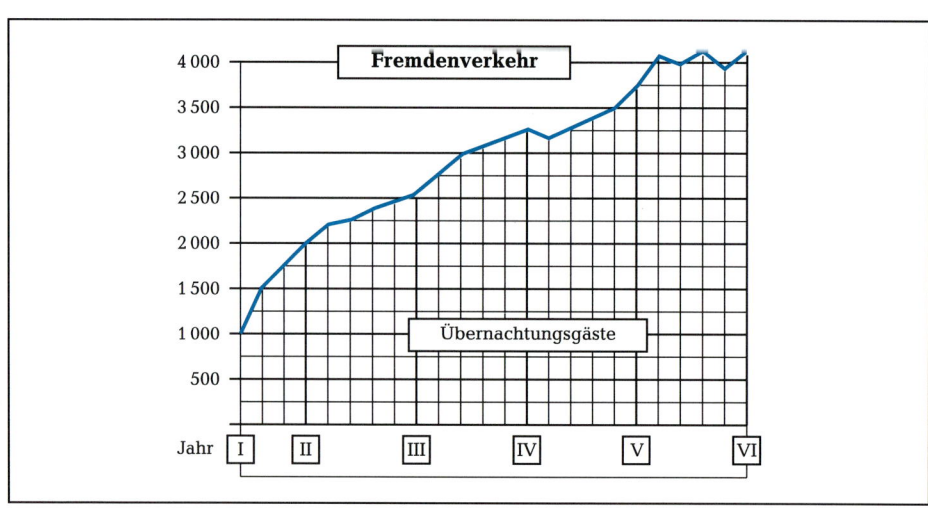

### Nr. 3: Auszüge aus einem Statistischen Jahrbuch

Im Zusammenhang mit der Einkommens- und Versorgungssituation privater Haushalte lassen sich folgende **Haushaltstypen** unterscheiden:

| Haushaltstyp 1 | Haushaltstyp 2 | Haushaltstyp 3 |
|---|---|---|
| 2-Personen-Haushalte von Rentenempfängern mit geringem Einkommen | 4-Personen-Haushalte von Angestellten und Arbeitern mit mittlerem Einkommen | 4-Personen-Haushalte von Beamten und Angestellten mit höherem Einkommen |
| Hierbei handelt es sich überwiegend um ältere Ehepaare, deren Haupteinkommensquellen Übertragungen vom Staat (Renten und Pensionen) und vom Arbeitgeber sind. | Hierbei handelt es sich um Ehepaare mit 2 Kindern, davon mindestens 1 Kind unter 15 Jahren. Ein Ehepartner soll als Angestellte(r) oder Arbeiter/-in tätig und alleiniger Einkommensbezieher sein. | Hierbei handelt es sich um Ehepaare mit 2 Kindern, davon mindestens 1 Kind unter 15 Jahren. Ein Ehepartner soll als Beamter/Beamtin oder Angestellte(r) und der Hauptverdiener der Familie sein. |

**Einnahmen und Ausgaben ausgewählter privater Haushalte im Berichtsjahr**

|  | Haushaltstyp 1 | Haushaltstyp 2 | Haushaltstyp 3 |
|---|---|---|---|
| Haushaltsbruttoeinkommen je Haushalt und Monat | 1472 EUR | 3606 EUR | 5530 EUR |
| Haushaltsnettoeinkommen je Haushalt und Monat | 1385 EUR | 2709 EUR | 4229 EUR |
| Ausgabefähiges Einkommen bzw. Einnahmen je Haushalt und Monat | 1420 EUR | 2928 EUR | 4605 EUR |
| Aufwendungen für Freizeitgüter je Haushalt und Monat | 160 EUR | 433 EUR | 666 EUR |
| davon entfielen auf Foto- und Kinogeräte einschl. Filmen u. Ä. | 2,10 EUR | 10,80 EUR | 16,40 EUR |

**Ausstattung ausgewählter privater Haushalte mit ausgewählten langlebigen Gebrauchsgütern im Berichtsjahr**

|  | Haushaltstyp 1 | Haushaltstyp 2 | Haushaltstyp 3 |
|---|---|---|---|
| Kamera | 79,1 % | 98,4 % | 99,7 % |
| Digital-Kamera | 30,8 % | 43,2 % | 50,9 % |
| Spiegelreflexkamera (digital) | 15,1 % | 51,0 % | 72,0 % |
| Andere Kameras | 54,1 % | 60,2 % | 58,3 % |
| Videokamera (digital) | 8,1 % | 35,6 % | 35,9 % |
| Beamer | 27,3 % | 30,6 % | 55,0 % |

### Nr. 4: Auszüge aus einem Rundschreiben des Branchendienstes »Fotofachhandel«

Der Branchendienst »Fotofachhandel« teilte in seinem letzten Rundschreiben mit, dass im vergangenen Jahr im Fotoeinzelhandel durchschnittlich folgende Umätze erzielt worden sind:
Umsatz je m² Geschäftsfläche:  4 000 EUR
Umsatz je m² Verkaufsfläche:  6 550 EUR

**Lösungsschema zur Ermittlung des voraussichtlichen Jahresumsatzes
an Fotoartikeln in Dobertal**

| | Haushalts-typ 1 | Haushalts-typ 2 | Haushalts-typ 3 | Summe |
|---|---|---|---|---|
| Ausgaben für Foto- und Film-kameras einschl. Zubehör u. Ä. je Haushalt und Monat | | | | |
| Zahl der Haushalte in Dobertal | | | | |
| Ausgaben der Haushalte in Dobertal für Foto- und Film-kameras etc. pro Jahr | | | | |
| abzüglich Umsatzvolumen, das in die Landeshauptstadt abfließt | | | | |
| Umsatzvolumen in Dobertal pro Jahr | | | | |
| Umsatzvolumen pro Jahr unter Berücksichtigung des Fremdenverkehrs (geschätzt) | | | | |
| Umsatzvolumen pro Jahr nach Abzug des Anteils des ortsansässigen Drogerie- und des SB-Lebensmittelmarktes (geschätzt) | | | | |
| Jahresumsatz je m$^2$ Geschäftsfläche | | | | |
| Jahresumsatz je m$^2$ Verkaufsfläche | | | | |

## 8.03 Absatzplanung: Absatzstrategische Alternativen – Absatzrisiko

Die Verkaufsabteilung eines Unternehmens der Getränkeindustrie will für das kommende Geschäftsjahr für die drei Erzeugnisse des Unternehmens einen Absatzplan erstellen.

Die ersten drei Stufen der Absatzplanung sind abgeschlossen:

### I. Allgemeine wirtschaftliche Entwicklung

Aufgrund konjunkturpolitischer Maßnahmen der Bundesregierung besserte sich das Konjunkturklima durchgreifend. Die Produktion ist inzwischen in vielen Bereichen wieder kräftig angestiegen. Allerdings wurde die Produktion zunächst ohne zusätzliche Arbeitskräfte gesteigert.

### II. Branchenentwicklung

Trotz der Rezession, welche der Planungsperiode vorausging, ist der Umsatz in der Getränkeindustrie in den letzten vier Jahren stetig um durchschnittlich 5 % jährlich gestiegen. Mit dem in der Rezession entwickelten Preisbewusstsein der Verbraucher muss aber weiterhin gerechnet werden. Im Kampf um den Abnehmer wird deshalb die Preispolitik eine erhebliche Rolle spielen.

| Kosten, Kapazität | Erzeugnisse | | |
|---|---|---|---|
| | Orangenfruchtsaft (A) | Grapefruitsaft (B) | Mineralwasser (C) |
| variable Kosten je 100 Stück 0,7-l-Flaschen (proportional mit Gesamtausbringung) | 15 EUR | 25 EUR | 10 EUR |
| Fixe Kosten im Jahr (ohne Kosten der Werbung) | 125 000 EUR | 100 000 EUR | 100 000 EUR |
| Kapazität des Produktionsapparates im Jahr in 0,7-l-Flaschen | 400 000 Flaschen | 300 000 Flaschen | 400 000 Flaschen |
| Erhöhung der fixen Kosten bei einer zusätzlichen Produktion von jeweils 50 000 Flaschen | 17 500 EUR | 16 000 EUR | 15 000 EUR |
| Werbeausgaben im Vorjahr **insgesamt** 25 000 EUR | | | |

### Absatzpolitische Alternativen

A = Orangenfruchtsaft
B = Grapefruitsaft
C = Mineralwasser

| | Alternative 1: gegenüber dem Vorjahr unveränderte absatzpolitische Maßnahmen | | | Alternative 2: Preissenkung A Absatzsteigerung A Absatzsteigerung C | | | Alternative 3: Erhöhung der Ausgaben für Werbung | | | Alternative 4: Kombination Alternative 2 + 3 | | |
|---|---|---|---|---|---|---|---|---|---|---|---|---|
| | A | B | C | A | B | C | A | B | C | A | B | C |
| Absatzerwartung in Stück | 300 000 | 250 000 | 350 000 | 360 000 | 230 000 | 360 000 | 400 000 | 350 000 | 370 000 | 450 000 | 325 000 | 360 000 |
| Preis je 0,7-l-Flasche ohne Umsatzsteuer (EUR) | 0,60 | 0,80 | 0,45 | 0,55 | 0,80 | 0,45 | 0,60 | 0,80 | 0,45 | 0,55 | 0,80 | 0,45 |
| Werbung (EUR) | | 25 000 | | | 25 000 | | | 75 000 | | | 75 000 | |

### III. Absatzpolitische Aktivitäten

Die Verkaufsabteilung geht bei ihrer Entscheidung über die absatzpolitischen Aktivitäten von den Daten aus, die tabellarisch auf Seite 219 dargestellt sind.

▶ 1. Wie erklären Sie sich, dass die Verkaufsleitung
  – bei der Erstellung des Absatzplanes der Alternative 2 unterstellt, dass der Absatz des Produktes A steigt, jedoch der Absatz von B zurückgeht,
  – in der Alternative 3 nicht von einer Substitution von B durch A ausgeht?

▶ 2. a) Stellen Sie fest, welche der absatzpolitischen Alternativen den höchsten Gesamtgewinn verspricht.

▶    b) Welche Risiken entstehen für das Unternehmen, wenn sich die Verkaufsleitung für die ermittelte Alternative entscheidet?

# Produkt- und Sortimentspolitik

## 8.04 Produktpolitik: Produktinnovation – Produktvariation – Produktdifferenzierung – Produktdiversifikation – Produkteliminierung

Im Rahmen der Produktpolitik werden u. a. folgende Maßnahmen unterschieden:

a) **Produktinnovation:** Entwicklung und Einführung völlig neuer Produkte und Techniken, die bisher noch von keinem anderen Unternehmen angeboten wurden (Marktneuheit).[1]

b) **Produktvariation:** Veränderung von Eigenschaften eines bereits auf dem Markt eingeführten Produkts (z.B. Qualität, Aussehen, Technik, Material o. Ä.).

c) **Produktdifferenzierung:** Aufspaltung eines bereits am Markt eingeführten Produkts in verschiedene Ausführungen.

d) **Produktdiversifikation:** Aufnahme von neuen Produkten ins Produktionsprogramm, die bisher nur von anderen Unternehmen angeboten wurden.

**Horizontale Diversifikation:** Erweiterung des Produktionsprogramms um Produkte, die in Zusammenhang mit den bisherigen Produkten stehen.

**Vertikale Diversifikation:** Erweiterung des Produktionsprogramms um Produkte aus vor- oder nachgelagerten Wirtschaftsstufen.

**Laterale Diversifikation:** Erweiterung des Produktionsprogramms um Produkte, die für das Unternehmen völlig neu sind und in keinem technischen oder wirtschaftlichen Zusammenhang mit den bisherigen Produkten stehen.

e) **Produkteliminierung:** Entfernung von Produkten aus dem Produktionsprogramm.

---

[1] Zuweilen wird auch dann von Produktinnovation gesprochen, wenn es sich um Produkte handelt, die zwar für das Unternehmen neu sind (Unternehmensneuheit), aber von Konkurrenzunternehmen schon angeboten werden. In diesem Fall ist der Begriff Produktinnovation der Oberbegriff zu Produktdifferenzierung und Produktdiversifikation.

▶ Ordnen Sie die folgenden Beispiele den produktpolitischen Maßnahmen a) bis e) zu.

1. Ein Motorradhersteller nimmt auch Musikinstrumente in sein Produktionsprogramm auf.

2. Ein Fahrradhersteller verkauft seine Produkte unter verschiedenen Namen und zu unterschiedlichen Preisen sowohl an den Fachhandel als auch an große Handelsketten.

3. Erstmals wird auf dem Automobilmarkt ein 3-Liter-Auto angeboten.

4. Ein Margarinehersteller bietet unterschiedliche Margarinesorten für den Brotaufstrich als Back- und Bratenfett und als Diätmargarine an.

5. Ein Fernsehhersteller stellt die Produktion von Geräten mit Kleinbildschirm ein.

6. Ein Stahlunternehmen kauft ein Softwarehaus.

7. Eine Fleischkonservenfabrik betreibt eine Schweinemästerei.

8. Eine Bierbrauerei stellt auch alkoholfreie Erfrischungsgetränke her.

9. Eine Bank vermittelt auch Versicherungen.

10. Der Markenname eines Waschmittels wird nach einer Qualitätsverbesserung mit dem Zusatz »Super 2000« versehen.

11. Eine Brauerei bietet ihr Bier in Fässern, in Mehrwegflaschen und in Dosen an.

12. Ein bestimmter Autotyp wird 2-türig und 4-türig angeboten.

13. Ein Buch wird als Leinenausgabe und als Taschenbuch angeboten.

14. Aufgrund gesetzlicher Vorschriften stellt ein Automobilwerk nur noch Pkw mit geregeltem Katalysator her.

15. Ein Fußballclub verkauft auch Fanartikel.

16. Einem Batteriehersteller ist es gelungen, die Schadstoffe in den Batterien erheblich zu verringern.

17. Eine Papierfabrik nimmt auch Recyclingpapier in ihr Produktionsprogramm auf.

18. Der Markenname Coca-Cola wird durch den Namen Coke ergänzt.

19. Ein Arzneimittelhersteller bietet Medikamente mit den gleichen Wirkstoffen in Tabletten und in Tropfenform an.

## *8.05* **Produktlebenszyklus**

Ein Hersteller von Foto- und Filmgeräten hat bei einem seiner Produkte für die Zeit von der Produktentwicklung bis zu seinem Ausscheiden aus dem Markt folgende Entwicklung festgestellt:

| Jahr | 1 | 3 | 5 | 7 | 9 | 11 |
|---|---|---|---|---|---|---|
| Abgabepreis an den Fachhandel (EUR) | – | 1 000 | 900 | 800 | 650 | 500 |
| Absatzmenge | – | 10 000 | 35 000 | 75 000 | 70 000 | 40 000 |
| Umsatz (in Mio. EUR) | – | 10 | 31,5 | 60 | 45,5 | 20 |

Die grafische Darstellung dieser Umsatzentwicklung zeigt den **Produktlebenszyklus** in idealtypischer Form.

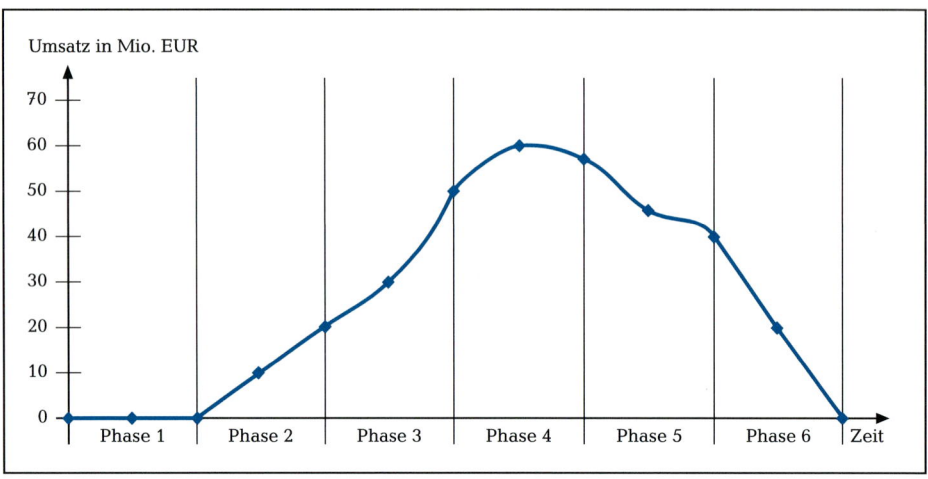

▶ 1. Ordnen Sie den Phasen 1 bis 6 an der Zeitachse folgende Bezeichnungen zu:

   a) Marktsättigung

   b) Reife

   c) Rückgang (Degeneration)

   d) Forschung und Entwicklung

   e) Wachstum

   f) Einführung

   2. Die Zahlen der Tabelle lassen den Einsatz eines bestimmten absatzpolitischen Instruments erkennen.

▶     Welche Gründe könnten das Unternehmen jeweils in den einzelnen Phasen veranlasst haben, diese absatzpolitische Maßnahme zu ergreifen?

▶ 3. Durch welche absatzpolitischen Maßnahmen aus den Bereichen

   a) Produktpolitik und

   b) Werbepolitik

   könnte der Produktlebenszyklus in den einzelnen Phasen beeinflusst werden?

▶ 4. Wie können sich die unter 3. genannten Maßnahmen auf Kosten und Gewinn auswirken?

▶ 5. Überprüfen Sie, ob die Phasen des Produktlebenszyklus in der oben dargestellten idealtypischen Form auch für die folgenden Produkte zutreffen:

   a) Personenwagen: VW-Käfer

   b) Plattenspieler

   c) Erfrischungsgetränk: Coca-Cola

   d) Super-8-Filmkamera

   e) Waschmittel: Persil

   f) Schmerzmittel: Aspirin

   g) Computerspielzeug: Game Boy

   h) Klebstoff: Uhu

   i) Gesellschaftsspiel: Mensch ärgere Dich nicht

# 8.06 Produktionsprogramm – Sortimentsbreite und Sortimentstiefe – Diversifikation – Produktplanung – Deckungsbeitragsrechnung

Die Möbelschreinerei **Anton Storz, Murrhardt/Württemberg,** ist Hersteller von
– Einbauwohnmöbeln in Einzelfertigung
– Standardstühlen und -Tischen
– Serienteilen für Kinderzimmermöbel
– Lagerregalen für Betriebe und Privathaushalte in drei Grundtypen.

Neben seiner Möbelschreinerei betreibt **Storz** einen Möbeleinzelhandel, in dem er auch vom Hersteller bezogene Möbel und Polstergarnituren verkauft.

In letzter Zeit sind die Aufträge für Lagerregale zurückgegangen. **Storz** plant deshalb, sein Produktionsprogramm und evtl. sein Handelssortiment zu verändern.

1. **Storz** liest in der Zeitung, dass sich die Spielwarenbranche in den Bereichen Hobby, Basteln, Modellbau und Fitnessgeräte Hoffnungen auf eine starke Umsatzbelebung macht. Er überlegt deshalb, ob er in sein Produktionsprogramm ein neues, aus Holz herzustellendes Sportgerät aufnehmen kann.

▶ Welche Vorteile hat die mit der Aufnahme der Sportgeräte in das Produktionsprogramm eintretende Diversifikation gegenüber einer größeren Breite oder Tiefe des Möbelsortiments?

2. **Storz** entschließt sich, ein Spiel- und Sportgerät in sein Produktionsprogramm aufzunehmen. Das neue Produkt soll unter der Bezeichnung VELOBIL vertrieben werden. Die Kapazität der Fertigungsanlagen soll zunächst nicht erweitert werden. Da aber die Nachfrage nach Lagerregalen rückläufig ist, wird überlegt, ob die VELOBIL-Herstellung an die Stelle der Produktion der Lagerregale treten kann.

   **Storz** will von den drei Regalgrundtypen R 01, R 02 und R 03 vorläufig nur einen Typ aus dem Produktionsprogramm herausnehmen.

▶ Nennen Sie Gründe, welche **Storz** veranlassen, zunächst nur einen Regaltyp aus seinem Produktionsprogramm herauszunehmen.

3. Für die Entscheidung, welcher Regaltyp aus dem Produktionsprogramm herausgenommen werden soll, stehen folgende Daten zur Verfügung. Die Angaben beziehen sich auf den letzten Monat und können auch für die nächste Zukunft als zutreffend angenommen werden.

| | Typ R 01 | Typ R 02 | Typ R 03 |
|---|---|---|---|
| Absatzmenge | 100 Stück | 100 Stück | 100 Stück |

| | Typ R 01 | Typ R 02 | Typ R 03 |
|---|---|---|---|
| Verkaufspreis je Stück | 180 EUR | 260 EUR | 310 EUR |
| Materialkosten je Stück | 22 EUR | 31 EUR | 46 EUR |
| Lohnkosten je Stück | 33 EUR | 47 EUR | 69 EUR |
| Sonstige Kosten je Stück (Hilfsstoffe, Energie, Abschreibung, Zinsen, Instandhaltung, Verwaltung, Vertrieb usw.) | 93 EUR | 133 EUR | 195 EUR |
| Selbstkosten je Stück | 148 EUR | 211 EUR | 310 EUR |
| Gewinn je Stück | 32 EUR | 49 EUR | 0 EUR |

|                          | Typ R 01 | Typ R 02 | Typ R 03 |
|--------------------------|----------|----------|----------|
| Verkaufspreis je Stück   | 180 EUR  | 260 EUR  | 310 EUR  |
| variable Kosten je Stück | 111 EUR  | 158 EUR  | 232 EUR  |
| Deckungsbeitrag je Stück | 69 EUR   | 102 EUR  | 78 EUR   |

Auf die Regalherstellung entfielen im letzten Monat Fixkosten in Höhe von 16 800 EUR.

▶ Welchen Regaltyp würden Sie aufgrund dieser Informationen künftig nicht mehr weiterproduzieren? Begründen Sie Ihre Entscheidung.

# Betriebliche Preispolitik

## 8.07 Betriebliche Preispolitik bei vollständiger und unvollständiger Konkurrenz

1. Die **Panther-Fahrzeugbau AG** stellt Mofas mit Benzinmotor her. Auf dem Markt herrscht ein starker Wettbewerb. Wenn die **Panther AG** einen Preis fordern würde, der über dem Preis der Konkurrenz liegt, müsste sie damit rechnen, innerhalb kürzester Zeit ihren gesamten Absatz zu verlieren.

   Die Konkurrenz hat ein neues Modell auf den Markt gebracht, das jetzt mit Elektrostarter für den Benzinmotor und 3-Gang-Schaltung ausgestattet ist. Das neue Modell wird im Einzelhandel zu dem empfohlenen Verkaufspreis von 1 250 EUR angeboten. Um mitzuhalten, will die **Panther AG** ein Modell mit gleicher Ausstattung auf den Markt bringen.

   Die Vorkalkulation ergibt folgende Daten: zusätzliche Fixkosten 250 000 EUR; variable Kosten je Stück (proportional) 450 EUR.

   In Anpassung an den Preis der Konkurrenz soll das neue Modell zum Preis von 1 240 EUR auf den Markt kommen.

   Die **Panther AG** vertreibt ihre Mofas ohne Einschaltung des Großhandels direkt an den Einzelhandel. Dem Einzelhandel müssen auf den empfohlenen Verkaufspreis 40 % Rabatt gewährt werden, damit er das Produkt in sein Sortiment aufnimmt.

   ▶ Welche Absatzmenge muss überschritten werden, damit Gewinn erzielt wird?

2. Der **Panther-Fahrzeugbau AG** ist die Entwicklung einer neuartigen Batterie für Elektromofas gelungen. Sie ist damit in der Lage, Elektromofas herzustellen, die den auf dem Markt eingeführten Konkurrenzprodukten technisch deutlich überlegen sind.

| Technische Merkmale der Batterie | Konkurrenzprodukt | Neuentwicklung der Panther AG |
|----------------------------------|-------------------|-------------------------------|
| Gewicht                          | 4,6 kg            | 3 kg                          |
| Reichweite                       | 20 km             | 40 km                         |
| Ladezeit                         | 2,5 Std.          | 1,5 Std.                      |

Das Unternehmen will die Produktion von Elektromofas aufnehmen. Die für die Produktion der Elektromofas (jährlich) anfallenden Fixkosten werden auf 1 500 000 EUR geschätzt, die variablen Kosten je Stück (proportional) auf 500 EUR.

Der Einzelhandelsrabatt soll wie bei den Benzinmotormofas 40 % betragen.

Im Rahmen der Absatzplanung werden in der **Panther-Fahrzeugbau AG** preis-politische Überlegungen angestellt. Eine Markterkundung hat ergeben, dass nach einer Einführungsphase mittelfristig folgender Zusammenhang zwischen dem Preis des Produkts und der Absatzmenge besteht:

| empfohlener Einzelhandels-verkaufspreis (EUR) | 2 167 | 2 083 | 2 000 | 1 917 | 1 833 | 1 750 | 1 667 | 1 583 | 1 500 | 1 417 | 1 333 |
|---|---|---|---|---|---|---|---|---|---|---|---|
| Absatzmenge (Stck) | 2 000 | 2 500 | 3 000 | 3 500 | 4 000 | 5 000 | 5 800 | 6 500 | 7 100 | 7 600 | 8 000 |

In der Geschäftsleitung des Unternehmens werden folgende Ansatzpunkte für die Preisfestlegung diskutiert:

**A Orientierung an der Konkurrenz**

Der Preis wird an den Preis für Elektromofas angepasst, den die Konkurrenz gegen-wärtig für ihr Produkt verlangt. Von dem neuen Produkt soll zunächst nur ein Mo-dell auf den Markt gebracht werden (3-Gang-Schaltung, Rücktrittbremse). Für ein Modell mit dieser Ausstattung verlangt die Konkurrenz 1 300 EUR.

**B Orientierung an den Kosten**

Die Verkaufsleitung rechnet damit, auch bei intensiver Werbung im ersten Jahr nur 3 000 Stück an ökologisch motivierte Käufer verkaufen zu können, bei denen die Höhe des Preises nicht einen entscheidenden Grund für ihre Kaufent-scheidung darstellt. Der Preis soll die (Voll-)Kosten bei dieser Produktionsmenge decken und eine Umsatzrendite von 20 % erbringen.

**C Orientierung am Nachfrageverhalten**

Es wird der Preis festgesetzt, der auf Grundlage der Nachfrageanalyse den höchs-ten Gewinn verspricht.

▶ Beurteilen Sie die drei preispolitischen Konzeptionen.

Für Ihre Überlegungen können Sie die folgende Übersichtstabelle benutzen:

| empfoh-lener Einzel-handels-preis (EUR) 1 | Absatz-menge (Stück) 2 | Fabrik-abgabe-preis (40 % Rabatt) 3 | fixe Kosten je Stück (EUR) 4 | variable Kosten je Stück (EUR) 5 | Gesamt-kosten je Stück (EUR) 6 | Stück-gewinn (EUR) 7 | Gesamt-gewinn (EUR) 8 |
|---|---|---|---|---|---|---|---|
| 2 167 | 2 000 | 1 300 | 750,00 | 500,00 | 1 250,00 | 50,00 | 100 000 |
| 2 083 | 2 500 | 1 250 | 600,00 | 500,00 | 1 100,00 | 150,00 | 375 000 |
| 2 000 | 3 000 | 1 200 | 500,00 | 500,00 | 1 000,00 | 200,00 | 600 000 |
| 1 917 | 3 500 | 1 150 | 428,57 | 500,00 | 928,57 | 221,43 | 775 000 |
| 1 833 | 4 000 | 1 100 | 375,00 | 500,00 | 875,00 | 225,00 | 900 000 |
| 1 750 | 5 000 | 1 050 | 300,00 | 500,00 | 800,00 | 250,00 | 1 250 000 |
| 1 667 | 5 800 | 1 000 | 258,62 | 500,00 | 758,62 | 241,38 | 1 400 000 |
| 1 583 | 6 500 | 950 | 230,77 | 500,00 | 730,77 | 219,23 | 1 425 000 |
| 1 500 | 7 100 | 900 | 211,27 | 500,00 | 711,27 | 188,73 | 1 340 000 |
| 1 417 | 7 600 | 850 | 197,37 | 500,00 | 697,37 | 152,63 | 1 160 000 |
| 1 333 | 8 000 | 800 | 187,50 | 500,00 | 687,50 | 112,50 | 900 000 |

**8.08** **Preispolitik eines Monopolisten – Marktsegmentierung – Preisdifferenzierung**

Die **Deutsche Fahrzeug AG** (DEFAG) will ein neu entwickeltes Drei-Liter-Auto auf den Markt bringen. In der Unternehmensleitung soll über den Preis entschieden werden, mit dem die Neukonstruktion auf dem Markt im Raum der Europäischen Union eingeführt werden soll. Der Entscheidung liegt folgende Annahme über das wahrscheinliche Verhalten der Käufer zu Grunde:

| Preis (in Tsd. EUR) | 16,5 | 16 | 15,5 | 15 | 14,5 | 14 | 13,5 | 13 | 12,5 | 12 | 11,5 | 11 | 10,5 |
|---|---|---|---|---|---|---|---|---|---|---|---|---|---|
| Absatzmenge (in Tsd. Stück) | 43,5 | 46 | 49 | 53 | 58 | 64 | 70 | 75 | 80 | 83 | 85 | 87 | 89 |
| Umsatzerlös (in Mio. EUR) | | | | | | | | | | | | | |
| Gesamtkosten (in Mio. EUR) | | | | | | | | | | | | | |
| Gewinn (in Mio. EUR) | | | | | | | | | | | | | |

Für die Produktion fallen fixe Kosten in Höhe von 300 Mio. EUR an. Die variablen Kosten für die Produktion eines Autos betragen (proportional) 7 500 EUR.

▶ 1. a) Bei welchem Preis wird der größtmögliche Gewinn erzielt?

▶    b) Wie ist es zu erklären, dass der größtmögliche Gewinn nicht mit der Absatzmenge erzielt wird, mit der das Umsatzmaximum erreicht wird?

2. In England erfolgt der Vertrieb über die selbstständige Handelsorganisation **British DEFAG** und nachgeordnete Vertragshändler. Der Vorstand der **British DEFAG** erhebt Einwendungen gegen einen einheitlichen für Gesamteuropa geltenden Verkaufspreis. Damit würde das besondere Käuferverhalten in England nicht berücksichtigt. Dort würde ein Drei-Liter-Auto erst bei einem Preis unter 15 000 EUR verstärkt nachgefragt. Er schlägt deshalb vor, den europäischen Markt in die Teilmärkte England und Resteuropa aufzuteilen und für jeden Teilmarkt einen besonderen Preis festzulegen. Der für England geltende Preis müsse niedriger sein als der für Resteuropa.

Die Preisfestlegung für jeden der Teilmärkte solle so erfolgen, dass jeweils der Preis gewählt wird, bei dem der Überschuss des Umsatzerlöses über die variablen Gesamtkosten (Produktionsmenge × 7 500 EUR) am größten ist.

Nach England werden rechtsgesteuerte Autos geliefert. Die Mehrkosten für diese Sonderausführung sind unerheblich.

Bei den Überlegungen wird davon ausgegangen, dass sich der Gesamtabsatz in Europa wie folgt auf die Absatzgebiete England und restliches Europa verteilt:

| Preis (in Tsd. EUR) | 16,5 | 16 | 15,5 | 15 | 14,5 | 14 | 13,5 | 13 | 12,5 | 12 | 11,5 | 11 | 10,5 |
|---|---|---|---|---|---|---|---|---|---|---|---|---|---|
| Absatzmenge im Raume der EU (Tsd. Stück) | 43,5 | 46 | 49 | 53 | 58 | 64 | 70 | 75 | 80 | 83 | 85 | 87 | 89 |
| davon: Absatzmenge in England (Tsd. Stück) | 3,5 | 4 | 5 | 7 | 10 | 14 | 18 | 22 | 26 | 28 | 29 | 30 | 31 |
| davon: Absatzmenge in Resteuropa (Tsd. Stück) | 40 | 42 | 44 | 46 | 48 | 50 | 52 | 53 | 54 | 55 | 56 | 57 | 58 |

| | Markt England | | | | Markt Resteuropa | | | | Markt Europa (insgesamt) | | | |
|---|---|---|---|---|---|---|---|---|---|---|---|---|
| 1 | 2 | 3 | 4 | 5 | 6 | 7 | 8 | 9 | 10 | 11 | 12 | 13 |
| Preis (Tsd. EUR) | Absatzmenge England (Tsd. Stück) | Umsatzerlöse England (Mio. EUR) | variable Gesamtkosten für Produktion England (Mio. EUR) | Deckungsbeitrag Produktion England (Mio. EUR) | Absatzmenge Resteuropa (Tsd. Stück) | Umsatzerlöse Resteuropa (Mio. EUR) | variable Gesamtkosten Produktion Resteuropa (Mio. EUR) | Deckungsbeitrag Produktion Resteuropa (Mio. EUR) | Absatzmenge Europa insges. (Tsd. Stück) | Umsatzerlöse Europa insges. (Mio. EUR) | variable Gesamtkosten f. d. gesamte Produktionsmenge (Mio. EUR) | Deckungsbeitrag insges. (Mio. EUR) |
| | | Sp. 1 × Sp. 2 | Sp. 2 × 7500 | Sp. 3 – Sp. 4 | | Sp. 1 × Sp. 6 | Sp. 6 × 7500 | Sp. 7 – Sp. 8 | | Sp. 1 × Sp. 10 | Sp. 10 × 7500 | Sp. 11 – Sp. 12 |
| 16,5 | 3,5 | ? | 26,25 | 31,50 | 40 | 660 | 300,0 | 360,0 | 43,5 | 717,75 | 326,25 | 391,50 |
| 16,0 | 4,0 | 64,00 | ? | 34,00 | 42 | 672 | 315,0 | 357,0 | 46,0 | 736,00 | 345,00 | 391,00 |
| 15,5 | 5,0 | 77,50 | 37,50 | ? | 44 | 682 | 330,0 | 352,0 | 49,0 | 759,50 | 367,50 | 392,00 |
| 15,0 | 7,0 | 105,00 | 52,50 | 52,50 | 46 | 690 | 345,0 | 345,0 | 53,0 | 795,00 | 397,50 | 397,50 |
| 14,5 | 10,0 | 145,00 | 75,00 | 70,00 | 48 | 696 | 360,0 | 336,0 | 58,0 | 841,00 | 435,00 | 406,00 |
| 14,0 | 14,0 | 196,00 | 105,00 | 91,00 | 50 | 700 | 375,0 | 325,0 | 64,0 | 896,00 | 480,00 | 416,00 |
| 13,5 | 18,0 | 243,00 | 135,00 | 108,00 | 52 | 702 | 390,0 | 312,0 | 70,0 | 945,00 | 525,00 | 420,00 |
| 13,0 | 22,0 | 286,00 | 165,00 | 121,00 | 53 | 689 | 397,5 | 291,5 | 75,0 | 975,00 | 562,50 | 412,50 |
| 12,5 | 26,0 | 325,00 | 195,00 | 130,00 | 54 | 675 | 405,0 | 270,0 | 80,0 | 1.000,00 | 600,00 | 400,00 |
| 12,0 | 28,0 | 336,00 | 210,00 | 126,00 | 55 | 660 | 412,5 | 247,5 | 83,0 | 996,00 | 622,50 | 373,50 |
| 11,5 | 29,0 | 333,50 | 217,50 | 116,00 | 56 | 644 | 420,0 | 224,0 | 85,0 | 977,50 | 637,50 | 340,00 |
| 11,0 | 30,0 | 330,00 | 225,00 | 105,00 | 57 | 627 | 427,5 | 199,5 | 87,0 | 957,00 | 652,50 | 304,50 |
| 10,5 | 31,0 | 325,50 | 232,50 | 93,00 | 58 | 609 | 435,0 | 174,0 | 89,0 | 934,50 | 667,50 | 267,00 |

**8.09** **Planspiel MINIMAX: Produktionsplanung und Preispolitik bei der MINIMAX GmbH (MINI-Planspiel mit GewinnMAXimierung)**

 *Die Planspielunterlagen befinden sich auf der Begleit-CD zum Lehrerhandbuch.*

 **8.10** **Plan- und Strategiespiel STRATOLIGO: Anbieterverhalten auf einem oligopolistischen Markt – Kartellbildung**

 *Die Planspielunterlagen befinden sich auf der Begleit-CD zum Lehrerhandbuch.*

# Werbepolitik

## 8.11 Grundbegriffe der Werbung – Werbekonzeption

Ein Getränkehersteller hat ein neues koffeinhaltiges Erfrischungsgetränk auf den Markt gebracht. Das Werbekonzept sieht vor, das neue Produkt als Ergänzung und Abrundung des bisherigen Sortiments an alkoholfreien Getränken besonders herauszustellen. Insbesondere Jugendliche und junge Erwachsene sollen durch die Werbung angesprochen werden und das neue Getränk mit den Eigenschaften »frisch«, »sportlich«, »leistungssteigernd« identifizieren. Dazu werden zunächst im Zeitraum April bis September Anzeigen in entsprechenden Zeitschriften platziert sowie bundesweit Radio- und Fernsehspots geschaltet. Außerdem soll auch Bandenwerbung in verschiedenen Sportstadien, in denen u. a. während der nächsten Monate bedeutende nationale und internationale Wettkämpfe stattfinden, betrieben werden. Für die Werbekampagne sind zunächst 5 Mio. EUR vorgesehen.

▶ Analysieren Sie das Werbevorhaben des Getränkeherstellers anhand folgender Fragen:

a) Warum wird geworben?                          (Werbeziel, Werbezweck)

b) Wofür wird geworben?                          (Werbeobjekt)

c) Wer soll umworben werden?                     (Zielgruppe, Werbesubjekt)

d) Was soll vermittelt werden?                   (Werbebotschaft)

e) Welche Werbeformen sollen benutzt werden?     (Werbemittel)

f) Welche Medien sollen benutzt werden?          (Werbeträger)

g) Wann soll geworben werden?                     (Werbezeitpunkt und -dauer, Timing)

h) Wo soll geworben werden?                       (Zielgebiet)

i) Welche Geldmittel stehen zur Verfügung?        (Werbeetat)

## 8.12 Werbeetat – Auswahl von Werbeträgern – Zeitschriftenwerbung

Ein Waschmittelhersteller hat ein neues Feinwaschmittel auf den Markt gebracht. Dafür soll im kommenden Quartal intensiv geworben werden.

1. Im Folgenden ist das Ergebnis einer repräsentativen Umfrage wiedergegeben. Die Tabelle zeigt, anhand welcher Kriterien in Unternehmen üblicherweise die Höhe des Werbeetats ermittelt wird.

| Wie die Praxis den Werbeetat ermittelt | | | | | |
|---|---|---|---|---|---|
| Kriterien für die Etatfestsetzung | Häufigkeit der Verwendung | | | | |
| | ausschließ-lich % | vorwiegend % | manchmal % | selten % | gar nicht % |
| Prozent vom Umsatz | 6 | 23 | 14 | 10 | 47 |
| Prozent vom Gewinn/ Deckungsbeitrag | 2 | 9 | 18 | 13 | 58 |
| im Verhältnis zum Marktanteil | 2 | 14 | 21 | 13 | 50 |
| Höhe des Werbeetats der Konkurrenz | – | 3 | 11 | 14 | 71 |
| Marktziele, die mit der Werbung erreicht werden sollen | 21 | 47 | 21 | 5 | 5 |
| auf der Basis der verfügbaren finanziellen Mittel | 18 | 35 | 20 | 5 | 22 |
| andere Kriterien | 5 | 8 | 12 | 4 | 71 |

▶ Welche der genannten Kriterien erscheinen Ihnen am geeignetsten, um im vorliegenden Fall die Höhe des Werbeetats für das neue Feinwaschmittel festzulegen?

2. Die Höhe des Werbeetats für Anzeigenwerbung wird für das kommende Quartal auf 165 000 EUR festgelegt. Mit diesem Betrag soll wiederholt in mehreren Frauenzeitschriften und Illustrierten geworben werden. Es ist vorgesehen, die Anzeigen jeweils in drei aufeinander folgenden Ausgaben der ausgewählten Zeitschriften zu wiederholen. Für die infrage kommenden Zeitschriften liegen folgende Daten vor:

| Nr. | Zeitschrift | Preis für 1/1 Seite (vierfarbig) in EUR | Tausenderpreis (gesamte Leser-schaft) in EUR[1] | Anteil der Zielgruppe (Hausfrauen) an der gesamten Leserschaft in % |
|---|---|---|---|---|
| 1 | Frauenjournal | 13 000 | 81,25 | 90 |
| 2 | Britta | 38 000 | 118,75 | 80 |
| 3 | Carmen | 24 000 | 70,59 | 75 |
| 4 | Heim und Haus | 23 000 | 46,00 | 55 |
| 5 | Neue Mode | 17 500 | 54,69 | 70 |

[1] Tausenderpreis $= \dfrac{\text{Preis pro Anzeigenseite} \times 1\,000}{\text{Zahl der Leser pro Ausgabe}}$

▶ Berechnen Sie für die einzelnen Zeitschriften die Gesamtzahl der Leser pro Ausgabe. *(Rundung auf volle Tausend)*

▶ 3. In welchen Zeitschriften sollen die drei Anzeigen jeweils erscheinen?

Legen Sie für Ihre Entscheidung den Preis für 1 000 Leserkontakte bezogen auf die Zielgruppe »Hausfrauen« (= Tausenderpreis der Zielgruppe »Hausfrauen«) zugrunde.

4. Nach der Einführungsphase, die u. a. auch durch intensive Werbung in Funk und Fernsehen unterstützt wurde, hat das neue Feinwaschmittel bereits einen beachtlichen Marktanteil erreicht. Es soll jetzt darüber entschieden werden, ob die Anzeigenwerbung auch auf eine der überregionalen Boulevardzeitungen ausgedehnt werden soll. Dafür stehen die beiden Zeitungen A und B zur Auswahl:

| Zeitung | tägliche Auflage (Stück) | Kosten für eine mehrtägige Werbekampagne (1/3 Seite schwarzweiß) | Leser je Ausgabe | Anteil der Zielgruppe (Hausfrauen) an der gesamten Leserschaft |
|---|---|---|---|---|
| A | 1 Mio. | 120 000 EUR | 2,5 Mio. | 60 % |
| B | 1 Mio. | 100 000 EUR | 2,2 Mio. | 50 % |

Wenn die Werbung in Zeitung A erfolgt, wird damit gerechnet, dass 40 % der möglichen Kunden (Hausfrauen) tatsächlich im nächsten Quartal ein Paket des Feinwaschmittels zusätzlich kaufen. Für Zeitung B wird dieser Anteil auf 50 % geschätzt.

Das Feinwaschmittel wird durchschnittlich zum Preis von 1,25 EUR je Paket an den Handel abgegeben. Die variablen Kosten je Stück betragen 0,50 EUR je Paket.

▶ Weisen Sie in Form einer Tabelle nach folgendem Muster rechnerisch nach, ob sich die zusätzliche Anzeigenwerbung in einer der beiden Boulevardzeitungen im nächsten Quartal lohnt. Entscheiden Sie gegebenenfalls auch, ob die Anzeigen in Zeitung A oder in Zeitung B erscheinen sollen.

| | Zeitung A | Zeitung B |
|---|---|---|
| Zahl der lesenden Hausfrauen | | |
| zusätzliche Absatzmenge im nächsten Quartal | | |
| zusätzlicher Umsatz im nächsten Quartal | | |
| – zusätzliche variable Kosten im nächsten Quartal | | |
| – zusätzliche Kosten für die Anzeigenwerbung im nächsten Quartal | | |
| = zusätzlicher Deckungsbeitrag im nächsten Quartal | | |

## 8.13 Rollenspiel: Werbung und Bedürfnisse

**Rollenspiel Pro und Kontra:**

**Soll unnütze und geschmacklose Werbung, die Verbraucher nur zu sinnlosem oder gar schädlichem Konsum verführt, verboten werden?**

**Rollen:**

*Moderator*

Er hat die Aufgabe,

– die Fragestellung vorzutragen und zu erläutern,

– die Reihenfolge des Ablaufs festzulegen, den Beteiligten das Wort zu erteilen und auf die Einhaltung der Redezeit zu achten,

– vor Beginn der Diskussionsrunde und nach Beendigung der Diskussionsrunde eine Abstimmung über die Frage beim Publikum durchzuführen und das Ergebnis bekannt zu geben,

– am Ende der Diskussionsrunde festzustellen, ob durch die Diskussionsrunde Umstimmungen im Publikum bewirkt wurden. Er fordert je eine Person, die vor der Diskussion mit Ja, jetzt aber mit Nein abstimmt, und eine Person, die vor der Diskussion mit Nein, jetzt aber mit Ja stimmt, zu einer Begründung ihrer Meinungsänderung auf.

*Pro-Anwalt*

Aufgaben:

– Er stellt zu Beginn der Diskussionsrunde die Grundposition derer dar, die die gestellte Frage bejahen.

– Er befragt den von der Gegenpartei gestellten Sachverständigen und seinen eigenen Sachverständigen im »Zeugenstuhl«.

– Zum Ende der Diskussionsrunde fasst er die Meinung seiner Gruppe noch einmal zusammen.

*Kontra-Anwalt*

Aufgaben:

– Er stellt zu Beginn der Diskussionsrunde die Grundposition derer dar, die die gestellte Frage verneinen.

– Er befragt den von der Gegenpartei gestellten Sachverständigen und seinen eigenen Sachverständigen im »Zeugenstuhl«.

– Zum Ende der Diskussionsrunde fasst er die Meinung seiner Gruppe noch einmal zusammen.

*Sachverständiger Pro:*

Der Sachverständige ist Chefredakteur einer Zeitschrift, die sich vor allem mit Umweltfragen befasst.

– Er bereitet sich darauf vor, auf die Fragen des gegnerischen Anwalts Antworten zu geben, die das Publikum für seine Pro-Haltung gewinnen könnten.

– Er legt in einer Aussprache mit dem Pro-Anwalt die Fragen fest, die ihm gestellt werden, und bereitet sich auf ihre Beantwortung vor.

*Sachverständiger Kontra:*

Der Sachverständige ist Geschäftsführer des Verbandes der Deutschen Werbeindustrie.

– Er bereitet sich darauf vor, auf die Fragen des gegnerischen Anwalts Antworten zu geben, die das Publikum für seine Kontra-Haltung gewinnen könnten.

– Er legt in einer Aussprache mit dem Kontra-Anwalt die Fragen fest, die ihm gestellt werden, und bereitet sich auf ihre Beantwortung vor.

# Distributionspolitik: Absatzmethoden, Absatzorganisation und Transport

## 8.14  Absatzmethoden: Einzelhandel – Großhandel

Die Erzeugnisse der **Uhrenfabrik Chronos-AG** werden in 8 000 Einzelhandelsgeschäften geführt. Bisher wurden die Einzelhändler direkt beliefert.

1. Im Rahmen von Rationalisierungsmaßnahmen soll untersucht werden, ob durch Zwischenschaltung des Großhandels die Gesamtkosten gesenkt werden können.

▶  Prüfen und begründen Sie, ob in den folgenden Abteilungen durch diese Änderung
   des Absatzweges Arbeitskosten eingespart werden können.

   Entwicklung, Arbeitsvorbereitung, Fertigung, Kalkulation, Fertigwarenlager, Werbung, Verkauf, Versand und Fuhrpark, Buchhaltung, Mahnabteilung, Statistik.

▶ 2. Beurteilen Sie die Zwischenschaltung des Großhandels

   a) vom Standpunkt der Uhrenfabrik

   b) vom Standpunkt eines Einzelhändlers mit kleinem Uhrenumsatz.

   3. »Der Großhandel ist überflüssig und verteuert lediglich die Ware.«

▶  Nehmen Sie zu dieser Behauptung Stellung.


## 8.15  Rechtsstellung des Handelsvertreters

Der Elektroinstallateur Hermann **Ladis,** Olgastraße 6, 72074 **Tübingen,** hat eine neu-
artige und preiswerte Rollladen-Einbruchsicherung entwickelt. Beim Versuch, den
Rollladen von außen hochzuschieben, ertönt ein Sirenenton; gleichzeitig wird der
Rollladen blockiert. **Ladis** meldet das Gerät beim Patentamt in München zum Patent
an. Er will das Gerät unter der Bezeichnung ROLLOBLOCK verkaufen.

**Ladis** bezieht die Einzelteile seines Gerätes und übernimmt selbst Montage und Vertrieb des ROLLOBLOCKS.

1. Ein Vertreter für Heimwerkzeuge und Bastelartikel erfährt von dem Gerät und
   schreibt an Herrn **Ladis** den folgenden Brief:

> Aus der Zeitung habe ich von Ihrer Einbruchsicherung „ROLLOBLOCK" erfah-
> ren. Ich erlaube mir deshalb, Ihnen meine Dienste als Handelsvertreter für
> Nordrhein-Westfalen anzubieten.
>
> Der Ort meiner Niederlassung ist Uerdinger Straße 3, 40474 Düsseldorf.
>
> Seit Jahren habe ich in diesem Bezirk die Alleinvertretung für Sicherheits-
> schlösser. Dadurch habe ich beste Verbindungen zu den Fachgeschäften des
> Bezirks. Es wird mir daher möglich sein, Ihr Gerät dort rasch einzuführen.
>
> Ich bin an der Übertragung der Alleinvertretung für Rolloblock als Bezirksver-
> treter im Bezirk Nordrhein-Westfalen interessiert. Meine Provisionsvorstellungen
> liegen bei 20 %.
>
> Über meine bisherige Verkaufstätigkeit gibt Ihnen die Firma Unger, Goethestraße 13,
> 90409 Nürnberg, gerne Auskunft. Ich empfehle mich Ihnen und hoffe auf einen
> günstigen Bescheid.
>
> Mit freundlichen Grüßen
>
> *Carlo Utz*

Herrn **Ladis** liegt bereits das Angebot eines anderen Vertreters vor, der ausschließlich seinen ROLLOBLOCK in der gesamten Bundesrepublik verkaufen
möchte.

▶  Für welchen Vertreter würden Sie sich anstelle von Herrn **Ladis** entscheiden?

2. Herr **Ladis** entscheidet sich aufgrund der günstigen Auskunft der **Firma Unger** und
   einer persönlichen Vorstellung des Vertreters dafür, Herrn **Utz** mit dem Verkauf
   des ROLLOBLOCKS zu den von ihm genannten Bedingungen zu beauftragen.

   **Utz** vertritt auch die HEIMAG, Fabrik für Heimwerkzeuge.

Diese erfährt von der Übernahme der Vertretung für ROLLOBLOCK. Sie weist **Utz** darauf hin, dass es ihm nach den gesetzlichen Bestimmungen nicht erlaubt sei, diese Vertretung noch zusätzlich zu übernehmen.

▶ a) Prüfen Sie, ob dies richtig ist.

HGB
§ 86 (1)

▶ b) Bringt es den vertretenen Unternehmen Nachteile, wenn ein Vertreter mehrere Vertretungen nebeneinander hat?

3. Nach 10 Tagen sendet **Utz** die ihm in dieser Zeit erteilten Aufträge an **Ladis.** Dieser schreibt ihm daraufhin, dass er seine Abschlüsse künftig täglich an ihn weitergeben müsse.

§ 86 (2)

▶ Kann **Ladis** dies mit Berechtigung fordern?

4. Aufgrund eines Auftragscheines von **Utz** hat **Ladis** an die Firma **Haushalt Griebel** 100 ROLLOBLOCKS zu 65 EUR je Stück geliefert. Trotz mehrmaliger Mahnung zahlt **Griebel** nicht. **Ladis** verweigert deshalb Herrn **Utz** die Provision aus diesem Auftrag.

▶ a) Wer machte bei diesem Kaufvertrag den Antrag und wer gab die Annahme-erklärung ab, wenn im Vertretervertrag

§ 91a

    aa) über den Umfang der Vollmacht nichts vereinbart ist,

    bb) **Utz** Abschlussvollmacht erteilt worden wäre?

▶ b) Verweigert **Ladis** die Provisionszahlung zu Recht?

§ 87a

5. **Ladis** hat in die Provisionsabrechnung einen Auftrag nicht aufgenommen, der ihm ohne Vermittlung von **Utz** aus dessen Bezirk Nordrhein-Westfalen zugegangen ist. Der Vertrag wurde von beiden Vertragspartnern bereits erfüllt.

▶ Hat **Utz** Anspruch auf Provision aus diesem Geschäft?

§ 87 (2)

6. **Ladis** kann einen von **Utz** vermittelten und von ihm angenommenen größeren Auftrag mit einem Bruttoverkaufspreis von 6 650 EUR nicht ausführen, weil seine Produktionsstätte noch nicht genügend ausgebaut ist.

In den Lieferungs- und Zahlungsbedingungen wird den Kunden bei Abnahme von mindestens 100 Stück 10 % Rabatt und bei Zahlung innerhalb 14 Tagen 3 % Skonto zugesichert.

▶ a) Muss **Ladis** Provision zahlen, obwohl der Auftrag nicht ausgeführt werden konnte?

§ 87a (3)

▶ b) Aus welchem Betrag wäre die Provision zu errechnen, wenn **Ladis** zur Zahlung verpflichtet wäre?

§ 87b (2)

▶ c) In welchen zeitlichen Abständen kann **Utz** Abrechnung seiner Provision verlangen?

§ 87c (1)

7. Aufgrund von Vergleichen mit den Erfolgen seiner anderen inzwischen beauftragten Vertreter hat **Ladis** den Eindruck, dass sich **Utz** nicht ausreichend um Aufträge bemüht.

Er stellt ihm deshalb von ihm ausgewählte Kundenanschriften zu, mit der Anweisung, diese Kunden innerhalb 8 Tagen zu besuchen und über den Erfolg seiner Bemühungen zu berichten.

§§ 84, 86

▶ Muss **Utz** diese Weisung befolgen?

8. Utz erfährt bei einem Kundenbesuch, dass dieser Kunde vor 6 Wochen **Ladis** einen größeren Auftrag erteilt hat. **Utz** hat über diesen Auftrag noch keine Provisionsabrechnung erhalten.

Da er befürchtet, dass noch weitere Direktaufträge nicht abgerechnet worden sind, beauftragt er einen Wirtschaftsprüfer aus **Reutlingen,** die Auftragseingänge bei **Ladis** nachzuprüfen.

▶ Muss **Ladis** dem Wirtschaftsprüfer die Einsichtnahme gestatten?

§ 87c (4)

9. **Utz** verlangt von **Ladis** Inkassovollmacht und verpflichtet sich, für den Eingang der Forderungen aus seiner Vermittlungtätigkeit die Haftung zu übernehmen.

Er verlangt dafür 3 % Delkredere-Provision und 2 % Inkassoprovision.

HGB ▶ Überlegen Sie, ob die Übertragung der Inkassovollmacht und des Ausfallwagnis-
§ 86b ses auf den Handelsvertreter für den Unternehmer zweckmäßig ist.

10. **Ladis** ist nicht bereit, **Utz** die Inkassovollmacht zu übertragen.

Darauf kündigt **Utz** am 18. Mai.

Wie lange muss er mindestens noch für **Ladis** tätig sein, wenn er

§ 89 (1) ▶ a) 18 Monate,

§ 89 (2) ▶ b) mehr als 5 Jahre für ihn gearbeitet hat?

11. Bei seinem Ausscheiden verlangt **Utz** eine Ausgleichszahlung. Die von ihm in den letzten 5 Jahren bezogenen Provisionen betrugen:

68 000 EUR; 116 000 EUR; 120 000 EUR; 104 000 EUR; 92 000 EUR.

§ 89b (3) ▶ a) Prüfen Sie, ob für **Utz** die Voraussetzungen für den Ausgleichsanspruch gegeben sind.

▶ b) Weshalb hat der Gesetzgeber in § 89b HGB einem ausscheidenden Handelsvertreter einen Ausgleichsanspruch zuerkannt?

§ 89b (1) ▶ c) Wie hoch wäre der Ausgleichsanspruch des Herrn **Utz** höchstens, wenn die Voraussetzungen gegeben wären?

## 8.16 Absatz durch Reisende oder Handelsvertreter – Absatzkontrolle

Die Möbelschreinerei **Storz** will als neues Produkt das Sportgerät VELOBIL herstellen.

Nach der Phase der Produktgestaltung werden zu Testzwecken 50 Geräte hergestellt und im eigenen Möbelhaus verkauft, das an einer Bundesstraße steht.

Der Test führt zu einem positiven Ergebnis. Deshalb soll der Verkauf zunächst inner-
halb eines begrenzten Absatzgebietes gestartet werden. **Storz** will wissen, wie viele Vertreter er für den Absatz des VELOBILS in dem geplanten Gebiet einsetzen müsste. Für die Entscheidungsfindung hat er folgende Informationen:

| Gesamtumsatz des Betriebes pro Jahr in Mio. EUR | Anzahl der Betriebe | Erwünschte Besuchszahl je Betrieb im Jahr | Gesamtzahl der erforderlichen Vertreterbesuche |
|---|---|---|---|
| bis 0,5 | 93 | 6 | |
| bis 0,75 | 32 | 10 | |
| über 0,75 | 4 | 15 | |
| | 129 | | |

Ein Vertreter, der gleichzeitig auch für andere Spielwaren- und Sportartikelhersteller arbeitet, könnte im Jahr ungefähr 600 Besuche bei Betrieben machen, die für den Verkauf des VELOBILS infrage kommen. Ein Reisender, der ausschließlich für **Storz** tätig ist, könnte hingegen das Absatzgebiet allein bearbeiten.

▶ 1. a) Stellen Sie fest, wie viele Vertreter zur Bearbeitung dieses Absatzgebietes notwendig wären.

▶ b) Wie erklären Sie sich, dass einige Betriebe sechs Mal, andere 15 Mal besucht werden sollen?

2. **Storz** rechnet anfangs mit einem monatlichen VELOBIL-Umsatz zwischen 11 000 und 16 000 EUR.

**Storz** überlegt sich, ob er einen reisenden Angestellten oder mehrere Vertreter auf Provisionsbasis für die Bearbeitung des Absatzgebietes einsetzen soll.

Ein Reisender erhält ein Monatsgehalt von 2 000 EUR brutto, außerdem gleichbleibende Vertrauensspesen in Höhe von 800 EUR für die Reisekosten. Ein Vertreter erhält 20 % Provision vom Umsatz.

► a) Von welchem Monatsumsatz an lohnt sich der Einsatz eines Reisenden anstelle eines Handelsvertreters?

► b) Tragen Sie auf der senkrechten Achse eines Koordinatensystems die Kosten (1 cm = 500 EUR) und auf der waagerechten Achse die Umsätze (1 cm = 2 500 EUR) ein.

Zeichnen Sie in das Schaubild die vom Umsatz unabhängigen Kosten des Reisenden in Höhe von 2 800 EUR und die umsatzabhängigen Kosten des Vertreters (bis zu Umsätzen von 25 000 EUR) ein.
Prüfen Sie, ob die zeichnerische Lösung mit Ihrer rechnerischen übereinstimmt.

c) Der Reisende verlangt anstelle seiner Vertrauensspesen von 800 EUR eine Umsatzprovision von 10 %.

► Zeichnen Sie in ein Koordinatensystem mit der gleichen Einteilung wie in b) wiederum die Kosten des Reisenden und die Kosten des Vertreters ein.
Bestimmen Sie aus der Zeichnung den Umsatz, bei dem sich unter diesen Bedingungen der Einsatz eines Reisenden zu lohnen beginnt.
Kontrollieren Sie Ihre Lösung rechnerisch.

3. **Storz** übernimmt den Vertrieb eines weiteren Sportgerätes.

In der Absatzstatistik finden sich nach einigen Jahren folgende Zahlen:

| | VELOBIL:<br>Preis je Stück: 75 EUR | | | Sportgerät:<br>Preis je Stück: 125 EUR | | | VELOBIL + Sportgerät | | |
|---|---|---|---|---|---|---|---|---|---|
| Jahr | Absatz | Umsatz<br><br>EUR | Gewinn<br><br>EUR | Absatz | Umsatz<br><br>EUR | Gewinn<br><br>EUR | Gesamt-<br>umsatz<br>EUR | Gesamt-<br>gewinn<br>EUR | Gewinn<br>in % des<br>Umsatzes<br>(Umsatz-<br>Renta-<br>bilität) |
| 1 | 3 000 | 225 000 | 75 000 | 2 000 | 250 000 | 25 000 | 475 000 | 100 000 | 21,05 % |
| 2 | 2 900 | 217 500 | 72 500 | 2 500 | 312 500 | 31 250 | 530 000 | 103 750 | 19,58 % |
| 3 | 2 800 | 210 000 | 70 000 | 3 000 | 375 000 | 37 500 | 585 000 | 107 500 | 18,38 % |
| 4 | 2 700 | 202 500 | 67 500 | 3 500 | 437 500 | 43 750 | 640 000 | 111 250 | 17,38 % |
| 5 | 2 600 | 195 000 | 65 000 | 4 000 | 500 000 | 50 000 | 695 000 | 115 000 | 16,55 % |

| | | | Von Jahr | | | |
|---|---|---|---|---|---|---|
| Veränderung in % | | | 1 auf 2 | 2 auf 3 | 3 auf 4 | 4 auf 5 |
| VELOBIL | Umsatz | | − 3 $\frac{1}{3}$ % | − 3,45 % | − 3,57 % | − 3,7 % |
| | Gewinn | | − 3 $\frac{1}{3}$ % | − 3,45 % | − 3,57 % | − 3,7 % |
| Sportgerät | Umsatz | | + 25 % | + 20 % | + 16 $\frac{2}{3}$ % | + 14,28 % |
| | Gewinn | | + 25 % | + 20 % | + 16 $\frac{2}{3}$ % | + 14,28 % |
| Gesamt- | Umsatz | | + 11,58 % | + 10,38 % | + 9,4 % | + 8,59 % |
| | Gewinn | | + 3,75 % | + 3,61 % | + 3,49 % | + 3,48 % |

► Wie erklären Sie sich die unterschiedliche Veränderung von Gesamtumsatz und Gesamtgewinn?

4. **Storz** führt diese Entwicklung auf den stärkeren Einsatz der Vertreter für das Sportgerät zurück.

► a) Wie erklären Sie sich dieses Verhalten der Vertreter?

► b) **Storz** schlägt seinen Vertretern aufgrund dieser Zahlen vor, die Vertreterprovision auf der Basis des mit dem Artikel zu erzielenden Gewinns zu berechnen.

► Warum?

## 8.17 Fallstudie: Reisende und Handelsvertreter im Vergleich – Entscheidungsbewertungstabelle

Lösungs-blatt

Die **MEDTEC GmbH** produziert seit über 20 Jahren verschiedene Arten medizinischer Geräte. Hauptabnehmer sind Krankenhäuser und Arztpraxen. Die qualitativ hochwertigen Produkte werden ausschließlich über Reisende vertrieben. Aufgrund einer sich deutlich abzeichnenden *Gesundheitswelle* in der Bevölkerung sieht das Unternehmen jetzt auch zusätzliche Absatzmöglichkeiten für das neu entwickelte vollautomatische Blutdruck- und Pulsmessgerät »DIAGNOST de Luxe«. Das Gerät kann problemlos von medizinischen Laien bedient werden und ist für den Hausgebrauch bestimmt. Der Verkauf soll über Apotheken und Sanitätshäuser erfolgen. Aus einer von der **MEDTEC GmbH** in Auftrag gegebenen Marktstudie geht hervor, dass das Unternehmen bei einem Listenpreis von 75 EUR und einen empfohlenen Ladenverkaufspreis von 119 EUR mit einem jährlichen Umsatz zwischen 750 000 und 900 000 EUR für das neue Produkt rechnen kann.

Die bisherige Zahl der Reisenden reicht nicht aus, um die neue Zielgruppe intensiv betreuen zu können. Die **MEDTEC GmbH** prüft in diesem Zusammenhang auch, ob der Vertrieb von »DIAGNOST de Luxe« möglicherweise über Handelsvertreter (Mehrfirmenvertreter) günstiger erfolgen kann als durch den Einsatz zusätzlicher Reisender. Den Handelsvertretern soll eine Umsatzprovision von 10 % gewährt werden. Die Reisenden erhalten ein monatliches Grundgehalt von 1 750 EUR brutto, monatliche Spesen von 250 EUR sowie 1,5 % Provision vom Umsatz. Außerdem fallen für einen Reisenden monatliche Nebenkosten (Arbeitgeberanteil zur Sozialversicherung, sonstige soziale Leistungen, Firmen-Pkw) in Höhe von 600 EUR an. Es wird mit einer jährlichen Absatzmenge von 4 000 Stück je Reisendem gerechnet.

Neben dem kostenmäßigen Vergleich sollen der Entscheidung auch andere Kriterien zugrunde gelegt werden. Dazu benutzt die **MEDTEC GmbH** eine Entscheidungsbewertungstabelle mit 8 Beurteilungskriterien.

▶ 1. Erstellen Sie eine Tabelle für die Entscheidungsfindung nach folgendem Muster und treffen Sie eine Wahl zwischen Reisenden und Handelsvertretern.

### Entscheidungsbewertungstabelle (Nutzwertanalyse)

| Beurteilungskriterien | Wichtig-keit W | Absatzmittler | | | |
|---|---|---|---|---|---|
| | | **Reisender** | | **Handelsvertreter** | |
| | | B | $G = W \cdot B$ | B | $G = W \cdot B$ |
| Verkaufsfähigkeit | | | | | |
| Einsatzbereitschaft/ Eigeninteresse | | | | | |
| Vertrautheit mit dem Produkt | | | | | |
| Kundenpflege/ Kundenbetreuung | | | | | |
| Steuerung und Kontrolle durch das Unternehmen | | | | | |
| Flexibilität hinsichtlich der Einsatzmöglichkeiten | | | | | |
| Marktkenntnis/ Marktbeobachtung | | | | | |
| Umfang des Sortiments/ Vertrieb von Komplementärartikeln | | | | | |
| Summe | | | | | |
| Rang | | | | | |

**Vorgehensweise zur Erstellung einer Entscheidungsbewertungstabelle**[1]

(1) Gewichten Sie in der Entscheidungsbewertungstabelle die einzelnen Beurteilungskriterien nach der Bedeutung (Wichtigkeit), die sie für die anstehende Entscheidung der **MEDTEC GmbH** haben. Benutzen Sie dazu folgende Gewichtungstabelle:

| Wichtigkeit | Gewichtungspunkte (W) |
|---|---|
| äußerst wichtig | 5 |
| sehr wichtig | 4 |
| wichtig | 3 |
| mäßig wichtig | 2 |
| unwichtig | 1 |

*Hinweis:*
Es müssen nicht alle Punkte von 1 bis 5 vergeben werden. Beurteilungskriterien mit gleicher Wichtigkeit weisen gleiche Punktzahl auf.

(2) Prüfen Sie die Eignung von Reisenden bzw. Handelsvertretern für den vorliegenden Fall, indem Sie in der Entscheidungsbewertungstabelle die Beurteilungskriterien für jede der beiden Alternativen mithilfe nebenstehender Tabelle bewerten (B).

| Bewertung der Beurteilungskriterien beim Einsatz von Reisenden bzw. Handelsvertretern | Punkte (B) |
|---|---|
| sehr hoher Nutzen (sehr gut) | 3 |
| hoher Nutzen (gut) | 2 |
| geringer Nutzen (befriedigend) | 1 |
| kein Nutzen (unbefriedigend) | 0 |

(3) Bestimmen Sie für die beiden Alternativen (Reisende bzw. Handelsvertreter) den gewichteten Nutzen (G) aller Beurteilungskriterien, indem Sie die Wichtigkeit (W) und die Bewertung (B) für alle Beurteilungskriterien multiplizieren: $G = W \cdot B$.

(4) Errechnen Sie den sog. Nutzwert jeder der beiden Alternativen, indem Sie die gewichteten Nutzen der Beurteilungskriterien (G) addieren.

(5) Bestimmen Sie die Alternative mit dem höchsten Nutzwert.

▶ 2. Wie viele Reisenden müssten im vorliegenden Fall zur Erzielung des geplanten Jahresumsatzes eingestellt werden?

▶ 3. Ermitteln Sie jeweils für einen geplanten Jahresumsatz von 750 000 EUR und 900 000 EUR die Kosten, die der Einsatz von Reisenden bzw. Handelsvertretern verursachen würde.

▶ 4. Treffen Sie eine Entscheidung, ob die **MEDTEC GmbH** für den Vertrieb des Produkts »DIAGNOST de Luxe« Reisende oder Handelsvertreter einsetzen soll.

## *8.18* **Verkaufskommissionär**

Der **Kommissionär Carl-Maria Pieroth,** 80802 **München,** übernimmt für Kunstmaler den Verkauf ihrer Arbeiten. Die zu verkaufenden Werke stellt er in seinen Galerien aus.

▶ 1. a) Warum kauft **Pieroth** die Arbeiten den Künstlern nicht ab?

▶    b) Wer ist Eigentümer, wer Besitzer der von **Pieroth** übernommenen Bilder?

HGB
§ 383

2. Am 22.09. d. J. verkauft **Pieroth** im eigenen Namen ein Bild des Kunstmalers **Muraro** an Herrn **Fritz Axer,** 85521 **Ottobrunn** bei **München,** zum Preis von 1 200 EUR gegen eine Anzahlung von 200 EUR. Der Rest soll in 3 Monaten gezahlt werden. Der Maler **Muraro** hat Zielverkäufe bis zu einem Ziel von 3 Monaten grundsätzlich erlaubt.

---

[1] Zur Vorgehensweise bei der Erstellung einer Entscheidungsbewertungstabelle vgl. auch die Hinweise bei Aufgabe **4.01**

HGB
§ 383

a) Zwischen welchen Personen wurde der Kaufvertrag über das Bild abgeschlossen?

b) Wer ist nach der Übergabe an den Käufer **Axer** Eigentümer des Bildes?

3. **Muraro** erfährt erst am 21.12. d. J., dass das Bild verkauft wurde.

a) Er beklagt sich bei **Pieroth,** dass ihm der Verkauf nicht mitgeteilt und die Anzahlung noch nicht überwiesen wurde.

§ 384 (2)

Prüfen Sie, ob **Pieroth** nach den gesetzlichen Bestimmungen zur Benachrichtigung und sofortigen Auszahlung des Geldes verpflichtet gewesen wäre.

§ 392 (1)

b) **Muraro** geht selbst zu **Axer,** dem Käufer des Bildes, dessen Anschrift er von **Pieroth** erfahren hat, und verlangt Bezahlung des Restkaufpreises.

Kann er das verlangen?

4. Bei einem anderen Verkauf erlöste **Pieroth** 2 000 EUR. Er überweist dem Künstler 1 340 EUR. Neben der Provision hat er seine Auslagen für Versicherung (20,40 EUR), Transportkosten (18,45 EUR) und anteilige Lagerkosten (21,15 EUR) abgesetzt.

§ 396 (2)

a) Wie viel Prozent Provision hat **Pieroth** berechnet?

BGB
§ 670

b) Hat **Pieroth** richtig abgerechnet?

## 8.19 Spediteur und Frachtführer

Die Möbelfabrik **Dominus, Hannover,** beauftragt den **Spediteur Maurer,** Möbel nach Mannheim zu bringen und an die Adresse des **Möbelhauses Siegel** auszuliefern. **Maurer** beauftragt das ihm als zuverlässig bekannte **Transportunternehmen Neuhaus** mit dem Transport.

HGB
§ 453 ff.

1. Darf **Maurer** ein Transportunternehmen nach seiner Wahl mit dem Transport beauftragen, ohne bei dem Auftraggeber nachzufragen?

§ 407 ff.

2. Der Fahrer des **Transportunternehmens Neuhaus** handelt fahrlässig, sodass einige Möbelstücke äußerlich erkennbar beschädigt ankommen. **Siegel** reklamiert sofort, protokolliert die Schäden und lässt sich die schadhafte Anlieferung vom dem Fahrer durch Unterschrift bestätigen.

a) Bei wem muss **Siegel** seinen Anspruch auf Schadenersatz geltend machen?

b) Prüfen Sie, ob die **Möbelfabrik Dominus** Schadenersatzansprüche geltend machen kann
   – gegenüber dem **Spediteur Maurer,**
   – gegenüber dem **Transportunternehmer Neuhaus.**

3. **Maurer** stellt der Möbelfabrik die mit dem Frachtführer **Neuhaus** vereinbarte Fracht und zusätzlich noch eine Provision in Rechnung.

§ 456

Muss die Möbelfabrik neben den Frachtgebühren auch noch eine Provision an den Spediteur zahlen?

## 8.20 Kostenvergleich: Eigener Fuhrpark – Fremdtransport – Fuhrparkleasing

Bei einem mittelständischen Metallbetrieb ist über folgende Transportalternativen für den Absatz der hergestellten Produkte zu entscheiden:

### A. Anschaffung eines eigenen Fuhrparks

Dabei fallen folgende Kosten an: Fixe Kosten (Abschreibung, Versicherung, Steuern, Personalkosten, Garagenkosten usw.) 200 000 EUR pro Jahr. Variable Kosten (Benzin, Öl, Reparaturen, Reifen): 25 EUR je 1 000 EUR transportiertem Warenwert.

**B. Fuhrparkleasing**

Dabei fallen folgende Kosten an:

Fixe Kosten (Leasingraten während der 3-jährigen Grundmietzeit, Versicherung, Steuern, Personalkosten, Garagenkosten usw.): 235 000 EUR pro Jahr
Variable Kosten (Benzin, Öl, Reparaturen, Reifen): 25 EUR je 1 000 EUR transportiertem Warenwert.

**C. Fremdtransport durch Frachtführer**

Die durchschnittlichen Kosten je 1 000 EUR transportiertem Warenwert betragen 50 EUR.

Der zu transportierende Warenwert wird auf 5 Mio. EUR pro Jahr geschätzt.

▶ 1. Welches ist im vorliegenden Fall die kostengünstigste Transportalternative?

▶ 2. Ab wie viel EUR transportiertem Warenwert ist eine andere Transportalternative kostengünstiger (= kritische Transportleistung)?

▶ 3. Nennen Sie außer den Kosten weitere Gesichtspunkte, die bei der zu treffenden Entscheidung berücksichtigt werden sollten.

# Rechtliche Rahmenbedingungen der Marketingmaßnahmen

## 8.21 Wettbewerbsrecht und Marketing – Verbraucherschutz

▶ Beurteilen Sie folgende Fälle unter wettbewerbsrechtlichen Gesichtspunkten. Welche Rechte stehen dem Geschädigten gegebenenfalls zu?

1. Ein im Schaufenster eines Textilhauses ausgestelltes Damenkleid ist mit der Hälfte des üblichen Preises ausgezeichnet. Einer Kundin, die sich für das Kleid interessiert, wird mitgeteilt, das Kleid sei bereits verkauft. Kleider in vergleichbarer Qualität sind zu diesem Preis nicht vorrätig. <br> *UWG §§ 5, 8, 9*

2. In einem Schuhgeschäft werden unmoderne Schuhe zur Hälfte des ursprünglichen Preises verkauft. <br> *GWB § 20 (4)*

3. Im Schaufenster und in mehreren Zeitungsanzeigen kündigt ein Textilgeschäft an: *»Räumungsverkauf wegen Geschäftsaufgabe. Preisnachlässe bis zu 50 %!«* Anlass dieser Aktion ist die Übergabe des Geschäfts an den Sohn des bisherigen Inhabers. Das Geschäft wird vom Sohn unverändert weitergeführt. <br> *UWG §§ 3, 4*

4. Ein Lebensmittelmarkt wirbt in seinen Prospekten für französischen Rotwein mit dem Hinweis: *»Nur noch wenige Kartons vorrätig. Abgabe nur in haushaltsüblichen Mengen.«* In Wirklichkeit sind noch umfangreiche Lagerbestände vorhanden. <br> *§§ 5, 8, 9*

5. Ein Teppichhändler mit einem mittelgroßen Lager wirbt in Zeitungsanzeigen. Dabei werden Fotos von großen Lagerhallen mit dem Hinweis *»Größtes Teppichlager im Raum Rhein-Hessen«* abgebildet. <br> *§§ 5, 8, 9*

6. Ein Warenhaus wirbt für einen Kühlschrank mit dem Hinweis: *»Warum anderswo mehr bezahlen? Unverbindliche Preisempfehlung des Herstellers: 150 EUR. Bei uns nur 125 EUR!«*

7. Ein Nudelhersteller wirbt mit dem Hinweis: *»Anders als bei den Gäckle-Nudeln werden bei uns nur Frischeier für die Herstellung unserer Teigwaren verwendet.«*

8. In einer Verbraucherzeitschrift wird folgendermaßen über das Testergebnis bei Teigwaren berichtet: »*Die Firma Gäckle verwendet bei der Herstellung ihrer Teigwaren Eipulver, die Firma Kummer dagegen Frischeier.*«

9. Ein Waschmittelhersteller wirbt für eines seiner Produkte mit dem Satz: »*Das strahlendste Weiß Ihres Lebens. Reiner geht's nicht.*«

10. Ankündigung eines Einzelhändlers für Haushaltsgeräte: »*Bei Barzahlung gewähren wir allen Kunden 4 % Skonto.*«

11. In einem Lebensmittelgeschäft erhält jeder Kunde beim Kauf von 2 Pfund Kaffee eine verzierte Kaffeedose.

12. Ein Einzelhändler in einer Fußgängerzone erstattet seinen Kunden bei Einkäufen ab einer bestimmten Höhe ganz oder teilweise die Fahrtkosten für Verkehrsmittel des öffentlichen Personennahverkehrs.

13. Ein Großhändler schickt seinen Kunden als Weihnachtsgeschenk ein Kaffeeservice.

PAng V
§ 1
UWG
§§ 5, 8, 9

14. Im Schaufenster eines Einzelhändlers sind die Preise wie folgt ausgezeichnet: »*Nettopreis + 19 % MwSt.*«

15. Ein Großhändler verschickt an Wiederverkäufer einen Katalog, in dem es heißt: »*Alle Preise verstehen sich zuzüglich der gesetzlichen Umsatzsteuer.*«

PAngV
§§ 7 (1), (5)
UWG
§ 5

16. In einer Gaststätte ist auf der Speisen- und Getränkekarte vermerkt: »*Alle Preise zuzüglich 10 % Bedienung.*«

PAngV
§§ 2, 10

17. Der Werbeprospekt eines Einzelhändlers enthält folgende Anpreisung: »*Span. Navel-Orangen, Kl. I, 3-kg-Netzbeutel nur 2,22 EUR.*«

UWG
§§ 4, 5

18. Ein Hersteller von Erfrischungsgetränken versieht ohne Änderung der Rezeptur die Etiketten der Getränkeflaschen mit dem Aufdruck »*Bio-Getränk*«.

19. Ein Abfüllbetrieb für Mineralwasser versieht die Etiketten der Mehrwegflaschen mit dem Umweltzeichen »*Blauer Engel*«.
    Die Umschrift lautet: »*Umweltfreundlich, weil Mehrwegflasche*«.

20. Eine Brauerei versieht ihre Getränkedosen mit dem »Grünen Punkt«.

Anhang zu
§ 3 (3) UWG,
Nr. 29

21. Frau **Schubert** wird durch die Post ein Paket mit Weihnachtskerzen zugestellt. Die beigefügte Rechnung lautet über 10 EUR. Frau Schubert hat bei dem Versender bisher nie irgendwelche Waren bestellt. In einem Begleitschreiben wird sie aufgefordert, die Ware zu zahlen oder zurückzuschicken.

§§ 7, 8

22. Familie **Schäfer** hat an ihrem Briefkasten einen Aufkleber »*Bitte keine Werbung*« angebracht. Trotzdem werfen die Prospektverteiler verschiedener Einzelhandelsunternehmen aus der Umgebung immer wieder Werbematerial in den Briefkasten.

23. Frau **Beyer** nimmt an einem Preisausschreiben teil. Dazu muss sie ihr Alter, ihre Adresse und ein Lösungswort auf eine Postkarte schreiben und diese abschicken. Der Veranstalter hat die Adresse von Frau Beyer offensichtlich weiterverkauft. Denn kurz danach erhält sie mit der Post laufend Werbesendungen für verschiedenste Produkte, obwohl sie an ihrem Briefkasten ein Schild »*Bitte keine Werbung*« angebracht hat.

# *Außenhandel*

## *8.22* **Außenhandel – Wechselkurse – Europäische Währungsunion**

Ein mittelständisches Unternehmen des Maschinenbaus in der Bundesrepublik Deutschland stellt Spezialverpackungsmaschinen für Süßwaren her. Mehr als 90 % der Produktion werden exportiert. Die ausländischen Kunden des Unternehmens fordern sowohl Angebot als auch Rechnungsstellung auf Dollarbasis. Die zur Produktion benötigten Rohstoffe werden ebenfalls auf Dollarbasis in Rechnung gestellt. Der Wert der Rohstoffe macht an den Gesamtkosten etwa 40 % aus.

▶ 1. Wie wirken sich die folgenden Ereignisse auf die Wettbewerbssituation des Unternehmens aus?

  a) Die Tariflöhne in der Metallindustrie steigen.

  b) Wegen geringer werdender Nachfrage auf dem Weltmarkt sinken die Rohstoffpreise (in Dollar).

  c) Konkurrenten aus Billiglohnländern haben technisch aufgeholt und bieten gleich günstige Verpackungsmaschinen zum bisherigen Marktpreis an.

  d) Der Wert des Euro gegenüber dem Dollar hat sich verändert. Bisher musste für einen Euro 0,90 US-Dollar gezahlt werden, jetzt aber 1 US-Dollar.

  e) Der Wert des Euro gegenüber dem Dollar hat sich verändert. Bisher mussten für 1 US-Dollar 1,10 EUR gezahlt werden, jetzt nur noch 1 EUR.

2. Die Mitglieder der Europäischen Währungsunion haben mit Erreichung der dritten Stufe der Europäischen Währungsunion den Wert ihrer Währungen in Euro unwiderruflich festgelegt.

  Der Hersteller von Verpackungsmaschinen liefert häufig Maschinen, die den Produktionsbedingungen des Kunden individuell angepasst werden müssen. Da diese Maschinen zuerst konstruiert werden müssen, muss der Maschinenfabrikant in diesen Fällen mit dem Kunden verschiedene Preise oft 12 Monate vor Lieferung und Bezahlung vereinbaren.

▶  Wie unterscheidet sich die Situation des Maschinenherstellers in diesen Fällen zwischen einer Lieferung in die USA und nach Frankreich?

# A9 Finanzierung

## Außenfinanzierung
## Eigenfinanzierung – Beteiligungsfinanzierung

### 9.01 Eigenfinanzierung bei Einzelunternehmung und Kommanditgesellschaft

Das Testament eines Bauunternehmers bestimmt, dass seine gesamte Hinterlassenschaft auf seine drei Kinder wie folgt aufzuteilen ist:

Die Tochter erhält das gesamte Privatvermögen, die beiden Söhne erhalten je zur Hälfte das Baugeschäft. Die Summe der Vermögenswerte des Baugeschäfts beträgt 1 000 000 EUR, die Darlehensschulden belaufen sich auf 400 000 EUR. Da nur einer der Söhne das Bauhandwerk erlernt hat, soll dieser das Geschäft weiterführen. Seinem Bruder, der noch studiert, zahlt er 100 000 EUR in bar aus. Dazu verwendet er sein gesamtes Privatvermögen. Zum Ausgleich des Restbetrages bietet ihm der studierende Bruder zwei Möglichkeiten an:

– Der Restbetrag verbleibt als Darlehen mit 10 % Verzinsung auf 5 Jahre im Baugeschäft.

– Der Restbetrag wird als Kommanditanteil in das Baugeschäft eingebracht.

▶ 1. Stellen Sie die Übernahmebilanz für das Baugeschäft für jede der beiden Alternativen auf.

*(Das Vermögen ist nicht aufzugliedern. Auf der Passivseite soll ausgewiesen werden, welche Teile des Vermögens mit eigenen und welche mit fremden Mitteln finanziert wurden.)*

▶ 2. Für welche Alternative würden Sie sich anstelle des Sohnes entscheiden, der das Baugeschäft übernimmt?

▶ 3. Wie viel Prozent des gesamten Gründungskapitals sind Eigenkapital, wie viel Fremdkapital, wenn sich der Sohn für die KG-Gründung entscheidet?

4. In den vergangenen Jahren lag die durchschnittliche Eigenkapitalquote im westdeutschen Baugewerbe bei etwa 5,0 %.

▶ Wie beurteilen Sie vor diesem Hintergrund die bei 3. errechnete Eigenkapitalquote?

### 9.02 Beteiligungsfinanzierung bei der AG: Kapitalerhöhung gegen Einlagen – Bezugsrecht – Vorzugsaktie – Kapitalrücklage – Bilanzkurs – Bookbuilding

Die **Kessel- und Apparatebau Aktiengesellschaft Dortmund** wurde vor 10 Jahren gegründet. Sie hat ein Grundkapital von 100 Mio. EUR, das durch Ausgabe von 40 Mio. Stückaktien aufgebracht wurde. Für eine Betriebserweiterung werden 30 Mio. EUR zusätzliches Kapital benötigt. Vom Vorstand wird in der Hauptversammlung der Vorschlag gemacht, das Grundkapital im Verhältnis 4 (altes Grundkapital) : 1 (Zunahme des Grundkapitals) zu erhöhen. Ein Bankenkonsortium übernimmt alle aus der Kapitalerhöhung stammenden Aktien. Interessierte Anleger können in der Zeit vom 19. bis 25. Juni d. J. Kaufangebote innerhalb des Preisrahmens von 3,60 EUR bis 4,35 EUR abgeben. Gegenwärtig werden die Aktien der Gesellschaft für 4,50 EUR gehandelt.

▶ 1. Welche Aufgabe kommt dem Bankenkonsortium bei der Kapitalerhöhung zu?

▶ 2. Warum wurde für die Ausgabe der jungen Aktien kein fester Ausgabekurs, sondern eine Kursbandbreite festgesetzt (Bookbuilding-Verfahren)?

3. Nachdem alle Anleger ihre Kaufangebote abgegeben haben, setzt das Bankenkonsortium den Ausgabekurs auf 4,10 EUR fest.

▶    a) Um wie viel EUR erhöht sich das Grundkapital?

▶    b) Wie viele neue Aktien müssen ausgegeben werden?

AktG § 182 (1) S. 5

   c) Wie viel EUR flüssige Mittel fließen der Kessel- und Apparatebau AG Dortmund zu?

4. Die Aktiengesellschaft hat bisher 12 % Dividende gezahlt.

▶    a) Wie viel EUR wurden bisher ausgeschüttet?

   b) Die AG beabsichtigt, auch künftig den gleichen EUR-Betrag (siehe 4. a) auszuschütten. Soweit der Gewinn größer ist als der auszuschüttende Betrag, soll er der Gewinnrücklage zugeführt werden und damit der Selbstfinanzierung dienen.

▶    Wie viel Prozent Dividende will die Gesellschaft künftig auf das erhöhte Grundkapital ausschütten?

5. Ein Aktionär hatte vor der Kapitalerhöhung eine Beteiligung von 30 % am Grundkapital der Gesellschaft.

▶    a) Hätte er allein die Kapitalerhöhung verhindern können? § 182

▶    b) Mit wie viel Prozent wäre er am Grundkapital der Gesellschaft nach der Kapitalerhöhung beteiligt, wenn er keine jungen Aktien beziehen würde?

▶    c) Warum gibt das AktG dem Aktionär bei einer Kapitalerhöhung ein Recht auf den Bezug junger Aktien? § 186

6. Der Börsenkurs von 4,50 EUR beträgt 180 % des wertmäßigen Anteils einer Aktie am Grundkapital. Dies spiegelt im vorliegenden Fall gleichzeitig auch den Bilanzkurs (Eigenkapital in Prozent des Grundkapitals) vor der Kapitalerhöhung wider.

▶    a) Ermitteln Sie Grundkapital, Rücklagensumme, Eigenkapital und Bilanzkurs vor und nach der Kapitalerhöhung. Halten Sie die Ergebnisse nach folgendem Tabellenmuster fest.

|  | Grundkapital | Rücklagensumme | Eigenkapital | Bilanzkurs |
|---|---|---|---|---|
| Vor der Kapitalerhöhung | 100 Mio. EUR |  |  | 180 % |
| Nach der Kapitalerhöhung |  |  |  |  |

▶    b) Auf welches Rücklagenkonto ist das für die jungen Aktien zu zahlende Agio zu buchen? HGB § 272 (2)

▶    c) Warum bezeichnet man die durch die Kapitalerhöhung eingetretene Veränderung des Bilanzkurses als »Verwässerung des Eigenkapitals«?

▶    d) Um wie viel EUR erhält der Aktionär die junge Aktie gegenüber dem neuen Bilanzkurs billiger?

▶    e) Wie viel EUR des Gewinns beim Bezug einer jungen Aktie entfallen auf eine alte Aktie (Rechnerischer Wert des Bezugsrechts)?

▶    f) Kontrollieren Sie das Ergebnis von e) durch eine Berechnung des Bezugsrechts!

$$\text{Formel: } B = \frac{K_a - K_n}{a/n + 1}$$

$K_a$ = Kurs der alten Aktien
$K_n$ = Kurs der »neuen« (jungen) Aktien
$a$ = Anzahl der alten Aktien
$n$ = Anzahl der jungen Aktien

7. Aktionär **Eichhorn** besitzt 100 Aktien. Er möchte keine neuen Aktien kaufen und ist über den Kursrückgang als Folge der Kapitalerhöhung empört.

▶ a) Weisen Sie rechnerisch nach, dass er durch die Kapitalerhöhung keinen Vermögensnachteil erleidet.

▶ b) Welchen Betrag müsste er aufwenden, wenn er seine Bezugsrechte in vollem Umfang ausnutzen wollte?

8. Der Verwaltung der Gesellschaft liegt noch ein anderer Vorschlag vor: Erhöhung des Grundkapitals, jedoch mit der Einschränkung, dass die neuen Aktien nicht mit einem Stimmrecht ausgestattet sein sollen. Als Ausgleich für das fehlende Stimmrecht ist der Besitz der neuen Aktien mit einem Dividendenvorteil verbunden. Soweit Gewinn vorhanden, erhalten die Vorzugsaktien bei der Gewinnverteilung zunächst 12 % Dividende, bevor der Restgewinn auf die Stammaktien verteilt wird.

▶ a) Beurteilen Sie den Vorschlag vom Standpunkt eines Großaktionärs, der mangels flüssiger Mittel von seinem Bezugsrecht keinen Gebrauch machen kann.

▶ b) Beurteilen Sie den Vorschlag vom Standpunkt der Geschäftsleitung der Gesellschaft.

▶ c) Warum müssen Vorzugsaktien in der Bilanz gesondert ausgewiesen werden?

## *9.03* **Aktiengesellschaft: Kapitalerhöhung aus Gesellschaftsmitteln – Berichtigungsaktien**

Die **Baumaschinen-AG** hat folgende Bilanz (zusammengefasst in Mio. EUR):

| Aktiva | zusammengefasste Bilanz der Baumaschinen AG | | Passiva |
|---|---|---|---|
| **Anlagevermögen:** | | **Eigenkapital:** | |
| Grundstücke und Gebäude | 5,0 | Grundkapital (gezeichnetes Kapital) | 4,0 |
| Maschinen, Geschäftsausstattung | 6,0 | Kapitalrücklage | 0,2 |
| **Umlaufvermögen:** | | *Gewinnrücklagen:* | |
| Vorräte | 1,5 | 1. gesetzliche Rücklage | 0,6 |
| Forderungen | 2,5 | 2. andere Gewinnrücklagen | 1,6 |
| flüssige Mittel | 0,1 | Gewinnvortrag | 0,01 |
| | | **Fremdkapital:** | |
| | | Darlehensschulden | 6,8 |
| | | Verbindlichkeiten geg. Lieferer | 1,89 |
| | 15,1 | | 15,1 |

Die Aktien werden mit 81 EUR je 50 EUR Nennwert gehandelt. Im letzten Geschäftsjahr wurden 20 % Dividende auf das Grundkapital ausgeschüttet.

Der Vorstand weist in der Hauptversammlung darauf hin, dass sich ein niedrigerer Börsenkurs positiv auf den Handel der Baumaschinenaktie auswirken würde. Er schlägt deshalb vor, so viele Rücklagen der Gesellschaft in Grundkapital umzuwandeln, wie das Aktiengesetz zulässt.

AktG
§ 208

▶ 1. Wie viel EUR Rücklagen der **Baumaschinen-AG** können in Grundkapital umgewandelt werden?

2. Die Hauptversammlung ist dem Vorschlag des Vorstandes gefolgt und hat die Kapitalerhöhung aus Gesellschaftsmitteln beschlossen.

▶ a) Welches Bezugsverhältnis (Berichtigungsverhältnis) ergibt sich?

▶ b) Stellen Sie die Bilanz nach der Durchführung der Kapitalerhöhung aus Gesellschaftsmitteln auf, wenn so viel Rücklagen in Grundkapital umgewandelt werden, wie nach dem Aktiengesetz möglich ist.

▶ 3. Berechnen Sie den Bilanzkurs vor und nach der Kapitalerhöhung aus Gesellschafts-mitteln.

4. Nach der Kapitalerhöhung soll der gleiche EUR-Betrag an Dividende ausgeschüttet werden wie im vorausgegangenen Geschäftsjahr.

▶ Wie hoch ist jetzt die Dividende in Prozent?

▶ 5. Berechnen Sie das in der AG vorhandene Eigenkapital vor und nach der Kapital-erhöhung und beurteilen Sie, ob es richtig ist, die Umwandlung von Rücklagen in Aktien als Ausgabe von »Gratisaktien« an die Altaktionäre zu bezeichnen.

▶ 6. a) Welcher Kurs errechnet sich im Durchschnitt für eine Aktie nach der Kapital-erhöhung?

▶ b) Ermitteln Sie den Wert des Bezugsrechts (Berichtigungsabschlag).

▶ c) Stellen Sie fest, ob das vom Vorstand angestrebte Ziel, den Börsenkurs zu senken, erreicht wurde.

▶ d) Welche Vorteile verspricht sich der Vorstand von einem niedrigeren Börsenkurs?

▶ e) Welche andere Möglichkeit hätte bestanden, um die beabsichtigte Herabsetzung des Börsenkurses und die Steigerung des Handels mit der Baumaschinenaktie zu erreichen?

7. **Christa Mustermann** – Aktionärin der **Baumaschinen-AG** – erhält von ihrer Bank folgendes Schreiben:

**BW** **BADEN-WÜRTTEMBERGISCHE BANK** Aktiengesellschaft                    DATUM: 12. Okt. 20..

Herr/Frau/Firma

Christa Mustermann
Hoffeldstr. 265

77933 Lahr

| | Depot-Nr. | Konto-Nr |
|---|---|---|
| | 70806400 | 494320654 |
| | Beleg-Nr. | 8599 |

Ausgabe von    BERICHTIGUNGSAKTIEN

der BAUMASCHINEN-AG

im Verhältnis    2 zu 1

Auf Grund Ihres Bestandes von

ST    39,00    BAUMASCHINEN-AG    AKTIEN    942100

haben wir Ihnen gemäß obigen Verhältnis zustehenden

ST    19,500    BAUMASCHINEN-AG    AKTIEN    942104

Ihrem Depot gutgeschrieben.

Die Gesellschaft bittet, alle Spitzenbeträge durch Zu- oder Verkauf auf- bzw. abzu-runden. Unter Verwendung des anhängenden Vordrucks wollen Sie uns gegebe-nenfalls Ihre Entscheidung wissen lassen. Sofern wir innerhalb von 4 Wochen keine Weisung von Ihnen erhalten haben, werden wir das Teilrecht für Ihre Rechnung zum Verkauf aufgeben.

Mit freundlichen Grüßen

BADEN-WÜRTTEMBERGISCHE BANK AG

Diese Mitteilung wird nicht unterschrieben.

▶ a) Welchen Betrag muss Christa Mustermann aufwenden, wenn ihr »Spitzenbe-
  trag« durch Zukauf abgerundet werden soll?
  **(Hinweis:** Verwenden Sie zur Lösung das Ergebnis von 6. b).)

▶ b) Wie verhält sich die **Baden-Württembergische Bank,** wenn **Christa Mustermann**
  auf das Schreiben nicht reagiert?

# Fremdfinanzierung und Kreditsicherheiten

## 9.04 Darlehensvertrag – Kreditwürdigkeitsprüfung bei einem Handelsbetrieb – Finanzierungskennzahlen

**Peter Vogt** ist Inhaber eines Drogeriemarktes. Einer seiner Lieferanten ist gezwungen,
wegen umfangreicher Bauarbeiten sein Lager zu räumen. Er bietet seinem langjährigen Kunden **Peter Vogt** an, die noch am Lager befindlichen Waren 30 % unter dem
Listenpreis zu liefern. Da **Peter Vogt** in nächster Zukunft sein Sortiment vergrößern
will, kommt ihm dieses Angebot sehr gelegen. Er beabsichtigt, eine Bestellung in Höhe
von 42 000 EUR aufzugeben. Nach den Vertragsbedingungen wäre **Vogt** verpflichtet,
die Ware sofort bei Lieferung zu bezahlen. **Vogt** verfügt jedoch nicht über die erforderliche Liquidität, zumal er Einkäufe in dieser Größenordnung zunächst nicht geplant
hatte. Er wendet sich an seine Hausbank und bittet um Gewährung eines Darlehens
in entsprechender Höhe.

1. Um über die Kreditgewährung entscheiden zu können, verlangt der Kreditsachbearbeiter die Vorlage der letzten Bilanz. **Vogt** legt folgende Bilanz vor:

| Aktiva | Bilanz des Drogeriemarktes Peter Vogt (in EUR) zum 31.12. … | | Passiva |
|---|---|---|---|
| Grundstücke u. Gebäude | 1 800 000 | Eigenkapital | |
| Geschäftsausstattung | 400 000 | Vorjahr: | 583 700 | |
| Fahrzeuge | 68 000 | + Gewinn (lfd. Jahr) | 116 740 | |
| Vorräte | 54 000 | – Privatentn. lfd. Jahr | 84 000 | 616 440 |
| Bankguthaben | 8 000 | langfristige Verbindlichkeiten | | 1 700 000 |
| Kassenbestand | 4 800 | kurzfristige Verbindlichkeiten | | 18 360 |
| | 2 334 800 | | | 2 334 800 |

Der Kreditsachbearbeiter wertet die Bilanzen von Bankkunden mithilfe der nachstehenden Kennzahlen aus:

| **Eigenkapital-quote:** | $\dfrac{\text{Eigenkapital} \times 100}{\text{Gesamtkapital}}$ | **Umsatbedingte Liquidität:** (Liqu. 3. Grades) | $\dfrac{(\text{flüss. Mittel}^1 + \text{Fo.} + \text{Vorräte}) \times 100}{\text{kurzfristige Verbindlichkeiten}}$ |
|---|---|---|---|
| **Barliquidität:** (Liqu. 1. Grades) | $\dfrac{\text{flüssige Mittel}^1 \times 100}{\text{kurzfristige Verbindlichkeiten}}$ | **Anlagen-deckungsgrad:** | $\dfrac{\text{Eigenkapital}^2 \times 100}{\text{Anlagevermögen}}$ |
| **Einzugsbedingte Liquidität:** (Liqu. 2. Grades) | $\dfrac{(\text{flüss. Mittel}^1 + \text{Forderungen}) \times 100}{\text{kurzfristige Verbindlichkeiten}}$ | **Eigenkapital-rentabilität:** | $\dfrac{\text{Gewinn} \times 100}{\text{Eigenkapital}}$ |

[1]   Kasse, Bankguthaben, Schecks, Wechsel, börsengängige Wertpapiere
[2]   oder: (Eigenkapital + langfristiges Fremdkapital)

▶ a) Errechnen Sie – soweit möglich – aus der vorliegenden Bilanz die Kennzahlen.

▶ b) Beurteilen Sie, ob die errechneten Ergebnisse aus Sicht der Bank eine Kreditgewährung zulassen.
  **Hinweis:** Die Eigenkapitalquote beträgt im Branchendurchschnitt 20 %.

2. Nachdem Drogist **Vogt** mit dem Bankangestellten Einigung hinsichtlich der Kredit-
   konditionen erzielt hat, wird nachstehendes Formular für einen Darlehensvertrag
   ausgefüllt:

---

| **Darlehensvertrag** | Zur bankinternen Bearbeitung |
|---|---|
| | Nr. |

| Darlehensnehmer (Name, Anschrift, Geburtsdatum) | Bank |
|---|---|
| Peter Vogt<br>Lange Rötterstr. 14a<br><br>68167 Mannheim<br>geb.: 16. Sept. 1949 | Volksbank Mannheim-Seckenheim |

**Darlehensnehmer und Bank schließen folgenden Vertrag:**

**1   Höhe des Darlehens:**
Die Bank stellt dem Darlehensnehmer ein Darlehen zur Verfügung in Höhe von          EUR  44.000

**2   Verwendungszweck:**

> Erweiterung des Warensortiments

**3   Konditionen:**

**3.1 Verzinsung:** Das Darlehen ist ab dem Tag der Auszahlung mit  4  % jährlich zu verzinsen.

Dieser Zinssatz ist  [x] variabel    [ ] festgeschrieben bis zum  .

Wird ein variabler Zinssatz vereinbart, so erfolgt die Zinsanpassung entsprechend dem nachstehend beschriebenen Verfahren:

*Die Anpassung des Sollzinssatzes richtet sich nach einer Veränderung des 3-Monats-Euribor[1] (Referenzzinssatz gemäß § 675g (3) Satz 2 BGB). Maßgeblich ist der am 30.12. d. J. ermittelte Referenzwert. Die Entwicklung des Referenzwertes wird die Volksbank regelmäßig vierteljährlich zum 30. d. M. überprüfen. Hat sich zu diesem Zeitpunkt der Referenzwert um mehr als 0,01 Prozentpunkte gegenüber seinem maßgeblichen Wert bei Vertragsschluss bzw. der letzten Anpassung des Sollzinssatzes verändert, sinkt oder steigt der Sollzinssatz um ebenso viele Prozentpunkte zum 1. des Folgemonats.*

*Der Darlehensnehmer wird vierteljährlich über den geänderten Sollzinssatz unterrichtet.*

Die Zinsen werden berechnet aus dem Darlehenssaldo jeweils zum

[x] Die Zinsen werden     [ ]                                                          ;
aus dem jeweiligen         bis zum ersten auf die vollständige Auszahlung folgenden Stichtag
Darlehenssaldo berechnet.  werden die Zinsen aus dem jeweiligen Darlehenssaldo berechnet.

Die Zinsen sind fällig am  letzten Tag  eines jeden

[ ] Monats  [x] Kalendervierteljahres   [ ] Kalenderhalbjahres   [ ] Kalenderjahres

**3.2 Auszahlung:** Das Darlehen wird zu einem Auszahlungskurs  98  % ausgezahlt.

Das Disagio wird verrechnet auf einen Zeitraum von                und beträgt  EUR  880

Es ist fällig:  [x] in voller Höhe      [ ] anteilig bei jeder     [ ] unabhängig vom Tag
bei Auszahlung des      Teilauszahlung         der Auszahlung am
Darlehens oder eines
ersten Teilbetrages

**4   Nebenleistungen:**

[ ] Jährlicher Verwaltungskostenbeitrag                               EUR

[x] Bereitstellungsprovision von  1/2  % pro  Monat  auf den ab  1.10.d.J.
nicht zur Auszahlung kommenden Betrag bis zur vollen Auszahlung jeweils fällig mit den Zinsen.

---

[1]  Der EURIBOR (Euro InterBank Offerd Rate) ist ein Referenzzinssatz für den Handel mit Termingeldern in Euro im Interbankgeschäft (Geschäfte der Banken untereinander).

**5   Darlehensrückzahlung:** Das Darlehen ist wie folgt zurückzuzahlen:

**5.1** ☐ in voller Höhe am [          ]

**5.2** ☒ in Raten von EUR [5.500 EUR] jeweils fällig am [Quartalsende] erstmals am [31.12.d.J.]
Daneben sind in den Fällen 5.1 und 5.2 die Zinsen und Kosten zu den in 3.1 vereinbarten Fälligkeitsterminen zu zahlen.

**5.3** ☐ in Höhe von [          ] % jährlich vom ursprünglichen Darlehensbetrag zzgl. der durch Tilgung ersparten Zinsen.

Demnach beträgt die Leistungsrate aus Zins, Tilgung und Kosten z.Zt. EUR [          ].

jeweils fällig am [          ],        erstmals am [          ]
in gleichbleibenden Raten.

**5.4** ☐ für Zins und Tilgung sowie anfallende Kosten von EUR [          ]

jeweils fällig am [          ],        erstmals am [          ] mit vorrangiger Verrechnung auf Zinsen und Kosten.

Bei Zinsänderungen können die Leistungsraten in den Fällen von 5.3 und 5.4 entsprechend geändert werden. Die neuen Leistungsraten wird die Bank dem Darlehensnehmer mitteilen.

Soweit nichts anderes vereinbart wurde, werden die fälligen Beträge (z.B. Zinsen oder Leistungsraten) dem

Girokonto Nr. [78227608] belastet.

**6   Sicherheiten:** Alle der Bank zustehenden Sicherheiten sichern alle bestehenden, künftigen und bedingten Ansprüche der Bank aus der Geschäftsverbindung mit dem Darlehensnehmer, soweit nicht im Einzelfall außerhalb dieses Vertrages etwas anderes vereinbart ist; dies gilt auch für hier nicht aufgeführte und aufgrund der Allgemeinen Geschäftsbedingungen haftende Sicherheiten.
Zusätzlich stellt der Darlehensnehmer der Bank mit gesonderten Vereinbarungen noch folgende Sicherheiten:

> Selbstschuldnerische Bürgschaft des Kaufmanns Lothar Karle
> (Lieferant des Drogeriemarktes Peter Vogt) in Düsseldorf.

Bei einer Verschlechterung oder erheblichen Gefährdung der Vermögenslage des Darlehensnehmers, eines Mithaftenden oder eines Bürgen oder bei einer Veränderung des Sicherungswerts der im Vertrag vorgesehenen zu bestellenden Sicherheiten, durch die das Risiko der ordnungsgemäßen Rückführung des Darlehens gegenüber dem Zustand bei Vertragsabschluss nicht unwesentlich erhöht wird, kann die Bank vom Darlehensnehmer die Bestellung zusätzlicher geeigneter Sicherheiten nach ihrer Wahl verlangen, auch wenn bisher keine Bestellung von Sicherheiten vereinbart war. Das Gleiche gilt, wenn die Angaben über die Vermögensverhältnisse des Darlehensnehmers, eines Mithaftenden oder eines Bürgen sich nachträglich als unrichtig herausstellen. Das Darlehen kann erst in Anspruch genommen werden, wenn sämtliche Bedingungen erfüllt sind, die vorgesehenen Sicherheiten bestellt werden und die Bank deren Ordnungsmäßigkeit geprüft hat.

**7   Weitere Darlehensbedingungen:**

Ergänzend gelten die **Allgemeinen Darlehensbedingungen** (ADB) und die **Allgemeinen Geschäftsbedingungen** (ASGB) der Bank. Die ADB sind beigefügt. Die AGB können in den Geschäftsräumen der Bank eingesehen werden; auf Verlangen werden sie ausgehändigt.

Ort, Datum                                Ort, Datum
Mannheim, 18. Sept. ....                  Mannheim, 18. Sept. ....

Darlehensnehmer                           Bank
Peter Vogt                                Volksbank Mannheim-Seckenheim

▶ a) Prüfen Sie, ob für das Zustandekommen dieses Darlehensvertrages Schriftform vorgeschrieben ist.

BGB §§ 488, 492

b) Der Bankangestellte schlägt die Vereinbarung eines variablen Zinssatzes (vgl. 3.1 Vertragsformular) vor.

▶ Wie müsste sich künftig das Zinsniveau auf dem Kreditmarkt entwickeln, damit sich für **Vogt** aus dieser Vereinbarung Vorteile ergeben?

▶ c) Weshalb wird eine Darlehenshöhe von 44 000 EUR vereinbart, obwohl Waren lediglich für 42 000 EUR gekauft werden sollen? (Vgl. Punkte 1, 3.2 und 3.3 Darlehensvertrag)

d) Punkt 4 des Darlehensvertrages enthält eine Vereinbarung über die Berechnung von Bereitstellungsprovision.

▶ In welchem Fall muss **Vogt** eine Bereitstellungsprovision an die Bank zahlen?

Halten Sie eine solche Vereinbarung für gerechtfertigt?

▶ e) Nach welcher Zeit hat **Vogt** das Darlehen vollständig getilgt?

▶ f) Welche Überlegungen waren für die Entscheidung hinsichtlich der Höhe der Tilgung und damit der Laufzeit des Darlehens bestimmend?

## 9.05 Ratenkauf – Berechnung der Raten – Effektivzinssatz

Sascha Göppert hat am 8. August d. J. von dem Internethändler Fitness-Discount GmbH für seinen privaten Trainingsraum Fitnessgeräte zum Gesamtwert (einschl. 19 % USt) von 1 200 EUR versandkostenfrei bestellt. Vor Vertragsabschluss hat er mit dem Lieferer vereinbart, dass der ausstehende Betrag in 24 Monatsraten beglichen werden soll. Die Berechnung der monatlich zu leistenden Raten erfolgt auf der Grundlage nebenstehender Tabelle:

| Anzahl der Monatsraten | Zinsaufschläge pro Monat |
|---|---|
| 3 | 0,79 % |
| 6 | 0,70 % |
| 9 | 0,67 % |
| 12 | 0,66 % |
| 18 | 0,65 % |
| 24 | 0,65 % |

Für die Bearbeitung des Ratenkredits verlangt die Fitness-Discount GmbH eine einmalige Gebühr in Höhe von 2 % des Gesamtwertes, die zusammen mit der ersten Monatsrate fällig ist.

1. Berechnen Sie die Höhe der Monatsraten.

2. Berechnen Sie den Ratenzahlungspreis.

3. Zusammen mit den weiteren Vorabinformationen zum Ratenkauf erhält Sascha Göppert den Tilgungsplan sowie nebenstehende Informationen (Auszug):

| | |
|---|---|
| Kreditbetrag: | 1 200,00 EUR |
| Bearbeitungsgebühr: | 24,00 EUR |
| Zahlungsart der Bearbeitungsgebühr: | separat zu zahlen |
| Nominaler Jahreszinssatz: | 14,33 % p. a. |
| Rückzahlungsrate: | 57,80 EUR |
| Ratenintervall: | monatlich |
| Laufzeit der Ratenzahlungen: | 24 Monate |
| Restschuld: | 0,00 EUR |
| Zinsen und Gebühren gesamt: | 211,23 EUR |
| Gesamtaufwand: | 1 411,23 EUR |

**Tilgungsplan (monatsweise)**

| Monat | Schulden-stand Vormonat | Raten-zahlung am Monatsende | davon Zinsen/Geb. | davon Tilgung | Schulden-stand am Monatsende |
|---|---|---|---|---|---|
| Bearbeitungs-gebühr | | 24,00 | 24,00 | 0,00 | 1200,00 |
| 1 | 1200,00 | 57,80 | 14,33 | 43,47 | 1156,53 |
| 2 | 1156,53 | 57,80 | 13,81 | 43,99 | 1112,54 |
| 3 | 1112,54 | 57,80 | 13,28 | 44,52 | 1068,02 |
| ... | | | | | |
| 11 | 741,16 | 57,80 | 8,85 | 48,95 | 692,21 |
| 12 | 692,21 | 57,80 | 8,26 | 49,54 | 642,67 |
| Summen 1. Jahr | | 693,60 | 136,27 | 557,33 | 642,67 |
| ... | | | | | |
| 22 | 169,37 | 57,80 | 2,02 | 55,78 | 113,59 |
| 23 | 113,59 | 57,80 | 1,36 | 56,44 | 57,15 |
| 24 | 57,15 | 57,83 | 0,68 | 57,15 | 0,00 |
| Summen 2. Jahr | | 693,63 | 50,96 | 642,67 | 0,00 |
| Gesamt-summen | | 1411,23 | 211,23 | 1200,00 | 0,00 |

a) Prüfen Sie, ob der in der zweiten Monatsrate enthaltene Zinsanteil richtig berechnet wurde.

b) Berechnen Sie den Effektivzinssatz.

c) Warum muss der Darlehensnehmer bereits vor Abschluss eines Verbraucherdarlehensvertrages im Rahmen der Vorabinformationen u. a. über die Höhe des Effektivzinssatzes informiert werden?

BGB
§ 491a
BGBEG
Art. 247

4. Vor Abschluss des Verbraucherkreditvertrages hat Sascha Göppert von einem anderen Anbieter nebenstehendes Angebot mit Tilgungsplan erhalten:

| | |
|---|---|
| Kreditbetrag: | 1 200,00 EUR |
| Bearbeitungsgebühr: | 10,00 EUR |
| Zahlungsart der Bearbeitungsgebühr: | separat zu zahlen |
| Nominaler Jahreszinssatz: | 13,47 % p. a. |
| Rückzahlungsrate: | 74,00 EUR |
| Ratenintervall: | monatlich |
| Laufzeit der Ratenzahlungen: | 18 Monate |
| Restschuld: | 0,00 EUR |
| Zinsen und Gebühren gesamt: | 142,00 EUR |
| Gesamtaufwand: | 1 342,00 EUR |
| Effektiver Jahreszinssatz: | 15,59 % p. a. |

**Tilgungsplan (monatsweise)**

| Monat | Schulden-stand Vormonat | Raten-zahlung am Monatsende | davon Zinsen/Geb. | davon Tilgung | Schulden-stand am Monatsende |
|---|---|---|---|---|---|
| Bearbeitungs-gebühr | | 10,00 | 10,00 | 0,00 | 1200,00 |
| 1 | 1200,00 | 74,00 | 13,47 | 60,53 | 1139,47 |
| 2 | 1139,47 | 74,00 | 12,79 | 61,21 | 1078,26 |
| ... | | | | | |
| 17 | 145,55 | 74,00 | 1,63 | 72,37 | 73,18 |
| 18 | 73,18 | 74,00 | 0,82 | 73,18 | 0,00 |
| Summen 2. Jahr | | 444,00 | 16,93 | 427,07 | 0,00 |
| Gesamt-summen | | 1342,00 | 142,00 | 1200,00 | 0,00 |

Welche Entscheidung hätte Sascha Göppert treffen müssen, wenn

a) allein der Effektivzinssatz entscheidend ist,

b) die Belastung über die gesamte Laufzeit möglich gering zu halten ist,

c) die monatliche Belastung höchstens 60 EUR betragen darf?

5. Sascha Göppert kann nach Abschluss eines neuen Tarifvertrages über eine Gehaltserhöhung von 110 EUR monatlich verfügen. Er beabsichtigt daher, den abgeschlossenen Verbraucherdarlehensvertrag zu kündigen und durch einen neuen Vertrag zu ersetzen. Insbesondere will er höhere monatliche Raten zahlen, damit er von seinen Schulden schneller befreit ist.    BGB<br>§ 500 (2),<br>§ 502 (1)

a) Stellen Sie fest, ob eine vorzeitige Ablösung des Kredits möglich ist.

b) Welche zusätzliche Belastung ist mit der vorzeitigen Ablösung gegebenenfalls verbunden, wenn der Vertrag nach Leistung der zehnten Rate gekündigt werden soll?

# 9.06 Kapitalbedarf – Kreditarten – Kontokorrentkredit

Eine Werbeagentur schätzt, dass sich in den ersten 6 Monaten des kommenden Geschäftsjahres die Ein- und Auszahlungen (Angaben in 1 000 EUR) wie folgt entwickeln werden:

| Monate | Januar | Februar | März | April | Mai | Juni |
|---|---|---|---|---|---|---|
| Einzahlungen | 6 | 21 | 57 | 66 | 90 | 96 |
| Auszahlungen | 90 | 30 | 63 | 69 | 135 | 54 |

▶ 1. Errechnen Sie den Kapitalbedarf für die einzelnen Monate.

▶ 2. Wie entwickelt sich der Kapitalbedarf **insgesamt** (kumulierter Kapitalbedarf) in diesem Zeitraum?

3. Zur Deckung des Kapitalbedarfs über einen Bankkredit werden 2 Alternativen diskutiert:

*Alternative I:* Inanspruchnahme eines Kredits in Höhe der Spitze des kumulierten Kapitalbedarfs. Dieser Kredit soll – je nach tatsächlichem Kapitalbedarf – den neuen Gegebenheiten halbjährlich angepasst werden (Fälligkeitsdarlehen).
Zinssatz: 9 %
Auszahlung: 100 %;

*Alternative II:* Einräumung einer Kreditlinie durch die Bank auf dem Kontokorrentkonto (Kontokorrentkredit) in Höhe des gesamten Kapitalbedarfs (Zinssatz: 12 %).

▶ a) Wie ist es zu erklären, dass die Bank für das Fälligkeitsdarlehen einen niedrigeren Zinssatz berechnet als für den Kontokorrentkredit?

▶ b) Wie hoch ist die Zinsbelastung bei jeder Alternative?

**Hinweis:** Bei der Zinsberechnung nach Alternative II ist davon auszugehen, dass der Kredit jeweils zu Monatsbeginn in Anspruch genommen wird.

▶ c) Warum kann im vorliegenden Fall die günstigste Kreditalternative nicht allein durch einen Vergleich der Zinsbelastung gefunden werden?

▶ 4. Arbeiten Sie anhand der in nachstehendem Tabellenmuster aufgeführten Kriterien die wesentlichsten Unterscheidungsmerkmale von Fälligkeitsdarlehen und Kontokorrentkredit heraus!

|  | Fälligkeitsdarlehen | Kontokorrentkredit |
|---|---|---|
| Auszahlung/Bereitstellung |  |  |
| Höhe des Zinssatzes im Vergleich |  |  |
| Tilgung |  |  |
| Fälligkeit |  |  |

## 9.07 Schuldscheindarlehen – Ratentilgung – Einmaltilgung – Disagio

Die **Halbleiter-AG** will den Maschinenpark erweitern. Dazu sollen Fremdmittel in Höhe von 2 Mio. EUR aufgenommen werden.

Die Geschäftsleitung wendet sich an eine Versicherungsgesellschaft, bei der sie alle Betriebsversicherungen abgeschlossen hat. Die Versicherungsgesellschaft ist bereit, ein Darlehen in der erforderlichen Höhe gegen Ausstellung eines Schuldscheins durch die **Halbleiter-AG** zu gewähren. Der Kredit ist nach 5-jähriger Laufzeit in **einer** Summe zu tilgen. Die Zinsen in Höhe von 6 % sind jeweils am Ende eines Kreditjahres an die Versicherungsgesellschaft zu überweisen. Die Kreditbedingungen sehen vor, dass der Kredit lediglich zu 98 % ausgezahlt wird.

Die **Halbleiter-AG** könnte den Investitionskredit auch von ihrer Hausbank ohne Ausstellung eines Schuldscheins bekommen. Das Darlehen soll jährlich mit 20 % getilgt werden. Der Zinssatz beträgt 6 %, die Auszahlung des Darlehens erfolgt zu 100 %.

▶ 1. Erstellen Sie für jede der beiden Finanzierungsalternativen eine Tabelle nach folgendem Muster:

| 1 | 2 | 3 | 4 | 5 |
|---|---|---|---|---|
| Jahr | Darlehensschuld | Zinsbetrag | Tilgungsbetrag | Gesamtbelastung |
| 1<br>...<br>...<br>5 |  |  |  |  |

▶ 2. Welche Gründe können das Unternehmen veranlassen, nicht die Alternative mit der geringeren Zinsbelastung zu wählen?

▶ 3. Warum reicht ein Vergleich der Ergebnisse aus den beiden Tabellen nicht aus, um die Frage nach der günstigsten Finanzierungsalternative zu entscheiden?

▶ 4. Berechnen Sie den Effektivzins des Schuldscheindarlehens.

## 9.08 Annuitätentilgung – Ratentilgung

Ein Angestellter will bei seiner Bank ein Darlehen über 100 000 EUR aufnehmen. Ihm ist daran gelegen, dass die Belastung aus Tilgung und Verzinsung während der Laufzeit des Darlehens gleich bleibt, d. h., er wünscht sich gleichbleibende Annuitäten.

In der Bank wird ihm als Zinssatz für das Darlehen 8 % genannt. Es soll in 5 Jahren getilgt sein. Am Ende jedes Jahres ist eine Annuität fällig. Nach Eingabe von Zinssatz und gewünschter Laufzeit des Darlehens in den Computer errechnet das Programm eine jährliche Annuität in Höhe von 25 045,64 EUR.

▶ 1. Erstellen Sie eine Tabelle nach folgendem Muster:

| Jahr | Darlehensschuld (Anfang des Jahres) | Tilgung | Zins | Annuität |
|---|---|---|---|---|
| 1 | | | | |
| 2 | | | | |
| 3 | | | | |
| 4 | | | | |
| 5 | | | | |
| Summen | | | | |

▶ 2. Wie viel EUR hätte der Darlehensnehmer demnach insgesamt nach 5 Jahren gezahlt?

3. Dem Angestellten ist die errechnete jährliche Belastung in Höhe von 25 045,64 EUR zu hoch. Er bittet daher seine Bank um eine Neuberechnung der Annuität auf der Grundlage einer nunmehr 10-jährigen Darlehenslaufzeit.

▶ Welche Annuität errechnet sich, wenn der Zinsfuß ebenfalls 8 % beträgt?

**Hinweis:** Verwenden Sie zur Berechnung nachstehende Tabelle.

### Tabelle zur Berechnung der Annuität

| Laufzeit in Jahren | Zinssatz | | | | | | | |
|---|---|---|---|---|---|---|---|---|
| | 1 % | 2 % | 3 % | 4 % | 5 % | 6 % | 7 % | 8 % |
| 1 | 1,01000 | 1,02000 | 1,03000 | 1,04000 | 1,05000 | 1,06000 | 1,07000 | 1,08000 |
| 2 | 0,50751 | 0,51505 | 0,52261 | 0,53020 | 0,53780 | 0,54544 | 0,55309 | 0,56077 |
| 3 | 0,34002 | 0,34675 | 0,35353 | 0,36035 | 0,36721 | 0,37411 | 0,38105 | 0,38803 |
| 4 | 0,25628 | 0,26262 | 0,26903 | 0,27549 | 0,28201 | 0,28859 | 0,29523 | 0,30192 |
| 5 | 0,20604 | 0,21216 | 0,21835 | 0,22463 | 0,23097 | 0,23740 | 0,24389 | 0,25046 |
| 6 | 0,17255 | 0,17853 | 0,18460 | 0,19076 | 0,19702 | 0,20336 | 0,20980 | 0,21632 |
| 7 | 0,14863 | 0,15451 | 0,16051 | 0,16661 | 0,17282 | 0,17914 | 0,18555 | 0,19207 |
| 8 | 0,13069 | 0,13651 | 0,14246 | 0,14853 | 0,15472 | 0,16104 | 0,16747 | 0,17401 |
| 9 | 0,11674 | 0,12252 | 0,12843 | 0,13449 | 0,14069 | 0,14702 | 0,15349 | 0,16008 |
| 10 | 0,10558 | 0,11133 | 0,11723 | 0,12329 | 0,12950 | 0,13587 | 0,14238 | 0,14903 |

▶ 4. Weisen Sie rechnerisch nach, dass sich der jährliche Tilgungsbetrag beim Annuitätendarlehen gegenüber dem Vorjahr jeweils um die »ersparten Zinsen« erhöht.

5. Dem Angestellten wird von der Bank angeboten, dass er das Darlehen auch in 5 gleichen Raten von je 20 000 EUR zuzüglich Zins aus der jeweiligen Restschuld zurückzahlen kann (Abzahlungsdarlehen).

▶ Wie viel EUR zahlt er in diesem Fall insgesamt?

▶ 6. Worauf ist es zurückzuführen, dass sich trotz gleicher Laufzeit der beiden Darlehens-
formen eine unterschiedliche Gesamtbelastung ergibt?

▶ 7. Welcher Gesichtspunkt wird die Entscheidung des Angestellten für die eine oder
andere Tilgungsform bestimmen?

## 9.09 Leasing und Kreditkauf im Vergleich – Entscheidungsbewertungstabelle

**Paul Werner** betreibt in 77694 **Kehl** ein Unternehmen, das die Belieferung von Betrieben der Gastronomie mit frischen Fischprodukten zum Gegenstand hat. Die Ver-
kaufsfahrer des Unternehmens belieferten bislang lediglich Hotels und Gaststätten auf
der rechtsrheinischen Seite. **Paul Werner** hat beschlossen, seine Verkaufstätigkeit auf
das grenznahe Elsass auszudehnen. Dazu ist es erforderlich, 6 Kühlfahrzeuge – Anschaffungskosten je 50 000 EUR – anzuschaffen. Aufgrund der außergewöhnlich hohen
Beanspruchung kann dem Finanzamt gegenüber abweichend von den amtlichen AfA-
Tabellen eine Nutzung von 4 Jahren glaubhaft gemacht werden.
Einer Ausgabe des Handelsblattes entnimmt er folgende Anzeige:

---

IHR KAPITAL SOLL ARBEITEN UND NICHT MIT IHREM FAHRZEUG
SPAZIEREN FAHREN.
## LMB LEASING GmbH
Huyssenallee 78 · 45128 Essen          Tel.: 02 01/45 45-180 · Fax 02 01/45 45-170

---

▶ 1. Beschreiben Sie die Finanzierungsalternativen, auf die vorstehende Anzeige aufmerksam macht.

2. **Paul Werner** steht vor der Frage, die 6 Fahrzeuge zu kaufen oder zu leasen. Da er in
jüngster Vergangenheit ein neues Kühllager gebaut hat, ist er darauf angewiesen,
im Fall des Kaufs in voller Höhe einen Kredit aufzunehmen.

Seine Hausbank macht ihm ein Kreditangebot mit folgenden Konditionen:
Kreditsumme: 300 000 EUR, Laufzeit 4 Jahre, Tilgung in gleichen Jahresraten, beginnend am Ende des ersten Jahres; Zinssatz 8 % p. a.

Das Angebot der **LMB Leasing GmbH** für die 6 Fahrzeuge lautet:
Grundmietzeit:  3 Jahre; innerhalb dieser Zeit ist der Vertrag nicht kündbar,
Leasingraten:   35 000 EUR vierteljährlich nachschüssig während der Grundmietzeit; danach ist ein Kauf der 6 Kühlfahrzeuge zum Gesamtpreis von
75 000 EUR möglich;

▶ Vergleichen Sie Aufwand und Liquiditätsbelastung der beiden Finanzierungsalternativen

a) während der Grundmietzeit,

b) während der gesamten Nutzungsdauer,

wenn die Fahrzeuge linear abgeschrieben werden.
Begründen Sie, welche Finanzierungsart Ihnen günstiger erscheint.
**Hinweis:** Erstellen Sie jeweils eine Übersicht nach folgenden Mustern:

Leasing:

| Jahr | Leasingraten | Aufwand | Liquiditätsbelastung |
|------|--------------|---------|----------------------|
| 1 | | | |
| ... | | | |
| ... | | | |

Kreditfinanzierung:

| Jahr | Kredit | Tilgung (Jahresanfang) | Zins | Abschreibung | Summe Aufwand | Liquiditäts- belastung |
|------|--------|------------------------|------|--------------|---------------|------------------------|
| 1 ... ... ... | | | | | | |

▶ 3. Warum reichen die in den Tabellen ermittelten Ergebnisse allein nicht aus, um eine endgültige Finanzierungsentscheidung zu treffen?

▶ 4. Welche Auswirkungen auf Aufwand und Liquiditätsbelastung ergeben sich im Fall der Kreditfinanzierung, wenn die Hausbank bereit ist, den Kredit bei sonst gleichen Bedingungen auf eine Laufzeit von 3 Jahren zu gewähren? Verwenden Sie zur Lösung obiges Tabellenmuster zur Kreditfinanzierung.

5. Als Entscheidungshilfe für die Wahl einer der beiden Finanzierungsformen soll folgende Entscheidungsbewertungstabelle[1] benutzt werden:

| Kriterium | Wichtigkeit | Leasing | | Kreditkauf | |
|-----------|-------------|---------|---|------------|---|
| | W | Nutzen B | Gewichteter Nutzen $G = W \cdot B$ | Nutzen B | Gewichteter Nutzen $G = W \cdot B$ |
| Liquiditätsbelastung | | | | | |
| Aufrechterhaltung von Kreditspielraum | | | | | |
| Übernahme des Investitionsrisikos | | | | | |
| Anpassung an aktuelle Modellentwicklungen | | | | | |
| **Summe** | | | | | |

▶ Treffen Sie auf der Grundlage der in der Entscheidungstabelle ermittelten Ergebnisse eine Finanzierungsentscheidung. Begründen Sie die von Ihnen vorgenommene Punktezuteilung auf die einzelnen Kriterien in der Spalte »Wichtigkeit«.

▶ 6. **Paul Werner** entscheidet sich für die Leasingfinanzierung. Welche Gründe könnten ihn zu dieser Entscheidung veranlasst haben?

## 9.10 Bürgschaft

Die 19-jährige **Herta Klein** hat nach bestandener Prüfung zur Bürokauffrau eine kleine 2-Zimmer-Wohnung gemietet. Nach einem Angebot des **Möbelhauses Jundt** belaufen sich die Anschaffungskosten für die ausgesuchte Wohnungseinrichtung auf 22 500 EUR. **Herta Klein** verfügt jedoch lediglich über 7 500 EUR Ersparnisse, sodass sie gezwungen ist, bei ihrer Bank – **Raiffeisenbank Marlen** – ein Darlehen in Höhe

---

[1] Zur Vorgehensweise bei Erstellung einer Entscheidungsbewertungstabelle vgl. Aufgabe **4.01**

von 15 000 EUR aufzunehmen. Der zuständige Kreditsachbearbeiter teilt ihr in einem ersten Vorgespräch mit, dass die Bank den Kredit gewähren wird, wenn ein Dritter eine Bürgschaft übernimmt. Der Vater von **Herta Klein** ist sofort bereit, diese Bürgschaft zu übernehmen.

BGB
§ 766

1. Herr **Klein** ruft die **Raiffeisenbank Marlen** an und bestätigt, dass er bereit ist, für seine Tochter zu bürgen.

▶ Prüfen Sie, ob durch die fernmündliche Erklärung von Herrn **Klein** bereits eine Bürgschaftsverpflichtung entstanden ist.

2. Der Kreditsachbearbeiter der Raiffeisenbank füllt nachstehenden Vordruck aus und bittet Herrn **Klein** um dessen Unterschrift:

| **Bürgschaft** für Einzelforderungen | **Nr.** 112/96 |
|---|---|

Für bankinterne Bearbeitung, bitte bei Schriftwechsel angeben.

**1.** Zur Sicherung aller **bestehenden und künftigen Ansprüche** aus

genaue Bezeichnung der zu sichernden Forderungen nach Schuldgrund und Höhe
Ansprüche aus Gewährung eines Konsumentenkredits Herta Klein   15.000 EUR

sowie aller in diesem Zusammenhang entstehenden Forderungen und gesetzlichen Ansprüche – auch soweit fällige Raten und Beträge dem Kontokorrentkonto belastet worden sind – der

Bank
Raiffeisenbank Marlen, Straßburger Straße 49a, 77694 Kehl-Marlen

oder eines die Geschäftsverbindung fortsetzenden Rechtsnachfolgers der Bank gegen

Hauptschuldner
Herta Klein, Jahnstr. 9, 77694 Kehl-Marlen

oder dessen Gesamtrechtsnachfolger und – bei einer Firma oder Gesellschaft – gegen deren Gesamtrechtsnachfolger, übernehme(n) ich/wir

Bürge (Anschrift/Geburtsdatum)
Hans Klein, Roderstr. 47, 77694 Kehl-Marlen, geb. 16.07.48

die selbstschuldnerische Bürgschaft bis zum Betrag von

EUR 15.000

**2.** Die Bürgschaft umfasst zusätzlich **Zinsen, Provisionen und Kosten,** die aus der verbürgten Forderung oder durch deren Geltendmachung entstehen, **und zwar auch dann, wenn dadurch der oben genannte Betrag** überschritten wird. Dies gilt auch dann, wenn Zinsen, Provisionen und Kosten durch Saldenfeststellungen im Kontokorrent Teil der Hauptschuld werden und dadurch der oben genannte Betrag überschritten wird.

**3.** Die Bürgschaft ist zeitlich nicht begrenzt.

**4.** Der Bürge verzichtet auf die Einreden der Anfechtbarkeit und Aufrechenbarkeit (§ 770 BGB) sowie der Vorausklage (§ 771 BGB); . . . .

**11.** Ergänzend gelten die **Allgemeinen Geschäftsbedingungen der Bank** (AGB). Die AGB können in den Geschäftsräumen der Bank eingesehen werden; auf Verlangen werden sie ausgehändigt.

Marlen, 17.09.20..                                      *Hans Klein*
Ort, Datum                                                   Bürge

▶ Warum genügt es der Bank nicht, dass die Bürgschaftsverpflichtung von Herrn **Klein** auf den gewährten Kredit in Höhe von 15 000 EUR beschränkt ist?

3. Der Darlehensvertrag sieht für die Bank ein Kündigungsrecht für den Fall vor, dass die Darlehensschuldnerin mit ihren Zahlungsverpflichtungen in Verzug gerät.

Aufgrund dieser Vertragsbestimmung wird Herr **Klein** aufgefordert, die Restschuld in Höhe von 12 500 EUR zuzüglich aufgelaufener Zinsen von 1 375 EUR – insgesamt also 13 875 EUR – zu überweisen, weil **Herta Klein** ihre 3 letzten Raten nicht beglichen habe.

Herr **Klein** weigert sich zu zahlen. Er teilt der Bank mit, dass seine Tochter über ein beträchtliches Einkommen verfüge und demnach in der Lage sein müsste, ihre finanziellen Verpflichtungen zu erfüllen. Er schlägt der Bank vor, gegebenenfalls gegen seine Tochter Klage auf Zahlung zu erheben.

▶ a) Prüfen Sie, ob die Bank von Herrn **Klein** die Zahlung verlangen kann, ohne vorher gegen Herta Klein klagen zu müssen.
BGB<br>§ 771

b) Nach eingehender Prüfung der Rechtslage überweist Herr **Klein** den geforderten Betrag an die Bank.
§ 774

▶ Welche Ansprüche hat er gegenüber seiner Tochter?

4. Wie lange wäre Herr **Klein** verpflichtet, aus der Bürgschaft für seine Tochter zu haften?
§ 767

## 9.11 Forderungsabtretung (Zession)

Der Textilfabrikant **Max Kuhl,** Niederstraße 5, 41460 **Neuss,** hat von der **Nähmaschinenfabrik Fahrner KG,** Nordbahnstraße 8, 67657 **Kaiserslautern,** am 15.07. d.J. 10 Spezialnähmaschinen zu je 2 500 EUR bezogen. **Kuhl** kann das bei der **Nähmaschinenfabrik Fahrner KG** übliche Zahlungsziel von 30 Tagen nicht einhalten. Er kann erst in 3 Monaten zahlen, weil er zu diesem Zeitpunkt 30 000 EUR von seinem Kunden **Ernst Haug,** Leinestraße 9, 30159 **Hannover,** fordern kann.

# Abtretungserklärung

Der Firma **Fahrner KG**, Nordbahnstr. 8, 67659 **Kaiserslautern** steht gegen ihren

Schuldner _____ eine

Forderung aus Warenlieferung/Reparatur/_____

in Höhe von _____ EUR nebst _____ % Zinsen

seit _____ zu.

Dem Schuldner der **Firma Fahrner KG** steht gegen _____

_____ eine Forderung aus _____

in Höhe von _____ EUR zu.

Der Schuldner der **Firma Fahrner KG,** 67659 **Kaiserslautern,** tritt hiermit an diese den vorbezeichneten Anspruch gegen den Drittschuldner ab.

Die **Firma Fahrner KG,** 67659 **Kaiserslautern,** ist berechtigt, dem Drittschuldner von dieser Abtretung sofort Kenntnis zu geben.

Die **Fahrner KG** wird wegen des gegen den Schuldner begründeten Anspruchs nur insoweit befriedigt, als sie vom Drittschuldner Zahlung erhält.

Gerichtsstand für alle Ansprüche aus diesem Vertrag ist _____

_____ , den _____

1. Die **Fahrner KG** ist bereit, ein Ziel von 3 Monaten zu gewähren, verlangt aber, dass **Kuhl** eine Forderung gegen **Haug** an sie abtreten soll. Für die über das übliche Zahlungsziel hinausgehende Kreditdauer wird ein Zinssatz von 6 % berechnet.

▶ Was müsste am 15.07. d. J. in die Abtretungserklärung (siehe Seite 257) eingetragen werden (Gerichtsstand Kaiserslautern)?

▶ 2. Wer ist Drittschuldner, wer Zedent, wer Zessionar? Stellen Sie in einer Übersicht den Ablauf dieser Abtretung (Zession) dar.

3. Die **Nähmaschinenfabrik Fahrner KG** hat dem Drittschuldner die Zession noch nicht angezeigt. **Haug** zahlt an **Kuhl.**

BGB § 407 ▶ a) Hat die **Nähmaschinenfabrik Fahrner KG** aufgrund der Zession das Recht, von **Haug** noch einmal Bezahlung zu verlangen?

§§ 407, 398 b) Könnte die **Fahrner KG** von **Haug** noch einmal die Bezahlung verlangen, wenn die stille Zession rechtzeitig in eine offene Zession umgewandelt worden wäre?

§ 408 ▶ c) Welche Gefahren bestehen bei der stillen Zession?

§§ 398, 409, 410 ▶ 4. Prüfen Sie, ob die **Fahrner KG** berechtigt ist, bei Fälligkeit die Forderung bei **Haug** direkt einzuziehen.

§ 404 5. Haug verweigert am Fälligkeitstage teilweise die Bezahlung, weil die gelieferte Ware vom Lieferer **Kuhl** anerkannte Mängel hatte.

▶ Muss auch die **Fahrner KG** diese Einwendungen gegen sich gelten lassen?

## *9.12* **Forderungsabtretung (Zession) – Factoring**

Die 18-jährige **Tanja Meister** hat sich am 10.09. d. J. bei der **Fahrschule Traut** zum Führerscheinkurs angemeldet. Noch am gleichen Abend nimmt sie am Fahrschulunterricht teil. Bei der Anmeldung erhält sie von der Fahrschule folgenden Kostenvoranschlag:

| | | |
|---|---|---|
| *Grundbetrag (theoretischer Unterricht)* | | *200 EUR* |
| *Lehrmaterial (Fragebogen)* | | *20 EUR* |
| *Fahrstunde (45 Min.)* | | *25 EUR* |
| *Überlandfahrt/Autobahnfahrt/Nachtfahrt (45 Min.)* | | *35 EUR* |
| *Vorstellung zur Prüfung* | *Theorie: 25 EUR – Praxis: 75 EUR* | *100 EUR* |
| *Wiederholungsprüfung* | *Theorie: 25 EUR – Praxis: 75 EUR* | *100 EUR* |

1. **Tanja Meister** schließt mit der Fahrschule einen Vertrag ab.

▶ Welche Verpflichtungen hat sie daraus übernommen?

▶ 2. Wie ist es zu erklären, dass **Tanja Meister** die folgende Rechnung von der **DATA*PART*** und nicht von der **Fahrschule Traut** erhält?

Im Namen Ihrer
**Fahrschule Traut**
Am Bachholz

**99094 Erfurt**

# Rechnung

Steuer-Nummer 25/253/62283

DATA*PART*  12527 Berlin

Frau
Tanja Meister
Haageweg 37

**99096 Erfurt**

| Kunden-Nummer | Rechnungsnummer | Rechnungsdatum | Seite |
|---|---|---|---|
| 077539-95038 | 000075 | 30.09. .. | 01 |

*** Bitte bei Anfragen und Schriftverkehr unbedingt angeben ***

| Datum | Fahrzeit/ Menge | Bezeichnung | Klasse | Einzelpreis | Gesamtpreis EUR |
|---|---|---|---|---|---|
| 19.09. .. | 1,0 | Lehrmaterial/Fragebogen | | 20,00 | 20,00 |
| 19.09. .. | 1,0 | Grundbetrag Kl. 3 | 03 | 200,00 | 200,00 |

| USt-Satz | 0 % | 7 % | 19 % | | |
|---|---|---|---|---|---|
| **Netto-Betrag  EUR** | | 18,69 | 168,07 | **Zahlungen mit schuldbefreiender Wirkung sind ausschließlich an die DATA*PART* EDV-Consulting und Factoring GmbH zu leisten!** | **Gesamtbetrag** EUR  220,00 |
| **Umsatzsteuer  EUR** | | 1,31 | 31,93 | | |

| Postanschrift | Hausanschrift | Telefon/Telefax | Bankverbindung | Geschäftsführer | Sitz + Amtsgericht |
|---|---|---|---|---|---|
| DATA*Part* EDV-Consulting und Factoring GmbH Postfach 710 12527 Berlin | DATA*Part* EDV-Consulting und Factoring GmbH Luisenstr. 12 12557 Berlin | Tel.: 0 30/1 22 34 Fax: 0 30/12 34-09 | Kreissparkasse Berlin IBAN/Konto-Nr. DE1234567891234561234 BIC/BLZ GENODEBB | Michael Knauer Matthias Wipfler | Berlin HRB 4298 |

3. **Fahrlehrer Traut** wurde durch nachstehende Anzeige im Handelsblatt auf die **DATA*PART*** aufmerksam:

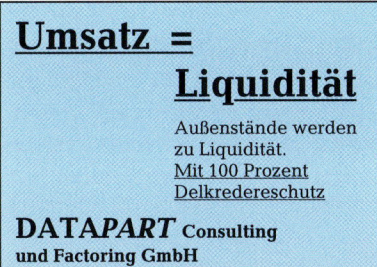

Die **DATA*PART* EDV-Consulting und Factoring GmbH** überweist an die **Fahrschule Traut** nicht den gesamten eingezogenen Rechnungsbetrag.

▶ Mit welchen Leistungen der **DATA*PART*** lässt sich ein Abschlag rechtfertigen?

4. **Fahrlehrer Traut** beabsichtigt, seine Fahrschule mit neuen Möbeln auszustatten. Dazu muss er einen Kredit in Höhe von 30 000 EUR aufnehmen. Ein Kreditsachbearbeiter der **Berliner Volksbank** schlägt vor, diesen Kredit durch eine Forderungsabtretung (Zession) zu sichern. Die Bank ist darüber hinaus zu dieser Kreditgewährung nur bereit, wenn der Wert der abgetretenen Forderungen mindestens 120 % der Kreditsumme beträgt.

▶    a) Stellen Sie in einer Übersicht die wesentlichen Unterschiede zwischen Factoring und Kreditgewährung gegen Zession gegenüber.

▶    b) Warum verlangt die **Berliner Volksbank,** dass der Wert der abgetretenen Forderungen 120 % der Kreditsumme beträgt?

## *9.13* Lombardkredit

Die **Rimo-Elementebau GmbH** hat von der **Eichhorn AG** den Auftrag für die Errichtung eines Hochregallagers aus Trapezblechen erhalten.

Die Vertragsbedingungen enthalten im Wesentlichen:

| | |
|---|---|
| Beginn der Ausführungsarbeiten: | 30. Kalenderwoche |
| Fertigstellung: | mit Ablauf der 33. Kalenderwoche |
| Zahlung: | 60 % der Vertragssumme nach Fertigstellung, Rest nach Inbetriebnahme in der 45. Kalenderwoche |
| Vertragssumme: | 1,2 Mio. EUR |

Nach der Kalkulation der **Rimo-Elementebau** beläuft sich der Einstandspreis der Trapezbleche auf 800 000 EUR. Dieser Betrag ist bei Lieferung (1. Tag der 30. Kalenderwoche) fällig.

Die Liquiditätslage der **Rimo-Elementebau** erlaubt es nicht, diesen Betrag aus eigenen Mitteln aufzubringen. Die Hausbank ist bereit, einen Kredit gegen Verpfändung von Wertpapieren zur Verfügung zu stellen.

Zu den in der Bilanz ausgewiesenen Wertpapieren gehören:

8 000 Stück Daimler-Benz-Aktien zum Kurs von 55

nominal 250 000   4 % Bundesobligationen, Kurs 105

nominal 400 000   4,5 % Sparkassenobligationen, Kurs 113

Die Bank beleiht Aktien mit 50 % und festverzinsliche Wertpapiere mit 80% des Kurswertes.

▶ 1. Weshalb verwendet die Bank unterschiedliche Beleihungssätze für Aktien und festverzinsliche Wertpapiere?

▶ 2. Wie hoch ist der Beleihungswert dieser Wertpapiere insgesamt?

3. Die **Rimo-Elementebau** will zunächst die Aktien und die Bundesobligationen verpfänden (lombardieren). Soweit dies nicht ausreicht, sollen auch die Sparkassenobligationen verpfändet werden.

▶    Zu welchem Nominalbetrag müssen die Sparkassenobligationen noch verpfändet werden, wenn nicht mehr Wertpapiere als Pfand verwendet werden sollen, als unumgänglich nötig sind?

▶ 4. Wer ist nach der Lombardierung Eigentümer, wer ist Besitzer der Wertpapiere?

# 9.14 Sicherungsübereignung

Der Textilfabrikant **Max Kuhl,** Niederstraße 5, 41460 **Neuss,** kauft am 18.07. d. J. bei der **Stoff-Fabrik Melau e.K.,** Amalienstraße 11, 38114 **Braunschweig,** für 90 000 EUR Stoffe. Da seine Liquidität angespannt ist, wird ihm gegen Sicherheitsleistung zugestanden, die Ware innerhalb eines halben Jahres in regelmäßigen Raten jeweils am 1. d. M. abzuzahlen, beginnend mit dem 01.08. d. J.

**Kuhls** Unternehmen hat bei Abschluss des Vertrages folgende Bilanz:

| Aktiva | Bilanz (in EUR) | | Passiva |
|---|---|---|---|
| Maschinen | 300 000 | Eigenkapital | 200 000 |
| Betriebs- und Geschäftsausstattung | 50 000 | Verbindlichkeiten aus | |
| Roh-, Hilfs- und Betriebsstoffe | 32 000 | Lieferungen und Leistungen | 610 000 |
| Fertige Erzeugnisse | 60 000 | | |
| Forderungen | 350 000 | | |
| Flüssige Mittel | 18 000 | | |
| | 810 000 | | 810 000 |

In diesen Zahlen sind enthalten: Für 250 000 EUR noch nicht bezahlte neue Nähmaschinen, die ohne besonderen Vorbehalt übergeben worden sind, und 300 000 EUR Forderungen, die an die **Nähmaschinenfabrik Fahrner KG** abgetreten worden sind.

▶ 1. Prüfen Sie, ob es **Kuhl** möglich ist, an seinen Gläubiger **Melau** zur Sicherheit Faustpfänder aus seinem Betriebsvermögen zu übergeben.

2. Der Gläubiger **Melau** ist damit einverstanden, dass ihm **Kuhl** das Eigentum an Maschinen im Wert von 100 000 EUR überträgt, mit den Maschinen jedoch weiter arbeiten darf.

▶ a) Prüfen Sie, ob **Kuhl** Maschinen mit diesem Buchwert übereignen kann.

▶ b) Was müsste in den Sicherungsübereignungsvertrag eingetragen werden (siehe Formular)?

3. Angenommen, der Vertrag würde nur aus den ersten vier Punkten bestehen und Kuhl sei mit seinen Verpflichtungen gegenüber **Melau** nicht im Rückstand.

▶ Prüfen Sie, ob dann **Kuhl** befürchten müsste, dass der Sicherungseigentümer **Melau** die Herausgabe der übereigneten Maschinen während der Geltungsdauer des Vertrages verlangen kann.

▶ 4. a) Warum wird in Punkt 2 des Sicherungsübereignungsvertrages die genaue Kennzeichnung der übereigneten Maschinen in einem besonderen Verzeichnis verlangt? BGB §§ 930, 933

▶ b) Entwerfen Sie die Kopfspalte dieses Verzeichnisses.

▶ c) Ist die Sicherungsübereignung der Maschinen aus der nächsten Bilanz von **Kuhls** Unternehmen erkennbar?

5. Bei **Kuhl** sind die an den Gläubiger **Melau** übereigneten Maschinen zusammen mit anderen Gegenständen des Betriebsvermögens zugunsten eines Dritten gepfändet worden. ZPO § 771

▶ Wie kann der Gläubiger **Melau** seine Rechte wahren?

6. **Kuhl** zahlt bei Fälligkeit nicht.

▶ Wie kommt **Melau** zu seinem Geld? BGB §§ 1233 ff.

# Sicherungsübereignungsvertrag

Zwischen _____ als Gläubiger und Sicherungsnehmer,

nachstehend mit Gläubiger bezeichnet, und _____

als Schuldner und Sicherungsgeber, weiterhin einfach Schuldner genannt, wurde heute folgender Vertrag vereinbart:

1.  Der Schuldner erklärt hiermit, dem Gläubiger _____EUR
    (in Worten)

    aus _____ zu schulden und verpflichtet sich,

    diesen Betrag in regelmäßigen Raten von _____EUR

    beginnend mit dem _____ 20.. _____ zu begleichen.

2.  Zur Sicherung dieser Schuld übereignet der Schuldner dem Gläubiger _____

    _____ lt. beigefügtem Verzeichnis, das Bestandteil dieses
    Vertrages ist und die übereigneten Sachen genau kennzeichnet.

3.  Die übereigneten Gegenstände befinden sich in den Fabrikationsräumen des Schuldners

    in _____ Str. _____

    Der Schuldner versichert, dass sich die Sachen zurzeit in seinem Besitz befinden und ihm zu
    unbestrittenem, unbelastetem Eigentum gehören. Er versichert ferner, dass er noch weitere
    pfändbare Gegenstände außer den übereigneten Sachen zu freiem Eigentum besitzt.

4.  Die Vertragsparteien sind darüber einig, dass das Eigentum an den übereigneten Sachen
    mit dem heutigen Tage an den Gläubiger übergeht.

5.  Die zur Eigentumsübergabe erforderliche Übergabe wird durch die Vereinbarung ersetzt,
    dass der Schuldner während der Geltung des Vertrages als Entleiher die vorerwähnten
    Sachen in seinem Besitz behalten soll.

6.  Der Schuldner hat die übereigneten Sachen sachgemäß zu behandeln und Ersatz zu leisten,
    falls ein Stück in Verlust gerät. Der Gläubiger ist berechtigt, die übereigneten Sachen
    jederzeit zu besichtigen.

7.  Der Schuldner hat auf seine Kosten die vorgenannten, ihm leihweise überlassenen Sachen
    ausreichend gegen Feuer und Einbruchdiebstahl zu versichern und dafür zu sorgen, dass
    während der Dauer der Sicherungsübereignung alle Rechte aus dieser Versicherung dem
    Gläubiger zufallen.

8.  Der Schuldner hat dem Gläubiger unverzüglich anzuzeigen, falls die vorerwähnten Gegenstände von dritter Seite gepfändet oder sonst mit Beschlag belegt werden sollten, und den
    Dritten auf das Eigentumsrecht des Gläubigers hinzuweisen.

9.  Kommt der Schuldner mit der Erfüllung seiner Verpflichtungen länger als eine Woche in
    Rückstand, so ist der Gläubiger berechtigt, die übereigneten Sachen herauszuverlangen
    und zu verwerten. Etwaiger Überschuss ist dem Schuldner herauszuzahlen.

10. Mit vollständiger Bezahlung des geschuldeten Betrages erwirbt der Schuldner wieder unbeschränktes Eigentum an den übereigneten Gegenständen.

11. Gerichtsstand für alle etwaigen Ansprüche aus diesem Vertrag soll _____

    _____ sein.

    _____ , den _____

    _____ als Schuldner    _____ als Gläubiger

## 9.15   Eintragungen im Grundbuch: Vorkaufsrecht – Grunddienstbarkeit

**Abteilung I.**
**Verzeichnis der Grundstücke** — Seite 1

| Laufende Nummer | Akten Nachweisung | Gemarkung – Karte Nr. | Gemarkung – Flurstück Nr. | Bezeichnung des Grundstücks – Lage Nutzungsart | Fläche ha | Fläche a | Fläche qm | Zeit und Grund des Erwerbs | Erwerbspreis und sonstige Wertangaben | Rechte, die dem jeweiligen Eigentümer des Grundstücks zustehen | Änderungen und Löschungen |
|---|---|---|---|---|---|---|---|---|---|---|---|
| 1 | 2 | 3 | | 4 | 5 | | | 6 | 7 | 8 | 9 |
| 1 | Heft 22 I 3 | 12 | Geb. Nr. 9 | Dammstr. Wohn- u. Geschäftshaus mit Werkstatt- u. Lagerräumen | | 12 | 40 | Carl Schuhler: Auflassung vom 4. März 2010 auf Grund Erbteilungsvertrages. Den 25. März 2010 *Jünger* | | | |

**Abteilung II.**
**Lasten und Beschränkungen des Eigentums** — Seite 2

| Art der Belastung – Mitbelastete Grundstücke – | Änderungen und Löschungen |
|---|---|
| 1 | 2 |
| a) Reallast für Wohnungsrecht für Irma Kökel in Waiblingen, geb. am 17. Mai 1953, für die Dauer ihres ledigen Standes. Unter Bezugnahme auf die Bewilligung vom 4. März 1994. Den 25. März 1994. *Jünger*<br><br>b) Vorkaufsrecht für Hans Frock in Truchtelfingen, geb. am 7. Sept. 1959, für Geb. Nr. 7, Dammstr., Gemarkung Waiblingen 310 m². Unter Bezugnahme auf die Bewilligung vom 18. Juni 2011. Den 19. Juni 2011. *Noller* | gelöscht am 14.01.2010 |

Seite 3 | Seite 4

**Abteilung III. Hypotheken, Grundschulden, Rentenschulden**

| Laufende Nummer | Betrag | | Bezeichnung der belasteten Grundstücke nach der laufenden Nummer der Abteilung I – Mitbelastete Grundstücke – | Art der Belastung (Hypotheken, Grund- oder Rentenschuld) | Veränderungen | | | | |
|---|---|---|---|---|---|---|---|---|---|
| | EUR | Ct | | | Betrag | | Eintragung von Veränderungen | Löschungen von Veränderungen | Eintragung |
| | | | | | EUR | Ct | | Betrag EUR \| Ct | |
| 1 | 2 | | 3 | 4 | 5 | | 6 | 7 \| 8 | 9 |
| 1 | 100000, | 00 | Nr. 1 | Hypothek ohne Brief für ein Darlehen der Volksbank Waiblingen von – Hunderttausend EURO – verzinslich zu 7% jährlich. Unter Bezugnahme auf die Bewilligung vom 7. März 2012 Den 11. März 2012 *Jünger* | 100000, | 00 | Löschungsvormerkung nach § 1179 BGB für den jeweiligen Gläubiger der Hypothek Nr. 2. Den 27. November 2013 *Jünger* | | |
| 2 | 30000, | 00 | Nr. 1 | Hypothek für ein Darlehen des Max Reiner. Kaufmann in Heilbronn, von – Dreißigtausend EURO – verzinslich zu 9% jährlich. Unter Bezugnahme auf die Bewilligung vom 8. September 2012. Den 9. September 2012 *Jünger* | | | | | |
| 3 | 60000, | 00 | Nr. 1 | Grundschuld für die Bausparkasse Mainz in Mainz über – Sechzigtausend EURO –. Verzinslich zu 5% jährlich, sofort vollstreckbar gegen den jeweiligen Eigentümer. Unter Bezugnahme auf die Bewilligung vom 23. November 2013. *Jünger* | | | | | |

Das Unternehmen des Textilfabrikanten **Max Kuhl,** Niederstraße 5, 41460 **Neuss (Rh.),** entwickelt sich gut. Aus verschiedenen Gründen möchte er die Herstellung in eigene Räume nach Süddeutschland verlegen. Er sucht deshalb durch eine Anzeige in der »**Stuttgarter Zeitung**« Baulichkeiten mit ausreichenden Erweiterungsmöglichkeiten.

1. **Carl Schuhler,** Gartenstraße 8, 71336 **Waiblingen,** bietet **Kuhl** ein Wohn- und Geschäftshaus mit ausbaufähigen Werkstatt- und Lagerräumen für 450 000 EUR an. Auf Anforderung erhält **Kuhl** von **Schuhler** einen Grundbuchauszug (siehe Seite 263). Gelöschte Eintragungen sind im Grundbuch rot unterstrichen.

▶ Prüfen Sie in Abteilung I dieses Grundbuchauszuges

  a) wann und auf welche Weise **Schuhler** das Grundstück erworben hat,

  b) ob er noch Eigentümer ist.

▶ 2. Prüfen Sie aufgrund der Eintragungen in Abt. II, ob **Kuhl** sämtliche Räume des Hauses für Geschäftszwecke verwenden kann.

3. Wegen des in Abt. II für Gebäude Nr. 7, Dammstraße, eingetragenen Vorkaufs-rechtes setzt sich **Kuhl** mit dem Vorkaufsberechtigten **Hans Frock** in Verbindung.

▶ a) Wer würde das Grundstück erhalten, wenn **Frock** 430 000 EUR und **Kuhl** 450 000 EUR als Kaufpreis anbieten würden?

  b) **Frock** erklärt **Kuhl,** dass er am Kauf des Gebäudes Nr. 9, Dammstraße, nicht interessiert sei.

▶ Kann sich **Kuhl** auf diese Erklärung **Frocks** verlassen?

BGB §§ 1094, 1098 (1), 463 ff., 469, 464

## 9.16 Grundpfandrechte: Hypothek – Grundschuld

Nach Einsichtnahme in den Grundbuchauszug vereinbart **Max Kuhl** mit **Carl Schuh-ler:** »Der Kaufpreis für Grundstücke und Gebäude 71332 **Waiblingen,** Dammstraße 9, beträgt 450 000 EUR. Sie werden mit allen Belastungen übernommen.« Alle Gläubiger stimmen dieser Regelung zu.

▶ 1. Wer sind die im Grundbuch eingetragenen Gläubiger?

2. In Abteilung III des Grundbuchs (vgl. S. 261) sind 3 Grundpfandrechte zugunsten verschiedener Gläubiger eingetragen.

▶ Stellen Sie anhand des Gesetzes fest, wie sich die Grundpfandrechte Hypothek und Grundschuld unterscheiden.

BGB §§ 1113, 1115, 1118, 1191

3. Auf die drei Darlehen wurden bisher folgende Beträge zurückbezahlt:

10 000 EUR – Darlehen **Volksbank Waiblingen**

  2 000 EUR – Darlehen **Reiner**

  6 000 EUR – Darlehen **Bausparkasse Mainz**

**Schuhler** übergibt Kuhl die Quittungen für die jeweils vorgenommene Rückzahlung. Die vertraglich vereinbarten Zinszahlungen hat **Schuhler** immer pünktlich geleistet.

▶ Wie viel EUR zahlt **Kuhl** an **Schuhler,** um den Kaufvertrag zu erfüllen?

▶ 4. Buchen Sie den Kauf des Grundstücks. Der auszuzahlende Betrag wird von **Kuhl** durch Banküberweisung beglichen. Die Kosten des Grundstückskaufs bleiben unberücksichtigt. Verwenden Sie folgende Konten: Grundstücke und Gebäude, Zahlungsmittel, langfristige Verbindlichkeiten.

▶ 5. Welchen Vorteil hat **Kuhl** davon, dass er die Belastungen übernehmen darf?

6. Prüfen Sie,

BGB § 1113 (1)

&#9658; a) ob **Kuhl** befürchten muss, dass er der **Volksbank Waiblingen** die im Grundbuch eingetragenen 100 000 EUR zahlen muss,

&#9658; b) ob **Kuhl** den vollen Betrag von 60 000 EUR zurückzahlen müsste, wenn ihm **Schuhler** über den auf die Grundschuld der Bausparkasse bereits zurückbezahlten Betrag in Höhe von 6 000 EUR eine Quittung übergeben hat?

§§ 1113 (1), 1191 (1)

&#9658; 7. Warum verlangen Banken zur Sicherung ihrer Forderungen meist die Eintragung von Grundschulden und nicht von Hypotheken?

&#9658; 8. Wer bekommt bei einer Rückzahlung der I. Hypothek die Rechte des ersten Ranges,

§§ 1177, 883, 1179

a) wenn keine Löschungsvormerkung im Grundbuch eingetragen ist,

b) im vorliegenden Fall?

# Innenfinanzierung

## 9.17 Offene Selbstfinanzierung einer Einzelunternehmung

**Hans Isele** ist Betreiber eines Sportartikelgeschäftes. Die zusammengefasste Bilanz für das vergangene Geschäftsjahr weist folgende Werte aus:

| Aktiva | | zusammengefasste Bilanz (in EUR) | | Passiva |
|---|---|---|---|---|
| **Anlagevermögen** | | **Eigenkapital** | | |
| (Grundstücke, Gebäude, | | Best. 01.01. lfd. Jahr | 1 400 000 | |
| Geschäftsausstattung) | 1 480 000 | – Privatent. lfd. Jahr | 96 000 | |
| **Umlaufvermögen** | | + Gewinn lfd. Jahr | 224 000 | 1 528 000 |
| Waren | 210 000 | **Fremdkapital** | | 196 000 |
| flüssige Mittel (Kasse, Bankguth.) | 34 000 | | | |
| | 1 724 000 | | | 1 724 000 |

&#9658; 1. Berechnen Sie, um welchen Betrag sich das Vermögen des Sportartikelgeschäftes während des vergangenen Geschäftsjahres verändert hat (Investierung), wenn **Hans Isele** dem Sportgeschäft weder zusätzliches Fremdkapital noch zusätzliches Eigenkapital von außen zugeführt hat.

&#9658; 2. Unter welcher Voraussetzung ist es möglich, dass sich das Vermögen eines Unternehmens vergrößert, ohne dass die dafür erforderlichen Mittel von außen (z. B. durch Unternehmenseigner, Bank) zugeführt werden?

3. Nachdem die Höhe des Gewinns für das vergangene Geschäftsjahr endgültig feststeht, bittet Herr **Isele** seinen Buchhalter, ihm den bislang nicht entnommenen Gewinn in bar auszuzahlen. Der Buchhalter weist darauf hin, dass dies ohne nachteilige Wirkung für das Unternehmen derzeit nicht möglich ist.

&#9658; Welche Gründe sprechen aus der Sicht des Buchhalters gegen eine vollständige Gewinnentnahme?

4. Nach Auskunft einer Anlageberaterin seiner Bank kann Herr **Isele** derzeit bei einer Anlage in festverzinsliche Wertpapiere eine Rendite von 8 % erzielen. Andererseits kann bei der derzeitigen Ertragslage des Unternehmens davon ausgegangen werden, dass die Rentabilität des Eigenkapitals gleich bleibt.

&#9658; Entscheiden Sie, ob Herr **Isele** seine Gewinne möglichst entnehmen und in festverzinslichen Wertpapieren anlegen sollte oder ob er sie weiterhin in seinem Unternehmen belassen soll.

## *9.18* Offene Selbstfinanzierung einer AG: Jahresüberschuss – Bilanzgewinn – Rücklagen

1. Die **zusammengefasste** Gewinn-und-Verlust-Rechnung der **Messtechnik AG** zeigt am Ende des 1. Geschäftsjahres folgendes Bild:

| Aufwand | zusammengefasste Gewinn-und-Verlust-Rechnung (in EUR) | | Ertrag |
|---|---|---|---|
| Summe Aufwendungen | 7 500 000 | Summe Erträge | 9 193 000 |

▸ a) Wie groß ist der Jahresüberschuss?

▸ b) Wie würde im Fall einer Einzelunternehmung der Buchungssatz für den Abschluss des Gewinn-und-Verlust-Kontos lauten?

▸ c) Warum darf das Gewinn-und-Verlust-Konto einer AG nicht auf das Konto »gezeichnetes Kapital« = Grundkapital abgeschlossen werden?

2. Nachstehender Bilanz**auszug** vor der Durchführung des Jahresabschlusses zeigt die Zusammensetzung des Eigenkapitals, das durch die Ausgabe von 2 Mio. Stückaktien aufgebracht wurde:

| Aufwand | vorläufiger Bilanzauszug (in EUR) | | Ertrag |
|---|---|---|---|
| Vermögen . . . | . . . | gezeichnetes Kapital | 10 000 000 |
| . . . | | Kapitalrücklagen | 500 000 |

▸ a) Welcher Zusammenhang besteht zwischen dem Ausgabekurs der Aktien in Höhe von 5,25 EUR/Stück und der in der Bilanz ausgewiesenen Kapitalrücklage in Höhe von 500 000 EUR?

▸ b) Errechnen Sie den Betrag, den die **Messtechnik AG** aus dem Jahresüberschuss des ersten Jahres einbehalten muss (offene Selbstfinanzierung) und nicht als Dividende an die Aktionäre ausschütten darf.　　*AktG § 150 (2)*

▸ c) Erstellen Sie den Bilanzauszug zum Ende des Geschäftsjahres, wenn der verbleibende Teil des Jahresüberschusses im kommenden Geschäftsjahr an die Aktionäre als Dividende ausgeschüttet werden soll.　　*HGB § 266 (3)*

  Wie hoch ist der maximale Dividendensatz (volle Prozent, abgerundet)?

▸ d) Wie hoch ist das Eigenkapital nach der Gewinnverwendung?

3. Wegen der angespannten Liquiditätslage im 1. Geschäftsjahr wollte der Vorstand der **Messtechnik AG** eine möglichst geringe Dividende ausschütten.

▸ a) Welche weiteren Beträge könnten Vorstand und Aufsichtsrat aus dem Jahresüberschuss des ersten Geschäftsjahres zur offenen Selbstfinanzierung (Gewinnthesaurierung) verwenden?　　*AktG § 58 (2)*

▸ b) Erstellen Sie den Bilanzauszug, wenn Vorstand und Aufsichtsrat von ihrem Recht Gebrauch machen, den größtmöglichen Teil des Jahresüberschusses einzubehalten.　　*HGB § 266 (3)*

## *9.19* Stille Selbstfinanzierung

Die Firma **Franz Winterhalter OHG** stellt Geschirr- und Gläserspülmaschinen für gewerbliche Verwender (Gaststätten, Kantinen etc.) her. Nachdem vor 3 Jahren der Produktionsbereich vollständig modernisiert wurde, folgt nunmehr auch die Verwaltung nach. Nach Fertigstellung des neuen Verwaltungsgebäudes im Januar d. J. wurden die Büroräume neu eingerichtet. Unter anderem wurden verschiedene Bürostühle an Betriebsangehörige verkauft. Verkaufspreise sowie Buchwerte (zum 31.12. d.Vj.) sind nachstehender Übersicht zu entnehmen.

|  | Verkaufspreise (ohne USt) | Buchwerte zum 31.12. des Vorjahres |
|---|---|---|
| 12 Bürostühle | 100 EUR/Stuhl | je 1 EUR |

EStG
§ 6 (2)

▶ 1. Wie ist es zu erklären, dass die Bürostühle zu einem Buchwert von jeweils 1 EUR in der Bilanz stehen, obwohl sie erst im Juni des vergangenen Jahres angeschafft wurden?

▶ 2. Wie lautet der Buchungssatz beim Verkauf der 12 Bürostühle (USt-Satz: 19 %)?

3. Der Steuerberater der **Franz Winterhalter OHG** hat für das Unternehmen einen Gewinnsteuersatz von 40 % ermittelt.

▶ Errechnen Sie, welche steuerlichen Wirkungen mit einem Verkauf der Bürostühle verbunden sind.

4. Der Auszubildende **Kurt Kugler,** der den Verkaufsvorgang bucht, stellt gegenüber dem zuständigen Buchhalter folgende Behauptung auf: »Die für das Unternehmen nachteiligen steuerlichen Wirkungen wären nicht eingetreten, wenn man die Bürostühle linear abgeschrieben hätte. Dann wäre nämlich der Restbuchwert zum Zeitpunkt des Verkaufs erheblich höher.«

§ 7 (1) ▶ a) Stellen Sie fest, ob lineare Abschreibung möglich gewesen wäre.

▶ b) Welcher Restbuchwert hätte sich im Fall der linearen Abschreibung ergeben, wenn die Stühle 3 Jahre nach deren Anschaffung (dreimalige Abschreibung) verkauft werden? (Anschaffungskosten je Stuhl: 395 EUR, Nutzungsdauer 13 Jahre).

▶ c) Wie hoch wäre in diesem Falle der Veräußerungsgewinn/-verlust aus dem Stuhlverkauf gewesen?

▶ d) Überprüfen Sie, ob der Auszubildende **Kugler** mit seiner Behauptung Recht hat.

5. Der Buchhalter erklärt dem Auszubildenden **Kugler,** dass die Inanspruchnahme erhöhter Abschreibungen mit einer »geräuschlosen« Finanzierungswirkung verbunden ist, die dem Unternehmen »zinslos« Mittel zur Verfügung stellt.

▶ Beschreiben Sie die angesprochene Finanzierungswirkung.

6. Die **Franz Winterhalter OHG** hat im vergangenen Jahr für die Mensa einer süddeutschen Universität einen Geschirrspüler geliefert, bei dem innerhalb der Garantiezeit ein Schlauch geplatzt ist. An Gebäude und Einrichtung der Mensa ist dadurch ein Wasserschaden entstanden, der von einem Sachverständigen auf 30 000 EUR geschätzt wurde. Der Schaden kann erst im nächsten Jahr beseitigt werden.

HGB
§ 249 (1) ▶ a) Welche Auswirkungen hat dieser Schadensfall auf den Jahresabschluss der **Franz Winterhalter OHG,** wenn eine Schadensregulierung durch eine Versicherung ausgeschlossen ist?

Wie ist gegebenenfalls zu buchen?

b) Im August des laufenden Jahres sind die Reparaturarbeiten abgeschlossen. Die Summe aller eingegangenen Rechnungen beläuft sich auf 18 200 EUR.

▶ Wie ist im laufenden Geschäftsjahr zu buchen, wenn der angegebene Betrag an die Universitätsverwaltung überwiesen wird?

▶ c) Beschreiben Sie, zu welchen Finanzierungswirkungen dieser Schadensfall bei der **Franz Winterhalter OHG** geführt hat.

▶ 7. Fassen Sie zusammen, aufgrund welcher Maßnahmen bei der **Franz Winterhalter OHG** eine stille Selbstfinanzierung erfolgte.

# 9.20 Kreislauf der Abschreibung – Kapitalfreisetzungseffekt

Die **Karlsruher Solarfabrik** hat vor 3 Jahren die Produktion von Solarmodulen aufgenommen. Die in der Startphase erforderlichen Anlageinvestitionen haben zu einem hohen Kapitalbedarf geführt, der zu einem großen Teil über Bankkredite finanziert wurde. Trotz stetig wachsender Nachfrage wurden zwischenzeitlich keine weiteren Investitionen vorgenommen.

Nachstehend zusammengefasste Gewinn- und Verlustrechnung gibt über das erzielte Jahresergebnis des 3. Geschäftsjahres Aufschluss:

| Aufwendungen | zusammengefasste Gewinn-und-Verlust-Rechnung (in EUR) | | Erträge |
|---|---|---|---|
| Personalaufwand | 2 400 000 | Umsatzerlöse | 8 200 000 |
| Abschreibungen | 1 100 000 | | |
| Materialaufwand | 2 600 000 | | |
| Zinsen | 600 000 | | |
| sonstige Aufwendungen (z. B. Strom, Energie u. a.) | 400 000 | | |
| Gewinn | 1 100 000 | | |
| | 8 200 000 | | 8 200 000 |

1. Die Zahlungsbedingungen der Karlsruher Solarfabrik lassen ausschließlich Barzahlung zu. Ein Verkauf der Solaranlagen führt demnach unmittelbar zu einer Erhöhung der flüssigen Mittel des Unternehmens.

▶ Welcher Betrag an flüssigen Mitteln war erforderlich, um die Aufwendungen des laufenden Geschäftsjahres zu begleichen, wenn die Solarfabrik grundsätzlich bar bezahlt?

2. Das Unternehmen beabsichtigt, eine Erweiterungsinvestition in Höhe von 800 000 EUR vorzunehmen.

▶ Prüfen Sie anhand des vorliegenden Zahlenmaterials, ob dies ohne die Aufnahme eines Kredits und ohne die Zuführung zusätzlicher Eigenmittel möglich ist, wenn der Gewinn

   a) einbehalten,

   b) ausgeschüttet wird.

3. Die **Solarfabrik** plant für das nächste Jahr eine Neuinvestition in Höhe von 100 000 EUR. Die Nutzungsdauer beträgt nach der amtlichen AfA-Tabelle 14 Jahre. Die Abschreibung soll linear vorgenommen werden. Es wird von konstanten Wiederbeschaffungspreisen ausgegangen, sodass Anschaffungswert und Wiederbeschaffungswert der Produktionsanlage gleich hoch (100 000 EUR) sind. Kalkulatorisch soll ebenfalls linear mit der gleichen Nutzungdauer abgeschrieben werden. Die Preise, die die Solarfabrik am Markt erzielt, sind so hoch, dass nicht nur sämtliche Kosten gedeckt sind, sondern darüber hinaus Gewinn erzielt wird.

▶ Ermitteln Sie anhand des folgenden Schaubildes (siehe Seite 270), das den Kreislauf der Abschreibungen zeigt, in welcher Höhe durch die Anschaffung der neuen Produktionsanlage im ersten Jahr
   a) Aufwendungen,
   b) Kosten,
   c) Erträge,
   d) liquide Mittel aus Abschreibungsrückflüssen entstanden sind.

▶ 4. Welche Änderungen ergeben sich im Vergleich zu Nr. 3, wenn ein Wiederbeschaffungswert für die Produktionsanlage in Höhe von 110 000 EUR zugrunde gelegt wird?

▶ 5. Angenommen, der Gewinn soll in voller Höhe ausgeschüttet werden. In welcher Höhe stünden der Solarfabrik im 1. Jahr dann noch liquide Mittel aufgrund der

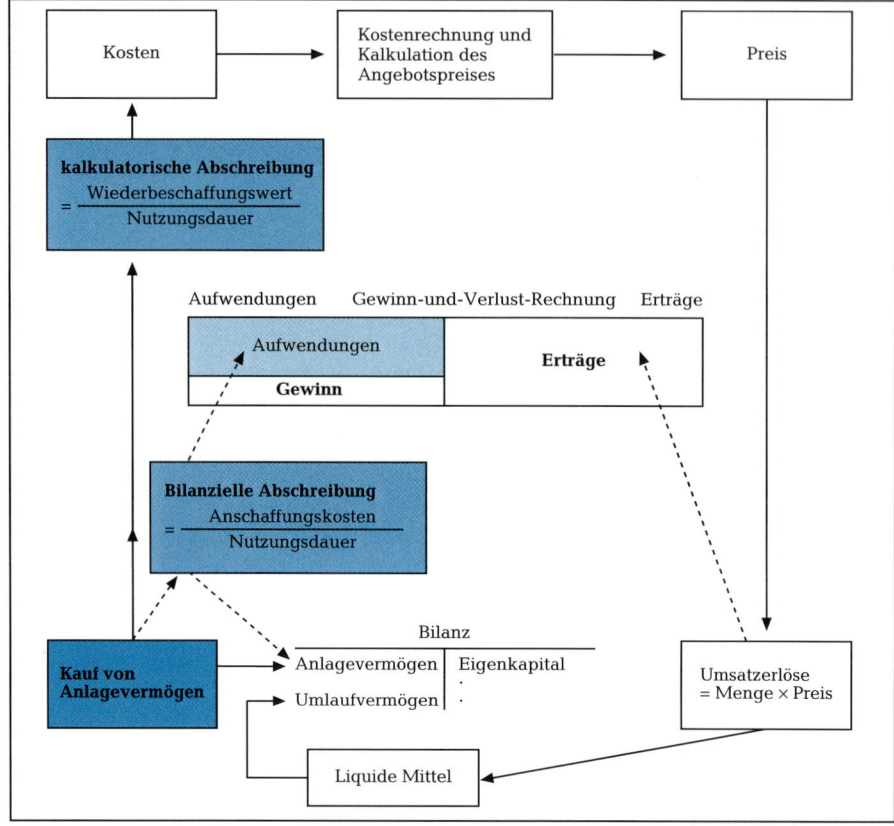

Abschreibungen zur Verfügung, wenn kalkulatorisch (vgl. Ziffer 4) vom Wiederbeschaffungswert abgeschrieben wird?

▶ 6. Wie würde sich das Ergebnis von 5. ändern, wenn die bilanziellen Abschreibungen
   nicht linear, sondern degressiv mit dem höchstmöglichen Abschreibungssatz vorgenommen würden?

   7. Es wird behauptet, die bilanziellen Abschreibungen würden als »Ausschüttungs-
      sperre« wirken, indem sie dafür sorgen, dass liquide Mittel, die sonst als Gewinn
      versteuert und ausgeschüttet würden, im Unternehmen verbleiben.

▶     Überprüfen Sie diese Behauptung.

      Ermitteln Sie dazu anhand des Zahlenbeispiels aus Nr. 3 die Gewinnänderung, die
      sich ergeben würde, wenn die bilanzielle Abschreibung in der GuV nicht vorge-
      nommen würde.

## 9.21 Finanzierung aus Abschreibungen: Abschreibungsrückfluss und Investition – Kapazitätserweiterungseffekt

Ein Unternehmen wird bei seiner Gründung mit 10 gleichen Maschinen ausgestattet. Jede Maschine kostet 20 000 EUR und hat eine Lebensdauer von 5 Jahren. Die
Abschreibung erfolgt linear ohne Berücksichtigung eines Schrottwertes. Aufgrund
der Marktsituation soll die Kapazität des Unternehmens in den folgenden Jahren
ausgeweitet werden. Sobald aus Abschreibungsrückflüssen die notwendigen Mittel
vorhanden sind, soll zu Beginn des folgenden Jahres eine neue Maschine gekauft
werden. Das Unternehmen verkauft nur gegen bar und arbeitet mit Gewinn.

▶ 1. Zeigen Sie die Entwicklung bis zum Beginn des 6. Jahres in einer Tabelle nach folgendem Muster:

| Jahresanfang | | | Jahresende | | | Anfang Folgejahr | | |
|---|---|---|---|---|---|---|---|---|
| Jahr | Ma.-zahl | Σ Anschaffungswerte | Abschreibung | Σ Restwerte | liquide Mittel | Maschinen Abgang | Zugang | liquide Mittel (Rest) |
| 1 | | | | | | | | |
| 2 | | | | | | | | |
| 3 | | | | | | | | |
| 4 | | | | | | | | |
| 5 | | | | | | | | |
| 6 | | | | | | | | |

▶ 2. Beweisen Sie aus der Tabelle, dass die Abschreibung die Summe des in der Bilanz ausgewiesenen Vermögens nicht verändert.

3. Mit einer Maschine können im Jahr 100 000 Stück hergestellt werden.

▶ Stellen Sie dar, wie sich die Kapazität des Betriebs infolge der ständigen Reinvestition der zurückgeflossenen Abschreibungsbeträge von Jahr zu Jahr verändert hat.

▶ 4. Wie viel Stück könnte der Betrieb mit den zu Beginn des Jahres 1 vorhandenen Maschinen in der Gesamtnutzungszeit der Maschinen insgesamt herstellen?

▶ 5. Erklären Sie, warum durch Reinvestition der Abschreibungsrückflüsse die Kapazität eines Unternehmens vergrößert wird.

▶ 6. Formulieren Sie die Erkenntnisse, die Sie aus den Ergebnissen zu den Aufgaben 1 bis 4 für Voraussetzungen und Wirkungen der Reinvestition von Abschreibungserlösen ziehen können.

# Finanzierungsgrundsätze – Finanzierungsoptimierung

## 9.22 Leverage-Effekt – Finanzierungsziele – Vergleich Aktie/Obligation

Ein Unternehmen benötigt für Investitionen 2 Mio. EUR zusätzliche Finanzmittel. Dafür wird die günstigste Finanzierungsweise gesucht. Die Bilanz des vergangenen Geschäftsjahres zeigt folgende zusammengefasste Zahlen:

| Aktiva | zusammengefasste Bilanz zum 31. 12. ... | Passiva | |
|---|---|---|---|
| Anlagevermögen | 26,0 Mio. EUR | Grundkapital | 10,0 Mio. EUR |
| Umlaufvermögen | 21,0 Mio. EUR | (Gezeichnetes Kapital) | |
| | | Gewinnrücklagen | 11,0 Mio. EUR |
| | | Rückstellungen | 0,1 Mio. EUR |
| | | Verbindlichkeiten | 22,5 Mio. EUR |
| | | Jahresüberschuss | 3,4 Mio. EUR |
| | 47,0 Mio. EUR | | 47,0 Mio. EUR |

1. Junge Aktien können zu einem Kurs von 10 EUR je Nennbetragsaktie (Nennbetrag 5 EUR) untergebracht werden, Obligationen zu einem Kurs von 100 % bei einem Zinssatz von 6 %.

▶ Beurteilen Sie, welche Wirkungen beide Finanzierungsarten auf die Liquidität des Unternehmens haben.

2. Die Investition soll nach den Planungen den Jahresüberschuss um 0,5 Mio. EUR erhöhen. In diesem Betrag sind die bei Fremdfinanzierung anfallenden Fremdzinsen nicht berücksichtigt.

▶ a) Mit wie viel Prozent verzinste sich im abgelaufenen Geschäftsjahr das in diesem Unternehmen eingesetzte Kapital (Gesamtkapitalrentabilität), wenn an Fremdkapitalzinsen 1,8 Mio. EUR angefallen sind?

▶ b) Welche Eigenkapitalrentabilität lässt sich für das vergangene Geschäftsjahr errechnen?

▶ c) Wie verändert sich die Rentabilität des Eigenkapitals nach Vornahme der Investition, wenn die Finanzierung
   – ausschließlich durch die Ausgabe von Aktien,
   – ausschließlich durch die Ausgabe von Obligationen,
   – je zur Hälfte durch Aktien- und Obligationen erfolgt?

▶ d) Welche Beziehung zwischen den in c) errechneten Ergebnissen und der Rentabilität des Gesamtkapitals (vgl. a) lässt sich feststellen?

# *Wertpapierbörse*

Lösungs-
blatt

## *9.23* **Kursbildung an einer Wertpapierbörse – Kursnotierung**

**Friedrich Siegrist** ist an einer Wertpapierbörse als sogenannter Skontroführer u. a. für die METALLTEX-Aktie zuständig. Ihm obliegt die Aufgabe, aus den eingehenden Kauf- und Verkaufsaufträgen den Börsenkurs zu ermitteln.[1]

An einem bestimmten Börsentag haben jeweils 5 Käufer und 5 Verkäufer über ihre Bank Kauf- oder Verkaufsaufträge erteilt, die dem Skontroführer **Siegrist** nunmehr vorliegen. Diese Aufträge sind in nachstehender Tabelle wiedergegeben:

| Käufer | Stückzahl | Preisvorstellung EUR |
|--------|-----------|----------------------|
| Appel | 50 | 320 höchstens |
| Biehler | 100 | 321 höchstens |
| Claus | 200 | 318 höchstens |
| Dieterle | 150 | 325 höchstens |
| Engler | 100 | billigst |

| Verkäufer | Stückzahl | Preisvorstellung EUR |
|-----------|-----------|----------------------|
| Friedrich | 100 | bestens |
| Gürtler | 150 | 321 mindestens |
| Hendrich | 50 | 319 mindestens |
| Isele | 200 | 327 mindestens |
| Kentler | 250 | 320 mindestens |

**Hinweis:** Käufer **Engler** ist bereit, die Aktien zu jedem Preis zu kaufen (Billigstauftrag), Verkäufer **Friedrich** will zu jedem Preis verkaufen (Bestensauftrag)

1. Skontroführer **Siegrist** hat die Pflicht, den Kurs (= Preis) so festzusetzen, dass möglichst viele Aufträge ausgeführt werden.

▶ Ermitteln Sie diesen Kurs! Erstellen Sie zur Lösung eine Tabelle nach folgendem Muster:

| Kurs (Preis) | Anzahl der Kaufaufträge | Anzahl der Verkaufsaufträge | Anzahl ausgeführte Aufträge [Stück] | Umsatz (Menge × Preis) [EUR] |
|--------------|-------------------------|-----------------------------|-------------------------------------|------------------------------|
| 318 | | | | |
| 319 | | | | |
| . . . | | | | |

---

[1] An vielen Wertpapierbörsen erfolgt die Kursermittlung inzwischen elektronisch. Die mit der Überwachung des elektronischen Handels beauftragten Personen werden als *Spezialisten* bezeichnet.

▶ 2. Nennen Sie die Namen der Käufer und Verkäufer, deren Aufträge an diesem Börsentag nicht zur Ausführung kommen.

3. Verkäufer **Hendrich** erhält von seiner Bank für den Wertpapierverkauf folgende Abrechnung:

| Kenn-Nr.<br>893647 | Wertpapierbezeichnung<br>METALLTEX | | | |
|---|---|---|---|---|
| **Nennwert/Stück** | ST | 50,000 | **Kurswert** | **EUR** | 16 000,00 |
| | | | **Provision** | **0,750 %** | 120,00 |
| **Kurs/Preis** | EUR | 320,000 | –<br>**Courtage** | **0,8 ‰** | 12,80 |
| | | | –<br>**Abwicklungsgebühr** | | 10,00 |
| | | | – | | |
| **Verrechnung über Konto** 4773578 Wert | | | **Endbetrag EUR** | | 15 857,20 |

▶ Wem fließen die in Abzug gebrachten Gebühren im Einzelnen zu?

▶ 4. Welchen Kurs wird der Skontroführer festlegen, wenn Anbieter Kentler bereit ist, zum Kurs von »320 mindestens« nur 200 Stück zu verkaufen?

*Hinweis:* Verwenden Sie zur Lösung das gleiche Tabellenmuster wie unter 1.

▶ 5. Vergleichen Sie jeweils das Verhältnis von angebotener und nachgefragter Stückzahl der Situationen 1 und 4.

Welche Entscheidung muss der Skontroführer in Situation 4 zusätzlich treffen?

6. In den Kursnotierungen der Wertpapierbörsen sind manche Kurse durch Zusätze gekennzeichnet, z. B.:

b (bez) = bezahlt; zum genannten Kurs wurden alle Aufträge vollständig ausgeführt.

G = Geld = Nachfrage; zum genannten Kurs war aber *kein Angebot* vorhanden.

B = Brief = Angebot; zum genannten Kurs war aber *keine Nachfrage* vorhanden

bG (bezG) = bezahlt Geld; die Kaufaufträge konnten nicht vollständig ausgeführt werden. Alle zu diesem Kurs *limitierten Verkaufsaufträge* konnten ausgeführt werden.

bB (bezB) = bezahlt Brief; die Verkaufsaufträge konnten nicht vollständig ausgeführt werden. Alle zu diesem Kurs *limitierten Kaufaufträge* konnten ausgeführt werden.

▶ Welche Zusätze hat die METALLTEX-Aktie jeweils in den Situationen 1 und 4?

# A 10 Betrieb und Staat

## Steuern
## Einkommen- und Körperschaftsteuer

### 10.01 Einkunftsarten – Ermittlung der Einkünfte

HGB
§§ 84, 92

Der Versicherungsvertreter **Harald Schmitz** ist Generalagent einer großen Versicherungsgesellschaft. Für sein Büro hat er Räume in zentraler Lage einer Kleinstadt gemietet. Im letzten Kalenderjahr bezog Herr **Schmitz** Provisionseinnahmen aus der Vermittlung und dem Abschluss von Versicherungsverträgen in Höhe von 75 000 EUR. Die Aufwendungen für seine Versicherungsagentur (z. B. Miete, Büromaterial, Fachliteratur, Telefon, betriebsbedingte Pkw-Nutzung usw.) beliefen sich auf 30 000 EUR.

Seine Ehefrau hat eine Teilzeitstelle als Arzthelferin. Ihr Bruttolohn betrug laut Lohnsteuerkarte im letzten Kalenderjahr 10 000 EUR. Die Fahrten zur Arbeit mit öffentlichen Verkehrsmitteln haben sie 200 EUR gekostet. Für die Anschaffung und Reinigung ihrer Arbeitskleidung (weiße Kittel) sind ihr Aufwendungen in Höhe von 100 EUR entstanden.

Daneben hatte das Ehepaar **Schmitz** im letzten Kalenderjahr folgende Einnahmen:

a) Herr **Schmitz** wurde von verschiedenen Organisationen zu Vorträgen über aktuelle Versicherungsfragen eingeladen. Außerdem hat er Artikel und Praxisberichte in einer Versicherungsfachzeitschrift veröffentlicht. Sein Honorar dafür betrug 800 EUR. Von diesen Einkünften kann Herr Schmitz eine Betriebsausgabenpauschale in Höhe von 25 % abziehen (EStR 2008 H 18.2).

b) Herr **Schmitz** hat im Januar letzten Jahres Aktien zum Kurswert von 9 500 EUR verkauft, die er ein Jahr zuvor für 8 500 EUR erworben hatte.

c) Aus Sparguthaben und festverzinslichen Wertpapieren wurden dem Ehepaar 1 000 EUR Zinsen gutgeschrieben.

d) Frau **Schmitz** hat 2 500 EUR im Lotto gewonnen.

e) Das Ehepaar **Schmitz** hatte vor mehreren Jahren eine Eigentumswohnung für 100 000 EUR erworben. Diese Wohnung, die während der gesamten Zeit vermietet war, konnte im letzten Jahr für 150 000 EUR verkauft werden. Mit dem Verkaufserlös hat das Ehepaar **Schmitz** eine größere Eigentumswohnung gekauft. Die neue Wohnung, die derzeit ebenfalls noch vermietet ist, möchte das Ehepaar **Schmitz** in absehbarer Zeit selbst beziehen.

f) Die Mieteinnahmen aus den Eigentumswohnungen betrugen 7 500 EUR. Die Aufwendungen für Zinsen, Reparaturen, Versicherungen usw. beliefen sich auf 2 500 EUR.

g) Frau **Schmitz** ist im letzten Jahr beim Überqueren einer Straße auf dem Zebrastreifen von einem Auto angefahren und verletzt worden. Von der Versicherung des Unfallgegners erhielt sie ein Schmerzensgeld in Höhe von 500 EUR.

h) Nach diesem Unfall war Frau **Schmitz** mehrere Monate arbeitsunfähig. Nach Ablauf der 6-wöchigen Entgeltfortzahlung durch den Arbeitgeber erhielt sie von ihrer Krankenkasse regelmäßig Krankengeld. Der Gesamtbetrag belief sich auf 800 EUR.

EStG
§ 2 Abs. 1,
§ 3 Nr. 1, 22 ▶

1. Im Einkommensteuergesetz werden sieben Einkunftsarten unterschieden.

Stellen Sie fest, welche Einnahmen des Ehepaars **Schmitz** zu einer der sieben Einkunftsarten, die im Einkommensteuergesetz aufgeführt sind, gehören.

§§ 4, 8, 9, 9a,
18, 19, 20, 21,
22, 23 ▶

2. Ermitteln Sie für das Ehepaar **Schmitz** die Summe der Einkünfte im letzten Kalenderjahr.

## **10.02**  Fallstudie: Ermittlung des zu versteuernden Einkommens – Einkommensteuererklärung

**Inge Beyer** ist nach Beendigung ihrer Ausbildung zur Groß- und Außenhandelskauffrau vor einem Jahr von ihrem Ausbildungsbetrieb ins Angestelltenverhältnis übernommen worden. Sie ist 20 Jahre alt und ledig. Von der Personalabteilung erhielt sie kürzlich die Lohnsteuerbescheinigung des letzten Kalenderjahres (vgl. nächste Seite) zurück.

Angesichts der erheblichen Abzüge für Lohn- und Kirchensteuer möchte **Inge Beyer** sich vergewissern, ob sie nicht einen Teil der gezahlten Steuern vom Finanzamt zurückfordern kann. In einer Verbraucherzeitschrift hat sie gelesen, dass sich in vielen Fällen die Abgabe einer Steuererklärung lohnt.

Für folgende Vorgänge trägt sie Belege und Aufzeichnungen zusammen:

a) Fahrschulgebühren zum Erwerb des Führerscheins 775 EUR.

b) Im Juni kauft **Inge Beyer** einen Gebrauchtwagen zum Preis von 3 000 EUR. Zur Finanzierung hat sie einen Konsumentenkredit über 2 000 EUR aufgenommen. Für Zinsen und Tilgung fallen monatlich 70 EUR an.

c) Bis zum Erwerb des Führerscheins ist **Inge Beyer** mit öffentlichen Verkehrsmitteln zur Arbeit gefahren. Belege über 6 Monatskarten zu je 27,50 EUR. Danach ist sie an 110 Tagen mit dem eigenen Pkw zur Arbeit gefahren. Die Entfernung zwischen Wohnung und Arbeitsstelle beträgt 15 km (eine Strecke). Insgesamt hat sie an 220 Tagen gearbeitet.

d) **Inge Beyer** kauft sich im Januar aus beruflichen Gründen einen neuen Computer mit Zubehör zum Preis von 1 500 EUR. Zur mitgelieferten Software gehören Programme für Textverarbeitung und Tabellenkalkulation, wie sie sie auch an ihrem Arbeitsplatz benutzt. Der Arbeitgeber hat ihr eine Bescheinigung ausgestellt, dass sie des Öfteren Arbeiten für den Betrieb zu Hause am eigenen Computer erledigt und die Anschaffung deshalb aus beruflichen Gründen nötig sei.

e) Besuch eines Volkshochschulkurses »Einführung in die Finanzbuchhaltung« (10 Abende). Kursgebühr 125 EUR. Die Entfernung zwischen Wohnung und Kursort beträgt 15 km (eine Strecke). **Inge Beyer** fährt mit ihrem eigenen Auto zum Kursort und nimmt dafür die Dienstreisepauschale von 0,30 EUR je gefahrenen Kilometer bei der Einkommensteuererklärung in Anspruch.

f) Kauf eines Übungsbuchs für die Vorbereitung auf die Prüfung beim Volkshochschulkurs; Beleg über 25,80 EUR

g) Abonnement einer Fachzeitschrift zur Aus- und Weiterbildung; Beleg über 32,50 EUR

h) Kraftfahrzeugsteuer: 92 EUR

i) Haftpflichtversicherung für das Auto, das im Juni angeschafft wurde; 675 EUR

j) Zinsen für ein Sparguthaben: 75 EUR

k) Spende an die Umweltschutzorganisation »Greenpeace«: 230 EUR

l) Ohne Nachweis werden vom Finanzamt 16 EUR Kontoführungsgebühr als Werbungskosten bei den Einkünften aus nicht selbstständiger Arbeit anerkannt.

▶ 1. Ermitteln Sie anhand eines Schemas nach dem Muster auf Seite 277 das zu versteuernde Jahreseinkommen.

▶ 2. Stellen Sie fest, ob **Inge Beyer** mit einer Steuererstattung rechnen kann, wenn sie eine Einkommensteuererklärung abgibt.

# Ausdruck der elektronischen Lohnsteuerbescheinigung für 2013
Nachstehende Daten wurden maschinell an die Finanzverwaltung übertragen.

Schäfer KG Freiburg

Frau
Inge Beyer
Bergstr. 16
79206 Breisach

Datum:

eTIN: BYRIG92I25N

Identifikationsnummer: 64371957618

Personalnummer: 104015

Geburtsdatum: 25.07.1993

Transferticket:

**Dem Lohnsteuerabzug wurden zugrunde gelegt:**

| Steuerklasse/Faktor | vom - bis |
|---|---|
| 1 | 01.01. - 31.12. |

| Zahl der Kinderfreibeträge | vom - bis |
|---|---|
| 0 | 01.01. - 31.12. |

| Steuerfreier Jahresbetrag | vom - bis |
|---|---|
| 0 | 01.01. - 31.12. |

| Jahreshinzurechnungsbetrag | vom - bis |
|---|---|
| | |

| Kirchensteuermerkmale | vom - bis |
|---|---|
| rk | 01.01. - 31.12. |

AGS: 0648068366

**Anschrift und Steuernummer des Arbeitgebers:**
Schäfer KG
Freiburg

| | | EUR | Ct |
|---|---|---|---|
| 1. Dauer des Dienstverhältnisses | vom - bis 01.01.-31.12. | | |
| 2. Zeiträume ohne Anspruch auf Arbeitslohn | Anzahl „U" | | |
| Großbuchstaben (S, F) | | | |
| 3. Bruttoarbeitslohn einschl. Sachbezüge ohne 9. und 10. | | 16800 | 00 |
| 4. Einbehaltene Lohnsteuer von 3. | | 937 | 92 |
| 5. Einbehaltener Solidaritätszuschlag von 3. | | 0 | 00 |
| 6. Einbehaltene Kirchensteuer des Arbeitnehmers von 3. | | 75 | 00 |
| 7. Einbehaltene Kirchensteuer des Ehegatten von 3. (nur bei konfessionsverschiedener Ehe) | | | |
| 8. In 3. enthaltene Versorgungsbezüge | | | |
| 9. Ermäßigt besteuerte Versorgungsbezüge für mehrere Kalenderjahre | | | |
| 10. Ermäßigt besteuerter Arbeitslohn für mehrere Kalenderjahre (ohne 9.) und ermäßigt besteuerte Entschädigungen | | | |
| 11. Einbehaltene Lohnsteuer von 9. und 10. | | | |
| 12. Einbehaltener Solidaritätszuschlag von 9. und 10. | | | |
| 13. Einbehaltene Kirchensteuer des Arbeitnehmers von 9. und 10. | | | |
| 14. Einbehaltene Kirchensteuer des Ehegatten von 9. und 10. (nur bei konfessionsverschiedener Ehe) | | | |
| 15. Kurzarbeitergeld, Zuschuss zum Mutterschaftsgeld, Verdienstausfallentschädigung (Infektionsschutzgesetz), Aufstockungsbetrag und Altersteilzeitzuschlag | | | |
| 16. Steuerfreier Arbeitslohn nach | a) Doppelbesteuerungsabkommen | | |
| | b) Auslandstätigkeitserlass | | |
| 17. Steuerfreie Arbeitgeberleistungen für Fahrten zwischen Wohnung und Arbeitsstätte | | | |
| 18. Pauschalbesteuerte Arbeitgeberleistungen für Fahrten zwischen Wohnung und Arbeitsstätte | | | |
| 19. Steuerpflichtige Entschädigungen und Arbeitslohn für mehrere Kalenderjahre, die nicht ermäßigt besteuert wurden - in 3. enthalten | | | |
| 20. Steuerfreie Verpflegungszuschüsse bei Auswärtstätigkeit | | | |
| 21. Steuerfreie Arbeitgeberleistungen bei doppelter Haushaltsführung | | | |
| 22. Arbeitgeberanteil | a) zur gesetzlichen Rentenversicherung | 1587 | 60 |
| | b) an berufsständische Versorgungseinrichtungen | | |
| 23. Arbeitnehmeranteil | a) zur gesetzlichen Rentenversicherung | 1587 | 60 |
| | b) an berufsständische Versorgungseinrichtungen | | |
| 24. Steuerfreie Arbeitgeberzuschüsse zur Krankenversicherung und Pflegeversicherung | | | |
| 25. Arbeitnehmerbeiträge zur gesetzlichen Krankenversicherung | | 1377 | 60 |
| 26. Arbeitnehmerbeiträge zur sozialen Pflegeversicherung | | 172 | 20 |
| 27. Arbeitnehmerbeiträge zur Arbeitslosenversicherung | | 252 | 00 |
| 28. Nachgewiesene Beiträge zur privaten Kranken- versicherung und Pflege-Pflichtversicherung | | | |
| 29. Bemessungsgrundlage für den Versorgungsfreibetrag zu 8. | | | |
| 30. Maßgebendes Kalenderjahr des Versorgungsbeginns zu 8. und/oder 9. | | | |
| 31. Zu 8. bei unterjähriger Zahlung: Erster und letzter Monat, für den Versorgungsbezüge gezahlt wurden | | | |
| 32. Sterbegeld; Kapitalauszahlungen/Abfindungen und Nachzahlungen von Versorgungsbezügen - in 3. und 8. enthalten | | | |
| 33. Ausgezahltes Kindergeld | | - | |

**Finanzamt, an das die Lohnsteuer abgeführt wurde (Name und vierstellige Nr.)**

Freiburg 2807

| 1. | Einkünfte aus Land- und Forstwirtschaft | | | 0 EUR | EStG § 2 |
|---|---|---|---|---|---|
| 2. | Einkünfte aus Gewerbebetrieb | | | 0 EUR | |
| 3. | Einkünfte aus selbstständiger Arbeit | | | 0 EUR | |
| **4.** | **Einkünfte aus nichtselbstständiger Arbeit** | | | | |
| | Bruttoarbeitslohn | EUR | | | |
| | Werbungskosten (mindestens 1000 EUR) | – EUR | ⇒ | EUR | §§ 9, 9a |
| **5.** | **Einkünfte aus Kapitalvermögen** | | | | |
| | Einnahmen | | | | |
| | Sparer-Pauschbetrag | 801 EUR | ⇒ | EUR | § 20 Abs. 9 |
| | | | | | |
| 6. | Einkünfte aus Vermietung und Verpachtung | | | 0 EUR | |
| 7. | Sonstige Einkünfte | | | 0 EUR | |
| **Summe der Einkünfte** | | | | | § 2 Abs. 3 |
| Altersentlastungsbetrag (EStG § 24a)/Entlastungsbetrag Alleinerziehende (EStG § 24b) | | | | 0 EUR | |
| **Gesamtbetrag der Einkünfte** | | | | | |
| **Sonderausgaben** | | | | | |
| | Vorsorgeaufwendungen – Altersvorsorgeaufwendungen – sonstige Vorsorgeaufwendungen | | | | §§ 10, 10c |
| | Sonstige Sonderausgaben (mindestens 36 EUR) | | | | § 10c |
| Außergewöhnliche Belastungen | | | | 0 EUR | § 33 |
| **Einkommen** | | | | | § 2 Abs. 4 |
| Kinderfreibetrag | | | | 0 EUR | §§ 31, 32 |
| **Zu versteuerndes Einkommen** | | | | | § 2 Abs. 5 |

### Auszug aus der Einkommensteuer-Grundtabelle gültig für 2013

| zu versteuerndes Einkommen in EUR | Einkommensteuer Grundtabelle | zu versteuerndes Einkommen in EUR | Einkommensteuer Grundtabelle | zu versteuerndes Einkommen in EUR | Einkommensteuer Grundtabelle |
|---|---|---|---|---|---|
| 11 052 | 488 | 11 736 | 626 | 12 420 | 772 |
| 11 088 | 495 | 11 772 | 633 | 12 456 | 780 |
| 11 124 | 502 | 11 808 | 641 | 12 492 | 788 |
| 11 160 | 509 | 11 844 | 648 | 12 528 | 796 |
| 11 196 | 517 | 11 880 | 656 | 12 564 | 804 |
| 11 232 | 524 | 11 916 | 663 | 12 600 | 812 |
| 11 268 | 531 | 11 952 | 671 | 12 636 | 820 |
| 11 304 | 538 | 11 988 | 679 | 12 672 | 828 |
| 11 340 | 545 | 12 024 | 686 | 12 708 | 836 |
| 11 376 | 552 | 12 060 | 694 | 12 744 | 844 |
| 11 412 | 560 | 12 096 | 702 | 12 780 | 852 |
| 11 448 | 567 | 12 132 | 709 | 12 816 | 861 |
| 11 484 | 574 | 12 168 | 717 | 12 852 | 869 |
| 11 520 | 581 | 12 204 | 725 | 12 888 | 877 |
| 11 556 | 589 | 12 240 | 733 | 12 924 | 885 |
| 11 592 | 596 | 12 276 | 740 | 12 960 | 894 |
| 11 628 | 603 | 12 312 | 748 | | |
| 11 664 | 611 | 12 348 | 756 | | |
| 11 700 | 618 | 12 384 | 764 | | |

**10.03** Einkommensteuertarif – Durchschnittssteuersatz – Grenzsteuersatz –
Splittingverfahren

EStG
§ 32a

## Auszug aus der Einkommensteuertabelle gültig für 2014

| zu versteuern-des Jahres-einkommen in EUR | tarifliche Einkommen-steuer in EUR (Grundtabelle) | Durchschnitts-steuersatz in % | Zunahme des zu versteuernden Jahreseinkommens in EUR | Zunahme der Einkommen-steuer in EUR | Grenz-steuersatz in % |
|---|---|---|---|---|---|
| 1 | 2 | 3 (= Sp. 2 : Sp. 1 × 100) | 4 | 5 | 6 (= Sp. 5 : Sp. 4 × 100) |
| bis 8 354 | 0 | 0 | | | 0,0 |
| 9 000 | 94 | 1,0 | | | 14,6 |
| 10 000 | 256 | 2,6 | | | 16,2 |
| 15 000 | 1 343 | 9,0 | 5 000 | 1 087 | 21,7 |
| 20 000 | 2 634 | 13,2 | 5 000 | | |
| 25 000 | 4 039 | | 5 000 | | |
| 30 000 | 5 558 | | 5 000 | 1 519 | |
| 35 000 | 7 192 | 20,5 | 5 000 | 1 634 | |
| 40 000 | 8 940 | 22,4 | 5 000 | 1 748 | |
| 45 000 | 10 803 | | 5 000 | | |
| 50 000 | 12 780 | | 5 000 | | |
| 55 000 | 14 861 | 27,0 | 5 000 | 2 081 | 41,6 |
| 60 000 | 16 961 | 28,3 | 5 000 | 2 100 | |
| 65 000 | 19 061 | | 5 000 | | |
| 70 000 | 21 161 | | 5 000 | | |

Ab 250 000 EUR beträgt der Steuersatz 45 % (= sog. »Reichensteuer«).

1. Der Durchschnittssteuersatz gibt den prozentualen Anteil der Einkommensteuer
am zugehörigen zu versteuernden Einkommen an.

   *Beispiel lt. Tabelle:* Bei einem zu versteuernden Einkommen von 20 000 EUR beträgt die Einkommensteuer 2 634 EUR. Bezogen auf das zu versteuernde Einkommen
   (20 000 EUR) beträgt die Einkommensteuer 13,5 % (Durchschnittssteuersatz).

   20 000 EUR – 100 %

   2 634 EUR – 13,2 %

   ▶ Berechnen Sie in einer Tabelle nach obigem Muster die fehlenden Durchschnittssteuersätze.

2. Der Grenzsteuersatz gibt an, mit welchem Prozentsatz (theoretisch beliebig kleine)
Einkommenszuwächse steuerlich belastet werden.

   *Beispiel lt. Tabelle:* Der Einkommenszuwachs von 10 000 EUR auf 15 000 EUR beträgt
   5 000 EUR. Die für diese 5 000 EUR **zusätzlich** anfallende Steuer beträgt
   1 087 EUR. Bezogen auf die Einkommenssteigerung von 5 000 EUR beträgt die **zusätzliche** Steuer von 1 087 EUR 21,7 % (= Grenzsteuersatz).
   5 000 EUR – 100 %
   1 087 EUR – 21,7 %

   ▶ Berechnen Sie in einer Tabelle nach obigem Muster die fehlenden Grenzsteuersätze.

   ▶ 3. Zeichnen Sie die Verläufe der Grenz- und Durchschnittssteuersätze in Abhängigkeit
   vom zu versteuernden Einkommen in ein Schaubild nach folgendem Muster ein:

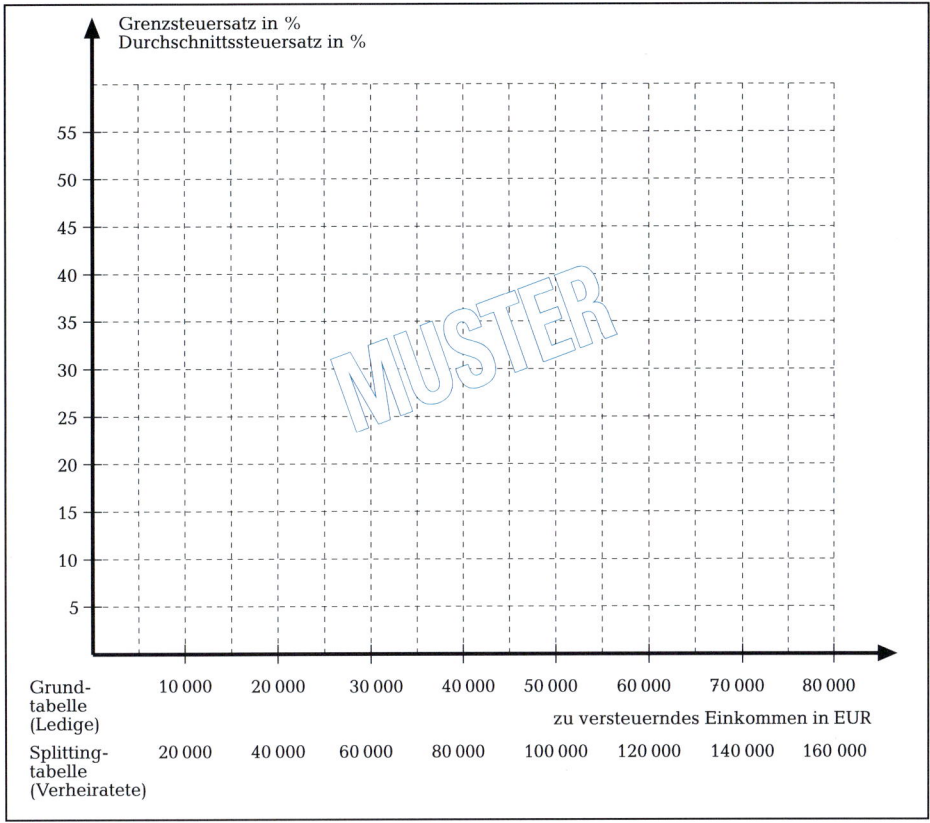

4. Beschreiben Sie anhand des Schaubildes die Entwicklung des Grenzsteuersatzes bei Zunahme des zu versteuernden Einkommens.

▶ Welche Besonderheiten lassen sich jeweils feststellen?

5. Angenommen, bei einem ledigen Steuerpflichtigen erhöht sich das zu versteuernde Einkommen um 100 EUR.

▶ Ermitteln Sie mithilfe der Grenzsteuersätze, wie viel EUR von diesen 100 EUR Zusatzeinkommen in folgenden Fällen als Einkommensteuer abgeführt werden müssen:

| Fall | bisheriges zu versteuerndes Jahreseinkommen in EUR | vom Zusatzeinkommen in Höhe von 100 EUR zu zahlende Einkommensteuer in EUR |
|------|------|------|
| a) | 5 000 | |
| b) | 10 000 | |
| c) | 20 000 | |
| d) | 40 000 | |
| e) | 50 000 | |
| f) | 65 000 | |
| g) | 70 000 | |

▶ 6. Ist es Ihrer Meinung nach gerecht, dass Grenz- und Durchschnittssteuersatz bei zunehmendem zu versteuernden Einkommen steigen (= progressiver Einkommensteuertarif)?

7. Bei Eheleuten wird die Höhe der Einkommensteuer i. d. R. wie folgt ermittelt:

EStG
§ 32a (4)

*Zunächst wird das gemeinsame zu versteuernde Einkommen ermittelt. Dieses Einkommen wird halbiert. Die auf diese Hälfte entfallende Einkommensteuer wird verdoppelt (Splitting-Verfahren).*

▶ Ermitteln Sie anhand der Steuertabelle auf Seite 278 – ggf. unter Anwendung des Splitting-Verfahrens – die Höhe der Einkommensteuer für folgende Fälle.

| Ehepaar mit einem zu versteuernden Einkommen von 40 000 EUR. Der Mann ist Alleinverdiener. | Nicht eheliche Lebensgemeinschaft mit einem zu versteuernden Einkommen von 40 000 EUR. Der Mann ist Allein-verdiener. | Ehepaar mit einem zu versteuernden Einkommen von 40 000 EUR. Davon entfallen jeweils 20 000 EUR auf jeden der beiden berufs-tätigen Ehepartner. | Nicht eheliche Lebensgemeinschaft mit einem zu versteuernden Einkommen von 40 000 EUR. Davon entfallen jeweils 20 000 EUR auf jeden der beiden berufstätigen Partner. |
|---|---|---|---|
|  |  | *MUSTER* |  |

▶ 8. Stellen Sie anhand der Ergebnisse zu 7. fest, in welchen Fällen das Einkommensteuerrecht Ehepaare gegenüber nicht ehelichen Lebensgemeinschaften begünstigt.

**Lösungs-blatt**

## 10.04 Lohnsteuer – Lohnsteuerklassen – Quellenabzugsverfahren

EStG
§ 38b

Die folgende Tabelle zeigt für fünf Arbeitnehmer den Bruttomonatsverdienst sowie deren Familienstand, Kinderzahl und Lohnsteuerklasse.

| | 1 | 2 | 3 | 4 | | 5 |
|---|---|---|---|---|---|---|
| | Herr Abele | Herr Bauer | Herr Cleff | Frau Cleff | Ehepaar Cleff | Frau Dagel |
| | ledig (St.Kl. I/0) Facharbeiter | verheiratet, 2 Kinder (St.Kl. III/2). Angestellter Frau Bauer ist nicht berufstätig. | Familie Cleff hat 1 Kind. Herr Cleff arbeitet als Verkaufsleiter in einer Großhandlung (St.Kl. III/1). Frau Cleff arbeitet halbtags als Arzthelferin (St.Kl. V) | | | allein-stehend, 1 Kind (St.Kl. II/1) Verkäuferin |
| Brutto-monats-verdienst in EUR | 2 000 | 2 500 | 4 000 | 1 000 | 5 000 | 1 200 |
| – Lohn-steuer in EUR | | | | | | |
| + Kinder-geld in EUR (EStG § 66) | | | | | | |
| Monats-verdienst in EUR nach Lohnsteuer und Kinder-geld[1] | | | | | | |
| Unterschied zum Brutto-monatsver-dienst in % | | | | | | |

[1]  ohne Berücksichtigung von Solidaritätszuschlag, Kirchensteuer und Arbeitnehmeranteil zur Sozial-versicherung.

▶ 1. Ermitteln Sie anhand einer Tabelle nach dem Muster auf Seite 280 für alle fünf Personen den Monatsverdienst unter Berücksichtigung von Lohnsteuer und Kindergeld und geben Sie den Unterschied zum Bruttomonatsverdienst in Prozent an.

## Auszüge aus der Monatslohnsteuertabelle (gültig ab 01.01.2014)

| Lohn/Gehalt | Lohnsteuer in Steuerklasse | | | | |
|---|---|---|---|---|---|
| | I und IV | II | III | V | VI |
| 1 000 EUR | 6,41 | 0 | 0 | 103,66 | 119,41 |
| 1 200 EUR | 34,50 | 15,25 | 0 | 152,66 | 188,91 |
| 2 000 EUR | 209,41 | 180,58 | 26,33 | 435,83 | 467,00 |
| 2 500 EUR | 329,25 | 297,83 | 113,33 | 599,00 | 634,33 |
| 4 000 EUR | 749,16 | 710,08 | 442,00 | 1 138,41 | 1 174,66 |

▶ 2. Warum muss Herr **Bauer** trotz seines höheren Monatsverdienstes weniger Lohnsteuer bezahlen als Herr **Abele?**

▶ 3. Wie viel Lohnsteuer müsste Herr **Bauer** bei gleichem Monatsverdienst bezahlen, wenn er kinderlos und ledig wäre?

4. Bisher hatten Herr und Frau Cleff jeweils die Steuerklassen IV/0,5. Zum nächsten Kalenderjahr haben Herr und Frau **Cleff** beim Finanzamt die Änderung der Steuerklassen in III/1 **(Herr Cleff)** und V **(Frau Cleff)** beantragt.   EStG § 39

    a) Wie viel Lohnsteuer müssten beide zusammen monatlich zahlen, wenn sie die ursprüngliche Steuerklassenkombination IV/0,5–IV/0,5 beibehalten hätten?

▶     Begründen Sie den Unterschied zur gewählten Kombination III/1–V.

    b) Angenommen, das Ehepaar **Cleff** hätte die ursprüngliche Steuerklassenkombination IV/0,5–IV/0,5 nicht ändern lassen.

▶     Hätte das Ehepaar **Cleff** die bei dieser Kombination entstehende steuerliche Mehrbelastung vom Finanzamt zurückfordern können?

▶     c) In welchen Fällen ist für Ehepaare die Steuerklassenkombination III/1–V günstiger als die Kombination IV/0,5–IV/0,5?

▶ 5. Worin besteht der Unterschied bei der Einkommensteuererhebung zwischen einem Selbstständigen (z. B. Arzt) und einem abhängig Beschäftigten?   §§ 37, 38

Lösungsblatt

## 10.05 Dividendenbesteuerung: Körperschaftsteuer – Kapitalertragsteuer

Der Aktionär Dieter Helder hat ein Wertpapierdepot bei der ABC-Bank. Zu seinem Aktienbestand gehören u. a. auch 100 Aktien der Auto AG.

Im Mai diesen Jahres erhält Dieter Helder für diese Aktien folgende Dividendengutschrift.

# DIVIDENDENGUTSCHRIFT

MÜNCHEN, DEN              25.05.20..
DEPOTNUMMER:  000096847009
KONTONUMMER:        96847009

**VALUTA 25. 05. 20..**

| | |
|---|---|
| WÄHRUNG | EUR |
| STÜCK/NOMINAL | 100,000 |
| WERTPAPIERBEZEICHNUNG | AUTO AG |
| | AKTIEN 0.N. |
| WERTPAPIERKENNNUMMER | XXXXX |
| DIVIDENDE PRO AKTIE EUR | 8,00 |
| GESCHÄFTSJAHR | 01.01.20.. bis 31.12. 20.. |
| DIVIDENDENTERMIN | 25.05.20.. |

| | | |
|---|---|---|
| DIVIDENDE (Bruttobetrag) | | EUR  800,00 |
| 25,00% KAPITALERTRAGSTEUER AUF | EUR  800,00 | EUR  200,00 |
| 5,00% SOLIDARITÄTSZUSCHLAG AUF | EUR  200,00 | EUR    11,00 |
| **GESAMTBETRAG ZU IHREN GUNSTEN** | | **EUR  589,00** |

Verrechnung über Konto 96847009    BLZ XXX XXXXX

Ihr Freistellungsauftrag (Sparer-Pauschbetrag) in Höhe von 801,00 EUR ist für das laufende Jahr bereits vollständig ausgenutzt.

Weitere steuerliche Informationen entnehmen Sie bitte der separaten Steuermitteilung.

1. Die zur Ausschüttung vorgesehenen Gewinne einer AG werden mit 15 % Körperschaftsteuer und einem Solidaritätszuschlag in Höhe von 5,5 % der Körperschaftsteuer belastet.

KStG
§ 30   ▶   Wie hoch ist im vorliegenden Fall der Gewinn je Aktie, den die Auto AG vor Abführung der Körperschaftsteuer zur Ausschüttung bereitgestellt hat?

2. Der nach Abführung der Körperschaftsteuer verbleibende Ausschüttungsbetrag wird als Bardividende[1] bezeichnet.

▶   Wie hoch ist im vorliegenden Fall die Bardividende
   a)  je Aktie,
   b)  für alle 100 Aktien zusammen?

3. Der Betrag, den die ABC-Bank Herrn Helder gutschreibt, wird als Nettodividende bezeichnet.

---

[1] Der Begriff Bardividende ist gleichbedeutend mit dem im Bankenbereich üblichen Begriff Bruttodividende.

▶  Wie hoch ist im vorliegenden Fall die Nettodividende

   a)  je Aktie,

   b)  für alle 100 Aktien zusammen?

4. Worauf ist der Unterschied zwischen Bar- und Nettodividende zurückzuführen?

5. Ergänzen Sie nach folgendem Muster ein Schema zur Berechnung der Nettodividende für den hier vorliegenden Fall.

EStG
§ 32d
SoLZG
§§ 3, 4

EStG
§§ 43, 43a

| | | |
|---|---|---|
| Zur Ausschüttung bereit-gestellter Gewinn für 100 Aktien | EUR | 100 % der Gewinnausschüttung |
| –  .................................................... (.........% der Gewinnausschüttung) | EUR | ...... % der Gewinnausschüttung |
| =  Bardividende | EUR | ...... % der Gewinnausschüttung |
| –  .................................................... (.........% Bardividende) | EUR | ...... % der Gewinnausschüttung |
| –  Solidaritätszuschlag (5,5% der Kapitalertragsteuer) | EUR | |
| =  Gutschrift (Nettodividende) | EUR | ...... % der Gewinnausschüttung |

6. Bei der Kapitalertragsteuer handelt es sich um eine **Abgeltungssteuer**. Erläutern
   Sie, was das für Herrn Helder, dessen persönlicher Einkommensteuersatz 35 % beträgt, bedeutet.

7. In der abgebildeten Gutschrift und Steuerbescheinigung findet sich folgender
   Vermerk: »**_Ihr Freistellungsauftrag ist für dieses Jahr vollständig ausgenutzt._**«

▶  a)  Erläutern Sie diesen Hinweis.

▶  b)  Welche Auswirkungen hätte es für Herrn Helder, wenn der Freistellungsauftrag
       noch nicht vollständig ausgenutzt wäre?

# _Umsatzsteuer_

## **10.06** **Umsatzsteuer: Mehrwertsteuerverfahren – Vorsteuer – Zahllast**

Mit der Umsatzsteuer soll der Konsum der Endverbraucher besteuert werden. Dazu
wird folgendermaßen vorgegangen:

I.  **Jeder** Unternehmer muss seinen Kunden für die erbrachten Lieferungen und Leis-
    tungen Umsatzsteuer in Rechnung stellen. Die **Umsatzsteuer** wird vom Entgelt,
    das der Kunde für die Lieferung oder Leistung aufwenden muss, berechnet. Der
    Umsatzsteuerbetrag ist in den Ausgangsrechnungen gesondert auszuweisen und
    muss vom Unternehmer an das Finanzamt abgeführt werden.

UStG
§§ 1, 14

II. **Jeder** Unternehmer, der von anderen Unternehmen Lieferungen oder Leistungen
    bezieht, muss an seinen Lieferer zunächst den vereinbarten Kaufpreis zuzüglich
    der ausgewiesenen Umsatzsteuer bezahlen. Er kann sich aber die von ihm zu
    zahlende Umsatzsteuer vom Finanzamt als sog. **Vorsteuer** erstatten lassen.

§ 15

III. Die Erstattung der Vorsteuer wird wie folgt vorgenommen: Der Unternehmer zieht
     die Vorsteuer von der an das Finanzamt abzuführenden Umsatzsteuer ab (= Vor-
     steuerabzug). Er überweist somit nur die Differenz zwischen der von seinen Kun-
     den erhaltenen und der an seine Lieferer bezahlten Umsatzsteuer an das Finanz-
     amt. Dieser Betrag heißt **Zahllast**.

§ 16

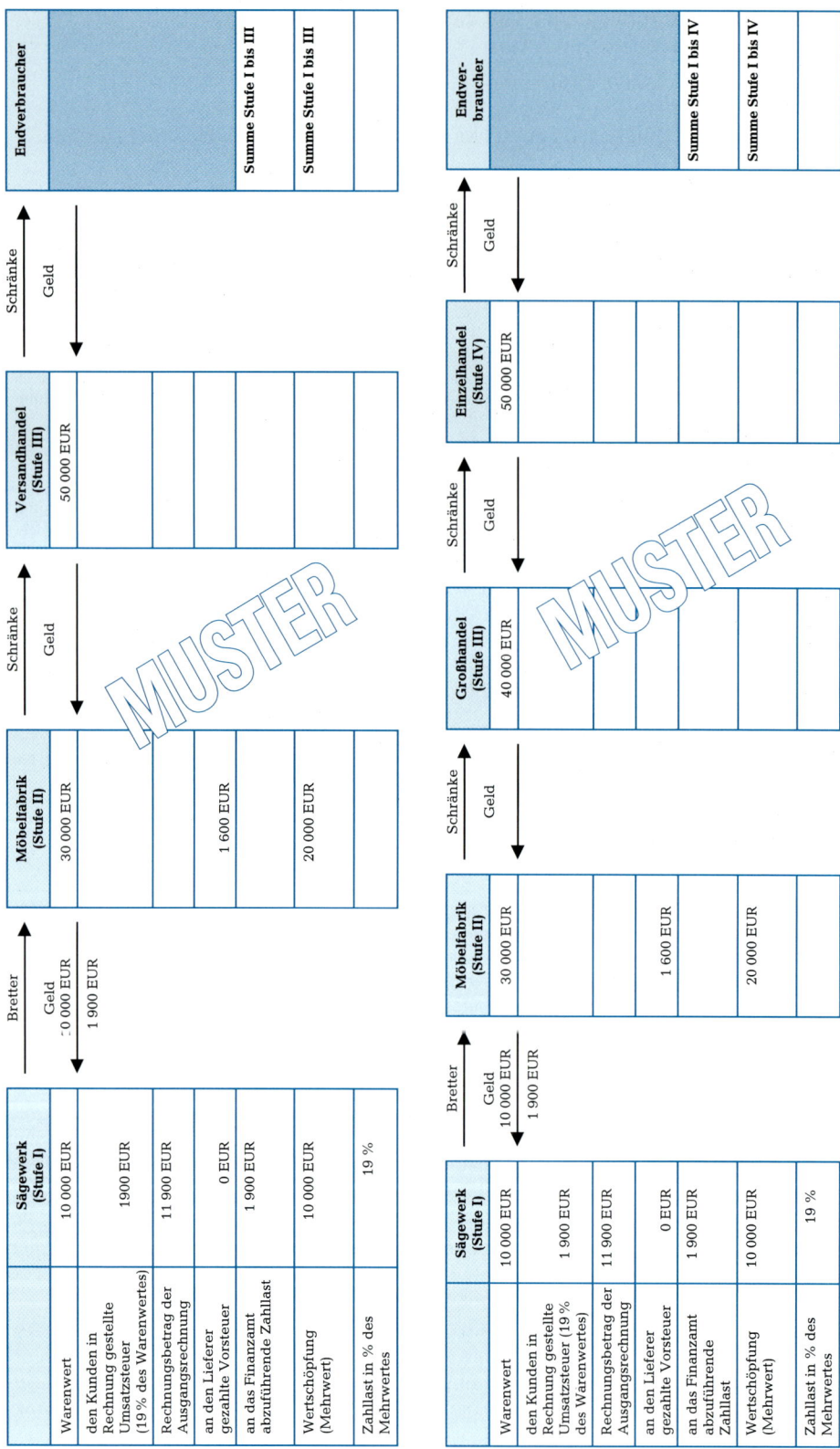

1. Ein Sägewerk verkauft Bretter, die aus dem eigenen Forst stammen, für 10 000 EUR an eine Möbelfabrik. Die Möbelfabrik stellt daraus 10 Schränke her, die für 30 000 EUR an ein Versandhaus verkauft werden. Das Versandhaus verkauft die Schränke für 50 000 EUR an die Endverbraucher (Privatleute).

▶ a) Vervollständigen Sie eine Tabelle nach dem Muster auf Seite 284 oben.

▶ b) Wie viel Umsatzsteuer wurde insgesamt an das Finanzamt abgeführt? Von wem wurde die Umsatzsteuer an das Finanzamt bezahlt?

▶ c) Überprüfen Sie, ob durch die Umsatzsteuer tatsächlich nur der Konsum der Endverbraucher besteuert wurde.

2. Die Möbelfabrik liefert auch 10 Schränke zum gleichen Preis an einen Möbelgroßhändler, der sie wiederum für 40 000 EUR an einen Möbeleinzelhändler verkauft. Der Einzelhändler verkauft die Schränke für 50 000 EUR an die Endverbraucher.

▶ a) Vervollständigen Sie eine Tabelle nach dem Muster auf Seite 284 unten.

▶ b) Überprüfen Sie, ob die an das Finanzamt abgeführte Umsatzsteuer durch die zusätzliche Handelsstufe (Großhandel) im Vergleich zu 1. gestiegen ist.

▶ c) Überprüfen Sie, ob durch die Umsatzsteuer tatsächlich nur der Konsum der Endverbraucher besteuert wurde.

▶ 3. Warum heißt die hier vorliegende Erhebungsform der Umsatzsteuer auch »Mehrwertsteuer«?

4. Steuern, bei denen Steuerschuldner und Steuerträger verschiedene Personen sind, heißen auch indirekte Steuern. Bei diesen Steuern soll der Steuerschuldner die Steuer entsprechend dem Willen des Gesetzgebers auf andere Personen abwälzen.

▶ Weisen Sie nach, dass die Umsatzsteuer eine solche indirekte Steuer ist.

▶ 5. Zeigen Sie am obigen Beispiel, wie sich die Umsatzsteuer auf den Gewinn/Verlust der Unternehmen auswirkt.

▶ 6. Wie würde sich eine Erhöhung des Umsatzsteuersatzes auf den Gewinn/Verlust der Unternehmen auswirken?

# *Wirtschaftskreislauf mit staatlicher Aktivität*

## *10.07* **Der Staat im Wirtschaftskreislauf**

Aus der volkswirtschaftlichen Gesamtrechnung einer Volkswirtschaft ergeben sich die folgenden Werte:

Güterproduktion 800 Mrd. EUR. Das dabei entstandene Einkommen fließt den Haushalten als Löhne zu.

Unternehmen zahlen indirekte Steuern an den Staat (z. B. Umsatzsteuer): 120 Mrd. EUR.

Die Haushalte zahlen aus ihrem Einkommen direkte Steuern an den Staat (z. B. Einkommensteuer): 150 Mrd. EUR.

Der Staat zahlt an die Haushalte (z. B. als Gehalt für Polizeibeamte, Lehrer, Verwaltungsbeamte; Transferzahlungen wie Kindergeld, Wohngeld) 200 Mrd. EUR.

Für den Kauf von Sachgütern bei Unternehmen (z. B. Bauten, Rüstungsgüter) gibt der Staat insgesamt 50 Mrd. EUR aus. Außerdem zahlt er Subventionen an Unternehmen (z. B. an den Bergbau) in Höhe von 20 Mrd. EUR.

Die Haushalte sparen nicht und verwenden ihr gesamtes Einkommen für Konsumausgaben.

▶ Tragen Sie diese Werte an der zutreffenden Stelle in eine Kreislaufdarstellung nach dem folgenden Muster ein.

Errechnen Sie den fehlenden Wert der Konsumausgaben der Haushalte und tragen Sie ihn ebenfalls in das Schaubild ein.

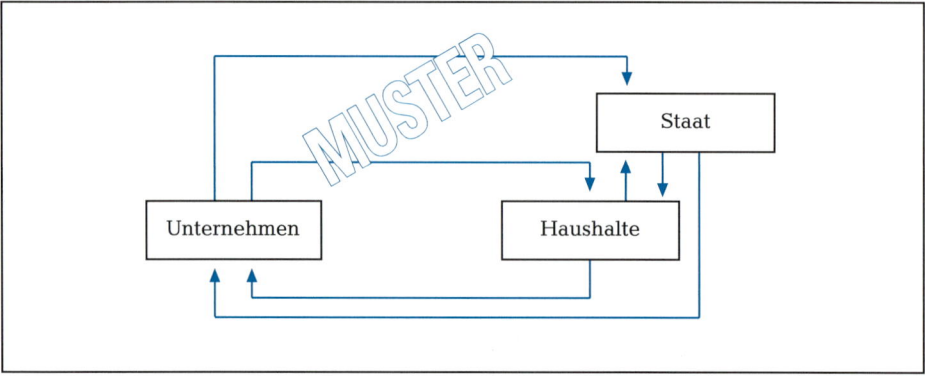

# Staatliche Eingriffe in den Preismechanismus

## 10.08 Einkommenspolitik – Staatliche Mindestpreispolitik – Marktkonforme und marktkonträre Maßnahmen

In einer Volkswirtschaft wird von zahlreichen landwirtschaftlichen Betrieben neben anderen Produkten auch Weizen angebaut, der als Brotgetreide vermarktet wird. Die Marktsituation im Jahr 1 (Ausgangssituation) lässt sich folgendermaßen darstellen:

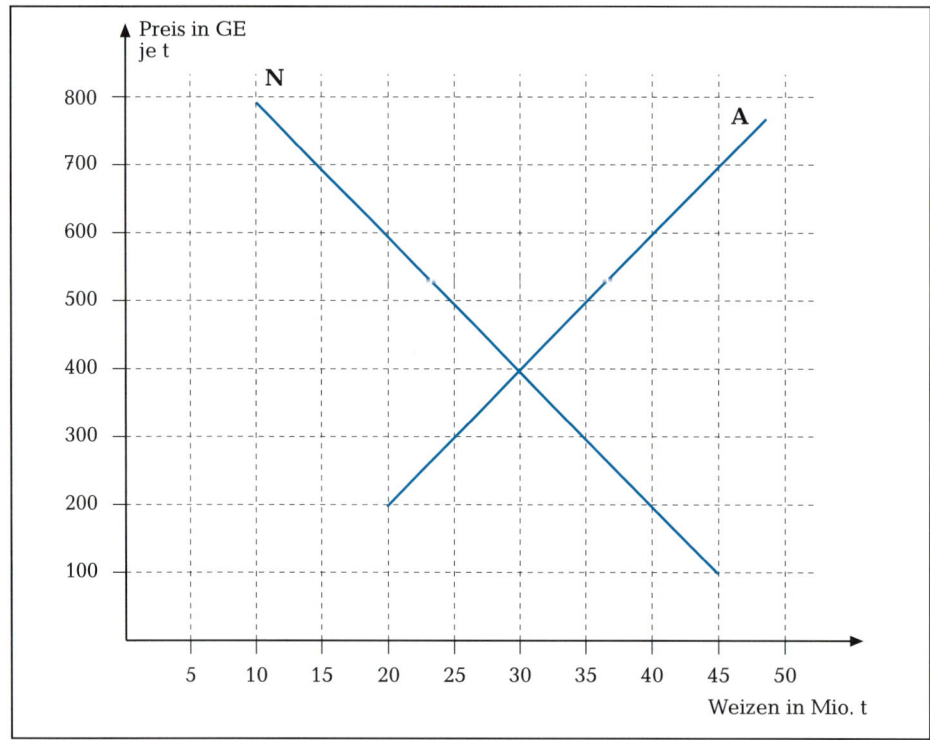

▶ 1. Berechnen Sie die Erlöse der Landwirte aus dem Weizenverkauf im Jahr 1.

 2. Um die Einkommenssituation der Landwirte zu verbessern, beschließt die Regierung im Jahr 2, künftig für Brotweizen einen Mindestpreis von 500 GE festzulegen. Die Regierung verpflichtet sich, zu diesem Preis die überschüssige Produktionsmenge, die nicht an die Verbraucher abgesetzt werden kann, aufzukaufen. Die aufgekaufte Produktion wird von der Regierung gelagert und teilweise zu einem stark verbilligten Preis auf dem Weltmarkt abgesetzt.

▶     Welche Auswirkung hat der Mindestpreis im vorliegenden Fall auf die nachgefragte Menge?

▶ 3. Berechnen Sie die Erlöse der Landwirte aus dem Weizenverkauf nach Festsetzung des Mindestpreises, wenn die Regierung die Überschüsse

      a) nicht aufkaufen würde,

      b) zum Mindestpreis aufkauft.

▶ 4. Berechnen Sie die Höhe des Einkommenszuwachses in der Landwirtschaft, der sich durch die Einführung des Mindestpreises im Vergleich zur Ausgangssituation ergibt.

▶ 5. Berechnen Sie die im Jahr 2 für den Aufkauf der Weizenüberschüsse notwendigen Staatsausgaben.

 6. Die aufgekauften Weizenüberschüsse werden von der Regierung zunächst gelagert. Dabei werden 30 % durch Verderb und andere Umstände vernichtet. Die restliche Menge wird auf dem Weltmarkt für die Hälfte des Mindestpreises verkauft. Für Lagerung und Transport fallen für die Regierung Kosten in Höhe von 20 % der Verkaufserlöse an.

▶     Berechnen Sie für das Jahr 2 die Nettoeinnahmen des Staates, die durch den Verkauf der Überschüsse erzielt werden.

 7. Es wird behauptet, durch eine staatliche Mindestpreispolitik seien die Nachteile für die Verbraucher und Steuerzahler größer als die Einkommensvorteile der begünstigten Produzenten.

▶     Überprüfen Sie diese Aussage für den vorliegenden Fall, indem Sie den Einkommenszuwachs in der Landwirtschaft mit den dafür nötigen Mehraufwendungen seitens der Verbraucher und des Staates vergleichen.

 8. Aufgrund der hohen Staatsausgaben für den Weizenaufkauf beabsichtigt die Regierung, die Angebotsmenge durch die Zuteilung von Produktionsquoten zu verringern. Künftig soll den Landwirten nur noch die Abnahme von höchstens 30 Mio. t Brotweizen zum Mindestpreis von 500 GE garantiert werden.

▶     Wie würde sich diese Maßnahme auf die

      a) Einkommen in der Landwirtschaft,

      b) Staatsausgaben

      auswirken?

 9. Wegen schlechter Witterungsverhältnisse fällt die Ernte im Jahr 3 erheblich geringer als in den Vorjahren aus. Dadurch ändert sich der Marktpreis gegenüber der Ausgangssituation (Jahr 1) vorübergehend um 30 %.

▶     a) Wie hoch ist der Marktpreis im Jahr 3?

▶     b) Wie wirkt sich in diesem Fall der Mindestpreis von 500 GE aus?

10. Die Regierung möchte die Einkommenssituation in der Landwirtschaft mit anderen Mitteln als der Mindestpreispolitik verbessern.

▶　Welche Maßnahmen könnte die Regierung ergreifen?

▶ 11. Vergleichen Sie die Mindestpreispolitik mit den von Ihnen bei 10. vorgeschlagenen Maßnahmen anhand folgender Fragen:

　a) Wie kommt der Preis jeweils zustande?

　b) Welche Funktionen hat der Preis?

　c) Welche Vor- und Nachteile ergeben sich für Produzenten, Verbraucher und Staat?

## *10.09*  Staatliche Eingriffe auf dem Wohnungsmarkt – Funktionen des Preises

In einer bestimmten Region haben sich für 4-Zimmer-Wohnungen mit vergleichbarer Größe, Ausstattung und Lage folgende Angebots- und Nachfrageverhältnisse herausgebildet:

| Mietpreis pro Monat | 250 EUR | 500 EUR | 750 EUR | 1 000 EUR | 1 250 EUR |
|---|---|---|---|---|---|
| Zahl der angebotenen Wohnungen | 0 | 5 000 | 10 000 | 15 000 | 20 000 |
| Zahl der nachgefragten Wohnungen | 20 000 | 15 000 | 10 000 | 5 000 | 0 |

Die Regierung ist der Meinung, der sich bei diesen Verhältnissen am Markt ergebende Gleichgewichtspreis sei insbesondere für Familien mit mehreren Kindern nicht tragbar. Aus sozialpolitischen Gründen wird daher für diesen speziellen Wohnungstyp eine Höchstmiete von 500 EUR festgelegt.

▶ 1. Wie wirkt sich dieser Markteingriff auf Angebot und Nachfrage bei 4-Zimmer-Wohnungen dieses Typs aus?

▶ 2. Prüfen Sie, ob es im vorliegenden Fall Mieter gibt, die durch die Höchstmiete von 500 EUR Nachteile gegenüber der Ausgangssituation erleiden.

▶ 3. Prüfen Sie, ob die Zielgruppe »Familien mit mehreren Kindern« durch die Höchstmiete von 500 EUR im vorliegenden Fall begünstigt wird.

▶ 4. Für welche Mieter ist die Festlegung der Höchstmiete von 500 EUR im vorliegenden Fall vorteilhaft?

5. Es wird behauptet, durch marktkonträre Maßnahmen des Staates würden die für eine Marktwirtschaft wesentlichen Funktionen des Preises ausgeschaltet.

▶　Überprüfen Sie diese Aussage für den vorliegenden Fall am Beispiel folgender Preisfunktionen: Signalfunktion, Lenkungsfunktion, Ausgleichsfunktion, Anreiz- bzw. Erziehungsfunktion.

▶ 6. Welche marktkonformen Maßnahmen könnte die Regierung ergreifen, um kinderreichen Familien beim Zugang zu angemessenem Wohnraum behilflich zu sein? Geben Sie bei den von Ihnen vorgeschlagenen Maßnahmen jeweils auch die Auswirkungen auf den Wohnungsmarkt an.

# Wettbewerbspolitik

## 10.10  Konzern – Arten von Zusammenschlüssen – Holdinggesellschaft – Trust – Fusionskontrolle – Marktbeherrschende Unternehmen – Gesetz gegen Wettbewerbsbeschränkungen

Nachstehende Übersicht zeigt die Beteiligungen der Badischen Chemiewerke AG an verschiedenen Unternehmen:

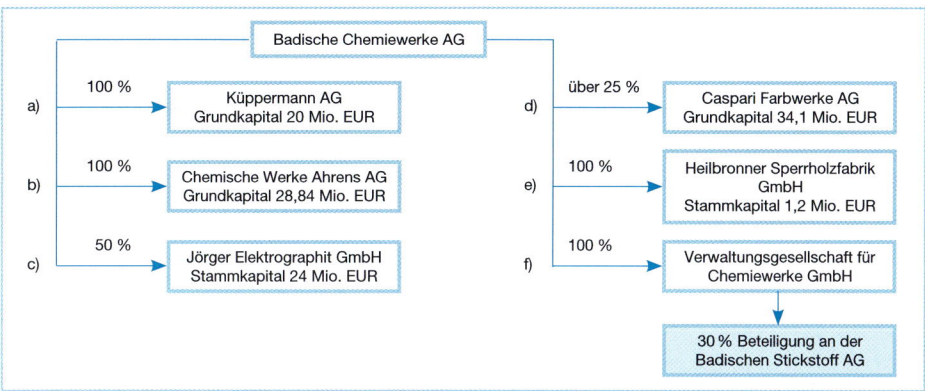

**Angaben zu den einzelnen Beteiligungen:**

zu a) Produktion und Vertrieb sowie Forschung und Entwicklung der im Werk Küppermann AG hergestellten Erzeugnisse. Es besteht ein **Beherrschungsvertrag** mit der Badischen Chemiewerke AG, in dem geregelt ist, dass die Leitung der Küppermann AG bei der Badischen Chemiewerke liegt.

zu b) Produktion von Kunstharzen und Arzneimitteln. Das Unternehmen ist in die Badischen Chemiewerke eingegliedert. Es besteht ein **Beherrschungsvertrag**, in dem die Gewinnabführung geregelt ist.

zu c) Bedeutender Produzent von Grafit- und Kohleerzeugnissen.

zu d) Herstellung von Farben, Farbstoffen und Arzneimitteln.

**Produktionsprogramm der Badischen Chemiewerke (stark gekürzt):**

Chemikalien, Farbstoffe, Düngemittel, Arzneimittel

1. Die Badische Chemiewerke AG führt folgende Unternehmen als Konzernunternehmen auf: Küppermann AG, Chemische Werke Ahrens AG. AktG<br>§ 18 (1)

   Warum handelt es sich bei dieser Unternehmensverbindung um einen Konzern?

2. Geben Sie für den vorliegenden Fall jeweils ein Beispiel für Mutter-, Tochter- und Schwesterngesellschaften an. In welchem Fall lässt sich von einer »Verschachtelung« sprechen?

3. Worin besteht das Wesen einer Holdinggesellschaft?

   Welches Unternehmen übernimmt in obiger Struktur die Funktion einer Holdinggesellschaft?

4. Nennen Sie für den vorliegenden Fall je ein Beispiel für einen horizontalen, vertikalen und anorganischen Zusammenschluss.

5. Nennen Sie drei gesamtwirtschaftliche Folgen, die sich aus dem Zusammenschluss von Unternehmen (Konzentration) ergeben können.

6. In der Hauptversammlung der **VEBA AG** schlägt ein Aktionär vor, die 8 deutschen Chemieunternehmen des Konzerns (Aktiengesellschaften und GmbHs) zu einem

einzigen Unternehmen (Trust) zu verschmelzen. Das neue Unternehmen soll in der Rechtsform einer Aktiengesellschaft geführt werden. Der Aktionär begründet seinen Vorschlag u. a. mit dem Argument des Wegfalls von Verwaltungskosten für die Organe.

▶ a) Welche Organe würden im Falle der vorgeschlagenen Verschmelzung entfallen?

▶ b) Vergleichen Sie in nachstehender Übersicht, welcher Verlust an Selbstständigkeit für die einzelnen Unternehmen durch die Verbindung jeweils eintreten würde.

|  | Konzern | Trust |
|---|---|---|
| rechtliche Selbstständigkeit |  |  |
| wirtschaftliche Selbstständigkeit |  |  |

GWB
§ 19

▶ 7. Prüfen Sie, unter welchen Voraussetzungen das in der beschriebenen Verschmelzung aufgehende Unternehmen als marktbeherrschend anzusehen ist.

§§ 37, 39

▶ 8. Stellen Sie fest, ob es sich bei dem vorliegenden Fall um einen Zusammenschluss im Sinne des Kartellgesetzes handelt und welchen Pflichten die beteiligten Unternehmen gegebenenfalls nachkommen müssten.

## *10.11* Preisabsprachen nach Ausschreibungen öffentlicher Aufträge (Submissionskartell) – Gesetz gegen Wettbewerbsbeschränkungen

Für die Erstellung einer Park-and-ride-Anlage veröffentlicht die Stadt **Grechtingen** folgende Ausschreibung:

# Stadt Grechtingen

## Öffentliche Ausschreibung

Die Stadt Grechtingen schreibt nachstehend aufgeführte Arbeiten auf der Grundlage der VOB öffentlich aus:

**Park-and-ride-Anlage, Bahnhof Grechtingen**
**Los I: Wasser- und Brückenbauarbeiten**

| | | | |
|---|---|---|---|
| Abbruch von Beton und Mauerwerk | 80 m³ | bituminöse Befestigung | 450 m³ |
| Mutterbodenauf- und -abtrag | 150 m³ | Stahlbeton | 70 m³ |
| Bodenabtrag | 400 m³ | Betonstahl | 5 t |
| Bodenauftrag | 250 m³ | Stahlgeländer | 30 m |
| Frostschutzschicht | 80 m³ | | |

Gebühren: 20 EUR (zuzüglich 3 EUR bei Postversand)

Submissionstermin: 18.07.20.. , 10 Uhr

Die Unterlagen können ab Dienstag, den 04.07.20.. im Stadtbauamt (Zimmer Nr. 103), Pfauenstr. 4, Grechtingen, während der Geschäftszeiten abgeholt werden. Auf Wunsch erfolgt auch Postversand gegen Vorlage eines Verrechnungsschecks in Höhe von 20 EUR.

Der Bieter ist verpflichtet, sich über den Arbeitsumfang durch eine Ortsbesichtigung zu informieren.

Das Angebot ist im verschlossenen und deutlich gekennzeichneten Umschlag rechtzeitig einzureichen.

Vergabeprüfstelle im Sinne des § 31 VOB ist das Regierungspräsidium.

**Bürgermeisteramt Grechtingen**

Vom Bürgermeister der Stadt Grechtingen werden am 18.08.20.. die drei eingegangenen Angebote geöffnet. Die Ergebnisse sind in den Spalten 1 bis 3 nachstehender Tabelle wiedergegeben. Außerdem sind in der Tabelle Durchschnittspreise, die auf Berechnungen des Bürgermeisters beruhen, ausgewiesen (Spalte 4). Der Bürgermeister hat sich dazu bei mehreren Nachbargemeinden, die in letzter Zeit ähnliche Bauprojekte ausgeschrieben haben, nach den Angebotspreisen erkundigt und daraus den in der Tabelle angegebenen Durchschnittswert ermittelt.

|  | Untern. A in EUR (Spalte 1) | Untern. B in EUR (Spalte 2) | Untern. C in EUR (Spalte 3) | Durchschnitt lt. eingeholter Information in EUR (Spalte 4) |
|---|---|---|---|---|
| Abbruch von Beton und Mauerwerk     80 m³ | 42 000 | 50 400 | 56 000 | 28 000 |
| Mutterbodenauf- und -abtrag     150 m³ | 2 925 | 3 510 | 3 900 | 1 950 |
| Bodenabtrag     400 m³ | 7 800 | 9 360 | 10 400 | 5 200 |
| Bodenauftrag     250 m³ | 4 875 | 5 850 | 6 500 | 3 250 |
| Frostschutzschicht     80 m³ | 2 520 | 3 024 | 3 360 | 1 680 |
| bituminöse Befestigung     450 m³ | 60 750 | 72 900 | 81 000 | 40 500 |
| Stahlbeton     70 m³ | 12 600 | 15 120 | 16 800 | 8 400 |
| Betonstahl     5 t | 6 560 | 7 875 | 8 750 | 4 375 |
| Stahlgeländer     30 m | 7 300 | 8 640 | 9 600 | 4 800 |
|  |  |  |  |  |
| **Summen** | **147 230** | **176 679** | **196 310** | **98 155** |

1. Nachprüfungen, die der Bürgermeister wegen der aus seiner Sicht überhöhten Angebotssummen vorgenommen hat, haben ergeben, dass sich die 3 Unternehmen untereinander abgesprochen haben.

▶ Welche Vorteile versprechen sich die beteiligten Unternehmen von einer solchen Absprache?

▶ 2. Unter welchen Voraussetzungen führen die unter den 3 Unternehmen getroffenen Vereinbarungen zum beabsichtigten Ergebnis?

▶ 3. Hätte Unternehmen A gegen Unternehmen B klagen können, wenn es sich nicht an die vertragliche Vereinbarung gehalten hätte, einen höheren Gesamtpreis als 170 000 EUR zu verlangen? `GWB § 1`

▶ 4. Wie groß wäre der Schaden, den die Bürger der Stadt Grechtingen zu tragen hätten, wenn der Bürgermeister die Absprache nicht aufgedeckt hätte? `§§ 32–34a`

▶ 5. Mit welchen Folgen müssen die betroffenen Unternehmen rechnen?

# Konjunktur und Wirtschaftswachstum

## 10.12 Konjunktursteuerung – Angebots- und nachfrageorientierte Wirtschaftspolitik

Die Erfahrung zeigt, dass sich der Wirtschaftsprozess in mehr oder minder regelmäßigen Schwankungen vollzieht. Bei einem Rückgang der wirtschaftlichen Aktivität sinken Produktion und Gewinne, die Produktionskapazitäten der Volkswirtschaft sind nicht voll ausgelastet, die Arbeitslosigkeit steigt. Regelmäßig wiederkehrende Schwankungen dieser ökonomischen Größen, deren Phasen länger als ein Jahr dauern, werden als konjunkturelle Schwankungen bezeichnet.

Von der Wirtschaftspolitik wird erwartet, dass sie im Rahmen einer staatlichen Konjunkturpolitik Maßnahmen zum Ausgleich dieser Schwankungen ergreift.

Staatliche Konjunkturpolitik kann von zwei Grundpositionen aus erfolgen:

**Nachfrageorientierte Wirtschaftspolitik (Fiskalpolitik).** Ursache des wirtschaftlichen Rückgangs ist eine Nachfragelücke. Sie entsteht dadurch, dass in der Volkswirtschaft mehr gespart als investiert wird. Zur Belebung der Konjunktur soll der Staat aus Haushaltsmitteln die Gesamtnachfrage steigern und die zusätzliche Nachfrage mit Krediten finanzieren.

**Angebotsorientierte Wirtschaftspolitik.** Der Staat soll bei konjunkturellen Schwankungen nicht eingreifen. Auf einem Markt ohne Monopole und staatliche Eingriffe stellt sich Vollbeschäftigung von allein wieder ein, wenn der Staat für die Unternehmen günstige Rahmenbedingungen schafft (z. B. niedrige Steuersätze).

1. Lesen Sie den untenstehenden Text und entscheiden Sie dann:

▶ Wird hier eine nachfrageorientierte oder eine angebotsorientierte Konjunkturpolitik vorgeschlagen? Begründung!

| | |
|---|---|
| If the Treasury were to fill old bottles with banknotes, bury them at suitable depths in disused coalmines which are then filled up to the surface with town rubbish, and leave it to private enterprise on well-tried principles of laissez-faire to dig the notes up again (the right to do so being obtained, of course, by tendering for leases of the note-bearing territory) there need be no more unemployment and, with the help of the repercussions the real income of the community, and its capital wealth also, would probably become a good deal greater than it actually is. It would, indeed, be more sensible to build houses and the like; but as there are political and practical difficulties in the way of this, the above would be better than nothing.<br><br>John Maynard Keynes, General Theory (1936) bk.3, cll.l0. | Wenn der Schatzkämmerer alte Flaschen mit Banknoten füllen würde, sie in angemessener Tiefe in stillgelegten Kohlebergwerken vergraben, die Bergwerke dann mit Abfall bis oben auffüllen und es dann privaten Unternehmern auf der Basis der altbewährten Prinzipien des Laisser-faire überlassen würde, die Noten wieder auszugraben (das Recht dazu müsste aufgrund einer Bewerbung um die Pacht des Bodens, in dem die Banknoten vergraben sind, erworben werden), dann müsste es keine Arbeitslosigkeit mehr geben. Als Folge würde darüber hinaus wahrscheinlich das reale Einkommen der Gemeinschaft und auch ihr Kapitalreichtum im Vergleich zu heute stark ansteigen.<br><br>In der Tat wäre es vernünftiger, Häuser und Ähnliches zu bauen. Da es dabei aber politische und praktische Schwierigkeiten gibt, wäre es besser, wie oben beschrieben zu handeln, als nichts zu tun. |

2. Eine Volkswirtschaft ist stark vom Außenhandel abhängig und führt vor allem Industrieerzeugnisse aus. Unter starkem internationalem Konkurrenzdruck hat die Industrie rationalisiert. Sie musste deshalb Arbeitnehmer entlassen.

▶ Prüfen Sie: Ist in dieser Situation eine nachfrageorientierte Wirtschaftspolitik zu empfehlen?

## 10.13 Maßstab für wirtschaftliches Wachstum – Ursachen des Wirtschaftswachstums

**Aus dem Jahreswirtschaftsbericht des Landes A:**

Im Laufe des vergangenen Jahres ist das Bruttoinlandsprodukt zu Marktpreisen von 2 000 Mrd. EUR auf 2 200 Mrd. EUR gestiegen. Dies war überwiegend ein Ergebnis der gestiegenen industriellen Produktion.

Das Preisniveau stieg im gleichen Zeitraum um 4 %.

Die Zahl der Erwerbstätigen hat sich im Berichtszeitraum von 25 Millionen auf 25,5 Millionen erhöht; trotzdem ging die Zahl der Arbeitslosen nur von 2 Millionen auf 1,75 Millionen zurück.

Die internationale Wettbewerbsfähigkeit der inländischen Wirtschaft gegenüber der Konkurrenz des Auslands hat sich infolge der Erhöhung der gesamtwirtschaftlichen Produktivität um 4 % im vergangenen Jahr verbessert, da sich die gesamtwirtschaftliche Produktivität in den Ländern, mit denen wir auf internationalen Märkten in Wettbewerb stehen, im Durchschnitt nur um 2 % verbessert hat.

▶ 1. In welchem Umfang ist die inländische Wirtschaft im Berichtszeitraum (in Prozent) gewachsen?

▶ 2. Welche Ursachen für das Wirtschaftswachstum werden in dem Bericht erwähnt?

3. In einer Wochenzeitschrift, die sich vor allem die Verbreitung von Gedanken des Umweltschutzes zur Aufgabe gestellt hat, wird der Jahreswirtschaftsbericht kritisch analysiert:

   »*In dem Bericht wird mithilfe der Fachsprache der Ökonomie verdeckt, dass auch das im vergangenen Jahr von unserer Industrie erreichte Wirtschaftswachstum eine weitere Beanspruchung der unersetzlichen Ressourcen der Natur zur Voraussetzung hat.*«

▶ Erläutern Sie, was mit dieser Kritik gemeint ist.

▶ 4. Wie ist es zu erklären, dass infolge des wirtschaftlichen Wachstums zwar die Zahl der Erwerbstätigen um 500 000 gestiegen, die Zahl der Arbeitslosen aber nur um 250 000 gesunken ist?

# Umweltpolitik

## 10.14 Rollenspiel: Staatliche Maßnahmen zur Begrenzung des Schadstoffausstoßes – Umweltzertifikate oder Umweltsteuern?

**Rollenspiel**

**Pro und Kontra:**

**Soll der Staat den Schadstoffausstoß der Wirtschaft mengenmäßig begrenzen, darüber »Umweltzertifikate« ausstellen und diese Rechte an den Meistbietenden verkaufen?**

Für einen gewissen Schadstoff (z. B. $CO_2$) wird gesetzlich festgelegt, welche Menge davon in einer bestimmten Region und in einem bestimmten Zeitraum in die Umwelt ausgestoßen werden darf. Die Gesamtmenge des zulässigen Ausstoßes wird in Teile gestückelt. Die Teilmengen werden durch Umweltzertifikate verbrieft. Die Zertifikate können verkauft, an den Meistbietenden versteigert oder auch unentgeltlich den Unternehmen der Region zugeteilt werden. Nur mit einem Umweltzertifikat hat ein Unternehmen das Recht, die Umwelt in dem zugestandenen Höchstmaß zu verschmutzen.

**Rollen:**

*Moderator*

Er hat die Aufgabe,

- den Vorschlag kurz vorzustellen,
- die Reihenfolge des Ablaufs festzulegen, den Beteiligten das Wort zu erteilen und auf die Einhaltung der Redezeit zu achten,
- vor Beginn der Diskussionsrunde und nach Beendigung der Diskussionsrunde eine Abstimmung über die Frage beim Publikum durchzuführen und das Ergebnis bekannt zu geben,
- am Ende der Diskussionsrunde festzustellen, ob durch die Diskussionsrunde Umstimmungen im Publikum bewirkt wurden. Er fordert je eine Person, die vor der Diskussion mit Ja, jetzt aber mit Nein abstimmt, und eine Person, die vor der Diskussionsrunde mit Nein, jetzt aber mit Ja stimmt, zu einer Begründung ihrer Meinungsänderung auf.

*Pro-Anwalt*

Aufgaben:

- Er stellt in seinem Plädoyer die Vorteile des Vorschlags dar.
- Er befragt den von der Gegenpartei gestellten Sachverständigen und seinen eigenen Sachverständigen im »Zeugenstuhl«.
- Zum Ende der Diskussionsrunde fasst er die Meinung seiner Gruppe noch einmal zusammen.

*Kontra-Anwalt*

Aufgaben:

- Er stellt zu Beginn der Diskussionsrunde ökonomische und ethische Bedenken gegen die Vermarktung von Verschmutzungsrechten dar. Er verweist auf die Möglichkeit von Ökosteuern und Umweltabgaben.
- Er befragt den von der Gegenpartei gestellten Sachverständigen und seinen eigenen Sachverständigen im »Zeugenstuhl«.
- Zum Ende der Diskussionsrunde fasst er die Meinung seiner Gruppe noch einmal zusammen.

*Sachverständiger Pro*

Der Sachverständige ist Landesvorsitzender der Aktionsgemeinschaft »Ökosoziale Marktwirtschaft«.

- Er bereitet sich darauf vor, auf die Fragen des gegnerischen Anwalts Antworten zu geben, die das Publikum für seine Pro-Haltung gewinnen könnten. Er rechnet damit, dass der gegnerische Anwalt in der Befragung auch die Vorteile von Ökosteuern und Umweltabgaben entgegenstellen wird.
- Er legt in einer Aussprache mit dem Pro-Anwalt die Fragen fest, die ihm gestellt werden, und bereitet sich auf ihre Beantwortung vor.

*Sachverständiger Kontra*

Der Sachverständige ist Geschäftsführer einer Brauerei, die Bier überwiegend in Dosen aus Weißblech abfüllt und den Versand im Gesamtgebiet der Bundesrepublik mit eigenen Lastwagen durchführt.

- Er bereitet sich darauf vor, auf die Fragen des gegnerischen Anwalts Antworten zu geben, die das Publikum für seine Kontra-Haltung gewinnen könnte.
- Er legt in einer Aussprache mit dem Kontra-Anwalt die Fragen fest, die ihm gestellt werden, und bereitet sich auf ihre Beantwortung vor.

## 10.15  Staatliche Umweltpolitik: Wirtschaftsordnung – Marktversagen – Soziale Kosten – Öffentliche Güter – Trittbrettfahrer-Problem

Die beiden **Länder A** und **B** bilden zusammen mit mehreren Nachbarländern eine Wirtschaftsgemeinschaft. Die Mitgliedsländer haben einen gemeinsamen Binnenmarkt eingeführt, sodass zwischen ihnen ein freier Waren- und Kapitalverkehr ohne Zollschranken, ohne Devisenbestimmungen und ohne sonstige Handelshemmnisse herrscht.

Die **Länder A** und **B** sind durch den Grenzfluss **Rio** voneinander getrennt. Im oberen Flusslauf befindet sich auf beiden Seiten je eine Papierfabrik. Beide Fabriken leiten bisher ihre Abwässer ungeklärt in den **Rio.**

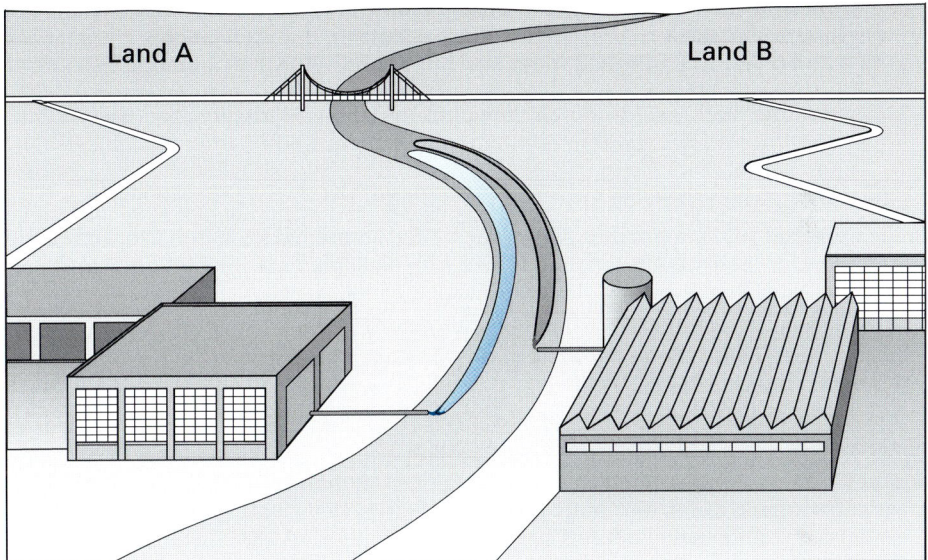

Im **Land A** wird eine äußerst liberale Wirtschaftspolitik mit möglichst wenig staatlichen Eingriffen in das Wirtschaftsgeschehen betrieben. Im **Land B** wurde nach den letzten Wahlen eine Koalitionsregierung gebildet, an der auch eine ökologisch orientierte Partei beteiligt ist.

### 1. Situation (Lösungsversuch 1)

Die Regierung im **Land B** weist darauf hin, dass durch die Wasserverschmutzung erhebliche Nachteile für die Allgemeinheit entstehen, die nicht länger tragbar seien. Die Papierfabrik im **Land B** wird daher aufgefordert, auf ihrem Betriebsgelände eine Kläranlage zu bauen und nur noch gefiltertes Wasser in den **Rio** zurückzuleiten. Für die dazu nötige Investition stellt die Regierung ein zinsgünstiges Darlehen sowie Steuervergünstigungen durch verbesserte Abschreibungsmöglichkeiten in Aussicht.

1.1  Bei der Beseitigung von Umweltschäden wird zwischen **Verursacherprinzip** und **Gemeinlastprinzip** unterschieden.

▶      Wo sind die Umweltschutzmaßnahmen der Regierung des **Landes B** einzuordnen?

▶ 1.2  Welche Nachteile für die Allgemeinheit kann die Regierung des **Landes B** bei der Begründung ihres Vorgehens gemeint haben?

▶ 1.3 Warum werden solche Nachteile für die Allgemeinheit, die durch Umweltbelastung entstehen, als **soziale Kosten** (social costs) bezeichnet? Berücksichtigen Sie dabei, wer diese Kosten verursacht und wer sie zu tragen hat.

    1.4 Die Papierfabrik im **Land B** kommt der Aufforderung der Regierung nicht nach. Sie argumentiert damit, dass der Bau einer Kläranlage zu einer Verschlechterung der Wettbewerbssituation und zum Verlust von Absatzmärkten führen würde.

▶     Auf welchen betriebswirtschaftlichen Überlegungen beruht diese Argumentation?

▶ 1.5 Welche Auswirkungen könnten sich für die angestrebte Reinhaltung des **Rio** ergeben, wenn die **Regierung B** die Papierfabrik zum Bau der Kläranlage zwingt und sich die von der Papierfabrik geäußerten Befürchtungen tatsächlich bewahrheiten?

▶ 1.6 Warum sind die Möglichkeiten der **Regierung B,** die Papierfabrik vor dem befürchteten Verlust von Absatzmärkten zu schützen, dadurch eingeschränkt, dass die **Länder A** und **B** Mitglieder der beschriebenen Wirtschaftsgemeinschaft sind?

▶ 1.7 Könnten die Verbraucher durch umweltfreundliches Verhalten den Befürchtungen und Vorbehalten der Papierfabrik beim Bau der Kläranlage entgegenwirken?

## 2. Situation (Lösungsversuch 2)

Beide Papierfabriken leiten ihre Abwässer weiterhin ungeklärt in den **Rio.** Durch die zunehmende Wasserverschmutzung fühlen sich verschiedene Bevölkerungsgruppen in beiden Ländern inzwischen stark belastet:

– Am unteren Flusslauf kann kaum noch Wasser- und Angelsport ausgeübt werden, sodass die Kioske, Bootsvermieter und Ausflugsrestaurants erhebliche Umsatzeinbußen haben.

– Für die Anrainer vermindert sich der Freizeitwert der Grundstücke, was sich in sinkenden Grundstückspreisen niederschlägt.

– Die Trinkwasserversorgung ist in einigen Gemeinden beeinträchtigt. Die Trinkwasseraufbereitung durch die Gemeinden führt inzwischen zu erheblichen Mehrkosten und damit zu höheren Leitungswassergebühren für die Verbraucher.

– Bei den Flussfischern haben sich die Fangmengen drastisch verringert.

Sowohl im **Land A** als auch im **Land B** bildet sich daher eine **Interessengemeinschaft** »**Sauberer Rio**«. Die Interessengemeinschaften A und B haben beide das Ziel, die Papierfabriken zum Bau einer gemeinsamen Kläranlage im oberen Flusslauf zu veranlassen. Die Papierfabriken sind dazu bereit, wenn sie zur Finanzierung der Investitionskosten einen Zuschuss von **insgesamt** 5 GE erhalten. Der Bau der Kläranlage würde für **jede der beiden** Interessengemeinschaften zu einer Nutzensteigerung in Höhe von 4 GE (z. B. in Form von Mehreinnahmen, Wertsteigerungen oder Kostensenkungen) führen.

Jede der beiden Interessengemeinschaften A und B hat zwei Strategien zur Auswahl:

Strategie 1 (S$_1$): Bereitschaft zur Zahlung

Das hat zur Folge, dass der Zuschuss ganz (5 GE) oder zur Hälfte (2,5 GE) gezahlt werden muss.

Strategie 2 (S$_2$): Keine Zahlung

Es wird vielmehr darauf gehofft, dass die andere Interessengemeinschaft den erforderlichen Zuschuss vollständig zahlt (5 GE).

Somit ergeben sich vier mögliche Strategiekombinationen mit verschiedenen Vor- oder Nachteilen für die beiden Interessengemeinschaften (IG). Die Vor-/Nachteile der IG A werden in der linken unteren Ecke, die Vor/Nachteile der IG B in der rechten oberen Ecke der vier Felder eingetragen.

| | | IG B | |
|---|---|---|---|
| | | Zahlen ($S_{B1}$) | Nicht zahlen ($S_{B2}$) |
| IG A | Zahlen ($S_{A1}$) | 1,5                           1,5 | −1 |
| | Nicht zahlen ($S_{A2}$) | | |

**Beispiel:**
Strategiekombination ($S_{A1}/S_{B1}$): IG A und IG B zahlen
Jede IG muss in diesem Fall die Hälfte des Zuschusses, nämlich 2,5 GE, zahlen.
Vorteil (netto) = Nutzungszuwachs (4) – Kosten (2,5) = 1,5 GE

▶ 2.1  Ermitteln Sie für die übrigen Strategiekombinationen die Vor-/Nachteile für die beiden Interessengemeinschaften nach obigem Muster.

▶ 2.2  Erläutern Sie die Strategiekombination, die aus Sicht der **Interessengemeinschaft A** am günstigsten ist.

▶ 2.3  Erläutern Sie die Strategiekombination, die aus Sicht der **Interessengemeinschaft B** am günstigsten ist.

▶ 2.4  Zu welcher Strategiekombination wird das Verhalten der beiden Interessengemeinschaften vermutlich führen? Begründen Sie dieses Verhalten und erläutern Sie das Ergebnis.

▶ 2.5  Das zu erwartende Verhalten der Interessengemeinschaften wird auch als **Trittbrettfahrer-Problem** (Free-rider-Problem) bezeichnet. Erläutern Sie diesen Begriff anhand des vorliegenden Beispiels.

**3. Situation (Lösungsversuch 3)**

Nachdem weder die Investitionsanreize der Regierung des **Landes B** noch die Initiativen der beiden lnteressengemeinschaften zum Erfolg geführt haben, stimmen sich beide Länder in ihrem Vorgehen ab. Sie haben erkannt, dass nationale Einzelmaßnahmen beim Umweltschutz weitgehend wirkungslos sind. Die beiden Papierfabriken werden von beiden Regierungen aufgefordert, gemeinsam ein privates Klärwerk im oberen Flusslauf zu errichten, das die gesamten Abwässer reinigt. Wenn dieser Aufforderung nicht nachgekommen wird, erheben beide Regierungen eine kostendeckende Gebühr in gleicher Höhe für die Reinigung des Wassers durch ein staatliches Klärwerk. Die beiden Papierfabriken müssen sich also entscheiden, ob sie ihre Abwässer selbst reinigen oder die Reinigungsgebühr an den Staat zahlen wollen. Die Gebühren im Fall staatlicher Reinigung belaufen sich auf 6 GE für jedes Unternehmen. Bau und Betrieb einer privaten Kläranlage würde jährlich **Gesamtkosten** von 10 GE verursachen.

▶ 3.1  Halten Sie die staatliche Einflussnahme im vorliegenden Fall für gerechtfertigt?

▶ 3.2  Welche Lösung wäre für die einzelne Papierfabrik im vorliegenden Fall am günstigsten?

▶ 3.3  Wie werden sich die beiden Papierfabriken voraussichtlich verhalten? Begründen Sie Ihre Aussage.

## 4. Ergebnis

Ein wesentliches Funktionsmerkmal der Marktwirtschaft wird von **Adam Smith** (1723–1790), dem Begründer der klassischen Volkswirtschaftslehre und Vorreiter marktwirtschaftlichen Denkens, wie folgt beschrieben:

> „Stets sind alle Menschen darauf bedacht, die für sie vorteilhafteste Anlage ihrer Kapitalien ausfindig zu machen. In der Tat hat jeder dabei nur seinen eigenen Vorteil, nicht aber das Wohl der gesamten Volkswirtschaft im Auge. Aber dieses Erpichtsein auf seinen eigenen Vorteil führt ihn von selbst – oder besser gesagt – notwendigerweise dazu, derjenigen Kapitalanlage den Vorzug zu geben, die zu gleicher Zeit für die Volkswirtschaft als Ganzes am vorteilhaftesten ist. Verfolgt er nämlich sein eigenes Interesse, so fördert er damit das Gesamtwohl viel nachhaltiger, als wenn die Verfolgung des Gemeinwohls unmittelbar sein Ziel wäre. Ich habe nie viel Gutes von denen gehalten, die angeblich für das allgemeine Beste tätig waren."

A. Smith, An Inquiry into the Nature and Causes of the Wealth of Nations, 1776
zitiert nach: Untersuchungen über Natur und Ursprung des Volkswohlstandes. Braunschweig 1949, S. 24 ff.

4.1 Es wird behauptet, die Umweltverschmutzung sei auf ein Versagen des Marktes zurückzuführen, da für den Umweltbereich das von **A. Smith** beschriebene Verhältnis von Eigen- und Gesamtnutzen nicht zutreffe.

▶      Nehmen Sie dazu Stellung und prüfen Sie die Aussage anhand von Situation 1.

▶ 4.2 Warum ist bei Situation 3 durch die Verfolgung von Eigeninteressen gleichzeitig eine Erhöhung des Gemeinwohls möglich?

▶ 4.3 Erläutern Sie an einem selbst gewählten Beispiel, dass die Aussage von **A. Smith** in einer Marktwirtschaft auch ohne staatliche Eingriffe zutreffend sein kann.

# Teil B

## *Lernsituationen*

## Unternehmensprofil der Werkzeuge und Teile GmbH

Die Werkzeuge und Teile GmbH ist ein mittelständisches Unternehmen, das Werkzeuge und Bauteile aller Art herstellt und an Unternehmen sämtlicher Branchen verkauft. Ein breites Angebot an Handelswaren rundet das Sortiment der Werkzeuge und Teile GmbH ab. Das Unternehmen besteht seit 32 Jahren und muss sich gegen zahlreiche Wettbewerber behaupten.

Der Firmensitz befindet sich in Esslingen am Neckar in der Baumeisterstraße 125.

Der Verkauf der Werkzeuge und Bauteile erfolgt auf direktem Absatzweg durch die Vertriebsabteilung sowie durch mehrere Außendienstmitarbeiter in ganz Deutschland.

Die Werkzeuge und Teile GmbH verfügt über vier firmeneigene Lkws, die für Lieferungen in Baden-Württemberg zur Verfügung stehen. Für Lieferungen außerhalb von Baden-Württemberg arbeitet das Unternehmen mit verschiedenen Speditionen zusammen.

Die Leitung der Werkzeuge und Teile GmbH wird von den beiden Gesellschaftern Annika Traub und Moritz Meister gemeinsam wahrgenommen.

# B 1 Rechtliche Grundlagen

## 1.1 Lieferungsverzug

### Situation

Zu Beginn des Monats April erhielt die Werkzeuge und Teile GmbH einen Großauftrag von einem Kunden, mit dem es eine langjährige und gute Geschäftsbeziehung unterhält (= A-Kunde). Das Auftragsvolumen beträgt 12.000 EUR. Den für diesen Auftrag erforderlichen Werkzeugstahl bezieht die Werkzeuge und Teile GmbH seit Jahren vom Metallhändler Winkelmann & Söhne GmbH in Rastatt.

Sie sind Auszubildende/-r zur Industriekauffrau/-kaufmann im ersten Ausbildungsjahr bei der Werkzeuge und Teile GmbH. Sie sollen in dieser Woche mit Frau Funk, die sich bereits im dritten Ausbildungsjahr befindet und seit einigen Wochen im Einkauf eingesetzt ist, zusammenarbeiten. Sie ist für diesen Auftrag zuständig und bestellte am 04.04.20XX den benötigten Werkzeugstahl bei der Firma Winkelmann & Söhne GmbH (Anlage 1). Am 06.04.20XX erhielt Frau Funk eine entsprechende Auftragsbestätigung (Anlage 2).

### Aufträge

**Übergeordneter Handlungsauftrag mit Handlungsprodukt:**

Überprüfen Sie, ob sich die Firma Winkelmann & Söhne GmbH im Lieferungsverzug befindet und welche Rechte wir als Kunde gegebenenfalls geltend machen können.

Entwerfen Sie ein Schreiben, in dem Sie Ihre Erwartungen und Forderungen zum Ausdruck bringen.

*Rechtsgrundlagen: BGB §§ 271, 276, 280, 286, 323; HGB § 377*

**Handlungsaufträge:**

1. Am Morgen des 16.04. öffnet Susanne Funk in ihrem E-Mail-Programm eine Nachricht mit „hoher Wichtigkeit" aus der Produktion (Anlage 3).

   a) Erklären Sie, ob und gegebenenfalls wann ein Kaufvertrag zwischen der Werkzeuge und Teile GmbH und der Winkelmann & Söhne GmbH zustande gekommen ist.

   b) Prüfen Sie mithilfe der §§ 271, 276 und 286 BGB, ob sich die Firma Winkelmann & Söhne GmbH im Lieferungsverzug befindet.

   c) Erläutern Sie Herrn Schlog, warum ein Rücktritt vom Kaufvertrag zu diesem Zeitpunkt nicht möglich ist (§ 323 BGB).

2. Die Prüfung hat ergeben, dass sich die Firma Winkelmann & Söhne GmbH im Lieferungsverzug befindet. Allerdings weiß Susanne Funk nicht, wie sie nun weiter vorgehen soll. Deshalb wendet sie sich an ihre Kollegin Frau Mildenberger.

   Susanne Funk:
   *„Frau Mildenberger, Sie wissen doch, dass wir dringend Werkzeugstahl für einen Großauftrag brauchen? Leider hat der Lieferant nicht vereinbarungsgemäß geliefert."*

   Frau Mildenberger:
   *„Wer ist denn der Lieferant?"*

   Susanne Funk:
   *„Die Winkelmann & und Söhne GmbH."*

   Frau Mildenberger:
   *„Oh! Das ist eigentlich ein sehr zuverlässiger Lieferant. Mit dem arbeiten wir schon seit vielen Jahren zusammen. Das wundert mich wirklich."*

Susanne Funk:

> „Was soll ich jetzt machen? Herr Schlog aus der Produktion macht schon mächtig Druck. Die brauchen den Werkzeugstahl wirklich dringend."

Frau Mildenberger:

> „Ich würde den Lieferanten anschreiben."

Susanne Funk:

> „Und was soll ich da schreiben?"

Frau Mildenberger:

> „Als Erstes müssen Sie das Problem erläutern, damit die auch wissen, um was es geht. Wichtig ist, dass Sie sehr höflich sind, denn Winkelmann & Söhne ist ein wichtiger Partner für uns."

Susanne Funk:

> „Ja, o.k. Kein Problem."

Frau Mildenberger:

> „Zum Zweiten müssen Sie ihnen eine angemessene Nachfrist für die Lieferung setzen.
>
> Was meinen Sie, bis wann sollte der Stahl eintreffen, damit Herr Schlog noch rechtzeitig mit dem Auftrag fertig werden kann?"

Susanne Funk:

> „Ich denke, wenn er den Werkzeugstahl bis zum 20.04. hat, sollte es noch reichen."

Frau Mildenberger:

> „Gut, dann schreiben Sie das so. Und weisen Sie noch darauf hin, dass wir uns sonst gezwungen sehen, den Stahl bei einem anderen Lieferanten kurzfristig zu einem 15 % höheren Preis zu beschaffen."

Susanne Funk:

> „O.k., dann weiß ich Bescheid. Ich setz mich gleich dran.
> Vielen Dank, Frau Mildenberger."

Frau Mildenberger:

> „Gern geschehen!"

Entwerfen Sie ein höfliches Schreiben an die Winkelmann & Söhne GmbH, in dem Sie Ihre Forderungen und Erwartungen bzgl. der Bestellung BS 41009 zum Ausdruck bringen. Das Schreiben muss so abgefasst sein, dass es die bislang guten Geschäftsbeziehungen nicht beeinträchtigt.

3. Der Werkzeugstahl ist am 20.04.20XX immer noch nicht eingetroffen. Aufgrund des zeitlich drängenden Kundenauftrags entscheidet Herr Dieter, Abteilungsleiter Einkauf, auf die Lieferung der Winkelmann & Söhne GmbH zu verzichten und das Material bei einem anderen Lieferanten zu bestellen. Zusätzlich verlangt er von der Winkelmann & Söhne GmbH die Erstattung der Mehrkosten, die dadurch entstehen.

   a) Begründen Sie mithilfe der §§ 280 ff. und 323 BGB, ob er dazu berechtigt ist.

   b) In welcher Höhe ist der Werkzeuge und Teile GmbH aufgrund des neu abgeschlossenen Kaufvertrages ein Schaden entstanden (Anlage 4)?

4. Am 17.04.20XX erhalten Sie von Herrn Schlog aus der Produktion erneut eine E-Mail (Anlage 5).

   Erklären Sie Herrn Schlog mithilfe des § 377 HGB, warum es notwendig ist, eingehende Waren unverzüglich zu prüfen.

5. Nennen Sie drei Maßnahmen, die ergriffen werden könnten, um Terminverzögerungen in Zukunft zu vermeiden.

Anlage 1

# Werkzeuge und Teile GmbH

Werkzeuge und Teile GmbH, Baumeisterstr. 125, 73730 Esslingen

Winkelmann & Söhne GmbH
Industriegebiet 34
76532 Rastatt

| | |
|---|---|
| Name: | Susanne Funk |
| Telefon: | 0711/3924-39 |
| Telefax: | 0711/3924-02 |
| E-Mail: | s.funk@WuT.de |
| Internet: | www.WuT.de |
| | |
| Datum: | 04.04.20XX |

## Bestellung Nr. 41009

Sehr geehrte Frau Stein,

wir benötigen für einen Großauftrag dringend folgenden Werkzeugstahl.

| Nr. | Art-Nr | Beschreibung | Menge | Einheit |
|---|---|---|---|---|
| 1 | 400002 | Werkzeugstahl (rund) 15 mm - 1,41 kg/m | 2.000 | kg |
| | | | | |

Bitte liefern Sie uns den Werkzeugstahl bis zum 15.04.20XX.

Mit freundlichen Grüßen

*Susanne Funk*

Susanne Funk

Werkzeuge und Teile GmbH
Einkauf

| GESCHÄFTSFÜHRUNG | KONTAKT | HANDELSREGISTER | BANKVERBINDUNG: | FINANZAMT ESSLINGEN |
|---|---|---|---|---|
| Annika Traub | Telefon: +49 711 2004-0 | Amtsgericht Esslingen | IBAN: DE97 6000 6600 1234 5678 00 | Steuernummer: 265657815 |
| Moritz Meister | E-Mail: info@WuT.de | HRB 4526598 | BIC: SOLADEST | USt.-ID-Nr.: DE 225688913 |
| | Internet: www.WuT.de | | Bank: S-Bank Esslingen | |

Anlage 2

**Winkelmann & Söhne**

Winkelmann & Söhne GmbH * Industriegebiet 34 * 76532 Rastatt

Werkzeuge und Teile GmbH
Baumeisterstr. 125
73730 Esslingen

06. April 20XX

| Ihre Nachricht vom | unsere Zeichen | Telefon | Name |
|---|---|---|---|
| 04.04.20XX | BS-41009 | +49 07222 2256-10 | Fr. H. Stein |

**Auftragsbestätigung 47/23**

Sehr geehrte Frau Funk,

anbei bestätigen wir Ihre Bestellung (Nr. 41009) vom 04.04.20XX.

| Nr. | Art-Nr | Beschreibung | Menge | Einheit | VK-Preis | Rabatt | USt % | Betrag in EUR |
|---|---|---|---|---|---|---|---|---|
| 1 | 400002 | Werkzeugstahl (rund) 15 mm - 1,41 kg/m | 2.000 | kg | 1,61 | | | 3.220,00 |
| | | | | | | | 19 | 611,80 |
| | | | | | | Total EUR | | 3.831,80 |

Zahlungsbedingung:  10 Tage / 2 % Skonto / 30 Tage Ziel
Lieferbedingung:  frei Haus bis zum 15.04.20XX

Mit freundlichem Grüßen

*i. A. Hannelore Stein*

Hannelore Stein
Winkelmann & Söhne GmbH

| Geschäftsräume | Kontakt | | Bankverbindung | |
|---|---|---|---|---|
| Industriegebiet 34 | Tel: | +49 7222 2256-0 | Bank: | Postbank |
| 76532 Rastatt | Fax: | +49 7222 2256-01 | Bankort: | Rastatt |
| Geschäftsführer: Frank Winkelmann | E-Mail: | Winkelmann@mail.de | IBAN: | DE18 8520 8200 2121 4623 00 |
| Amtsgericht Rastatt HRB 92826 | Internet: | www.winkelmann-stahl.de | BIC.: | PBNKDEFF |

**Interne Daten**

Anlage 3

| ✉ **Posteingang** | erhalten am: 16.04.20XX 07:38 Uhr |
|---|---|
| ⓘ Diese Nachricht wurde mit Wichtigkeit „Hoch" gesendet. | |
| von: | h.schlog@WuT.de |
| an: | s.funk@WuT.de |
| Betreff: | Bestellung Werkzeugstahl |
| Anhang: 📄 | |

Hallo liebe Frau Funk,

wir haben ein großes Problem! Der Werkzeugstahl für den Kundenauftrag A-8265 ist nicht geliefert worden. Er sollte gestern geliefert werden, damit wir rechtzeitig mit der Produktion beginnen können. Ich habe soeben noch mit einem Mitarbeiter von Winkelmann gesprochen, er meinte, sie haben ihre Software umgestellt und dass es da zu Schwierigkeiten bei der Synchronisation der Aufträge gekommen sei.

Wir stehen unter enormem Zeitdruck, denn wir müssen am 29.04. mit der Produktion der Werkzeuge für den Auftrag A-8265 fertig sein und brauchen ca. 8 Tage.

Da sich die Firma Winkelmann & Söhne in Lieferungsverzug befindet, können Sie ihr gleich mitteilen, dass wir vom Vertrag zurücktreten und den Werkzeugstahl bei einem anderen Lieferanten bestellen werden, auch wenn das mehr kosten sollte.

Vielen Dank und freundliche Grüße
H. Schlog
_____

**Werkzeuge und Teile GmbH**
Produktion Werkzeuge

Anlage 4

## Werkzeuge und Teile GmbH

### Handbuch für Mitarbeiter – Einkauf

#### KAPITEL F – SCHADENSBERECHNUNG BEI LIEFERUNGSVERZUG

Entsteht uns durch den Lieferungsverzug eines Lieferanten ein Schaden, sind wir berechtigt Schadenersatz zu verlangen. Wir müssen allerdings den Schaden durch eine Schadenberechnung nachweisen.

Man unterscheidet zwei Schadensarten:

(1) <u>Konkreter Schaden:</u> Wir müssen zum Beispiel aufgrund der nicht gelieferten Waren einen Deckungskauf (ersatzweise Beschaffung der Ware von einem anderen Lieferanten) vornehmen. Der Schaden ergibt sich hierbei aus der Differenz des Rechnungsbetrages des alten Lieferanten und des Ersatzlieferanten zuzüglich der bei uns entstandenen Kosten für Angebotsprüfung bzw. Bestellung.

(2) <u>Abstrakter Schaden:</u> Ist uns durch den Lieferungsverzug ein Gewinn entgangen, können wir diesen dem Lieferanten in Rechnung stellen. Von einem abstrakten Schaden spricht man nur, wenn auf Lager gefertigt wird. Konnten konkrete Kundenaufträge nicht ausgeführt werden, handelt es sich um einen konkreten Schaden.

   <u>HINWEIS:</u> Die Ermittlung des abstrakten Schadens bereitet große Schwierigkeiten. Aus diesem Grund vereinbaren viele Unternehmen eine Vertragsstrafe (Konventionalstrafe). Hierbei muss der Lieferant für jeden Tag des Verzugs einen bestimmten Geldbetrag oder Prozentsatz vom Warenwert zahlen.

Anlage 5

| <br>**Posteingang** | erhalten am:<br>17.04.20XX  09:15 Uhr |
|---|---|
| **von:** | h.schlog@WuT.de |
| **an:** | s.funk@WuT.de |
| **Betreff:** | Lieferung Werkzeugstahl |
| **Anhang:** | |

Hallo liebe Frau Funk,

ich würde sagen, damit es bei der Lieferung des Werkzeugstahls für den Auftrag A-8265 nicht zu weiteren Verzögerungen kommt, wäre es doch sinnvoll, wenn die Lieferung gleich in Halle 4 (Produktion Werkzeuge) erfolgt und nicht erst in den Wareneingang kommt. Was dort alles gemacht wird, kostet doch nur unnötig Zeit.

Können Sie das bitte in die Wege leiten.

Vielen Dank und freundliche Grüße
H. Schlog

---

**Werkzeuge und Teile GmbH**
Produktion Werkzeuge

## *1.2* Zahlungsverzug

### Situation

Zu Beginn des Monats April erhielt die Werkzeuge und Teile GmbH einen Großauftrag von einem langjährigen Kunden mit einem Auftragsvolumen von 30.000 EUR. Den für diesen Auftrag erforderlichen Werkzeugstahl bezieht die Werkzeuge und Teile GmbH seit Jahren vom Metallhändler Winkelmann & Söhne GmbH in Rastatt.

Sie sind Auszubildende/-r zur Industriekauffrau/-kaufmann im dritten Lehrjahr bei der Werkzeuge und Teile GmbH und seit einigen Wochen im Einkauf eingesetzt. Sie sind für diesen Auftrag zuständig und bestellten am 04.04.20XX den benötigten Werkzeugstahl bei der Firma Winkelmann & Söhne GmbH. Am 15.04.20XX wurde das Material mit der Rechnung geliefert (Anlage 1).

### Aufträge

**Übergeordneter Handlungsauftrag mit Handlungsprodukt:**

Überprüfen Sie, ob sich die Werkzeuge und Teile GmbH im Zahlungsverzug befindet und welche Ansprüche der Gläubiger gegebenenfalls geltend machen kann.

*Rechtsgrundlagen: BGB §§ 187, 188, 247, 270, 271, 286, 323, 499, 675s*

**Handlungsaufträge:**

Hinweis: Bei der Lösung der nachfolgenden Aufgaben bleiben Feiertage und Wochenenden unberücksichtigt.

1. Am 06.06.20XX erhalten Sie ein Schreiben der Winkelmann & Söhne GmbH (Anlage 2).

a) Prüfen Sie mithilfe der §§ 187, 188, 270 und 286 (3) BGB, ob die Werkzeuge und Teile GmbH auch ohne Mahnung in Zahlungsverzug gekommen ist, wenn sie ihrer Bank am 30.05.20XX den Überweisungsauftrag erteilt hat.

b) Auf eine Anfrage bei der Hausbank der Werkzeuge und Teile GmbH, wie lange eine Überweisung dauern kann, erhalten wir per E-Mail folgende Antwort (siehe Anlage 3).

Begründen Sie, wann der Überweisungsauftrag hätte erteilt werden müssen, damit die Zahlung rechtzeitig erfolgt.

c) Begründen Sie, ob die Verzugszinsen in der geforderten Höhe berechtigt sind (§§ 247, 288 BGB, Anlage 4).

d) Prüfen Sie, welche Änderungen sich ergeben, wenn die Werkzeuge und Teile GmbH ihrer Bank den Überweisungsauftrag bereits am 14.05.20XX erteilt hat, die Gutschrift bei der Winkelmann & Söhne GmbH aber erst am 20.05.20XX erfolgt.

2. Prüfen Sie mithilfe des § 323 BGB, ob die Winkelmann & Söhne GmbH vom Kaufvertrag hätte zurücktreten können, als sie feststellte, dass die Werkzeuge und Teile GmbH die Rechnung 58/67 nicht fristgerecht beglichen hat.

3. Im Kaufvertrag zwischen der Werkzeuge und Teile GmbH und der Winkelmann & Söhne GmbH wurde zusätzlich folgende Vereinbarung getroffen:

*„Bis zur vollständigen Bezahlung des Kaufpreises bleibt die Ware trotz Übergabe an den Käufer das Eigentum der Winkelmann & Söhne GmbH. Der Käufer verpflichtet sich für die Dauer des Eigentumsvorbehaltes zu einer sachgemäßen Lagerung."*

Erklären Sie, welche Vorteile die Vereinbarung des Eigentumsvorbehaltes bei Nichtzahlung bzw. Insolvenz des Schuldners für den Gläubiger (Verkäufer) hat (§ 449 BGB).

4. Erläutern Sie drei Gründe, warum die Winkelmann & Söhne GmbH – sowie die Werkzeuge und Teile GmbH – auf eine pünktliche Zahlung ihrer Ausgangsrechnungen angewiesen sind.

**Externe Daten**

Anlage 1

---

# Winkelmann & Söhne

Winkelmann & Söhne GmbH * Industriegebiet 34 * 76532 Rastatt

Werkzeuge und Teile GmbH                                                      15. April 20XX
Baumeisterstr. 125
73730 Esslingen

| Ihre Nachricht vom | unsere Zeichen | Telefon | Name |
|---|---|---|---|
| 04.04.20XX | BS-41009 | +49 07222 2256-10 | Hr. O. Hannawald |

## Rechnung 58/67

Sehr geehrte Damen und Herren,

aufgrund Ihres Auftrags (BS-41009) stellen wir Ihnen folgende Artikel in Rechnung:

| Nr. | Art-Nr | Beschreibung | Menge | Einheit | VK-Preis | Rabatt | USt % | Betrag in EUR |
|---|---|---|---|---|---|---|---|---|
| 1 | 400002 | Werkzeugstahl (rund) 15 mm - 1,41 kg/m | 2.500 | kg | 1,61 | | | 4.025,00 |
| 2 | 400047 | Werkzeugstahl (sechseck) 25 mm - 1,98 kg/m | 2.500 | kg | 2,08 | | | 5.200,00 |
| | | | | | | | Warenwert | 9.225,00 |
| | | | | | | | 19 | 1.752,75 |
| | | | | | | | Total EUR | 10.977,75 |

Zahlungsbedingung:     sofort

Lieferbedingung:     frei Haus

Mit freundlichem Grüßen

*i. A. O. Hannawald*

Olaf Hannawald
Winkelmann & Söhne GmbH

| Geschäftsräume | Kontakt | | Bankverbindung | |
|---|---|---|---|---|
| Industriegebiet 34 | Tel: | +49 7222 2256-0 | Bank: | Postbank |
| 76532 Rastatt | Fax: | +49 7222 2256-01 | Bankort: | Rastatt |
| Geschäftsführer: Frank Winkelmann | E-Mail: | Winkelmann@mail.de | IBAN: | DE18 8520 8200 2121 4623 00 |
| Amtsgericht Rastatt HRB 92826 | Internet: | www.winkelmann-stahl.de | BIC.: | PBNKDEFF |

Anlage 2

**Winkelmann & Söhne**

Winkelmann & Söhne GmbH * Industriegebiet 34 * 76532 Rastatt

Werkzeuge und Teile GmbH                                      06. Juni 20XX
Baumeisterstr. 125
73730 Esslingen

| Ihre Nachricht vom | unsere Zeichen | Telefon | Name |
|---|---|---|---|
| 04.04.20XX | BS-41009 | +49 07222 2256-10 | Hr. Olaf Hannawald |

**betrifft Rechnung 58/67 vom 15.04.20XX**

Sehr geehrte Damen und Herren,

der Rechnungsbetrag in Höhe von 10.977,75 EUR aus der Rechnung Nr. 58/67 wurde unserem
Konto bei der Postbank Rastatt mit Wert 31.05.20XX verspätet gutgeschrieben. Damit befinden
Sie sich seit dem 16.05.20XX in Zahlungsverzug. Wir bitten Sie deshalb um Überweisung der
Verzugszinsen in Höhe von 35,96 EUR auf unser Konto.

Wir möchten Sie bitten, in Zukunft auf pünktliche Zahlung zu achten.

Mit freundlichen Grüßen

i. A. O. Hannawald

Olaf Hannawald
Winkelmann & Söhne GmbH

| Geschäftsräume | Kontakt | | Bankverbindung | |
|---|---|---|---|---|
| Industriegebiet 34 | Tel: | +49 7222 2256-0 | Bank: | Postbank |
| 76532 Rastatt | Fax: | +49 7222 2256-01 | Bankort: | Rastatt |
| Geschäftsführer: Frank Winkelmann | E-Mail: | Winkelmann@mail.de | IBAN: | DE18 8520 8200 2121 4623 00 |
| Amtsgericht Rastatt HRB 92826 | Internet: | www.winkelmann-stahl.de | BIC.: | PBNKDEFF |

Anlage 3

| Posteingang | erhalten am:<br>07.06.20XX 10:26 Uhr |
|---|---|
| von: | Katrin.Schmeisser@S-Bank-Esslingen.de |
| an: | Azubi@WuT.de |
| Betreff: | Ihre Anfrage zur Überweisung vom 06.06.20XX |
| Anhang: | |

Sehr geehrter Auszubildender,

wir danken Ihnen für Ihre Nachricht bezüglich unserer Ausführungsfristen.

Gemäß § 675s BGB beträgt die Ausführungsfrist für eine beleglose Überweisung (per Online-Banking, Datenfernübertragung und telefonischer Kundenservice) in EUR innerhalb von Deutschland und dem Europäischen Wirtschaftsraum (EWR) maximal 1 Bankarbeitstag und für eine beleghafte Überweisung maximal 2 Bankarbeitstage. Wochenende und Feiertage sind keine Bankarbeitstage.

Sie haben die Möglichkeit sich über alle tagesaktuellen Konditionen und Preise zu S-Bank-Produkten auf unserer Webseite zu informieren. Gehen Sie dazu bitte einfach auf: http://www.S-Bank-Esslingen.de/konditionen-preise.html

Wir hoffen, dass wir Ihnen mit diesen Informationen helfen konnten, und wünschen Ihnen einen angenehmen Tag.

Mit freundlichen Grüßen

Ihre S-Bank Esslingen

Katrin Schmeisser

Anlage 4

**Bundesanzeiger**

Herausgegeben vom
Bundesministerium der Justiz

**Mitteilung Nr. 1002/2013**
**Bekanntmachung**
**über den Stand des Basiszinssatzes ab 1. Januar 2014**
**Vom 30. Dezember 2013**

Auf Grund von § 247 Absatz 2 des Bürgerlichen Gesetzbuchs gibt die Deutsche Bundesbank bekannt, dass sich der seit 1. Juli 2013 −0,38 % betragende Basiszinssatz zum 1. Januar 2014 von −0,38 % auf −0,63 % vermindert.

Frankfurt am Main, den 30. Dezember 2013

DEUTSCHE BUNDESBANK

Dr. Nagel Bartholomae

Quelle: https://www.bundesanzeiger.de (Abruf am 04.01.2014)

Anlage 5

# Werkzeuge und Teile GmbH

## Handbuch für Mitarbeiter – Einkauf

### KAPITEL H – NICHT RECHTZEITIGE ZAHLUNG VERSUS ZAHLUNGSVERZUG

Mit Abschluss eines Kaufvertrages verpflichtet sich der Käufer, den vereinbarten Kaufpreis zu bezahlen. Das kann sofort nach der Lieferung, nach Ablauf einer bestimmten Frist (Zahlungsziel) oder in Raten zu vereinbarten Terminen erfolgen.

❖ Eine *nicht rechtzeitige Zahlung* liegt vor, wenn der Käufer seine Zahlungsverpflichtungen aus einem Kaufvertrag nicht zu dem vorgesehenen Zeitpunkt bzw. nicht innerhalb einer bestimmten Frist erfüllt hat.

Der Käufer zahlt rechtzeitig, wenn der Gläubiger den Geldbetrag innerhalb der Zahlungsfrist erhalten hat (Geldschulden sind Bringschulden).

❖ Hat der Käufer die nicht rechtzeitige Zahlung zu vertreten, so handelt es sich um *Zahlungsverzug* (Schuldnerverzug des Käufers).

Voraussetzungen des Zahlungsverzugs:

(1) **Fälligkeit:** Die Fälligkeit bemisst sich nach der Leistungszeit (§ 271 BGB). Wurde für die Fälligkeit der Zahlung kein kalendermäßiger Zeitpunkt vereinbart, so ist die Zahlung sofort fällig.

(2) **Mahnung** (Leistungsaufforderung) bzw. **30-Tages-Frist:** Eine Mahnung ist eine Aufforderung an den Schuldner, die Leistung zu erbringen.

In bestimmten Fällen kommt der Schuldner auch ohne Mahnung in Zahlungsverzug. Eine Mahnung ist unter folgenden Voraussetzungen **nicht erforderlich**:

- Zahlungszeitpunkt nach dem Kalender bestimmt
- Zahlungszeitpunkt nach dem Kalender bestimmbar
- Der Geldschuldner erklärt, dass er die Zahlung nicht leisten werde.
- Die 30-Tagesfrist ist abgelaufen.

Der Geldschuldner kommt automatisch <u>spätestens</u> dann in Verzug, wenn er nicht innerhalb von 30 Tagen <u>nach Fälligkeit und Rechnungszugang</u> leistet. Durch das Wort <u>spätestens</u> wird zum Ausdruck gebracht, dass es dem Gläubiger freisteht, durch eine Mahnung einen früheren Verzugseintritt herbeizuführen.

Bei der Berechnung der 30-Tagesfrist ist zu beachten, dass die einzelnen Monate <u>taggenau</u> zu berechnen sind. Die Vereinfachungsregelung, jeden Monat mit 30 Tagen anzusetzen, findet keine Anwendung.

(3) **Vertretenmüssen:** Kann der Käufer seine Geldschuld wegen finanzieller Leistungsunfähigkeit nicht erfüllen, hat er dies auch dann zu vertreten, wenn ihn kein Verschulden trifft. Es gilt der Grundsatz: „Geld hat man zu haben." Der Käufer gerät also in diesem Fall wegen der Übernahme des Beschaffungsrisikos in Verzug. Nur in ganz seltenen Fällen – wenn z. B. der Schuldner infolge einer plötzlichen schweren Erkrankung daran gehindert ist, seine Zahlungsverpflichtungen zu erfüllen – hat er dies u. U. nicht zu vertreten und kommt demnach auch nicht in Verzug.

Die Begriffe <u>Vertretenmüssen</u> und <u>Verschulden</u> müssen streng unterschieden werden. Hat jemand eine Pflichtverletzung zu vertreten, so kann er für die Folgen verantwortlich gemacht werden. Das bedeutet aber nicht, dass er diese Pflichtverletzung auch (selbst) verschuldet haben muss.

# B2 Arbeits- und Sozialordnung

## 2.1 Quantitative Personalbedarfsplanung

Die Werkzeuge und Teile GmbH strebt ein nachhaltiges Umsatzwachstum an, daher hat die Geschäftsleitung ein externes Marktforschungsinstitut beauftragt, eine Absatzprognose für die kommenden drei Jahre zu erstellen. Dem Geschäftsführer Herrn Meister liegt nun folgendes Ergebnis vor:

---

# M A - FO - IN

Unabhängiges Marktforschungsinstitut, Stuttgart

MA-FO-IN KG • Schlossstr. 121 • 70174 Stuttgart

Werkzeuge und Teile GmbH
Baumeisterstraße 125
73730 Esslingen

| | |
|---|---|
| Name: | Nina Springer |
| Telefon: | 0711/2004-82 |
| Telefax: | 0711/2004-01 |
| E-Mail: | nina-springer@mafoin.de |
| Internet: | www.mafoin.de |
| | |
| Datum: | 02.09.20XX |

**Ergebnisbericht zur Absatzprognose „Werkzeuge und Teile GmbH"**

Sehr geehrter Herr Meister,

nachfolgend vorab die wesentlichen Ergebnisse der von Ihnen bei uns in Auftrag gegebenen Absatzprognose für die kommenden Jahre:

- Dank Ihrer konsequenten Ausrichtung auf die Bedürfnisse des Marktes sowie des erwarteten konjunkturellen Aufschwungs ist eine deutliche Absatzsteigerung zu erwarten. Im kommenden Geschäftsjahr kann diese Steigerung auf 20 % geschätzt werden.
- Aufgrund der Entwicklung des Marktes und der prognostizierten Absatzsteigerungen ist die Einrichtung der zwei von Ihnen geplanten Verkaufsniederlassungen in München und Freiburg zu befürworten.

Den ausführlichen Bericht lasse ich Ihnen im Laufe der Woche zukommen.
Vielen Dank für Ihr Vertrauen und die kooperative Zusammenarbeit.

Mit freundlichem Gruß

*Nina Springer*

Dr. Nina Springer

MA-FO-IN KG
Stuttgart

---

*Geschäftssitz: Stuttgart*
*Registergericht: Amtsgericht Stuttgart HRA 4711*

Aufgrund der Absatzprognose der MA-FO-IN KG ergibt sich folgendes Gespräch zwischen Herrn Meister und Frau Hofer, der Personalleiterin der Werkzeuge und Teile GmbH:

Herr Meister:

> *„Frau Hofer, die Ergebnisse der Absatzprognose lassen uns positiv in die Zukunft blicken. Allein für das kommende Geschäftsjahr wird ein Absatzzuwachs von 20 % erwartet. Nachdem wir in diesem Geschäftsjahr bereits unsere Fertigungsanlagen in ausreichendem Maße modernisiert und erweitert haben, ist nun zu klären, wie viele zusätzliche Mitarbeiter in der Fertigung benötigt werden, um die zusätzliche Menge produzieren zu können."*

Frau Hofer:

> *„Da haben Sie Recht, Herr Meister, das sind gute Neuigkeiten. Herr Wulf, der Leiter der Fertigung, hat mich beim Mittagessen bereits darauf angesprochen, dass er dringend weitere Mitarbeiter benötigt, wenn die Produktion ausgeweitet werden soll."*

Herr Meister:

> *„Genau. Darüber hinaus müssen auch unsere neuen Vertriebsniederlassungen in München und Freiburg mit qualifiziertem Personal besetzt werden. Bitte ermitteln Sie für das kommende Geschäftsjahr, für wie viele Stellen Personal neu beschafft werden muss (quantitativer Personalbedarf)."*

Frau Hofer:

> *„Gut, meine Mitarbeiter und ich werden uns gleich darum kümmern und frühzeitig planen. Schließlich werden einige Mitarbeiter demnächst in den Ruhestand verabschiedet, andere kommen aus der Elternzeit zurück und Azubis werden ihre Ausbildung abschließen. Gibt es noch weitere Informationen, die ich benötige?"*

Herr Meister:

> *„Ja, im Rahmen der Geschäftsprozessorientierung werden derzeit auch noch die Lagerprozesse optimiert. Die personellen Konsequenzen wird Ihnen aber Frau Bühler, unsere Abteilungsleiterin Logistik, direkt per E-Mail mitteilen."*

## Aufträge

### Übergreifender Handlungsauftrag mit Handlungsprodukt:

Sie sind im Rahmen Ihrer Ausbildung in der Personalabteilung eingesetzt. Erstellen Sie für Ihre Abteilungsleiterin Frau Hofer eine Übersicht mit den Stellen, für die im kommenden Geschäftsjahr Personal neu beschafft werden muss (quantitative Personalbedarfsplanung).

### Handlungsaufträge:

1. Entwickeln Sie ein Schema zur Ermittlung des im kommenden Geschäftsjahr benötigten gesamten Personals.
2. Erstellen Sie eine interne Mitteilung an Frau Hofer, in der Sie Ihre Ergebnisse sowie den daraus für die Personalabteilung resultierenden Handlungsbedarf aufzeigen.
3. Einer der beiden Azubis im letzten Ausbildungsjahr hat vor, sich direkt für eine der Vertriebsleiterstellen zu bewerben. Erläutern Sie, warum er für diese Position nicht infrage kommt.

## Interne Daten

E-Mail von Herrn Wulf (Fertigung)

| ✉ **Posteingang** | | erhalten am: 03.09.20XX |
|---|---|---|
| von: | r.wulf@WuT.de | |
| an: | e.hofer@WuT.de | |
| Betreff: | RE: Aktuelle Fertigungsdaten | |
| Anhang: 📄 | – | |

Hallo Frau Hofer,

wie gewünscht lasse ich Ihnen hiermit die aktuellen Daten aus der Produktion zukommen:

> Fertigungsvolumen (jährl.): 60.000 Einheiten
> Mitarbeiter in der Fertigung: 74

Die wöchentliche Arbeitszeit beträgt derzeit 39 Stunden. Wir rechnen immer mit jährlich 46 Arbeitswochen.

Viele Grüße
R. Wulf

**Werkzeuge und Teile GmbH**
Fertigungsplanung

E-Mail von Frau Bühler (Lager und Logistik)

| ✉ **Posteingang** | | erhalten am: 03.09.20XX |
|---|---|---|
| von: | c.buehler@WuT.de | |
| an: | e.hofer@WuT.de | |
| Betreff: | Optimierung der Lagerhaltung | |
| Anhang: 📄 | – | |

Hallo Eva,

aufgrund der derzeitigen Optimierung der Logistikprozesse durch die Einführung von Kanban sowie der Einrichtung eines Konsignationslagers können wir in der Lagerhaltung zukünftig (im Vergleich zur Sollplanung vom 30. Juni 20XX) fünf Mitarbeiter einsparen.

Liebe Grüße
Carolin

C. Bühler

**Werkzeuge und Teile GmbH**
Lager und Logistik

E-Mail von Frau Block (Vertrieb)

| ✉ **Posteingang** | | erhalten am:<br>03.09.20XX |
|---|---|---|
| von: | m.block@WuT.de | |
| an: | e.hofer@WuT.de | |
| Betreff: | RE: Vertriebsniederlassungen | |
| Anhang: 📄 | – | |

Hallo Frau Hofer,

die Einrichtung der beiden Vertriebsniederlassungen erfordert folgenden Personaleinsatz:

|  | |
|---|---|
| München: | 2 Vertriebssachbearbeiter (m/w) + 1 Vertriebsleiter (m/w) |
| Freiburg: | 1 Vertriebssachbearbeiter (m/w) + 1 Vertriebsleiter (m/w) |

Gruß

M. Block

**Werkzeuge und Teile GmbH**
Vertrieb

---

**Werkzeuge und Teile GmbH: Interne Mitteilung**

| Von: | *Susanne Funk (Personal)* | An: | *Eva Hofer (Personal)* |
|---|---|---|---|

Betreff: *Personalbestand und Personalbewegungen*

## Werkzeuge und Teile GmbH

**Aus den einzelnen Bereichen wurden uns für das <u>aktuelle</u> Geschäftsjahr folgende Personaldaten gemeldet (<u>Stand: 30. Juni 20XX</u>):**

| Bereich | Einkauf | Lager/<br>Logistik | Fertigung | Vertrieb |
|---|---|---|---|---|
| Mitarbeiterzahl (**IST 20XX**) | 13 | 9 | 74 | 14 |
| Mitarbeiterzahl (**SOLL 20XX+1**) | 10 | 12 | ?? | 15 |

**Im <u>kommenden</u> Jahr stehen folgende Personalbewegungen an:**
**- Einkauf:**
Unser Mitarbeiter Klaus Müller wird zu Beginn des neuen Jahres in den Ruhestand verabschiedet. Frau Bauer wird zum 1. Februar in Mutterschutz gehen und im Anschluss ihre dreijährige Elternzeit antreten.
**- Lager/Logistik:**
Herr Fröhlich tritt zum 1. Januar einen einjährigen Bundesfreiwilligendienst an und unsere langjährige Mitarbeiterin Frau König hat zum 31. Januar gekündigt, um sich beruflich weiterzuentwickeln.
**- Fertigung:**
Herr Maurer kommt am 1. Februar aus einer einjährigen Elternzeit zurück. Herr Fritsche, ein junger Fertigungsmitarbeiter, kommt zum 1. Januar aus seinem Freiwilligen Sozialen Jahr zurück. Herr Karl geht zum 1. März nach vierzig Arbeitsjahren in seinen wohlverdienten Ruhestand.
**- Vertrieb:**
Frau Maier und Frau Klaus werden zum 1. Januar aus dem Mutterschutz zurückkommen und jeweils mit einer Teilzeitstelle (50%) wieder einsteigen.
Zum 31. Januar beenden zwei kaufmännische Auszubildende ihre Ausbildung und werden im Vertrieb übernommen.

**Externe Daten**

PRESSEMITTEILUNG:                                        Stuttgart, 31. August 20XX

# Einigung im Tarifstreit

Nach langen und zähen Verhandlungen konnte gestern im Tarifstreit um die Wochenarbeitszeit im metallverarbeitenden Gewerbe ein Kompromiss erzielt werden.
Ab kommenden Januar werden 40 Stunden statt bisher 39 Stunden pro Woche
gearbeitet.

## *2.2*  **Personal beschaffen – Stellenanzeige**

**Situation**

Zu Beginn des Jahres 20XX nahm die Werkzeuge und Teile GmbH die Produktgruppe „Absaugmobil" in ihr Produktionsprogramm auf. Aufgrund der positiven
Absatzentwicklungen und -prognosen entschied sich die Geschäftsleitung, zum
01. April 20XX einen zusätzlichen Produktmanager Verkauf für den Bereich Absaugmobile einzustellen.

Sie sind im dritten Ausbildungsjahr zum/zur Groß- und Außenhandelskaufmann/-frau
bei der Werkzeuge und Teile GmbH beschäftigt und in Ihrem letzten Einsatzgebiet –
der Personalabteilung. Die Abteilungsleiterin Frau Hofer schätzt Ihre Arbeit sehr und
möchte Sie mit den folgenden Arbeitsaufträgen auch ein Stück weit auf die Abschlussprüfung vorbereiten.

**Aufträge**

**Übergreifender Handlungsauftrag mit Handlungsprodukt:**

Zeigen Sie unterschiedliche Personalbeschaffungsmöglichkeiten auf und erstellen Sie
eine geeignete Stellenanzeige für die Stelle des „Produktmanagers Absaugmobile",
die in einer regionalen Tageszeitung veröffentlicht werden soll.

*Rechtsgrundlagen: BetrVG §§ 92, 93, 99*

**Handlungsaufträge:**

1. Ein Kollege aus der Personalabteilung weist Sie darauf hin, dass bei personellen
   Angelegenheiten der Betriebsrat ein „gewichtiges Wort" mitzureden hat. Überprüfen Sie diese Aussage mithilfe des Betriebsverfassungsgesetzes.

2. Frau Hofer bittet Sie, eine Übersicht zu erstellen, aus der verschiedene interne und
   externe Personalbeschaffungswege sowie deren Vor- und Nachteile hervorgehen.

3. Recherchieren Sie im Internet nach verschiedenen Stellenanzeigen. Arbeiten Sie
   anschließend Gemeinsamkeiten und Unterschiede bezüglich Inhalt und Aufbau
   heraus.

4. Erstellen Sie mit den Erkenntnissen aus Aufgabe 3 und der Anlage 1 eine aussagekräftige Stellenanzeige, mit deren Hilfe geeignete Bewerber für die Stelle des
   „Produktmanagers Absaugmobile" gefunden werden können.

**Hinweise**

- Für die Bearbeitung dieser Lernsituation ist ein PC-Raum für eine Internetrecherche notwendig.
- Alternativ können die Schüler im Vorfeld beauftragt werden, Stellenanzeigen aus ihren Ausbildungsbetrieben mitzubringen, oder die Lehrkraft stellt den Schülern verschiedene Stellenanzeigen zur Verfügung.

**Informationen**

Anlage 1

| STELLENBESCHREIBUNG – Produktmanager | Werkzeuge und Teile GmbH<br>Personal<br>Baumeisterstraße 125<br>73730 Esslingen<br>+49 711 2004-02<br>E-Mail: e.hofer@WuT.de |
|---|---|

| Abteilung | Verkauf und Marketing |
|---|---|
| **Instanzenbild** | |
| Stellencharakteristik: | • Produkt- und Projektmanager |
| Stelleninhaber: | • vakant (zurzeit Produktmanager Akkuschrauber) |
| **Einordnung** | |
| Vorgesetzter: | • Geschäftsführung |
| Wird vertreten von: | • Produktmanager Akkuschrauber |
| Vollmachten/<br>Befugnisse: | • Gestaltung, Durchführung sowie Kontrolle von zustehenden Aufgaben der genehmigten Etats<br>• nach der Einführungsphase eingeschränkte Einzelprokura |
| **Aufgabenbild** | |
| Funktionsziele: | • Mitwirkung an der Produktentwicklung und Optimierung der Arbeitsprozesse<br>• Mitwirkung an Vermarktung der Produkte sowie Betreuung von Schlüsselkunden |
| Hauptaufgaben: | • Politik, Pläne, Situation und Ziele des Unternehmens kennen<br>• Analyse von Marktforschungsdaten, Zielgruppen, Kundenwünschen und -erfahrungen<br>• aktuelles Wissen über Entwicklungsstand in den Bereichen Technik, Verkaufsförderung, Marktforschung usw.<br>• Vergleich der vom Unternehmen produzierten Produkte mit dem Wettbewerb |

## 2.3 Personal einstellen

Die Personalbedarfsplanung der Werkzeuge und Teile GmbH für das kommende Geschäftsjahr (Beginn 01.09.20XX) hat ergeben, dass drei Mitarbeiter im Bereich Vertrieb eingestellt werden müssen.

Auf eine Anzeige (Anlage 1) in der Freiburger Zeitung haben sich 16 Personen beworben. Die Personalleiterin, Frau Hofer, hat sich im Rahmen der Personalauswahl für Herrn Bender, Herrn Schneider und Herrn Filz entschieden.

Sie sind im Rahmen Ihrer Ausbildung zum/zur Industriekaufmann/-kauffrau in der Personalabteilung eingesetzt und helfen Frau Hofer bei den Aufgaben, die bei der Einstellung der neuen Mitarbeiter anfallen.

**Aufträge**

**Übergreifender Handlungsauftrag mit Handlungsprodukt:**

Prüfen Sie exemplarisch den Arbeitsvertrag für Herrn Bender auf dessen inhaltlich und rechtlich korrekte Ausgestaltung. Fordern Sie im Anschreiben, welches Sie mit dem Arbeitsvertrag versenden, weitere Unterlagen von Herrn Bender an, die Sie neben dem unterschriebenen Arbeitsvertrag zu Arbeitsbeginn benötigen.

Stellen Sie Verpflichtungen dar, die sich aus dem Arbeitsvertrag ergeben.

*Rechtsgrundlagen: ArbZG §§ 3, 4; NachwG § 2; EntgFG § 8; BUrlG § 3; GewO § 110; BGB §§ 611, 613, 622; HGB §§ 60, 74, 75*

**Handlungsaufträge:**

1. Im Anschluss an das Einstellungsgespräch wird Herrn Bender mündlich mitgeteilt, dass er am 01.09.20XX die Arbeit aufnehmen kann.

   a) Prüfen Sie, ob unter den gegebenen Bedingungen ein rechtswirksamer Arbeitsvertrag zwischen Herrn Bender und der Werkzeuge und Teile GmbH zustande gekommen ist.

   b) Herr Bender besteht darauf, unmittelbar nach Arbeitsbeginn schriftlich die wesentlichen Bestandteile des Arbeitsvertrages ausgehändigt zu bekommen. Stellen Sie fest, ob die Werkzeuge und Teile GmbH verpflichtet ist, diesem Anliegen nachzukommen.

2. Nun liegt der vorbereitete Arbeitsvertrag für Herrn Bender auf Ihrem Schreibtisch (Anlage 3).

   a) Vervollständigen Sie den vorbereiteten Arbeitsvertrag mit den allgemeinen Angaben zu Herrn Bender (Anlage 2).

   b) Prüfen Sie mithilfe der Gesetze (ArbZG, BGB, BUrlG, EntgFG, GewO, HGB), ob der für Herrn Bender vorbereitete Arbeitsvertrag (Anlage 3) den gesetzlichen Vorschriften entspricht. Kontrollieren Sie ihn auch hinsichtlich der inhaltlichen Vollständigkeit.

3. Formulieren Sie ein Anschreiben an Herrn Bender, in dem Sie ihn auffordern, den unterschriebenen Arbeitsvertrag schnellstmöglich an die Werkzeuge und Teile GmbH zurückzusenden. Schreiben Sie Herrn Bender zusätzlich, welche Unterlagen bzw. Angaben Sie spätestens am 01.09.20XX benötigen.

4. Stellen Sie als Grundlage für die Belehrung des neuen Mitarbeiters mithilfe des Onlineartikels (Anlage 4) die Rechte und Pflichten zusammen, die sich für Herrn Bender ergeben, wenn er am 01.09.20XX seine Arbeitsstelle bei der Werkzeuge und Teile GmbH antritt.

**Externe Daten**

Anlage 1: Stellenanzeige aus der Freiburger Zeitung vom 20. April 20XX

Die Werkzeuge und Teile GmbH, ein Industrie- und Handelsbetrieb für Werkzeuge und Bauteile aller Art, in Esslingen am Neckar wendet sich mit ihren Produkten an Unternehmen sämtlicher Branchen. Der Vertrieb der Werkzeuge erfolgt auf direktem Absatzweg durch Reisende an die Endverwender in Deutschland.

Wir suchen zum 1. September 20XX einen

### Verkaufssachbearbeiter im Verkaufsbüro Freiburg mit Außendiensttätigkeit (m/w)

**Ihre Aufgaben**

- Aufbau eines eigenen Kundenstammes
- Besuch von Kunden und Interessenten/Führen von Verkaufsgesprächen
- Information über Produktveränderungen und neue Produkte des Hauses sowie der Konkurrenz

**Unsere Anforderungen**

- Kaufmännische Ausbildung
- Mindestens fünf Jahre Berufserfahrung im Verkauf
- Branchenkenntnisse

Wir freuen uns auf Ihre vollständigen Bewerbungsunterlagen.

Ansprechpartnerin: Eva Hofer · Baumeisterstraße 125 · 73730 Esslingen a. N.
Telefon: +49 711 2004-02 · E-Mail: info@WuT.de

Anlage 2: Lebenslauf Herr Bender

## Lebenslauf

**Zur Person**

| | |
|---|---|
| Name | Benedikt Bender |
| Anschrift | Eisenbahnstr. 37, 79098 Freiburg |
| Telefon | 0761 562654 |
| E-Mail | B.Bender@email.de |
| Geboren am | 3. August 1959 in Potsdam |
| Familienstand | ledig |
| Staatsangehörigkeit | deutsch |

**Ausbildung**

| | |
|---|---|
| Berufstätigkeit | ab Mai 1982: kaufmännischer Angestellter bei der Maschinenfabrik Karl Frisch KG in Freiburg, mit überwiegender Tätigkeit im Außendienst |
| | Januar 1990: Wechsel zu Stahlbau Pense, Thyssenstr. 7, 45219 Essen, in eine Position im Vertrieb mit breitem Aufgabengebiet, überwiegend Kundenakquise und Verwaltung, bis heute in ungekündigter Stellung |
| Berufsausbildung | 1979–1981 Ausbildung zum Industriekaufmann bei der Karl Frisch KG (2,5 Jahre) |
| Besondere Kenntnisse | Englisch fließend in Wort und Schrift sehr gute PC-Kenntnisse (MS Office) |

Essen, 25. April 20XX     *B. Bender*

Anlage 3: vorbereiteter Arbeitsvertrag für Herrn Bender

## ARBEITSVERTRAG

zwischen dem Arbeitgeber | und dem/der Arbeitnehmer/-in

_____ _____

_____ _____

_____ _____

geboren am _____, wird nachstehender, unbefristeter Arbeitsvertrag geschlossen.

**A Beginn, Arbeitszeit**
Der Arbeitnehmer tritt ab _____ als Verkaufssachbearbeiter mit Außendiensttätigkeit in Freiburg entsprechend der ausgehändigten Stellenbeschreibung in die Firma Werkzeuge und Teile GmbH ein. Die Arbeitszeit beträgt zehn Stunden täglich an fünf Tagen pro Woche und 50 Stunden wöchentlich. Dem Arbeitnehmer stehen zwei Mal am Tag je 15 Minuten Pause zu.

**B Probezeit**
Die Probezeit beträgt sieben Monate. Während der Probezeit kann das Beschäftigungsverhältnis von beiden Seiten mit einer Frist von 14 Tagen zum Monatsende gekündigt werden.

**C Arbeitsort**
Der Arbeitnehmer wird für die Werkzeug und Teile GmbH in Freiburg sowohl im Innen- als auch im Außendienst tätig sein.

**D Vergütung**
Das monatliche Bruttoentgelt setzt sich wie folgt zusammen:

| | |
|---|---|
| Entgeltgruppe EG 10 | 3.159,00 EUR |
| freiwillige Zulage (übertariflich) | 120,00 EUR |
| Effektivgehalt | 3.279,00 EUR |

Die übertarifliche Zulage und etwaige weitere übertarifliche Verdienstbestandteile, die zusätzlich zum monatlichen tariflichen Entgelt gewährt werden, können bei Vorliegen eines sachlichen Grundes (z.B. wirtschaftliche Gründe, Gründe im Verhalten oder in der Person des Arbeitnehmers) jederzeit widerrufen werden.

Soweit und solange der Arbeitgeber tarifgebunden ist, finden auf das Arbeitsverhältnis die für den Betrieb räumlich und fachlich geltenden Tarifverträge (derzeit für die Metall- und Elektroindustrie in Baden-Württemberg) Anwendung.

Die Überweisung erfolgt jeweils am 15. des Folgemonats.

**E Verhinderung**
Bei einer Arbeitsverhinderung verpflichtet sich der Arbeitnehmer, uns unverzüglich Mitteilung zu machen. Im Krankheitsfall besteht kein Anspruch auf Gehaltszahlung.

**F Urlaub**
Der jährliche Erholungsurlaub beträgt 21 Werktage. Der Zeitpunkt des Urlaubs ist unter Berücksichtigung der betrieblichen Erfordernisse zu planen und mit der Geschäftsleitung schriftlich festzulegen.

**G Beendigung**
Der Arbeitnehmer hat eine Kündigungsfrist von ¼ Jahr, jeweils zum Quartalsende. Der Arbeitgeber kann mit einer Frist von zwei Monaten zum Monatsende kündigen.

**H Wettbewerbsverbot**
Während der Dauer des Arbeitsverhältnisses gilt das gesetzliche Handels- und Wettbewerbsverbot. Der Arbeitnehmer verpflichtet sich, auch nach seinem Ausscheiden aus dem Arbeitsverhältnis das Wettbewerbsverbot noch zwei Jahre einzuhalten.

Eva Hofer
Personalleiterin

Arbeitnehmer/-in

_____ _____

Anlage 4: Onlineartikel

www.  ....

**Recht → Arbeitsrecht**
Wie in jedem schuldrechtlichen Vertrag ergeben sich die Rechte und Pflichten aus dem Arbeits-
vertrag. Nach § 611 BGB ist der Arbeitnehmer zur Leistung der versprochenen Dienste und der
Arbeitgeber zur Gewährung der vereinbarten Vergütung verpflichtet. [...]

**Arbeitspflicht**
Der Arbeitnehmer hat seine Arbeit gemäß § 613 BGB persönlich zu leisten, es sei denn, es ist
im Arbeitsvertrag etwas anderes vereinbart. So kann er nicht einfach eine Vertretung schicken.
Die positive Seite: Er braucht sich – z.B. im Krankheitsfall - auch nicht um eine Vertretung zu bemühen. [...]

Den Inhalt und Umfang sowie Zeit und Ort der Arbeitspflicht regelt der Arbeitsvertrag und in der täglichen Arbeitspraxis das Weisungsrecht des Arbeitgebers. Der Arbeitnehmer verstößt gegen seine
Arbeitspflichten, wenn er zulässige Anweisungen des Arbeitgebers nicht erfüllt. [...]

[...]

**Treuepflicht**
Neben der Arbeitspflicht hat der Arbeitnehmer noch eine Reihe allgemeiner Pflichten zu beachten, die
unter den Begriff „Treuepflicht" fallen und sich aus dem Grundsatz von „Treu und Glauben" herleiten.
So hat der Arbeitnehmer insbesondere alles zu unterlassen, was die Interessen und die Geschäfts-
lage des Arbeitgebers beeinträchtigen würde. Der Umfang der Treuepflicht hängt von der Stellung
des Mitarbeiters im Unternehmen ab. Je höher die Stellung des Arbeitnehmers im Unternehmen
ist, desto größer sind auch seine Treuepflichten. Besonders hervorzuheben sind die folgenden
Treuepflichten:

    Die Pflicht zur Verschwiegenheit

    Die Pflicht, keine Schmiergelder anzunehmen

    Die Pflicht, keinen Wettbewerb zu betreiben

    Die Pflicht, drohende Schäden anzuzeigen

Die Treuepflicht beginnt bereits bei der Anbahnung eines Arbeitsverhältnisses, wenn ihm z.B. im
Bewerbungsgespräch nicht für die Öffentlichkeit bestimmte Informationen offenbart werden. Auch
nach Beendigung des Arbeitsverhältnisses bleibt in gewissem Umfang eine Treuepflicht bestehen.
Im Gegensatz zur allgemeinen Meinung endet die Treuepflicht nicht mit Beendigung des Arbeitsverhältnisses. So können auch Abwerbungsversuche von Kunden des ehemaligen Arbeitgebers
nach Beendigung des Arbeitsverhältnisses gegen die Treuepflicht verstoßen.

**Vertragspflichten über das Beschäftigungsende hinaus**
Auch nach Beendigung des Arbeitsverhältnisses treffen Arbeitgeber und Arbeitnehmer gewisse Verpflichtungen. Zu den allgemeinen Pflichten gehören die Rückgabe aller Arbeitsmittel und Geschäfts-
unterlagen sowie die nachvertragliche Verschwiegenheitspflicht. Wichtig: Während der beruflichen
Tätigkeit erlangte Geschäfts- und Betriebsgeheimnisse müssen gewahrt werden. Der Arbeitgeber
muss für den Arbeitnehmer wichtige Unterlagen bis zum Ende der gesetzlich vorgeschriebenen
Verjährungsfristen aufbewahren.

Grundsätzlich besteht kein Konkurrenzverbot nach Beendigung des Arbeitsverhältnisses. Ein solches Konkurrenzverbot (Wettbewerbsverbot) kann aber schriftlich gegen Zahlung einer Entschädigung getroffen werden.

**Fürsorgepflicht des Arbeitgebers**
Der Arbeitgeber hat eine Fürsorgepflicht für die eigenen Arbeitnehmer. Neben der Beschäfti-
gungspflicht ist das Treffen von Vorkehrungen zum Schutz des Arbeitnehmers, um Gefahren
für Leben und Gesundheit abzuwenden, eine besondere Verpflichtung des Arbeitgebers. So
muss er mindestens die arbeitsschutzrechtlichen Bestimmungen einhalten. [...]

Quelle: http://www.finanztip.de/recht/arbeitsrecht/pflichten-arbeitsverhaeltnis.htm (06.07.2013)

## *2.4* **Ausbildungsvertrag: Mindestinhalte – Beendigung**

**Situation**

Michaela Müller, Auszubildende zur Industriekauffrau im dritten Ausbildungsjahr, ist zurzeit in der Personalabteilung der Werkzeuge und Teile GmbH eingesetzt und stellte vor ein paar Wochen an ihrer alten Schule im Rahmen eines Berufsorientierungstages ihr Ausbildungsunternehmen vor. Während dieser Veranstaltung wurde Niko Kleiber, 15 Jahre, auf die Werkzeuge und Teile GmbH aufmerksam und bewarb sich gleich um einen Ausbildungsplatz zum Industriekaufmann. Nach einem erfolgreichen Eignungstest konnte Niko auch im Auswahlgespräch überzeugen, sodass ihm nun ein Ausbildungsvertrag angeboten wurde – ein passendes „Geburtstagsgeschenk", denn in zwei Wochen wird Niko seinen 16. Geburtstag feiern. Zwischen Michaela und Herrn Schulz, ihrem Ausbilder, ergibt sich folgendes Gespräch:

Herr Schulz:

> *„Frau Müller, zum 1. September wird Herr Kleiber seine Ausbildung zum Industriekaufmann in unserem Unternehmen beginnen. Es fehlt nur noch die Unterzeichnung der Niederschrift des Ausbildungsvertrages. Bitte bereiten Sie gemäß den gesetzlichen Vorgaben einen schriftlichen Berufsausbildungsvertrag mit den entsprechenden Mindestinhalten vor. Lassen Sie Herrn Kleiber drei Ausfertigungen zukommen mit der Bitte um Rücksendung eines unterschriebenen Exemplars."*

Michaela Müller:

> *„Alles klar, Herr Schulz, ich werde mich sofort darum kümmern. Aus meinen ersten Ausbildungswochen weiß ich noch, dass meine Klassenkameraden in der Berufsschule teilweise unterschiedlich lange Probezeiten und unterschiedlich hohe Ausbildungsvergütungen hatten. Da gibt es doch auch Regelungen, oder?"*

Herr Schulz:

> *„Ja, da haben Sie Recht. Als Probezeit vereinbaren wir mit unseren Auszubildenden immer die gesetzlich zulässige Höchstdauer. Bei der Höhe der Ausbildungsvergütung orientieren wir uns an den vom Bundesinstitut für Berufsbildung ermittelten tariflichen Durchschnittswerten. Ich lasse Ihnen die aktuelle Übersicht per Mail zukommen. Bei den sonstigen Inhalten berücksichtigen Sie bitte die entsprechenden Regelungen des Berufsbildungsgesetzes (BBiG), des Jugendarbeitsschutzgesetzes (JArbSchG) und des Bundesurlaubsgesetzes (BUrlG)."*

Michaela Müller:

> *„Gut, so werde ich es machen. Vielen Dank!"*

In der Mittagspause trifft sich Michaela mit ihrer Freundin Tanja Schubert, Auszubildende zur Kauffrau im Großhandel im zweiten Ausbildungsjahr, zum Essen in der Kantine.

Tanja Schubert:

> *„Hallo Michaela, gut, dass es endlich geklappt hat mit unserem Essen! Ich muss dringend mit dir sprechen. Wie du weißt, bin ich jetzt schon drei Monate mit Mario zusammen, den ich im letzten Skiurlaub kennengelernt habe."*

Michaela Müller:

> *„Ja, ich weiß. Und ihr beide scheint ja so richtig glücklich zu sein …!"*

Tanja Schubert:

> *„Das sind wir! Ich würde deshalb auch gerne zu Mario nach München ziehen. Seine Eltern haben ein kleines Industrieunternehmen. Dort könnte ich meine Ausbildung zu Ende machen. Du bist doch gerade in der Personalabteilung. Könntest Du bitte für mich rausfinden, wie ich bei der Werkzeuge und Teile GmbH mein Ausbildungsverhältnis vorzeitig beenden kann?"*

Michaela Müller:

> *„Das sind aber Neuigkeiten! Okay, ich werde dich dann informieren."*

## Aufträge

**Übergreifender Handlungsauftrag mit Handlungsprodukt:**

Bereiten Sie den Ausbildungsvertrag für Niko Kleiber zur Versendung vor. Geben Sie Tanja Schubert eine qualifizierte Antwort auf die Frage, inwiefern sie ihr Ausbildungsverhältnis bei der Werkzeuge und Teile GmbH vorzeitig beenden kann.

*Rechtsgrundlagen: BBiG §§ 10, 11, 17, 18, 20, 21, 22; JArbSchG §§ 1, 8, 10; BUrlG § 3*

**Handlungsaufträge:**

1. Füllen Sie mithilfe der vorliegenden Informationen den Berufsausbildungsvertrag entsprechend der gesetzlich geforderten Mindestinhalte aus. Notieren Sie sich dazu in einer kurzen Übersicht, welche Regelungen zur Probezeit sowie zur Höhe der Vergütung gelten.

2. Verfassen Sie ein kurzes Anschreiben an Niko Kleiber. Bitte weisen Sie auch darauf hin, welche Vorgaben zur Unterzeichnung für den 15-jährigen Niko gelten.

3. Erstellen Sie für die Auszubildende Tanja Schubert eine aussagekräftige Übersicht mit Informationen darüber, unter welchen Bedingungen ein Ausbildungsverhältnis vorzeitig beendet werden kann. Beurteilen Sie in diesem Zusammenhang auch die Bedeutung der Probezeit.

## Interne Daten

E-Mail von Herrn Schulz

| ✉ **Posteingang** | | erhalten am:<br>01.06.20XX |
|---|---|---|
| von: | f.schulz@WuT.de | |
| an: | m.mueller@WuT.de | |
| Betreff: | Ausbildungsvergütung | |
| Anhang: 📄 | *Ausbildungsvergütungen (BBiB)* | |

Hallo Frau Müller,

wie eben bereits besprochen im Anhang der Auszug aus der aktuellen Übersicht der durchschnittlichen tariflichen Ausbildungsvergütungen.
Darüber hinaus noch folgende für den Ausbildungsvertrag relevanten Daten zu Niko Kleiber:

| | |
|---|---|
| *Name:* | **Niko Kleiber** |
| *Geburtsdatum:* | **13.06.XX (wird in knapp zwei Wochen 16 Jahre!)** |
| *Adresse:* | **Remsweg 24, 70735 Fellbach** |
| *Nationalität:* | **deutsch** |
| *Eltern:* | **Kurt und Helga Kleiber** |

Gutes Gelingen!

Felix Schulz

**Werkzeuge und Teile GmbH**
Ausbildung

## Ausbildungsvergütungen (BBiB)

**Auszug aus der aktuellen Übersicht der durchschnittlichen tariflichen Ausbildungsvergütungen (in Euro)**

Bundesinstitut für Berufsbildung BiBB · Forschen Beraten Zukunft gestalten

| Berufsbezeichnung | Bereich | Dauer in Monaten | Alte Bundesländer | | | | | Neue Bundesländer | | | | |
|---|---|---|---|---|---|---|---|---|---|---|---|---|
| | | | 1. AJ | 2. AJ | 3. AJ | 4. AJ | ge-samt | 1. AJ | 2. AJ | 3. AJ | 4. AJ | ge-samt |
| Gerüstbauer/-in | Hw | 36 | 590 | 780 | 1.020 | | 797 | 590 | 780 | 1.020 | | 797 |
| Gestalter/-in für visuelles Marketing | IH | 36 | 665 | 742 | 851 | | 753 | 594 | 665 | 765 | | 674 |
| Gießereimechaniker (alle Fachrichtungen) | IH | 42 | 841 | 886 | 949 | 1.003 | 908 | 813 | 865 | 925 | 972 | 883 |
| Glaser/-in* | Hw | 36 | 507 | 568 | 635 | | 570 | | | | | |
| Gleisbauer/-in | IH | 36 | 658 | 962 | 1.194 | | 938 | 619 | 772 | 921 | | 771 |
| Hauswirtschafter/-in* | Hs | 36 | 561 | 603 | 658 | | 608 | | | | | |
| Hauswirtschafter/-in* | Lw | 36 | 575 | 621 | 674 | | 623 | | | | | |
| Hochbaufacharbeiter/-in | Hw | 24 | 648 | 996 | | | 822 | 564 | 774 | | | 669 |
| Hochbaufacharbeiter/-in | IH | 24 | 648 | 996 | | | 822 | 564 | 774 | | | 669 |
| Holzbearbeitungsmechaniker/-in | IH | 36 | 670 | 717 | 781 | | 723 | 566 | 609 | 663 | | 613 |
| Holzmechaniker/-in (alle Fachrichtungen) | IH | 36 | 691 | 738 | 801 | | 743 | 572 | 614 | 671 | | 619 |
| Hotelfachmann/-frau | IH | 36 | 557 | 637 | 718 | | 638 | 423 | 508 | 583 | | 505 |
| Hotelkaufmann/-frau | IH | 36 | 557 | 637 | 718 | | 638 | 423 | 508 | 583 | | 505 |
| Immobilienkaufmann/-frau | IH | 36 | 730 | 840 | 950 | | 840 | 730 | 840 | 950 | | 840 |
| Industrie-Isolierer/in | IH | 36 | 832 | 881 | 947 | | 887 | 799 | 851 | 909 | | 853 |
| Industriekaufmann/-frau | IH | 36 | 817 | 869 | 938 | | 875 | 747 | 800 | 859 | | 802 |
| Industriekeramiker/-in (alle vier Berufe) | IH | 36 | 626 | 680 | 737 | | 681 | 539 | 585 | 625 | | 583 |
| Industriemechaniker/-in | IH | 42 | 833 | 881 | 948 | 1.005 | 904 | 790 | 843 | 900 | 949 | 859 |
| Informatikkaufmann/-frau** | IH | 36 | 783 | 842 | 916 | | 847 | 707 | 768 | 842 | | 772 |
| Informations- und Telekommunikationssystem-Elektroniker/-in** | IH | 36 | 841 | 887 | 950 | | 893 | 810 | 863 | 923 | | 865 |
| Informations- und Telekommunikationssystem-Kaufmann/-frau** | IH | 36 | 841 | 887 | 950 | | 893 | 810 | 863 | 923 | | 865 |
| Justizfachangestellte/-r | OD | 36 | 734 | 786 | 835 | | 785 | 734 | 786 | 835 | | 785 |
| Kanalbauer/-in | IH | 36 | 648 | 996 | 1.259 | | 968 | 564 | 774 | 978 | | 772 |
| Karosserie- und Fahrzeugbaumechaniker/-in* | Hw | 42 | 485 | 523 | 595 | 647 | 550 | | | | | |
| Kaufmann/-frau für Bürokommunikation | IH | 36 | 772 | 836 | 915 | | 841 | 693 | 758 | 839 | | 763 |
| Kaufmann/-frau für Spedition und Logistikdienstleistung | IH | 36 | 630 | 694 | 755 | | 693 | 511 | 561 | 606 | | 559 |
| Kaufmann/-frau für Verkehrsservice | IH | 36 | 636 | 698 | 758 | | 697 | 633 | 688 | 741 | | 688 |
| Kaufmann/-frau für Versicherungen und Finanzen (alle Fachrichtungen) | IH | 36 | 830 | 896 | 962 | | 896 | 830 | 896 | 962 | | 896 |
| Kaufmann/-frau im Einzelhandel | IH | 36 | 665 | 742 | 850 | | 753 | 594 | 665 | 765 | | 674 |
| Kaufmann/-frau im Gesundheitswesen* | IH | 36 | 654 | 702 | 752 | | 703 | | | | | |
| Kaufmann/-frau im Groß- und Außenhandel (alle Fachrichtungen) | IH | 36 | 718 | 787 | 859 | | 788 | 670 | 729 | 798 | | 732 |
| Klempner/-in* | Hw | 42 | 499 | 533 | 597 | 646 | 558 | | | | | |
| Koch/Köchin | IH | 36 | 557 | 637 | 718 | | 638 | 423 | 508 | 583 | | 505 |
| Konstruktionsmechaniker/-in | IH | 42 | 845 | 891 | 956 | 1.010 | 913 | 815 | 869 | 929 | 976 | 886 |
| Kraftfahrzeugmechatroniker/-in (alle Fachrichtungen) | Hw | 42 | 608 | 643 | 712 | 765 | 670 | 477 | 519 | 569 | 615 | 535 |
| Kraftfahrzeugmechatroniker/-in (alle Fachrichtungen) | IH | 42 | 680 | 714 | 789 | 844 | 744 | 477 | 519 | 569 | 615 | 535 |

Quelle: http://www.bibb.de/dokumente/pdf/dav_Gesamtuebersicht_Ausbildungsverguetungen_2012.pdf (Abruf: 03.04.13)

## Externe Daten

- Berufsbildungsgesetz (BBiG)
- Jugendarbeitsschutzgesetz (JArbSchG)
- Bundesurlaubsgesetz (BUrlG)

## Berufsausbildungsvertrag

**IHK** Die Industrie- und Handelskammern in Baden-Württemberg

(§§ 10, 11 Berufsbildungsgesetz - BBiG)

**Zwischen dem/der Ausbildenden (Ausbildungsbetrieb)**   und der/dem Auszubildenden   männlich ☐   weiblich ☐

| KNR | Firmenident-Nr. | Tel.-Nr. |
|-----|-----------------|----------|
| 218 | 2938640922 | 0711-3924-0 |

Anschrift des/der Ausbildenden   öffentlicher Dienst

Werkzeuge und Teile GmbH

Name / Vorname

Straße, Hausnummer

PLZ   Ort

Geburtsdatum

Straße, Hausnummer
Baumeisterstr. 125

| PLZ | Ort |
|-----|-----|
| 73730 | Esslingen |

Staatsangehörigkeit   Gesetzliche Vertreter[1]

E-Mail-Adresse des/der Ausbildenden
f.schulz@WuT.de

Namen, Vornamen der gesetzlichen Vertreter

Verantwortlicher Ausbilder
Herr
Felix Schulz

Straße, Hausnummer

PLZ   Ort

Wird nachstehender Vertrag zur Ausbildung im Ausbildungsberuf mit der Fachrichtung/dem Schwerpunkt/ dem Wahlbaustein etc. nach Maßgabe der Ausbildungsordnung[2] geschlossen

Zuständige Berufsschule
John-F.-Kennedy-Schule Esslingen

**A** Die Ausbildungszeit beträgt nach der Ausbildungsordnung
☐ Monate.
Die vorausgegangene Berufsausbildung / Vorbildung:

wird mit ☐ Monaten angerechnet, bzw. es wird eine entsprechende Verkürzung beantragt.

**Das Berufsausbildungsverhältnis**
beginnt am ☐   endet am ☐

**B** Die Probezeit (§ 1 Nr. 2) beträgt ☐ Monate.[3]

**C** Die Ausbildung findet vorbehaltlich der Regelungen nach D (§ 3 Nr. 12) in

Straße

PLZ, Ort

und den mit dem Betriebssitz für die Ausbildung üblicherweise zusammenhängenden Bau-, Montage- und sonstigen Arbeitsstellen statt.

**D** Ausbildungsmaßnahmen außerhalb der Ausbildungsstätte (§ 3 Nr. 12) (mit Zeitraumangabe)
-

**E** Der/die Ausbildende zahlt dem/der Auszubildenden eine angemessene Vergütung (§ 5); diese beträgt zur Zeit monatlich brutto

| EUR | | | | |
|-----|-----|-----|-----|-----|
| im | ersten | zweiten | dritten | vierten |
Ausbildungsjahr.

**F** Die regelmäßige Ausbildungszeit (§ 6 Nr. 1) beträgt
täglich ☐ Stunden.[4] / wöchentlich ☐ Stunden.
Teilzeitausbildung wird beantragt (§ 6 Nr. 2)   ja ☐   nein ☒

**G** Der/die Ausbildende gewährt dem/der Auszubildenden Urlaub nach den geltenden Bestimmungen. Es besteht ein Urlaubsanspruch.

| Im Jahr | | | | |
|---------|---|---|---|---|
| Werktage | | | | |
| Arbeitstage | | | | |

**H** Sonstiges, Hinweise auf anzuwendende Tarifverträge und Betriebsvereinbarungen, sonstige Vereinbarungen.
-

**J** Die beigefügten Vereinbarungen sind Gegenstand dieses Vertrages und werden anerkannt.

_____, den _____

Der/die Ausbildende:

Werkzeuge und Teile GmbH   *i.A. Felix Schulz*
Stempel und Unterschrift

Der/die Auszubildende:

_____
Vor- und Familienname
Die gesetzlichen Vertreter des/der Auszubildenden:

_____
Vater und Mutter/Vormund

Änderungen des wesentlichen Vertragsinhaltes sind vom Ausbildenden unverzüglich zur Eintragung in das Verzeichnis der Berufsausbildungsverhältnisse bei der Industrie- und Handelskammer anzuzeigen.

Die beigefügten Angaben zur sachlichen und zeitlichen Gliederung des Ausbildungsablaufs (Ausbildungsplan) sind Bestandteil dieses Vertrages.

[1] Vertretungsberechtigt sind beide Eltern gemeinsam, soweit nicht die Vertretungsberechtigung nur einem Elternteil zusteht. Ist ein Vormund bestellt, so bedarf dieser zum Abschluss des Ausbildungsvertrages der Genehmigung des Vormundschaftsgerichtes.
[2] Solange die Ausbildungsordnung nicht erlassen ist, sind gem. § 104 Abs. 1 BBiG die bisherigen Ordnungsmittel anzuwenden.

[3] Die Probezeit muss mindestens einen Monat und darf höchstens vier Monate betragen.
[4] Das Jugendarbeitsschutzgesetz sowie für das Ausbildungsverhältnis geltende tarifvertragliche Regelungen und Betriebsvereinbarungen sind zu beachten.

## *2.5* Ausbildungsvertrag: Abschluss – Rechte und Pflichten

### Situation

Neben Industriekaufleuten bildet die Werkzeuge und Teile GmbH auch Werkzeugmechaniker aus. Michaela Müller, 19 Jahre, ist Auszubildende im dritten Ausbildungsjahr. In zwei Wochen soll an ihrer alten Schule ein Berufsorientierungstag stattfinden, zu dem auch sie und ihr Ausbilder Herr Schulz eingeladen wurden, um neben der Vorstellung der Werkzeuge und Teile GmbH als Ausbildungsunternehmen auch über die Ausbildung im dualen System zu informieren. Für die Präsentation steht ein Stand mit Stellwänden zur Verfügung. Herr Schulz bittet Michaela, die entsprechenden Materialien vorzubereiten.

### Aufträge

**Handlungsauftrag mit Handlungsprodukt:**

Erstellen Sie für die Stellwände aussagekräftige Plakate zur Ausbildung im Dualen System, dem rechtsgültigen Abschluss eines Berufsausbildungsvertrages sowie den Rechten und Pflichten eines Auszubildenden. Bereiten Sie dazu jeweils die wesentlichen Informationen in einer übersichtlichen und ansprechenden Darstellung auf.

*Rechtsgrundlagen: BGB §§ 2, 108; BBiG §§ 2,10, 11, 17; JArbSCHG §§ 1, 9, 19*

### Interne Daten

E-Mail von Herrn Schulz:

| ✉ **Posteingang** | erhalten am: 05.04.20XX |
|---|---|
| von: | f.schulz@WuT.de |
| an: | m.mueller@WuT.de |
| Betreff: | RE: Berufsinformationstag |
| Anhang: 📄 | – |

Hallo Frau Müller,

schön, dass Sie mit der Vorbereitung des Informationstages so gut vorankommen! Sie hatten mich ja gefragt, ob die Eltern eines Auszubildenden immer den Ausbildungsvertrag mit unterschreiben müssen. Bei Ihnen war das der Fall, da Sie damals beim Abschluss des Vertrags noch nicht 18 Jahre alt, also noch nicht volljährig, waren.

Genaue Informationen zum Abschluss eines Ausbildungsvertrages können Sie im Berufsbildungsgesetz (BBiG) nachlesen. Darin finden Sie darüber hinaus auch noch weitere Informationen zu den Lernorten in der Berufsausbildung, d. h. dem Ausbildungsbetrieb und der Berufsschule.

Zu den Rechten und Pflichten gibt neben dem BBiG auch das Jugendarbeitsschutzgesetz (JArbSchG) Auskunft.

Für weitere Informationen können Sie auch noch einmal in unserer Broschüre „Guter Start in die Ausbildung" nachlesen, die Sie zu Beginn Ihrer Ausbildung von uns bekommen haben.

Weiterhin gutes Arbeiten!

Felix Schulz

**Werkzeuge und Teile GmbH**
Ausbildung

Auszug aus der Broschüre „Guter Start in die Ausbildung":

## Werkzeuge und Teile GmbH

Herzlich willkommen zu Ihrer Ausbildung bei der „Werkzeuge und Teile GmbH"!
Wir möchten Ihnen zum Einstieg in das Berufslieben einige hilfreiche Informationen mit auf den Weg geben, um Ihnen den Start zu erleichtern.

[...]

### Was heißt eigentlich „Ausbildung im Dualen System"?

Ihre Ausbildung zur/m Industriekauffrau/Industriekaufmann bzw. Werkzeugmechaniker/in findet sowohl im Betrieb, also der „Werkzeuge und Teile GmbH" als auch in der Berufsschule statt.

1,5 Tage pro Woche besuchen Sie die Berufsschule (Teilzeit), wo der Schwerpunkt auf der Vermittlung berufsbezogener fachtheoretischer Inhalte liegt. Andere Betriebe bieten alternativ Blockunterricht an, d.h. der Berufsschulunterricht erfolgt immer in einer zusammenhängenden Phase von z.B. vier Wochen. Neben dieser fachtheoretischen Ausbildung wird in den allgemeinbildenden Fächern Deutsch, Gemeinschaftskunde/Politik und z.T. Religion Ihre Allgemeinbildung vertieft. Andere Ausbildungen, v.a. im Gesundheits- und Pflegebereich, werden auch an Vollzeit-Berufsschulen ausgebildet. Die Grundlage für die schulische Berufsausbildung bilden die Rahmenlehrpläne der einzelnen Berufe, verabschiedet von der Kultusministerkonferenz.

Die restlichen 3,5 Tage verbringen Sie bei uns im Betrieb, um die vorwiegend fachpraktischen Kenntnisse, Fähigkeiten und Fertigkeiten Ihres Ausbildungsberufs zu erlernen. Der betriebliche Teil der Ausbildung wird vom Bund durch die Ausbildungsordnung geregelt.

Berufsbildungsgesetz oder Handwerksordnung, das Jugendarbeitsschutzgesetz sowie die Schulgesetze der Länder sind die gesetzlichen Grundlagen der dualen Berufsausbildung.

Den Abschluss der Ausbildung bildet die Prüfung zum/zur Kaufmannsgehilfen/-gehilfin (kaufmännisch), Facharbeiter (gewerblich-technisch) oder Gesellen (handwerklich). Im kaufmännischen Bereich besteht die Prüfung aus einem schriftlichen Teil in der Berufsschule und einem mündlichen Teil vor der Industrie- und Handelskammer (IHK).

### „Was können Sie von uns erwarten? – Was erwarten wir von Ihnen?"

Die „Werkzeuge und Teile GmbH" als Ausbilder muss Ihnen ermöglichen, das vorgesehene Ausbildungsziel (erfolgreicher Abschluss der Berufsausbildung) zu erreichen. Umgekehrt sind Sie dazu verpflichtet, sich zu bemühen, die dafür erforderlichen Kenntnisse, Fähigkeiten und Fertigkeiten zu erlernen (Lernpflicht). Im Rahmen der Ausbildung müssen Sie daher auch die Berufsschule besuchen, wozu Sie von der „Werkzeuge und Teile GmbH" freigestellt werden. Während der fachpraktischen Ausbildung im Betrieb müssen Sie keine Aufgaben erledigen, welche nicht dem Ausbildungsziel dienen. Weisungen, die Ihnen im Rahmen Ihrer Ausbildung erteilt werden, müssen Sie Folge leisten. Sie sind darüber hinaus zu einem sorgfältigen Umgang mit unseren Betriebsmitteln, zum Führen eines Berichtsheftes, zum Einhalten unserer Betriebsordnung sowie zur Verschwiegenheit über Betriebs- und Geschäftsgeheimnisse verpflichtet. Im Krankheitsfall oder sonstiger Verhinderung müssen Sie sich umgehend im Betrieb krankmelden und eine ärztliche Bescheinigung vorlegen.

Während Ihrer Ausbildung stellen wir Ihnen die benötigten Ausbildungsmittel (z.B. Werkzeuge oder auch Sicherheitsausrüstung) kostenlos zur Verfügung. Als Auszubildende/r haben Sie einen Anspruch auf Urlaub sowie eine angemessene Vergütung. Am Ende Ihrer Ausbildung stellen wir Ihnen ein, auf Wunsch auch qualifiziertes, Zeugnis aus.

[...]

## 2.6 Arbeitszeugnis

Sie befinden sich im dritten Ausbildungsjahr zum/zur Industriekaufmann/-frau und sind zurzeit im Personalbereich eingesetzt. Sie unterstützen Frau Hofer, Personalleiterin der Werkzeuge und Teile GmbH, bei ihren täglichen Aufgaben.

Vor vier Wochen kündigte Frau Müller aus dem Einkauf, da sie nach Leipzig umziehen möchte. Des Weiteren trennte sich die Werkzeuge und Teile GmbH von einem Kollegen aus dem Rechnungswesen. Beide Mitarbeiter bitten um ein Zeugnis für ihre Bewerbungsunterlagen.

Vor einiger Zeit halfen Sie Frau Hofer bei der Sichtung der Bewerbungsunterlagen für die Stelle des Verkaufssachbearbeiters. Dabei fiel Ihnen auf, dass die Bewerber verschiedene Arten von Zeugnissen in ihren Unterlagen aufwiesen.

**Aufträge**

**Übergreifender Handlungsauftrag mit Handlungsprodukt:**

Erstellen Sie für Frau Müller und Herrn Schulz ein aussagekräftiges Arbeitszeugnis, in dem sowohl Informationen zur Arbeitsleistung sowie zu Verhalten und Führung enthalten sind.

Laut einem Gerichtsurteil sind Arbeitgeber bei der Zeugnisschreibung zum „verständigen Wohlwollen" verpflichtet. Setzen Sie sich kritisch mit dieser Art der Zeugnisformulierung auseinander.

**Handlungsaufträge:**

1. Erstellen Sie mithilfe der Unterlagen aus dem Mitarbeiterhandbuch und dem „ZEIT-ONLINE"-Artikel (Anlagen 1 und 5) eine kurze, übersichtliche Zusammenfassung über die Inhalte bzw. Bestandteile der beiden Varianten des Arbeitszeugnisses.

2. Formulieren Sie aussagekräftige Arbeitszeugnisse für Frau Müller und Herrn Schulz. Es sollen dabei sowohl fachliche als auch überfachliche Aspekte zur Sprache kommen (Anlagen 2 und 3).

   Hinweis: Arbeitsauftrag kann am PC ausgeführt werden.

3. Lesen Sie sich die Anlagen 4 und 5 durch. Bereiten Sie einige Stichpunkte vor, die Sie in einer kritischen Diskussion mit Frau Hofer verwenden können, um zu zeigen, dass Sie die Problematik der „wohlwollenden Beurteilung" bzw. der sogenannten „Geheimcodes" aus verschiedenen Perspektiven betrachtet haben.

**Interne Daten**

Anlage 1: Personalhandbuch

[...]

KAPITEL 3: ARBEITSZEUGNIS

A: Pflicht zur Zeugniserteilung – § 630 BGB

Bei der Beendigung eines dauernden Dienstverhältnisses kann der Verpflichtete von dem anderen Teil ein schriftliches Zeugnis über das Dienstverhältnis und dessen Dauer fordern. Das Zeugnis ist auf Verlangen auf die Leistungen und die Führung im Dienst zu erstrecken. Die Erteilung des Zeugnisses in elektronischer Form ist ausgeschlossen.

B: Beispiele zum einfachen und qualifizierten Arbeitszeugnis

• **einfaches Arbeitszeugnis**

**Zeugnis**

Frau ..., geboren am XX.XX.19XX, war vom ... bis zum ... für unser Unternehmen als Verkaufssachbearbeiterin tätig. Sie war verantwortlich für die Angebotserstellung und Auftragsabwicklung im Bereich Kleinteile.

Frau ... betreute in einem ihr zugewiesenen Bezirk öffentliche und private Kunden. Hierbei führte sie sämtliche Verkaufstätigkeiten durch.

Frau ... verlässt uns auf eigenen Wunsch. Für die Zukunft wünschen wir ihr alles Gute.

Esslingen, 31.12.1998
Unterschrift

• **qualifiziertes Arbeitszeugnis**

**Zeugnis**

Herr ..., geboren am XX.XX.19XX, war vom ... bis zum ... für unser Unternehmen als Verkaufssachbearbeiter tätig.

Herr ... betreute in Baden-Württemberg öffentliche und private Kunden. Hierbei führte er selbstständig sämtliche Verkaufstätigkeiten durch. Er wurde regelmäßig als verantwortlicher Gruppenleiter eingesetzt.

Herr ... ist ein zuverlässiger und fleißiger Mitarbeiter mit ausgezeichneter Arbeitsmoral. Bei Bedarf ist er stets zur Mehrarbeit bereit. Den Belastungen ist er in jeder Hinsicht voll gewachsen. Den ihm zugeteilten Firmenwagen hält er stets in einem gepflegten Zustand. Da er schnell und sorgfältig arbeitet, erreichte er durchgehend sehr hohe Umsätze.

Sein Verhalten gegenüber Vorgesetzten und Kollegen war stets einwandfrei. Auch von Dritten (Kunden, Lieferanten) wurde er geschätzt und war gern gesehen.

Als Gruppenleiter motivierte er seine Mitarbeiter durch seine fach- und personenbezogene Führung zu hohen Leistungen.

Zusammenfassend bestätigen wir, dass Herr ... seine Aufgaben stets zu unserer vollen Zufriedenheit erfüllt hat.

Herr ... verlässt uns zu unserem Bedauern auf eigenen Wunsch, um sich einer größeren Aufgabe in einem anderen Unternehmen zuzuwenden. Wir gratulieren ihm zu diesem beruflichen Aufstieg und wünschen ihm für die Zukunft in beruflicher und persönlicher Hinsicht alles Gute und weiterhin viel Erfolg.

Esslingen, 31.12.1998
Unterschrift

Anlage 2: Beurteilungsbausteine eines Arbeitszeugnisses im Detail

| Kriterium/ Note | 1 | 2 | 3 | 4 | 5 |
|---|---|---|---|---|---|
| **Leistungs- motivation** | Herr/Frau … verfügte stets über ein sehr hohes Maß an Initiative und Leistungsbe- reitschaft | Herr/Frau … verfügte über ein sehr ho- hes Maß an Initiative und Leistungsbe- reitschaft | Herr/Frau … verfügte über ein hohes Maß an Initiative und Leistungs- bereitschaft | Herr/Frau … zeigte in aus- reichendem Maße Initiative und Leistungs- bereitschaft | Herr/Frau … zeigte bei Anleitung Initiative und Leistungsbe- reitschaft |
| **Flexibilität** | … sowie höchst flexibel | … sowie jeder- zeit flexibel | … sowie fle- xibel | … sowie meist flexibel | … sowie im Allgemeinen flexibel |
| **Fachwissen** | … sowie über umfassende, fundierte und vielseitige Fachkennt- nisse, die er/ sie auch bei schwierigen Aufgaben si- cher einsetzte | … sowie über gründlich ab- gesicherte Fachkennt- nisse, die er/ sie sicher ein- setzte | … sowie den Anforderungen stets entspre- chende Fach- kenntnisse, die er/sie erfolg- reich einsetzte | … sowie die erforderlichen Fähigkeiten und Kennt- nisse. Die Erledigung der Aufgaben be- reiteten ihm/ihr keine Schwie- rigkeiten | … sowie hin- reichend Fach- kenntnisse |
| **Selbst- organisation** | … zudem zeichnete er/ sie sich als ein äußerst selbst- ständiger … | … zudem zeichnete er/ sie sich als ein sehr selbst- ständiger … | … zudem zeichnete er/ sie sich als ein selbstständi- ger … | … zudem zeichnete er/ sie sich als ein im Allgemei- nen selbst- ständiger … | … zudem zeichnete er/ sie sich als ein in Ausnahme- situationen selbstständi- ger … |
| **Teamwork/ Verhalten gegenüber Kollegen** | … und auch im Kreis seiner/ ihrer Kollegen wurde er/ sie sehr ge- schätzt. | … und auch im Kreis seiner/ ihrer Kollegen wurde er/sie geschätzt. | … und auch zu seinen/ihren Kollegen hatte er/sie ein gu- tes Verhältnis. | … und auch mit seinen/ ihren Kollegen kam er/sie gut zurecht. | … und auch mit seinen/ ihren Kollegen kam er/sie weitestgehend zurecht. |
| **Führungs- motivation** | Er/sie moti- vierte seine Mitarbeiter durch seine Führung zu vollem Einsatz und stets zu sehr guten Leistungen. | Er/sie moti- vierte seine Mitarbeiter durch seine Führung zu hohen Leistun- gen. | Er/sie moti- vierte seine Mitarbeiter durch seine Führung zu guten Leistun- gen. | Er/sie moti- vierte seine Mitarbeiter durch seine Führung zu zufriedenstel- lenden Leis- tungen. | Herr/Frau … verstand es, durch aus- reichende Motivation der Mitarbeiter die gesteckten Ziele im We- sentlichen zu erreichen. |
| **Grußwort (ja/nein?)** | Herr/Frau … verlässt unser Unternehmen auf eigenen Wunsch zum … <br><br> Wir wünschen ihm/ihr für seine/ihre persönliche und berufliche Zukunft alles Gute. | | | Herr/Frau … verlässt unser Unternehmen auf eigenen Wunsch zum … | |

Anlage 3: Notizen und Informationen zu den Mitarbeitern Müller und Schulz sowie ihren Stellen

**Marion Müller**

- geboren am 28.08.1975 in Erfurt
- seit 01.05.1996 als Sachbearbeiterin im Einkauf tätig
- freundliche, aufgeschlossene, kooperative Art
- bei Kollegen und Lieferanten sehr beliebt
- sehr gute Arbeitsleistungen, verfügt über fundierte Fachkenntnisse
- sehr kurze Einarbeitungszeiten, systematische Arbeitsweise
- hohes Maß an Selbstständigkeit
- kann ohne Schwierigkeiten andere Aufgaben übernehmen
- bereitwilliger Besuch von Weiterbildungen

**Herbert Schulz**

- geboren am 30.05.1969 in Rom
- Beginn der Ausbildung zum Industriekaufmann am 01.08.1987 in unserem Unternehmen → ununterbrochen bei uns beschäftigt
- seit 25 Jahren in der Abteilung Rechnungswesen
- übernahm deren Leitung vor 15 Jahren
- stets ausgezeichnete Leistungen, hohe Leistungsbereitschaft
- äußerst selbstständig und belastbar
- Er besitzt fundierte und vielseitige Fachkenntnisse.
- Informationen gibt er teilweise nur zögerlich weiter.
- Das Verhältnis zu den Kollegen ist gut.
- Er motiviert seine Mitarbeiter zu guten Leistungen.
- Seit mindestens fünf Jahren veruntreut er Gelder → das Ausmaß ist noch nicht bekannt. Die Staatsanwaltschaft ermittelt noch.
- Aus diesem Grund haben wir ihm zum 13.06.20XX fristlos gekündigt.

| STELLENBESCHREIBUNG – Sachbearbeiter Einkauf | Werkzeuge und Teile GmbH<br>Personal |
|---|---|
| **Abteilung** | **Einkauf** |
| **Instanzenbild** | |
| Stellencharakteristik: | • Sachbearbeiter |
| Stelleninhaber: | • Marion Müller |
| **Einordnung** | |
| Vorgesetzter: | • Abteilungsleiter Einkauf |
| Wird vertreten von: | • Sachbearbeiter |
| Vollmachten/Befugnisse: | • Bestellungen durchführen |
| **Aufgabenbild** | |
| Hauptaufgaben: | • internationaler Einkauf von Rohstoffen und Fertigwaren<br>• verantwortlich für den Kalkulationsaufbau und die Preisverhandlungen<br>• Stammdatenanlage und -pflege<br>• Sicherstellung von Lieferterminen und Qualität (Musterung und Auslieferung)<br>• Bewertung und Qualifizierung von Lieferanten<br>• rechtzeitige Weitergabe von Informationen an alle Schnittstellen bzgl. Lieferterminen oder evtl. Qualitätsproblemen |

| STELLENBESCHREIBUNG – Sachbearbeiter ReWe | Werkzeuge und Teile GmbH<br>Personal |
|---|---|
| **Abteilung** | **Rechnungswesen/Controlling** |
| **Instanzenbild** | |
| Stellencharakteristik: | • Sachbearbeiter |
| Stelleninhaber: | • Herbert Schulz |
| **Einordnung** | |
| Vorgesetzter: | • Abteilungsleiter ReWe |
| Wird vertreten von: | • Sachbearbeiter |
| Vollmachten/Befugnisse: | • Buchungen durchführen |
| **Aufgabenbild** | |
| Hauptaufgaben: | • Debitoren- und Kreditorenbuchhaltung<br>• Vorbereitungen der Buchhaltung für das Steuerbüro<br>• Banken- und Kassenbuchungen<br>• Entgeltbuchhaltung<br>• Mahnwesen |

| STELLENBESCHREIBUNG – Abteilungsleiter ReWe | Werkzeuge und Teile GmbH<br>Personal |
|---|---|
| **Abteilung** | **Rechnungswesen/Controlling** |
| **Instanzenbild** | |
| Stellencharakteristik: | • Sachbearbeiter |
| Stelleninhaber: | • Herbert Schulz |
| **Einordnung** | |
| Vorgesetzter: | • Geschäftsführer |
| Wird vertreten von: | • Geschäftsführer |
| Vollmachten/Befugnisse: | • Einzelprokura |
| **Aufgabenbild** | |
| Hauptaufgaben: | • Übernahme der operativen Verantwortung für die Bereiche Debitoren- und Kreditorenbuchhaltung<br>• Mitwirkung bei der Erstellung von Monats- und Jahresabschlüssen<br>• Umsatzsteuervoranmeldung<br>• Liquiditätsberechnung<br>• Ansprechpartner für Steuerberater, Finanzamt, Wirtschaftsprüfer<br>• enge Zusammenarbeit mit Geschäftsleitung in wesentlichen wirtschaftlichen Entscheidungen<br>• Verantwortung für ein Team von sieben Mitarbeitern |

## Externe Daten

Anlage 4: Urteile des Bundesgerichtshofs (BHG) zum Stichwort: „Wohlwollende Beurteilung"

• Die anlässlich der einvernehmlichen Beendigung des Arbeitsverhältnisses gemachte „Zusage" des Arbeitgebers, er werde dem Arbeitnehmer ein „wohlwollendes" Zeugnis erteilen, bedeutet nicht zwingend, dass der Arbeitnehmer einen Anspruch auf eine „gute" Leistungsbeurteilung hat.

*LAG Bremen, Urteil vom 09.11.2000 – 4 Sa 101/00*

• Der Arbeitgeber darf sich bei der Abfassung der Zeugnisse nicht von Unstimmigkeiten, welche anlässlich des Ausscheidens entstanden sind, leiten lassen, wenn der Arbeitnehmer sonst ordentlich gearbeitet hat und der Vorgang seine Fähigkeiten und Leistungen nicht kennzeichnet.

*LAG Hamm, Urteil vom 13.02.1992 – 4 Sa 1077/91*

• Das Dienstzeugnis ist eine gesetzliche Einrichtung zugunsten des Arbeitnehmers (§ 630 BGB); es soll ihm bei der Bewerbung um eine neue Arbeitsstelle als Ausweis dienen. Gleichzeitig soll es aber auch eine Unterlage für seine Beurteilung schaffen. Oberster Grundsatz ist daher, dass der Inhalt des Zeugnisses wahr sein muss. Das bedeutet zwar nicht, dass sich das Zeugnis über ungünstige Vorkommnisse und Beobachtungen schonungslos aussprechen müsste; das Zeugnis soll von verständigem Wohlwollen für den Arbeitnehmer getragen sein und ihm sein weiteres Fortkommen nicht unnötig erschweren.

Diese Rücksichtnahme muss aber dort ihre Schranken finden, wo sich das Interesse des künftigen Arbeitgebers an der Zuverlässigkeit der Grundlagen für die Beurteilung des Arbeitsuchenden ohne Weiteres aufdrängt und das Schweigen des Zeugnisses die Beurteilung des Arbeitnehmers im ganzen wesentlichen Gesamtbild beeinflusst.

Keinesfalls darf der Arbeitgeber in dem Wunsche, dem Arbeitnehmer behilflich zu sein, wahrheitswidrige Angaben in das Zeugnis aufnehmen und ein Urteil abgeben, das nicht seiner Überzeugung entspricht.
*BGH 26.11.1963 – VI ZR 221/62*

Quelle: http://www.ihk-nordwestfalen.de/fileadmin/medien/02_Wirtschaft/22_Aus-_und_Weiterbildung/00_Ausbildungsbetriebe/Ausbildungsberatung/Zeugnis/urteile_a-z.pdf (13.03.2013)

Anlage 5

---

# ZEIT ONLINE

**Arbeitszeugnis: Am besten selber schreiben**

[…] Sich Gedanken um die eigene Beurteilung zu machen, ist durchaus angebracht. Obwohl viele Arbeitgeber das Arbeitszeugnis als weniger wichtig empfinden als den Lebenslauf, gehört es als Dokument doch in jede Bewerbungsmappe. Es kann entscheidend dazu beitragen, ob der Daumen des Personalers nach oben oder nach unten zeigt. Wer ein Arbeitszeugnis braucht, sollte es nach Möglichkeit selber formulieren, in jedem Fall aber kritisch gegenlesen oder lesen lassen – im Idealfall von einem Experten.

**Aufbau eines Zeugnis nach Schema F**

Wer auf Nummer sicher gehen will, weicht nicht von den vorgegebenen Standards für Arbeitszeugnisse ab. Viel Spielraum bleibt ohnehin nicht, allenfalls in Abschnitt 3 (Beschreibung der beruflichen Tätigkeit). Der Aufbau des Dokuments ist unterteilt in sechs Abschnitte und liest sich beispielsweise bei der Jobbörse Jobware.de wie folgt:

1. Die Einführung
2. Die berufliche Entwicklung im Unternehmen: z.B. „Frau/Herr Mustermann wurde im Laufe ihrer/seiner beruflichen Entwicklung als (...) und (...) eingesetzt."
3. Die Stellenbeschreibung der zuletzt ausgeführten Tätigkeit.
4. Die Leistungsbeurteilung mit Angaben zu Arbeitsbereitschaft, Arbeitsbefähigung, Wissen und Weiterbildung, Arbeitsweise, Arbeitserfolgen sowie der für die Note entscheidenden Leistungszusammenfassung: „Frau/Herr Mustermann führte die ihr/ihm übertragenen Aufgaben jederzeit zu unserer vollen Zufriedenheit aus."
5. Das persönliche (soziale) Verhalten: „Ihr/Sein Verhalten gegenüber Kunden, Vorgesetzten und Kollegen war jederzeit vorbildlich. Als Mitarbeiter/in können wir sie/ihn sehr empfehlen."
6. Die Schlussformulierung mit der Angabe von Gründen für die Beendigung des Arbeitsverhältnisses sowie eventuell eine Dankens- oder Bedauernsformel und Zukunftswünsche.

**Notensystem**

Wichtig ist, das sich hinter den Formulierungen verbergende Notensystem im Personalwesen zu kennen. Wie sich das im Zeugnis darstellt, erklären die Karriereexperten Jürgen Hesse und Hans Christian Schrader in der Jobbörse Stepstone.de, Rubrik Zeugnisse/Bewertungen: Als Beispiel haben sie die Schlussformulierung gewählt (Abschnitt 6); dieser Abschnitt des Zeugnisses ist insofern wichtig, als das er der Gesamtnote der Beurteilung entspricht, unabhängig von den Noten der vorherigen Bereiche.

Note 1: „Er hat die ihm übertragenen Aufgaben stets zu unserer vollsten Zufriedenheit erledigt"
Note 2: „Er hat die ihm übertragenen Aufgaben stets zu unserer vollen Zufriedenheit erledigt"
Note 3: „Er hat die ihm übertragenen Aufgaben zu unserer vollen Zufriedenheit erledigt"
Note 4: „Er hat die ihm übertragenen Aufgaben zu unserer Zufriedenheit erledigt"
Note 5: „Er hat die ihm übertragenen Aufgaben im Großen und Ganzen zu unserer Zufriedenheit erledigt"
Note 6: „Er hat sich bemüht, die ihm übertragenen Aufgaben zu unserer Zufriedenheit zu erledigen".

**Gefürchtete „Geheimcodes"**

Besonders verunsichert sind Arbeitnehmer von sogenannten „Geheimcodes" – also verschlüsselte Anmerkungen, die nur Personalmitarbeiter verstehen sollen. Bestes Beispiel: „Mit seiner Geselligkeit trug er zur Verbesserung des Betriebsklimas bei" bedeutet nichts anderes, als dass der scheidende Mitarbeiter im Dienst Alkohol trank.

„Tatsächlich tauchen derart codierte Aussagen in Arbeitszeugnissen nur äußerst selten auf und könnten mit teuren Schadensersatzklagen durch den Zeugnisempfänger beantwortet werden", heißt es auf Jobware.de. „Erlaubt sind sie nicht (Urteil LAG Hamm), da der Arbeitgeber bei der Zeugnisschreibung nicht nur zur Wahrheit, sondern auch zum ‚verständigen Wohlwollen' verpflichtet ist."

Bevor ein Unternehmen eine Klage wegen plump versteckter Bewertungen riskiert, wird es lieber gar nichts ins Zeugnis schreiben. Um ein „beredtes Schweigen" kann es sich handeln, wenn bestimmte Leistungen gar nicht erst erwähnt werden – weil sie nach Meinung des Arbeitgebers zu schlecht erfüllt wurden. Zeugnisempfänger müssen deshalb ihren Zeugnistext auf Vollständigkeit hin überprüfen.

*Quelle: http://www.zeit.de/jobletter/jl3403_1 (06.01.2013)*

# B 3 Beschaffung und Lagerhaltung

## 3.1 Angebotsvergleich

Aufgrund vermehrter Kundenrückmeldungen soll ein Werkzeugkoffer in das Sortiment der Werkzeuge und Teile GmbH aufgenommen werden.

Die Auszubildende Susanne Funk ist seit zwei Wochen im Einkauf eingesetzt. Zu ihren Tätigkeiten gehört u. a. das Einholen und Bearbeiten von Angeboten. Nachdem Susanne in der letzten Woche mehrere Anfragen zu Werkzeugkoffern an verschiedene Lieferer versendet hatte, liegen nun drei Angebote vor. Mit Frau Mildenberger, Sachbearbeiterin im Einkauf, bespricht sie das weitere Vorgehen.

Susanne Funk:

> *„Frau Mildenberger, mittlerweile sind drei Angebote für Werkzeugkoffer eingegangen. Ich denke, wir sollten uns für das Angebot der ‚tool box‘ entscheiden, schließlich ist hier der Listenpreis für einen Werkzeugkoffer am günstigsten."*

Frau Mildenberger:

> *„Nicht so schnell, Frau Funk! Wir müssen die Preise genauer vergleichen. Entscheidend ist am Ende der Bezugspreis, also der Preis, den wir tatsächlich nach der Berücksichtigung von Skonto, Rabatt und Transportkosten bezahlen müssen."*

Susanne Funk:

> *„Ah, ich verstehe. Ich sehe, die drei Anbieter haben auch eine unterschiedlich lange Lieferzeit. Das heißt, neben dem rechnerischen Vergleich der Bezugspreise sollten wir noch weitere Kriterien berücksichtigen."*

Frau Mildenberger:

> *„Da haben Sie völlig Recht, Frau Funk. Wir machen uns auch immer Notizen über unsere Lieferer, z. B. darüber, ob wir als Kunden gut beraten werden oder ob die Qualität stimmt."*

Susanne Funk:

> *„Ja, das klingt logisch. Aber ich finde, dass z. B. die Sicherstellung einer hohen Qualität wichtiger ist als eine gute Beratung. Das müsste doch auch berücksichtigt werden, oder?"*

Frau Mildenberger:

> *„Sicher, nicht alle Kriterien sind gleich wichtig. Ich lasse Ihnen einfach mal alle Informationen über die Anbieter zukommen. Im Mitarbeiterhandbuch finden Sie unter ‚Beschaffung‘ auch Hinweise darüber, worauf wir bei der Werkzeuge und Teile GmbH besonders Wert legen, sowie ein Schema, das Ihnen bei der Entscheidungsfindung hilft."*

## Aufträge

**Übergreifender Handlungsauftrag mit Handlungsprodukt:**

Vergleichen Sie die drei vorliegenden Angebote und machen Sie einen begründeten Vorschlag, bei welchem Anbieter bestellt werden soll. Erstellen Sie dazu eine entsprechende Bestellung.

**Handlungsaufträge:**

1. Vergleichen Sie die drei Angebote hinsichtlich der Bezugspreise (quantitativer Angebotsvergleich).
2. Bewerten Sie die drei Angebote im Hinblick auf weitere, für die Werkzeuge und Teile GmbH bedeutsame Kriterien (qualitativer Angebotsvergleich).

## Hinweis

Die Vorgehensweise zur Verwendung einer Entscheidungsbewertungstabelle ist im Buch auf Seite 236 f. zu finden. Daher wird im Rahmen der Lernsituation auf eine Erläuterung verzichtet.

## Interne Daten

| ✉ **Posteingang** | | erhalten am: 02.11.20XX |
|---|---|---|
| von: | m.mildenberger@WuT.de | |
| an: | s.funk@WuT.de | |
| Betreff: | Lieferer-Bewertungen | |
| Anhang: 📄 | *Lieferer-Bewertungen.docx* | |

Hallo Frau Funk,

wie besprochen im Anhang die Bewertungen der drei Lieferer.

Gruß

M. Mildenberger

**Werkzeuge und Teile GmbH**
Einkauf

## Werkzeuge und Teile GmbH

### Aktuelle Lieferer-Bewertungen:

...

**Werkzeug-Fabrik Reutlingen (WFR) KG:**
Bei der Einhaltung der Liefertermine ist die WFR leider nicht sehr zuverlässig. Eine Verzögerung von ein bis zwei Werktagen kommt leider immer wieder vor. Die Qualität der gelieferten Produkte ist in der Regel überdurchschnittlich. Daher bestand bisher auch nur selten ein Bedarf an Reparatur oder Ersatzlieferung. Leider erfolgte die Nacherfüllung jedoch nicht immer sofort zu unserer Zufriedenheit und hat so meist viel Zeit in Anspruch genommen. Einmal mussten wir deshalb kurzfristig auf einen qualitativ minderwertigeren Konkurrenz-Anbieter zurückgreifen. Auf ihre Produkte gewährt die WFR eine Garantie von drei Jahren. Die Vertriebsmitarbeiter besitzen eine sehr fundierte Produktkenntnis, eine (technische) Beratung durch entsprechende Fachleute wird jedoch nicht angeboten.

**Profimarkt Horlacher GmbH:**
Seine Liefertermine hält der Profimarkt Horlacher stets ein, die Qualität der Produkte entspricht in höchstem Maß unseren Anforderungen und Erwartungen. Einige Male wurde eine zu geringe Stückzahl geliefert, worauf die fehlenden Mengen unverzüglich von Profimarkt Horlacher per Expressversand und auf eigene Kosten nachgeliefert wurden. Über die gesetzliche Gewährleistungsfrist hinaus wird von diesem Anbieter keine weitere Garantie gewährt. Vierteljährlich besucht uns ein technisch geschulter Vertriebs-Außendienstmitarbeiter zur Vorstellung neuer Produkte. Darüber hinaus steht er für sämtliche Fragen zu Horlacher-Produkten zur Verfügung.

**tool box OHG:**
Die tool box liefert in der Regel sehr pünktlich. Die Qualität der Produkte ist ausreichend, eine hin und wieder erforderliche Ersatzlieferung erfolgt in der Regel zu unserer Zufriedenheit. Über die gesetzliche Gewährleistungsfrist hinaus gewährt die tool box eine Garantie von fünf Jahren. Die Vertriebsmitarbeiter besitzen eine fundierte Produktkenntnis. Bei technischen Detailfragen kann eine kostenlose Service-Hotline in Anspruch genommen werden, welche eine ausgezeichnete technische Beratung von Fachleuten garantiert.
...

## Werkzeuge und Teile GmbH

### Handbuch für Mitarbeiter – Einkauf

Bei der Beschaffung unserer Materialien und Fertigprodukte achten wir auf ein gutes Preis-Leistungs-Verhältnis. Um unseren hohen Kundenansprüchen mehr als gerecht werden zu können, legen wir großen Wert auf eine einwandfreie Qualität.
Je nach Art des Materials oder Produkts sind neben dem Preis und der Qualität weitere Kriterien entsprechend zu gewichten und zu bewerten.
Zur Auswahl geeigneter Lieferer  verwenden wir  eine Entscheidungsbewertungstabelle (s. Buch Seite 236 f.)
...

$Werkzeug$-$Fabrik$ $Rosenheim$ KG

Werkzeug-Fabrik Reutlingen KG • Postfach 4711 • 83022 Rosenheim

Werkzeuge und Teile GmbH
Baumeisterstraße 125
73730 Esslingen

| | |
|---|---|
| *Ihr Zeichen:* | Fu-Mi |
| *Ihre Nachricht vom:* | 27.10.20XX |
| *Unser Zeichen:* | Be |
| *Unsere Nachricht vom:* | |
| | |
| *Name:* | R. Beckmann |
| *Telefon:* | 08031/8349-11 |
| *Telefax:* | 09031/8349-02 |
| *E-Mail:* | r.beckmann@wfr.de |
| *Internet:* | www.wfr.de |
| | |
| *Datum:* | 30.10.20XX |

# Angebot

Sehr geehrte Frau Funk,

vielen Dank für Ihr Interesse an unseren Werkzeugkoffern. Bezugnehmend auf Ihre Anfrage vom 27.10.20XX
bieten wir Ihnen an:

| Artikel-Nr. | Beschreibung | Listenpreis/St. (netto) | Menge | Listenpreis (netto) |
|---|---|---|---|---|
| 200-14 | WRF-Werkzeugkoffer „easy case"<br>- *Innenmaße:*<br>  *450 x 340 x 160 mm*<br>- *Gewicht: 5,5 kg*<br>- *Volumen: 25 l*<br>- *belastbar: bis 20 kg* | 115,00 EUR | 200 | 23.000,00 EUR |

Da der WRF-Werkzeugkoffer „easy case" erst seit September 20XX auf dem Markt ist, bieten wir Ihnen einen
Markteinführungsrabatt von 12 % auf den Listenpreis.
Bei Bezahlung innerhalb 10 Tagen ab Rechnungsdatum ist ein Abzug von 2 % Skonto möglich.
Die Lieferung erfolgt innerhalb von drei Wochen ab Eingang Ihrer Bestellung. Für den Transport berechnen
wir Ihnen eine Pauschale von 150 EUR.

Wir freuen uns über eine Bestellung bis zum 30.11.20XX.

Freundliche Grüße

Werkzeug-Fabrik Rosenheim KG

*i. A R Beckmann*

i. A. Reinhard Beckmann

*Geschäftssitz: Rosenheim*
*Registergericht: Amtsgericht Rosenheim HRA 0711*

**Pr o fi ma r k t  HORLACHER GmbH**

Kennedy-Allee 307   79098 Freiburg i. Breisgau   Tel.: 0761/737-49   Fax: 0761/737-20
www.profimarkt-horlacher.de

Werkzeuge und Teile GmbH
Baumeisterstraße 125
73730 Esslingen

| Ihre Zeichen, Ihre Nachricht vom | Unser Zeichen, unsere Nachricht vom | Datum |
|---|---|---|
| Fu-Mi          27.10.20XX | Sto | 20XX-10-31 |

# Angebot

Sehr geehrte Frau Funk,

vielen Dank für Ihr Interesse an unserem Werkzeugkoffer „Profi", den wir Ihnen gerne wie folgt anbieten:

| Artikel-Nr. | Beschreibung | Einzelpreis (netto) | Menge | Gesamtpreis (netto) |
|---|---|---|---|---|
| WK-29102 | Werkzeugkoffer „Profi"<br>✗  Innenmaße: 460 x 345 x 150 mm<br>✗  Gewicht: 6 kg<br>✗  Volumen: 25,5 l<br>✗  belastbar: bis 18 kg | 107,00 € | 200 | 21.400,00 € |

Ihnen als langjähriger Kunde gewähren wir gerne einen Rabatt in Höhe von 10 %.
Bei Bezahlung innerhalb von 7 Tagen ab Rechnungsdatum erhalten Sie 3 % Skonto.
Für die Lieferung innerhalb von 10 Werktagen ab Bestellung fallen Transportkosten in Höhe von 90 € je
100 Werkzeugkästen an.

Die Bindung an das Angebot erlischt in 14 Tagen.

Wir freuen uns auf Ihre Bestellung und verbleiben

mit freundlichen Grüßen

*P. Stork*

Petra Stork
Pr o fi ma r k t  Horlacher GmbH
- Vertrieb -

tool box OHG / Hauptstr. 119 / 70173 Stuttgart

Werkzeuge und Teile GmbH
Baumeisterstraße 125
73730 Esslingen

| | |
|---|---|
| Ihr Zeichen: | Fu-Mi |
| Ihre Nachricht vom: | 27.10.20XX |
| Unser Zeichen: | Br |
| Unsere Nachricht vom: | |
| | |
| Name: | Frau Brauer |
| Telefon: | (0711) 569-98 |
| Telefax: | (0711) 569-92 |
| E-Mail: | anna.brauer@tool-box.de |
| Internet: | www.tool-box.de |
| | |
| Datum: | 01.11.20XX |

# Angebot

Sehr geehrte Frau Funk,

gerne bieten wir Ihnen unseren Werkzeugkoffer „tool light" wie folgt an:

| Art.-Nr. | Bezeichnung | Preis/St. (netto) | Menge | Preis (netto) |
|---|---|---|---|---|
| 203930 | Werkzeugkoffer „tool light"<br>✛ Innenmaße:<br> 445 x 370 x 140 mm<br>✛ Gewicht: 6 kg<br>✛ Volumen: 27 l<br>✛ belastbar: bis 18 kg | 99,00 EUR | 200 | 19.800,00 EUR |

Bei einer Bezahlung innerhalb von 14 Tagen ab Rechnungsdatum gewähren wir 3 % Skonto.
Die Lieferung erfolgt frei Haus innerhalb von fünf Werktagen ab.

Vielen Dank für Ihr Interesse an unserem Werkzeugkoffer. Wir freuen uns auf Ihre Bestellung.

Freundliche Grüße

tool box OHG

i. A. A. Brauer
i. A. Anna Brauer

## 3.2 Optimierung der Beschaffungspolitik

### Situation

Die Auszubildende Susanne Funk ist seit einigen Wochen im Einkauf der Werkzeuge und Teile GmbH eingesetzt. Zu ihren Tätigkeiten gehört u. a. die Durchführung von Bestellungen zur Beschaffung der von der Werkzeuge und Teile GmbH vertriebenen Artikel. Susanne liegt nun folgende E-Mail von Frau Mildenberger, Sachbearbeiterin im Einkauf, vor:

| ✉️ **Posteingang** | | erhalten am: 14.12.20XX |
|---|---|---|
| von: | m.mildenberger@WuT.de | |
| an: | s.funk@WuT.de | |
| Betreff: | Bestellungen | |
| Anhang: 📄 | – | |

Guten Morgen Frau Funk,

unser Lagerhaltungssystem meldet, dass 90°-Sicherungsringe nachbestellt werden müssen, da der Meldebestand erreicht wurde. Bitte bestellen Sie daher 5.000 Stück bei unserem Lieferer.

Vielen Dank und Gruß

M. Mildenberger

**Werkzeuge und Teile GmbH**
Einkauf

Zum Mittagessen trifft sich Susanne mit Esther Petersen, Auszubildende im ersten Lehrjahr und zurzeit im Lager eingesetzt.

Esther Petersen:

> *„Hallo Susanne, heute kam wieder eine Lieferung Werkzeugkoffer, 400 Stück. Die sind ganz schön sperrig …"*

Susanne Funk:

> *„Hm, und heute habe ich schon wieder 5.000 90°-Sicherungsringe bestellt. Habt ihr überhaupt noch Platz im Lager?"*

Esther Petersen:

> *„Im Moment schon noch, aber es wird doch langsam eng. Zwar haben wir so ein paar Kleinteile nicht mehr im Sortiment, aber dafür jetzt ja seit Kurzem Werkbänke, Tischkreissägen und Dübel in verschiedenen Größen. Warum hast du eigentlich so viele Sicherungsringe auf einmal bestellt? Wie gesagt, langsam wird es eng!"*

Susanne Funk:

> *„Naja, ich würde lieber noch mehr auf einmal bestellen, denn der Jahresbedarf an 90°-Sicherungsringen ist schon ziemlich groß. Das heißt, dass ich ganz schön häufig nachbestellen muss. Das kostet ja auch immer Zeit, in der ich auch andere Sachen machen könnte. Frau Mildenberger meinte aber, dass die Bestellmenge von 5.000 Stück für uns am kostengünstigsten ist, da bei dieser Menge Bestell- und Lagerkosten zusammen am geringsten sind."*

Frau Mildenberger sitzt am Nebentisch und meldet sich zu Wort, nachdem sie Teile des Gesprächs mitbekommen hat.

Frau Mildenberger:

*„Da haben Sie Recht, Frau Funk. Bei der Ermittlung der sogenannten optimalen Bestellmenge geht es darum, die Kosten der Bestellvorgänge und die Kosten der Lagerhaltung zu minimieren. Leider verhalten sich diese beiden Kosten in Abhängigkeit der Bestellmenge gegenläufig. Je größer die Bestellmenge, desto mehr Lagerkapazität wird benötigt und damit steigen die Lagerhaltungskosten. Umgekehrt fallen bei großen Bestellmengen weniger Bestellkosten an."*

Susanne Funk:

*„Das mit den Lagerhaltungskosten verstehe ich, aber die Bestellkosten hängen doch nicht von der Höhe der bestellten Menge ab? Egal ob ich 5.000 Stück oder 10.000 Stück von den Sicherungsringen bestelle – die Zeit, die ich dafür benötige, bleibt doch die gleiche?!"*

Frau Mildenberger:

*„Stimmt, Frau Funk, aber umso geringer die Bestellmenge ist, desto häufiger muss bestellt werden und damit steigen die Bestellkosten, da, wie Sie vorhin richtig erwähnt haben, jedes Mal Arbeitszeit benötigt wird. Die optimale, d. h. für uns insgesamt kostengünstigste Bestellmenge liegt vor, wenn die Summe aus Lager- und Bestellkosten minimal ist.*

*Nun aber nochmal zurück zum Problem mit der Lagerkapazität. Der Platz ist eine Sache, aber wir machen uns viel mehr Gedanken über die Kosten unserer Lagerhaltung. Solange die Artikel nicht verkauft sind, liegt das Geld, das wir für sie im Einkauf bezahlt haben, als sogenanntes ,gebundenes Kapital' auf Lager. Das heißt, dass die Lagerkosten von Artikeln mit hohem Wert größer sind als von Artikeln mit geringerem Wert."*

Susanne Funk:

*„Oh je, ein Werkzeugkoffer kostet 107,00 EUR, d. h. 400 Stück haben einen Wert von 42.800 EUR. Die 5.000 90°-Sicherungsringe kosten bei einem Stückpreis von 2,45 EUR zusammen jedoch nur 12.250 EUR. Das ist natürlich ein großer Unterschied!"*

Frau Mildenberger:

*„Da haben Sie völlig Recht, Frau Funk. Daher müssen wir unsere Beschaffungspolitik für unser neues Sortiment optimieren. Artikel mit einem wertmäßig geringen Anteil am Umsatz, aber mengenmäßig hohem Anteil am Absatz sollen weiterhin auf Vorrat beschafft werden. Artikel mit wertmäßig hohem Umsatzanteil, aber mengenmäßig geringem Absatzanteil sollen dagegen nur bei Bedarf bestellt werden. Ich leite Ihnen die entsprechenden Informationen weiter, dann können Sie gleich starten!"*

## Aufträge

**Übergreifender Handlungsauftrag mit Handlungsprodukt:**

Erarbeiten Sie für die Werkzeuge und Teile GmbH vor dem Hintergrund der neuen Sortimentsstruktur einen begründeten Vorschlag zur Optimierung der Beschaffungspolitik.

**Handlungsaufträge:**

1. Erstellen Sie eine übersichtliche Einteilung der Artikel der Werkzeuge und Teile GmbH entsprechend ihres jeweiligen wertmäßigen sowie mengenmäßigen Anteils am jährlichen wertmäßigen sowie mengenmäßigen Gesamtverbrauch (ABC-Analyse).

2. Machen Sie für die neu ins Sortiment aufgenommenen Artikel (Werkzeugkoffer, Tischkreissäge, Dübel, Werkbank) einen begründeten Vorschlag, ob sie auf Vorrat oder nach Bedarf beschafft werden.

3. Ermitteln Sie, soweit erforderlich,

   a) für die neuen Artikel den Lagerbestand, der eine neue Bestellung auslöst (Meldebestand).

   b) mithilfe des Lösungsschemas (Anlage 1) die Menge, welche regelmäßig auf Vorrat bestellt werden soll (optimale Bestellmenge). Stellen Sie den Sachverhalt grafisch dar (Anlage 2). Welche Bedingungen gelten bei der optimalen Bestellmenge? Überprüfen Sie Ihre Lösung anhand der Formel.

   c) grafisch den Verlauf des Lagerbestands (Anlage 3).

---

**Interne Daten**

| ✉ **Posteingang** | | erhalten am:<br>14.12.20XX |
|---|---|---|
| **von:** | m.mildenberger@WuT.de | |
| **an:** | s.funk@WuT.de | |
| **Betreff:** | Benötigte Informationen | |
| **Anhang:** 📄 | *Interne Mitteilung Abteilungsleitung* | |

Hallo Frau Funk,

wie vorhin beim Mittagessen besprochen, lasse ich Ihnen im Anhang Informationen der Abteilungsleitung zur Optimierung unserer Beschaffungspolitik zukommen.

Die Artikelliste mit den Jahresbedarfswerten finden Sie in unserer integrierten Unternehmenssoftware unter „Einkauf – Auswertungen".

Unsere Bestellkosten je Auftrag betragen 49,00 EUR.

Vielen Dank und Gruß

M. Mildenberger

---
**Werkzeuge und Teile GmbH**
Einkauf

# Werkzeuge und Teile GmbH – Interne Mitteilung

**Von:** Abteilungsleitung – Einkauf
**An:** MitarbeiterInnen – Einkauf

Sehr geehrte MitarbeiterInnen im Einkauf der Werkzeuge und Teile GmbH,

durch die Eliminierung alter und die Aufnahme neuer Produkte hat sich seit dem letzten Jahr die Struktur unseres Sortiments geändert. Vor allem die neuen Produkte haben einen vergleichsweise hohen Einkaufspreis und damit, trotz einem relativ geringen Mengenanteil, einen hohen Anteil am gesamten Beschaffungswert unseres Jahresverbrauchs. Zur Optimierung unserer Beschaffungspolitik sind deshalb alle Artikel unseres Sortiments entsprechend ihres wertmäßigen sowie mengenmäßigen Anteils am jährlichen Gesamtverbrauch zu folgendermaßen zu gruppieren (ABC-Analyse). Zur Gruppierung werden alle Artikel zuerst in absteigender Rangfolge nach der Höhe ihres wertmäßigen Anteils am Gesamtverbrauchswert sortiert. Im Anschluss werden die Wertanteile der Reihe nach aufsummiert (=kumuliert) und abschließend entsprechend folgender Vorgaben eingeteilt:

| Einteilung der Artikel nach ihrem wert- und mengenmäßigen Anteil am Gesamtverbrauch | |
|---|---|
| **A-Güter** | Haben einen *relativ hohen Wertanteil* (ca. 75 % des Gesamtverbrauchswertes) und einen *relativ geringen Anteil an der Gesamtverbrauchsmenge.* |
| **B-Güter** | Haben einen *mittleren Wertanteil* (ca. 20 % des Gesamtverbrauchswertes) und einen *mittleren Anteil an der Gesamtverbrauchsmenge.* |
| **C-Güter** | Haben einen *relativ geringen Wertanteil* (ca. 5 % des Gesamtverbrauchswertes) und einen *relativ hohen Anteil an der Gesamtverbrauchsmenge.* |

**A-Gütern** kommt im Einkauf eine hohe Aufmerksamkeit zu, da sie aufgrund des hohen Wertanteils ein hohes gebundenes Kapital und hohe Lagerkosten aufweisen. Daher sind die Lagerbestände so gering wie möglich zu halten und genau zu kontrollieren. Mit den Lieferern sollen mögliche Preissenkungen verhandelt werden und gegebenenfalls Angebote von Konkurrenzanbietern eingeholt werden.

**C-Güter** sollen aufgrund ihres hohen mengenmäßigen Anteils am Gesamtverbrauch in größerer Stückzahl verfügbar sein. Daher ist darauf zu achten, dass jederzeit ein ausreichender Vorrat auf Lager ist. Wegen ihres geringen Wertes entstehen relativ geringe Lagerkosten und wenig gebundenes Kapital.

**B-Güter** sind je nach Wert- und Mengenanteil wie A- bzw. C-Güter zu behandeln.

Vielen Dank für Ihre Unterstützung in der Optimierung unserer Beschaffungspolitik!
Abteilungsleitung Einkauf

*Artikelliste mit den Jahresbedarfswerten aus der integrierten Unternehmenssoftware:*

| Art.-Nr. | Beschreibung | Einheit | EK-Preis (EUR) | Beschaffungszeit (in Tagen) | Jahres-bedarf | Verbrauchs-wert (EUR) | Wert-anteil (%) | Mengen-anteil (%) | Rang | Grup-pierung |
|---|---|---|---|---|---|---|---|---|---|---|
| 331060 | Sicherungsringeinsatz 45° | STÜCK | 2,45 | 3 | 43.500 | 106.575,00 | | | | |
| 331061 | Sicherungsring 90° | STÜCK | 2,45 | 3 | 43.500 | 106.575,00 | | | | |
| 331062 | Sicherungsring 180° | STÜCK | 2,45 | 3 | 43.500 | 106.575,00 | | | | |
| 331063 | Multifunktionszange | STÜCK | 39,50 | 8 | 14.890 | 588.155,00 | | | | |
| 331065 | Profi-Winkel mit Zunge | STÜCK | 29,50 | 7 | 13.110 | 386.745,00 | | | | |
| 331066 | elektronische Schieblehre | STÜCK | 99,80 | 8 | 11.700 | 1.167.660,00 | | | | |
| 331067 | Kreis- und Ringschneider | STÜCK | 19,90 | 8 | 14.540 | 289.346,00 | | | | |
| 331070 | Hilfsvorrichtung mit Linse | STÜCK | 10,00 | 7 | 19.980 | 199.800,00 | | | | |
| 331074 | Ratschen-Schraubenschlüssel | STÜCK | 39,90 | 5 | 10.900 | 434.910,00 | | | | |
| 331080 | Mutter | STÜCK | 0,02 | 3 | 240.000 | 4.800,00 | | | | |
| 331081 | Dübel | STÜCK | 1,05 | 3 | 105.000 | 110.250,00 | | | | |
| 331094 | Tischkreissäge | STÜCK | 280,49 | 7 | 7.650 | 2.145.748,50 | | | | |
| 331095 | Werkzeugkoffer | STÜCK | 107,00 | 10 | 10.500 | 1.123.500,00 | | | | |
| 331096 | Werkbank | STÜCK | 520,95 | 12 | 5.200 | 2.708.940,00 | | | | |
| 331097 | Schlagbohrmaschine | STÜCK | 120,00 | 3 | 11.400 | 1.368.000,00 | | | | |
| 331098 | Lötkolben | STÜCK | 29,70 | 3 | 12.700 | 377.190,00 | | | | |
| **Summe:** | | | | | 608.070 | 11.224.769,50 | 100 % | 100 % | | |

# Werkzeuge und Teile GmbH – Interne Mitteilung

## Handbuch für Mitarbeiter – Einkauf

Bei der Bereitstellung unserer Artikel verwenden wir bei der Werkzeuge und Teile GmbH zwei Verfahren:

**(1)  Bedarfssynchrone Beschaffung ohne Vorratshaltung**

Der Einkauf der Artikel erfolgt erst bei Bedarf, d.h. wenn ein Auftrag vorliegt. Somit werden hohe Lagerbestände vermieden, v.a. auch bei Artikeln, die nicht häufig oder nicht regelmäßig nachgefragt werden.

**(2)  Verbrauchsorientierte Beschaffung mit Vorratshaltung**

Artikel, die häufig bzw. regelmäßig in großer Menge nachgefragt werden kaufen wir auf Vorrat ein. Damit die Versorgungssicherheit besteht, darf ein Sicherheitsbestand nicht unterschritten werden. Unter Verwendung des Bestellpunktverfahrens wird immer die Menge bestellt, bei der in der Summe die geringsten Bestell- und Lagerkosten entstehen (optimale Bestellmenge).

**Bestellpunktverfahren:**

Beim Bestellpunktverfahren wird bestellt, wenn der Lagerbestand den Meldebestand erreicht hat. Der Meldebestand lässt sich in Abhängigkeit des (durchschnittlichen) Tagesbedarfs, der Beschaffungszeit sowie des Sicherheitsbestands eines Artikels ermitteln. Der Sicherheitsbestand darf für die laufende Planung nicht verwendet werden und dient nur der Absicherung von ungeplanten Zwischenfällen wie z.B. Lieferverzögerungen oder eine unvorhergesehene Erhöhung des Bedarfs.

Der (durchschnittliche) Tagesbedarf wird vereinfacht berechnet durch:

$$\varnothing Tagesbedarf = \frac{Jahresbedarf}{360} \text{ (Rundung auf ganze Zahlen)}$$

Der Sicherheitsbestand wird auf den Bedarf für 5 Tage festgesetzt.

**Optimale Bestellmenge:**

Neben der tabellarischen und grafischen Ermittlung kann die optimale Bestellmenge auch mit folgender Formel berechnet werden:

$$\textit{Optimale Bestellmenge} = \sqrt{\frac{200 \cdot \textit{Jahresbedarf} \cdot \textit{Kosten je Bestellung}}{\textit{Einstandspreis je Stück} \cdot \textit{Lagerkostensatz}}}$$

| ✉️  **Posteingang** | erhalten am:<br>15.12.20XX |
|---|---|
| von: | e.petersen@WuT.de |
| an: | s.funk@WuT.de |
| Betreff: | Berechnung Lagerkosten |
| Anhang: 📄 | *Auszug Lager-Handbuch* |

Hallo Susanne,

natürlich helfe ich Dir gerne weiter! Im Anhang der Auszug aus dem Lager-Handbuch zu den Lagerkosten.

Wann treffen wir uns wieder zum Mittagessen?

Liebe Grüße
Esther

Esther Petersen
_____
**Werkzeuge und Teile GmbH**
Auszubildende Lager/Logistik

---

## Werkzeuge und Teile GmbH – Interne Mitteilung

### Handbuch für Mitarbeiter – Lager/Logistik

Die Berechnung der Lagerhaltungskosten erfolgt mithilfe des <u>durchschnittlichen Lagerbestands</u>, der wie folgt ermittelt wird:

$$\text{ØLB} = \frac{\text{Bestellmenge}}{2}$$

Durch die Bewertung des Ø-LB mit dem Einstandspreis ergibt sich der <u>durchschnittliche Lagerbestandswert</u>:

ØLB – Wert = ØLB $*$ *Einstandspreis*/Stk.

Die <u>Lagerkosten</u> enthalten entgangene Zinsen für das in den Lagerbeständen gebundene Kapital. Je höher der Lagerbestand, desto höher das Risiko, dass Teile des Lagerbestandes durch Schwund, Verderb oder Veraltung unbrauchbar werden, genauso steigen auch die Kosten für die Versicherung. Die Lagerkosten umfassen auch die Personalkosten der Lagermitarbeiter sowie die Kosten der Lagerverwaltung, z.B. das Büromaterial. Für ein großes Lager werden darüber hinaus höhere Kosten für Energie, Abschreibung oder Instandhaltung fällig. Somit sind die Lagerkosten proportional abhängig vom Lagerbestandswert.

Die Werkzeuge und Teile GmbH weiß aus Erfahrung, dass für diese Kosten ein Lagerkostensatz in Höhe von <u>20% des durchschnittlichen Lagerbestandswertes</u> angesetzt werden müssen.

*Hinweis: Aus Vereinfachungsgründen wird der Sicherheitsbestand bei der Ermittlung der Lagerkosten nicht berücksichtigt!*

Anlage 1: Lösungsschema zur Berechnung der optimalen Bestellmenge

| Anzahl Bestellungen (pro Jahr) | Alternative Bestellmengen | Ø LB-Wert (EUR) | Lagerkosten (EUR pro Jahr) | Bestellkosten (EUR pro Jahr) | Summe (Lagerkosten + Bestellkosten) |
|---|---|---|---|---|---|
| 1 | | | | | |
| 2 | | | | | |
| 5 | | | | | |
| 10 | | | | | |
| 15 | | | | | |
| 20 | | | | | |
| 25 | | | | | |
| 30 | | | | | |

Anlage 2: Grafische Darstellung der optimalen Bestellmenge

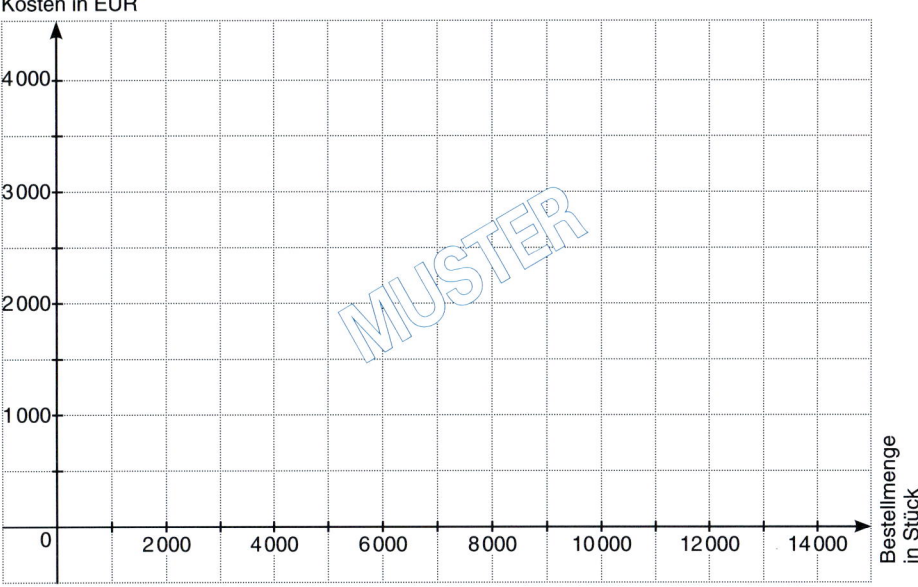

Anlage 3: Grafische Darstellung des Lagerbestandsverlaufs

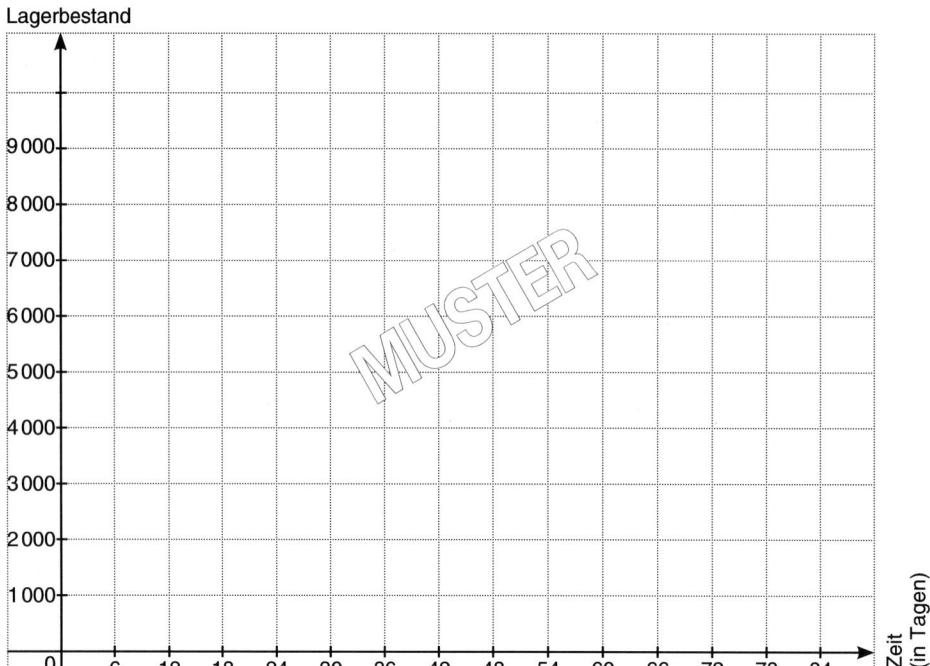

# B 4 Betriebliche Leistungserstellung

## 4.1 Kostenanalyse – Gesetz der Massenproduktion

### Situation

Zu Beginn des Jahres 20XX möchte die Werkzeuge und Teile GmbH die neue Produktgruppe „Absaugmobile" in ihr Produktionsprogramm aufnehmen. Die Absaugmobile sorgen für Sauberkeit in Werkstätten und auf Baustellen (auch bei Stäuben mit Grenzwerten > 0,1 mg/m³). Die Geschäftsleitung ist der Überzeugung, dass dies der richtige Schritt auf einem umkämpften Wettbewerbsmarkt für Kleingeräte ist.

In Zusammenarbeit mit einem Marktforschungsinstitut hat die Geschäftsleitung ermittelt, dass im ersten Jahr mit einem Absatz von ungefähr 300 Stück pro Monat zu rechnen ist – bei einem Preis von 575 EUR. Mit steigender Marktdurchdringung wird diese Zahl in der Zukunft weiter steigen.

Für die strategische Ausrichtung des Unternehmens ist der Geschäftsführer Herr Meister zuständig. Er hat den Überblick über alle relevanten Zahlen. Sie haben vor zwei Jahren Ihre Ausbildung zum/zur Groß- und Außenhandelskaufmann/-frau bei der Werkzeuge und Teile GmbH begonnen und arbeiten im Moment eng mit der Geschäftsleitung zusammen, um auch strategische Überlegungen nachvollziehen zu können.

### Aufträge

**Übergreifender Handlungsauftrag mit Handlungsprodukt:**

Überprüfen Sie, ob sich die Aufnahme des neuen Produktes in das Produktionsprogramm unter wirtschaftlichen Gesichtspunkten lohnt. Notieren Sie für Ihren Chef eine fundierte Stellungnahme, in der Sie nachweisen, dass die Aufnahme der Absaugmobile in das Produktionsprogramm der Werkzeuge und Teile GmbH sinnvoll bzw. nicht sinnvoll ist.

**Handlungsaufträge:**

In einem ersten Schritt soll ermittelt werden, ob sich die Einführung der neuen Produktgruppe bei der prognostizierten Absatzmenge von 300 Stück pro Monat und den zu erwartenden Kosten wirtschaftlich lohnen würde.

1. Ermitteln Sie mithilfe einer Tabelle nach folgendem Muster die Kosten, die im Zusammenhang mit der Einführung der Absaugmobile voraussichtlich anfallen (Anlagen 1–5).

| Stück | $K_f$ | $K_v$ | $K_g$ | E | G/V | $k_f$ | $k_v$ | $k_g$ | p | G/V pro Stück |
|-------|-------|-------|-------|---|-----|-------|-------|-------|---|----------------|
| 50    |       |       |       |   |     |       |       |       |   |                |
| 100   |       |       |       |   |     |       |       |       |   |                |
| …     |       |       |       |   |     |       |       |       |   |                |
| 500   |       |       |       |   |     |       |       |       |   |                |

2. Stellen Sie Ihre Ergebnisse aus 1. nach folgendem Muster grafisch dar.

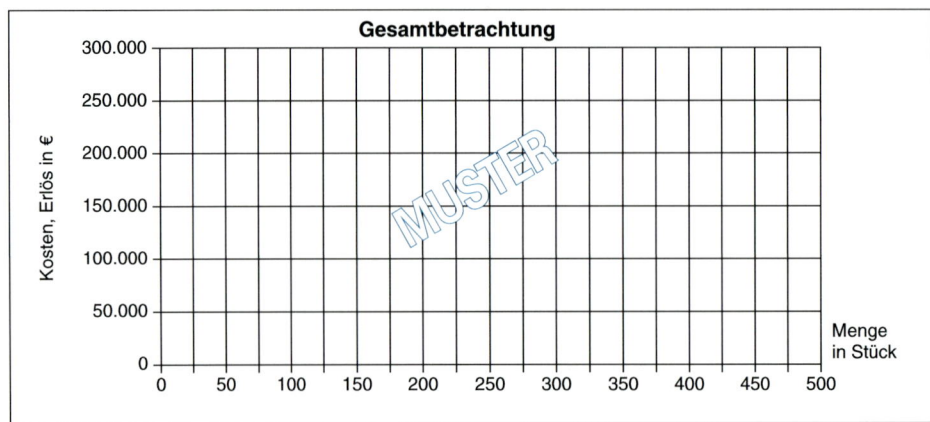

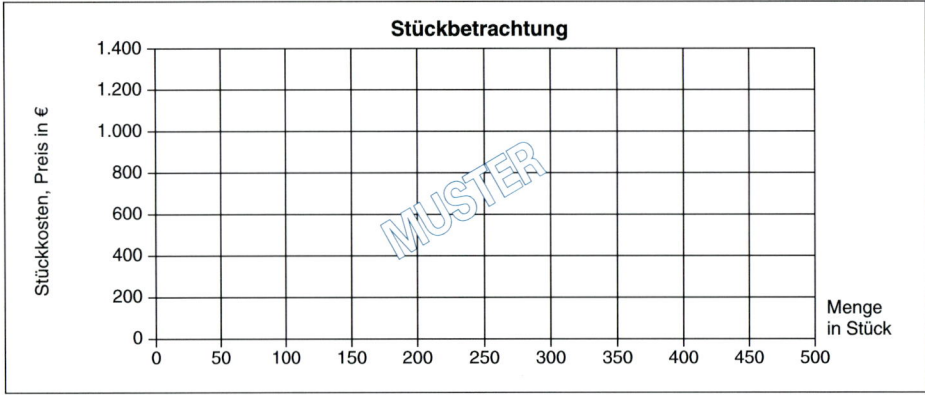

3. Kennzeichnen Sie die Menge, die verkauft werden muss, damit zumindest kein Verlust erzielt wird (Gewinnschwelle).

4. Sie möchten ganz genau wissen, ab welcher Menge sich die Produktion der Absaugmobile wirtschaftlich lohnt. Ermitteln Sie rechnerisch die genaue Stückzahl.

5. Beschreiben und begründen Sie, wie sich die Stückkosten bei steigender Ausbringungsmenge verändern.

6. Begründen Sie, bei welcher Ausbringungsmenge der maximale Gewinn erzielt werden kann.

7. Nehmen Sie begründet Stellung zur Einführung der neuen Produktgruppe „Absaugmobile".

**Interne Daten**

Anlage 1

| **Telefonnotiz** | | **Werkzeuge und Teile GmbH** |
|---|---|---|
| Firma: | *intern: Buchhaltung (Frau Groß)* | |
| Gesprächspartner: | *Herr Schneider, Einkauf* | |
| Datum: | *13.04.20XX* | |
| Betreff: | *Infos Produktionsanlagen Absaugmobile* | |
| Rückruf erwünscht: | *nein* | |

**Daten zur neuen Produktionsanlage:**

| | |
|---|---|
| – Abschreibung Anlagegüter/Ausstattung | linear |
| – Anschaffungskosten Produktionsmaschinen für Absaugmobile ca. | 1.500.000,00 € |
| – Nutzungsdauer Maschinen laut Afa-Tabelle | 8 Jahre |
| – Lager- und Produktionsausstattung für zusätzliche Produktionshalle | 180.000,00 € |
| – Nutzungsdauer Ausstattung laut Afa-Tabelle | 10 Jahre |
| – zusätzliche Wartungskosten/Pflege pro Jahr | 8.400,00 € |
| – Kapazität der Produktionsmaschinen | 500 Stück pro Monat |

Anlage 2

| ✉ **Posteingang** | erhalten am: 16.04.20XX 08:12 Uhr |
|---|---|
| von: | h.butz@WuT.de |
| an: | m.meister@WuT.de |
| Betreff: | Personalkosten |
| Anhang: 🗎 | |

Sehr geehrter Herr Meister,

die Produktionsmitarbeiter, die bei uns ähnliche Aufgaben ausführen, sind in EG 7 (15,97 EUR/Stunde) eingruppiert; plus 3,35 EUR/Stunde Lohnnebenkosten. Herr Breitscheidt teilte mir gestern mit, dass für die Herstellung eines Absaugmobiles mit ca. fünf Arbeitsstunden zu rechnen sei.

Wir benötigen dann zusätzlich einen Mitarbeiter im Einkauf und einen im Vertrieb, die sich ausschließlich um diese Produktgruppe kümmern werden. Diese werden zu Beginn in EG 12 (4.244 EUR/Monat) eingruppiert. Wir kalkulieren in dieser Entgeltgruppe mit 892,50 EUR Lohnnebenkosten pro Mitarbeiter.

Falls Sie weitere Informationen benötigen, bin ich heute bis 17.00 Uhr zu erreichen.

Vielen Dank und freundliche Grüße
H. Butz
___
**Werkzeuge und Teile GmbH**
Personal

Anlage 3

|  **Posteingang** | | erhalten am:<br>16.04.20XX 10:47 Uhr |
|---|---|---|
| von: | k.schneider@WuT.de | |
| an: | m.meister@WuT.de | |
| Betreff: | Herstellkosten Absaugmobile | |
| Anhang: 📄 | | |

Sehr geehrter Herr Meister,

ich habe mir drei Angebote für das Material der Absaugmobile zukommen lassen. Das bisher günstigste Angebot kommt von einem neuen Lieferanten (Zertifizierungen vorhanden). Die Materialkosten belaufen sich auf 250,00 EUR/Absaugmobil.

Herr Breitscheidt aus der Produktion kalkuliert für die Fertigung mit Energiekosten in Höhe von 33,40 EUR/Absaugmobil.

Frau Schöffel hat berechnet, dass im ersten Jahr speziell für die Absaugmobile mindestens 1.750 EUR monatlich für Werbemaßnahmen ausgegeben werden müssen.

Wenn Sie weitere Informationen benötigen, können Sie sich jederzeit an mich wenden.

Vielen Dank und freundliche Grüße
Karsten Schneider

**Werkzeuge und Teile GmbH**
Einkauf

## Externe Daten

Anlage 4

|  **Posteingang** | | erhalten am:<br>17.04.20XX 15:05 Uhr |
|---|---|---|
| von: | Karl.Bergmann@Moebel-OHG.de | |
| an: | m.meister@WuT.de | |
| Betreff: | Verpachtung Produktionshalle | |
| Anhang: 📄 | *Angebot Verpachtung Produktionshalle* | |

Sehr geehrter Herr Sonntag,

wie mit Ihnen telefonisch besprochen, sende ich Ihnen ein Angebot bzgl. der Verpachtung unserer leer stehenden Produktionshalle (Baumeisterstr. 127, 73730 Esslingen) zu.

Bei Fragen rufen Sie mich gern zurück.

Nachbarschaftliche Grüße
Karl Bergmann
Moebel OHG

Anlage 5

---

**Möbel OHG**
* MÖBEL NACH MASS *

Möbel OHG * Baumeisterstr. 127 * 73730 Esslingen

Werkzeuge und Teile GmbH                                    17.04.20XX
Baumeisterstr. 125
73730 Esslingen

| Ihre Nachricht vom | unsere Zeichen | Telefon | Name |
|---|---|---|---|
| 10.08.20XX | | +49 711 2956-10 | Karl Bergmann |

## Angebot: Verpachtung Produktionshalle

Sehr geehrter Herr Meister,

anbei das Angebot für unsere leerstehende Produktionshalle (Baumeisterstr. 127, 73730 Esslingen), in der Sie die Fertigung für die Absaugmobile einrichten könnten.

Wir bieten die Verpachtung der

- Produktionshalle 3 (2.000 m$^2$)

- befristet auf 10 Jahre

- für netto 13.000 EUR/Monat an.

Dieses Angebot gilt bis Ende Juni dieses Jahres.

Mit freundlichem Grüßen

*i. A. Karl Bergmann*

Karl Bergmann
Möbel OHG

| Geschäftsräume | Kontakt | | Bankverbindung | |
|---|---|---|---|---|
| Baumeisterstr. 127 | Tel: | +49 711 2956-0 | Bank: | Postbank |
| 73730 Esslingen | Fax: | +49 711 2956-01 | Bankort: | Esslingen |
| Amtsgericht Esslingen: | E-Mail: | info@moebel.de | IBAN: | DE18 8520 8200 2121 4623 00 |
| HRA 52686 | Internet: | www.moebel-nach-mass.de | BIC.: | PBNKDEFF |

## 4.2  Optimale Losgröße

### Situation

Niko Kleiber ist Auszubildender zum Industriekaufmann bei der Werkzeuge und Teile GmbH und arbeitet seit zwei Wochen in der Lagerverwaltung. Die aktuelle Lagerbestandsliste der Schleifmaschinen zum 20.04.20XX zeigt folgende Daten:

| Lagerbestand: **Schleifmaschinen** Datum: 20.10.20XX | | *Werkzeuge und Teile GmbH* |
|---|---|---|
| **Artikel-nummer** | **Artikel** | **Anzahl (Stück)** |
| 331102 | Schwingschleifer (mit rechteckiger Schwung-Schleifplatte) | 4.292 |
| 331103 | Multischleifer (mit dreieckiger Schleifplatte) | 17 |
| 331104 | Exzenterschleifer (mit runder Rotations-Schleifplatte) | 29 |

Alle Schleifmaschinen bestehen aus dem gleichen Gehäusetyp unterschiedlicher Größe, unterscheiden sich jedoch in der Schleifplatte sowie der Schleiftechnik. Niko wundert sich, denn obwohl das Lager schon fast voll ist, werden weiterhin nur Schwingschleifer produziert und eingelagert. Er kann sich langsam schon gar nicht mehr vorstellen, wo all die Schwingschleifer gelagert werden sollen. Zum Mittagessen trifft sich Niko mit der anderen Auszubildenden Lisa Koller, welche seit Kurzem in der Fertigungsabteilung im Bereich „Schleifmaschinen" eingesetzt ist.

Niko Kleiber:

> *„Hallo Lisa, wie geht's dir in der Produktion? Ich bin ja grad im Lager und sehe die ganze Zeit nur Schwingschleifer. Warum stellt ihr denn keine Multischleifer oder Exzenterschleifer her? Da liegen nur noch ein paar kleine Restbestände im Lager. Was ist, wenn jetzt auf einmal ein Kunde eine große Lieferung bestellt?"*

Lisa Koller:

> *„Hm, ja das verstehe ich auch nicht so ganz. Als ich in der Produktion angefangen habe, da haben wir noch an zwei Tagen Multischleifer hergestellt. Aber seither wurden tatsächlich nur noch Schwingschleifer gefertigt."*

Niko Kleiber:

> *„Stimmt, ich erinnere mich. Lisa, schau mal, sitzt da drüben nicht Herr Wulf, dein Betreuer aus der Produktionsabteilung? Den frag ich jetzt einfach mal."*

> *„Hallo Herr Wulf, ich bin der Auszubildende Niko Kleiber und arbeite zurzeit in der Lagerverwaltung. Das Lager ist jetzt allmählich voll mit Schwingschleifern, da gerade keine Multischleifer und Exzenterschleifer produziert werden. Als ich in das Lager gekommen bin, war es randvoll mit Multischleifern, die dann alle auf einmal an Baumärkte ausgeliefert wurden. Warum werden eigentlich nicht immer alle drei Produkte gleichzeitig hergestellt?"*

Robert Wulf:

> *„Das ist eine gute Frage, Herr Kleiber. Sie waren doch sicher auch schon einmal in unserer Produktionshalle mit den großen Fertigungsmaschinen. Auf diesen Maschinen kann immer nur eine Sorte von Schleifplatten, z. B. nur runde Rotations-Schleifplatten für Exzenterschleifmaschinen, hergestellt werden. Die Menge einer Sorte, die auf einmal produziert wird, nennen wir ein Fertigungslos. Die Anzahl z. B. der runden Rotations-Schleifplatten eines solchen Loses wird Losgröße genannt. Jedes Mal, wenn in der Produktion auf eine andere Sorte, also ein neues Fertigungslos gewechselt wird, müssen die Fertigungsmaschinen umgerüstet und neu eingerichtet werden."*

Lisa Koller:

> „Ja genau, ich erinnere mich daran! Gleich nachdem ich in der Produktions-
> abteilung angefangen habe, fand diese Umrüstung von dreieckigen auf recht-
> eckige Schleifplatten statt. Während der Zeit standen die Maschinen, bis auf ein
> paar Probedurchläufe, still und es wurde nichts produziert. Trotzdem waren die
> ganzen Arbeiter mit der Umrüstung der Maschinen beschäftigt. Zum Beispiel
> mussten eine andere Plattengröße und -form eingestellt sowie anderes Material
> für die Schleifplatten in die Materialzufuhr eingelegt werden."

Niko Kleiber:

> „Das kostet ja richtig Geld, so eine Umrüstung!"

Robert Wulf:

> „Genau, und zwar immer gleich viel. Bei uns kostet das 500,00 EUR, unabhän-
> gig von der Losgröße, d.h., egal wie viele rechteckige, dreieckige oder runde
> Schleifplatten am Stück, d.h. in einem Los, danach auf den Maschinen gefertigt
> werden."

Niko Kleiber:

> „Klar, da macht es natürlich schon Sinn, so viel wie möglich von einer Sorte zu
> produzieren und dann auszuliefern. Aber andererseits braucht man dann aber
> auch ein großes Lager, und das kostet ja auch Geld."

Robert Wulf:

> „Da haben Sie Recht, die Lagerkosten werden umso höher, je mehr Schleif-
> maschinen eingelagert werden. Wie wäre es denn, wenn Sie Frau Bühler aus
> der Lagerverwaltung dazu mal genauer fragen."

Lisa Koller:

> „Ja, mach das doch und dann erzählst du mir, was du herausgefunden hast –
> mich interessiert das auch!"

Nach der Mittagspause spricht Niko Kleiber sofort Carolin Bühler, seine Betreuerin in
der Lagerverwaltung, an.

Niko Kleiber:

> „Hallo, Frau Bühler, während dem Mittagessen hatte ich mit Herrn Wulf und
> meiner Azubi-Kollegin Lisa Koller aus der Fertigungsabteilung ein interessantes
> Gespräch. Wir haben uns darüber unterhalten, warum immer so viele Schwing-
> schleifer, Multischleifer und Exzenterschleifer auf einmal gefertigt und dann an
> die Baumärkte ausgeliefert werden. Mich würde jetzt noch interessieren, was
> Sie aus der Lagerhaltung dazu sagen. Schließlich brauchen wir bei den Mengen
> auch ein großes Lager – und das ist sicher nicht ganz billig."

Carolin Bühler:

> „Hallo, Herr Kleiber, ja, das ist eine spannende Frage. Ich bin auch nicht immer
> einverstanden mit den großen Fertigungsmengen. Aber wir finden meistens
> gemeinsam eine Lösung, die für das Unternehmen insgesamt sicher die beste
> ist."

Niko Kleiber:

> „Okay, und welche Lösung könnte das sein?"

## Aufträge

**Übergreifender Handlungsauftrag mit Handlungsprodukt:**

Entscheiden Sie begründet, welche Menge an Schwingschleifern gefertigt werden
soll!

**Handlungsaufträge:**

1. Erläutern Sie den Zielkonflikt zwischen den Zielen der Lagerhaltung und der Fertigungsabteilung. Gehen Sie dabei auch auf die Begriffe „Los" und „Losgröße" am Beispiel der Sortenfertigung der Werkzeuge und Teile GmbH ein.

2. Ermitteln Sie mithilfe des Berechnungsschemas (Anlage) die optimale Losgröße für die aktuell erteilte Auftragsmenge (Rundung auf eine Nachkommastelle) und stellen Sie Ihr Ergebnis auch grafisch dar (Anlage).

3. Stellen Sie dar, aus welchen Größen sich die Lager- und Rüstkosten zusammensetzen, und erläutern Sie dabei jeweils den Einfluss der Losgröße!

4. Überprüfen Sie Ihre Berechnung mithilfe der Formel. Begründen Sie den Einfluss der Auftragsmengenänderung auf die optimale Losgröße.

5. Notieren Sie Voraussetzungen, unter denen das von Ihnen ermittelte Ergebnis für die betriebliche Praxis brauchbar ist.

## Interne Daten

# Werkzeuge und Teile GmbH

## Handbuch für Mitarbeiter – Lagerhaltung
[...]

### Lagerkapazität und durchschnittlicher Lagerbestand:

Im Lager können maximal 5.000 Einheiten unserer Schleifmaschinen eingelagert werden. Die Vertragsbedingungen der Baumärkte sehen vor, dass die Auslieferung nach Anlauf der Produktion stetig in gleich großen Teilmengen (Fertigungslosen) zu erfolgen hat. Dadurch ergibt sich folgender durchschnittlicher Lagerbestand (ØLB):

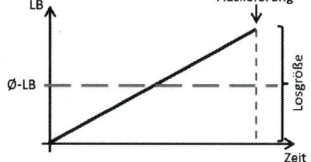

$$ØLB = \frac{AB + EB}{2} = \frac{Losgröße}{2}$$

(AB: Anfangsbestand; EB: Endbestand)

### Durchschnittlicher Lagerbestandswert:

Der durchschnittliche Lagerbestand wird zu den variablen Herstellkosten je Stück bewertet.

$$ØLB - Wert = ØLB * HK/Stück$$

### Lagerkosten:

Die Lagerkosten setzen sich aus mehreren Bestandteilen zusammen. Sie enthalten entgangene Zinsen für das in den Lagerbeständen gebundene Kapital. Je höher der Lagerbestand, desto höher das Risiko, dass Teile des Lagerbestandes durch Schwund, Verderb oder Veraltung unbrauchbar werden, genauso steigen auch die Kosten für die Versicherung. Die Lagerkosten umfassen auch die Personalkosten der Lagermitarbeiter sowie die Kosten der Lagerverwaltung, z.B. das Büromaterial. Für ein großes Lager werden darüber hinaus höhere Kosten für Energie, Abschreibung oder Instandhaltung fällig. Somit sind die Lagerkosten proportional abhängig vom Lagerbestandswert.

Die Werkzeuge und Teile GmbH weiß aus Erfahrung, dass für diese Kosten ein Lagerkostensatz in Höhe von **20% des durchschnittlichen Lagerbestandswertes angesetzt werden müssen.**

Die Aufträge der Baumärkte gehen bei der Werkzeuge und Teile GmbH jeweils im Frühjahr und Herbst ein. Die Vertragsbedingungen sehen vor, dass die Auslieferung nach Anlauf der Produktion stetig in gleich großen Teilmengen zu erfolgen hat.

Niko Kleiber ist im Rahmen seiner Ausbildung mittlerweile in der Fertigungsabteilung eingeteilt und erhält über seinen Betreuer Robert Wulf folgende E-Mail von Frau Block aus dem Vertrieb weitergeleitet:

| ✉ **Posteingang** | erhalten am: 17.10.20XX |
|---|---|
| **von:** | r.wulf@WuT.de |
| **an:** | n.kleiber@WuT.de |
| **Betreff:** | Fwd:Winter-Bestellungen |
| **Anhang:** 🗎 | – |

Hallo Herr Kleiber,

für das Winterhalbjahr haben sich die Schwingschleifer-Bestellungen erhöht (s. weitergeleitete Mail).

Bitte ermitteln Sie auf Basis der neuen Auftragsmenge die optimale Losgröße für die Produktionsplanung. Da Sie ja bereits die Lagerverwaltung kennengelernt haben, wissen Sie, dass wir eine maximale Lagerkapazität von 5.000 Stück haben.

Das Berechnungsschema zur optimalen Losgröße finden Sie auf dem Laufwerk P unter „Fertigungsplanung_Optimale Losgröße".

Vielen Dank und Grüße
Robert Wulf
_____
**Werkzeuge und Teile GmbH**
Fertigungsplanung


>>>>>>>>>>>>>>>>>>>>>>>>>>>>>>>>>>>>>>>>>>>>>>>>>>>>>>>>>>>>>>>>>>

Fwd:

Hallo Robert,

für das kommende Halbjahr hat sich die Auftragsmenge auf 50.000 Schwingschleifer erhöht.

Ansonsten sind die Vertragsbedingungen unverändert, also weiterhin Auslieferung in gleich großen Teilmengen.

Viele Grüße
Monika Block
_____
**Werkzeuge und Teile GmbH**
Vertrieb

E-Mail aus dem internen Rechnungswesen

| ✉ **Posteingang** | | erhalten am: 21.10.20XX |
|---|---|---|
| von: | m.klose@WuT.de | |
| an: | n.kleiber@WuT.de | |
| Betreff: | HK/Stück Schwingschleifer | |
| Anhang: 📄 | – | |

Hallo Niko,

die variablen Herstellkosten pro Stück für unsere Schwingschleifer betragen **40,00 EUR**.

Gruß
Marko

M. Klose

**Werkzeuge und Teile GmbH**
Internes Rechnungswesen

Anlage: Lösungsschema zur Ermittlung der optimalen Losgröße

| Lösgröße in Stück | Zahl der Fertigungslose | Rüstkosten (EUR) | Ø-LB-Wert (EUR) | Lagerkosten (EUR) | Summe (Rüst- + Lagerkosten) (EUR) |
|---|---|---|---|---|---|
| 500 | | | | | |
| 1.000 | | | | | |
| 1.500 | | | | | |
| 2.000 | | | | | |
| 2.500 | | | | | |
| 3.000 | | | | | |
| 3.500 | | | | | |
| 4.000 | | | | | |
| 4.500 | | | | | |
| 5.000 | | | | | |

**Hinweis:**

Das Ergebnis lässt sich überprüfen mit folgender Formel nach Andler:

$$\text{Optimale Losgröße} = \sqrt{\frac{200 \cdot \text{Periodenbedarf} \cdot \text{Rüstkosten}}{\text{Herstellkosten je Stück} \cdot \text{Lagerkostensatz}}}$$

Grafische Darstellung:

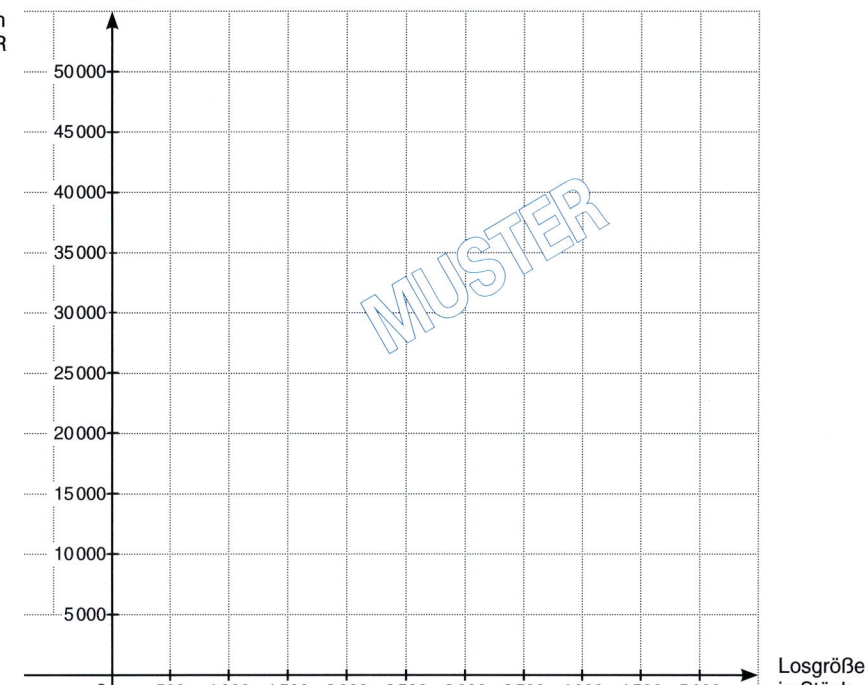

## 4.3 Terminplanung

---

### Situation

Die Werkzeuge und Teile GmbH hat im Rahmen einer ABC-Analyse ihre Kunden entsprechend ihrer Wichtigkeit für das Unternehmen gruppiert. Die gestiegenen Anforderungen eines starken Wettbewerbs zwingen die Werkzeuge und Teile GmbH zu einer intensiveren Kundenorientierung. Zu den Zielsetzungen des Unternehmens gehört der Anspruch, vor allem Bestellungen von A-Kunden vorrangig ausführen zu können.

Sie sind Auszubildende zur Industriekauffrau/Auszubildender zum Industriekaufmann im zweiten Ausbildungsjahr bei der Werkzeuge und Teile GmbH und seit fünf Wochen in der Fertigungsplanung eingesetzt.

---

### Aufträge

**Übergreifender Handlungsauftrag mit Handlungsprodukt:**

Überprüfen Sie im Rahmen der Fertigungsplanung, ob die Werkzeuge und Teile GmbH den vom Kunden geforderten Liefertermin einhalten kann und informieren Sie Herrn Wulf über Ihr Ergebnis.

**Handlungsaufträge:**

1. Am Morgen des 26. Januar leitet Ihnen Ihr Ausbilder Herr Wulf eine E-Mail (Anlage 1) weiter. Er bittet Sie, den Sachverhalt zu prüfen, und ihn entsprechend zu informieren.

   a) Erläutern Sie, worüber Strukturstückliste und Arbeitsplan (Anlagen 2 und 3) Auskunft geben.

   b) Ermitteln Sie auf Basis der Strukturstückliste und des Arbeitsplans die Bearbeitungszeiten der einzelnen Arbeitsvorgänge bei der Herstellung von 50 Werkbänken BASIS pro.

2. Sie informieren sich bei einer Kollegin aus dem Lager über die Zeit, die nach der Herstellung der Werkbänke noch für das Verpacken und Versenden benötigt wird (Anlage 5).

   a) Überprüfen Sie mithilfe der Anlage 4 und den Informationen aus Anlage 5, ob der gewünschte Liefertermin realisierbar ist.

      **Hinweise:**
      - Die tägliche Arbeitszeit von Montag bis Freitag beträgt 7,5 Stunden (8:00 bis 16:00 Uhr).
      - Sämtliche benötigte Materialien liegen in ausreichender Menge auf Lager.

| JANUAR | | | | | | |
|---|---|---|---|---|---|---|
| M | D | M | D | F | S | S |
| | | | 1 | 2 | 3 | 4 |
| 5 | 6 | 7 | 8 | 9 | 10 | 11 |
| 12 | 13 | 14 | 15 | 16 | 17 | 18 |
| 19 | 20 | 21 | 22 | 23 | 24 | 25 |
| 26 | 27 | 28 | 29 | 30 | 31 | |

| FEBRUAR | | | | | | |
|---|---|---|---|---|---|---|
| M | D | M | D | F | S | S |
| | | | | | | 1 |
| 2 | 3 | 4 | 5 | 6 | 7 | 8 |
| 9 | 10 | 11 | 12 | 13 | 14 | 15 |
| 16 | 17 | 18 | 19 | 20 | 21 | 22 |
| 23 | 24 | 25 | 26 | 27 | 28 | |

   b) Schlagen Sie vier Maßnahmen vor, die die Werkzeuge und Teile GmbH ergreifen könnte, um die Durchlaufzeiten in der Produktion zu verkürzen.

   c) Führen Sie zwei Gründe auf, warum die Durchlaufzeit und die tatsächliche Lieferzeit nicht identisch sind.

**Interne Informationen**

Anlage 1

| ✉ **Posteingang** | | erhalten am:<br>26.01.20XX  15:08 Uhr |
|---|---|---|
| **von:** | r.wulf@WuT.de | |
| **an:** | a.zubi@WuT.de | |
| **Betreff:** | WG: Überprüfung Liefertermin | |
| **Anhang:** 📄 | | |

Liebe Auszubildende/lieber Auszubildender,

ich bitte Sie um Überprüfung des folgenden Sachverhalts.

Vielen Dank

Robert Wulf

***Ursprüngliche Nachricht***

Guten Morgen Robert,

uns liegt eine Bestellung der Heimwerker GmbH über 50 Werkbänke BASIS pro vor. Aufgrund der Eröffnung eines Geschäfts in Sindelfingen müssten die Werk-bänke spätestens am 06. Februar ausgeliefert werden. Bitte prüfe, ob dieser Ter-min von uns eingehalten werden könnte.

Gib mir bitte bis 10:00 Uhr Bescheid, damit ich ggf. die Auftragsbestätigung noch heute per Fax verschicken kann. Dann könnt Ihr morgen direkt mit der Produktion beginnen ☺.

Vielen Dank
Monika

M. Block
_____
**Werkzeuge und Teile GmbH**
Vertrieb

Anlage 2: Strukturstückliste Werkbank BASIS pro (Stücklisten-Nr. 331022)

| Fertigungsstufen | | | Baugruppen/Teile | Menge |
|---|---|---|---|---|
| 0 | 1 | 2 | | |
| x | | | Werkbank BASIS pro | 1 |
| | x | | Arbeitsplatte | 1 |
| | x | | Vorderbeine | 2 |
| | | x | Fußstöpsel | 2 |
| | | x | Holzbeine (mit Gewinde) | 2 |
| | x | | Hinterbeine (mit Schraubenlöchern) | 2 |
| | | x | Fußstöpsel | 2 |
| | | x | Holzbeine (mit Gewinde) | 2 |
| | x | | Rückenblende | 1 |
| | x | | Schrauben | 4 |
| | x | | Unterlegscheiben | 4 |

## Anlage 3

| Arbeitsplan | | | | |
|---|---|---|---|---|
| Arbeitsplan-Nr.: | AP-028409.93 | | | |
| Artikel: | Werkbank BASIS pro | | | |
| Stücklisten-Nr.: | 331022 | | | |
| Fertigungsbereich: | Werkbänke (F3) | | | |
| Bereichsleiter: | Gerd Höhnes (Schreinermeister) | | | |
| Mengenbereich: | 10–150 Stück | | | |
| RZ = Rüstzeit in Dezimal-Min.   AZ = Ausführungszeit in Dezimal-Min. | | | | |

| Nr. | Arbeitsvorgänge | Werkzeug/ Vorrichtung | RZ | AZ |
|---|---|---|---|---|
| 1 | Tischbein zuschneiden | Säge | 2 | 1,79 |
| 2 | Tischbein entgraten | Schleifmaschine | 2 | 2,99 |
| 3 | Tischbein: Gewinde fräsen (oben) | Fräsmaschine | 2 | 2,99 |
| 4 | Tischbein: Gewinde-Kernloch fräsen (unten) | Fräsmaschine | 2 | 2,39 |
| 5 | Hinterbein: Schraubenlöcher bohren, 2x für Blende | Bohrmaschine | 2 | 0,58 |
| 6 | Tischbein: Fußstöpsel anbringen | von Hand | 2 | 0,89 |
| 7 | Arbeitsplatte zuschneiden | Säge | 2 | 2,36 |
| 8 | Arbeitsplatte: Gewinde-Kernloch fräsen | Fräsmaschine | 2 | 1,79 |
| 9 | Blende zuschneiden | Säge | 2 | 3,56 |
| 10 | Blende: Schraubenlöcher bohren | Bohrmaschine | 2 | 2,69 |
| 11 | Tischbeine an Arbeitsplatte schrauben (4 x) | von Hand | 2 | 9,56 |
| 12 | Blende an Hinterbeine schrauben | von Hand | 2 | 5,96 |

**Hinweise:**
**Arbeitsvorgänge an verschiedenen Werkzeugen/Vorrichtungen können parallel ausgeführt werden.**
**Die gefertigten Teile werden immer als komplettes Los an den nächsten Arbeitsvorgang weitergegeben.**

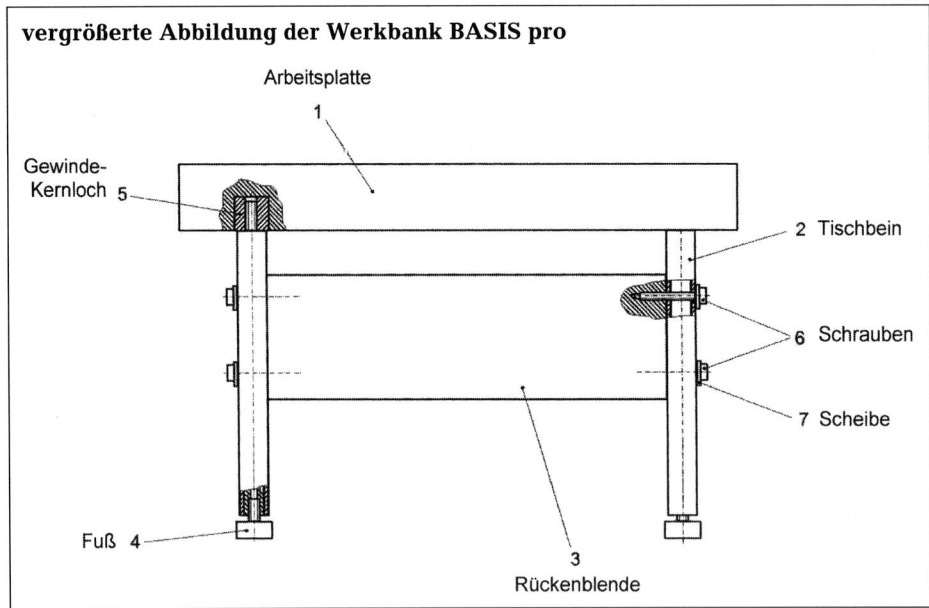

**vergrößerte Abbildung der Werkbank BASIS pro**

Arbeitsplatte
1

Gewinde-
Kernloch 5

2 Tischbein

6 Schrauben

7 Scheibe

Fuß 4

3
Rückenblende

Anlage 4

**Ermittlung der Belegungszeit**

| Artikel: | Werkbank BASIS pro | Arbeitsplan-Nr.: | AP-028409.93 |
|---|---|---|---|
| Stücklisten-Nr.: | 331022 | Auftragsmenge: | 50 Stück |

| Arbeitsvorgänge in Std. | 1 | 2 | 3 | 4 | 5 | 6 | 7 | 8 | 9 | 10 | 11 | 12 | 13 | 14 | 15 | 16 | 17 | 18 | 19 | 20 | 21 | 22 | 23 | 24 | 25 | 26 | 27 | 28 | 29 | 30 | 31 | 32 | 33 | 34 | 35 | 36 | 37 | 38 | 39 | 40 | 41 | 42 | 43 | 44 | 45 | 46 | 47 | 48 | 49 | 50 | 51 | 52 | 53 | 54 | 55 | 56 | 57 | 58 | 59 | 60 |
|---|---|---|---|---|---|---|---|---|---|---|---|---|---|---|---|---|---|---|---|---|---|---|---|---|---|---|---|---|---|---|---|---|---|---|---|---|---|---|---|---|---|---|---|---|---|---|---|---|---|---|---|---|---|---|---|---|---|---|---|---|
| 1　Tischbein zuschneiden | | | | | | | | | | | | | | | | | | | | | | | | | | | | | | | | | | | | | | | | | | | | | | | | | | | | | | | | | | | | |
| 2　Tischbein entgraten | | | | | | | | | | | | | | | | | | | | | | | | | | | | | | | | | | | | | | | | | | | | | | | | | | | | | | | | | | | | |
| 3　Tischbein: Gewinde fräsen | | | | | | | | | | | | | | | | | | | | | | | | | | | | | | | | | | | | | | | | | | | | | | | | | | | | | | | | | | | | |
| 4　Tischbein: Gewinde-Kernloch fräsen | | | | | | | | | | | | | | | | | | | | | | | | | | | | | | | | | | | | | | | | | | | | | | | | | | | | | | | | | | | | |
| 5　Hinterbein: Schraubenlöcher bohren (für Blende) | | | | | | | | | | | | | | | | | | | | | | | | | | | | | | | | | | | | | | | | | | | | | | | | | | | | | | | | | | | | |
| 6　Tischbein: Fuß-stöpsel anbringen | | | | | | | | | | | | | | | | | | | | | | | | | | | | | | | | | | | | | | | | | | | | | | | | | | | | | | | | | | | | |
| 7　Arbeitsplatte zuschneiden | | | | | | | | | | | | | | | | | | | | | | | | | | | | | | | | | | | | | | | | | | | | | | | | | | | | | | | | | | | | |
| 8　Arbeitsplatte: Gewinde-Kernloch fräsen | | | | | | | | | | | | | | | | | | | | | | | | | | | | | | | | | | | | | | | | | | | | | | | | | | | | | | | | | | | | |
| 9　Blende zuschneiden | | | | | | | | | | | | | | | | | | | | | | | | | | | | | | | | | | | | | | | | | | | | | | | | | | | | | | | | | | | | |
| 10　Blende: Schrauben-löcher bohren | | | | | | | | | | | | | | | | | | | | | | | | | | | | | | | | | | | | | | | | | | | | | | | | | | | | | | | | | | | | |
| 11　Tischbeine an Arbeitsplatte schrauben | | | | | | | | | | | | | | | | | | | | | | | | | | | | | | | | | | | | | | | | | | | | | | | | | | | | | | | | | | | | |
| 12　Blende an Hinter-beine schrauben | | | | | | | | | | | | | | | | | | | | | | | | | | | | | | | | | | | | | | | | | | | | | | | | | | | | | | | | | | | | |

Anlage 5:

| ✉ **Posteingang** | erhalten am:<br>26.01.20XX  15:14 Uhr |
|---|---|
| **von:** | c.buehler@WuT.de |
| **an:** | a.zubi@WuT.de |
| **Betreff:** | AW: Verpackung 50 Werkbänke |
| **Anhang:** 📄 | |

Hallo liebe Auszubildende/lieber Auszubildender,

vielen Dank für Deine Nachricht.

Also: Für die Verpackung von 50 Werkbänken BASIS pro benötigen wir im Versandlager ca. drei Stunden. Nach Sindelfingen liefern wir innerhalb eines Tages (allerdings nicht mehr nach 14.30 Uhr).

Freundliche Grüße

Carolin Bühler

---

**Werkzeuge und Teile GmbH**
Lager

# 4.4 Produktionscontrolling

## Situation

Niko Kleiber ist Auszubildender zum Industriekaufmann am Ende des ersten Ausbildungsjahres bei der Werkzeuge und Teile GmbH und zurzeit in der Fertigungsplanung eingesetzt. Zwischen ihm und seinem Ausbilder Herrn Baumeister, langjähriger Mitarbeiter in der Fertigungsplanung, ergibt sich folgendes Gespräch:

Herr Baumeister:

*„Herr Kleiber, wie Sie wissen plant die Werkzeuge und Teile GmbH zukünftig Akkuladestationen für die Elektrowerkzeuge selbst zu produzieren. Bevor jedoch tatsächlich mit der Produktion gestartet werden kann, müssen wir prüfen, ob sich das für unser Unternehmen überhaupt wirtschaftlich lohnt, d. h., ob wir durch die Eigenproduktion mehr Gewinn erzielen können."*

Niko Kleiber:

*„Warum sollten wir keinen zusätzlichen Gewinn machen, Herr Baumeister? Schließlich werden doch immer mehr akkubetriebene Elektrowerkzeuge verkauft."*

Herr Baumeister:

*„Sicher, aber die Produktionskapazitäten der Werkzeuge und Teile GmbH sind mit der Fertigung der Elektrowerkzeuge vollständig ausgelastet. Das heißt, für die Produktion der Akku-Blocks müssen wir eine neue Maschine anschaffen und eine zusätzliche Produktionshalle anmieten. Dazu kommen noch weitere Kosten für Verwaltung und Vertrieb der mobilen Ladegeräte. Diese Kosten fallen bei Aufnahme der Produktion immer in gleicher Höhe an, unabhängig davon, wie viele Akkuladestationen tatsächlich produziert werden. Wir nennen sie deshalb fixe Kosten. Da sie hier durch die Anschaffung der Maschine, die Miete und Verwaltung der zusätzlichen Produktionshalle sowie die zusätzlichen Vertriebsmitarbeiter für die Akkuladestationen anfallen, können wir sie diesem Produkt auch eindeutig zuordnen."*

Niko Kleiber:

*„Okay, das verstehe ich. Aber die Kosten für Fertigungslöhne und Fertigungsmaterial fallen doch nur an, wenn auch tatsächlich produziert wird, oder? Dann können wir doch einfach den Preis so hoch kalkulieren, dass darüber hinaus auch die ganzen fixen Kosten gedeckt werden."*

Herr Baumeister:

*„Mit den Fertigungslöhnen und dem Fertigungsmaterial haben Sie Recht, Herr Kleiber. Solche Kosten, die abhängig von der produzierten Stückzahl anfallen, nennen wir variable Kosten. Den Preis wiederum können wir nicht einfach festsetzen, da bereits andere Hersteller solche Akkuladestationen anbieten. Unsere Geschäftsleitung hat daher von einem Marktforschungsinstitut ein Gutachten erstellen lassen."*

## Aufträge

**Übergreifender Handlungsauftrag mit Handlungsprodukt:**

Erstellen Sie für die Geschäftsleitung einen begründeten Entscheidungsvorschlag zur geplanten Produktionserweiterung um Akkuladestationen für Elektrowerkzeuge. Berücksichtigen Sie dabei auch die erwartete Entwicklung des Marktes.

**Handlungsaufträge:**

1. Prüfen Sie, ob die Werkzeuge und Teile GmbH die Produktionserweiterung vornehmen sollte, wenn die geplante Stückzahl auch abgesetzt werden kann.

2. Geben Sie die Gesamtkosten und den Erlös in Abhängigkeit von der Stückzahl x an und ermitteln Sie die Stückzahl/den Beschäftigungsgrad, bei der/dem die Werkzeuge und Teile GmbH weder Gewinn noch Verlust erzielt (Break-even-Point).

3. Stellen Sie den Kosten- und Erlösverlauf für eine Produktionsmenge von 0 bis 8.500 Stück grafisch dar.

   *Y-Achse (Kosten, Erlöse): 8 cm, 1 cm = 500 EUR; X-Achse (Menge): 10 cm, 1 cm = 10 000 Stück*

4. Beurteilen Sie vor dem Hintergrund der erwarteten Marktentwicklung die Kapazitätsauslastung in der Produktion der Akkuladestationen.

---

**Interne Daten**

| ✉ **Posteingang** | | erhalten am:<br>26.06.20XX |
|---|---|---|
| von: | k.gruber@WuT.de | |
| an: | n.kleiber@WuT.de | |
| Betreff: | Materialkosten Akkuladestationen | |
| Anhang: 📄 | – | |

Guten Tag Herr Kleiber,

für die Herstellung einer Akkuladestation wird folgendes Material benötigt:

| | |
|---|---|
| – Gehäuse: | *2,10 EUR* |
| – Kabel: | *0,80 EUR* |
| – Stecker: | *3,40 EUR* |
| – Trafo: | *9,70 EUR* |
| – Gleichrichter-Dioden: | *3,10 EUR* |
| – Kleinteile/Hilfsstoffe: | *0,75 EUR* |

Gruß

K. Gruber

**Werkzeuge und Teile GmbH**
Einkauf

| ✉ Posteingang | | erhalten am:<br>23.06.20XX |
|---|---|---|
| von: | m.klose@WuT.de | |
| an: | n.kleiber@WuT.de | |
| Betreff: | Materialkosten Akkuladestationen | |
| Anhang: 📄 | – | |

Hallo Niko,

im Falle der Produktionserweiterung um die Akkuladestationen kalkulieren wir mit folgenden Kosten:

- Lohnanteil (pro Ladestation): *4,90 EUR*
- Gehälter (pro Jahr) *49.500,00 EUR*
- Vertrieb/Marketing (pro Jahr) *20.700,00 EUR*
- Sonstige Verwaltungskosten (pro Jahr): *29.500,00 EUR*

Gruß
Marko

M. Klose
_____

**Werkzeuge und Teile GmbH**
Internes Rechnungswesen

| ✉ Posteingang | | erhalten am:<br>22.06.20XX |
|---|---|---|
| von: | b.baumeister@WuT.de | |
| an: | n.kleiber@WuT.de | |
| Betreff: | Kosten erforderliche Produktionsanlage | |
| Anhang: 📄 | – | |

Hallo Herr Kleiber,

folgende Informationen zur geplanten neuen Produktionsanlage liegen uns vor:

| | |
|---|---|
| Anschaffungskosten: | 130.000,00 EUR |
| Kapazität: | 90.000 Ladestationen/Jahr |
| Nutzungsdauer laut AfA-Tabelle: | 8 Jahre (lineare Abschreibung) |
| kalkulatorische Zinsen: | 5 % (auf das durchschnittlich gebundene Kapital) |
| Kosten für Instandhaltung: | 9.200,00 EUR/Jahr |

Bei Fragen zu Fachbegriffen kommen Sie auf mich zu oder schlagen gerne in unserem Glossar im Mitarbeiterhandbuch nach.

Vielen Dank und Gruß

B. Baumeister
_____

**Werkzeuge und Teile GmbH**
Fertigungsplanung

# Werkzeuge und Teile GmbH

## Handbuch für Mitarbeiter – Kostenrechnung

[...]

<u>Glossar:</u>

| | |
|---|---|
| **kalkulatorische Zinsen** | Wird Eigenkapital z.B. in Anlage- oder Umlaufvermögen investiert anstatt bei der Bank angelegt, entgehen dem Unternehmen Zinsen, welche so die Kosten der Investition erhöhen. |
| **durchschnittlich gebundenes Kapital** | entspricht bei Neuanschaffung einer Maschine/Produktionsanlage der Hälfte der Anschaffungskosten |
| **x** | produzierte Stückzahl |
| **Beschäftigungsgrad** | prozentualer Anteil der tatsächlich produzierten Stückzahl an der Kapazität |
| $K_{fix}$ | Fixe Gesamtkosten, welche unabhängig von der produzierten Stückzahl anfallen. *(Beispiel: Gehälter)* |
| $k_{var}$ | Variable Stückkosten. Die variablen Gesamtkosten ergeben sich durch Multiplikation mit der produzierten Stückzahl, d.h. variable Kosten fallen nur an, wenn tatsächlich produziert wird. *(Beispiel: Fertigungsmaterial)* |
| **K** | Gesamtkosten: umfassen die fixen und variablen Gesamtkosten. |
| **k** | Stückkosten:<br>   - umfassen die Fixkostenanteil je Stück und die variablen<br>    Stückkosten<br>   - $k = \frac{K}{x}$ |

**Externe Daten**

 **M A - FO - IN**

Unabhängiges Marktforschungsinstitut, Stuttgart

MA-FO-IN KG • Schlossstr. 121 • 70174 Stuttgart

Werkzeuge und Teile GmbH
Baumeisterstraße 125
73730 Esslingen

| | |
|---|---|
| Name: | Nina Springer |
| Telefon: | 0711/2004-82 |
| Telefax: | 0711/2004-01 |
| E-Mail: | nina-springer@mafoin.de |
| Internet: | www.mafoin.de |
| Datum: | 21.06.20XX |

Ergebnisbericht zum Marktgutachten „Akkuladestationen für Elektro-Werkzeuge"

Sehr geehrter Herr Meister,

nachfolgend vorab die wesentlichen Ergebnisse des von Ihnen bei uns in Auftrag gegebenen Gutachtens über den Markt für Akkuladestationen für Elektro-Werkzeuge:

- Deutschlandweit ist in den kommenden Jahren aufgrund des anhaltenden „Do it yourself"-Trends mit einer weiter steigenden Nachfrage nach akkubetriebenen Elektro-Werkzeugen zu rechnen.
- Da bereits einige Anbieter auf dem Markt sind, können Sie bei einem Preis von maximal 30 EUR/Stück einen Jahresabsatz von ca. 55.000 Stück erwarten.

Den ausführlichen Bericht lasse ich Ihnen im Laufe der Woche zukommen.
Vielen Dank für Ihr Vertrauen und die kooperative Zusammenarbeit.

Mit freundlichem Gruß

*Nina Springer*

Dr. Nina Springer

MA-FO-IN KG
Stuttgart

*Geschäftssitz: Stuttgart*
*Registergericht: Amtsgericht Stuttgart HRA 4711*

## *Metallbau Schröder GmbH*
### *Esslingen am Neckar*

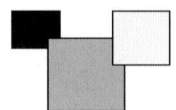

<u>Metallbau Schröder GmbH, Baumeisterstr. 121, 73730 Esslingen</u>

Werkzeuge und Teile GmbH
Baumeisterstraße 125
73730 Esslingen

| | |
|---|---|
| Name: | Günter Merk |
| Telefon: | 0711/9228-92 |
| Telefax: | 0711/9228-80 |
| E-Mail: | g-merk@mb-schroeder.de |
| Internet: | www.mb-schroeder.de |
| | |
| Datum: | 18.06.20XX |

### Vermietung leerstehende Lagerhalle

Sehr geehrter Herr Meister,

gerne bieten wir Ihnen unsere leerstehende Lagerhalle (2.000 m², Industriepark 22-24, 70563 Stuttgart) zu folgenden Konditionen an:

| | |
|---|---|
| Preis: | 3,40 EUR/m² Monatsmiete |
| Bezug: | zum 01.08.20XX |

Wir freuen uns auf Ihre Rückmeldung und verbleiben

mit freundlichen Grüßen

*Günter Merk*

Günter Merk

Metallbau Schröder GmbH
Geschäftsführer

---

| | | | |
|---|---|---|---|
| *Geschäftssitz:* | *Esslingen* | *Geschäftsführer:* | *Harold Schröder* |
| *Registergericht:* | *Amtsgericht Esslingen HRB 2948* | | *Günter Merk* |

# B 5 Absatz

## 5.1 Anfrage kundenorientiert bearbeiten

**Situation**

Die Auszubildende Susanne Funk ist seit dieser Woche im Vertrieb der Werkzeuge und Teile GmbH eingesetzt. Zu ihren Tätigkeiten gehört u. a. die Bearbeitung eingehender Kundenanfragen. Der Sachbearbeiter Herr Dittrich hat Susanne bereits vier neu eingetroffene Anfragen auf den Schreibtisch gelegt, bei deren Sichtung Susanne Fragen aufkommen …

Susanne Funk:

> *„Herr Dittrich, warum gehen diese Kunden in ihren Anfragen von unterschiedlichen Rabattsätzen aus? Müssen wir uns daran halten?"*

Herr Dittrich:

> *„Nein, müssen wir nicht, schließlich handelt es sich ja lediglich um Anfragen, mit denen Kunden zunächst Informationen über unsere Produkte sowie Preise und Lieferbedingungen einholen."*

Susanne Funk:

> *„Gut, dann verwenden wir also einen einheitlichen Rabattsatz, oder?"*

Herr Dittrich:

> *„So einfach ist das leider nicht. Kunde ist nicht gleich Kunde! Zunächst muss die Bedeutung eines jeden Kunden für das Unternehmen geprüft werden. Sehr wichtige Kunden (z. B. Großkunden) erhalten z. B. einen höheren Rabatt als eher unbedeutende Einmalkunden. So wäre es die erste Aufgabe, alle Kunden den Kategorien A (= sehr wichtige Kunden) bis C (= eher unwichtige Kunden) zuzuordnen. Nachdem diese Einteilung vorliegt, muss entschieden werden, ob wir aufgrund der Anfrage überhaupt ein Angebot erstellen und wenn ja, zu welchen Konditionen. Ich leite Ihnen dazu einfach mal eine E-Mail von unserer Geschäftsführung weiter, dann können Sie beginnen."*

**Aufträge**

**Übergreifender Handlungsauftrag mit Handlungsprodukt:**

Bearbeiten Sie die vier Anfragen und machen Sie in diesem Zusammenhang begründete Vorschläge für das weitere Vorgehen! Erstellen Sie dazu zu einer der Anfragen ein entsprechendes Angebot.

**Handlungsaufträge:**

1. Erläutern Sie das Wesen sowie den Zweck einer Anfrage und gehen Sie dabei auch auf den Aspekt der rechtlichen Bindung ein. Verwenden Sie dazu ergänzend Ihr Lehrbuch.
2. Die aktuelle Wettbewerbssituation zwingt die Werkzeuge und Teile GmbH, ihre Kundenorientierung zu intensivieren. Analysieren Sie dazu den Kundenstamm der Werkzeuge und Teile GmbH und erstellen Sie eine Einteilung in A-, B- und C-Kunden.
3. Es liegen Ihnen vier Kundenanfragen vor. Entscheiden Sie begründet, welchen Kunden ein Angebot zu welchen Rabattkonditionen unterbreitet werden kann. Ermitteln Sie dazu jeweils die Höhe des angefragten Umsatzes und beziehen Sie auch die Bonität (Kreditwürdigkeit) der Kunden mit ein.
4. Beurteilen Sie, welche Kunden der Werkzeuge und Teile GmbH als Schlüsselkunden (Key-Account-Kunden) bezeichnet werden können. Erstellen Sie dazu eine Übersicht für Herrn Dittrich mit der Auflistung Ihrer Vorschläge, den zugrunde gelegten Beurteilungskriterien sowie Handlungsempfehlungen für die weitere Betreuung dieser Kunden (Debitoren)!

**Interne Daten**

| ✉ **Posteingang** | erhalten am: 16.10.20XX |
|---|---|
| von: | a.traub@WuT.de |
| an: | vertrieb@WuT.de |
| Betreff: | Kundengruppierung |
| Anhang: 📄 | *Kundengruppierung* |

Sehr geehrte Mitarbeiterinnen und Mitarbeiter im Vertrieb,

unser Unternehmen wird sich zunehmend einem erhöhten Wettbewerbsdruck
zu stellen haben. Um diese Herausforderung erfolgreich zu meistern, hat die
Geschäftsleitung der Werkzeuge und Teile GmbH beschlossen, die kundenorien-
tierte Prozessbearbeitung auszubauen.
Konkret bitte ich Sie daher, unseren Kundenstamm hinsichtlich des Verkaufs-
volumens zu analysieren und zu gruppieren.
Weitere Informationen entnehmen Sie bitte der Anlage.

Vielen Dank für Ihre Mitarbeit und freundliche Grüße

A. Traub

**Werkzeuge und Teile GmbH**
Geschäftsleitung

## *Kundengruppierung*

Um nach dem Eingang einer Anfrage auf die Kundenwünsche und -bedürfnisse optimal
reagieren zu können, sollen sämtliche Kunden der Werkzeuge und Teile GmbH entsprechend ihrer Bedeutung in Kundengruppen eingeteilt werden.

Diese Einteilung ist die Grundlage für die **Prüfung der Lieferwilligkeit** nach Eingang
einer Anfrage. Die Lieferwilligkeit hängt insbesondere von der **Größe des möglichen
Auftrags** sowie von der **Bedeutung des Kunden** ab.

Zur Einteilung werden alle Kunden zuerst nach der Höhe ihres prozentualen Anteils am
Gesamtumsatz sortiert, beginnend mit dem Kunden mit dem größten Umsatzanteil. Im
Anschluss werden die Anteile der Reihe nach aufsummiert (= kumuliert) und abschlie-
ßend entsprechend der folgenden Vorgaben in die Kundengruppen A, B und C eingeteilt.

| Einteilung der Kunden der Werkzeuge und Teile GmbH nach ihrer Bedeutung | |
|---|---|
| **A-Kunden** | **Besonders wichtige Kunden,** mit denen zusammen ca. 50 bis 60 % des gesamten Umsatzes erzielt werden. Der Verlust eines A-Kunden führt zu erheblichen Umsatz- und Gewinneinbußen. A-Kunden werden auch als **Key-Account-Kunden** (Schlüsselkunden) bezeichnet und er-halten besondere Lieferungs- und Zahlungskonditionen. |
| **B-Kunden** | **Kunden mit mittlerer Bedeutung,** auf die zusammen etwa die nächs-ten 20 bis 30 % des gesamten Umsatzes entfallen. |
| **C-Kunden** | Kunden mit relativ **geringer Bedeutung**, auf die in der Summe höchstens die verbleibenden ca. 10 bis 20 % des gesamten Umsatzes entfallen. |

Bei der Gewährung von Kundenrabatten steht Ihnen folgender Entscheidungsrahmen
zur Verfügung:

|  |  |
|---|---|
| A-Kunden | bis zu 15 % |
| B-Kunden | bis zu 10 % |
| C-Kunden | bis zu 5 % |

Aus der <u>integrierten Unternehmenssoftware</u> liegen Susanne Funk die Umsatzliste des letzten Quartals, die Debitorenkarten sowie die Artikelliste vor.

Susanne Funk:

> *„Herr Dittrich, können Sie mir bitte kurz die Spalte ‚Saldo‘ auf der Umsatzliste erklären?"*

Herr Dittrich:

> *„Natürlich. In der Umsatzliste sind die Umsätze unserer Kunden innerhalb eines Quartals aufgelistet. In der Spalte ‚Saldo‘ erkennen Sie, in welcher Höhe jeweils Zahlungen noch ausstehen. Dies ist auch in der jeweiligen Debitorenkarte im System hinterlegt."*

Susanne Funk:

> *„Ah ja, stimmt. Und was verbirgt sich hinter dem ‚Kreditlimit‘ in den Debitoren-karten?"*

Herr Dittrich:

> *„Dieser Betrag legt fest, bis zu welcher Summe die ausstehenden Zahlungen der jeweiligen Kunden auflaufen dürfen. Jedem Kunden wird auf Basis unserer Erfahrungen mit seiner Zahlungsmoral ein individuelles Kreditlimit eingeräumt. Die Kreditwürdigkeit (= Bonität) eines Kunden ergibt sich daraus, ob in der Vergangenheit ausstehende Rechnungen pünktlich beglichen wurden oder ob immer wieder Mahnungen verschickt werden mussten."*

---

Debitor – Umsatzliste
Quartal:     III
Werkzeuge und Teile GmbH

Reihenfolge gemäß Verkauf

| Rang | Nr. | Name | Verkauf | Saldo |
|---|---|---|---|---|
| 1 | 32004 | Heimwerker GmbH | 268.679,03 | 0,00 |
| 2 | 32002 | Steiner Bau e.K. | 179.741,93 | 0,00 |
| 3 | 32001 | Meister & Söhne OHG | 94.657,06 | 8.532,49 |
| 4 | 32005 | Karl Grün GmbH | 87.050,21 | 19.778,25 |
| 5 | 32007 | Gebrüder Kögler e.K. | 73.229,21 | 21.145,88 |
| 6 | 32003 | Baumarkt Speiser KG | 67.726,64 | 0,00 |
| 7 | 32006 | Alles aus einer Hand e.K. | 67.112,69 | 15.930,00 |
| | | **Gesamt** | **838.196,77** | **65.386,62** |
| | | Total Verkauf | 838.196,77 | 65.386,62 |
| | | % von Total Verkauf | 100,00 | 100,00 |

## Debitorenkarten

| **Übersicht** | **Zahlung** | **Lieferung** | **Kontakt** |
|---|---|---|---|
| Debitor Nr.: | 32003 ... | Saldo: | 0,00 |
| Debitorname: | Baumarkt Speiser KG | Kreditlimit: | 36.000,00 |
| Adresse: | Postfach 134 | | |
| PLZ: | 85350 ⬆ | Ort: | Freising |
| Ländercode: | DE ⬆ | | |
| Kontakt: | Frau Fink | | |

| **Übersicht** | **Zahlung** | **Lieferung** | **Kontakt** |
|---|---|---|---|
| Debitor Nr.: | 32004 ... | Saldo: | 0,00 |
| Debitorname: | Heimwerker GmbH | Kreditlimit: | 50.000,00 |
| Adresse: | Postfach 8573 | | |
| PLZ: | 71229 ⬆ | Ort: | Leonberg |
| Ländercode: | DE ⬆ | | |
| Kontakt: | Harald Hauser | | |

| **Übersicht** | **Zahlung** | **Lieferung** | **Kontakt** |
|---|---|---|---|
| Debitor Nr.: | 32006 ... | Saldo: | 15.930,00 |
| Debitorname: | Alles aus einer Hand e.K. | Kreditlimit: | 20.000,00 |
| Adresse: | Stuttgarter Str. 44 | | |
| PLZ: | 72202 ⬆ | Ort: | Nagold |
| Ländercode: | DE ⬆ | | |
| Kontakt: | Frau Kuhn | | |

| **Übersicht** | **Zahlung** | **Lieferung** | **Kontakt** |
|---|---|---|---|
| Debitor Nr.: | 32007 ... | Saldo: | 21.145,88 |
| Debitorname: | Gebrüder Kögler e.K. | Kreditlimit: | 10.000,00 |
| Adresse: | Postfach 888 | | |
| PLZ: | 78647 ⬆ | Ort: | Trossingen |
| Ländercode: | DE ⬆ | | |
| Kontakt: | Herr Weber | | |

| **Übersicht** | **Zahlung** | **Lieferung** | **Kontakt** |
|---|---|---|---|
| Debitor Nr.: | 32002 ... | Saldo: | 0,00 |
| Debitorname: | Steiner Bau e.K. | Kreditlimit: | 45.000,00 |
| Adresse: | Jägerstraße 24 | | |
| PLZ: | 72622 ⬆ | Ort: | Nürtingen |
| Ländercode: | DE ⬆ | | |
| Kontakt: | Petra Maier | | |

Artikelliste der Werkzeuge und Teile GmbH:

| Nr. | Beschreibung | Lager-bestand | Einheit | EK-Preis (EUR) | VK-Preis (EUR) | Beschaf-fungszeit (in Tagen) |
|---|---|---|---|---|---|---|
| 331060 | Sicherungsringeinsatz 45° | 550 | STÜCK | 2,45 | 4,90 | 3 |
| 331061 | Sicherungsring 90° | 550 | STÜCK | 2,45 | 4,90 | 3 |
| 331062 | Sicherungsring 180° | 575 | STÜCK | 2,45 | 4,90 | 3 |
| 331063 | Multifunktionszange | 90 | STÜCK | 39,50 | 79,00 | 8 |
| 331064 | Coax-Einsatz | 300 | STÜCK | 17,50 | 35,00 | 8 |
| 331065 | Profi-Winkel mit Zunge | 200 | STÜCK | 29,50 | 59,00 | 7 |
| 331066 | elektronische Schieblehre | 15 | STÜCK | 99,80 | 199,60 | 8 |
| 331067 | Kreis- und Ringschneider | 330 | STÜCK | 19,90 | 39,80 | 8 |
| 331068 | Zentrierbohrer | 890 | STÜCK | 4,50 | 9,00 | 8 |
| 331069 | Messer für Ringschneider | 425 | STÜCK | 4,45 | 8,90 | 8 |
| 331070 | Hilfsvorrichtung mit Linse | 175 | STÜCK | 10,00 | 20,00 | 7 |
| 331071 | Chrom-Knarre 1/6-Zoll | 240 | STÜCK | 6,95 | 13,90 | 5 |
| 331072 | Chrom-Knarre 5/8-Zoll | 290 | STÜCK | 10,45 | 20,90 | 5 |
| 331073 | Chrom-Knarre 3/4-Zoll | 320 | STÜCK | 14,95 | 29,90 | 5 |
| 331074 | Ratschen-Schraubenschlüssel | 350 | STÜCK | 39,90 | 79,80 | 5 |
| 331079 | Sechskant-Stiftschlüsselsatz | 300 | STÜCK | 7,00 | 14,00 | 4 |
| 331080 | Mutter | 150 | STÜCK | 0,02 | 0,04 | 3 |
| 331097 | Schlagbohrmaschine | 20 | STÜCK | 120,00 | 240,00 | 3 |
| 331098 | Lötkolben | 20 | STÜCK | 29,70 | 59,40 | 3 |

# Baumarkt Speiser KG
**Postfach 134**
85350 Freising

Baumarkt Speiser e. K.  ◆  Postfach 134  ◆  85350 Freising

| | |
|---|---|
| Ihr Zeichen: | |
| Ihre Nachricht vom: | |
| Unser Zeichen: | Fi |
| Unsere Nachricht vom: | |

Werkzeuge und Teile GmbH
Baumeisterstraße 125
73730 Esslingen

| | |
|---|---|
| Name: | Frau Fink |
| Telefon: | (08161) 569-98 |
| Telefax: | (08161) 569-92 |
| E-Mail: | i.fink@bm_speiser.de |
| Internet: | www.bm_speiser.de |
| | |
| Datum: | 15.10.20XX |

**Anfrage**

Sehr geehrter Herr Dittrich,

wir benötigen Knarren. Bitte machen Sie uns daher ein entsprechendes Angebot für folgende
Artikel:

| Artikelnummer | Artikel | Menge |
|---|---|---|
| 331071 | Chrom-Knarre 1/6 Zoll | 40 |
| 331072 | Chrom-Knarre 5/8 Zoll | 40 |
| 331073 | Chrom-Knarre 3/4 Zoll | 40 |

Wir gehen von einem branchenüblichen Rabatt von 7% aus.

Lieferzeitraum: bis Ende Oktober

Mit freundlichem Gruß

Baumarkt Speiser KG

*i. A. Fink*
i. A. Fink

Sparkasse Freising (BIC SKFRDEFR515) IBAN: DE17800515500000051200
Volksbank Freising (BIC VBFRDEFR223) IBAN: DE21912223900000010194
Ust-ID-Nr: DE 674534566

Sitz der Niederlassung: Freising
Registergericht: Amtsgericht München HRB Nr. 5592
www.bm_speiser.de

 **Heimwerker GmbH**

Leonberg

<u>Heimwerker GmbH • Postfach 8573 • 71229 Leonberg</u>

| | |
|---|---|
| *Ihr Zeichen:* | |
| *Ihre Nachricht vom:* | |
| *Unser Zeichen:* | *Ha* |
| *Unsere Nachricht vom:* | |

Werkzeuge und Teile GmbH
Baumeisterstraße 125
73730 Esslingen

| | |
|---|---|
| *Name:* | *Harald Hauser* |
| *Telefon:* | *07152/9477-11* |
| *Telefax:* | *07152/9477-12* |
| *E-Mail:* | *hauser@heimwerker.de* |
| *Internet:* | *www.heimwerker.de* |
| *Datum:* | *15.10.20XX* |

## Anfrage

Sehr geehrter Herr Dittrich,

wir benötigen Briefhalter und Bürotische. Bitte machen Sie uns ein entsprechendes Angebot für folgende Artikel:

| Artikel-Nr. | Beschreibung | Menge | Nettopreis/Stk. |
|---|---|---|---|
| 331079 | Sechskant-Stiftschlüsselsatz | 150 | 14,00 EUR |
| 331097 | Schlagbohrmaschine | 5 | 240,00 EUR |

Wir gehen von einem Rabatt von 18% aus.

Lieferung bis zum 23.10.20XX.

Mit freundlichem Gruß

Heimwerker GmbH

*i.A. H. Hauser*

i. A. Harald Hauser

*Geschäftssitz: Leonberg*
*Geschäftsführer: Dietmar Koller*
*Registergericht: Amtsgericht Stuttgart HRB 5243*

# ALLES AUS EINER HAND e. K. 🖐

Stuttgarter Str. 44       72202 Nagold       Tel.: 07459/6455       Fax: 07459/6456
www.alles-aus-einer-hand.de

Werkzeuge und Teile GmbH
Baumeisterstraße 125
73730 Esslingen

| Ihre Zeichen, Ihre Nachricht vom | Unser Zeichen, unsere Nachricht vom | Datum |
|---|---|---|
| | Ku | 20XX-10-15 |

## Anfrage

Sehr geehrter Herr Dittrich,

aufgrund unserer Sortimentserweiterung benötigen wir folgende Artikel:

| Artikel-Nr. | Beschreibung | Menge |
|---|---|---|
| 331065 | Profi-Winkel mit Zunge | 25 |
| 331098 | Lötkolben | 10 |

Bitte machen Sie uns ein entsprechendes Angebot.

Wir gehen von einem branchenüblichen Rabatt von 7% aus und bitten Sie um Lieferung bis Ende Oktober.

Mit freundlichem Gruß

i. A. Doris Kuhn
(ALLES AUS EINER HAND e. K.)

Sitz/Registergericht Pforzheim, Amtsgericht Pforzheim HRA 4736
Steuer-Nr. 28031/00874

# Gebrüder Kögler OHG
- Alles für den Heimwerker-

Gebrüder Kögler OHG - Postfach 888 - 78647 Trossingen

| | |
|---|---|
| Ihr Zeichen: | |
| Ihre Nachricht vom: | |
| Unser Zeichen: | Kl |
| Unsere Nachricht vom: | |

Werkzeuge und Teile GmbH
Baumeisterstraße 125
73730 Esslingen

| | |
|---|---|
| Name: | Herr Klug |
| Telefon: | 07425/923450 |
| Telefax: | 07425/923451 |
| E-Mail: | g_klug@gebkoegler.de |
| Internet: | www.gebkoegler.de |
| | |
| Datum: | 15.10.20XX |

## Anfrage

Sehr geehrter Herr Dittrich,

wir möchten gerne unser Sortiment erweitern. Bitte machen Sie uns daher ein Angebot für folgende Artikel:

| Artikelnummer | Artikel | Menge |
|---|---|---|
| 331060 | Sicherungsringeinsatz 45° | 150 |
| 331061 | Sicherungsringeinsatz 90° | 150 |
| 331062 | Sicherungsringeinsatz 180° | 150 |

Wir erwarten den branchenüblichen Rabattsatz von 12%.

Mit freundlichem Gruß

Gebrüder Kögler OHG

i. A. *Klug*

i. A. Klug

## 5.2 Portfolioanalyse und Produktlebenszyklus

### Situation

Susanne Funk ist Auszubildende zur Industriekauffrau im zweiten Lehrjahr bei der Werkzeuge und Teile GmbH und seit einigen Wochen im Vertrieb eingesetzt. Zu ihren Aufgaben gehört die Unterstützung von Vertriebsleiterin Frau Block. Zwischen Susanne Funk und Frau Block ergibt sich folgendes Gespräch:

Frau Block:

> „Guten Morgen, Frau Funk. Wie Sie vielleicht wissen, machen uns unsere Elektro-werkzeuge seit einiger Zeit etwas Sorgen. Zwar konnten wir durch Verstärkung der Werbeaktivitäten und Außendienstbetreuung die Umsätze seit Jahresbeginn weiter steigern. Gerade bei unseren Linienlasern[1], die jetzt neu auf den Markt gekommen sind, war die groß angelegte Werbeaktion anlässlich der Handwerker-messe erfolgreich. Der Absatz der Laser konnte gesteigert werden, sodass sicher bald die Gewinnschwelle erreicht ist. Leider ging der Absatz unserer netzbetrie-benen Schlagbohrmaschine weiter zurück, sodass wir auch im kommenden Jahr mit einem weiteren Absatzrückgang rechnen. Unter dem Strich konnte der Um-satz im Geschäftsbereich ‚Elektrowerkzeuge' im Jahresverlauf insgesamt gestei-gert werden, aber dennoch sind unsere Gewinne seit drei Quartalen rückläufig. Wir sollten uns das einmal etwas genauer anschauen."

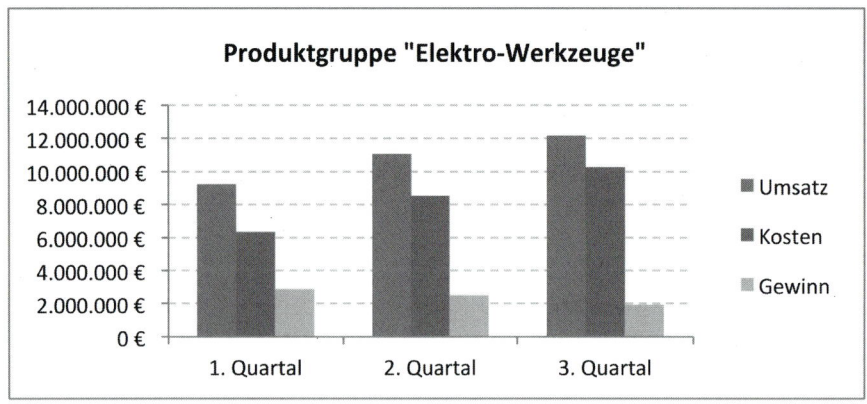

Susanne Funk:

> „Ja, das hatten Sie in der letzten Teambesprechung bereits erwähnt. Aufgrund des aktuellen ‚Do it yourself'-Trends kommt dazu immer mehr Konkurrenz auf den Markt."

Frau Block:

> „Stimmt, Frau Funk, unsere Konkurrenten sind mit guten Produkten im Elekt-rowerkzeugemarkt vertreten. Dennoch sollten wir nicht immer von all unseren Elektrowerkzeugen insgesamt sprechen. Wir müssen die Produkte einzeln im Hinblick auf ihre aktuellen und zukünftigen Gewinnchancen analysieren. Das hängt natürlich auch immer davon ab, wie groß unser jeweiliger Marktanteil ist und wie sich die einzelnen Märkte entwickeln. In der letzten Ausgabe von ‚MARKETING aktuell' stand ein guter Artikel darüber, wie so eine sogenannte Portfolioanalyse durchgeführt werden kann und welche Handlungsempfehlun-gen für das Produktmanagement der einzelnen Elektrowerkzeuge sich daraus ableiten lassen. Gerade bei der Schlagbohrmaschine mit Kabel besteht sicher ein dringender Handlungsbedarf!"

---

[1] Linienlaser erzeugen Linien oder andere Muster, anhand derer z. B. Räume vermessen oder Werkzeuge ausgerichtet bzw. kalibriert werden können.

Susanne Funk:

> *„Ah, hat das etwas mit dem Konzept des Produktlebenszyklus zu tun, das Sie in der letzten Teambesprechung ebenfalls erwähnt haben? Ich habe leider nicht alles auf Anhieb verstanden …"*

Frau Block:

> *„Ja, genau, das hängt damit zusammen. Meine Bitte an Sie, Frau Funk, ist nun, dass Sie die Produkte unserer Produktgruppe ‚Elektrowerkzeuge' mithilfe der Portfolioanalyse hinsichtlich Marktanteil und Marktentwicklung untersuchen. Dabei ist es natürlich auch interessant zu wissen, in welcher Phase des Produktlebenszyklus sich die einzelnen Produkte jeweils befinden. Ich werde Ihnen die Folien zum Produktlebenszyklus sowie alle weiteren relevanten Informationen weiterleiten. Die Umsatz- und Kostenentwicklung der Schlagbohrmaschine erhalten Sie von Herrn Wagner aus der Controllingabteilung."*

Susanne Funk:

> *„Okay, vielen Dank. Dann mache ich mich sofort an die Arbeit!"*

## Aufträge

**Übergreifender Handlungsauftrag mit Handlungsprodukt:**

Leiten Sie anhand der Portfolioanalyse und des Konzepts des Produktlebenszyklus für alle Elektrowerkzeuge der Werkzeuge und Teile GmbH begründete Handlungsempfehlungen (Strategien) für das jeweilige Produktmanagement ab. Verfassen Sie dazu eine entsprechende Tischvorlage für Frau Block.

**Handlungsaufträge:**

1. Führen Sie für die Produktgruppe „Elektrowerkzeuge" eine Portfolioanalyse durch (Anlage 1).

2. a) Stellen Sie den Verlauf der Umsatz- und Gewinnentwicklung für die Schlagbohrmaschine mit Kabel grafisch dar (Anlage 2) und kennzeichnen Sie die einzelnen Phasen des Produktlebenszyklus. Stellen Sie dabei mithilfe einer Übersicht die Höhe der Aufwendungen im Rahmen des Marketings, die Konkurrenzsituation auf dem Markt, die produktpolitischen Maßnahmen sowie das Marketingziel innerhalb der einzelnen Phasen dar.

   b) Ordnen Sie auch den anderen Produkten der Elektrowerkzeuge die entsprechende Phase des Produktlebenszyklus zu. Begründen Sie Ihre Zuordnung.

3. Leiten Sie für jedes Elektrowerkzeug eine strategische Handlungsempfehlung für das Produktmanagement ab. Gehen Sie dabei insbesondere auf die Schlagbohrmaschine mit Kabel ein.

## Interne Daten

| ✉ **Posteingang** | | erhalten am: 10.12.20XX |
|---|---|---|
| von: | H. Wagner (Sachbearbeiter Controlling) | |
| an: | S. Funk (Auszubildende Einkauf) | |
| Betreff: | AW: Umsatz- und Kostenentwicklung Schlagbohrmaschine | |
| Anhang: 📄 | – | |

Guten Morgen Frau Funk,

anbei wie besprochen die Entwicklung der Kosten und Umsatzzahlen der netzbetriebenen Schlagbohrmaschine. Die Zahlen für das aktuelle Jahr (20XX) sowie das Folgejahr (20XX+1) sind erwartete Planzahlen.

| | tatsächlich | | | | | | | erwartet | |
|---|---|---|---|---|---|---|---|---|---|
| **Jahr** | 20XX–7 | 20XX–6 | 20XX–5 | 20XX–4 | 20XX–3 | 20XX–2 | 20XX–1 *(Vorjahr)* | 20XX *(aktuell)* | 20XX+1 *(Folgejahr)* |
| Umsatz (EUR) | – | 134.400 | 312.000 | 600.000 | 792.000 | 900.000 | 880.800 | 648.000 | 312.000 |
| Kosten (EUR) | 210.000 | 230.000 | 270.800 | 389.000 | 412.000 | 414.300 | 395.000 | 362.000 | 321.000 |

Haben Sie noch Fragen? Dann kommen Sie bitte einfach auf mich zu.

Vielen Dank und Gruß

H. Wagner
_____

**Werkzeuge und Teile GmbH**
Controlling

Informationen von Frau Block

**Werkzeuge und Teile GmbH**

# Konzept des Produktlebenszyklus

✓ Ausgangspunkt: Die Lebensdauer eines Produktes ist begrenzt.

✓ Gründe:  - technischer Fortschritt

         - bessere Konkurrenzprodukte auf dem Markt

         - Änderung der Nachfrage

         - Modeveränderungen/Geschmacksveränderungen

         - ...

✓ Konzept des **Produktlebenszyklus**

✓ basierend auf Umsatz- und Gewinnentwicklung eines Produktes

**Werkzeuge und Teile GmbH**

# Phasen des Produktlebenszyklus (I)

### (1) Einführungsphase
Der Produktlebenszyklus beginnt mit der Einführung des Produktes in den Markt. Ziel ist es, das Produkt bekannt zu machen und Kunden zu gewinnen, um so in die Gewinnzone zu kommen, daher fallen hohe Aufwendungen für Werbung und PR-Maßnahmen an. Bei einem innovativen Produkt sind hier nur wenige bis keine Wettbewerber auf dem Markt.

### (2) Wachstumsphase
Hat das Produkt die Verlustzone verlassen, befindet es sich in der Wachstumsphase. Hier nimmt der Absatz schnell zu, dennoch bleiben die Marketing-Aktivitäten nahezu gleich hoch wie in der Einführungsphase, da hier das Ziel ist, einen größtmöglichen Marktanteil zu erreichen. Die Konkurrenz im Markt nimmt zu.

### (3) Reifephase
Der Absatz nimmt nicht mehr so schnell zu, der mit dem Produkt erzielte Umsatz erreicht sein Maximum. Die Werbe- und PR-Maßnahmen nehmen ab. In der Reifephase wird die Erzielung eines größtmöglichen Gewinns bei gleichzeitiger Erhaltung des Marktanteils angestrebt. Um dieses Ziel zu erreichen kann das ursprüngliche Produkt in unterschiedlichen Varianten angeboten werden (Produktdifferenzierung).

**Werkzeuge und Teile GmbH**

# Phasen des Produktlebenszyklus (II)

### (4) Sättigungsphase
In dieser Phase gibt es kein weiteres Marktwachstum, der Wettbewerb unter den Anbietern ist bei stagnierender Nachfrage und rückläufigen Umsätzen maximal. Der Gewinn ist rückläufig. Durch einen Relaunch (= Wiederbelebung) mit Hilfe einer deutlichen Produktvariation kann der Absatz gehalten werden.

### (5) Degenerationsphase
In der letzten Phase des Produktlebenszyklus nimmt der Absatz stark ab. Auch die Anzahl der Konkurrenten im Markt geht zurück. Um noch einen Gewinn erzielen zu können, sollten die Kosten weiter gesenkt werden. Ist dies nicht mehr möglich, wird das Produkt aus dem Markt genommen (Produktelimination).

## Absatzplanung für das Jahr 20XX:

| Artikel-Nr. | Beschreibung | Einheit | VK-Preis (EUR) | geplanter Jahresbedarf |
|---|---|---|---|---|
| 331093 | Linienlaser | STÜCK | 279,00 | 2.500 |
| 331094 | Tischkreissäge | STÜCK | 300,00 | 11.200 |
| 331092 | Akkuschrauber | STÜCK | 175,00 | 10.500 |
| 331091 | Akkuschlagbohrschrauber | STÜCK | 460,00 | 12.700 |
| 331097 | netzbetriebene Schlagbohrmaschine | STÜCK | 240,00 | 1.800 |

**Externe Daten**

# MARKETING *aktuell*

### Marktwachstums-Marktanteil-Portfolio

Mit Hilfe des Marktwachstum-Marktanteils-Portfolios lassen sich Produkte eines Unternehmens oder eines Geschäftsfeldes in vier verschiedene Bereiche einteilen. Aus dieser Einteilung können im Anschluss strategische Handlungsempfehlungen für das jeweilige Produktmanagement ableiten. Die vier Bereiche ergeben sich aus der Kombination der zwei Dimensionen „Marktwachstum" und „relativer Marktanteil". Nachfolgend ist das Marktwachstum-Marktanteil-Portfolio mit den Bereichen schematisch dargestellt:

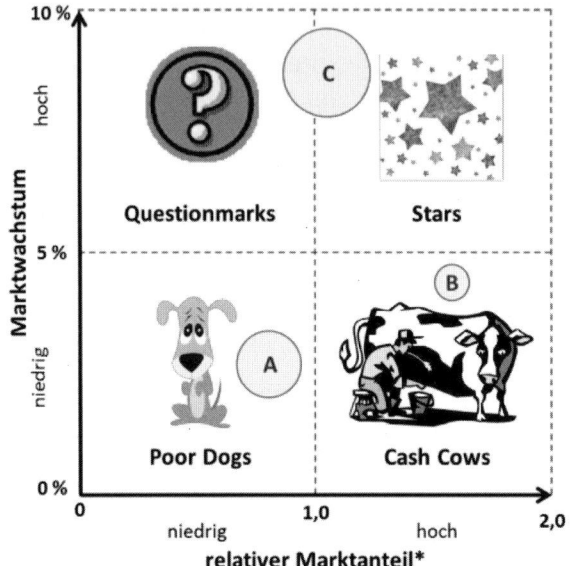

$$* relativer\ Marktanteil = \frac{eigener\ Umsatz}{Umsatz\ des\ stärksten\ Konkurrenten}$$

Die Produkte (A, B, C) werden entsprechend ihrem Marktwachstum und relativen Marktanteil in das Portfolio eingetragen. Je größer der Umsatz eines Produktes, desto größer der eingezeichnete Kreis.

**Questionmarks:**
Hier befinden sich Produkte, welche neu in einem Markt mit hohem Wachstum eingeführt wurden, jedoch noch einen relativ geringen Marktanteil besitzen. Das Ziel ist, die Questionmarks in Stars zu verwandeln. Daher sollte in diese Produkte viel investiert werden (Offensivstrategie). Es besteht aber auch das Risiko, dass sich Questionmarks zu Poor Dogs entwickeln.

**Stars:**
Produkte mit einem hohen relativen Marktanteil in einem stark wachsenden Markt werden als Stars bezeichnet. Die Stars sind die aussichtsreichsten Produkte eines Unternehmens. Lässt das Marktwachstum nach werden sie im besten Fall zu Cash Cows. Da sich die Stars in einem stark wachsenden Markt befinden, muss weiterhin in diese Produkte investiert werden, um den relativ hohen Marktanteil halten zu können (Investitionsstrategie).

**Cash Cows:**
Die Cash Cows sind die „Gewinn-Lieferanten" des Unternehmens. Diese Produkte besitzen einen hohen relativen Marktanteil in einem reifen Markt. Das heißt, der Markt wächst nicht mehr oder nur sehr wenig. Daher sind nur wenig bis keine weiteren Investitionen nötig, um den relativen Marktanteil zu halten. Solange die Cash Cows Gewinn bringen, bleiben sie im Markt (Abschöpfungsstrategie).

**Poor Dogs:**
Produkte mit einem relativ geringen Marktanteil in einem reifen Markt werden als Poor Dogs bezeichnet. Diese Produkte sollten aus dem Produktprogramm genommen werden, da hier keine Wachstumschance mehr besteht (Desinvestitionsstrategie).

# MA-FO-IN

Unabhängiges Marktforschungsinstitut, Stuttgart

MA-FO-IN KG • Schlossstr. 121 • 70174 Stuttgart

Werkzeuge und Teile GmbH
Baumeisterstraße 125
73730 Esslingen

| | |
|---|---|
| Name: | Nina Springer |
| Telefon: | 0711/2004-82 |
| Telefax: | 0711/2004-01 |
| E-Mail: | nina-springer@mafoin.de |
| Internet: | www.mafoin.de |
| | |
| Datum: | 04.12.20XX |

Ergebnisbericht zur Marktanalyse „Werkzeuge und Teile GmbH"

Sehr geehrte Frau Block,

nachfolgend vorab die wesentlichen Ergebnisse der von Ihnen bei uns in Auftrag gegebenen Marktanalyse in Bezug auf die von Ihnen uns genannten Produkte.

| Markt/Produkt | stärkster Konkurrent | Jahresumsatz stärkster Konkurrent | aktuelles Marktwachstum |
|---|---|---|---|
| Akkuschrauber | PROSCH GmbH | 1.531.000,00 EUR | 6,0 % |
| Akkuschlagbohrschrauber | PROSCH GmbH | 3.436.000,00 EUR | 8,0 % |
| Linienlaser | InnoFIX AG | 2.371.000,00 EUR | 6,0 % |
| Tischkreissäge | HandWerkZeug KG | 2.100.000,00 EUR | 2,0 % |
| netzbetriebene Schlagbohrmaschine | PROSCH GmbH | 2.160.000,00 EUR | 1,0 % |

Den ausführlichen Bericht lasse ich Ihnen im Laufe der Woche zukommen.
Vielen Dank für Ihr Vertrauen und die kooperative Zusammenarbeit.

Mit freundlichem Gruß

*Nina Springer*

Dr. Nina Springer

MA-FO-IN KG
Stuttgart

---

*Geschäftssitz: Stuttgart*
*Registergericht: Amtsgericht Stuttgart HRA 4711*

Anlage 1

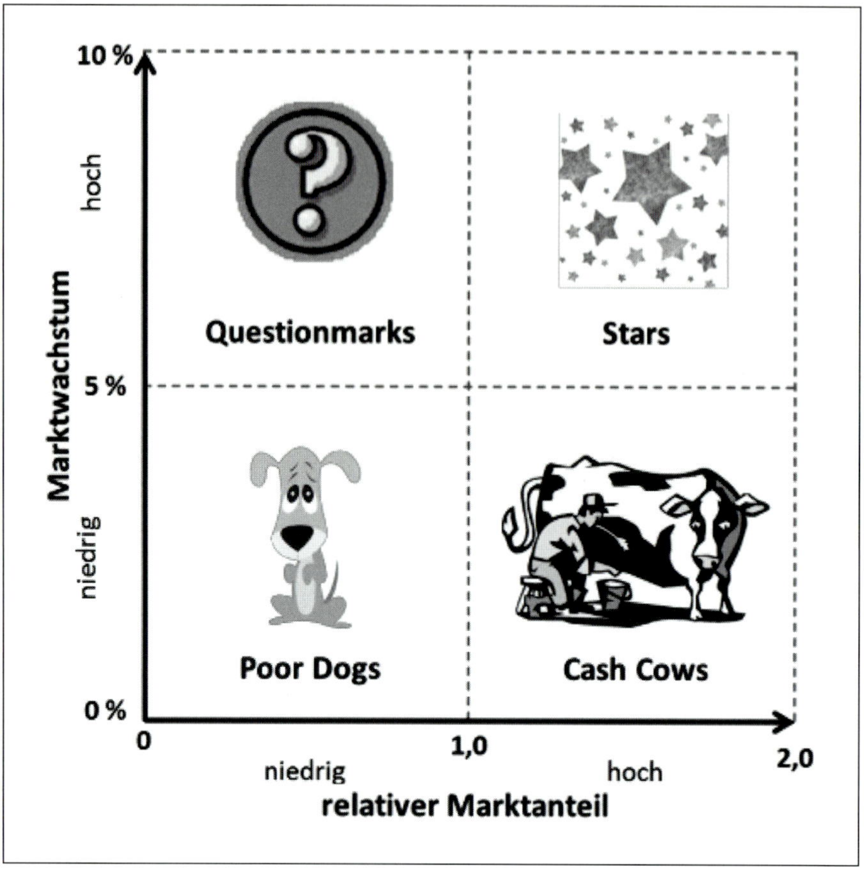

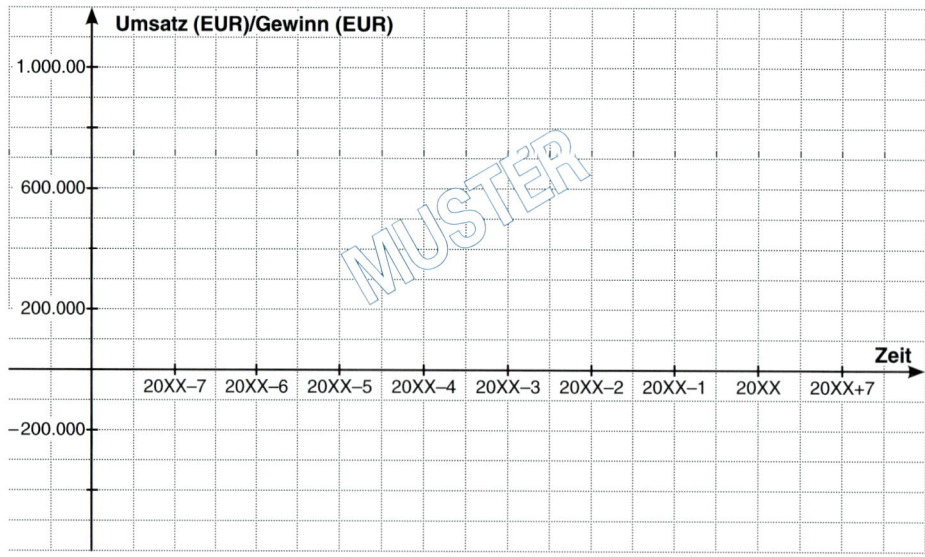

Anlage 2

## 5.3 Marketinginstrumente

Susanne Funk ist Auszubildende zur Industriekauffrau im zweiten Lehrjahr bei der Werkzeuge und Teile GmbH und seit einigen Wochen im Vertrieb eingesetzt. Zu ihren Aufgaben gehört die Unterstützung der Vertriebsleiterin Frau Block. Zurzeit wird im Vertrieb die bevorstehende Markteinführung des neuen Produktes „Linienlaser"[1] vorbereitet, welches das Sortiment der Werkzeuge und Teile GmbH innerhalb der Produktgruppe „Elektrowerkzeuge" erweitern soll. Zwischen Susanne Funk und Frau Block ergibt sich folgendes Gespräch:

Frau Block:
> *„Guten Morgen, Frau Funk. Wie Sie wissen, sind im Rahmen der Markteinführung unseres neuen Linienlasers noch einige Fragen zu klären."*

Susanne Funk:
> *„Ja, Sie hatten in der Teambesprechung erwähnt, dass wir der Geschäftsleitung einen umfassenden Vorschlag zur Preisfestsetzung (Preispolitik) sowie der Werbeplanung (Kommunikationspolitik) vorlegen müssen. Da liegt noch eine Menge Arbeit vor uns! Ich recherchiere gleich einmal im Internet, wie hoch die Preise der Konkurrenz im Linienlasermarkt sind."*

Frau Block:
> *„Das ist eine gute Idee. Aber bei der Preisgestaltung orientieren wir uns nicht nur an den Preisen der Konkurrenz, sondern auch an der zu erwartenden Nachfrage und natürlich an unseren eigenen Kosten. Bezüglich der Kosten, die dem Linienlaser zugeordnet werden können wenden Sie sich bitte an Herrn Wagner aus der Controllingabteilung. Die Informationen zu unseren Konkurrenten sowie der erwarteten Nachfrage lasse ich Ihnen zukommen. Damit können Sie einen begründeten Preisvorschlag machen. Bitte bedenken Sie, dass wir bei unserem Linienlaser wie bei allen unseren Produkten auf eine hohe Qualität achten.*
>
> *Zur Werbeplanung lege ich Ihnen einen entsprechenden Artikel aus ‚MARKETING aktuell' auf den Schreibtisch."*

Susanne Funk:
> *„Alles klar, vielen Dank. Dann mache ich mich sofort an die Arbeit."*

**Übergreifender Handlungsauftrag mit Handlungsprodukt:**

Erarbeiten Sie einen begründeten Preisvorschlag für den Linienlaser und erstellen Sie den Entwurf für einen Werbeplan zu dessen Markteinführung. Verfassen Sie dazu eine entsprechende Tischvorlage für Frau Block.

**Handlungsaufträge:**

1. Ermitteln Sie aus
   a) den Preisen der Konkurrenz (konkurrenzorientierte Preispolitik)
   b) den Kosten der Werkzeuge und Teile GmbH für den Linienlaser (kostenorientierte Preispolitik)

---

[1] Linienlaser erzeugen Linien oder andere Muster, anhand derer z. B. Räume vermessen oder Werkzeuge ausgerichtet bzw. kalibriert werden können.

c)  der erwarteten Nachfrage (nachfrageorientierte Preispolitik)
einen begründeten Preisvorschlag.

2.  Erstellen Sie für die Markteinführung des Linienlasers einen Entwurf für einen Werbeplan.

---

**Interne Daten**

| Posteingang | erhalten am: 10.12.20XX |
|---|---|

| von: | h.wagner@WuT.de |
| an: | s.funk@WuT.de |
| Betreff: | AW: Kostenanalyse „Linienlaser" |
| Anhang: | – |

Hallo Frau Funk,

im Rahmen der Teilkostenrechnung ist von folgenden Kosten ausgehen, die dem Linienlaser zugerechnet werden können:

fixe Kosten ($K_{fix}$):  239.000,00 EUR
variable Stückkosten ($k_{var}$):  198,70 EUR/St.

Wir kalkulieren mit einem Gewinnzuschlag von 9 %.
Zur Markteinführung des Linienlasers auf der Handwerkermesse wäre die Gewährung eines Messerabatts denkbar. Im ersten Jahr planen wir mit einem Absatz von 4.500 Linienlasern.

Haben Sie noch Fragen? Dann kommen Sie bitte einfach auf mich zu.

Vielen Dank und Gruß
H. Wagner

**Werkzeuge und Teile GmbH**
Controlling

**Externe Daten**

# MA-FO-IN

Unabhängiges Marktforschungsinstitut, Stuttgart

MA-FO-IN KG • Schlossstr. 121 • 70174 Stuttgart

Werkzeuge und Teile GmbH
Baumeisterstraße 125
73730 Esslingen

| | |
|---|---|
| Name: | Nina Springer |
| Telefon: | 0711/2004-82 |
| Telefax: | 0711/2004-01 |
| E-Mail: | nina-springer@mafoin.de |
| Internet: | www.mafoin.de |
| | |
| Datum: | 13.12.20XX |

Ergebnisbericht zur Marktanalyse „Linienlaser"

Sehr geehrte Frau Block,

vielen Dank für Ihren Auftrag. Wie gewünscht haben wir für Sie die Nachfragesituation im Markt für Linienlaser untersucht.
In Abhängigkeit der von Ihnen genannten möglichen Stückpreise ergeben sich für die Werkzeuge und Teile GmbH folgende absetzbaren Mengen.

| Preis/St. (EUR) | 250,00 | 255,00 | 260,00 | 265,00 | 270,00 | 275,00 | 280,00 | 285,00 | 290,00 |
|---|---|---|---|---|---|---|---|---|---|
| absetzbare Menge (St.) | 5.860 | 5.535 | 5.210 | 4.885 | 4.560 | 4.235 | 3.910 | 3.585 | 3.260 |

Den ausführlichen Bericht zu unserer Analyse lasse ich Ihnen im Laufe der Woche zukommen.
Vielen Dank für Ihr Vertrauen und die kooperative Zusammenarbeit.

Mit freundlichem Gruß

*Nina Springer*

Dr. Nina Springer

MA-FO-IN KG
Stuttgart

---

*Geschäftssitz: Stuttgart*
*Registergericht: Amtsgericht Stuttgart HRA 4711*

**Produkt-Test**  Ausgabe 4/20XX

## Linienlaser

Für die aktuelle Ausgabe wurden Linienlaser verschiedener Anbieter getestet. Modernste Lasertechnik ermöglicht eine exakte Ausrichtung von Objekten.

| Anbieter | Netto-Preis/St. | Bewertung | Testurteil |
|---|---|---|---|
| InnoFIX AG | 279,90 EUR | sehr gute Qualität, ausgezeichnetes Preis-Leistungs-Verhältnis | **sehr gut**<br>+ + + + + |
| PROSCH GmbH | 299,00 EUR | hochwertige Qualität, jedoch aufgrund des hohen Preises nur ausreichendes Preis-Leistungsverhältnis | **befriedigend**<br>+ + + |
| Bauprofi GmbH | 255,00 EUR | mangelhafte Qualität, schlechtes Preis-Leistungs-Verhältnis | **mangelhaft**<br>+ |
| e-Tools KG | 249,90 EUR | gute Qualität zu einem günstigen Preis, als Einsteigermodell geeignet | **gut**<br>+ + + + |

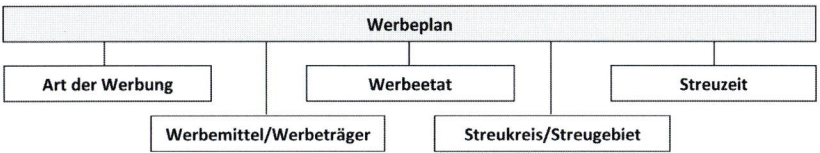

# MARKETING *aktuell*

## Werbeplanung

Die Werbeplanung dient der umfassenden Koordination der Werbeaktivitäten eines Unternehmens für ein Produkt oder Produktprogramm. Neben dem **Werbeziel** und der **Werbebotschaft**, sind im Rahmen der Werbeplanung weitere Fragen zu klären:

| Werbeplan | | |
|---|---|---|
| **Art der Werbung** | **Werbeetat** | **Streuzeit** |
| **Werbemittel/Werbeträger** | **Streukreis/Streugebiet** | |

**Werbeziel:**
Das Werbeziel definiert, was mit Werbung erreicht werden soll. Werbeziele können z.B. die Steigerung des Absatzes, Umsatzes oder des Marktanteils sein. Im Rahmen der Markteinführung eines neuen Produktes dient die Werbung dazu, das Produkt im Markt bekannt zu machen (Einführungswerbung).

**Werbebotschaft:** (inkl. Grundsätze der Werbung)
Die Werbebotschaft bezieht sich auf den Inhalt der Werbung, der kommuniziert werden soll. Dabei gilt es, Grundsätze der Werbung zu beachten:
- *Klarheit und Wahrheit:* Werbung muss klar und leicht zu verstehen sein, darf keine Unwahrheiten enthalten.
- *Wirksamkeit:* Werbung muss die umworbene Zielgruppe ansprechen und sie zum Kauf motivieren.
- *Wirtschaftlichkeit:* Der mit der Werbung erzielte Ertrag muss den damit verbundenen Aufwand übersteigen.

**Art der Werbung:**
- *Unterscheidung nach der Anzahl der Werbenden:* Als Werbender kann ein einzelnes Unternehmen (Einzel-/Alleinwerbung), ein Zusammenschluss mehrerer Unternehmen (Verbund-/Sammelwerbung) oder z.B. eine gesamte Branche (z.B. die Automobilindustrie) auftreten.
- *Unterscheidung nach der Anzahl der Umworbenen:* Direktwerbung spricht einzelne Personen, Unternehmen oder sonstige Adressaten einzeln an. Massenwerbung kann auf eine bestimmte Zielgruppe ausgerichtet sein oder gestreut auf eine Masse von Umworbenen.

**Werbemittel/Werbeträger:**
Mit Hilfe der Werbemittel wird die Werbebotschaft kommuniziert. Es gibt z.B. optische (z.B. Plakate) oder akustische (z.B. Radio-Werbung) Werbemittel. Das Medium, über das ein Werbemittel kommuniziert wird, wird als Werbeträger bezeichnet. Hierzu gehören z.B. Printmedien, Hörfunk, Fernsehen oder Internet.

**Werbeetat:**
Der Werbeetat gibt an, wie viele finanzielle Mittel für Werbung innerhalb eines bestimmten Zeitraumes (z.B. einem Geschäftsjahr) oder für ein bestimmte Werbeaktion zur Verfügung stehen.

**Streukreis/Streugebiet:**
Durch den Streukreis wird die zu umwerbende Zielgruppe (Personen, Unternehmen, usw.) festgelegt; das Streugebiet definiert, in welchem räumlichen Gebiet geworben werden soll.

**Streuzeit:**
Die Streuzeit gibt Auskunft darüber, ab wann und wie lange geworben werden soll.

Im Anschluss einer Werbeaktion oder eines vorher festgelegten Zeitraumes wird überprüft, inwieweit die mit der Werbung verfolgten Ziele erreicht werden konnten (**Werbeerfolgskontrolle**). Hierbei sind sowohl wirtschaftliche Kriterien (z.B. Steigerung des Umsatzes) als auch nicht wirtschaftliche Kriterien (z.B. Bekanntheitsgrad eines neu im Markt eingeführten Produkts) von Bedeutung.

## 5.4 Absatzmittler: Handelsvertreter oder Reisende

### Situation

Die Werkzeuge und Teile GmbH möchte das Absatzgebiet für ihre Akkuladestationen auf das südliche Nachbarland Österreich ausweiten.

Die Geschäftsleitung der Werkzeuge und Teile GmbH beauftragt die Vertriebsabteilung zu prüfen, ob die Akkuladestationen in Österreich durch Reisende oder durch Handelsvertreter vertrieben werden sollen.

Niko Kleiber ist Auszubildender zum Industriekaufmann bei der Werkzeuge und Teile GmbH und zurzeit im Vertrieb eingesetzt. Mit Herrn Dittrich, Sachbearbeiter im Vertrieb, ergibt sich folgendes Gespräch:

Niko Klaiber:

> *„Warum sollen wir das überhaupt prüfen? Unsere Akkuladestationen werden deutschlandweit auch schon durch Reisende vertrieben!"*

Herr Dittrich:

> *„Ja, das stimmt. Aber der Einstieg in einen neuen Markt ist immer mit Unsicherheiten verbunden. Da sind wir mit einem Handelsvertreter flexibler, da er als selbstständig Gewerbetreibender auf Provisionsbasis für uns arbeitet. Die Reisenden dagegen sind bei der Werkzeuge und Teile GmbH fest angestellt und erhalten ein monatlich fixes Grundgehalt und eine im Vergleich zum Handelsvertreter deutlich geringere erfolgsabhängige Umsatzprovision."*

Niko Kleiber:

> *„Na, das spricht doch dann für den Einsatz eines Handelsvertreters, oder? Durch die vollständig erfolgsabhängige Entlohnung ist er ja viel motivierter als ein Reisender, da er selbst ein großes Interesse an einem hohen Umsatz hat."*

Herr Dittrich:

> *„Sicher, da haben Sie Recht, Herr Kleiber. Trotzdem sollten wir auch bedenken, dass unsere Reisende natürlich nur Produkte der Werkzeuge und Teile GmbH vertreiben und als Mitarbeiter über eine sehr gute Produktkenntnis verfügen. Darüber hinaus sind sie als Angestellte weisungsgebunden und müssen sich klar an die Vorgaben der Geschäftsleitung halten. Ein Handelsvertreter ist unabhängiger und auch schwerer zu kontrollieren. Wie Sie sehen, müssen wir bei unserer Entscheidung mehrere Aspekte berücksichtigen. Dazu verwenden wir bei der Werkzeuge und Teile GmbH eine Entscheidungsbewertungstabelle, mit deren Hilfe wir die qualitativen Aspekte wie Verkaufsbereitschaft/Motivation, Umfang des Sortiments/Vertrieb von Artikeln anderer Hersteller usw. gewichten und bewerten."*

### Aufträge

**Übergreifender Handlungsauftrag mit Handlungsprodukt:**

Erstellen Sie für die Geschäftsleitung einen begründeten Vorschlag zur Entscheidung über den Einsatz von Reisenden oder Handelsvertretern beim Einstieg der Werkzeuge und Teile GmbH in den österreichischen Markt für Akkuladestationen. Gehen Sie dabei neben den zu erwartenden Kosten auch auf qualitative Entscheidungskriterien ein.

**Handlungsaufträge:**

1. a) Ermitteln Sie auf Basis der erwarteten Absatzzahlen die Kosten, die durch den Einsatz von Reisenden bzw. Handelsvertretern verursacht werden, und stellen Sie deren Verlauf grafisch dar.
   *Y-Achse (Kosten in €): 8 cm, 1 cm = 20.000 EUR;*
   *X-Achse (Absatzmenge in Stück): 10 cm, 1 cm = 10.000 Stück)*

b) Ermitteln Sie die Absatzmenge an Akkuladestationen, bei der die beiden Reisenden und die Handelsvertreter die gleichen Kosten verursachen, und interpretieren Sie das Ergebnis im Blick auf die erwarteten Absatzzahlen.

2. a) Stellen Sie die qualitativen Kriterien bei der Entscheidung zwischen Reisenden und Handelsvertretern in übersichtlicher Darstellung gegenüber.

b) Treffen Sie mithilfe der Entscheidungsbewertungstabelle (vgl. Seite 236) eine Entscheidung über den Einsatz von Reisenden oder Handelsvertretern für den Markteintritt der Werkzeuge und Teile GmbH in Österreich.

## Interne Daten

| ✉ **Posteingang** | | erhalten am: 18.10.20XX |
|---|---|---|
| von: | a.traub@WuT.de | |
| an: | w.dittrich@WuT.de | |
| Betreff: | Vertrieb Akkuladestationen in Österreich | |
| Anhang: 📄 | *erwartete Absatzzahlen* | |

Hallo Herr Dittrich,

im Anhang unsere erwarteten Absatzzahlen für die Akkuladestationen in Österreich (bei einem Preis von 30 EUR/Stück). Um den österreichischen Markt gut abdecken zu können, benötigen wir zwei Reisende oder fünf bis sechs Handelsvertreter.

Den Lebenslauf eines österreichischen Handelsvertreters, welcher für uns infrage kommen könnte, hat Ihnen meine Assistentin bereits zukommen lassen. Ein Handelsvertreter erhält von der Werkzeuge und Teile GmbH eine Provision von 7 % des erzielten Umsatzes.

Reisende erhalten als Angestellte der Werkzeuge und Teile GmbH ein fixes Grundgehalt von monatlich 1.800 EUR (brutto), dazu Pauschalspesen in Höhe von monatlich 210 EUR und erfolgsabhängig 2 % Umsatzprovision. Bitte beachten Sie, dass der Arbeitgeberanteil zur Sozialversicherung für einen Reisenden 640 EUR pro Monat beträgt.

Vielen Dank und Gruß
A. Traub

**Werkzeuge und Teile GmbH**
Fertigungsplanung

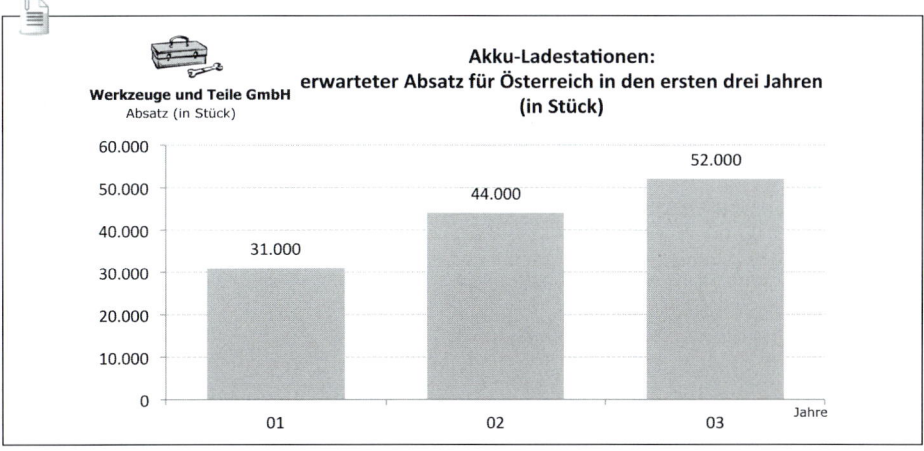

# Lebenslauf

**Zur Person**

| | |
|---|---|
| Name | Karl Löwe |
| Anschrift | Mozartstr. 121<br>A-5012 Salzburg |
| Telefon | 0043-662-389313 |
| E-Mail | Karl_Loewe@email.de |
| Geboren am | 12. September 1964 in Wien |
| Familienstand | ledig |
| Staatsangehörigkeit | österreichisch |

**Ausbildung und berufliche Tätigkeit**

| | |
|---|---|
| Berufsausbildung | 1980 – 1983: Ausbildung zum Industriekaufmann bei der Schneider Batteries GmbH (München) |
| Beruflicher Werdegang | 1984–1991: Vertriebs-Sachbearbeiter bei der Schneider Batteries GmbH (München) |
| | 1991–1999: Reisender der Schneider Batteries GmbH (München), Vertrieb von Automobilbatterien im Gebiet Bayern-Süd/Österreich |
| | 1999: selbstständiger Handelsvertreter im Vertriebsgebiet Österreich, zunächst für Automobilbatterien, seit 2008 verstärkte Tätigkeit für verschiedene Hersteller aus dem Bereich Elektromobilität |
| Besondere Qualifikationen | Englisch fließend in Wort und Schrift |
| | sehr gute Kenntnis des österreichischen Marktes für Elektromobilität |
| | Aufbau eines breiten Kundenstamms in Österreich |

Salzburg, 10. Oktober 20XX *Karl Löwe*

# B6 Finanzierung

## 6.1 Vergleich Lieferantenkredit – Kontokorrentkredit

**Situation**

Am 2. Juli dieses Jahres erhielt die Werkzeuge und Teile GmbH eine Rechnung ihres Lieferanten Winkelmann & Söhne GmbH über die Lieferung von Werkzeugstahl in Höhe von 17.510,85 EUR (Anlage 1).

Sie sind Auszubildende zur Industriekauffrau/Auszubildender zum Industriekaufmann im dritten Lehrjahr bei der Werkzeuge und Teile GmbH und seit einigen Wochen in der Buchhaltung eingesetzt

**Aufträge**

**Übergreifender Handlungsauftrag mit Handlungsprodukt:**

Überprüfen Sie, ob es günstiger ist, die Lieferantenrechnung am 10.07.20XX unter Abzug von Skonto bei Inanspruchnahme eines Kontokorrentkredits zu bezahlen oder das Zahlungsziel von 30 Tagen auszunutzen.

**Handlungsaufträge:**

1. Sie sitzen am Morgen des 10.07. an Ihrem Schreibtisch und wollen die Rechnung 54/41 unter Skontoabzug begleichen. Sie schauen sich den aktuellen Kontostand des Geschäftskontos der Werkzeuge und Teile GmbH an (Anlage 2) und stellen fest, dass der Saldo des Kontos bereits negativ ist (= Sollsaldo).

   Es ergibt sich folgendes Gespräch zwischen Ihnen und einem Kollegen:

   | | |
   |---|---|
   | Azubi: | „Herr Klaus, ich kann die Rechnung der Winkelmann & Söhne GmbH heute gar nicht bezahlen." |
   | Herr Klaus: | „Warum nicht?" |
   | Azubi: | „Ich wollte das Skonto ausnutzen, aber wir sind mit unserem Geschäftskonto bereits mit 2.960,70 EUR im Soll." |
   | Herr Klaus: | „Überweisen Sie die Rechnung bitte trotzdem." |
   | Azubi: | „Wie soll das gehen? Es ist kein Geld auf dem Konto." |
   | Herr Klaus: | „Wir können das Konto auch im Soll beanspruchen. Das ist kein Problem." |
   | Azubi: | „Was bedeutet das?" |
   | Herr Klaus: | „Gehen Sie mal auf die Homepage unserer Hausbank und informieren Sie sich über den Begriff Kontokorrentkredit." |
   | Azubi: | „O.k. Das mache ich. Danke!" |

   a) Informieren Sie sich über den Kontokorrentkredit (Anlage 3) und fassen Sie die wichtigsten Inhalte stichpunktartig zusammen.

   b) Arbeiten Sie anhand der in nachstehendem Tabellenmuster aufgeführten Kriterien die wesentlichen Unterschiede zwischen einem Darlehen mit planmäßiger Tilgung (z.B. Ratentilgungsdarlehen) und dem Kontokorrentkredit heraus.

   | | Darlehen mit planmäßiger Tilgung | Kontokorrentkredit |
   |---|---|---|
   | Kredithöhe | | |
   | Zweck | | |
   | Tilgung | | |
   | Höhe des Zinssatzes im Vergleich | | |

c)  Prüfen Sie, ob ein Skontoabzug gerechtfertigt ist, wenn der Überweisungsauf-
    trag am 10.07.20XX erteilt wird.

2.  Nachdem Sie die Homepage Ihrer Hausbank durchforstet haben, ergibt sich erneut ein
    Gespräch mit Ihrem Kollegen Herrn Klaus:

    Azubi:        „Herr Klaus, auf der Homepage unserer Hausbank habe ich gelesen, dass
                  es zumeist günstiger ist, das Skonto durch Inanspruchnahme des Konto-
                  korrentkredits auszunutzen, anstatt ein vereinbartes Zahlungsziel auszu-
                  nutzen.

                  Sie hatten wohl Recht.

                  Aber das kann doch eigentlich nicht sein bei über 12 % Sollzinsen und
                  einen Skontoabzug von lediglich 2 %!"

    Herr Klaus:   „Tja! Das ist doch mal eine interessante Aufgabe nachzuweisen, ob dem
                  wirklich so ist."

    Azubi:        „Ok, da bin ich echt gespannt."

    Herr Klaus:   „Schauen Sie mal im Mitarbeiterhandbuch nach. Da finden Sie sicher
                  etwas zu diesem Thema."

    Azubi:        „Mach ich. Danke!"

    a)  Berechnen Sie den Finanzierungsvorteil, der sich gegebenenfalls aus der Zahlungs-
        weise unter Skontoabzug ergibt (Anlage 4).
    b)  Vergleichen Sie rechnerisch den Jahreszinssatz der Hausbank für den Kontokor-
        rentkredit mit dem Skontosatz p. a.[1] und erläutern Sie das Ergebnis.
    c)  Nennen Sie zwei Gründe, die für die Inanspruchnahme des Lieferantenkredits spre-
        chen.

---

[1] p. a. = per annum (jährlich, für das Jahr)

**Externe Daten**

Anlage 1

# Winkelmann & Söhne

Winkelmann & Söhne GmbH * Industriegebiet 34 * 76532 Rastatt

Werkzeuge und Teile GmbH
Baumeisterstr. 125
73730 Esslingen

01. Juli 20XX

| Ihre Nachricht vom | unsere Zeichen | Telefon | Name |
|---|---|---|---|
| 26.06.20XX | BS-45663 | +49 07222 2256-10 | Hr. Manz |

## Rechnung 54/41

Sehr geehrte Damen und Herren,

aufgrund Ihres Auftrags (BS-45663) stellen wir Ihnen folgende Artikel in Rechnung:

| Nr. | Art-Nr | Beschreibung | Menge | Einheit | VK-Preis | Rabatt | USt % | Betrag in EUR |
|---|---|---|---|---|---|---|---|---|
| 1 | 35884 | Werkzeugstahl (rund) 15 mm - 1,41 kg/m | 2.500 | kg | 1,61 | | | 4.025,00 |
| 2 | 854229 | bearbeiteter Werkzeugstahl Serienlänge 1.030 mm | 1.000 | kg | 4,75 | | | 4.750,00 |
| 3 | 854230 | Werkzeugstahl mit Bearbeitungsaufmaß | 1.200 | kg | 4,95 | | | 5.940,00 |
| | | | | | | Waren wert | | 14.715,00 |
| | | | | | | | 19 | 2.795,85 |
| | | | | | | | Total EUR | 17.510,85 |

Zahlungsbedingung:       3 % Skonto innerhalb von 10 Tagen, 30 Tage netto ab Rechnungsdatum

Lieferbedingung:          frei Haus

Mit freundlichem Grüßen

*i. A. A. Manz*

Andreas Manz
Winkelmann & Söhne GmbH

| Geschäftsräume | Kontakt | | Bankverbindung | |
|---|---|---|---|---|
| Industriegebiet 34 | Tel: | +49 7222 2256-0 | Bank: | Postbank |
| 76532 Rastatt | Fax: | +49 7222 2256-01 | Bankort: | Rastatt |
| Geschäftsführer: Frank Winkelmann | E-Mail: | Winkelmann@mail.de | IBAN: | DE18 8520 8200 2121 4623 00 |
| Amtsgericht Rastatt HRB 92826 | Internet: | www.winkelmann-stahl.de | BIC.: | PBNKDEFF |

Anlage 2

**S-Bank Esslingen**

Geschäftskunden

Am Markt 1
73726 Esslingen

10. Juli 20XX

Kontoauszug vom 10.07.20XX

Kontoinhaber: Werkzeuge und Teile GmbH

| Seite 1/1 | IBAN DE97 6000 6600 1234 5678 00 | BIC (SWIFT) SOLADEST | Alter Saldo per 01.07.20XX EUR | + 12.457,63 |
|---|---|---|---|---|
| **Buchung** | **Vorgang** | | **Soll** | **Haben** |
| 03.07. | Überweisung Ausgangsrechnung 12/87 Kundennr. 45623 | | | 7.500,00 |
| 04.07. | Überweisung Eingangsrechnung 7854 Steinherr KG | | 12.000,00 | |
| 04.07. | Überweisung Office Shop | | 569,47 | |
| 07.07. | Gutschrift 47/57-K  Lieferant Stahl-und-Mehr KG | | | 519,99 |
| 09.07. | Überweisung Eingangsrechnung 12/A-6 Metall Schieber | | 10.868,85 | |
| | | **Neuer Saldo EUR** | | **- 2.960,70** |

Ihr Verfügungsrahmen: EUR 30.000,00

Sollzinssatz:          12,25 %

Anlage 3

www.S-Bank-Esslingen.de

# Kontokorrentkredit bei Ihrer S-Bank Esslingen

### Kurzfristige Liquiditätserhöhung

Ob Sie mit verspäteten Zahlungseingängen oder saisonalen Schwankungen zu kämpfen haben, wir haben die Lösung. Gelegentlich benötigen gerade kleine und mittelständische Unternehmen mehr Handlungsspielraum. Dann ist es gut, wenn Sie Ihre Liquidität kurzfristig erhöhen können. Der S-Bank Kontokorrentkredit bietet Ihnen eine flexible, täglich verfügbare Kreditlinie, z.B. auch um Rechnungen sofort zu bezahlen. Dies ist zumeist günstiger, als auf das Ziehen von Skonto zu verzichten.

### Unabhängigkeit von Festzinskrediten

Der S-Bank Kontokorrentkredit wird in Form einer Kreditlinie auf Ihrem Geschäftskonto eingerichtet und steht Ihnen bis auf Weiteres zur Verfügung. Der Zins wird nur auf in Anspruch genommene Kreditbeträge, nicht auf das gesamte Kreditlimit berechnet. Ihren Kontokorrentkredit können Sie bereits ab 9,99 % p.a. (bonitätsabhängig) nutzen. Bei Kunden mit guter Kreditwürdigkeit verzichten wir auf zusätzliche Sicherheiten.

### Tilgung jederzeit möglich

Der Kontokorrentkredit richtet sich vollkommen nach Ihnen. Die Zahlungseingänge auf Ihrem Geschäftskonto führen den Kontokorrentkredit automatisch zurück, so dass der Zins nur auf den in Anspruch genommenen Teil berechnet wird.

Kontokorrentkredit im Zeitablauf

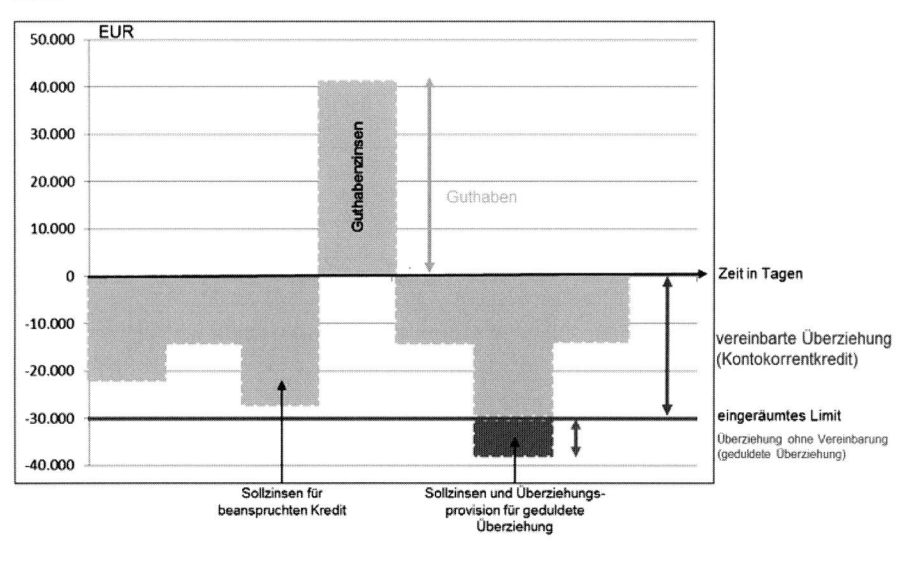

Anlage 4

# Werkzeuge und Teile GmbH

## Handbuch für Mitarbeiter – Einkauf

### KAPITEL B – SKONTOENTSCHEIDUNG

Wir stehen bei der Bezahlung von Lieferantenrechnungen vor der Entscheidung, ob das Zahlungsziel voll ausgeschöpft (Ausnutzen des Lieferantenkredits) oder die Rechnung unter Abzug von Skonto beglichen werden soll – auch wenn dafür eventuell der Kontokorrentkredit in Anspruch genommen werden muss.

Das Skonto ist ein Angebot seitens der Lieferanten (im Rahmen ihrer Absatzpolitik). Es soll einen Anreiz für die schnelle Bezahlung von Rechnungen schaffen. Der Skontosatz bezieht sich auf den Zeitraum des Lieferantenkredits und muss in einen Jahreszinssatz umgerechnet werden, damit man ihn mit dem Zinssatz eines Kontokorrentkredites vergleichen kann.

❖ Wie ermittelt man den Finanzierungsvorteil des Skontoabzugs?

Drei grundsätzliche Annahmen werden vorausgesetzt:

(1) Am Ende der Skontofrist stehen nicht ausreichend liquide Mittel zur Verfügung, um die Rechnung unter Skontoabzug zu bezahlen.
(2) Um die Rechnung dennoch begleichen zu können, muss ein kurzfristiger Bankkredit (Kontokorrentkredit) in Anspruch genommen werden.
(3) Der Bankkredit wird nur für die Dauer des Lieferantenkredits genutzt.

Folgende Angaben benötigt man für die Berechnung:

• Zinssatz für Kontokorrentkredit
• tatsächlicher Zahlungsbetrag (Rechnungsbetrag – Skonto)
• Laufzeit des Kredits

Allgemeine Zinsformel:

$$Z = \frac{K \times p \times t}{100 \times 360}$$

Vorgehen:

1. Ermitteln Sie den tatsächlichen Zahlungsbetrag.
2. Berechnen Sie die Zinsen für den Kontokorrentkredit.
3. Subtrahieren Sie vom Skontobetrag die Zinsen für den Kontokorrentkredit.
4. Das Ergebnis ist der Finanzierungsvor- bzw. -nachteil.

❖ Abbildung Lieferantenkredit

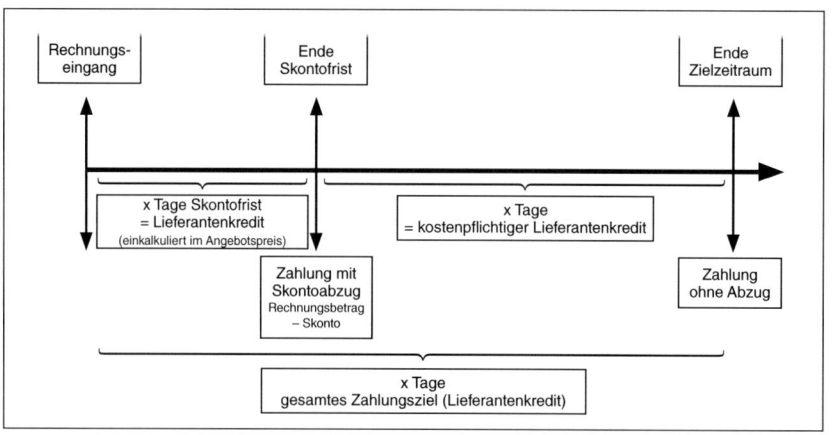

# 6.2 Kreditfinanzierung – Leasing

## Situation

Die Werkzeuge und Teile GmbH plant die Anschaffung einer neuen Maschine zur Herstellung von Akkuladegeräten für ihre Elektrowerkzeuge. Für die Investition steht nicht ausreichend Eigenkapital zur Verfügung, sodass die neue Anlage nicht aus eigenen Mitteln finanziert werden kann. Der Werkzeuge und Teile GmbH liegen ein Kredit- und ein Leasingangebot vor.

Sie sind im Rahmen Ihrer Ausbildung zum Industriekaufmann/zur Industriekauffrau in der Finanzabteilung eingesetzt und unterstützen Frau Klein, Sachbearbeiterin in der Finanzabteilung, bei der Vorbereitung der Finanzierungsentscheidung.

## Aufträge

**Übergreifender Handlungsauftrag mit Handlungsprodukt:**

Erarbeiten Sie auf Basis der vorliegenden Angebote einen begründeten Vorschlag für die Finanzierungsentscheidung. Berücksichtigen Sie dabei auch die von der Geschäftsleitung an die Finanzierung gestellten Anforderungen.

**Handlungsaufträge:**

1. Vergleichen Sie mithilfe der Anlage das Kreditangebot sowie die beiden Leasingoptionen hinsichtlich Aufwand und Liquiditätsbelastung während der amtlichen Nutzungsdauer.

2. a) Welche Gründe könnten trotz höherer Liquiditätsbelastung für die Leasingfinanzierung sprechen?

   b) Beurteilen Sie das Kreditangebot sowie die beiden Leasingoptionen (nach Grundmietzeit: Vertragsverlängerung oder Kauf) hinsichtlich der von der Geschäftsleitung gestellten Anforderungen und entscheiden Sie sich begründet für eine Finanzierungsalternative.

## Interne Daten

| Werkzeuge und Teile GmbH: Interne Mitteilung | |
|---|---|
| Von: *Geschäftsleitung* | An: *Finanzabteilung* |
| Betreff: *Finanzierung der neuen Produktionsanlage* | |

*Sehr geehrte MitarbeiterInnen in der Finanzabteilung,*

*bitte beachten Sie bei der Erarbeitung des Finanzierungsvorschlags folgende Informationen:*

*Der Werkzeuge und Teile GmbH sind bei der Finanzierung der neuen Produktionsmaschine geringe Auszahlungen (d.h. eine geringe Liquiditätsbelastung) wichtig, um das Risiko der Zahlungsunfähigkeit zu minimieren.*

*Der Markt für akkubetriebene Elektro-Werkzeuge ist ein Wachstumsmarkt, so dass wir in den kommenden Jahren mit Absatzsteigerungen rechnen können. Daher schätzen wir das Risiko einer Fehlinvestition (Investitionsrisiko) vergleichsweise gering ein. Dennoch ist es uns wichtig, auf mögliche negative Marktentwicklungen flexibel reagieren zu können.*

*Die amtliche Nutzungsdauer der Produktionsmaschine beträgt 8 Jahre.*

*Vielen Dank für Ihre Arbeit!*

*Moritz Meister*
*Geschäftsleitung*
*Werkzeuge und Teile GmbH*

## Externe Daten

# S·M·W-Leasing GmbH

### INNOVATIV INVESTIEREN

Dank moderner Maschinen und Produktionsanlagen aus dem Hause S·M·W bleiben Sie konkurrenzfähig. Je nach Ausgestaltung des Leasingvertrages haben Sie die Möglichkeit, immer mit Maschinen auf dem neuesten Stand der Technik zu arbeiten. Dazu bieten Ihnen maßgeschneiderte Industriegüter-Leasing-Angebote, je nach Wunsch mit auf Sie abgestimmten Wartungs- und Serviceleistungen.

### FINANZIELLE FLEXIBILITÄT

Als Leasingnehmer investieren Sie in Ihren Unternehmenserfolg ohne den Kreditrahmen bei Ihrer Hausbank zu belasten. Die Leasingraten sind plan- und damit kalkulierbare Ausgaben. Darüber hinaus senken sie als Aufwendungen in der GuV Ihren auszuweisenden und zu versteuernden Gewinn. Zur Inanspruchnahme unserer Leasing-Angebote benötigten Sie keinerlei Sicherheiten wie Grundschuld oder Sicherungsübereignung.

# INDUSTRIE-KREDIT-BANK STUTTGART AG

Industrie-Kredit-Bank AG, Hauptstädter Str. 32-34 • 70123 Stuttgart

Werkzeuge und Teile GmbH
Baumeisterstraße 125
73730 Esslingen

| | |
|---|---|
| Name: | Kai Klöckner |
| Telefon: | 0711/734-7236 |
| Telefax: | 0711/734-8770 |
| E-Mail: | kkloeckner@ikb.de |
| Internet: | www.ikb.de |
| Datum: | 20.03.20XX |

**Kreditangebot**

Sehr geehrte Frau Klein,

als Ihre Hausbank bieten wir Ihnen gerne einen Kredit zu folgenden Konditionen an:

| | |
|---|---|
| *Kreditsumme:* | 130.000,00 EUR |
| *Laufzeit:* | 8 Jahre |
| *Zinssatz:* | 6 % pro Jahr |
| *Tilgung:* | in gleichen Jahresraten, beginnend am Ende des ersten Jahres |
| *Sicherung:* | Grundschuld |

Entspricht unser Angebot Ihren Vorstellungen? Für Rückfragen rufen Sie mich gerne an.

Freundliche Grüße

i.V.  *K. Klöckner*

i.V. Kai Klöckner

Industrie-Kredit-Bank Stuttgart
*Firmenkunden*

Geschäftssitz: Stuttgart; Vorstand: Kurt Klaiber (Vorsitz), Inga Rüttger, Clara Maier; Aufsichtsrat (Vorsitz): Max Rieker; Registergericht: Amtsgericht Stuttgart HRB 2918

# Schwäbische Maschinen Werke AG

S·M·W

S·M·W AG • Bahnhofstraße 125 • 73742 Aalen

| | | |
|---|---|---|
| Werkzeuge und Teile GmbH | Name: | Sandra Schierer |
| Baumeisterstraße 125 | Telefon: | 07361/1011-322 |
| 73730 Esslingen | Telefax: | 07361/1011-200 |
| | E-Mail: | s_schierer@smw-ag.de |
| | Internet: | www.smw-ag.de |
| | | |
| | Datum: | 18.03.20XX |

**Angebot: Produktionsmaschine „Charge-Tec MD 90"**

Sehr geehrte Frau Klein,

vielen Dank für Ihre Anfrage vom 12.03.20XX. Wir bieten Ihnen die Maschine

**„Charge-Tec MD 90"**
*Kapazität:*      90.000 St./Jahr

zur Produktion von Akkuladestationen zu folgenden Konditionen an:

*Kaufpreis:*      130.000 EUR (inkl. Montage, zzgl. USt)
*Lieferung:*      frei Haus

Alternativ zu einem Kauf bieten wir Ihnen über unsere Tochtergesellschaft S·M·W-Leasing GmbH an, die o.g. Produktionsmaschine zu folgenden Konditionen zu leasen:

*Unkündbare Grundmietzeit:*                                    5 Jahre
*Monatliche Leasingrate während der Grundmietzeit:*           2 % des Kaufpreises
*Optionen nach der Grundmietzeit:*
-   Vertragsverlängerung (drei Jahre) mit einer jährlichen Leasingrate von 10 % des Kaufpreises
-   Kauf zum Preis von 24.000 EUR

Wir freuen uns, innerhalb von vier Wochen von Ihnen zu hören und verbleiben

mit freundlichen Grüßen

*i. V. Sandra Schierer*

i.V. Sandra Schierer
S·M·W AG
- Vertrieb –

---

Schwäbische Maschinen-Werke AG                 Geschäftssitz: Aalen
Vorstand: Achim Meyer (Vorsitz),               Registergericht: Amtsgericht Aalen HRB 7081
Dr. Nicole Schrader, Gerd Schönbaum            Aufsichtsrat (Vorsitz): Anne Maurer

Anlage:

Kreditangebot

| Jahr | Kredit (Jahresanfang) | Tilgung | Zins | Abschrei-bung | Aufwand | Liquiditäts-belastung |
|------|------------------------|---------|------|---------------|---------|------------------------|
| 1 | | | | | | |
| 2 | | | | | | |
| 3 | | | | | | |
| 4 | | | | | | |
| 5 | | | | | | |
| 6 | | | | | | |
| 7 | | | | | | |
| 8 | | | | | | |
| Summe: | | | | | | |

Leasingangebot mit Vertragsverlängerung nach der Grundmietzeit

| Jahr | jährliche Leasingrate (in %) | jährliche Leasingrate (in EUR) | Aufwand | Liquiditäts-belastung |
|------|-------------------------------|----------------------------------|---------|------------------------|
| 1 | | | | |
| 2 | | | | |
| 3 | | | | |
| 4 | | | | |
| 5 | | | | |
| 6 | | | | |
| 7 | | | | |
| 8 | | | | |
| Summe: | | | | |

Leasingangebot mit Kauf nach der Grundmietzeit

| Jahr | jährliche Leasingrate (in %) | jährliche Leasingrate (in EUR) | Abschreibung | Aufwand | Liquiditäts-belastung |
|------|-------------------------------|----------------------------------|--------------|---------|------------------------|
| 1 | | | | | |
| 2 | | | | | |
| 3 | | | | | |
| 4 | | | | | |
| 5 | | | | | |
| 6 | | | | | |
| 7 | | | | | |
| 8 | | | | | |
| Summe: | | | | | |

Lösungs-
blatt

## 6.3 Langfristige Fremdfinanzierung und Kreditsicherung

### Situation

Die bei der Werkzeuge und Teile GmbH geplante Einführung der neuen Produktgruppe „Absaugmobile" macht die Anschaffung einer neuen Produktionsanlage erforderlich. Die dafür entstehenden Anschaffungskosten werden mit 1.500.000 EUR veranschlagt. Davon sollen 750.000 EUR über einen langfristigen Bankkredit finanziert werden. Der Restbetrag wird aus eigenen Mitteln aufgebracht. Der Werkzeuge und Teile GmbH liegen für den Bankkredit drei Finanzierungsangebote vor.

Sie sind im Rahmen Ihrer Ausbildung zum Groß- und Außenhandelskaufmann/zur Groß- und Außenhandelskauffrau in der Finanzabteilung eingesetzt und unterstützen Herrn Stein, Sachbearbeiter in der Finanzabteilung, bei der Vorbereitung der Finanzierungsentscheidung.

### Aufträge

**Übergreifender Handlungsauftrag mit Handlungsprodukt:**

Erarbeiten Sie auf Basis der vorliegenden Angebote einen begründeten Vorschlag für die Finanzierungsentscheidung über einen Bankkredit. Prüfen Sie, ob die vorhandenen Sicherheiten der Werkzeuge und Teile GmbH für die Kreditaufnahme in Höhe von 750.000 EUR ausreichen.

*Rechtsgrundlagen: BGB §§ 773, 930, 1192, 1204*

**Handlungsaufträge:**

1. Da die Geschäftsleitung auf eine schnelle, aber dennoch fundierte Entscheidung drängt, bittet Sie Herr Stein um Ihre Hilfe. Sie sollen eine Entscheidungsgrundlage vorbereiten.

   a) Erstellen Sie mithilfe der Informationsbroschüre (Anlage 1) die Tilgungspläne für die drei verschiedenen Darlehensarten aus den Angeboten der Hausbank und der Industrie-Kredit-Bank Stuttgart AG (Anlagen 2 und 3). Verwenden Sie für die Lösung die Anlage 4.

   b) Berechnen Sie für jede Darlehensart die insgesamt zu zahlenden Zinsen sowie die Gesamtbelastungen.

   c) Erstellen Sie für jede Darlehensart ein Koordinatensystem und übertragen Sie die ermittelten Zins- und Tilgungsbeträge nach folgendem Muster.

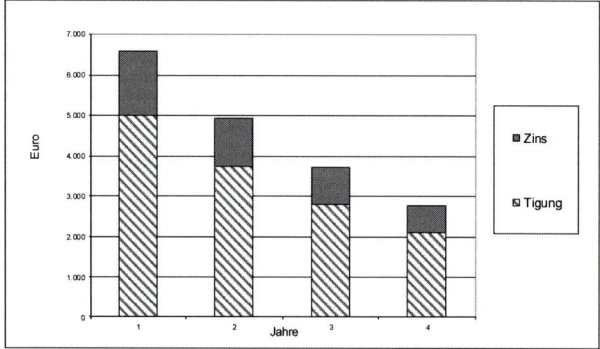

   d) Erklären Sie, warum die Industrie-Kredit-Bank Stuttgart AG für die von ihr angebotene Darlehensart im Vergleich zum Angebot der S-Bank Esslingen einen deutlich höheren Zinssatz verlangt und erhöhte Anforderungen an die Kreditsicherung stellt.

e) Begründen Sie, welche Darlehensart unter Berücksichtigung der aktuellen Lage des Unternehmens (Anlage 5) gewählt werden sollte.

2. Als Nächstes muss geprüft werden, ob die Werkzeuge und Teile GmbH über ausreichende Kreditsicherheiten verfügt. Aus diesem Grund informieren Sie sich mithilfe der Anlage 1 über die in den Darlehensangeboten geforderten Sicherheiten.

   a) Notieren Sie jeweils ein Argument, welches für die angegebenen Kreditsicherungsmöglichkeiten spricht.

   b) Prüfen und begründen Sie, ob die von der Industrie-Kredit-Bank Stuttgart AG geforderten Kreditsicherheiten erfüllt werden können (Anlage 6).

## Externe Daten

Anlage 1: Auszug aus der Informationsbroschüre der S-Bank Esslingen

## INFORMATIONSBROSCHÜRE S-BANK ESSLINGEN

### DARLEHENSARTEN – WELCHES DARLEHEN IST DAS BESTE FÜR MEINEN FINANZIERUNGSBEDARF?

Um eine Finanzierung zu realisieren sind grundsätzlich verschiedene Arten von Darlehen denkbar.

Welche Darlehensart die jeweils vorteilhafteste ist, hängt in erster Linie von der Situation des Darlehensnehmers (Start-up-Unternehmen versus Unternehmenserweiterung), jedoch auch von der Darlehenssumme sowie der Verwendung des finanzierten Objektes ab.

Die Begriffe Darlehen und Kredit werden meistens gleichbedeutend verwendet. Allerdings gibt es den Begriff Kredit im BGB nicht.

Gemeinsam ist allen Darlehensarten, dass zusätzlich zu einem Tilgungs- bzw. Rückzahlungsbetrag noch Zinszahlungen geleistet werden müssen. Die Zinsen stellen das Entgelt dar, welches die Bank für vorübergehend überlassenes Kapital verlangt (u. a. für entstandene Kosten und Gewinn). Diese Raten werden üblicherweise monatlich oder jährlich gezahlt.

Sie können mit uns verschiedene Rückzahlungsmöglichkeiten für Ihr Darlehen vereinbaren. Diese sind u. a. abhängig von Ihren anderweitigen Zahlungsverpflichtungen. Welche Rückzahlungsvariante für Sie am zweckmäßigsten ist, kann nicht grundsätzlich vorhergesagt werden. Die verschiedenen Varianten erörtern wir mit Ihnen im persönlichen Gespräch.

- **Fälligkeitsdarlehen**

Das endfällige Darlehen wird auch als Darlehen mit Einmaltilgung (Festdarlehen) bezeichnet. Es handelt sich dabei um ein Darlehen, für das Sie während der Laufzeit nur die Zinsen zahlen. Nachteilig ist jedoch, dass die Zinslast während der gesamten Darlehenslaufzeit unverändert bleibt, da sich auch die Restschuld nicht verringert. Die Tilgung erfolgt am Ende der Laufzeit in einem Betrag. Der Darlehensnehmer muss dafür Sorge tragen, dass am Ende der Laufzeit der vollständige Darlehensbetrag in einer Summe aufgebracht werden kann.

- **Ratentilgungsdarlehen/Abzahlungsdarlehen**

Sie zahlen für die gesamte Dauer neben den Zinsen einen konstanten Tilgungsbetrag. Durch die fortschreitende Tilgung verringern sich die Restschuld und damit auch der Zinsbetrag. Die anfängliche Belastung aus dem Darlehen ist in der Regel höher als bei einem vergleichbaren Annuitätendarlehen (siehe unten). Sie sinkt jedoch kontinuierlich. Dies erklärt sich damit, dass Zinsen immer nur für die verbliebene Restschuld bezahlt werden müssen. Da sich diese jedoch konstant reduziert, der Tilgungsanteil aber in gleicher Höhe verbleibt, reduziert sich auch die Höhe der Restschuld.

## • Annuitätendarlehen

Bei einem Annuitätendarlehen zahlen Sie für die gesamte Dauer gleichbleibende Raten – genannt Annuität. Damit ist ein hohes Maß an Kalkulationssicherheit gegeben.

Beispiel eines Annuitätendarlehens:

| Jahr | Darlehens-betrag in EUR | Zinsen (5%) in EUR | Tilgung in EUR | Annuität in EUR | Restschuld am Jahresende |
|------|------------------------|--------------------|----------------|-----------------|--------------------------|
| 1 | 20.000,00 | 1.000,00 | 6.344,17 | 7.344,17 | 13.655,83 |
| 2 | 13.655,83 | 682,79 | 6.661,38 | 7.344,17 | 6.994,45 |
| 3 | 6.994,45 | 349,72 | 6.994,45 | 7.344,17 | 0,00 |
| | | 2.032,51 | 20.000,00 | 22.032,51 | |

Will der Darlehensnehmer einen jährlich gleichbleibenden Betrag (Annuität) in Höhe von z.B. 7.344,17 EUR aufbringen, so bedeutet das, dass bei einem Zinssatz von 5% für die Tilgung im ersten Jahr der Betrag von *6.344,17 EUR* übrig bleibt. Bei einer Restschuld von 13.655,83 EUR errechnet sich im zweiten Jahr ein Zinsanteil von 682,79 EUR und somit verbleibt ein Tilgungsanteil in Höhe von *6.661,38 EUR* usw.

Durch die fortlaufende Tilgung des Darlehens verringern sich die Restschuld und der in der Annuität enthaltene Zinsanteil. Der Tilgungsanteil steigt entsprechend.

Ihre S-Bank Esslingen

## INFORMATIONSBROSCHÜRE S-BANK ESSLINGEN

SICHERHEITEN – WELCHE SICHERHEITEN WERDEN BENÖTIGT?

Für den Fall, dass der Schuldner nicht in der Lage ist, den Kredit vereinbarungsgemäß zurückzuzahlen, verlangen wir Sicherheiten.

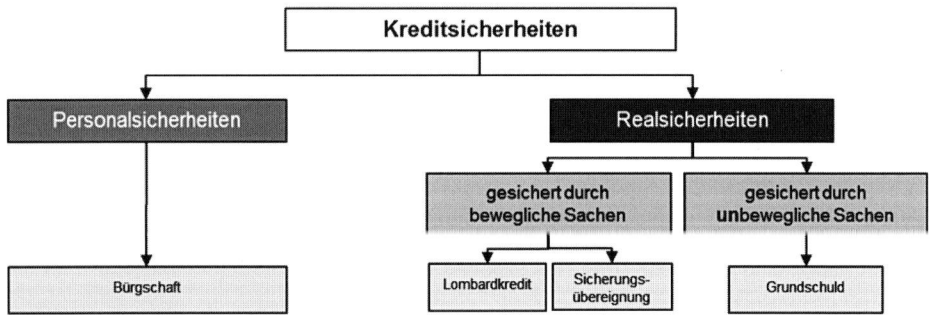

**Personalsicherheiten:** Hierbei übernimmt eine dritte Person (= Bürge) die Zahlungsverpflichtung, falls der Hauptschuldner ausfällt. Kommt der Kreditnehmer seinen Zahlungsverpflichtungen nicht mehr vereinbarungsgemäß nach, so hat die Bank die Möglichkeit, den ausstehenden Betrag von dieser Person zu verlangen.

**Realsicherheiten:** Kann der Kreditnehmer seine Schuld nicht zurückzahlen, so hat die Bank die Möglichkeit, einen bestimmten Vermögensgegenstand des Schuldners (z.B. Auto, Maschine, Grundstück) zu verwerten.

**• Selbstschuldnerische Bürgschaft**

Die Bürgschaft ist ein Vertrag, in dem sich der Bürge (= Nebenschuldner) uns gegenüber verpflichtet, für die Erfüllung der Verbindlichkeiten des Hauptschuldners einzustehen.

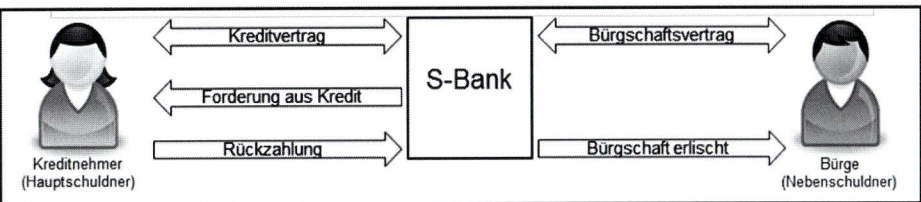

Bei einer selbstschuldnerischen Bürgschaft kann der Bürge nicht verlangen, dass wir in einem ersten Schritt Klage auf Zahlung gegen den Hauptschuldner erheben („Einrede der Vorausklage"/§ 773 BGB). Vielmehr ist der Bürge sofort zur Zahlung verpflichtet, wenn der Hauptschuldner bei Fälligkeit die verbürgte Verbindlichkeit nicht bezahlt. Dadurch werden Verzögerungen und zusätzliche Kosten (Klage, Prozess, Zwangsvollstreckung) vermieden.

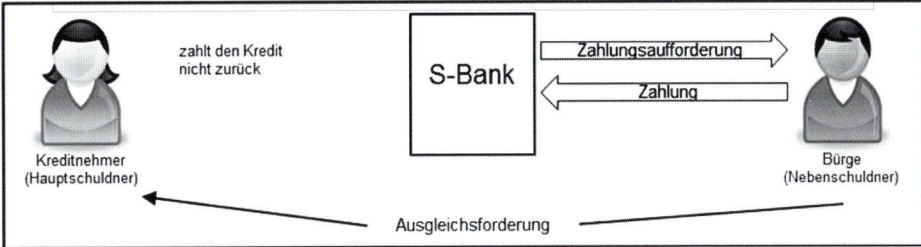

**• Lombardkredit**

Beim Lombardkredit gibt der Schuldner (Kreditnehmer) der Bank ein Pfand als Sicherheit. Dies können bewegliche Sachen (z. B. Waren) oder Wertpapiere sein (§ 1204 ff. BGB).

Die Verpfändung erfolgt durch Einigung zwischen dem Eigentümer der Sache (i. d. R. der Kreditnehmer) und der Bank, dass dem Gläubiger das Pfandrecht zustehen soll, und durch Übergabe des Pfands. Eigentümer der Sache bleibt der Verpfänder. Die Bank wird lediglich Besitzer. Sie verpflichtet sich, das Pfand sorgfältig aufzubewahren.

Nach Erlöschen des Pfandrechts (Rückzahlung des Kredits) muss das Pfand zurückgegeben werden. Erfüllt der Kreditnehmer seine Verpflichtungen aus dem Kreditvertrag nicht, so kann der Kreditgeber das Pfand veräußern.

**• Sicherungsübereignung**

Der Nachteil eines Lombardkredits besteht darin, dass das Pfand tatsächlich übergeben werden muss. Das heißt, der Kreditnehmer kann das Pfand einerseits wirtschaftlich nicht mehr nutzen und andererseits ist eine Übergabe aus praktischen Gründen teilweise schwierig. Bei Autos oder Maschinen hätte die Bank das Problem der Aufbewahrung.

An die Stelle der Übergabe des Pfands tritt nach § 930 BGB bei der Sicherungsübereignung die Vereinbarung eines Besitzkonstituts (z. B. Leih- oder Verwahrungsvertrag).

Eine Sicherungsübereignung liegt vor, wenn der Kreditnehmer der Bank zur Sicherung eines Kredits das Eigentumsrecht an einer Sache (z. B. einer Maschine) überträgt, die Sache aber nicht an uns übergibt, sondern als Besitzer weiterhin nutzt. Das heißt, wir als

Bank können nur auf die Gegenstände zugreifen und diese verwerten, wenn Sie Ihren Verpflichtungen aus dem Kreditvertrag nicht nachkommen.

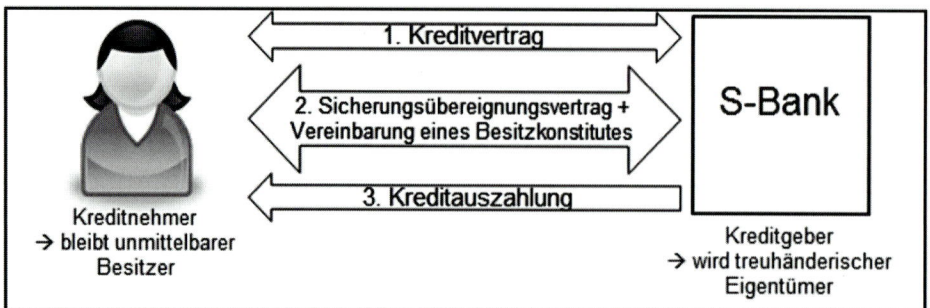

- **Grundschuld (§ 1192 ff. BGB)**

Ebenso wie sich manche Maschinen nicht zur Lombardierung eignen, ist auch bei Grundstücken eine Übergabe ausgeschlossen. Aus diesem Grund wird ein Pfandrecht als Sicherheit ins Grundbuch eingetragen (Grundpfandrecht). Der Besitz an einem Grundstück verbleibt beim Eigentümer/Kreditnehmer, der das Grundstück und Gebäude weiterhin nutzen kann. Wenn Sie als Kreditnehmer Ihren Zahlungsverpflichtungen nicht mehr nachkommen, können wir als Bank das belastete Grundstück durch eine Zwangsvollstreckung (z. B. Zwangsversteigerung) verwerten.

Im Grundbuch können mehrere Grundschulden für ein Grundstück eingetragen werden. In diesem Fall stehen die Rechte in einer Rangordnung (1. Rang, 2. Rang, ...). Im Fall der Zwangsversteigerung müssen jeweils zunächst die Ansprüche aus einer Grundschuld mit einem höheren Rang voll befriedigt werden. Eine erstrangige Grundschuld gewährt also die größte Sicherheit.

- **Beleihungsgrenze**

Für die Realsicherheiten legen wir als Bank eine sogenannte Beleihungsgrenze fest. Das ist die maximale Höhe, bis zu der wir Objekte beleihen (dürfen). Grundlage für die Festsetzung der Beleihungsgrenze ist der Beleihungswert. Die Ermittlung des Beleihungswertes richtet sich nach dem während der Kreditlaufzeit erzielbaren Wiederverkaufswert. Mögliche Wertschwankungen werden durch einen Risikoabschlag berücksichtigt.

Ihre S-Bank Esslingen

Anlage 2

---

# S-Bank Esslingen

S-Bank Esslingen ** Am Markt 1 ** 73726 Esslingen

Werkzeuge und Teile GmbH
Baumeisterstr. 125
73730 Esslingen

| Ihre Zeichen | Ihre Nachricht vom | Unsere Zeichen | Telefondurchwahl | Name | Datum |
|---|---|---|---|---|---|
| | 10.01.20XX | EK/KG | -223 | Frau Siebert | 14.01.20XX |

## Ihre Anfrage nach einem Darlehen

Sehr geehrter Herr Stein,

vielen Dank für Ihre freundliche Anfrage.

Als Ihre Hausbank unterbreiten wir Ihnen sehr gern ein Kreditangebot ohne – wie sonst üblich – auf dinglichen Sicherheiten zu bestehen.

Da der Geschäftsführer, Herr Moritz Meister, unserer Bank seit vielen Jahren als zuverlässiger und kreditwürdiger Kunde persönlich bekannt ist, würde uns eine selbstschuldnerische Bürgschaft Ihres geschäftsführenden Gesellschafters, Herr Meister, als Sicherheit ausreichen.

Bei einem Darlehensvolumen bis 750.000 EUR und einer Laufzeit von vier Jahren können wir Ihnen zwei verschiedene Darlehensalternativen zu folgenden Konditionen anbieten:

Alternative 1 (Annuitätendarlehen)

| | |
|---|---|
| *Kreditbetrag:* | *750.000,00 EUR* |
| *jährliche Annuität:* | *209.057,74 EUR* |
| *Zinssatz:* | *4,5 % p.a.* |
| *Zins- und Tilgungsverrechnung:* | *jährlich* |

Alternative 2 (Ratentilgungsdarlehen/Abzahlungsdarlehen)

| | |
|---|---|
| *Kreditbetrag:* | *750.000,00 EUR* |
| *jährliche Tilgung:* | *25 % der Darlehenssumme* |
| *Zinssatz:* | *4,5 % pro Jahr* |
| *Zins- und Tilgungsverrechnung:* | *jährlich* |

Wir hoffen, Ihnen ein günstiges Angebot unterbreitet zu haben.

Mit freundlichem Gruß S-Bank Esslingen

*Karin Siebert*

| Geschäftsräume | Kontakt | | Bankverbindung | |
|---|---|---|---|---|
| Am Markt 1 | Tel: | +49 711 1234-0 | Bank: | S-Bank Esslingen |
| 73726 Esslingen | Fax: | +49 711 1234-00 | Bankort: | Esslingen |
| Vorstand: Achim Menzel, Ralf Scholz | E-Mail: | info@S-Bank.de | BIC: | ESSLDE55XXY |
| Amtsgericht Esslingen HRB 2356 | Internet: | www.S-Bank.de | IBAN: | DE22 8520 8989 1212 1234 00 |

Anlage 3

# INDUSTRIE-KREDIT-BANK STUTTGART AG

Industrie-Kredit-Bank, Hauptstätter Str. 32-34, 70123 Stuttgart

Werkzeuge und Teile GmbH
Baumeisterstr. 125
73730 Esslingen

| | |
|---|---|
| Name: | Kai Klöckner |
| Telefon: | 0711/734-7236 |
| Telefax: | 0711/734-8770 |
| E-Mail: | kkloeckner@ikb.de |
| Internet: | www.ikb.de |
| Datum: | 15.01.20XX |

**Ihre Kreditanfrage vom 08.01.20XX**

Sehr geehrter Herr Stein,

gern bestätigen wir Ihnen, dass wir aufgrund der uns vorliegenden Unterlagen bereit sind, Ihnen ein Darlehen zur Anschaffung einer neuen Produktionsanlage für die Herstellung der Absaugmobile zu folgenden Konditionen anzubieten.

Für ein Finanzierungsvolumen bis 750.000 EUR bieten wir Ihnen ein Fälligkeitsdarlehen mit einer Laufzeit von vier Jahren an. Der Zinssatz beträgt 7 % p.a. bei 100 % Auszahlung und wird jährlich verrechnet.

Die Sicherstellung des Darlehens erfolgt durch die Bestellung dinglicher Sicherheiten. Denkbar wäre eine Grundschuld, aber auch eine Sicherungsübereignung von Maschinen und Anlagen. Als Sicherheitsabschlag berechnen wir bei einer Grundschuld 30 % und bei der Sicherungsübereignung 60 % vom Zeitwert, so dass die Beleihungsgrenzen daher 70 % bzw. 40 % betragen.

Besonders wollen wir Sie auf die Vorteile des Festdarlehens hinweisen. Diese Darlehensvariante schafft Ihrem Unternehmen finanzielle Freiräume, da während der Laufzeit keine Tilgung erfolgt. Sie können so die gesamte Laufzeit über die volle Darlehenssumme verfügen.

Sollte unser Angebot Ihren Vorstellungen entsprechen, bitten wir Sie höflich, den beiliegenden Kreditantrag unterschrieben an uns zurückzusenden.

Mit freundlichen Grüßen

*i. V. K. Klöckner*

i. V. Kai Klöckner
Industrie-Kredit-Bank Stuttgart
*Firmenkunden*

Geschäftssitz: Stuttgart; Vorstand: Kurt Klaiber (Vorsitz), Inga Rüttger, Clara Maier; Aufsichtsrat (Vorsitz): Max Rieker; Registergericht: Amtsgericht Stuttgart HRA 2918

Anlage 4

Fälligkeitsdarlehen

| Jahr | Darlehensbetrag | Zins | Tilgung | Zins + Tilgung (Liquiditätsbelastung) | Restschuld am Jahresende |
|---|---|---|---|---|---|
| 1 | | | | | |
| 2 | | | | | |
| 3 | | | | | |
| 4 | | | | | |
| | Summen | | | | |

Ratentilgungsdarlehen/Abzahlungsdarlehen

| Jahr | Darlehensbetrag | Zins | Tilgung | Zins + Tilgung (Liquiditätsbelastung) | Restschuld am Jahresende |
|---|---|---|---|---|---|
| 1 | | | | | |
| 2 | | | | | |
| 3 | | | | | |
| 4 | | | | | |
| | Summen | | | | |

Annuitätendarlehen

| Jahr | Darlehensbetrag | Zins | Tilgung | Zins + Tilgung = Annuität (Liquiditätsbelastung) | Restschuld am Jahresende |
|---|---|---|---|---|---|
| 1 | | | | | |
| 2 | | | | | |
| 3 | | | | | |
| 4 | | | | | |
| | Summen | | | | |

**Interne Daten**

Anlage 5

| ✉ **Posteingang** | erhalten am: 18.01.20XX  07:45 Uhr |
|---|---|
| **von:** | m.meister@WuT.de |
| **an:** | e.stein@WuT.de |
| **Betreff:** | Finanzierungsvorschlag Produktionsanlage Absaugmobile |
| **Anhang:** 📄 | |

Sehr geehrter Herr Stein,

bitte beachten Sie bei der Erarbeitung Ihres Finanzierungsvorschlages die aktuelle Lage unseres Unternehmens.

Wie Sie wissen, war das vergangene Jahr mit einem negativen Betriebsergebnis ein sehr schwieriges für uns. Unsere finanzielle Lage kann man durchaus als angespannt bezeichnen. Das heißt, unsere liquiden Mittel werden zurzeit für die Begleichung aktueller Forderungen aufgebracht. Wir sind allerdings sehr optimistisch, dass wir mit der Investition in die neue Produktgruppe „Absaugmobile" unsere Zukunft sichern können.

Der Markt für Absaugmobile ist ein erfolgversprechender Absatzmarkt.
Wir rechnen in den kommenden Jahren mit deutlichen Absatzsteigerungen.

Zu bedenken gilt jedoch auch, dass wir in den kommenden Jahren die eine oder andere Maschine in unseren Fertigungshallen ersetzen müssen, sodass weitere Investitionen auf uns zukommen.

Vielen Dank und freundliche Grüße
M. Meister

**Werkzeuge und Teile GmbH**
Geschäftsleitung

Anlage 6

**📎 HAUSMITTEILUNG**                                          **Werkzeuge und Teile GmbH**

| Von: | Bilanzbuchhaltung |
|---|---|
| An: | Herrn Stein |
| Datum: | 30.01.20XX |
| Betreff: | Bilanz- und Beleihungswerte |

Hallo Herr Stein,

anbei die geforderten Informationen:

| Position | Bilanzwert zum 31.12.20XX | aktuell beliehen mit ... |
|---|---|---|
| - bebaute Grundstücke | 2.445.000 EUR | 1.650.000 EUR |
| - Maschinen/Anlage | 3.400.000 EUR | 1.240.000 EUR |
| - Fuhrpark | 123.000 EUR | 22.000 EUR |

Mit freundlichem Gruß
A. Lahm

# Sachwortverzeichnis

Die Nummern verweisen auf Aufgaben, die das vom Sachwort beschriebene Problem hauptsächlich zum Gegenstand haben.